Mathématiques et Applications

Volume 88

Le but de cette collection, créée par la Société de Mathématiques Appliquées et Industrielles (SMAI), est d'éditer des cours avancés de Master et d'école doctorale ou de dernière année d'école d'ingénieurs. Les lecteurs concernés sont donc des étudiants, mais également des chercheurs et ingénieurs qui veulent s'initier aux méthodes et aux résultats des mathématiques appliquées. Certains ouvrages auront ainsi une vocation purement pédagogique alors que d'autres pourront constituer des textes de référence.La principale source des manuscrits réside dans les très nombreux cours qui sont enseignés en France, compte tenu de la variété des diplômes de fin d'études ou des options de mathématiques appliquées dans les écoles d'ingénieurs. Mais ce n'est pas l'unique source: certains textes pourront avoir une autre origine.

This series was founded by the "Société de Mathématiques Appliquées et Industrielles" (SMAI) with the purpose of publishing graduate-level textbooks in applied mathematics. It is mainly addressed to graduate students, but researchers and engineers will often find here advanced introductions to current research and to recent results in various branches of applied mathematics. The books arise, in the main, from the numerous graduate courses given in French universities and engineering schools ("grandes écoles d'ingénieurs"). While some are simple textbooks, others can also serve as references.

Xavier Blanc • Claude Le Bris

Homogénéisation en milieu périodique... ou non

Une introduction

 Springer

Xavier Blanc
Laboratoire Jacques-Louis Lions
Université Paris Cité & Sorbonne
Université, CNRS
Paris, France

Claude Le Bris
CERMICS
École des Ponts ParisTech & INRIA
Marne La Vallée, France

This work was supported by European Office of Aerospace Research and Development
(FA8655-20-1-7043) and Office of Naval Research (N00014-20-1-2691)

ISSN 1154-483X   ISSN 2198-3275   (electronic)
Mathématiques et Applications
ISBN 978-3-031-12800-4   ISBN 978-3-031-12801-1   (eBook)
https://doi.org/10.1007/978-3-031-12801-1

Mathematics Subject Classification: 35J15, 35J70, 35B27, 65M60, 65M12, 74Q15, 76M50

This Springer imprint is published by the registered company Springer Nature Switzerland AG
The registered company address is: Gewerbestrasse 11, 6330 Cham, Switzerland

*Entre dans la mer par les petits ruisseaux,
non d'un trait ; car c'est par le plus facile
qu'il convient d'arriver au plus difficile.*
THOMAS D'AQUIN *(1225–1274)*
*Seize conseils pour acquérir le trésor de la
science.*

Avant-Propos

La théorie de l'homogénéisation est née il y a une cinquantaine d'années. Elle a donc atteint l'âge de la maturité, voire de la sagesse. Ses ramifications sont nombreuses. Initiée à l'intersection d'un point de vue abstrait et de considérations appliquées plus explicites sur le cas d'un environnement périodique, elle a été ensuite progressivement considérée dans des cas localement périodiques, dans un cadre stochastique, ... Partie du cadre linéaire, elle aborde aujourd'hui, après les équations semi-linéaires, après les équations quasi-linéaires (par exemple, le p-laplacien), etc, les équations complètement non linéaires (comme les équations de Hamilton-Jacobi). Originalement concentrée sur le changement d'échelle local à l'intérieur d'un domaine, elle a su aussi se muer en un outil théorique pour la dérivation rigoureuse de lois de paroi. Elle a été appliquée non seulement aux équations mais aux *systèmes*, par exemple le système de Stokes. Après les problèmes "à second membre", elle a traité des problèmes spectraux, après les problèmes stationnaires des problèmes d'évolution, après les problèmes posés sur des domaines de géométries simples ceux posés sur des domaines perforés ou des domaines de géométrie encore plus complexe, comme les domaines à frontière fractale, etc.

Avec la maturité, une théorie mathématique rencontre deux écueils.

Le premier écueil est la technicité. Les choses simples ont, majoritairement, été faites. Celles qui restent sont difficiles, requièrent une créativité exceptionnelle et un arsenal technique élaboré. Certaines des contributions les plus récentes concernent souvent des raffinements dont l'intérêt échappe au lecteur profane. Or, si la sophistication de certains sujets peut être, pour certains lecteurs, un incomparable stimulant, elle est, pour d'autres lecteurs, un obstacle rédhibitoire.

Le second écueil est le risque que la théorie, emportée par sa propre dynamique, et pourtant originalement motivée par les applications, dérive vers une abstraction parfois difficile à rapprocher des considérations pratiques.

Notre motivation pour l'écriture de ce livre est issue des constats précédents.

Il nous a paru temps de synthétiser l'essence de la théorie et de la rendre plus accessible à un œil neuf. Des traités monumentaux, de référence, existent sur la théorie de l'homogénéisation, la plupart écrits par les contributeurs historiques de

la théorie. Ces traités sont indiscutables et exhaustifs : [BLP11, ZKO94, Tar09].
Il n'est pas question de rivaliser avec eux. D'autres traités viennent utilement les
compléter sur certains aspects : [All02, Bra02, PS08, SPSH92]. De même existent
des articles originaux qui sont des tournants de la recherche en le domaine, et des
articles de synthèse, comme [ES08], faisant autorité. A l'autre bout du spectre,
en plus des avancées permanentes publiées dans les journaux de recherche, des
livres de recherche sur le sujet paraissent régulièrement, par exemple [AKM19]. Ils
présentent des développements nouveaux, dont certains sont considérables. Il existe
aussi des ouvrages didactiques et élémentaires, par exemple [CD99] ou [BR18].
Mais, ils ne sont pas, eux, légion. Il n'est pas interdit d'avoir l'ambition d'en écrire
un nouveau, qui complémentera ceux qui existent déjà, fournissant un regard encore
différent, espérant que le lecteur voulant découvrir la théorie, son histoire et sa
vitalité, puisse, pour faire son apprentissage, choisir l'approche qui lui conviendra
le mieux dans une palette encore plus large. L'ouvrage présent s'inscrit dans cette
dernière catégorie.

Il est aussi temps de rapprocher la théorie de ses objectifs pratiques. Dès son
origine, on l'a dit, le développement de la théorie a été notamment motivé par des
questions de sciences des matériaux (transition de phases, propriétés de mélange,
etc) et ses succès ont été significatifs pour la compréhension phénoménologique et
l'équipement théorique d'une grande classe de tels phénomènes. Mais la théorie
de l'homogénéisation a aussi une utilité plus quantitative. Elle fait partie, dans sa
version moderne, de la grande famille des *méthodes multi-échelles*. Elle sert en effet
de guide théorique à plusieurs approches de simulation numérique dans ce domaine,
lesquelles approches doivent traiter de situations très variées. En un temps de
calcul limité, les praticiens des sciences de l'ingénieur veulent obtenir une réponse
quantitative à la question qu'ils se posent. Pour tel matériau, dont la géométrie
des microstructures n'obéit pas nécessairement à des hypothèses mathématiques
idéalisées, que peut-on attendre comme propriétés macroscopiques ? L'équipement
théorique fourni par la théorie de l'homogénéisation peut s'avérer frustrant: si on a,
en milieu industriel, une durée typique de deux heures de temps calcul disponible
pour fournir une réponse, certes approchée mais correcte en tendance ou en ordre
de grandeur, il n'est pas clair de comprendre comment choisir dans la palette des
modélisations possibles et comment, au besoin, réduire les ambitions de branches
de la théorie soucieuses, au premier chef, de précision.

Certains de nos propres travaux de recherche [BLL03, BLL07a, BLL07b, BLL12,
BLL15, BLL18, BLL19], effectués sous la direction et avec la collaboration
de Pierre-Louis Lions, nous ont amenés à développer un portefeuille de cadres
de modélisations, que nous avons regroupés sous l'appellation "non-périodique"
pour souligner qu'ils s'affranchissaient d'une hypothèse naturelle des premiers
temps de la théorie, tout en ne s'inscrivant pas nécessairement sous la chapeau
des modélisations aléatoires qui connaissent à juste titre aujourd'hui le succès
grandissant que l'on sait. Notre intention est d'utiliser cet ouvrage pour revisiter
ces contributions (dont certaines ont près de vingt ans d'âge), pour les mettre en
perspective, les simplifier, et pour montrer en quel sens elles contribuent en fait à
résoudre certaines des questions soulevées ci-dessus. Au passage, nous présentons

aussi la théorie périodique et la théorie stochastique, à la fois comme élément de départ ou de référence, et pour souligner, explicitement ou en creux, les différences avec les cas "non-périodiques" que nous choisissons d'étudier plus en détail.

En un certain sens, ce que nous proposons ici est donc une relecture (très partielle) de la théorie de l'homogénéisation à travers le prisme d'une large catégorie de problèmes non périodiques, tous orientés vers la résolution pratique.

Plus mathématiquement, (ou plus philosophiquement, ceci n'est qu'une affaire de point de vue), nous utilisons aussi les problèmes non périodiques considérés comme une batterie de *tests* sur la stabilité des résultats de la théorie de l'homogénéisation périodique par rapport à des perturbations de cette hypothèse idéalisée.

Notre ouvrage est majoritairement basé sur des cours que nous avons enseignés au niveau M2 ou équivalent, à l'Université Pierre et Marie Curie, à l'Université Paris-Diderot, et à l'Université de Chicago. Il suppose donc du lecteur une familiarité avec les notions élémentaires d'analyse fonctionnelle et de théorie des équations aux dérivées partielles de niveau L3/M1, et pas plus. Vu notre objectif appliqué, nous supposerons aussi que le lecteur a déjà été *exposé* à quelques notions de base sur les techniques de discrétisation des équations différentielles. Incidemment, quelques notions de théorie des probabilités seront aussi utiles. Dans ces trois cas, analyse, analyse numérique, probabilités, nous ferons au fil de l'eau, en annexe, les rappels nécessaires à rendre notre exposé autant que possible autonome. Que le lecteur se tranquillise donc. L'idée est de lui tenir la main. L'idée est aussi de l'initier, relativement tôt dans sa formation, à quelques interprétations pas toujours rigoureuses mais diablement intuitives, bien utiles pour clarifier les situations confuses, choses que l'on réserve malheureusement parfois à un public plus restreint, celui ayant *déjà* compris...

Nous remercions nos collègues proches pour leur relecture de versions préliminaires de cet ouvrage et en particulier Yves Achdou, Adina Ciomaga, David Gérard-Varet, Rémi Goudey, Pierre Le Bris, Frédéric Legoll, Tony Lelièvre, Alexei Lozinski, Sylvain Wolf. Nous remercions les deux referees anonymes pour leur relecture de la première version soumise et leurs nombreuses suggestions constructives. L'adresse https://ljll.math.upmc.fr/~blanc/files/errata-livre.pdf contient la correction des erreurs détectées après soumission de la version publiée. Nous remercions aussi Rutger Biezemans, Ludovic Chamoin, Gaspard Jankowiak et Alexei Lozinski pour nous avoir gracieusement autorisés à utiliser certains de leurs résultats numériques pour illustrer notre propos. Le premier auteur remercie Inria pour l'accord d'une délégation partielle en 2019-2020 et 2020-2021 qui lui a permis de trouver le temps nécessaire pour finaliser ce projet. Le second auteur remercie le département de mathématiques de l'Université de Chicago pour son hospitalité au cours de nombreuses visites ces dernières années. Il remercie également *European Office of Aerospace Research and Development* (Grant FA8655-20-1-7043) et *Office of Naval Research* (Grant N00014-20-1-2691) pour leur soutien constant de sa recherche depuis 2008.

Paris, France
2022

Préliminaire

Notre sujet d'étude principal, hormis quelques excursions (que nous nous autoriserons, un peu au Chapitre 2, et surtout au Chapitre 6) pour considérer quelques équations immédiatement reliées à celle-ci, sera l'équation

$$- \operatorname{div}(a_\varepsilon(x) \, \nabla u^\varepsilon(x)) = f(x).$$

(1)

Cette équation (1) est supposée posée sur un domaine borné $\mathcal{D} \subset \mathbb{R}^d$. Le domaine $\mathcal{D}$ est supposé avoir une frontière $\partial \mathcal{D}$ suffisamment régulière. Au besoin, nous préciserons cette régularité plus loin. La dimension ambiante d est typiquement égale à 3, bien que rien ne nous y oblige. Nous regarderons beaucoup aussi le cas de la dimension $d = 1$. Nous nous expliquerons plus loin sur ce choix qui peut paraître surprenant aux yeux des experts pour un sujet comme l'homogénéisation. Nous regarderons aussi parfois, exceptionnellement, le cas de la dimension $d = 2$. Cette dimension, si elle est traditionnellement très pratique pour l'exposé de techniques de discrétisation numérique car les questions géométriques (de maillage par exemple) y sont moins lourdes qu'en dimension 3, présente, pour toutes les questions d'analyse fonctionnelle et d'analyse des équations aux dérivées partielles et cela ne fait pas exception ici, un caractère toujours très particulier.

L'équation (1) est complétée d'une condition au bord qui, le plus souvent dans la suite sera la condition de Dirichlet homogène

$$u^\varepsilon(x) = 0,$$

(2)

sur le bord $\partial \mathcal{D}$ du domaine, mais pourrait aussi être une condition de Neumann ou une autre condition. Nous éclaircirons ceci le moment venu.

Dans (1), le coefficient $a_\varepsilon(x)$ est responsable de toute la difficulté du problème. Intuitivement, il encode la nature microscopique du milieu, hétérogène, ou "oscillante", à une échelle $0 < \varepsilon \ll 1$. Au contraire, la fonction $f(x)$ présente au membre de droite de l'équation (1) n'est, elle, pas oscillante, et il s'agit là d'un point capital, que l'absence de l'indice ε dans ce membre de droite souligne. D'un point de vue modélisation, disons que la fonction f désigne "les forces" appliquées au domaine, lesquelles sont indépendantes de l'échelle ε de la microstructure du milieu.

Le coefficient a_ε sera le plus souvent à valeurs scalaires, surtout pour des raisons de simplicité, et quand le considérer à valeurs matricielles n'apportera rien au raisonnement que des technicalités inutiles. Il est cependant utile de garder à l'esprit que, dans les applications pratiques notamment, il est le plus souvent à valeurs *matricielles*. De même, ce coefficient $a_\varepsilon(x)$ sera le plus souvent, dans les pages qui suivent, un changement d'échelle (souvent désigné par l'anglicisme "un rescalé" ou "un rescaling")

$$a_\varepsilon(x) \,=\, a\left(\frac{x}{\varepsilon}\right) \tag{3}$$

d'un coefficient $a(x)$ fixé. La théorie générale, abstraite, de l'homogénéi sation est conçue pour pouvoir traiter le cas d'un coefficient $a_\varepsilon(x)$ non nécessairement de cette forme, mais les développements que nous effectuerons nous, dans un but très pratique, nécessiteront quasiment toujours cette hypothèse très forte de structure.

Nous sommes parfaitement conscients des limitations de ce cadre très particulier, et le soulignerons chaque fois que nécessaire. Nous soulignerons aussi, bien sûr, quand nous saurons nous en affranchir, ce qui sera en particulier le cas pour la mise en pratique (et parfois l'étude) des méthodes numériques multiéchelles au Chapitre 5. Pour autant, nous estimons que la compréhension de ces cas "rescalés" est déjà un accomplissement substantiel.

Quoi qu'il en soit, nous supposerons toujours que ce coefficient $a_\varepsilon(x)$ a les propriétés de coercivité nécessaires à ce que l'équation (1) soit bien posée, en utilisant des arguments classiques et sans avoir recours à des théories plus élaborées. Dans le cas scalaire, ces propriétés reviennent à supposer que ce coefficient est, uniformément en ε, isolé de zéro et borné supérieurement, c'est-à-dire

$$\exists 0 < \mu, \quad \exists M < +\infty, \quad \forall \varepsilon > 0, \quad \mu \le a_\varepsilon(x) \le M, \tag{4}$$

pour tout $x \in \mathcal{D}$ (ou au moins presque tout x si le coefficient n'est pas continu). Nous ne regarderons donc nullement les questions de dégénérescence liées aux éventuelles annulations, ou explosions, du coefficient. Dans ces bonnes conditions, une application immédiate du Lemme de Lax-Milgram montre que la solution de (1)–(2) existe de manière unique, disons dans l'espace de Sobolev $H_0^1(\mathcal{D})$ lorsque $f \in L^2(\mathcal{D})$ (et même moins que cela). La difficulté majeure pour la résolution *pratique* de (1) (nous entendons par cela sa résolution numérique par une méthode de discrétisation numérique quelle qu'elle soit) est qu'il est attendu que les oscillations de la solution $u^\varepsilon(x)$ soient au moins aussi petites que celles du coefficient $a_\varepsilon(x)$, c'est-à-dire de taille $\varepsilon \ll 1$. Pour les capturer, il faudra donc un pas de discrétisation h en espace (taille du maillage éléments finis par exemple), bien plus petit que ε. Et nous allons nous placer dans les conditions où, précisément, nous ne pouvons pas forcément nous permettre cette taille de maillage, compte-tenu de moyens de calcul limités.

Disons tout de suite que, si notre propos sera concentré sur l'étude de l'équation (1), il n'est pour autant pas trivial. En effet...

Avertissement 1 au lecteur :
Il y aurait tout à perdre à sous-estimer l'équation (1).
Bien que linéaire et sous forme divergence,

- **elle recèle, pour l'homogénéisation, des difficultés mathématiques réelles, dont certaines résistent encore aujourd'hui à l'analyse,**
- **elle est présente, sous une forme ou une autre, dans une foule d'applications pratiques.**

Nous verrons en effet dans la suite que le caractère linéaire de l'équation n'est en fait qu'un *leurre*, puisque le processus d'homogénéisation s'intéresse en fait à la variation de la solution u_ε en fonction du paramètre a_ε, ce qui est *de facto* une application non linéaire et non locale. Quant à la deuxième assertion sur la pertinence pratique, soulignons dès maintenant que l'équation (1) apparaît telle quelle en modélisation de la thermique, de l'élasticité, de l'électrostatique, etc... Une telle équation, ou une équation approchante, intervient aussi dans un large catalogue de problèmes plus complexes, comme des problèmes dépendant du temps et éventuellement non linéaires.

L'idée de la théorie de l'homogénéisation est de plonger le problème particulier (1), pour une petite échelle ε fixée, dans une *famille* de problèmes constituée des équations (1) pour une suite de valeurs de ε tendant vers zéro. Ce faisant, on espère obtenir à la limite "$\varepsilon = 0$" un problème en fait plus simple à comprendre et aussi à résoudre numériquement, où la petite échelle ε a disparu, et donc le pas de maillage h peut être pris bien plus grand que initialement prévu. Cet espoir sera confirmé dans beaucoup de situations, et nous retrouvons là un caractère générique d'une grande catégorie de problèmes mathématiques, plus simples à résoudre asymptotiquement que pour une valeur fixée. Nous verrons que, pour (1), l'équation limite obtenue aura la forme

$$- \operatorname{div}(a^*(x)\, \nabla u^*(x)) = f(x), \tag{5}$$

où la difficulté est maintenant cachée dans la détermination pratique du coefficient a^*, dit coefficient homogénéisé, qui, dans la majeur partie de la suite de cet ouvrage, sera constante. En un certain sens, nous avons "divisé pour régner": la résolution supposée difficile de (1) a été troquée contre le calcul de a^* puis la résolution supposée plus simple de (5). Comme nous le verrons, mener ce programme à bien pour une grande variété de coefficients a_ε n'est pas forcément simple ! Ce qui nous amène à un avertissement capital, lié au fait que nous n'avons pas seulement un objectif de compréhension qualitative des phénomènes mais que nous nous sommes délibérément mis dans la situation où nous poursuivons aussi un but pratique.

Avertissement 2 au lecteur :
L'approche d'homogénéisation a un coût.
Elle prend sa pleine puissance (qui est alors considérable)

- **soit quand l'objectif est un objectif de compréhension,**
- **soit quand l'objectif pratique est de résoudre (1) de manière répétée,**

---

par exemple parce que cette équation (1) doit être résolue successivement pour plusieurs fonctions $f(x)$ au membre de droite. En d'autres termes, si l'objectif est purement pratique et est de résoudre *une seule fois* l'équation (1), pour ε petit, il vaut mieux, si on peut exceptionnellement disposer de moyens de calcul suffisants, les utiliser plutôt que de s'engager dans la voie que nous allons décrire ! Ce n'est pas, à notre avis, faire offense à une théorie que de bien délimiter son utilité. C'est au contraire la valoriser.

Etant entendu que nous allons majoritairement concentrer notre exposé sur l'équation (1) aux dépens de toutes les autres équations, et que nous nous engageons effectivement sur la voie que nous savons coûteuse de l'homogénéisation, qu'allons-nous faire ? Nous allons envisager toutes les variations possibles et imaginables du coefficient $a_\varepsilon(x)$ inséré dans (1), lequel coefficient encode la nature intime du milieu (du matériau) étudié. Le rapprocher le plus possible de la réalité est un enjeu théorique et pratique considérable.

Table des matières

Chapitre 1
La dimension "zéro"

La théorie de l'homogénéisation commencera véritablement au chapitre suivant. Ce premier chapitre présente un apprentissage informel du problème. Que peut-on espérer en étudiant les solutions de (1) pour un paramètre d'échelle ε petit ? Quelles sont les informations "gratuites" ? quelles sont les informations manquantes, et à quel prix les obtenir ? Nous verrons en particulier que deux ingrédients apparaissent: la convergence faible des suites de fonctions, et la notion très reliée de moyenne de fonctions. Le matériau assemblé ici nous sera utile tout au long de l'ouvrage, soit pour nous forger une intuition, soit comme ingrédient mathématique de preuves beaucoup plus élaborées. Nous apprendrons l'importance d'hypothèses de structures sur les fonctions manipulées et comment chaque hypothèse faite (périodicité, quasi-périodicité, presque périodicité, caractère stationnaire ergodique, et bien d'autres) influence, au moins intuitivement, le problème considéré. Comme le lecteur subtil s'en doute, ce chapitre est un des plus importants de l'ouvrage, et, à l'instar de certains autres chapitres à venir, sans doute un des plus éloignés d'une présentation traditionnelle de la théorie de l'homogénéisation.

1.1 La dimension zéro pour comprendre

Pour commencer à comprendre la structure de l'équation (1) et ses premières propriétés, nous procédons dans tout ce chapitre à une simplification très brutale. Nous effaçons par la pensée l'opérateur différentiel dans (1) de sorte que l'équation devient

$$-a_\varepsilon(x)\,u^\varepsilon(x) = f(x), \tag{1.1}$$

X. Blanc, C. Le Bris, *Homogénéisation en milieu périodique... ou non*, Mathématiques et Applications 88, https://doi.org/10.1007/978-3-031-12801-1_1

posée "x par x" sur le domaine $\mathcal{D}$, et est immédiatement résolue en

$$u^{\varepsilon}(x) = -\frac{1}{a_{\varepsilon}}(x)\,f(x). \tag{1.2}$$

Malgré cette simplification drastique, nous allons constater sur l'expression (1.2) plusieurs propriétés qui, en fait, resteront vraies pour l'équation originale (1). Nous le verrons dans la suite, d'abord en dimension 1 au Chapitre 2, puis en dimension quelconque, aux chapitres suivants. Evidemment, les choses seront plus compliquées, mais beaucoup des constats simples que nous allons faire maintenant persisteront.

Premièrement, et comme annoncé dans notre Préliminaire, nous lisons sur (1.2) que la relation liant la solution u^{ε} au coefficient a_{ε} est *non linéaire*, et ce même si l'équation est évidemment, elle, linéaire. Or c'est cette non linéarité, liée à la structure de l'équation (1) et ni à son cadre d'analyse fonctionnelle, ni à la présence d'opérateurs différentiels, ni à la dimension ambiante, qui va causer toute la difficulté de notre problème d'homogénéisation. Nous aurons l'occasion d'y revenir.

Deuxièmement, on comprend aussi sur l'expression (1.2) la difficulté *pratique* annoncée pour la résolution de (1) quand l'échelle ε du problème est petite. Les oscillations et hétérogénéités du coefficient a_{ε} se transmettent directement, via (1.2), à la solution u^{ε}, et il ne sera donc possible de les capturer par une résolution numérique que pour des pas de discrétisation au moins aussi petits que ε. Là aussi, ce constat sera identique pour l'équation originale (1), et nous en verrons une première illustration au chapitre suivant.

Plongeons maintenant l'équation (1.1) dans une *famille* d'équations identiques paramétrées par ε. En vertu des bornes (4), nous savons que la suite de fonctions $\frac{1}{a_{\varepsilon}}(x)$ est bornée dans L^{∞} et donc nous pouvons affirmer qu'il existe une sous-suite $\varepsilon' \to 0$ de paramètres ε et une fonction que nous notons (par souci de cohérence de notation) $\frac{1}{a}(x)$, laquelle fonction dépend *a priori* de la sous-suite ε', telles que l'on ait la convergence suivante pour la topologie faible $L^{\infty} - \star(\mathcal{D})$,

$$\frac{1}{a_{\varepsilon'}} \xrightarrow{\varepsilon' \to 0} \frac{1}{a}, \tag{1.3}$$

c'est-à-dire,

$$\int_{\mathcal{D}} \frac{1}{a_{\varepsilon'}}(x)\,\varphi(x)\,dx \xrightarrow{\varepsilon' \to 0} \int_{\mathcal{D}} \frac{1}{a}(x)\,\varphi(x)\,dx, \tag{1.4}$$

pour toute fonction $\varphi \in L^1(\mathcal{D})$. Si nous supposons alors, pour faire simple, que $f \in L^2(\mathcal{D})$, nous en déduisons par exemple, par l'inégalité de Cauchy-Schwarz, la convergence faible dans $L^2(\mathcal{D})$:

$$u^{\varepsilon'} \overset{\varepsilon' \to 0}{\longrightarrow} -\frac{1}{\overline{a}}\, f. \tag{1.5}$$

En effet, si $\varphi \in L^2(\mathcal{D})$,

$$\int_{\mathcal{D}} \frac{1}{a_{\varepsilon'}}(x)\, f(x)\, \varphi(x)\, dx \overset{\varepsilon' \to 0}{\longrightarrow} \int_{\mathcal{D}} \frac{1}{\overline{a}}(x)\, f(x)\, \varphi(x)\, dx,$$

puisque $f\,\varphi \in L^1(\mathcal{D})$ pour $f \in L^2(\mathcal{D})$ et $\varphi \in L^2(\mathcal{D})$. En notant $u^*(x) = -\frac{1}{\overline{a}}(x)\, f(x)$, nous pouvons donc dire, de manière un peu grandiloquente ici mais tout ceci prendra son sens plus loin dans cet ouvrage, que la limite faible u^* de la suite $u^{\varepsilon'}$ de solutions de (1.1) vérifie l'équation limite (on dira bientôt *équation homogénéisée*):

$$-\overline{a}(x)\, u^*(x) = f(x). \tag{1.6}$$

Arrêtons-nous un instant.

Nous venons de prouver que l'équation limite existe, et a, dans ce cas, la même forme que l'équation originale (1.1). Comme nous le verrons plus tard, ceci est à la fois général (parce que vrai sur l'équation (1)) et miraculeux (parce que faux sur beaucoup d'autres équations que (1), comme nous le montrerons sur un exemple à la Section 2.5 du Chapitre 2). Soulignons le fait qu'on peut à juste titre parler d'une *équation* puisque le coefficient $\overline{a}$ obtenu *ne dépend pas du second membre f*. A toute nouvelle "sollicitation" f correspond le *même* coefficient $\overline{a}$, sous réserve de garder la même sous-suite ε' dans (1.3). Nous avons donc, en un certain sens, obtenu le comportement limite de la solution pour des petites valeurs de ε.

Dans cette équation limite, nous ne pouvons pas manquer de remarquer la *forme* du coefficient $\overline{a}$ obtenu: il est l'*inverse* de la limite (1.3) des *inverses* $\frac{1}{a_{\varepsilon'}}(x)$ et, non pas, comme un examen (trop) rapide aurait pu nous y conduire, la limite des $a_{\varepsilon'}(x)$. Nous reviendrons sur cet aspect.

Soulignons que, malgré les limitations que nous nous apprêtons à signaler, ce résultat de convergence a déjà une importance considérable. Avec une information minimale, à savoir les bornes (4), nous avons été capables d'obtenir une équation limite. Et, de plus, la solution de cette équation, définissant le comportement limite, dépend linéairement de la donnée f. C'est une information substantielle.

La difficulté, en revanche, est que nous ne savons *rien* sur la limite que nous venons d'obtenir :

(i) déjà, nous ne savons pas que toute la suite u^ε de solutions converge en ce sens, mais seulement une extraction; inutile, *a fortiori*, de prétendre à l'unicité ;

(ii) de plus, nous ne savons pas identifier le coefficient $\overline{a}$, puisqu'il est obtenu *par méthode de compacité*; la seule information dont nous disposons, et qui a *créé* ce coefficient, est qu'une suite comme $\dfrac{1}{a_\varepsilon}$, bornée dans L^∞, est relativement compacte pour la topologie faible-$\star$;

(iii) enfin, même pour la sous-suite qui converge, il est bien illusoire de vouloir qualifier un taux de convergence de $u^{\varepsilon'}$ vers u^*, puisque nous ne savons déjà rien de celui de $\dfrac{1}{a_{\varepsilon'}}$ vers $\dfrac{1}{\overline{a}}$.

Nous n'avons aucune chance d'obtenir ces informations manquantes en toute généralité. Le lecteur pourra s'amuser à construire toutes les situations possibles pour s'en convaincre. Pour en savoir plus, nous allons devoir restreindre le degré de généralité et *supposer une structure* sur le coefficient $a_\varepsilon(x)$. La structure qui s'est imposée, historiquement, pédagogiquement et en termes des premières applications pratiques possibles, est une structure de changement d'échelles

$$a_\varepsilon(x) = a\left(\frac{x}{\varepsilon}\right) \tag{1.7}$$

pour une fonction a fixée *indépendante de ε*, et, qui plus est, une structure *périodique* :

$$a_\varepsilon(x) = a\left(\frac{x}{\varepsilon}\right) \qquad \text{où} \quad a \quad \text{est périodique.} \tag{1.8}$$

Commençons donc par étudier la situation dans le cas (1.8), pour revenir ensuite, à partir de la Section 1.4, à une hypothèse (1.7) complétée différemment.

Remarque 1.1 *Notons, même si "nous ne savons rien" sur la limite en toute généralité, que nous pouvons malgré tout obtenir des informations indirectes. Ainsi, la limite obéit à un principe de comparaison. Si $a_\varepsilon \leq b_\varepsilon$, au sens où* $\displaystyle\int_\mathcal{D} \frac{1}{b_\varepsilon(x)}\,\varphi(x)\,dx \leq \int_\mathcal{D} \frac{1}{a_\varepsilon(x)}\,\varphi(x)\,dx$ *pour toute fonction $\varphi \geq 0$ dans $L^1(\mathcal{D})$, alors pour une extraction telle que les deux suites convergent faiblement , la convergence (1.4) entraîne $\overline{a} \leq \overline{b}$ au même sens. Cette propriété de comparaison, ou de monotonie, est également vraie en dimensions supérieures (au sens des matrices symétriques dans ce cas).*

Remarque 1.2 *L'argument ci-dessus a consisté à "effacer" les opérateurs différentiels de (1) pour simplifier le problème et montrer qu'il se ramène alors au* *calcul de limites faibles. Une autre façon de justifier l'étude de telles limites est de remplacer l'équation* (1) *par une équation de type Schrödinger :*

$$- \Delta u^{\varepsilon} + V_{\varepsilon} \, u^{\varepsilon} = f, \tag{1.9}$$

toujours posée dans un domaine $\mathcal{D}$ *de* $\mathbb{R}^d$, *avec par exemple des conditions de Dirichlet homogènes au bord. Le potentiel* $V_{\varepsilon}(x)$ *est supposé positif ou nul, borné et oscillant (penser par exemple à* $V_{\varepsilon}(x) = V(x/\varepsilon)$), *donc, tout comme* a_{ε}, *il converge faiblement. L'existence d'une solution au problème* (1.9) *se prouve aisément, dès que* $f \in L^2(\Omega)$, *en utilisant par exemple le Lemme de Lax-Milgram ou bien en minimisant l'énergie associée. En multipliant l'équation* (1.9) *par* u^{ε} *et en intégrant, la formule de Green donne alors*

$$\int_{\mathcal{D}} \left| \nabla u^{\varepsilon} \right|^2 + \int_{\mathcal{D}} V_{\varepsilon} \left(u^{\varepsilon} \right)^2 = \int_{\mathcal{D}} f u^{\varepsilon} \leq \| f \|_{L^2(\mathcal{D})} \, \| u^{\varepsilon} \|_{L^2(\mathcal{D})},$$

où nous avons appliqué l'inégalité de Cauchy-Schwarz. Cette estimation et l'inégalité de Poincaré impliquent alors que u^{ε} *est bornée dans* $H_0^1(\mathcal{D})$. *Nous pouvons donc extraire une sous-suite qui converge faiblement dans* $H_0^1(\mathcal{D})$, *et (par le Théorème de Rellich) fortement dans* $L^2(\mathcal{D})$. *Le produit* $V_{\varepsilon} u^{\varepsilon}$ *est alors un produit de convergence faible par une convergence forte, et nous pouvons donc passer à la limite dans* (1.9), *ce qui donne*

$$- \Delta u^{*} + \overline{V} u^{*} = f, \tag{1.10}$$

où $\overline{V}$ *est la limite faible de* V_{ε}, *et* u^{*} *la limite de* u^{ε}. *La détermination de l'équation "limite" de l'équation originale* (1.9), *de nouveau de la même forme que cette dernière, revient donc au calcul de la limite faible de* V_{ε}.

1.2   Le cadre périodique

Nous adoptons dans cette section l'hypothèse périodique (1.8). Au même titre que le cas de l'homogénéisation en dimension 1 d'espace (exposée au Chapitre 2), bien que simple d'exposition, peut se révéler trompeuse, l'hypothèse de périodicité, nous le verrons un peu plus tard dans ce chapitre, est elle aussi bien plus particulière qu'il n'y paraît au premier abord. L'ensemble des fonctions périodiques est en effet un ensemble très spécifique. Cette hypothèse a eu beaucoup de succès parce que c'était la plus simple mathématiquement, la moins coûteuse informatiquement à une époque où les ordinateurs étaient peu puissants, et parce qu'elle est bien adaptée à beaucoup de situations de matériaux manufacturés. En revanche, en toute généralité et pour la majorité des milieux naturels, elle reste très académique. Pourtant, les mêmes experts qui n'aiment pas l'homogénéisation en dimension 1 d'espace et lui préfèrent le cas multidimensionnel, n'ont rien à redire sur le cadre périodique.

Avançons, nous, sans préjugé, et étudions ici l'hypothèse périodique. Plus tard, au prochain chapitre, nous considérerons aussi froidement le cas de la dimension 1.

Reprenons le travail précédent sur l'équation (1.1), cette fois avec l'hypothèse (1.8). Cette hypothèse va nous permettre de directement passer à la limite sur l'expression explicite (1.2) de la solution u^ε, maintenant écrite

$$u^\varepsilon(x) = -\frac{1}{a}\left(\frac{x}{\varepsilon}\right) f(x).$$

En effet, il existe pour des fonctions périodiques le résultat bien connu suivant, que nous énonçons par souci de simplicité en dimension 1 mais dont il est facile de voir qu'il est valable en toute dimension.

Proposition 1.3 *Soit b une fonction dans $L^\infty(\mathbb{R})$, supposée périodique de période 1. Alors la suite de fonctions $b\left(\frac{\cdot}{\varepsilon}\right)$ converge faiblement-$\star$ dans L^∞ vers la fonction constante notée $\langle b \rangle$, dite moyenne de b, et de valeur*

$$\langle b \rangle = \int_0^1 b. \tag{1.11}$$

Preuve. Il s'agit de montrer que pour toute fonction $v \in L^1(\mathbb{R})$, on a

$$\int_\mathbb{R} b\left(\frac{x}{\varepsilon}\right) v(x)\, dx \xrightarrow{\varepsilon \to 0} \int_0^1 b \int_\mathbb{R} v.$$

Nous montrons en fait cela pour v une fonction caractéristique, puis il suffira d'utiliser la densité des fonctions en escalier dans l'espace $L^1(\mathbb{R})$. Nous sommes donc ramenés à montrer que pour $\alpha < \beta$, on a

$$\int_\alpha^\beta b\left(\frac{x}{\varepsilon}\right) dx \xrightarrow{\varepsilon \to 0} (\beta - \alpha) \int_0^1 b.$$

Nous récrivons simplement, en utilisant la périodicité et en notant $[x]$ la partie entière de x,

$$\int_\alpha^\beta b\left(\frac{x}{\varepsilon}\right) dx = \varepsilon \int_{\frac{\alpha}{\varepsilon}}^{\frac{\beta}{\varepsilon}} b(y)\, dy$$

$$= \varepsilon \left(\left[\frac{\beta}{\varepsilon}\right] - \left[\frac{\alpha}{\varepsilon}\right] - 1\right) \langle b \rangle + \varepsilon \int_{\frac{\alpha}{\varepsilon}}^{[\frac{\alpha}{\varepsilon}]+1} b(y)\, dy + \varepsilon \int_{[\frac{\beta}{\varepsilon}]}^{\frac{\beta}{\varepsilon}} b(y)\, dy$$

$$= (\beta - \alpha) \langle b \rangle + O(\varepsilon) \tag{1.12}$$

Ceci conclut la preuve.   □

A la limite $\varepsilon \to 0$, en vertu de la Proposition 1.3 appliquée à la fonction $\dfrac{1}{a}$, nous pouvons donc affirmer la convergence faible de *toute* la suite u^ε :

$$u^\varepsilon \longrightarrow u^* = -\left\langle \frac{1}{a} \right\rangle f, \tag{1.13}$$

dans $L^2(\mathcal{D})$. Ceci permet de complètement déterminer le coefficient $\bar{a}$ dans l'équation limite (1.6) obtenue à partir de (1.1) et d'affirmer que u^* est solution de

$$-\frac{1}{\left\langle \frac{1}{a} \right\rangle} u^*(x) = f(x). \tag{1.14}$$

En d'autres termes, $\bar{a}$ est le coefficient *unique*, et d'ailleurs constant, donné par

$$\bar{a} = \frac{1}{\left\langle \frac{1}{a} \right\rangle}. \tag{1.15}$$

Nous notons au passage que ce coefficient n'est *jamais* égal au plus intuitif $\langle a \rangle$ sauf dans le cas miraculeux où la fonction a est constante, ce qui, on l'avouera, limite l'intérêt de considérer ses oscillations de petite taille (1.8) ! C'est en effet une propriété de l'inégalité dite *inégalité de Jensen*, $\varphi \left(\displaystyle\int_0^1 a(x)\,dx \right) \leq \displaystyle\int_0^1 \varphi(a(x))\,dx$, pour toute fonction φ convexe, que si la fonction φ, ici prise égale à $\varphi(t) = \dfrac{1}{t}$ pour $t > 0$, est en fait une fonction strictement convexe, alors il y a égalité dans la majoration si *et seulement si* a est constante. Nous notons aussi, pour un usage ultérieur, que dans cette observation, nous ne faisons pas usage de la périodicité, mais seulement du fait que le coefficient $\bar{a}$ s'exprime en fonction d'une moyenne. Quoi qu'il en soit, dans le cas (1.1), et aussi, nous le verrons plus tard, dans le cadre étudié au Chapitre 2 où l'opérateur différentiel est rétabli, l'analyse montre qu'il faut connaître la *statistique* (cette terminologie s'éclairera à la Section 1.6) de $\dfrac{1}{a}$ et non seulement celle de a... Ce cas est pourtant le plus simple possible, et, dans des situations à peine plus compliquées ou en dimension supérieure, avoir l'intuition du coefficient homogénéisé se révèlera une tâche désespérée.

L'hypothèse (1.8) nous a donc permis de combler, dans le cas périodique, le manque des deux informations (i) et (ii) signalées ci-dessus dans le cas général. Notons au passage qu'elle permet aussi de souligner qu'il y a certes convergence *faible* dans les bons espaces $L^p(\mathcal{D})$ (en fonction de l'hypothèse correspondante faite sur le membre de droite f, nous avons pris $p = 2$ ci-dessus), mais qu'il n'y a *pas convergence forte*. En effet, la fonction périodique $\dfrac{1}{a}\left(\dfrac{x}{\varepsilon}\right)$ ne converge fortement dans L^p vers sa moyenne $\left\langle\dfrac{1}{a}\right\rangle$ que si la fonction a est en fait constante.

L'hypothèse (1.8) permet aussi d'apporter quelques éléments sur la question du taux de convergence soulevée en (iii). En effet, dans le cas périodique, l'estimation (1.12) dans la preuve de la Proposition 1.3 permet d'affirmer que

$$\left|\int_0^1 \frac{1}{a}\left(\frac{x}{\varepsilon}\right)\,dx - \left\langle\frac{1}{a}\right\rangle\right| = O(\varepsilon). \tag{1.16}$$

Dans l'esprit (ou au moins pour $f \equiv 1\ldots$), un taux de convergence dans (1.13) s'en déduit donc. Rigoureusement, on ne peut pas établir de vitesse de convergence pour la convergence faible-$\star$ dans L^∞ énoncée à la Proposition 1.3, c'est-à-dire pour une fonction test f arbitraire seulement L^1. Mais dès que la fonction test f est précisée, ou supposée d'une régularité suffisante, par exemple de classe C^1, il est possible de le faire. Nous laissons cet exercice au lecteur.

Dans l'intention de préparer les chapitres à venir, signalons que les fonctions périodiques b, disons de période 1 sur la droite réelle $\mathbb{R}$, en plus de vérifier la propriété

(P1)   les fonctions rescalées $b\left(\dfrac{\cdot}{\varepsilon}\right)$ convergent à vitesse $O(\varepsilon)$ vers leur moyenne, au sens (1.16) ci-dessus,

satisfont aussi les propriétés, élémentaires, suivantes :

(P2)   la moyenne $\langle|b|\rangle$ définit une norme équivalente à la norme L^1-*uniforme*, définie par $\|b\|_{L^1_{\mathrm{unif}}} = \sup\limits_{x\in\mathbb{R}} \displaystyle\int_{|y-x|\leq 1} |b(y)|\,dy$;

(P3)   une fonction périodique b de moyenne nulle $\langle b\rangle = 0$ est la dérivée d'une fonction *périodique*, unique à constante additive près ;

(P4)   une fonction périodique satisfait l'inégalité dite *inégalité de Poincaré-Wirtinger* : $\displaystyle\int_{[0,1]} |b(x) - \langle b\rangle|^2\,dx \leq C_{PW}\int_{[0,1]} |b'(x)|^2\,dx$ pour une certaine constante C_{PW} indépendante de b et dépendant seulement de sa période, ici 1.

(P5)   une fonction périodique continue b est bornée, donc en particulier strictement sous-linéaire à l'infini, au sens où $\dfrac{b(x)}{1+|x|} \xrightarrow{|x|\to+\infty} 0$.

Toutes ces propriétés se généralisent *mutatis mutandis* à la dimension d quelconque.

Il est donc légitime de former l'espoir que le cadre périodique nous permettra de connaître avec précision (notamment au sens des propriétés évoquées dans (i)-(ii)-(iii)) le comportement de la solution de l'équation originale (1) pour ε petit. Ce sera effectivement le cas, et nous le verrons aux chapitres suivants. Mais, pour le moment, continuons notre exploration des cadres de travail possibles, et commençons par ce qui *pourrait* apparaître comme une digression, mais dont nous verrons aux Sections 1.4 à 1.6 qu'elle n'en est pas vraiment une.

1.3 L'énergie d'un système infini de particules

Les questions d'homogénéisation sont intrinsèquement reliées aux questions de convergence faible, on l'a découvert très vite ci-dessus, et donc, pour certaines structures particulières comme le cas périodique, tout aussi reliées aux questions de moyenne de fonctions. Il se trouve qu'il existe une grande proximité entre cette dernière question, les moyennes de fonctions, et un problème apparemment distant de l'homogénéisation, le problème du calcul des énergies moyennes de systèmes de particules. Nous pourrions très bien expliquer ce lien entre homogénéisation des équations aux dérivées partielles et énergie moyenne des systèmes de particules en considérant la version *discrète* des opérateurs différentiels en jeu, où, dit brièvement, nous remplacerions $\dfrac{du}{dx}$ par $\dfrac{u(\cdot + h) - u(\cdot)}{h}$. Mais ceci n'est pas nécessaire pour notre propos dans ce chapitre, où précisément nous avons éliminé les opérateurs différentiels !

L'étude rapide que nous allons mener ici d'un système de particules sera un guide de pensée utile pour les différents cadres que nous allons définir, en marge du cadre périodique, pour les études d'homogénéisation que nous ferons par la suite. Cela nous permettra de tester des hypothèses géométriques, de deviner ce que l'on peut peut-être espérer, ou non, comme résultat asymptotique. Ce guide de pensée pourra même se muer, à la section suivante, en un véritable outil mathématique formalisé.

1.3.1 Le modèle choisi et le système infini périodique

Considérons un système de particules (nous pourrions dire aussi *atomes*, ou *sites atomistiques*) que, pour simplifier l'exposition, nous prenons monodimensionnel bien que rien, de nouveau, ne nous y oblige. Il s'agit, intuitivement, d'un modèle simpliste pour un matériau solide cristallin. Fixons $N \in \mathbb{N}$, et supposons ces particules en nombre $2N + 1$, et situées aux points $X_k \in \mathbb{R}$, $k \in \{-N, \ldots, N\}$. Ces positions sont supposées (encore pour simplifier) rangées : $X_{-N} \leq X_{-N+1} \leq \cdots \leq X_N$. Elles interagissent par ce qu'on appelle *un potentiel de plus proche voisin*, noté V et dépendant seulement de la distance, ce qui signifie que la particule en X_k ne "voit" que celles en X_{k-1} et X_{k+1} (avec la convention que si $k = -N$ ou $k = N$, elle ne voit que la particule immédiatement à sa droite, ou respectivement à sa gauche). Quand le nombre N est fini, ce modèle est interprété comme celui d'un système fini de particules (un genre de "molécule"), et son énergie est alors la somme de toutes les interactions :

$$E_N = \sum_{-N \leq k \leq N-1} V(|X_{k+1} - X_k|). \tag{1.17}$$

La raison pour laquelle nous avons fixé la position des particules en X_k est que nous avons en fait implicitement supposé que les distances $|X_{k+1} - X_k|$ réalisaient chacune le minimum de la fonction V : les particules s'agencent naturellement pour minimiser l'énergie globale E_N. L'idée est maintenant d'étudier la limite $N \to +\infty$ de ce modèle, et le lecteur a déjà compris que N joue ici le rôle du paramètre $\frac{1}{\varepsilon}$ de l'homogénéisation.

Relevons tout d'abord un point. Supposons que toutes les particules soient localisées de manière équidistante, disons $X_{k+1} - X_k = 1$ pour tout $k \in \{-N, \ldots, N-1\}$, et supposons que la valeur $V(1)$ du potentiel correspondante soit strictement négative : $V(1) < 0$. Ceci est une hypothèse de nature physique puisque deux particules placées à distance infinie l'une de l'autre sont supposées ne pas interagir, donc $V \to 0$ à l'infini et donc le minimum de V, dans le cas non dégénéré, est strictement négatif. L'énergie E_N du système de $2N+1$ particules vaut alors $E_N = 2N \, V(1)$ et diverge (vers $-\infty$) quand $N \to +\infty$. Ceci n'est pas une surprise quand on pense à la physique sous-jacente. L'énergie est une grandeur extensive, c'est-à-dire qu'elle dépend linéairement de la quantité de matière considérée. Il faut donc la *renormaliser* pour espérer obtenir une limite des grands volumes, exactement comme on renormalise l'intégrale d'une fonction périodique sur un domaine de taille croissante en divisant par le volume de ce domaine. Nous regardons donc désormais l'*énergie par particule* $\frac{1}{2N+1} E_N$, laquelle admet ici trivialement une limite

$$\frac{1}{2N+1} E_N = \frac{2N}{2N+1} V(1) \longrightarrow V(1), \qquad (1.18)$$

quand $N \to +\infty$. La valeur $V(1)$ de cette limite définit en un certain sens (c'est en fait le seul sens possible... mais glissons sur cet aspect qui nous emmènerait trop loin) l'énergie du système infini *périodique* de particules $X_k = k$, $k \in \mathbb{Z}$. Nous le verrons plus loin, cette énergie joue en fait le rôle de la moyenne, et donc du coefficient homogénéisé introduit précédemment par la notation $\overline{a}$ en (1.14), ou la notation plus générale A^* dans (5). Notre objectif est maintenant de nous départir de l'hypothèse de périodicité $X_{k+1} - X_k = 1$ que nous avons faite ci-dessus, et de voir comment nous pouvons "secouer" (nous dirons bientôt "perturber") ce système de particules, tout en lui conservant une énergie par particule $\lim_{N \to +\infty} \frac{1}{2N+1} E_N$ asymptotiquement bien définie...

1.3.2 Introduction de défauts localisés, ou non

Commençons par briser ce bel arrangement périodique en le perturbant par un *défaut local*, à savoir une particule qui n'est pas "à sa place". Considérons donc le cas où

$$X_k = \begin{cases} k \text{ pour } k \neq 0, \\ \alpha \text{ pour } k = 0, \end{cases} \qquad (1.19)$$

pour, disons, $\alpha \in]0, 1[$. L'énergie du système devient :

$$E_N = \sum_{k=-N}^{-2} V(|X_{k+1} - X_k|) + V(|1 + \alpha|) + V(|1 - \alpha|) + \sum_{k=1}^{N-1} V(|X_{k+1} - X_k|)$$
$$= (N - 1) V(1) + V(1 + \alpha) + V(1 - \alpha) + (N - 1) V(1). \tag{1.20}$$

Nous constatons alors, et ce n'est pas une surprise si on pense à la renormalisation, que l'énergie par particule $\frac{1}{2N+1} E_N$ n'est pas asymptotiquement modifiée et vaut encore $V(1)$ à la limite $N \to +\infty$. L'insertion d'*un* (article cardinal) défaut n'est pas de nature à perturber l'énergie moyenne. Mais bon, notons-le malgré tout car nous y reviendrons. Le seul moyen de détecter quantitativement la présence d'un tel défaut est de regarder avec plus de précision, c'est-à-dire au-delà de la seule mesure de la moyenne, mais en prêtant attention aux détails. Ainsi, si nous considérons la *différence* entre l'énergie du système avec et sans défaut, nous trouvons

$$\Delta E_N = V(1 + \alpha) + V(1 - \alpha) - 2 V(1), \tag{1.21}$$

laquelle quantité a une limite finie quand $N \to +\infty$, puisqu'en fait, dans ce cas simplissime, elle ne dépend même pas de N. Nous verrons plus loin (quand on discutera l'équation dite du correcteur dans le cas des défauts) que cette manière de "zoomer" sur les détails pertinents a son analogue en homogénéisation. Du point de vue de la modélisation, l'énergie du système perturbé infini, obtenue en laissant tendre $N \to +\infty$ se mesure donc plus précisément qu'en moyenne : il suffit de prendre *pour référence* l'énergie du système périodique sous-jacent. C'est une autre façon de *renormaliser* (c'est-à-dire de se libérer de l'infini) que celle consistant à diviser par la quantité de matière.

Evidemment, le lecteur a déjà compris que si, au lieu de déplacer la particule originellement en $X_0 = 0$, nous l'éliminions purement et simplement du système, ou si nous perturbions l'arrangement périodique en plus d'une seule particule, par exemple en un nombre fini p de particules, la situation serait qualitativement identique. Seule la formule (1.21) changerait. De même, si nous envisagions un léger déplacement de chacune des particules, avec par exemple

$$X_k = k + \exp(-|k|),$$

et de bonnes propriétés du potentiel V (qu'il n'est pas utile de formaliser pour le moment), on devine que la discussion s'adapterait facilement. Pourvu que, en un sens formel, les choses soient "sommables à l'infini", comme une série presque nulle l'est, c'est-à-dire, avec un langage plus physique, que la perturbation *disparaisse à l'infini* (en fait suffisamment "vite"). Dans tous ces scénarios, l'énergie par particule (1.18) ne sera pas asymptotiquement modifiée, et l'écart en énergie avec (1.21) pourra être mesuré.

Disparaître à l'infini n'est cependant pas la seule option, pour une perturbation, de laisser l'énergie par particule inchangée. La perturbation peut aussi *"être rare"*. Considérons la configuration qui laisse toutes les particules $X_k = k$ à leurs positions, *sauf* celles d'indices $k = \pm 2^n$ pour $n \in \mathbb{N}$, déplacées en $X_k = k + \alpha$, encore pour $\alpha \in]0, 1[$. La rareté des puissances de 2, qui sont en nombre $O(\log N) \ll N$ sur un intervalle de longueur N, entraîne que l'énergie par particule est effectivement inchangée. Pourtant, cette fois, la perturbation ne disparaît aucunement à l'infini (aussi loin aille-t-on sur la droite réelle, la position de certaines particules est encore perturbée d'un décalage α qui reste constant), et la différence ΔE_N n'admet pas de limite finie pour $N \to +\infty$.

Plus brutalement, on peut vouloir déplacer les particules "par blocs". Une manière de faire est de considérer

$$X_k = \begin{cases} k + 1/2 & \text{pour } (2n)^2 < |k| \leq (2n+1)^2, \\ k & \text{pour } (2n+1)^2 < |k| \leq (2n+2)^2, \end{cases} \tag{1.22}$$

configuration formée de blocs alternés de positions décalées ou non. Comme seules les *distances* sont importantes pour le calcul de l'énergie, un tel système a exactement la même énergie par particules que le système parfaitement périodique, tout en étant en fait très éloigné de celui-ci en terme de répartition spatiale.

Une configuration franchement plus éloignée est celle consistant à changer la longueur de périodicité selon la zone de l'espace. Nous pouvons ainsi considérer $X_k = k$ et $X_{-k} = -k\sqrt{2}$, pour $k \in \mathbb{N}$. En termes de modélisation, on comprend immédiatement qu'il s'agit-là de deux systèmes de particules de périodicités incommensurables (d'où le facteur $\sqrt{2}$) assemblés en une interface, ici réduite au point $X_0 = 0$ dans cette géométrie monodimensionnelle. En terme de science des matériaux, on parlerait de "joint". Cette fois, l'énergie par particule est modifiée : il y a une pondération des deux énergies périodiques "loin à gauche" et "loin à droite", comme on peut s'en rendre compte par un calcul élémentaire.

Clairement, nous nous orientons progressivement vers une complexité croissante de la modification de la structure périodique de départ.

A ce stade, le lecteur a compris la variété des configurations de positions de particules qui permettent le calcul de l'énergie par particule, certaines configurations pouvant être vues comme de "petites" modifications (on parlera de perturbations) de l'exemple canonique que constitue la configuration périodique, d'autres bien plus éloignées. Il est superflu de continuer le jeu de considérer encore d'autres exemples de configurations. Quitte à changer, changeons maintenant toutes les positions, et terminons donc cette section par deux autres cadres qui ont vocation à être généraux, et en un certain sens à englober, donc, la grande généralité des autres. Un de ces cadres est déterministe, l'autre aléatoire.

1.3.3 Vers des cadres plus généraux pour les perturbations

Le cadre déterministe général que nous introduirons à la Section 1.4.5 ci-dessous, et dont nous voudrions présenter ici une version dégradée (adaptée au cadre simple manipulé dans cette section), repose sur l'observation suivante: pour pouvoir explicitement calculer une énergie moyenne par particule de type (1.18), il est seulement nécessaire d'avoir de bonnes propriétés de répartition de *la plupart* des particules, puisque dans le processus de renormalisation de division par le nombre de particules, les particules mal placés sont "oubliées", si elles sont en nombre $o(N)$. Cette intuition, originalement introduite dans l'article [BLL03], suggère de considérer les ensembles de positions de particules X_k, pour $k \in \mathbb{Z}$ qui vérifient les trois propriétés suivantes (énoncées ici dans le cadre monodimensionnel, et pour une interaction de plus proche voisin)

(H1)   il n'existe nulle part d'accumulation d'un nombre arbitrairement grand de particules, au sens où

$$\sup_{x \in \mathbb{R}} \# \{k \in \mathbb{Z}; |x - X_k| \le 1\} < +\infty; \tag{1.23}$$

(H2)   il n'existe nulle part de domaine arbitrairement grand dont les particules sont totalement absentes, au sens où

$$\exists R > 0 \quad \inf_{x \in \mathbb{R}} \# \{k \in \mathbb{Z}; |x - X_k| \le R\} > 0; \tag{1.24}$$

(H3)   (H3.1) il y a asymptotiquement en les grands volumes, un nombre de particules linéaire par unité de volume, au sens où

$$\exists \lim_{R \to +\infty} \frac{1}{2R} \# \{k \in \mathbb{Z}; X_k \in [-R, R]\}, \tag{1.25}$$

et (H3.2) ces particules sont localisées de sorte que les paires de plus proches voisins soient, en nombre linéaire, et approximativement, espacées de "périodes", au sens suivant : pour tout $\delta > 0$ suffisamment petit et pour tout $h > 0$, on peut définir

$$l(h, \delta) = \lim_{R \to +\infty} \frac{1}{4R\delta} \# \{k \in \mathbb{Z}; X_k \in [-R, R] ; |X_{k+1} - X_k - h| \le \delta\}. \tag{1.26}$$

Il est immédiat de réaliser que des positions périodiques de période T vérifient ces trois hypothèses, avec notamment $l(h, \delta) = \frac{1}{2\delta}$ si $h \in [T - \delta, T + \delta]$ est proche de la période T, et $l(h, \delta) = 0$ sinon. En d'autres termes, pour $\delta \to 0$, $l(h, \delta)$ tend vers la distribution $l(h)$ égale à la mesure de Dirac en $h = T$. Il est tout aussi immédiat de réaliser que le cadre est conçu pour aller bien au-delà de la rigidité du cadre périodique. En effet, un calcul simple montre que dans le cas général, $l(h)$ est la mesure définie par

$$\forall \varphi \in C_b^0(\mathbb{R}), \quad \int_{\mathbb{R}} \varphi(h)dl(h) = \lim_{R \to +\infty} \frac{1}{2R} \sum_{k \in \mathbb{Z}, |X_k| \le R} \varphi(X_{k+1} - X_k).$$

On pourra aussi vérifier (plus ou moins facilement selon les cas mais c'est vrai) que les cadres précédents vus à la Section 1.3.2 se reconnaissent comme des cas particuliers. Dans le cas ci-dessus, il est aisé de voir, à partir de la condition (H3.2), que l'énergie par particule prendra asymptotiquement la valeur

$$\lim_{N \to +\infty} \frac{1}{2N+1} E_N = \int_0^{+\infty} V(h)\, dl(h). \tag{1.27}$$

Enfin, dans une direction différente de toutes les modifications auxquelles nous avons procédé, considérons maintenant le cadre aléatoire. Parmi les configurations précédentes, au moins les configurations périodiques peuvent être interprétées comme des cas particuliers du cadre aléatoire, nous y reviendrons plus loin dans ce chapitre, mais clairement le cadre aléatoire va plus loin, et différemment. Considérons, toujours dans le cadre de travail simpliste de cette section, l'ensemble de particules ou chaque particule a une position aléatoire, que nous supposons être, pour tout $k \in \mathbb{Z}$, de la forme $X_k(\omega) = k + Y_k(\omega)$, donc "légèrement différente" de k, avec, disons, des variables aléatoires Y_k identiquement distribuées, indépendantes les unes des autres, et, pour garder l'ordre des positions des particules que nous avons conservés dans toute cette section par souci de simplicité, Y_k à valeurs dans $]-1/2, 1/2[$. Une application directe de la loi forte des grands nombres permet de dire que la limite quand $N \to +\infty$ de l'énergie par particule est l'espérance $\mathbb{E}(V(1 + Y_1 - Y_0))$. Dans un tel cas, la modification quantitative est évidemment substantielle par rapport au cas périodique.

1.4   Les défauts à la périodicité

Après notre excursion de la Section 1.3 dans le monde des systèmes infinis de particules, nous revenons ici au cadre analytique des Sections 1.1 et 1.2, en conservant l'hypothèse de structure (1.7) mais pas l'hypothèse périodique (1.8). Essayons de reproduire un peu de la variété des perturbations du système périodique que nous avons mises en œuvre à la Section 1.3.

1.4.1 Perturbation à support compact

Repartons de $\dfrac{1}{a}\left(\dfrac{x}{\varepsilon}\right)$, avec une fonction a qui, nous allons le formaliser, est une perturbation d'une fonction périodique a_{per}. Dans la Section 1.3, déplacer la particule placée en $X_0 = 0$, ou un nombre fini de telles particules, correspond ici à modifier a par l'addition d'une fonction à support compact. Dans l'esprit, cette analogie est intuitive. Elle est en fait mieux qu'une analogie et peut se formaliser mathématiquement, mais nous différons cela à plus tard (Section 1.4.4) et nous nous contentons pour le moment de l'"esprit" d'une telle modification. Si nous considérons donc $a = a_{per} + \widetilde{a}$ où $\widetilde{a}$ est une fonction bornée à support compact de la droite réelle, supposée telle que a est encore isolé de zéro, nous constatons que

$$\frac{1}{a_{\varepsilon}}(x) = \frac{1}{a_{per} + \widetilde{a}}\left(\frac{x}{\varepsilon}\right) \xrightarrow{\varepsilon \to 0} \left\langle \frac{1}{a_{per}} \right\rangle. \tag{1.28}$$

En effet, $c = \dfrac{1}{a_{per} + \widetilde{a}} - \dfrac{1}{a_{per}} = -\dfrac{\widetilde{a}}{a_{per}(a_{per} + \widetilde{a})}$ est une fonction bornée, à support compact, qui vérifie donc par exemple $\displaystyle\int_{\mathbb{R}} \left| c\left(\frac{x}{\varepsilon}\right) \right| dx = \varepsilon \int_{\mathbb{R}} |c(x)|\, dx = O(\varepsilon)$. Il s'ensuit que $c\left(\dfrac{x}{\varepsilon}\right)$ converge fortement, et donc *a fortiori* faiblement, vers zéro dans tous les $L^p(\mathcal{D})$, $1 \leq p < +\infty$. En particulier, la vitesse de convergence $O(\varepsilon)$ de $\displaystyle\int_0^1 \frac{1}{a_{per}}\left(\frac{x}{\varepsilon}\right) dx - \left\langle \frac{1}{a_{per}} \right\rangle$ vers zéro n'est pas affectée par l'addition de $\widetilde{a}$ à a_{per}. Noter que par encore le même argument, $\left\langle \dfrac{1}{a_{per} + \widetilde{a}} \right\rangle = \left\langle \dfrac{1}{a_{per}} \right\rangle$. Ici, bien sûr, la moyenne de la fonction non périodique $\dfrac{1}{a_{per} + \widetilde{a}}$ est définie par

$$\left\langle \frac{1}{a_{per} + \widetilde{a}} \right\rangle = \lim_{R \to +\infty} \frac{1}{2R} \int_{-R}^{R} \frac{1}{a_{per}(x) + \widetilde{a}(x)} dx.$$

En appliquant le même changement de variable, nous remarquons que, pour toute fonction $\varphi \in L^1(\mathcal{D})$, nous avons $\displaystyle\int_{\mathbb{R}} c\left(\frac{x}{\varepsilon}\right) \varphi(x)\, dx = \varepsilon \int_{\mathbb{R}} c(x)\varphi(\varepsilon x)\, dx = O\left(\displaystyle\int_{|x| \leq O(\varepsilon)} |\varphi(x)|\, dx\right) = o(1)$. La suite converge donc aussi vers zéro faiblement pour la topologie faible-$\star$ de $L^\infty(\mathcal{D})$, d'où la convergence (1.28) annoncée.

1.4.2 Perturbation dans L^p

Comme nous avons construit l'analogue de la perturbation d'un nombre fini de positions de particules, nous pouvons maintenant construire une perturbation un peu plus générale qui disparaît à l'infini, en un sens que nous allons préciser. Choisissons en effet de perturber a_{per} par l'addition d'une fonction $\widetilde{a} \in L^p(\mathbb{R})$ pour, par exemple, le cas particulier $p = 2$. Un peu formellement, une telle fonction $\widetilde{a}$ tend vers zéro à l'infini. Pour rendre ce résultat formel rigoureux, il suffit par exemple de supposer un peu de régularité uniforme locale, par exemple $\widetilde{a}$ lipschitzien uniformément sur $\mathbb{R}$, un type d'hypothèse que nous rencontrerons très souvent dans les chapitres suivants (sous la forme plus élaborée de régularité hölderienne ou de type Sobolev). Nous supposons de plus cette perturbation $\widetilde{a}$ telle que $a = a_{per} + \widetilde{a}$ soit à la fois borné supérieurement (parce que nous imposons à $\widetilde{a}$ d'être borné, et donc $\widetilde{a} \in L^2(\mathbb{R}) \cap L^\infty(\mathbb{R})$), et isolé de zéro (par exemple parce que nous supposons que $\widetilde{a}$ n'est "pas trop" négative, vu a_{per}).

Considérons donc de nouveau $c = \dfrac{1}{a_{per} + \widetilde{a}} - \dfrac{1}{a_{per}} = -\dfrac{\widetilde{a}}{a_{per}(a_{per} + \widetilde{a})}$ qui est maintenant une fonction $L^2(\mathbb{R})$ (et aussi $L^\infty(\mathbb{R})$). En remarquant que

$$\int_{\mathbb{R}} \left| c\left(\frac{x}{\varepsilon}\right) \right|^2 dx = \varepsilon \int_{\mathbb{R}} |c(x)|^2 \, dx = O(\varepsilon),$$

nous voyons que la suite $c\left(\dfrac{x}{\varepsilon}\right)$ converge fortement vers 0 dans $L^2(\mathcal{D})$ (et même $L^2(\mathbb{R})$), à la vitesse $O(\sqrt{\varepsilon})$. A fortiori, elle converge aussi faiblement dans cet espace. Et cette convergence se produit à la même vitesse puisque, pour $\varphi \in L^2(\mathcal{D})$, et en utilisant l'inégalité de Cauchy-Schwarz,

$$\left| \int_{\mathcal{D}} c\left(\frac{x}{\varepsilon}\right) \varphi(x) \, dx \right| \leq \left(\int_{\mathbb{R}} \left| c\left(\frac{x}{\varepsilon}\right) \right|^2 \right)^{1/2} \left(\int_{\mathcal{D}} |\varphi|^2 \right)^{1/2}$$

$$= \sqrt{\varepsilon} \left(\int_{\mathbb{R}} |c|^2 \right)^{1/2} \left(\int_{\mathcal{D}} |\varphi|^2 \right)^{1/2}$$

$$= O(\sqrt{\varepsilon}). \tag{1.29}$$

Cet argument montre en particulier, en prenant $\varphi \equiv 1$, que, comme ci-dessus, $\left\langle \dfrac{1}{a_{per} + \widetilde{a}} \right\rangle = \left\langle \dfrac{1}{a_{per}} \right\rangle$, mais, cette fois, la vitesse de convergence vers la moyenne n'est plus que $O(\sqrt{\varepsilon})$ et non pas le $O(\varepsilon)$ du cas périodique. Notons que, comme $c\left(\dfrac{x}{\varepsilon}\right)$ est uniformément bornée, elle converge donc aussi faiblement-$\star$ vers 0 dans $L^\infty(\mathcal{D})$.

Evidemment, une adaptation immédiate est possible au cas où $\widetilde{a} \in L^p(\mathbb{R}) \cap L^\infty(\mathbb{R})$, pour $1 \leq p < +\infty$ et $p \neq 2$. Dans les arguments ci-dessus, et en particulier (1.29), l'inégalité de Cauchy-Schwarz est remplacée par l'inégalité de Hölder, et la conclusion s'ensuit, *mutatis mutandis*. Et de même, nos arguments s'étendent au cas d'une dimension ambiante $d \geq 2$. Nous laissons au lecteur le loisir de vérifier que pour une fonction $\widetilde{a}$ bornée et dans $L^p(\mathbb{R}^d)$, la moyenne obtenue est encore celle obtenue pour a_{per}, et que le taux de convergence obtenu est $O\left(\varepsilon^{\min\left(1, \frac{d}{p}\right)}\right)$.

Nous observons donc que, progressivement, en passant de a_{per} à $a_{per} + \widetilde{a}$, avec d'abord $\widetilde{a}$ borné à support compact, puis $\widetilde{a}$ borné et dans L^p, avec $p < +\infty$ éventuellement de plus en plus grand, nous conservons à l'identique certaines propriétés mais nous commençons à en dégrader d'autres. En d'autres termes, plus la "décroissance à l'infini" du défaut est potentiellement lente (ce qui correspond mathématiquement à augmenter l'exposant p, ou, à exposant p fixé, à diminuer la dimension – penser à la convergence de l'intégrale $\int |f(r)|^p \, r^{d-1} \, dr$ en coordonnées radiales), plus la vitesse de convergence se dégrade. Ceci est bien normal puisque le défaut est de moins en moins un "défaut" à strictement parler, et de plus en plus un bouleversement majeur de la géométrie périodique originale. Nous retrouverons de tels phénomènes dans les chapitres à venir et constaterons qualitativement les mêmes propriétés.

1.4.3 Un exemple de défauts non localisés

La section précédente traite de défauts qui restent localisés autour de l'origine. Il est possible d'affaiblir cette hypothèse de la façon suivante : plutôt que tendre vers 0 à l'infini, le défaut peut "devenir rare" quand on s'éloigne de l'origine. Dit autrement, le coefficient s'écrit $a = a_{per} + \widetilde{a}$, avec cette fois une perturbation $\widetilde{a}$ de la forme

$$\widetilde{a}(x) = \sum_{k \in \mathbb{Z}} a_0 \left(x - \operatorname{sgn}(k) 2^{|k|} \right), \quad a_0 \text{ à support compact.} \qquad (1.30)$$

Dans cette situation, on constate que, aussi loin qu'on aille, on peut toujours trouver des défauts, c'est-à-dire des contributions non nulles de $\widetilde{a}$. C'est un cadre que nous avons déjà évoqué plus haut (voir page 12).

En supposant ici aussi que a est borné et isolé de 0, reprenons le travail de la section précédente : nous posons

$$c = \frac{1}{a_{per} + \widetilde{a}} - \frac{1}{a_{per}} = -\frac{\widetilde{a}}{a_{per}(a_{per} + \widetilde{a})}.$$

Cette fonction est bornée, mais pas dans $L^2(\mathbb{R})$, contrairement à la section précédente. Ce qui nous intéresse est le comportement de $c\left(\dfrac{x}{\varepsilon}\right)$ sur l'intervalle

]0, 1[, dans la limite $\varepsilon \to 0$. Pour l'étudier, nous appliquons la majoration suivante :

$$\int_0^1 \left| c\left(\frac{x}{\varepsilon}\right) \right| dx \leq C \int_0^1 \left| \widetilde{a}\left(\frac{x}{\varepsilon}\right) \right| dx = C\varepsilon \int_0^{1/\varepsilon} |\widetilde{a}(y)| \, dy,$$

où la constante C ne dépend que des bornes inférieures minoration de a et a_{per}. En utilisant (1.30), il vient

$$\int_0^1 \left| c\left(\frac{x}{\varepsilon}\right) \right| dx \leq C\varepsilon \sum_{k \in \mathbb{Z}} \int_0^{1/\varepsilon} \left| a_0\left(y - \mathrm{sgn}(k)2^{|k|}\right) \right| dy.$$

Dans la somme ci-dessus, seul un nombre fini de termes sont non nuls. En effet, en notant R_0 la taille du support de a_0, l'intégrale correspondante est nulle dès que $2^{|k|} > \dfrac{1}{\varepsilon} + R_0$, c'est-à-dire

$$|k| > \frac{\ln\left(\frac{1}{\varepsilon} + R_0\right)}{\ln(2)}.$$

Ainsi,

$$\int_0^1 \left| c\left(\frac{x}{\varepsilon}\right) \right| dx \leq C\varepsilon \sum_{|k| \leq C_0 |\ln(\varepsilon)|} \int_{\mathbb{R}} |a_0(y)| dy \leq CC_0\varepsilon |\ln(\varepsilon)| \|a_0\|_{L^1(\mathbb{R})},$$

où la constante C_0 ne dépend que de R_0. Nous obtenons donc une vitesse de convergence en $\varepsilon |\ln \varepsilon|$.

Nous pourrions bien sûr multiplier les exemples "dans l'esprit" de ceux de la Section 1.3, mais, pour le moment, revenons au système atomistique de cette Section 1.3, et formalisons une analogie un peu plus rigoureusement.

1.4.4 *Formalisation du lien avec les systèmes de particules*

Reprenons pour commencer le système périodique de la Section 1.3, à savoir le système de positions périodiques $X_k = k$ pour $k \in \mathbb{Z}$. Pour une fonction φ régulière et à support compact, introduisons la série des translatées $\sum_{k \in \mathbb{Z}} \varphi(. - X_k)$ qui est clairement une fonction bien définie et... périodique.

Une première action que nous pouvons mener est la suivante. Si nous considérons l'espace vectoriel engendré par ces séries $\sum_{k \in \mathbb{Z}} \varphi(. - X_k)$ quand φ varie, et fermons cet espace pour la norme uniforme L^2, c'est à dire la norme définie par

$$\| f \|^2_{L^2_{\text{unif}}(\mathbb{R})} = \sup_{x \in \mathbb{R}} \int_{|y-x| \leq 1} |f(y)|^2 \, dy, \tag{1.31}$$

alors nous obtenons l'espace

$$L^2_{per}(\mathbb{R}) = \left\{ f \in L^2_{\text{loc}}(\mathbb{R}), \quad f \text{ périodique de période } 1 \right\}. \tag{1.32}$$

Cette construction fournit donc une correspondance entre un ensemble infini de points, les X_k, $k \in \mathbb{Z}$, et un espace fonctionnel "habituel", $L^2_{per}(\mathbb{R})$. Evidemment la dimension ambiante $d = 1$ adoptée dans l'argument ci-dessus n'a rien de particulier.

En utilisant cette construction, qui relie les $\{X_k\}_{k \in \mathbb{Z}}$ et les séries de translatées

$$\sum_{k \in \mathbb{Z}} \varphi(. - X_k),$$

lesquelles sont des fonctions périodiques, nous voyons que la question de l'énergie moyenne du système de particules périodiques $X_k = k$, $k \in \mathbb{Z}$, est intimement reliée à la question de l'existence d'une moyenne pour les fonctions périodiques a_{per}, ou de la limite faible de ces fonctions remises à l'échelle $a_{per}\left(\dfrac{\cdot}{\varepsilon}\right)$. Il suffit en effet d'observer que, pour φ à support compact par exemple,

$$\frac{1}{2R} \int_{[-R,R]} \sum_{k \in \mathbb{Z}} \varphi(x - X_k) \, dx$$

se comporte comme $\frac{1}{2R} \# \{k \in \mathbb{Z}; \ X_k \in [-R, R]\}$ (multiplié par $\int \varphi$), et donc en fait comme une énergie moyenne. Le lecteur remarquera que nous avons en fait implicitement utilisé le fait qu'un système périodique vérifiait l'hypothèse (1.25) !

Dans cet ouvrage, nous voulons aller plus loin que la seule existence de moyenne. Nous avons un objectif particulier lié à la théorie de l'homogénéisation pour l'équation (1). Comme nous l'avons vu avec le raisonnement grossier que nous avons mené à partir de (1.1), il faut nous attendre à procéder à des quotients de fonctions, à manipuler des inverses du type $\dfrac{1}{a}$, ...et il nous faut donc (et en fait il nous suffit de) savoir faire des *produits de fonctions*. En d'autres termes, considérer comme nous venons de le faire *"l'espace vectoriel engendré par..."* n'est pas la bonne piste à suivre. Il nous faut plutôt considérer la notion d'*algèbre*. Revenons donc à notre construction précédente (qui est en fait trop particulière donc trompeuse) et considérons l'algèbre de fonctions engendrée par les fonctions de la forme

$$\sum_{k \in \mathbb{Z}} \varphi(. - X_k)$$

quand φ varie, régulière et à support compact. Clairement, cette algèbre est celle des fonctions périodiques (de période 1) régulières, que nous pouvons noter par exemple $C_{per}^{\infty}(\mathbb{R})$. Ensuite, nous pouvons fermer cette algèbre pour la norme uniforme (1.31) et retrouver ainsi $L_{per}^2(\mathbb{R})$ défini en (1.32). Par ce processus de fermeture, la notion d'algèbre est perdue, mais nous pouvons, en un certain sens, la retrouver "collectivement". En effet, nous remarquons, avec des notations évidentes, que le produit de deux fonctions de $L_{per}^2(\mathbb{R})$ est dans $L_{per}^1(\mathbb{R})$, ou que le produit de deux fonctions *bornées* de $L_{per}^2(\mathbb{R})$ est dans $L_{per}^2(\mathbb{R})$, donc l'opération "passage à l'algèbre + fermeture" conduit à un famille stable par produit. Cette nouvelle construction va s'avérer être la bonne construction fonctionnelle car, comme nous allons commencer à le découvrir à l'instant, elle va se généraliser à des géométries non périodiques.

Considérons maintenant le premier système perturbé (1.19) que nous avons introduit dans la Section 1.3, à savoir celui où seule la particule en X_0 n'est pas à "sa" place. Nous l'avons déplacée de $X_0 = 0$ à $X_0 = a \neq 0$ mais, comme nous l'avons signalé à la Section 1.3, nous aurions tout aussi bien pu la supprimer du système, et définir

$$X_k = \begin{cases} k & \text{pour } k < 0, \\ k+1 & \text{pour } k \geq 0, \end{cases} \tag{1.33}$$

(le défaut d'énergie (1.21) aurait alors été $\Delta E_N = V(2) - 2V(1)$). Faisons ceci pour varier les plaisirs ! Le lecteur pourra à titre d'exercice traiter le cas (1.19) et vérifier que ceci ne change rien à notre construction. Si nous suivons la procédure que nous avons introduite dans le cas ci-dessus pour le système périodique, nous considérons donc les séries de fonctions translatées $\sum_{k \neq 0 \in \mathbb{Z}} \varphi(. - k)$ pour φ régulière et à support compact. Il s'agit pour nous d'abord d'identifier l'algèbre engendrée par de telles séries, puis de fermer cette algèbre par une norme L_{unif}^q, disons par exemple pour $q = 2$. Intuitivement, ce que nous allons trouver est clair. Ecrivons en effet $\sum_{k \neq 0 \in \mathbb{Z}} \varphi(. - k) = \sum_{k \in \mathbb{Z}} \varphi(. - k) - \varphi$. L'argument du paragraphe précédent suggère que le premier terme nous conduira à $L_{per}^2(\mathbb{R})$, alors que le second, à savoir la fermeture pour la norme $L_{\text{unif}}^2(\mathbb{R})$ des fonctions régulières à support compact, est connu pour donner l'espace

$$L_0^2(\mathbb{R}) = \left\{ f \in L_{\text{loc}}^2(\mathbb{R}), \quad \lim_{|x| \to +\infty} \int_{|y-x| \leq 1} |f(y)|^2 \, dy = 0 \right\} \tag{1.34}$$

des fonctions qui tendent vers 0 à l'infini "en norme locale L^2". Nous obtiendrions ainsi comme espace fonctionnel correspondant à notre construction atomistique (1.19) l'espace $L^2_{per}(\mathbb{R}) + L^2_0(\mathbb{R})$. La preuve détaillée que nous présentons ci-dessous démontrera cette assertion.

Rien qu'avec cet argument rapide, nous comprenons d'ores et déjà que, en considérant ci-dessus une fonction de la forme $a_{per} + \tilde{a}$ où $\tilde{a} \in L^2(\mathbb{R})$ (fonction appelée à être un jour, dans les chapitres à venir, un coefficient dans l'équation (1)), nous avons en fait "presque" traité l'analogue fonctionnel du système de particules (1.33), l'espace $L^2(\mathbb{R})$ étant un sous-espace naturel de $L^2_0(\mathbb{R})$ (mais pas *tout* cet espace : pour une fonction f de $L^2(\mathbb{R})$, la suite de terme général $f_k = \left(\int_{[k,k+1]} |f(x)|^2 \, dx \right)^{1/2}$, $k \in \mathbb{Z}$, est une suite ℓ^2 alors que, pour une fonction de $L^2_0(\mathbb{R})$, elle est seulement une suite qui tend vers zéro quand $|k| \to +\infty$).

Nous comprenons aussi, intuitivement, que dire que l'énergie moyenne du système de particules (1.33), ou (1.19), est égale à celle du système périodique est l'analogue de dire que $\left\langle \dfrac{1}{a_{per} + \tilde{a}} \right\rangle = \left\langle \dfrac{1}{a_{per}} \right\rangle$ et que ceci est la limite faible de la suite des fonctions remises à l'échelle $\dfrac{1}{a_{per} + \tilde{a}} \left(\dfrac{\cdot}{\varepsilon} \right)$. Le lien entre cette section et la précédente est établi. Nous disposons d'une sorte de "dictionnaire" et nous pourrions le décliner à l'envi selon la catégorie de défauts considérée.

Pour être complet, montrons que l'espace obtenu à partir du système de particules (1.33) (ou tout autant (1.19)) est effectivement, comme annoncé, $L^2_{per}(\mathbb{R}) + L^2_0(\mathbb{R})$.

Nous fixons pour $\{X_k\}_{k \in \mathbb{Z}}$ l'ensemble (1.33), la preuve qui suit s'adaptant facilement au cas (1.19). Nous notons donc $\mathcal{A}$ l'algèbre engendrée par les fonctions de la forme $\displaystyle\sum_{k \neq 0 \in \mathbb{Z}} \varphi(. - k)$, pour $\varphi \in C^\infty_c(\mathbb{R})$, où $C^\infty_c(\mathbb{R})$ désigne les fonctions infiniment dérivables à support compact. Nous notons de plus $\mathcal{A}^{(2)}$ la fermeture de $\mathcal{A}$ pour la norme $L^2_{\text{unif}}(\mathbb{R})$, et nous cherchons à démontrer que

$$\mathcal{A}^{(2)} = L^2_{per}(\mathbb{R}) + L^2_0(\mathbb{R}), \tag{1.35}$$

où L^2_{per} est défini par (1.32) et L^2_0 par (1.34). Commençons par démontrer que $C^\infty_c(\mathbb{R}) \subset \mathcal{A}$. Pour cela, fixons $\varphi \in C^\infty_c(\mathbb{R})$, et posons

$$\varphi_1(x) = \varphi(x) - \varphi(x + 1), \quad f(x) = \sum_{k \neq 0} \varphi_1(x - k) = \varphi(x + 1) - \varphi(x).$$

Par définition, $f \in \mathcal{A}$, donc $\varphi_1 \in \mathcal{A}$. En itérant, nous avons donc, plus généralement,

$$\forall j \in \mathbb{Z}, \quad \varphi(\cdot + j) - \varphi \in \mathcal{A}.$$

Nous choisissons maintenant $\psi \in C_c^\infty(\mathbb{R})$ telle que $\psi = 1$ sur le support de φ. Le raisonnement ci-dessus s'applique à ψ, donc $\psi - \psi(\cdot + k) \in \mathcal{A}$, pour tout $k \in \mathbb{Z}$. La structure d'algèbre permet donc de déduire que

$$\forall j, k \in \mathbb{Z}, \quad (\varphi - \varphi(\cdot + j))(\psi - \psi(\cdot + k)) \in \mathcal{A}.$$

De plus, pour k et j assez grands et tels que $k - j$ soit assez grand, nous avons

$$\forall x \in \mathbb{R}, \quad (\varphi(x) - \varphi(x + j))(\psi(x) - \psi(x + k))$$
$$= \varphi(x)\psi(x) - \underbrace{\varphi(x + j)\psi(x)}_{=0} - \underbrace{\varphi(x)\psi(x + k)}_{=0} + \underbrace{\varphi(x + j)\psi(x + k)}_{=0} = \varphi(x)\psi(x),$$

car dans les produits ci-dessus, toutes les fonctions sont à supports disjoints, à part pour le produit $\varphi\psi$. Comme d'autre part $\psi = 1$ sur le support de φ, nous avons $\varphi\psi = \varphi$. Nous avons donc prouvé que $\varphi \in \mathcal{A}$.

Montrons maintenant que $C_{per}^\infty \subset \mathcal{A}$, où C_{per}^∞ désigne l'ensemble des fonctions 1–périodiques qui sont de classe C^∞ sur $\mathbb{R}$. Soit $f \in C_{per}^\infty$. Alors il existe $\varphi \in C_c^\infty(\mathbb{R})$ telle que

$$\forall x \in \mathbb{R}, \quad f(x) = \sum_{j \in \mathbb{Z}} \varphi(x - j). \tag{1.36}$$

Il suffit pour le voir d'utiliser une partition de l'unité, c'est-à-dire une fonction $\chi \in C_c^\infty(\mathbb{R})$ telle que

$$\sum_{k \in \mathbb{Z}} \chi(\cdot - k) = 1,$$

et de poser $\varphi = \chi f$. L'égalité (1.36) s'écrit également $f(x) = \varphi(x) + \sum_{j \neq 0} \varphi(x - j)$.

Nous venons de voir que le premier terme est un élément de $\mathcal{A}$. Par définition, le second l'est aussi. Donc $f \in \mathcal{A}$.

Nous établissons maintenant que $\mathcal{A} = C_{per}^\infty + C_c^\infty$. Nous venons de voir que $C_{per}^\infty + C_c^\infty \subset \mathcal{A}$. De plus, $C_{per}^\infty + C_c^\infty$ est une algèbre. Cette algèbre contient les fonctions de la forme $\sum_{j \neq 0} \varphi(\cdot - j)$, donc contient $\mathcal{A}$, par définition de $\mathcal{A}$. Nous avons donc $\mathcal{A} = C_{per}^\infty + C_c^\infty$. Nous remarquons finalement que la fermeture de $C_{per}^\infty + C_c^\infty$ pour la norme L_{unif}^2 est $L_{per}^2 + L_0^2$, d'où la conclusion $\mathcal{A}^{(2)} = L_{per}^2 + L_0^2$.

Comme dit ci-dessus, nous pourrions considérer d'autres cadres fonctionnels issus d'une construction d'une algèbre à partir d'un système infini de particules $\{X_k\}$, à la manière de l'espace $L_{per}^2(\mathbb{R}) + L_0^2(\mathbb{R})$. Une construction générale, à partir de systèmes $\{X_k\}$ bien plus "désordonnés" que (1.19), va maintenant faire surgir des conditions sur les positions X_k allant au-delà de la propriété (H3), (i.e. (1.25)-

(1.26)) exigée à la section précédente. Ces conditions supplémentaires proviennent de la nécessité, dans le cadre de l'homogénéisation de l'équation (1), de pouvoir considérer des produits d'un nombre arbitrairement grand de facteurs. Nous aurions rencontré tout autant de telles conditions supplémentaires si, dans la Section 1.3, nous avions considéré des modèles d'énergie ne faisant pas seulement intervenir des potentiels dépendant des positions de paires de particules ($V(X_{k_1} - X_{k_2})$), *a fortiori* des potentiels faisant intervenir des interactions à plus longue portée que les seules interactions de plus proches voisins ($V(X_{k+1} - X_k)$) mais des potentiels à N corps avec $N > 2$ "mélangeant" tous les N-uplets en des potentiels $V_j(X_{k_1}, \ldots, X_{k_j})$, $j \leq N$. Nous mentionnons maintenant, assez brièvement, une telle construction.

1.4.5 Un cadre déterministe très général

Les cadres présentés dans la Section 1.3 et les sous-sections précédentes de la présente Section 1.4 étant simplifiés, considérons momentanément dans cette section des ensembles de points $\{X_k\}_{k \in \mathbb{Z}}$ légèrement plus exigeants en imposant non seulement (H1)-(H2) mais aussi, au lieu de (H3.1)-(H3.2) (i.e (1.25)-(1.26)) la condition plus forte "à tout ordre"

(H3)   pour tout $n \in \mathbb{N}$, pour tout $(\delta_0, \delta_1, \ldots \delta_n) \in \left(\mathbb{R}^{+*}\right)^{n+1}$, la limite suivante existe

$$f_n(\delta_0, h_1, \delta_1, h_2, \delta_2, \ldots, h_n, \delta_n) = \lim_{R \to \infty} \frac{1}{2R} \# \left\{ (k_0, k_1, \ldots, k_n) \in \mathbb{Z}^{n+1}, \right.$$

$$\left. |X_{k_0}| \leq \delta_0 R, \quad |X_{k_0} - X_{k_1} - h_1| \leq \delta_1, \ldots, |X_{k_0} - X_{k_n} - h_n| \leq \delta_n \right\},$$
$$(1.37)$$

la convergence ayant lieu dans $L^\infty(\mathbb{R}^n)$.

Les deux premières conditions, pour $n = 0$ et $n = 1$ redonnent respectivement (H3.1) et (H3.2) introduites à la Section 1.3. Il suffit de prendre $n = 0$ et $\delta_0 = 1$, puis par linéarité δ_0 quelconque, pour reconnaître immédiatement (H3.1), $n = 1$, $\delta_0 = 1$, $h_1 = h$, $\delta_1 = \delta$, $f_1(\delta_0, h_1, \delta_1) = l(h, \delta)$, pour reconnaître (H3.2). Comme annoncé à la fin de la Section 1.4.4, les conditions d'ordre supérieur (i.e pour $n \geq 3$) contrôlent les positions relatives dans les n-uplets de points.

En fait, pour son utilisation dans le cadre de l'homogénéisation, il est utile de reformuler la condition (H3) ci-dessus en termes plus *analytiques* :

(H3)   pour tout $n \in \mathbb{N}$, la limite suivante existe

$$\lim_{R \to \infty} \frac{1}{2R} \sum_{X_{k_0} \in [-R,R]} \cdots \sum_{X_{k_n} \in [-R,R]} \delta_{(X_{k_0}-X_{k_1}, \ldots, X_{k_0}-X_{k_n})}(h_1, \ldots, h_n)$$

$$= l^n(h_1, \ldots, h_n), \qquad (1.38)$$

et est une mesure, positive ou nulle, uniformément localement bornée.

L'égalité

$$f_n(\delta_0, h_1, \delta_1, h_2, \delta_2, \ldots, h_n, \delta_n) = |B_{\delta_0}| \, l^n \left[(h_1 + B_{\delta_1}) \times \cdots \times (h_n + B_{\delta_n}) \right],$$

où $B_\delta = [-\delta, \delta]$, fait le lien entre (1.37) et (1.38).

En droite ligne avec ce que nous avons fait à la Section 1.4.4, nous construisons maintenant à partir de tels points un cadre fonctionnel de travail qui peut servir pour notre théorie de l'homogénéisation. L'ensemble $\{X_k\}_{k \in \mathbb{Z}}$ étant supposé vérifier les conditions (H1)-(H2)-(H3), on définit l'espace vectoriel $\mathcal{A}(\{X_k\})$ engendré par les fonctions de la forme

$$f(x) = \sum_{k_1 \in \mathbb{Z}} \sum_{k_2 \in \mathbb{Z}} \cdots \sum_{k_n \in \mathbb{Z}} \varphi(x - X_{k_1}, x - X_{k_2}, \ldots, x - X_{k_n}), \qquad (1.39)$$

avec $\varphi \in \mathcal{D}(\mathbb{R}^n)$. Alors, pour $s \in \mathbb{N}$ et $p \in [1, +\infty[$, nous notons $\mathcal{A}^{(s,p)}(\{X_k\})$, ou plus simplement $\mathcal{A}^{(s,p)}$, la fermeture de $\mathcal{A}(\{X_k\})$ pour la norme de Sobolev $W^{s,p}_{\text{unif}}$ (construite comme la norme L^2 uniforme en (1.31)). Dans le cas $s = 0$, nous noterons simplement $\mathcal{A}^{(0,p)} = \mathcal{A}^{(p)}$. En fait, on comprend vite que les fonctions de la forme (1.39) sont les prototypes de produits de n facteurs de sommes de fonctions translatées $\psi(x - X_k)$. Il est ainsi possible de montrer que $\mathcal{A}^{(s,p)}$ est aussi la fermeture pour la norme $W^{s,p}_{\text{unif}}$ de l'algèbre engendrée par les fonctions de la forme

$$f(x) = \sum_{k \in \mathbb{Z}} \varphi(x - X_k), \qquad \varphi \in \mathcal{D}(\mathbb{R}).$$

Ceci est donc cohérent avec la définition de $\mathcal{A}^{(2)}$ que nous avons utilisée à la Section 1.4.4, et donc en particulier avec la formule (1.35). D'ailleurs, une preuve similaire à celle des pages 21 et suivantes permet de généraliser (1.35) en $\mathcal{A}^{(s,p)} = W^{s,p}_{per} + W^{s,p}_0$, dans le cas (1.33), pour tout entier s et tout $p \in [1, +\infty[$. Ici, les espaces $W^{s,p}_{per}$ et $W^{s,p}_0$ sont les équivalents de L^2_{per} et L^2_0, définis en (1.32) et (1.34), respectivement, où, dans ces constructions, les normes L^2_{unif} sont remplacées par des normes $W^{s,p}_{unif}$.

Soulignons au passage que la notation $\mathcal{A}$, mise en regard des considérations que nous avons développées à la Section 1.4.4 sur la nécessité de pouvoir manipuler

des produits et des inverses de fonctions, peut être trompeuse. Sauf dans le cas
$p = \infty$ qui requiert quelques adaptations du raisonnement ci-dessus, les $\mathcal{A}^{(s,p)}$ *ne*
sont pas des algèbres, mais sont seulement des fermetures d'algèbres. En revanche,
comme brièvement mentionné en page 20, elles ont deux propriétés de produits très
agréables qui suffiront à nos travaux ultérieurs. Ainsi, elles sont stables par produit
avec des fonctions bornées ou à dérivées bornées : si $(f, g) \in \mathcal{A}^{(\infty)} \times \mathcal{A}^{(p)}$, alors
$fg \in \mathcal{A}^{(p)}$, et si $(f, g) \in \mathcal{A}^{(1,\infty)} \times \mathcal{A}^{(1,p)}$, alors $fg \in \mathcal{A}^{(1,p)}$, etc. Et la *famille*
des $\mathcal{A}^{(k,p)}$ est stable par produit : si $(f, g) \in \mathcal{A}^{(p)} \times \mathcal{A}^{(p)}$, alors $fg \in \mathcal{A}^{(p/2)}$,
etc... Toutes ces propriétés découlent de l'inégalité de Hölder.

L'objectif tout entier de cette construction est d'assurer que les fonctions ont une
moyenne.

Soit $\{X_k\}_{k\in\mathbb{Z}}$ un ensemble de points vérifiant les conditions (H1)-(H2)-(H3).
Alors toute fonction $f \in \mathcal{A}^{(s,p)}$ admet une moyenne au sens suivant :

$$\langle f \rangle = \lim_{R \to \infty} \frac{1}{2R} \int_{[-R,R]} f. \tag{1.40}$$

Dans le cas particulier où f est de la forme (1.39), cette moyenne vaut

$$\langle f \rangle = \int_{\mathbb{R}} \int_{\mathbb{R}^{n-1}} \varphi(x, x - h_1, \ldots, x - h_{n-1}) \, dl^{n-1}(h_1, \ldots, h_{n-1}) \, dx. \tag{1.41}$$

On comprend ainsi tout l'intérêt des "écarts" h entre les particules, qui peuvent être
interprétés comme des pseudo-périodes, lesquelles servent au calcul *explicite* de la
moyenne des fonctions.

Pour faire le lien avec la théorie de l'homogénéisation, insérons maintenant dans
(1.1) un coefficient a_ε de la forme $a_\varepsilon(x) = a\left(\dfrac{x}{\varepsilon}\right)$, où $a \in \mathcal{A}^{(p)}$, et tel qu'il soit
borné et isolé de zéro. Il est tentant alors d'identifier le coefficient de l'équation
(1.6) comme $\overline{a} = \dfrac{1}{\left\langle \frac{1}{a} \right\rangle}$, où la moyenne est prise au sens de (1.40). Cependant, ce
homogénéisé coefficient est en fait différent, au sens où il s'agit de l'inverse de la
limite faible de $\dfrac{1}{a(\frac{\cdot}{\varepsilon})}$, limite qui existe (à extraction près), mais dont l'inverse n'est
a priori pas égale à $\dfrac{1}{\left\langle \frac{1}{a} \right\rangle}$, pour la simple raison qu'elle (cette limite) n'a aucune
raison d'être constante : il s'agit d'une fonction bornée, rien de plus en général. Il
nous faut donc adapter notre hypothèse (H3), qui fait jouer un rôle trop particulier à
l'origine. Une possibilité est l'hypothèse plus contraignante

(H3')   pour tout $n \in \mathbb{N}$, la limite suivante existe

$$\lim_{\varepsilon \to 0} \mu^n \left(\frac{x}{\varepsilon}, h_1, \ldots, h_n\right) = \nu^n(h_1, \ldots h_n),$$

où

$$\mu^n(y, h_1, \ldots, h_n) = \sum_{i_0 \in \mathbb{Z}} \sum_{i_1 \in \mathbb{Z}} \cdots \sum_{i_n \in \mathbb{Z}} \delta_{(X_{i_0}, X_{i_0} - X_{i_1}, \ldots X_{i_0} - X_{i_n})}(y, h_1, h_2, \ldots h_n).$$

Ceci permet d'avoir un équivalent de (1.40)-(1.41) sous la forme

$$\langle f \rangle = \lim_{\varepsilon \to 0} f\left(\frac{\cdot}{\varepsilon}\right), \tag{1.42}$$

et, toujours dans le cas particulier où f est de la forme (1.39), cette moyenne vaut

$$\langle f \rangle = \int_{\mathbb{R}} \int_{\mathbb{R}^{n-1}} \varphi(x, x - h_1, \ldots, x - h_{n-1}) \, dv^{n-1}(h_1, \ldots, h_{n-1}) \, dx. \tag{1.43}$$

Munis des hypothèses (H1)-(H2)-(H3'), nous pouvons alors affirmer que, si $a_\varepsilon(x) = a\left(\frac{x}{\varepsilon}\right)$, où $a \in \mathcal{A}^{(p)}$, alors la solution u^ε converge faiblement (par exemple dans $L^2(\mathcal{D})$) vers u^*, solution de l'équation limite (1.6), avec

$$\bar{a} = \frac{1}{\left\langle \frac{1}{a} \right\rangle}, \tag{1.44}$$

où la moyenne est prise au sens de (1.42). Ceci donne une généralisation du résultat (1.15). En revanche la question du taux de convergence, hormis quelques cas particuliers, reste ouverte. Mener une théorie complète de l'homogénéisation dans le cadre abstrait défini ici est encore, pour le moment, hors de notre portée. Nous devrons être moins ambitieux. Cependant, ce cadre théorique est utile en tant qu'"incubateur" d'idées. Il permet notamment de donner des pistes de réflexion sur certains cas particuliers, à la fois pertinents et intéressants. Nous reparlerons brièvement de ces questions à la Section 4.2.3.

Terminons cette rapide évocation du cadre plus général par quelques remarques.

Tout d'abord et bien entendu, les conditions définies et la construction menée admettent une version multidimensionnelle, qu'il est immédiat d'établir à partir de la version monodimensionnelle ci-dessus.

Ensuite, il est clair que le cadre périodique est couvert par notre construction. Il s'agit en particulier de noter, et ceci est utile à la compréhension concrète de nos constructions abstraites, que, dans le cadre périodique de période T, les hypothèses (H1)-(H2)-(H3') sont bien vérifiées, que $\mathcal{A}^{(s,p)}$ est un espace de fonctions périodiques, et que les mesures l^n de (1.38) et servant au calcul des moyennes (1.41) s'expriment simplement : ainsi, par exemple, $l^1(h)$ est la mesure de Poisson

$$l^1(h) = \sum_{k \in \mathbb{Z}} \delta(h - kT)$$

(les couples de points sont espacés de multiples de la période T), mesure dont on peut observer qu'elle est bien une mesure positive ou nulle, uniformément localement bornée.

D'autres cadres peuvent de même être reconnus comme des cas particuliers, ainsi le cas d'un réseau périodique perturbé localement. D'autres exemples existent.

De plus, le lecteur attentif aura sans doute remarqué que nous ne nous sommes servis nulle part de la condition (H2). La motivation originale pour cette condition était le cadre atomistique manipulé à la Section 1.3 et le calcul des énergies par particule de systèmes de particules infinis. Le cadre pour l'homogénéisation a été *adapté* à partir de ce cadre original et nous avons, dans un souci de garder un cadre général commun à plusieurs entreprises mathématiques similaires, conservé cette condition. D'autre part, elle nous semble également, sinon nécessaire, au moins naturelle dans le cadre d'une théorie de l'homogénéisation pour des équations elliptiques. En effet, même s'il est possible de construire les espaces fonctionnels $\mathcal{A}^{(s,p)}$ sans l'hypothèse (H2), les fonctions de cet espace tendent toutes vers 0 aux endroits où les particules sont "rares" dans la géométrie de départ. Pensons par exemple au cas $\{X_k\} = \mathbb{N}$ (ou plus généralement d'un réseau périodique intersecté avec un demi-espace en dimension quelconque). Il est clair alors que pour tout $a \in \mathcal{A}^{(2)}$,

$$\|a\|_{L^2([x-1,x+1])} \underset{x \to -\infty}{\longrightarrow} 0.$$

Ceci empêche une fonction de la forme (3) (avec $a \in \mathcal{A}^{(2)}$) de vérifier les conditions d'uniforme ellipticité dont nous avons besoin pour que le problème (1) soit bien posé, donc *a fortiori* pour développer une théorie de l'homogénéisation, au moins avec des outils relativement simples.

Enfin, remarquons que nous avons implicitement imposé, dans notre propriété (H3'), non seulement que les dilatées $f\left(\frac{\cdot}{\varepsilon}\right)$ convergent, mais aussi qu'elles convergent vers *une constante*. On pourrait imaginer un cadre similaire où la limite est en fait une mesure, c'est-à-dire où v^n dépendrait de la variable x. La formule (1.43) reste alors valable, en remplaçant la mesure $dv^{n-1}(h_1, \ldots, h_{n-1})dx$ par $dv^{n-1}(x, h_1, \ldots, h_{n-1})$. Un tel formalisme dépasse le cadre de cet ouvrage, et nous ne le développerons pas ici.

1.5 Les cadres quasi- ou presque périodiques

En droite ligne avec ce que nous avons vu plus haut pour les systèmes atomistiques, nous considérons dans cette section ce qui paraît *a priori* une modification bien inoffensive du cadre périodique, le cadre *quasi-périodique*, c'est-à-dire, grossièrement dit (une définition précise viendra ci-dessous) les sommes finies de fonctions périodiques de différentes périodes, et le cadre *presque périodique* (c'est-à-dire, un peu formellement, les sommes infinies convergentes de telles fonctions, et de

nouveau nous préciserons bientôt les choses). Il n'est pas clair, malgré le nombre
d'études mathématiques qui leurs sont consacrées, que ces deux cadres aient un
intérêt *pratique* quelconque. Ils sont en revanche très utiles comme exemples,
dans la théorie de l'homogénéisation, de perturbation du cadre périodique : voir
les propriétés du périodique qui survivent, et celles qui au contraire disparaissent,
permet, en creux, de mesurer le caractère exceptionnel ou non de l'hypothèse
périodique dans l'ensemble des hypothèses de structure envisageables. Ceci est
précieux pour traiter de généralisations plus audacieuses.

Dans toute la suite de la Section 1.5, nous considérons, pour définir les espaces
fonctionnels adaptés, des fonctions à valeurs *complexes*, car il s'agit du cadre le
plus naturel. Cependant, la restriction à des fonctions à valeurs réelles est toujours
possible, et donne les espaces correspondants de fonctions quasi- ou presque
périodiques.

1.5.1   Le cadre quasi-périodique

Une fonction quasi-périodique de la droite réelle (et nous verrons à la Section 4.2.2.1
la généralisation à la dimension quelconque) est définie comme la trace sur la
diagonale d'une fonction périodique continue de dimension supérieure :

Définition 1.4 *Soit* $f \in C^0(\mathbb{R})$*. On dit que* f *est* quasi-périodique *s'il existe* $m \in$
$\mathbb{N}^*$ *et* $F : \mathbb{R}^m \to \mathbb{C}$ *continue telle que*

$$\forall x \in \mathbb{R}, \quad f(x) = F(x, \dots, x), \tag{1.45}$$

et que F *soit périodique en chacun de ses arguments, c'est-à-dire que, pour tout*
$1 \le j \le m$*, il existe* $T_j > 0$*, tel que* $\forall x \in \mathbb{R}^m$*,* $F(x_1, \dots, x_j + T_j, \dots, x_m) =$
$F(x_1, \dots, x_m)$*. Nous noterons* $QP(T)$ *l'ensemble des fonctions quasi-périodiques*
associées à $T = (T_1, \dots, T_m)$*. Et les réels* $T_1, \dots, T_m$ *seront appelées les quasi-*
périodes d'une telle fonction.

Notons que dans le cas $m = 1$, on retrouve la notion de périodicité classique.
Mais ce n'est pas le seul cas. En effet, si par exemple les périodes T_j sont toutes
multiples entières d'une même période $T_0 > 0$, alors f est périodique de période
$\max_j T_j$. En revanche, si au moins deux périodes de F sont incommensurables (par
exemple si $m = 2$, $T_1 = 1$ et $T_2 = \sqrt{2}$), alors la fonction f n'est *pas* périodique.

Signalons immédiatement une ambiguïté souvent entretenue sur l'espace des
fonctions quasi-périodiques : cet espace n'est fermé (pour la norme uniforme, mais
la remarque vaut pour d'autres normes plus générales) que si on fixe *a priori* les
quasi-périodes $T = (T_1, \dots, T_m)$. En revanche, l'union de $QP(T)$, pour toutes les
quasi-périodes T possibles, est un espace dont la fermeture pour la norme uniforme
est en fait l'ensemble des fonctions presque périodiques, comme nous le verrons
ci-dessous.

Le lemme suivant permet de se ramener à des cas où les fréquences $\frac{1}{T_j}$ sont linéairement indépendantes sur $\mathbb{Z}$:

Lemme 1.5 *Dans la Définition 1.4, on peut toujours supposer que les fréquences* $\left(\frac{1}{T_j}\right)_{1 \le j \le m}$ *sont linéairement indépendantes sur* $\mathbb{Z}$.

Preuve. Procédons par récurrence sur m. Dans le cas $m = 1$, le fait que le système $\left(\frac{1}{T_1}\right)$ soit lié sur $\mathbb{Z}$ signifie $\frac{1}{T_1} = 0$, ce qui est impossible.

Nous supposons donc maintenant que la propriété énoncée dans le Lemme 1.5 est vraie au rang $m - 1$, avec $m \ge 2$, et nous souhaitons la prouver au rang m. Nous raisonnons par l'absurde et supposons que les fréquences sont liées sur $\mathbb{Z}$. Il existe donc des entiers relatifs p_j, $1 \le j \le m$, non tous nuls, tels que

$$\sum_{j=1}^{m} \frac{p_j}{T_j} = 0.$$

Quitte à permuter les coordonnées dans la définition de la fonction F, nous pouvons toujours supposer que $p_m \neq 0$. Ainsi,

$$\frac{1}{T_m} = -\sum_{j=1}^{m-1} \frac{p_j}{p_m} \frac{1}{T_j}.$$

Nous définissons alors la fonction $G : \mathbb{R}^{m-1} \to \mathbb{R}$ suivante :

$$G(x_1, \dots, x_{m-1}) = F\left(x_1, \dots, x_{m-1}, -\sum_{j=1}^{m-1} \frac{p_j}{T_j} \frac{T_m}{p_m} x_j\right).$$

Cette fonction est bien continue car F l'est, et elle est périodique de période $p_m T_k$ en x_k, pour $1 \le k \le m - 1$. En effet,

$$G(x_1, \dots, x_k + p_m T_k, \dots, x_{m-1})$$

$$= F\left(x_1, \dots, x_k + p_m T_k, \dots, -\sum_{j=1}^{m-1} \frac{p_j}{T_j} \frac{T_m}{p_m} x_j - p_k T_m\right)$$

$$= F\left(x_1, \dots, x_k, \dots, -\sum_{j=1}^{m-1} \frac{p_j}{T_j} \frac{T_m}{p_m} x_j\right),$$

puisque F est périodique de période T_k en x_k et de période T_m en x_m. Ainsi,

$$G\left(x_1, \ldots, x_k + p_m T_k, \ldots, x_{m-1}\right) = G\left(x_1, \ldots, x_{m-1}\right),$$

et la fonction G est périodique dans chacune de ses variables. Nous nous sommes ramenés au cas $m - 1$, pour lequel nous pouvons appliquer l'hypothèse de récurrence. Ceci conclut la preuve.   □

Dans toute la suite de cette section, nous supposerons que les fréquences $\dfrac{1}{T_j}$ sont ainsi choisies linéairement indépendantes sur $\mathbb{Z}$.

Remarquons que l'ensemble $QP(T)$ est une algèbre, au sens où il est stable par combinaisons linéaires et par produits. Il est aussi stable par passage à l'inverse, au sens où, si $f \in QP(T)$ vérifie $|f(x)| \geq \alpha > 0$ pour tout $x \in \mathbb{R}$, alors $1/f \in QP(T)$. Plus généralement, si ϕ est une fonction continue sur l'image de $f \in QP(T)$, alors $\phi(f) \in QP(T)$.

Remarquons également, et c'est un point important pour la suite, que l'ensemble $QP(T)$ contient des fonctions périodiques. En effet, pour tout m-uplet d'entiers $(k_1, \ldots, k_m)$, l'onde plane

$$\mathbb{R} \longrightarrow \mathbb{C}$$

$$x \longmapsto \exp\left(2i\pi \left(\sum_{j=1}^m \frac{k_j}{T_j}\right) x\right) \tag{1.46}$$

est périodique de période $\overline{T} = \left|\displaystyle\sum_{j=1}^m \frac{k_j}{T_j}\right|^{-1}$. Comme les fréquences $\left(\dfrac{1}{T_j}\right)_{1 \leq j \leq m}$ sont supposées linéairement indépendantes sur $\mathbb{Z}$, cette période $\overline{T}$ peut être *arbitrairement grande* (sauf dans le cas $m = 1$, qui est en fait le cas périodique). Pour s'en convaincre, considérons le cas particulier $m = 2$ avec $T_1 = 1$ et $T_2 = \sqrt{2}$. Le *Théorème d'approximation de Dirichlet* (voir par exemple [Duv98, Théorème 1.6, page 5]) permet de construire des entiers $p \in \mathbb{Z}$ et $q > 0$ arbitrairement grand tels que $|p - q\sqrt{2}| < q^{-1}$, donc en prenant $k_1 = q$ et $k_2 = -p$, on a

$$\left(\overline{T}\right)^{-1} = \left|q - \frac{p}{\sqrt{2}}\right| = \frac{1}{\sqrt{2}}\left|p - q\sqrt{2}\right| \leq \frac{1}{q\sqrt{2}} \underset{q \to +\infty}{\longrightarrow} 0,$$

ce qui implique que $\overline{T}$ peut être arbitrairement grand. Dans la suite, nous utiliserons plusieurs fois le Théorème d'approximation de Dirichlet. A chaque fois, ce sera ce phénomène qui sera à l'œuvre. Il nous servira en particulier à nier certaines des propriétés (P1) à (P5) vraies dans le cas périodique.

Avant de passer à la suite, nous rappelons la définition d'un polynôme trigonométrique, que nous allons utiliser ensuite

Définition 1.6 *On appelle* polynôme trigonométrique *toute combinaison linéaire finie d'ondes planes, autrement dit une fonction* $F : \mathbb{R}^m \longrightarrow \mathbb{C}$ *de la forme*

$$F(x) = \sum_{n=0}^{N} \alpha_n e^{i\lambda_n \cdot x},$$

où $\alpha_n \in \mathbb{C}$ *et* $\lambda_n \in \mathbb{R}^m$. *Dans le cas particulier où on impose que* F *est périodique de période* $T = (T_1, \ldots, T_m)$, *on parle de polynôme trigonométrique* T-*périodique, et* F *est alors de la forme*

$$F(x) = \sum_{k \in \mathbb{Z}^m} \alpha_k \exp\left(2i\pi \sum_{j=1}^{m} \frac{k_j x_j}{T_j}\right), \tag{1.47}$$

où la suite $(\alpha_k)_{k \in \mathbb{Z}^m}$ *est à support fini.*

Ce qui nous intéresse ici est l'existence d'une moyenne pour les fonctions quasi-périodiques :

Proposition 1.7 *Soit* f *une fonction quasi-périodique. Alors elle admet une moyenne. De plus, pour toute fonction* F *périodique dont elle est la trace au sens de la Définition 1.4,*

$$\langle f \rangle = \frac{1}{|Q(T)|} \int_{Q(T)} F(x_1, \ldots, x_m) dx_1 \ldots dx_m, \tag{1.48}$$

où $Q(T) =]0, T_1[\times]0, T_2[\times \cdots \times]0, T_m[$.

Preuve. Commençons par démontrer le résultat dans le cas où F est un polynôme trigonométrique, donc de la forme (1.47), où la suite $(\alpha_k)_{k \in \mathbb{Z}^m}$ est nulle sauf pour un nombre fini de valeurs de k. Ainsi,

$$f(x) = \sum_{k \in \mathbb{Z}^m} \alpha_k \exp\left(2i\pi x \sum_{j=1}^{m} \frac{k_j}{T_j}\right).$$

Notons $\lambda_k = \sum_{j=1}^{m} \frac{k_j}{T_j}$. Par hypothèse, $\lambda_k = 0 \iff k = 0$. De plus, pour $R > 0$ fixé,

$$\frac{1}{2R} \int_{-R}^{R} f(x) dx = \alpha_0 + \sum_{k \neq 0} \alpha_k \frac{1}{2R} \frac{\sin(2\pi R \lambda_k)}{\pi \lambda_k} \xrightarrow[R \to +\infty]{} \alpha_0 = \frac{1}{|Q(T)|} \int_{Q(T)} F.$$

Ceci prouve le résultat pour des polynômes trigonométriques. Nous allons maintenant utiliser le *Théorème de Weierstrass trigonométrique* (voir par exemple [Zyg02, Theorem 3.6]) qui assure que l'ensemble des polynômes trigonométriques

est dense (pour la norme uniforme) dans l'ensemble des fonctions continues périodiques. Nous nous donnons donc f quasi-périodique. Il existe alors F périodique
vérifiant (1.45), et pour tout $\delta > 0$, il existe un polynôme trigonométrique F_δ tel
que

$$\forall (x_1, \ldots, x_m) \in \mathbb{R}^m, \quad |F_\delta(x_1, \ldots, x_m) - F(x_1, \ldots, x_m)| \le \delta. \tag{1.49}$$

Nous posons maintenant $f_\delta(x) = F_\delta(x, \ldots, x)$, de sorte que nous avons également

$$\forall x \in \mathbb{R}, \quad |f_\delta(x) - f(x)| \le \delta. \tag{1.50}$$

Nous écrivons ensuite :

$$\frac{1}{2R}\int_{-R}^{R} f(x)dx - \frac{1}{|Q(T)|}\int_{Q(T)} F = \frac{1}{2R}\int_{-R}^{R} f(x)dx - \frac{1}{2R}\int_{-R}^{R} f_\delta(x)dx$$

$$+ \frac{1}{2R}\int_{-R}^{R} f_\delta(x)dx - \frac{1}{|Q(T)|}\int_{Q(T)} F_\delta$$

$$+ \frac{1}{|Q(T)|}\int_{Q(T)} F_\delta - \frac{1}{|Q(T)|}\int_{Q(T)} F.$$

Nous majorons, en valeur absolue, le premier terme par δ grâce à (1.50), et le dernier
terme par δ grâce à (1.49), ce qui donne

$$\left| \frac{1}{2R}\int_{-R}^{R} f(x)dx - \frac{1}{|Q(T)|}\int_{Q(T)} F \right|$$

$$\le 2\delta + \left| \frac{1}{2R}\int_{-R}^{R} f_\delta(x)dx - \frac{1}{|Q(T)|}\int_{Q(T)} F_\delta(x)dx \right|.$$

Le réel $\delta > 0$ étant fixé, nous faisons tendre R vers l'infini, et nous avons donc

$$\limsup_{R \to +\infty} \left| \frac{1}{2R}\int_{-R}^{R} f(x)dx - \frac{1}{|Q(T)|}\int_{Q(T)} F \right| \le 2\delta.$$

Comme ceci vaut pour tout $\delta > 0$, nous avons prouvé le résultat.   □

Remarquons que nous avons en fait démontré ci-dessus (grâce à (1.49) et (1.50))
que l'ensemble des polynômes trigonométriques de $QP(T)$ est dense dans $QP(T)$
pour la norme uniforme. Autrement dit, en notant $\mathcal{T}$ l'ensemble des polynômes
trigonométriques, $\mathcal{T} \cap QP(T)$ est dense dans $QP(T)$. C'est une conséquence
du théorème de Weierstrass trigonométrique (voir la propriété (1.50) ci-dessus).
Signalons immédiatement que l'adhérence de l'ensemble $\mathcal{T}$ pour cette norme est
l'espace des fonctions presque périodiques, comme nous le verrons plus loin
(Théorème 1.13).

Nous avons également un résultat de convergence faible-⋆ des fonctions du type $f(x/\varepsilon)$:

Proposition 1.8 *Soit f une fonction quasi-périodique. Alors*

$$f\left(\frac{x}{\varepsilon}\right) \xrightarrow[\varepsilon\to 0]{\star} \langle f \rangle, \tag{1.51}$$

pour la topologie $L^\infty(\mathbb{R})$-faible-⋆.

Preuve. Comme pour la Proposition 1.7, la preuve est basée ici encore sur la densité des polynômes trigonométriques dans les fonctions périodiques continues. Nous passons donc sur la partie approximation (deuxième partie de la preuve), qui est exactement la même, et nous nous contentons de prouver le résultat lorsque F est un polynôme trigonométrique. Dans un tel cas, nous avons, comme précédemment,

$$F(x_1, \ldots, x_m) = \sum_{k \in \mathbb{Z}^m} \alpha_k \exp\left(2i\pi \sum_{j=1}^m \frac{k_j x_j}{T_j}\right),$$

où la suite $(\alpha_k)_{k \in \mathbb{Z}^m}$ est nulle sauf pour un nombre fini de valeurs de k. Ainsi,

$$f\left(\frac{x}{\varepsilon}\right) = \sum_{k \in \mathbb{Z}^m} \alpha_k \exp\left(2i\pi \frac{x}{\varepsilon} \sum_{j=1}^m \frac{k_j}{T_j}\right).$$

Nous notons ici aussi $\lambda_k = \sum_{j=1}^m \frac{k_j}{T_j}$. Par hypothèse, $\lambda_k = 0 \iff k = 0$. De plus, pour $a < b$ fixés,

$$\int_a^b f\left(\frac{x}{\varepsilon}\right) dx = (b-a)\alpha_0 + \varepsilon \sum_{k \neq 0} \alpha_k \frac{e^{2i\pi \lambda_k \frac{b}{\varepsilon}} - e^{2i\pi \lambda_k \frac{a}{\varepsilon}}}{2i\pi \lambda_k} \xrightarrow[\varepsilon\to 0]{} (b-a)\alpha_0 = (b-a)\langle f \rangle.$$

Ainsi, pour tout fonction φ constante par morceaux à support compact, nous avons donc $\int f\left(\frac{\cdot}{\varepsilon}\right)\varphi \to \langle f \rangle \int \varphi$, quand $\varepsilon \to 0$. Par densité des fonctions constantes par morceaux à support compact dans $L^1(\mathbb{R})$, nous avons la convergence (1.51). Il reste à appliquer le raisonnement d'approximation de F par des polynômes trigonométriques, comme dans la preuve de la Proposition 1.7, pour conclure. □

La Proposition 1.8 est l'analogue pour les fonctions quasi-périodiques de la Proposition 1.3 pour les fonctions périodiques. Cependant, dans le cas quasi-périodique, la propriété (P1) est fausse, au sens où la convergence (1.51) peut se faire à une vitesse différente de $O(\varepsilon)$, malgré ce que pourrait suggérer à un lecteur trop optimiste l'égalité des moyennes exprimée dans la Proposition 1.7 : identité des moyennes n'entraîne pas identité des vitesses de convergence.

Un tel résultat dépasse le cadre de cet ouvrage. Le lecteur pourra consulter [BBMM05], où il est démontré que pour tout $\delta \in]0, 1]$, il est possible de construire une fonction quasi-périodique pour laquelle la convergence (1.51) se fait *exactement* à la vitesse ε^δ.

Intéressons-nous maintenant aux propriétés (P2) à (P5) du cadre périodique (Section 1.2). Commençons par la propriété (P2), à savoir l'équivalence entre la norme L^q_{unif} et la norme $\langle | \cdot |^q \rangle^{1/q}$. Nous allons démontrer que cette inégalité n'est plus vraie ici. Plus précisément, pour tout $q \in [1, +\infty[$ et pour tout $T = (T_1, \dots, T_m)$ vérifiant $m \geq 2$, avec des fréquences $\left(\frac{1}{T_1}, \dots, \frac{1}{T_m} \right)$ indépendantes sur $\mathbb{Z}$ (comme nous l'avons mentionné page 29), nous allons construire une fonction $f_\delta \in QP(T)$ telle que

$$\| f_\delta \|_{L^q_{\text{unif}}(\mathbb{R})} \geq \gamma > 0, \quad \langle | f_\delta |^q \rangle^{1/q} \xrightarrow{\delta \to 0} 0, \tag{1.52}$$

ce qui contredira (P2). Nous supposons (ceci est toujours vrai quitte à permuter les variables) que les périodes T_j sont rangées par ordre croissant : $0 < T_1 \leq \cdots \leq T_m$. Nous fixons ρ une fonction C^∞ à support inclus dans $] - T_1/2, T_1/2[$, positive et telle que $\int_{\mathbb{R}} \rho^q = 1$, et nous posons

$$F_\delta(x_1, \dots x_m) = \delta^{-1/q} \prod_{j=1}^{m} \rho \left(\frac{x_j}{\delta} \right),$$

que nous prolongeons à $\mathbb{R}^m$ par T-périodicité, et nous définissons

$$f_\delta(x) = F(x, \dots, x),$$

qui est bien dans $QP(T)$. Nous calculons alors, en utilisant la Proposition 1.7,

$$\langle | f_\delta |^q \rangle^{1/q} = \langle | F_\delta |^q \rangle^{1/q} = \left(\frac{1}{|Q(T)|} \int_{Q(T)} \delta^{-1} \rho \left(\frac{x_1}{\delta} \right)^q \cdots \rho \left(\frac{x_m}{\delta} \right)^q dx_1 \dots dx_m \right)^{1/q}$$

$$= \frac{\delta^{\frac{m-1}{q}}}{|Q(T)|^{1/q}}.$$

A moins que $m = 1$, ce qui correspond au cas périodique, ceci implique

$$\langle | f_\delta |^q \rangle^{1/q} \xrightarrow{\delta \to 0} 0. \tag{1.53}$$

D'autre part, quitte à réduire le support de ρ, nous pouvons supposer qu'il est inclus dans $[-1, 1]$, donc, si $\delta \leq 1$,

$$\|f_\delta\|_{L^q_{\text{unif}}(\mathbb{R})}^q \geq \int_{-1}^{1} f_\delta(t)^q dt = \int_{-1}^{1} \delta^{-1} \rho\left(\frac{t}{\delta}\right)^{mq} dt = \int_{-1/\delta}^{1/\delta} \rho(x)^{mq} dx$$

$$= \int_{-1}^{1} \rho(x)^{mq} dx.$$

L'inégalité de Hölder appliquée à ρ^q donne

$$\int_{-1}^{1} \rho(x)^{mq} dx \geq 2^{1-m} \left(\int_{-1}^{1} \rho^q\right)^m = 2^{1-m}.$$

Ainsi, $\|f_\delta\|_{L^q_{\text{unif}}(\mathbb{R})}^q \geq 2^{1-m}$, et avec (1.53), nous avons donc bien obtenu (1.52).

Examinons maintenant la propriété (P3). Cette dernière est également fausse ici : pour des quasi-périodes T bien choisies (en fait $T = (T_1, T_2)$ avec $T_1/T_2 \notin \mathbb{Q}$ convient, et même, plus généralement n'importe quel T tel que $QP(T)$ ne soit pas un espace de fonctions périodiques), il existe $f \in QP(T)$ telle que $\langle f \rangle = 0$, et telle il n'existe pas $g \in QP(T)$ dérivable vérifiant $g' = f$. Nous allons utiliser la remarque faite ci-dessus (page 30) : $QP(T)$ contient des fonctions périodiques de période arbitrairement grande. En effet, considérons un nombre irrationnel r. Le Théorème d'approximation de Dirichlet implique qu'il existe deux suites d'entiers $(p_n)_{n \in \mathbb{N}}$ et $(q_n)_{n \in \mathbb{N}}$ telles que $q_n > 0$, $q_n \geq n + 1$, et $|r - p_n/q_n| \leq q_n^{-2}$. Nous choisissons alors une suite $(\alpha_n)_{n \in \mathbb{N}}$ telle que

$$\sum_{n \in \mathbb{N}} |\alpha_n| < +\infty, \quad \sum_{n \in \mathbb{N}} \alpha_n^2 q_n^2 = +\infty. \tag{1.54}$$

Une telle suite existe : prendre par exemple $\alpha_n = (n + 1)^{-3/2}$, qui est bien le terme général d'une série convergente, et qui vérifie $\alpha_n^2 q_n^2 \geq (n + 1)^{-3+2} = (n + 1)^{-1}$. Enfin, soit

$$f(x) = \sum_{n \in \mathbb{N}} \alpha_n e^{2i\pi x(p_n - rq_n)},$$

qui est quasi-périodique par définition, et de moyenne nulle. En particulier, $f \in QP(1, r^{-1})$. Imaginons qu'il existe $g \in QP(1, r^{-1})$, dérivable, telle que $g' = f$. Alors $g(x) = G(x, x)$, où G est continue périodique, et s'écrit donc

$$G(x, y) = \sum_{(k,j) \in \mathbb{Z}^2} \beta_{kj} e^{2i\pi(kx + rjy)}, \quad \sum_{(j,k) \in \mathbb{Z}^2} |\beta_{kj}|^2 < +\infty. \tag{1.55}$$

La convergence de la série ci-dessus s'entend au sens de la norme $L^2\left([0,1]\times\left[0,\frac{1}{r}\right]\right)$. De plus,

$$\beta_{kj}=\left\langle G(x,y)e^{-2i\pi(kx+rjy)}\right\rangle=\left\langle g(x)e^{-2i\pi(k+rj)x}\right\rangle$$

$$=\lim_{R\to+\infty}\frac{1}{2R}\int_{-R}^{R}g(x)e^{-2i\pi(k+rj)x}dx. \qquad (1.56)$$

D'autre part, une intégration par parties donne

$$\frac{1}{2R}\int_{-R}^{R}g(x)e^{-2i\pi(k+rj)x}dx=\frac{1}{2R}\left[g(x)\frac{e^{-2i\pi(k+rj)x}}{-2i\pi(k+rj)}\right]_{-R}^{R}$$

$$+\frac{1}{2R}\int_{-R}^{R}g'(x)\frac{e^{-2i\pi(k+rj)x}}{2i\pi(k+rj)}dx.$$

Comme g est bornée, le premier terme du membre de droite tend vers 0 quand $R\to+\infty$. Et comme $g'=f$, le second terme converge vers la moyenne de la fonction $x\mapsto f(x)\dfrac{e^{-2i\pi(k+rj)x}}{2i\pi(k+rj)}$. En insérant cela dans (1.56), on a donc

$$\beta_{kj}=\left\langle f(x)\frac{e^{-2i\pi(k+rj)x}}{2i\pi(k+rj)}\right\rangle=\left\langle F(x,y)\frac{e^{-2i\pi(kx+rjy)}}{2i\pi(k+rj)}\right\rangle$$

$$=\begin{cases}\dfrac{\alpha_n}{2i\pi(p_n-rq_n)} & \text{si }k=p_n,\ j=-q_n,\\ 0 & \text{sinon.}\end{cases}$$

Ceci implique, en utilisant d'abord $(p_n-rq_n)^2\le q_n^{-2}$ puis (1.54),

$$\sum_{(k,j)\in\mathbb{Z}^2}\left|\beta_{kj}\right|^2=\sum_{n\in\mathbb{N}}\frac{|\alpha_n|^2}{4\pi^2(p_n-rq_n)^2}\ge\frac{1}{4\pi^2}\sum_{n\in\mathbb{N}}|\alpha_n|^2q_n^2=+\infty,$$

ce qui est contradictoire avec (1.55). Il s'ensuit que f n'a donc pas de primitive dans $QP(T)$.

Examinons maintenant la propriété (P4), c'est-à-dire l'inégalité de Poincaré-Wirtinger. Cette inégalité est ici fausse, et ceci est là encore lié au fait, indiqué page 30, que, pour tout $T=(T_1,\ldots,T_m)$ avec $m\ge 2$ et des fréquences $\mathbb{Z}$-indépendantes, $QP(T)$ contient des fonctions de périodes arbitrairement grande. Dans cette optique, nous construisons l'exemple suivant : fixons à nouveau r irrationnel, et posons $f(x)=\exp(2i\pi(p-qr)x)$, où p,q sont des entiers tels que $p \geq 2$ et $|p/q - r| \leq q^{-2}$. Cette fonction f est bien dans $QP(T)$ pour $T = \left(1, r^{-1}\right)$, et de moyenne nulle. De plus, $f'(x) = 2i\pi(p - qr)f(x)$, d'où

$$\left\langle |f|^2 \right\rangle = 1, \quad \left\langle |f'|^2 \right\rangle = 4\pi^2(p - qr)^2 \leq \frac{4\pi^2}{q^2}.$$

Le théorème d'approximation de Dirichlet, déjà invoqué ci-dessus, assure de nouveau qu'on peut prendre q arbitrairement grand, ce qui contredit l'inégalité de Poincaré-Wirtinger dans $QP(T)$.

En revanche, dans le cas particulier où les rapports des quasi-périodes vérifient une propriété arithmétique particulière de type diophantienne (dans le cas $m = 2$, ceci revient à dire que le quotient des deux quasi-périodes n'est pas un nombre de Liouville), alors une version "dégradée" de l'inégalité de Poincaré-Wirtinger est vraie. Pour décrire cela, nous commençons par la définition suivante :

Définition 1.9 *Soit $x \in \mathbb{R} \setminus \mathbb{Q}$. On dit que x est un* nombre de Liouville *si, pour tout $\alpha \in \mathbb{N}$, il existe $j \in \mathbb{Z}$ et $k \geq 2$ entier tels que*

$$\left| x - \frac{j}{k} \right| \leq \frac{1}{k^\alpha}. \tag{1.57}$$

Il est connu [Duv98, Théorème 9.6, page 112] que tous les nombres de Liouville sont transcendants, car pour un nombre algébrique, l'inégalité (1.57) devient fausse pour $\alpha > 2$ (rappelons qu'un nombre réel est dit algébrique s'il est racine d'un polynôme à coefficients entiers, et qu'un nombre est transcendant s'il n'est pas algébrique). Intuitivement, les nombres de Liouville sont des nombres irrationnels qui peuvent être approximés avec une précision arbitrairement élevée par des rationnels. L'ensemble des nombres de Liouville est de mesure de Lebesgue nulle dans $\mathbb{R}$. La propriété suivante, quelquefois appelée *inégalité de Gårding*, est une version affaiblie de l'inégalité de Poincaré :

Lemme 1.10 (Inégalité de Gårding) *Soit f une fonction quasi-périodique, au sens de la Définition 1.4, où on suppose que $m = 2$, et que les périodes T_1, T_2 de la fonction F vérifient que les quotients $\dfrac{T_1}{T_2}$ et $\dfrac{T_2}{T_1}$ sont irrationnels et ne sont pas des nombres de Liouville. Alors il existe $s \geq 1$ tel que, si $F \in H^{s+1}(Q)$,*

$$\left\langle (f - \langle f \rangle)^2 \right\rangle = \left\langle (F - \langle F \rangle)^2 \right\rangle \leq C \left\| \partial_{x_1} F + \partial_{x_2} F \right\|_{H^s(Q)}, \tag{1.58}$$

où la constante C ne dépend que des périodes (T_1, T_2) et de s.

Le lecteur prendra garde au fait que dans le membre de gauche, la notation $\langle \cdot \rangle$ désigne la moyenne dans l'ensemble fonctionnel naturel, c'est-à-dire, pour la première, la moyenne quasi-périodique des fonctions quasi-périodiques, et pour la seconde, la moyenne périodique des fonctions périodiques. De plus, il remarquera aussi que la dérivée $\partial_{x_1} F + \partial_{x_2} F$ de la fonction périodique de dimension supérieure s'écrit aussi $\partial_{\frac{x_1+x_2}{2}} F$ dans le système de coordonnées $\left(\dfrac{x_1 + x_2}{2}, \dfrac{x_1 - x_2}{2} \right)$. Ainsi, lorsque nous prenons la norme H^s de cette dérivée, alors cela implique implicitement les dérivées de F dans la direction orthogonale à la diagonale $x_1 = x_2$ à savoir $\partial_{\frac{x_1-x_2}{2}} F$. La norme H^s fait donc intervenir des dérivées qui ne correspondent pas à celles de f.

Remarquons de plus que dans le cas général $m > 2$, un résultat similaire (existence d'une inégalité de Gårding) est vrai, sous une condition, de type condition diophantienne, plus complexe mais similaire à celle du Lemme 1.10 (voir [Koz79, Condition (C)]).

Preuve. Nous commençons par prouver le résultat pour F de classe C^∞, puis nous conclurons par densité. Comme F est périodique, nous pouvons la décomposer en série de Fourier :

$$F(x_1, x_2) = \sum_{k \in \mathbb{Z}^2} \widehat{F}_k e^{2i\pi \left(\frac{k_1 x_1}{T_1} + \frac{k_2 x_2}{T_2} \right)},$$

où, puisque F est de classe C^∞, $\widehat{F}_k$ tend vers 0 plus vite que n'importe quelle puissance de k, quand $|k| \to +\infty$. De plus,

$$\left\| \partial_{x_1} F + \partial_{x_2} F \right\|^2_{H^s(Q)} = \sum_{k \in \mathbb{Z}^2} \left(1 + k_1^2 + k_2^2 \right)^s \left(\frac{k_1}{T_1} + \frac{k_2}{T_2} \right)^2 \left| \widehat{F}_k \right|^2. \tag{1.59}$$

Le fait que T_1/T_2 ne soit pas un nombre de Liouville implique qu'il existe $\alpha_{12} \in \mathbb{N}$ et $C > 0$ tels que, pour tout $p \in \mathbb{Z}$ et pour tout $q \in \mathbb{N}^*$,

$$\left| \frac{T_1}{T_2} - \frac{p}{q} \right| \geq \frac{C}{q^{\alpha_{12}}}. \tag{1.60}$$

En effet, si $q = 1$, cette inégalité est vraie avec $C = \text{dist}\left(\frac{T_1}{T_2}, \mathbb{Z} \right) > 0$, et si $q \geq 2$, il s'agit simplement de (1.57).

Nous écrivons maintenant que, pour $k_2 \neq 0$,

$$\left| \frac{k_1}{T_1} + \frac{k_2}{T_2} \right| = \frac{|k_2|}{T_1} \left| \frac{k_1}{k_2} + \frac{T_1}{T_2} \right| \geq \frac{|k_2|}{T_1} \frac{C}{|k_2|^{\alpha_{12}}} = \frac{C}{T_1} \frac{1}{|k_2|^{\alpha_{12}-1}}, \tag{1.61}$$

où nous avons utilisé (1.60). Cette inégalité est bien entendu vraie également si nous échangeons les rôles des indices 1 et 2, puisque T_2/T_1 n'est pas de Liouville non plus. Ainsi, pour $k_1 \neq 0$,

$$\left| \frac{k_1}{T_1} + \frac{k_2}{T_2} \right| \geq \frac{C'}{T_2} \frac{1}{|k_1|^{\alpha_{21}-1}}, \tag{1.62}$$

où la constante C' est *a priori* différente de celle de (1.61), mais est strictement positive et dépend uniquement de T_1 et T_2. En regroupant (1.61) et (1.62), nous obtenons donc l'existence d'une constante C'' telle que

$$\left| \frac{k_1}{T_1} + \frac{k_2}{T_2} \right| \geq \frac{C''}{|k|^{\alpha-1}},$$

où nous avons choisi $\alpha = \max(\alpha_{12}, \alpha_{21})$. En insérant cette dernière inégalité dans (1.59), nous avons donc

$$\left\| \partial_{x_1} F + \partial_{x_2} F \right\|^2_{H^s(Q)} \geq \left(C''\right)^2 \sum_{k \in \mathbb{Z}^2 \setminus \{(0,0)\}} (1 + |k|^2)^s \frac{1}{|k|^{2\alpha-2}} \left| \widehat{F}_k \right|^2$$

$$\geq \left(C''\right)^2 \sum_{k \in \mathbb{Z}^2 \setminus \{(0,0)\}} \left| \widehat{F}_k \right|^2 = \left(C''\right)^2 \left\langle (F - \langle F \rangle)^2 \right\rangle,$$

pour $s = \alpha - 1$. Ceci conclut la démonstration. $\qquad\square$

Pour conclure, nous remarquons que la propriété (P5) est évidemment vraie. En effet, toute fonction f quasi-périodique est définie comme la trace d'une fonction F *continue périodique*, donc bornée. Ainsi, la fonction f elle-même est bornée, donc strictement sous-linéaire à l'infini.

Cependant, il convient de noter que l'espace $QP(T)$ considéré ici est fermé pour la norme uniforme, pas pour la norme L^q_{unif}, $1 \leq q < +\infty$ (tout comme l'espace $C^0(\mathcal{D})$ n'est pas fermé pour la norme $\|\cdot\|_{L^q(\mathcal{D})}$, pour tout domaine $\mathcal{D}$). Il est possible également de s'intéresser à la fermeture de $QP(T)$ pour $\|\cdot\|_{L^q_{unif}(\mathbb{R})}$. Ce faisant, l'espace obtenu est plus gros, mais il reste un sous-espace de L^q_{unif}, dans lequel la propriété (P5) est vraie, au sens suivant :

$$\forall f \in L^q_{unif}(\mathbb{R}), \quad \lim_{|x| \to +\infty} \frac{\|f\|_{L^q([x,x+1])}}{1 + |x|} = 0.$$

1.5.2 Le cadre presque périodique

Nous considérons dans ce paragraphe la notion de presque périodicité, qui généralise celle de quasi-périodicité, et donc celle de périodicité. La présentation que nous en faisons est très succincte, et nous renvoyons à [Bes32, Boh18] pour plus de détails. De nouveau, nous procédons sur la droite réelle $\mathbb{R}$, mais les notions et résultats se généralisent à $\mathbb{R}^d$, $d \geq 2$. Rappelons également, comme nous l'avons mentionné en début de Section 1.5, que les fonctions sont considérées à valeurs complexes, par souci de commodité.

Définition 1.11 *Soit f une fonction continue bornée sur $\mathbb{R}$, et soit $\delta > 0$. Le réel τ est une δ-*presque période *de f si*

$$\sup_{x \in \mathbb{R}} |f(x + \tau) - f(x)| \leq \delta. \tag{1.63}$$

On note $T_\delta(f)$ l'ensemble des δ-presque périodes de f. La fonction f est dite presque périodique *si*

$$\forall \delta > 0, \quad \exists L = L(\delta) > 0 \quad tel \, que \quad \forall a \in \mathbb{R}, \quad T_\delta(f) \cap [a, a+L] \neq \emptyset. \tag{1.64}$$

L'ensemble des fonctions presque périodiques, est noté $PP(\mathbb{R})$.

Notons immédiatement qu'une fonction périodique est presque périodique. En effet, si f est T-périodique, alors pour tout entier relatif k, le réel $\tau = kT$ vérifie (1.63) car le membre de gauche et alors nul. Donc kT est une δ-presque période de f, pour tout $\delta > 0$ et tout $k \in \mathbb{Z}$. Ce qui signifie que $T\mathbb{Z} \subset T_\delta(f)$, qui vérifie donc (1.64), avec par exemple $L(\delta) = T$.

De même, une fonction quasi-périodique est presque périodique, mais la réciproque est fausse. Nous verrons ci-dessous ces deux propriétés.

La Définition 1.11 implique que $PP(\mathbb{R})$ est stable par combinaison linéaire, mais ce résultat n'est pas trivial (voir par exemple [Bes32, page 5]). En revanche, il est clair sur (1.63) que $PP(\mathbb{R})$ est stable par passage à l'inverse (bien sûr si la fonction considérée est isolée de zéro) et par passage au carré. La stabilité par produit s'obtient ensuite en utilisant l'identité de polarisation

$$4fg = (f + g)^2 - (f - g)^2.$$

Ceci prouve que $PP(\mathbb{R})$ est une algèbre.

La Définition 1.11 permet aussi de démontrer facilement que si f est presque périodique (donc continue), alors elle est uniformément continue. En effet, fixons $\delta > 0$. Alors il existe $L > 0$ tel que $T_{\delta/3}(f) \cap [a, a + L] \neq \emptyset$, pour tout $a \in \mathbb{R}$. Comme f est continue, elle est uniformément continue sur $[-L, L]$ car ce dernier intervalle est compact. Donc il existe $\eta > 0$ tel que pour tout couple (x_1, x_2) dans $[-L, L]$ tel que $|x_1 - x_2| \leq \eta$, on a $|f(x_1) - f(x_2)| \leq \delta/3$. Fixons maintenant x, y tels que $|x - y| \leq \min(\eta, L/2)$, et $\tau \in [x - L/2, x + L/2] \cap T_{\delta/3}(f)$. Un tel τ existe d'après (1.64). Une application de l'inégalité triangulaire donne

$$|f(x) - f(y)| \leq |f(x) - f(x - \tau)| + |f(x - \tau) - f(y - \tau)| + |f(y - \tau) - f(y)|.$$

Le premier et le dernier terme du majorant sont tous deux majorés par $\delta/3$ par définition de τ. Quant au deuxième, il est clair que $x - \tau$ et $y - \tau$ sont dans l'intervalle $[-L, L]$ et que leur distance est plus petite que η. Donc ce dernier terme est également majoré par $\delta/3$, ce qui prouve que $|f(x) - f(y)| \leq \delta$, établissant ainsi l'uniforme continuité de f.

Une autre caractérisation, due à Bochner, des fonctions presque périodiques, est la suivante :

Théorème 1.12 (Caractérisation de Bochner) *Une fonction f continue bornée est presque périodique si et seulement si l'ensemble de ses translatées est relativement compact pour la topologie de la convergence uniforme.*

La preuve de ce résultat peut être lue dans [Bes32, pages 10–11] ou [DS88a, §IV.7]. Enfin, un autre résultat fondamental est le suivant :

Théorème 1.13 *L'ensemble $PP(\mathbb{R})$ est l'adhérence pour la norme uniforme de l'ensemble des polynômes trigonométriques.*

Ici encore, ce résultat est démontré dans [Bes32, pages 29–31] et [Boh18, pages 80–88], ainsi que dans [DS88a, pages 281–285].

Le Théorème 1.13 et le Théorème de Weierstrass trigonométrique permettent de démontrer que toute fonction quasi-périodique est presque périodique. En effet, si $f \in QP(T)$ pour un certain T, elle est, d'après le Théorème de Weierstrass trigonométrique appliqué à la fonction F (périodique) dont elle est issue, limite uniforme de polynômes trigonométriques. Donc, d'après le Théorème 1.13, $f \in PP(\mathbb{R})$.

Il convient ici de bien noter la différence entre l'espace $PP(\mathbb{R})$ et $QP(T)$ considéré à la section précédente. Le second est un espace fonctionnel pour les quasi-périodes $T = (T_1, \ldots, T_m)$ fixées. Alors que $PP(\mathbb{R})$ contient des fonctions quasi-périodiques de toutes les quasi-périodes possibles. En ce sens, $PP(\mathbb{R})$ est un espace fonctionnel "infiniment plus gros" que $QP(T)$, pour T fixé, car pour tout $N \in \mathbb{N}$, pour tout $T \in \mathbb{R}^N$, $QP(T) \subset PP(\mathbb{R})$. Cependant, il existe des fonctions presque périodiques qui ne sont pas quasi-périodiques, comme le montre l'exemple suivant :

$$f(x) = \sum_{n \geq 1} \frac{1}{n^2} e^{\frac{2i\pi x}{n}}. \tag{1.65}$$

Il est clair que $f \in PP(\mathbb{R})$ car elle est limite uniforme de polynômes trigonométriques (les sommes partielles de la série). Supposons que $f \in QP(T)$ pour un certain $T = (T_1, \ldots, T_m)$. Alors il existe $F : \mathbb{R}^m \to \mathbb{R}$ continue, T-périodique, telle que $f(x) = F(x, \ldots, x)$. Si $\xi \in \mathbb{R}$ est fixé, la fonction g définie $g(x) = f(x)e^{-2i\pi\xi x}$ est elle aussi quasi-périodique, de quasi-périodes $\left(T_1, \ldots, T_m, \frac{1}{\xi}\right)$. Si les inverses $\left(\frac{1}{T_1}, \ldots, \frac{1}{T_m}, \xi\right)$ de ses quasi-périodes sont linéairement indépendantes sur $\mathbb{Z}$, alors la Proposition 1.7 implique

$$\langle g \rangle = \frac{1}{|Q(T_1, \ldots, T_m, \xi)|} \int_{Q(T_1, \ldots, T_m, \xi)} F(x_1, \ldots, x_m) e^{-2i\pi\xi x_{m+1}} dx_1 \ldots dx_{m+1}$$

$$= 0.$$

Or un calcul simple que nous laissons au lecteur donne

$$\langle g \rangle = \lim_{R \to +\infty} \frac{1}{2R} \int_{-R}^{R} f(x) e^{-2i\pi\xi x} dx = \begin{cases} \dfrac{1}{n^2} & \text{si } \xi = \dfrac{1}{n}, \\ 0 & \text{sinon.} \end{cases}$$

Ce qui précède implique donc que, pour tout entier $n \geq 1$, le système $\left(\dfrac{1}{T_1}, \ldots, \dfrac{1}{T_m}, \dfrac{1}{n} \right)$ est lié sur $\mathbb{Z}$. Comme le système $\left(\dfrac{1}{T_1}, \ldots, \dfrac{1}{T_m} \right)$ est libre, nous en déduisons qu'il existe des entiers $k_j(n)$ tels que

$$\sum_{j=1}^{m} \frac{k_j(n)}{T_j} = \frac{1}{n}.$$

Toujours parce que le système $\left(\dfrac{1}{T_1}, \ldots, \dfrac{1}{T_m} \right)$ est libre sur $\mathbb{Z}$, ceci implique $k_j(n) = \dfrac{k_j(1)}{n}$. Ceci est impossible car les $k_j(n)$ sont des entiers. Donc la fonction f définie par (1.65) n'est dans aucun espace $QP(T)$.

Le Théorème 1.13 permet d'établir que toute fonction presque périodique admet une moyenne :

Proposition 1.14 *Soit $f \in PP(\mathbb{R})$. Alors f admet une moyenne.*

Preuve. La preuve est la même que celle de la Proposition 1.7. On commence par constater que tout polynôme trigonométrique admet une moyenne. De plus, la moyenne est une forme linéaire, qui est évidemment continue pour la norme uniforme. Le Théorème 1.13 permet ensuite de conclure.   □

Nous avons également l'analogue de la Proposition 1.8, à savoir

Proposition 1.15 *Soit $f \in PP(\mathbb{R})$. Alors*

$$f\left(\frac{x}{\varepsilon} \right) \xrightarrow[\varepsilon \to 0]{*} \langle f \rangle, \tag{1.66}$$

pour la topologie $L^\infty(\mathbb{R})$.

Ici encore, la preuve est une simple adaptation de celle de la Proposition 1.8, et nous la laissons au lecteur.

Comme dans le cas quasi-périodique, nous pourrions examiner les propriétés (P1) à (P5) énoncées à la section 1.2. Contentons-nous de dire que les propriétés (P1) à (P4) sont fausses, puisqu'elles le sont déjà dans le cadre quasi-périodique. Pour la propriété (P5), elle est clairement vraie pour $PP(\mathbb{R})$, car toute fonction de cet espace est bornée.

Nous passons maintenant à une généralisation de la notion de presque périodicité à un cadre non continu. L'ensemble $PP(\mathbb{R})$ est en effet, par définition, un espace de fonctions continues. On peut également s'intéresser à sa généralisation pour des fonctions qui sont seulement intégrables localement. Il y a différentes façons de faire cela, qui ne sont pas équivalentes entre elles. Pour cela, commençons par définir les normes ou semi-normes correspondantes :

Définition 1.16 *Soit $p \in [1, +\infty[$. On appelle :*

- *norme de Stepanov la norme L_{unif}^p ;*

- *semi-norme de Weyl la quantité $\|f\|_{W^p} = \displaystyle\lim_{R \to +\infty} \sup_{x \in \mathbb{R}} \left(\frac{1}{R} \int_x^{x+R} |f|^p \right)^{1/p}$,*
  pour tout $f \in L_{loc}^p(\mathbb{R})$;

- *semi-norme de Besicovitch, la quantité $\|f\|_{B^p} = \displaystyle\limsup_{R \to +\infty} \left(\frac{1}{2R} \int_{-R}^R |f|^p \right)^{1/p}$,*
  pour tout $f \in L_{loc}^p(\mathbb{R})$.

Dans la Définition 1.16, tous le sup (pour la semi-norme de Weyl) et la lim sup (pour la semi-norme de Besicovitch) s'entendent dans $\mathbb{R} \cup \{+\infty\}$. Pour que la semi-norme de Weyl soit bien définie, il faut démontrer que la limite qui la définit existe bien. Si $f \in PP(\mathbb{R})$, ceci est un simple exercice que nous laissons au lecteur. La preuve peut être lue dans [Bes32, page 72]. Les quantités $\| \cdot \|_{W^p(\mathbb{R})}$ et $\| \cdot \|_{B^p(\mathbb{R})}$ ne sont que des semi-normes car il existe des $f \in L^\infty(\mathbb{R})$ non identiquement nulles telles que $\|f\|_{W^p} = 0$ (ou $\|f\|_{B^p} = 0$). Il suffit par exemple de prendre f à support compact. Cependant, parmi ces fonctions, aucune n'est presque périodique (voir [Boh18, page 63] pour le cas $p = 2$, mais cette preuve s'adapte au cas p quelconque). Autrement dit, restreintes à $PP(\mathbb{R})$, ces semi-normes deviennent des normes. Il n'en reste pas moins que nous souhaitons, pour obtenir des espaces fonctionnels adaptés à ces normes, construire les fermetures correspondantes, c'est-à-dire

$$\mathcal{S}^p(\mathbb{R}) = \left\{ f \in L_{loc}^p(\mathbb{R}), \quad \exists\, (f_n)_{n \in \mathbb{N}} \text{ suite de } PP(\mathbb{R}), \right.$$

$$\left. \lim_{n \to +\infty} \|f_n - f\|_{L_{unif}^p} = 0 \right\},$$

$$\mathcal{W}^p(\mathbb{R}) = \left\{ f \in L_{loc}^p(\mathbb{R}), \quad \exists\, (f_n)_{n \in \mathbb{N}} \text{ suite de } PP(\mathbb{R}), \right.$$

$$\left. \lim_{n \to +\infty} \|f_n - f\|_{W^p} = 0 \right\},$$

$$\mathcal{B}^p(\mathbb{R}) = \left\{ f \in L_{loc}^p(\mathbb{R}), \quad \exists\, (f_n)_{n \in \mathbb{N}} \text{ suite de } PP(\mathbb{R}), \right.$$

$$\left. \lim_{n \to +\infty} \|f_n - f\|_{B^p} = 0 \right\}.$$

Comme nous venons de le remarquer, la norme L_{unif}^p est bien une norme sur $\mathcal{S}^p(\mathbb{R})$, alors que $\|\cdot\|_{W^p}$ et $\|\cdot\|_{B^p}$ ne sont que des semi-normes sur $\mathcal{W}^p(\mathbb{R})$ et $\mathcal{B}^p(\mathbb{R})$, respectivement. Nous définissons donc une relation d'équivalence sur chacun de ces espaces :

$$\forall f, g \in \mathcal{W}^p(\mathbb{R}), \quad f \sim g \iff \|f - g\|_{W^p} = 0, \tag{1.67}$$

et

$$\forall f, g \in \mathcal{B}^p(\mathbb{R}), \quad f \sim g \iff \|f - g\|_{B^p} = 0, \tag{1.68}$$

En quotientant les espaces $\mathcal{W}^p(\mathbb{R})$ et $\mathcal{B}^p(\mathbb{R})$ par cette relation, nous obtenons effectivement dans chaque cas un espace vectoriel normé complet.

Définition 1.17 *Soit $p \in [1, +\infty[$. On appelle :*

- $S^p(\mathbb{R}) = \mathcal{S}^p(\mathbb{R})$ *l'espace des fonctions presque périodiques au sens de Stepanov, muni de la norme $L_{\text{unif}}^p(\mathbb{R})$;*
- $W^p(\mathbb{R}) = \mathcal{W}^p(\mathbb{R})/ \sim$ *l'espace des fonctions presque périodiques au sens de Weyl, muni de la norme $\|\cdot\|_{W^p}$;*
- $B^p(\mathbb{R}) = \mathcal{B}^p(\mathbb{R})/ \sim$ *l'espace des fonctions presque périodiques au sens de Besicovitch, muni de la norme $\|\cdot\|_{B^p}$.*

Bien sûr, comme la moyenne est une forme linéaire continue pour chacune des normes et semi-normes de la Définition 1.16, un simple argument de densité permet de prouver que chaque élément f des espaces S^p, W^p et B^p admet une moyenne.

Notons qu'une autre façon de construire l'espace $S^p(\mathbb{R})$ consiste, plutôt que de procéder par complétion comme ci-dessus, à directement imposer la presque périodicité à l'aide de la norme L_{unif}^p. Autrement dit, il s'agit de remplacer (1.63), dans la Définition 1.11, par

$$\sup_{x \in \mathbb{R}} \int_x^{x+1} |f(x + \tau) - f(x)|^p dx \leq \delta^p,$$

tout le reste de la définition restant inchangée. Cette construction donne également l'espace $S^p(\mathbb{R})$ (voir [CLL98, pages 260–261]), la preuve pouvant se faire par exemple en démontrant que chacun des deux espaces est la fermeture de l'ensemble de polynômes trigonométriques pour la norme L_{unif}^p.

Dans la section suivante, nous allons étudier le cadre aléatoire. Nous verrons que les situations précédentes (périodique, quasi-périodique, presque périodique) peuvent se retrouver comme cas particulier de ce cadre aléatoire, lequel est cependant beaucoup plus général, et n'a, bien sûr, pas été bâti pour seulement regrouper ces situations sous un seul cadre commun.

1.6 Le cadre aléatoire

Nous allons maintenant conférer au coefficient a_ε de (1.1) un caractère aléatoire, en le supposant de la forme $a_\varepsilon(x) = a\left(\frac{x}{\varepsilon}, \omega\right)$ pour une fonction $a(x, \omega)$ fixée, fonction de deux paramètres, la variable d'espace "habituelle" $x \in \mathbb{R}$ et une variable $\omega \in \Omega$ encodant le caractère aléatoire. Dans la suite, nous allons supposer que le lecteur est familier avec la définition d'un *espace de probabilité* et d'une *variable aléatoire*, et leurs propriétés élémentaires. Pour se rafraîchir ensemble la mémoire, rappelons ici quelques éléments de base. Il est fortement conseillé de consulter les premières pages d'un *vrai* cours de théorie des probabilités (par exemple [BC07]) pour en savoir un peu plus. Cela va sans dire, nous allons une nouvelle fois présenter dans un cadre monodimensionnel des notions qui se généralisent très facilement à un cadre d-dimensionnel pour $d \geq 2$.

1.6.1 Eléments de base sur le cadre aléatoire

Soit Ω un ensemble (figurant l'espace du hasard), et $\mathcal{T}$ un sous-ensemble de l'ensemble $\mathcal{P}(\Omega)$ des parties de Ω. On dit que $\mathcal{T}$ (qui figure alors l'information disponible) est une tribu si $\mathcal{T}$ est stable par intersection et réunion dénombrables, par passage au complémentaire et si elle contient les éléments $\emptyset$ et Ω. Sur un ensemble Ω muni d'une tribu $\mathcal{T}$, (aussi appelée σ-algèbre) on peut définir une *probabilité* $\mathbb{P}$, c'est-à-dire une mesure positive de masse totale unité ($\mathbb{P}(\Omega) = 1$) définie sur $\mathcal{T}$. Rappelons qu'une mesure (positive) $\mathbb{P}$ sur Ω est une fonction de $\mathcal{T}$ dans $\mathbb{R}_+ \cup \{+\infty\}$ telle que $\mathbb{P}(\emptyset) = 0$ et $\mathbb{P}\left(\bigcup_{i=1}^{+\infty} A_i\right) = \sum_{i=1}^{+\infty} \mathbb{P}(A_i)$ pour toute famille dénombrable d'éléments A_i de $\mathcal{T}$ disjoints deux à deux. On dit qu'une propriété est vérifiée presque sûrement si l'ensemble des $\omega \in \Omega$ pour lesquels elle n'est pas vérifiée est de mesure nulle pour $\mathbb{P}$. Le triplet $(\Omega, \mathcal{T}, \mathbb{P})$ s'appelle un *espace de probabilité*. Une *variable aléatoire* (à valeurs réelles) est alors une application X de Ω dans $\mathbb{R}$ mesurable par rapport à la tribu $\mathcal{T}$, c'est-à-dire telle que pour tout borélien B de $\mathbb{R}$, l'ensemble $\{\omega \in \Omega \, ; \, X(\omega) \in B\}$, souvent noté $\{X \in B\}$, appartient à $\mathcal{T}$. Pour chaque $\omega \in \Omega$, $X(\omega)$ est une *réalisation* de la variable aléatoire X. L'*espérance* de la variable aléatoire X est définie par

$$\mathbb{E}(X) = \int_\Omega X(\omega)\, d\mathbb{P}(\omega).$$

La *loi* de la variable aléatoire X est la mesure $\mathbb{P} \circ X^{-1}$ définie par

$$\mathbb{E}(f(X)) = \int_\mathbb{R} f(x)\, d(\mathbb{P} \circ X^{-1})(x),$$

pour toute fonction f mesurable bornée. La variable aléatoire X est dite admettre (par rapport à la mesure de Lebesgue) une *densité* $p(x)$ (fonction positive intégrable, d'intégrale sur $\mathbb{R}$ égale à 1), si pour toute fonction bornée mesurable f,

$$\mathbb{E}(f(X)) = \int_{\mathbb{R}} f(x)\, p(x)\, dx.$$

La loi de X s'écrit alors $d(\mathbb{P} \circ X^{-1})(x) = p(x)dx$.

En pratique, l'espérance de la variable aléatoire X peut être approchée (on parle de *méthode de Monte-Carlo*) en moyennant les valeurs de X, trouvées par un tirage au sort suivant la loi de X. La fondation de cette pratique est la *Loi forte des grands nombres* : si X_i, $i \in \mathbb{Z}$, est une suite de variables aléatoires indépendantes, toutes de même loi que la variable aléatoire X, et si $\mathbb{E}(|X|) < +\infty$, alors, presque sûrement,

$$\mathbb{E}(X) = \lim_{n \to +\infty} \frac{X_1(\omega) + \ldots + X_n(\omega)}{n}. \qquad (1.69)$$

Le *Théorème de la limite centrale* précise la qualité de cette convergence en stipulant que, sous les mêmes conditions et la condition supplémentaire $\mathbb{E}(X^2) < +\infty$, la variable aléatoire définie par

$$\frac{\sqrt{n}}{\sigma}\left(\frac{X_1(\omega) + \ldots + X_n(\omega)}{n} - \mathbb{E}(X) \right) \qquad (1.70)$$

où $\sigma^2 = \mathbb{E}\left((X - \mathbb{E}(X))^2\right) = \mathbb{E}(X^2) - (\mathbb{E}(X))^2$ désigne la *variance* de la variable aléatoire X, *converge en loi* vers une variable aléatoire G, la loi de G étant la *loi gaussienne centrée réduite* de densité $p(x) = \frac{1}{\sqrt{2\pi}} \exp\left(-\frac{x^2}{2}\right)$. Rappelons qu'une suite de variables aléatoires Y_n *converge en loi* vers Y si $\mathbb{E}(f(Y_n))$ tend vers $\mathbb{E}(f(Y))$ pour toute fonction f continue bornée. Ce résultat explique évidemment le rôle central joué par les variables gaussiennes (i.e. les variables aléatoires suivant une loi gaussienne) en théorie des probabilités.

Revenons maintenant à notre coefficient $a_\varepsilon(x) = a\left(\frac{x}{\varepsilon}, \omega\right)$ de (1.1). Ayant à l'esprit les rappels que nous venons de faire, nous comprenons donc que $a(x, .)$ est, à x fixé, une variable aléatoire, donc une fonction mesurable de ω. D'autre part, pour presque tout ω, l'application $x \mapsto a(x, \omega)$ est, elle, mesurable (au sens de Lebesgue) en x. Nous allons maintenant faire une *hypothèse de structure* qui lie entre elles les deux arguments $x \in \mathbb{R}$ et $\omega \in \Omega$ de la fonction a.

1.6.2   La notion de stationnarité

Reprenons notre espace de probabilité $(\Omega, \mathcal{T}, \mathbb{P})$. Munissons Ω d'une *action* par le groupe additif $(\mathbb{Z}, +)$, c'est à dire que nous considérons une application, désignée τ

et appelée *shift*, ou en français *opérateur de translation*, du produit $\mathbb{Z} \times \Omega$ dans Ω, que nous notons par $\tau(k, \omega) = \tau_k \omega$. Nous supposons que cette action *préserve la mesure* de probabilité $\mathbb{P}$, c'est-à-dire que

$$\forall k \in \mathbb{Z}, \ \forall A \in \mathcal{T}, \quad \tau_k A \in \mathcal{T} \quad \text{et} \quad \mathbb{P}(\tau_k A) = \mathbb{P}(A). \tag{1.71}$$

Supposons aussi que cette action est *ergodique*, c'est-à-dire

$$\forall A \in \mathcal{T}, \quad (\forall k \in \mathbb{Z}, \ \tau_k A = A) \implies (\mathbb{P}(A) = 0 \text{ ou } \mathbb{P}(A) = 1). \tag{1.72}$$

Intuitivement, cette propriété signifie que les seules parties de Ω invariantes sous toutes les translations sont l'ensemble vide et tout Ω, étant entendu que ces notions sont à prendre *au sens de la mesure de probabilité* $\mathbb{P}$.

Nous introduisons alors la notion de fonction *stationnaire* (ici au sens *discret*, et nous verrons plus loin une variante –dite *continue*– plus connue de cette propriété): une fonction f de $\mathbb{R} \times \Omega$, supposée localement sommable (L^1_{loc}) sur ce produit (pour la mesure produit $dx \, d\mathbb{P}$), et à valeurs réelles, est dite *stationnaire* si elle vérifie la propriété

$$\forall k \in \mathbb{Z}, \ f(x + k, \omega) = f(x, \tau_k \omega) \text{ presque partout en } x \in \mathbb{R} \text{ et presque sûrement.} \tag{1.73}$$

Remarquons immédiatement qu'une fonction $f(x, \omega)$ qui ne dépend pas de ω et est $\mathbb{Z}$-périodique en x vérifie bien la condition (1.73). Ceci permet de retrouver le cadre périodique d'une façon très naturelle et très simple. Mais la condition (1.73) est plus générale, comme nous le verrons bientôt. Mentionnons aussi la signification intuitive de la propriété (1.73). Puisque, pour toute fonction F bornée mesurable, et pour tout $k \in \mathbb{Z}$ et presque tout $x \in \mathbb{R}$,

$$\mathbb{E}\left(F(f(x + k, \omega))\right) = \mathbb{E}\left(F(f(x, \tau_k \omega))\right) = \mathbb{E}\left(F(f(x, \omega))\right)$$

(en utilisant pour la dernière égalité la propriété (1.71) de préservation de la mesure), la propriété (1.73) impose que la loi de la variable aléatoire $f(x, \omega)$ est une fonction $\mathbb{Z}$-périodique. En fait, il existe même un résultat théorique (le théorème d'extension de Kolmogorov, [Shi95, Theorem 3, p 163]) affirmant que si une fonction f est un champ aléatoire de loi périodique, alors il existe un espace de probabilité $(\Omega, \mathcal{T}, \mathbb{P})$ et une action de groupe ergodique τ tels qu'on puisse reconnaître cette fonction comme une fonction stationnaire. En d'autres termes, la stationnarité exprime exactement que la fonction $f(x, \omega)$ n'est pas nécessairement $\mathbb{Z}$-périodique, mais que "statistiquement" dirait-on naïvement, et *en loi* dit-on en mathématiques, elle l'est.

Le cadre que nous venons de construire, avec notre fonction f de $\mathbb{R} \times \Omega$ stationnaire sur un espace de probabilité muni d'une action de groupe ergodique préservant la probabilité, s'appelle le *cadre stationnaire ergodique*. Pour appréhender un peu mieux ce cadre, montrons qu'il recouvre comme cas particulier le cas bien moins sophistiqué de variables aléatoires indépendantes identiquement distribuées, c'est-à-dire les variables dites *variables i.i.d.*. Considérons en effet une telle suite $(X'_k)_{k\in\mathbb{Z}}$ de variables aléatoires réelles i.i.d. définies sur un espace de probabilité que, volontairement et pour des raisons pédagogiques qui vont apparaître dans un instant, nous notons $(\Omega', \mathcal{T}', \mathbb{P}')$. Nous allons reconnaître cette suite comme une suite de variables stationnaires, pour un certain espace de probabilité $(\Omega, \mathcal{T}, \mathbb{P})$ et une certaine action de groupe τ ergodique préservant la mesure $\mathbb{P}$.

Posons $\Omega = \mathbb{R}^{\mathbb{Z}}$, l'ensemble des suites réelles indicées par $\mathbb{Z}$. Munissons Ω de la *tribu produit* $\mathcal{T}$, c'est-à-dire la plus petite tribu contenant tous les éléments s'écrivant $A = \prod_{k\in\mathbb{Z}} A_k$ où $A_k = \mathbb{R}$ sauf pour un nombre fini d'indices k pour lesquels A_k est alors un borélien de $\mathbb{R}$. Définissons maintenant sur Ω la probabilité $\mathbb{P}$ dite *probabilité image* (par X' de la probabilité $\mathbb{P}'$) :

$$\mathbb{P}(A) = \prod_{k\in\mathbb{Z}} \mathbb{P}'\left(X'_k \in A_k\right),$$

ce qui s'écrit aussi

$$d\,\mathbb{P}(\omega) = d\,\mathbb{P}' \circ \left(X'\right)^{-1}(\omega) = \prod_{k\in\mathbb{Z}} d\mathbb{P}'\left(X'_k\right)^{-1}(\omega_k).$$

Intuitivement, pour $\omega' \in \Omega'$, on définit la suite ω par $\omega_k = X'_k(\omega')$ et on affecte à l'évènement ω la probabilité $\mathbb{P}(\omega)$ obtenue à partir de la probabilité $\mathbb{P}'(\omega')$. Ceci suffit à construire la probabilité $\mathbb{P}$. Le fait que $\mathbb{P}$ ainsi construit par produit soit bien une probabilité est une conséquence de l'indépendance des variables aléatoires X'_k pour $k \in \mathbb{Z}$. Définissons alors l'action du groupe $(\mathbb{Z}, +)$ sur Ω en disant que, pour $j \in \mathbb{Z}$, $\tau_j\omega$ est la suite de k-ième coordonnée ω_{j+k} si ω est la suite de k-ième coordonnée ω_k, $k \in \mathbb{Z}$. Cette action est connue sous le nom de *shift de Bernoulli*. Elle préserve la probabilité $\mathbb{P}$ parce que

$$d\,\mathbb{P}(\tau_1\omega) = \prod_{k\in\mathbb{Z}} d\,\mathbb{P}'\left(X'_k\right)^{-1}((\tau_1\omega)_k) = \prod_{k\in\mathbb{Z}} d\,\mathbb{P}'\left(X'_k\right)^{-1}(\omega_{k+1})$$

$$= \prod_{k\in\mathbb{Z}} d\,\mathbb{P}'\left(X'_{k+1}\right)^{-1}(\omega_{k+1})$$

car les X'_k sont identiquement distribués

$$= \prod_{k\in\mathbb{Z}} d\,\mathbb{P}'\left(X'_k\right)^{-1}(\omega_k) = d\,\mathbb{P}(\omega)$$

Le fait que cette action soit ergodique est plus délicat à montrer. La preuve peut par exemple se lire dans [Kre85, section 1.4]. Intuitivement, on peut le comprendre comme suit. Supposons que $A \in \mathcal{T}$ soit de la forme $A = \{\omega \in \Omega; \omega_k \in A_k \subsetneq \mathbb{R}, 1 \leq k \leq N\}$. En toute généralité, tous les $A \in \mathcal{T}$ ne sont pas de cette forme, mais l'idée que seulement un nombre fini N de composantes (qu'on a brutalement prises ici comme les composantes 1 à N) soient un sous-ensemble strict A_k de $\mathbb{R}$ et pas $\mathbb{R}$ tout entier est bien l'idée maîtresse, vu la construction de la tribu $\mathcal{T}$ faite ci-dessus. Si un tel A est stable sous l'action τ, cela signifie qu'il s'écrit aussi $A = \{\omega \in \Omega; \omega_k \in A_{k-1}, 2 \le k \le N + 1\}$, et ainsi de suite. Il y a donc une "propagation" aussi loin que voulu. Cela impose que soit $\{1, \ldots, N\}$ n'existe pas, i.e. $A = \Omega$, soit il est en fait l'ensemble de tous les indices, i.e. $A = \emptyset$. Bien entendu, notre argument est approximatif, mais il donne une idée du phénomène en jeu. La preuve rigoureuse repose en fait sur l'argument simple de *disjonction* suivant: un ensemble de la forme d'un *cylindre* comme ci-dessus est nécessairement tel que A^c et $(\tau_{-k}A)^c$ sont disjoints pour k assez grand, donc $\mathbb{P}(A \cap \tau_{-k}A) = \mathbb{P}(A)\ \mathbb{P}(\tau_{-k}A)$, et donc $= \mathbb{P}(A)^2$ par préservation de la mesure. Mais s'il y a invariance, $\tau_{-k}A = A$ et nous obtenons $\mathbb{P}(A) = \mathbb{P}(A)^2$, d'où $\mathbb{P}(A) \in \{0, 1\}$. Puis de tels ensembles engendrent en fait toute la tribu et le raisonnement se conclut par densité. Les experts remarqueront que cette preuve établit en fait une propriété plus forte que l'ergodicité, qu'il ne convient pas d'évoquer ici.

Définissons désormais X_k comme le k-ième champ coordonnée sur Ω, c'est-à-dire que $X_k(\omega)$ est la k-ième coordonnée de la suite $\omega \in \Omega$. En d'autres termes plus intuitifs, $X_k(\omega) = \omega_k = X'_k(\omega')$. La suite $X_k(\omega)$ étant, par construction stationnaire puisque $X_k(\tau_1\omega) = \omega_{k+1} = X_{k+1}(\omega)$, nous venons donc d'interpréter une suite i.i.d. comme une suite stationnaire, quitte à changer la définition de l'espace de probabilité et introduire la bonne notion d'action de groupe.

Retournons maintenant aux *fonctions* $f(x, \omega)$ que nous manipulons dans ce chapitre, et signalons la variante promise, celle du cadre stationnaire *continu*, par opposition au cadre stationnaire *discret* défini ci-dessus. Dans cette version continue, on choisit de faire agir sur Ω le groupe $(\mathbb{R}, +)$, et non plus le groupe $(\mathbb{Z}, +)$. Les propriétés de préservation de la mesure et d'ergodicité ne sont alors plus exprimées par (1.71) et (1.72) mais respectivement par

$$\forall y \in \mathbb{R},\ \forall A \in \mathcal{T}, \quad \mathbb{P}(\tau_y A) = \mathbb{P}(A), \tag{1.74}$$

et

$$\forall A \in \mathcal{T}, \quad \big(\forall y \in \mathbb{R},\ \tau_y A = A\big) \implies \big(\mathbb{P}(A) = 0 \text{ ou } \mathbb{P}(A) = 1\big). \tag{1.75}$$

La stationnarité *continue* d'une fonction est alors la propriété

$$f(x + y, \omega) = f(x, \tau_y\omega) \text{ presque partout en } x \in \mathbb{R},\ y \in \mathbb{R} \text{ et presque sûrement.} \tag{1.76}$$

qui remplace (1.73), et exprime cette fois que la loi de f ne dépend pas du point $x \in \mathbb{R}$, puisqu'elle est invariante sous toutes les translations en $y \in \mathbb{R}$.

Nous préférons dans ce livre manipuler la notion discrète. La raison en est que cette version est mieux adaptée que la notion continue pour formaliser les perturbations de la périodicité que nous avons en tête. Ceci est dû au fait qu'il existe *déjà* dans la notion discrète un réseau périodique sous-jacent (le groupe $(\mathbb{Z}, +)$, ou en dimension supérieure d'espace le groupe $(\mathbb{Z}^d, +)$). Ainsi, pour ne citer qu'un exemple, nous avons déjà signalé que la $\mathbb{Z}$-périodicité s'identifiait aisément dans le cadre discret (1.73) à des fonctions ne dépendant pas du hasard. Et nous remarquons que ce n'est pas aussi simple dans le cadre continu (1.76).

Pour autant, il est important, pour mieux comprendre le cadre stationnaire ergodique, d'étudier *aussi* le cadre continu. Démontrons maintenant que ce cadre recouvre aussi, comme cas particulier, les cadres périodique, quasi-périodique et presque périodique.

1.6.3   Les cas particuliers périodique, quasi-périodique et presque périodique

Pour réaliser le cadre périodique à partir du cadre stationnaire ergodique continu, choisissons de particulariser l'ensemble Ω, la probabilité $\mathbb{P}$ et l'action τ. L'ensemble Ω est pris égal au tore (ici monodimensionnel) $\mathbb{T} = [0, 1]_{per}$ (i.e l'intervalle $[0, 1]$ avec ses bords $\{0\}$ et $\{1\}$ identifiés l'un à l'autre, ou, de manière équivalente, le cercle unité S^1), la mesure $\mathbb{P}$ est prise égale à la mesure de Lebesgue sur $\mathbb{T}$, et l'action de groupe τ est l'addition $\tau_y \omega = \omega + y$ pour tout $\omega \in \mathbb{T}$, $y \in \mathbb{R}$. Il est facile de vérifier les propriétés (1.74) et (1.75). La propriété de stationnarité continue (1.76) est alors équivalente à la propriété de périodicité. En effet, elle impose que si $x' + \omega' = x + \omega \bmod(1)$ alors $f(x', \omega') = f(x, \omega' + x' - x) = f(x, \omega)$ identiquement en $x \in \mathbb{R}$, $x' \in \mathbb{R}$, $\omega \in \mathbb{T}$, $\omega' \in \mathbb{T}$, ce qui *ipso facto* identifie donc $f(x, \omega)$ à une fonction $\mathbb{Z}$-périodique de la variable $x + \omega$ (la fonction qui serait $f(0, x + \omega)$ si on manipulait des fonctions continues, et où $x + \omega$ dans le deuxième argument est à comprendre comme $x + \omega \bmod(1)$). Réciproquement, une fonction $\mathbb{Z}$-périodique g se lit comme une fonction stationnaire continue en posant $f(x, \omega) = g(x + \omega)$ pour tout $\omega \in \mathbb{T}$, $x \in \mathbb{R}$.

Un travail similaire peut être fait dans le cas quasi-périodique. Nous fixons $T = (T_1, \ldots T_m)$ des quasi-périodes telles que les fréquences $\dfrac{1}{T_i}$ associées soient indépendantes sur $\mathbb{Z}$, et nous définissons alors $\Omega = [0, 1]^m$, et prenons pour $\mathbb{P}$ la mesure de Lebesgue : $d\mathbb{P}(\omega) = d\omega$. Enfin, nous définissons l'action de $\mathbb{R}$ sur Ω par $\tau_x \omega = \omega + x \frac{1}{T}$, qui est une notation simplifiée signifiant que $(\tau_x \omega)_i = \omega_i + \frac{x}{T_i}$, pour $1 \leq i \leq m$. Il est alors facile de vérifier que cette action est ergodique, car les fréquences $\left(\dfrac{1}{T_1}, \ldots, \dfrac{1}{T_m} \right)$ sont $\mathbb{Z}$-indépendantes.

Le cadre presque périodique va nous demander beaucoup plus de travail. Comme nous l'avons fait à la Section 1.5, nous travaillons ici avec des fonctions à valeurs complexes. Le lecteur vérifiera aisément que tout ce qui suit permet ensuite de se restreindre à des fonctions à valeurs réelles et obtenir les résultats correspondants.

Introduisons tout d'abord quelques notations : pour un espace métrique S, on note $B(S)$ l'algèbre des fonctions $f : S \longrightarrow \mathbb{C}$ qui sont bornées. L'unité de cette algèbre est la fonction constante égale à 1. On dira qu'une sous-algèbre $\mathfrak{A}$ de $B(S)$ sépare les points de S si

$$\forall x \neq y \in S, \quad \exists f \in \mathfrak{A}, \quad f(x) \neq f(y).$$

Théorème 1.18 ([DS88a], Theorem IV.6.18 et Corollaire IV.6.19) *Soit S un espace métrique localement compact. Soit $B(S)$ l'algèbre des fonctions bornées sur S à valeurs complexes. Soit $\mathfrak{A}$ une sous-algèbre fermée de $B(S)$ qui contient l'unité et qui est stable par conjugaison. Alors il existe un isomorphisme d'algèbre $U : \mathfrak{A} \longrightarrow C^0(S_1)$, où S_1 est un espace métrique compact, et $C^0(S^1)$ est l'ensemble des fonctions continues sur S^1 muni de la topologie de la convergence uniforme.*

De plus, U transforme une fonction à valeurs réelles en une fonction à valeurs réelles, et vérifie $U(\overline{f}) = \overline{U(f)}$ pour tout $f \in \mathfrak{A}$.

Enfin, si $\mathfrak{A}$ sépare les points, il existe une injection de S dans S_1 telle que l'image de S est dense dans S_1, que tout $f \in \mathfrak{A}$ admet une unique extension f_1 à S_1, et que l'application $f \mapsto f_1$ est un isomorphisme d'algèbres de $\mathfrak{A}$ dans $C^0(S^1)$.

Il est facile de montrer que $PP(\mathbb{R})$ est une sous-algèbre fermée de $B(\mathbb{R})$ qui sépare les points. L'application du Théorème 1.18 à $PP(\mathbb{R})$ assure donc l'existence d'un espace métrique compact S_1 et d'une injection de $\mathbb{R}$ dans S_1 telle que l'image de $\mathbb{R}$ est dense dans S_1. Dans la suite, on identifie $\mathbb{R}$ à ce sous-ensemble de S_1. Comme il est dense, la loi d'addition de $\mathbb{R}$ s'étend naturellement à S_1 et en fait un groupe abélien topologique compact. Cette preuve peut être lue dans [DS88b, pp 946–947]. Ceci donne alors le résultat suivant :

Théorème 1.19 ([DS88b], Theorem XI.2.2) *Il existe un groupe abélien topologique compact $(\mathbb{G}, +)$ tel que $(\mathbb{R}, +)$ est un sous-groupe dense de $\mathbb{G}$, et tel que*

$$PP(\mathbb{R}) = \left\{ f_{|\mathbb{R}}, \quad f \in C^0(\mathbb{G}) \right\}.$$

De plus l'application $f \mapsto f_{|\mathbb{R}}$ est un isomorphisme d'algèbres de $C^0(\mathbb{G})$ dans $PP(\mathbb{R})$, et une isométrie pour les normes uniformes. Ce groupe $\mathbb{G}$ est appelé compactifié de Bohr *de $\mathbb{R}$.*

La preuve du Théorème 1.19 dépasse largement le cadre de cet ouvrage, et nous renvoyons le lecteur à [DS88a, DS88b]. Admettons le Théorème 1.19, et utilisons-le pour construire le cadre stationnaire ergodique correspondant à $PP(\mathbb{R})$. Nous avons pour cela besoin d'un autre résultat fondamental de la théorie des groupes topologiques.

Théorème 1.20 (Théorème de Haar) *Soit $(\mathbb{G}, +)$ un groupe topologique locale-ment compact. Alors il existe une unique mesure μ positive, localement finie sur $\mathbb{G}$ et invariante pour la loi du groupe $\mathbb{G}$, appelée mesure de Haar de $\mathbb{G}$. Cette mesure est unique à multiplication par une constante près. Lorsque $\mathbb{G}$ est compact, on la normalise par $\mu(\mathbb{G}) = 1$ et elle est donc unique.*

Ce résultat ne sera pas prouvé ici non plus. Nous renvoyons le lecteur intéressé à [Fol95, Theorem 2.10]. Vérifions maintenant que les ingrédients ci-dessus permettent de définir un cadre stationnaire ergodique à partir du cadre presque périodique. Soit $\Omega = \mathbb{G}$ défini par le Théorème 1.19, $\mathbb{P} = \mu$ la mesure de Haar associée à $\mathbb{G}$, et définie par le Théorème 1.20, qui est donc bien une mesure de probabilité sur Ω. Nous définissons l'action τ de $\mathbb{R}$ sur Ω par la loi de groupe sur $\mathbb{G} = \Omega$:

$$\forall x \in \mathbb{R}, \quad \forall \omega \in \Omega, \quad \tau_x \omega = \omega + x,$$

bien définie en vertu du Théorème 1.19. La mesure $\mathbb{P}$ vérifie l'invariance par translation (1.74), d'après l'énoncé du Théorème de Haar (Théorème 1.20). Pour toute fonction $F \in C^0(\Omega)$, nous définissons $f : \mathbb{R} \times \Omega \to \mathbb{R}$ par

$$\forall x \in \mathbb{R}, \quad \forall \omega \in \Omega, \quad f(x, \omega) = F(\tau_x \omega).$$

Une telle fonction est bien entendu stationnaire au sens de (1.76), et par définition de Ω (voir le Théorème 1.19), la fonction $\overline{f} : x \mapsto f(x, 0)$ est presque périodique. Enfin, l'application $F \mapsto \overline{f}$ est bien un isomorphisme d'algèbres isométrique de $C^0(\Omega)$ dans $PP(\mathbb{R})$. Il nous reste à vérifier la propriété d'ergodicité (1.75). Pour cela, nous supposons que A est invariant par translation et $\mathbb{P}$-mesurable. Alors $\forall y \in \mathbb{R}$,

$$\mathbb{P}(A) = \mathbb{P}(A \cap \tau_{-y} A) = \int_\Omega \mathbf{1}_A(\omega) \mathbf{1}_{\tau_{-y} A}(\omega) d\mathbb{P}(\omega) = \int_\Omega \mathbf{1}_A(\omega) \mathbf{1}_A(\omega + y) d\mathbb{P}(\omega).$$

Le membre de droite de cette égalité est une fonction continue de $y \in \mathbb{R}$, qui est constante. Elle admet, par densité, un unique prolongement à Ω, qui est donc aussi constant. En l'écrivant pour tout $y \in \Omega$ et en l'intégrant sur Ω, nous obtenons

$$\mathbb{P}(A) = \int_\Omega \int_\Omega \mathbf{1}_A(\omega) \mathbf{1}_A(\omega + y) d\mathbb{P}(\omega) d\mathbb{P}(y) = \int_\Omega \mathbf{1}_A(\omega) \mathbb{P}(A) d\mathbb{P}(\omega) = (\mathbb{P}(A))^2,$$

où nous avons utilisé d'abord le Théorème de Fubini, puis l'invariance par translation de la mesure $\mathbb{P}$. Ceci implique donc que $\mathbb{P}(A) = 0$ ou 1, et conclut la preuve de (1.75).

Il est à noter que, bien que $\mathbb{R}$ soit dense dans $\mathbb{G}$, il est de mesure nulle pour la mesure de Haar. En effet, nous avons, puisque $\mathbb{R}$ est l'union disjointe des intervalles $[k, k+1[$ pour $k \in \mathbb{Z}$,

$$\mathbb{P}(\mathbb{R}) = \sum_{k \in \mathbb{Z}} \mathbb{P}([k, k+1[) = \sum_{k \in \mathbb{Z}} \mathbb{P}(\tau_k[0, 1[) = \sum_{k \in \mathbb{Z}} \mathbb{P}([0, 1[),$$

car $\mathbb{P}$ est invariante par translation. Ceci implique, puisque $\mathbb{P}$ est une mesure de probabilité, que $\mathbb{P}([0, 1[) = 0$, donc, d'après la formule ci-dessus, que $\mathbb{P}(\mathbb{R}) = 0$.

Le Théorème 1.19 nous assure l'existence du groupe $\mathbb{G}$, mais ne nous donne pas sa description. Examinons maintenant une façon plus explicite de le construire. Il ne s'agit pas d'une nouvelle preuve, car ce qui suit utilise les mêmes Théorèmes IV.6.18 et XI.2.2 de [DS88a, DS88b], utilisés dans la preuve des Théorèmes 1.18 et 1.19 ci-dessus.

Nous définissons

$$\mathbb{G} = \left\{ \varphi \in PP(\mathbb{R})', \quad \|\varphi\| = 1, \quad \forall u, v \in PP(\mathbb{R}), \quad \varphi(uv) = \varphi(u)\varphi(v) \right\},$$

où nous rappelons que $PP(\mathbb{R})$ est muni de la topologie associée à la norme uniforme, et que $PP(\mathbb{R})'$ désigne son dual topologique. Cet ensemble $\mathbb{G}$ est un espace de Hausdorff compact, d'après [DS88a, Theorem IV.6.18]. Ensuite, nous définissons une injection canonique de $\mathbb{R}$ dans $\mathbb{G}$ par

$$I : \mathbb{R} \longrightarrow \mathbb{G}$$
$$x \longmapsto \delta_x,$$

où $\delta_x \in \mathbb{G}$ est défini par $\delta_x(u) = u(x)$, pour tout $u \in PP(\mathbb{R})$. Il est alors facile de montrer que l'application $U : PP(\mathbb{R}) \longrightarrow C^0(\mathbb{G})$ définie par $U(u)[\varphi] = \varphi(u)$ est un isomorphisme d'algèbres isométrique. Le fait que $\mathbb{R}$ est dense dans $\mathbb{G}$ est une conséquence du fait que I est bien une injection [DS88a, Corollaire IV.6.19]. Muni de ces résultats, il est alors facile d'étendre la loi de groupe de $\mathbb{R}$ par densité à tout $\mathbb{G}$ [DS88b, théorème XI.2.2].

On peut se demander comment construire un élément générique du groupe $\mathbb{G}$, compactifié de Bohr de $\mathbb{R}$. Il y a bien sûr les éléments qui sont les images de réels par l'injection I, à savoir les masses de Dirac. Une façon d'en construire d'autres est la suivante : considérons $\mathbb{R}$ comme un $\mathbb{Q}$-espace vectoriel, et introduisons $\theta : \mathbb{R} \to \mathbb{R}$ linéaire pour cette structure d'espace vectoriel. Soit $\varphi_\theta \in \mathbb{G}$ défini par

$$\forall \xi \in \mathbb{R}, \quad \varphi_\theta \left(x \mapsto e^{i\xi x} \right) = e^{i\theta(\xi)}.$$

Ceci définit $\varphi_\theta(u)$ pour u onde plane, donc par linéarité, pour tout polynôme trigonométrique, grâce au Théorème 1.13. Par densité, nous l'étendons donc en une unique fonction continue sur $PP(\mathbb{R})$. Cette fonction est toujours notée φ_θ, elle est bien linéaire continue, et on vérifie sans peine qu'elle est de norme 1 et vérifie $\varphi_\theta(uv) = \varphi_\theta(u)\varphi_\theta(v)$, ce qui prouve que $\varphi_\theta \in \mathbb{G}$. Bien sûr, si nous imposons dans la construction ci-dessus que θ est continue, alors elle est de la forme $\theta(\xi) = x\xi$, et on trouve $\varphi_\theta = \delta_x$, pour un certain $x \in \mathbb{R}$. Mais si θ n'est pas continue, alors nous obtenons d'autres éléments de $\mathbb{G}$. Il en existe "beaucoup plus" que de réels, ce qui se traduit par la propriété $\mathbb{P}(\mathbb{R}) = 0$ démontrée ci-dessus.

Remarquons que pour $u \in PP(\mathbb{R})$, sa moyenne $\langle u \rangle$ (qui existe d'après la Proposition 1.14) vérifie

$$\langle u \rangle = \int_{\mathbb{G}} u(z) d\mathbb{P}(z),$$

où, par abus de langage, nous avons confondu u avec son unique extension en un élément de $C^0(\mathbb{G})$, et $\mathbb{P}$ est la mesure de Haar. Ceci découle de l'unicité de la mesure de Haar et du fait que la forme linéaire $u \longmapsto \langle u \rangle$ vérifie toutes les propriétés qui définissent la mesure de Haar.

De la même façon, pour tout $p \in [1, +\infty[$, comme $PP(\mathbb{R})$ est une algèbre, $|u|^p \in PP(\mathbb{R})$, et

$$\langle |u|^p \rangle = \int_{\mathbb{G}} |u(z)|^p d\mathbb{P}(z).$$

L'inégalité de Hölder permet de prouver que l'application moyenne est continue pour la semi-norme B^p de Besicovitch (voir la Définition 1.16). Donc un argument de densité démontre que l'espace de Besicovitch $B^p(\mathbb{R})$ (Définition 1.17) est isomorphe à de $L^p(\mathbb{G}, d\mathbb{P})$. Pour la preuve de ce résultat, nous renvoyons à [AF09, Proposition 2.2].

1.6.4 Propriétés des fonctions dans le cadre stationnaire ergodique

Revenons maintenant au cadre général stationnaire ergodique introduit à la Section 1.6.2. Comme nous avons vu qu'il recouvrait en particulier, quand on le considère pour des suites $\{X_k\}_{k \in \mathbb{Z}}$, le cas i.i.d. et, quand on le considère pour des fonctions, le cadre périodique, nous nous attendons à observer des propriétés agréables de moyenne (et donc par suite de convergence des fonctions remises à l'échelle). C'est effectivement le cas. Le *Théorème ergodique* formalise cela.

Théorème 1.21 (Théorème ergodique, cas discret, [Shi95, chap V, §3]) *Soit $g(x, \omega)$ une fonction dans $L^\infty(\mathbb{R}, L^1(\Omega))$, supposée stationnaire au sens discret (1.73), l'espace de probabilité $(\Omega, \mathcal{T}, \mathbb{P})$ étant muni d'une action τ ergodique préservant la probabilité au sens de (1.71)-(1.72). Nous avons :*

$$\lim_{N \to +\infty} \frac{1}{2N+1} \sum_{k=-N}^{N} g(x, \tau_k \omega) = \mathbb{E}(g(x, .)), \qquad (1.77)$$

presque partout en x, presque sûrement en ω, et, en notant Q = [0, 1],

$$g\left(\frac{x}{\varepsilon}, \omega\right) \xrightarrow{\varepsilon \to 0} \mathbb{E}\left(\int_Q g(y, .)\, dy\right), \tag{1.78}$$

dans L^∞-faible-⋆ en x, presque sûrement en ω.

Nous remarquons évidemment que, en supposant que la fonction $g(x, \omega)$ ne dépend que de la partie entière $[x]$ de x, et en posant $X_k(\omega) = g(k, \omega)$, la première assertion de ce théorème donne, pour tout suite $X_k(\omega)$ stationnaire,

$$\lim_{N \to +\infty} \frac{1}{2N+1} \sum_{k=-N}^{N} X_k(\omega) = \mathbb{E}(X_0),$$

et donc, en particulier, pour une suite i.i.d., redonne la loi forte des grands nombres (1.69).

La preuve du Théorème 1.21 nous emmènerait trop loin et nous devons donc l'admettre. Nous renvoyons le lecteur intéressé à, par exemple, [Shi95, pages 409–411]. Gardons cependant à l'esprit l'idée, issue de nos cas particuliers g périodique ou X_k i.i.d., qu'il est tout à fait *naturel* qu'un résultat comme (1.77) existe.

De même, la deuxième assertion (1.78) peut intuitivement se comprendre à partir de la première. En effet, la convergence dans L^∞-faible-⋆ est équivalente à la convergence contre toute fonction indicatrice d'un intervalle. Pour simplifier, prenons cet intervalle égale à $[-1, 1]$ et $\varepsilon = 1/N$, nous avons donc

$$\int_{-1}^{1} g\left(\frac{x}{\varepsilon}, \omega\right) dx = \frac{1}{N} \int_{-N}^{N} g(y, \omega) dy = \frac{1}{N} \sum_{k=-N}^{N-1} \int_{k}^{k+1} g(y, \omega) dy$$

$$= \frac{1}{N} \sum_{j=-N}^{N-1} G(0, \tau_k \omega),$$

où nous avons posé $G(x, \omega) = \int_{x}^{x+1} g(y, \omega) dy$. Cette fonction G est stationnaire, et nous pouvons donc lui appliquer (1.77), ce qui donne

$$\int_{-1}^{1} g\left(\frac{x}{\varepsilon}, \omega\right) dx \xrightarrow{\varepsilon \to 0} 2\,\mathbb{E}\left(\int_Q g(y, .)\, dy\right),$$

et n'est rien d'autre que la convergence (1.78) intégrée contre la fonction test $\mathbf{1}_{[-1,1]}$. Dans le cas d'un autre intervalle que $[-1, 1]$ et si ε n'est pas l'inverse d'un entier, une preuve similaire est possible, bien que plus technique.

Un résultat analogue existe bien sûr pour le cas de la stationnarité continue :

Théorème 1.22 (Théorème ergodique, cas continu, [Bec81])

Soit $g(x, \omega)$ une fonction dans $L^\infty(\mathbb{R}, L^1(\Omega))$, supposée stationnaire au sens continu (1.76), l'espace de probabilité $(\Omega, \mathcal{T}, \mathbb{P})$ étant muni d'une action τ ergodique préservant la probabilité au sens de (1.74)-(1.75). Nous avons :

$$\lim_{R \to +\infty} \frac{1}{2R} \int_{-R}^{R} g(x, \tau_y \omega) \, dy = \mathbb{E}\left(g(x, .)\right) = \mathbb{E}(g), \quad \textit{presque sûrement.}$$

(1.79)

et

$$g\left(\frac{x}{\varepsilon}, \omega\right) \xrightarrow{\varepsilon \to 0} \mathbb{E}(g), \quad \textit{dans } L^\infty - \textit{faible} - \star, \quad \textit{presque sûrement.} \quad (1.80)$$

Signalons, "comme d'habitude", que nous avons énoncé ces résultats en dimension 1 d'espace mais qu'ils n'ont rien de monodimensionnels. Il suffit de remplacer les $k \in \mathbb{Z}$ par des multi-indices $k \in \mathbb{Z}^d$, les intégrales sur $[-R, R]$ par des intégrales sur $[-R, R]^d$, et l'intervalle $Q = [0, 1]$ par le cube d-dimensionnel $Q = [0, 1]^d$.

Pour ce qui concerne nos questions de convergence de la solution u^ε de (1.1), le Théorème 1.21 répond entièrement. Considérons en effet l'équation

$$- a\left(\frac{x}{\varepsilon}, \omega\right) u^\varepsilon(x, \omega) = f(x), \quad (1.81)$$

pour un coefficient $a(x, \omega)$ supposé stationnaire discret (au sens de (1.73)), et où nous *soulignons* que, de même que le membre de droite f a été supposé non rescalé en ε, il est aussi pris indépendant du hasard ω et donc fixe et déterministe. La solution s'écrit

$$u^\varepsilon(x, \omega) = -\frac{1}{a}\left(\frac{x}{\varepsilon}, \omega\right) f(x). \quad (1.82)$$

La stationnarité de $\dfrac{1}{a}$ et la convergence (1.78) permettent alors de dire que, par exemple pour $f \in L^2(\mathcal{D})$,

$$u^\varepsilon(x, \omega) \xrightarrow{\varepsilon \to 0} u^*(x) = -\mathbb{E}\left(\int_Q \frac{1}{a}(x, .) \, dx\right) f(x), \quad \textit{dans } L^2 - \textit{faible},$$

presque sûrement. Il s'ensuit que la limite u^* peut être interprétée comme la solution de l'équation limite (1.6) avec le coefficient

$$\overline{a} = \frac{1}{\mathbb{E}\left(\int_Q \frac{1}{a}(x, .) \, dx\right)}, \quad (1.83)$$

que l'on comparera utilement à (1.15). Comme nous l'avons dit à la Section 1.2, c'est la *statistique* de $\dfrac{1}{a}$ et non celle de a, qui détermine la limite homogénéisée.

Ayant établi la convergence, la question naturelle qui se pose est celle de la *vitesse de convergence*, question que nous avons identifiée comme la propriété (P1) dans le cadre périodique, et qui fait pour le cadre aléatoire et les variables aléatoires l'objet du Théorème de la Limite Centrale. Comme le cadre stationnaire contient le cas particulier des suites i.i.d, nous soupçonnons que, sous de bonnes hypothèses, il doit être possible d'établir un taux de convergence, comme le fait le Théorème de la Limite Centrale. Pour autant, comme le cadre stationnaire contient des cas particuliers aussi différents que périodique et presque périodique, ou stationnaire en général, nous soupçonnons aussi que des cas très divers de taux de convergence peuvent se produire, et que, quoi qu'il en soit, la question posée peut devenir très technique. Nous renvoyons le lecteur à la notion de *conditions de mélange* (mixing en anglais) qu'il pourra consulter dans [Shi95, Chapter 5] et que nous reverrons brièvement au Chapitre 5. Nous préférons donc, dans ce chapitre introductif, donner *un seul exemple authentiquement aléatoire*, c'est-à-dire un exemple stationnaire différent d'une ré-interprétation d'un cas périodique ou assimilé. Cet exemple est le suivant.

Considérons une fonction stationnaire $a(x, \omega)$ construite de la façon suivante :

$$a(x, \omega) = 1 + \sum_{k \in \mathbb{Z}} X_k(\omega) \mathbf{1}_Q(x - k), \qquad (1.84)$$

où $\mathbf{1}_Q$ est la fonction caractéristique de l'intervalle unité $Q = [0, 1]$, et X_k est une suite de variables i.i.d., que nous supposons à valeurs positives et bornées supérieurement, presque sûrement. Le coefficient a est par construction isolé de zéro ($a \geq 1$ presque sûrement), borné, et stationnaire au sens discret, puisque la suite i.i.d peut être interprétée comme une suite stationnaire, nous l'avons vu ci-dessus :

$$a(x + 1, \omega) = 1 + \sum_{k \in \mathbb{Z}} X_k(\omega) \mathbf{1}_Q(x + 1 - k)$$

$$= 1 + \sum_{k \in \mathbb{Z}} X_{k+1}(\omega) \mathbf{1}_Q(x - k) = a(x, \tau_1 \omega).$$

Pour cette fonction (1.84), nous avons

$$\frac{1}{a}(x, \omega) = \sum_{k \in \mathbb{Z}} Y_k(\omega) \mathbf{1}_Q(x - k), \quad \text{où} \quad Y_k = (1 + X_k(\omega))^{-1} \qquad (1.85)$$

est aussi une suite i.i.d, bornée presque sûrement. Etablir une vitesse de convergence pour (1.78) peut alors se formaliser comme suit : pour tout $\varphi \in L^1(\mathbb{R})$ fixé, nous avons, en appliquant (1.78) à $g = \frac{1}{a}$,

$$\int_{\mathbb{R}} \varphi(x) \frac{1}{a}\left(\frac{x}{\varepsilon}, \omega\right) dx \xrightarrow[\varepsilon \to 0]{} \int_Q \mathbb{E}\left(\frac{1}{a}\right) \int_{\mathbb{R}} \varphi = \mathbb{E}(Y_k) \int_{\mathbb{R}} \varphi = \mathbb{E}(Y_0) \int_{\mathbb{R}} \varphi,$$

(1.86)

et la question est alors de savoir si, pour φ fixé, nous pouvons établir une vitesse de convergence pour (1.86). Pour cela, supposons un instant que $\varepsilon = \frac{1}{N}$ où N est entier, nous avons alors

$$\int_{\mathbb{R}} \varphi(x) \frac{1}{a}\left(\frac{x}{\varepsilon}, \omega\right) dx = \sum_{k \in \mathbb{Z}} Y_k(\omega) \int_{\mathbb{R}} \varphi(x) \mathbf{1}_Q(Nx - k) dx$$

$$= \sum_{k \in \mathbb{Z}} Y_k(\omega) \int_{k/N}^{(k+1)/N} \varphi(x) dx$$

En imaginant (et ceci peut se faire sans perte de généralité) que φ est à support dans l'intervalle $]0, 1[$, tout revient donc à quantifier la vitesse de la convergence presque sûre suivante :

$$\sum_{k=0}^{N-1} Y_k(\omega) \int_{k/N}^{(k+1)/N} \varphi(x) \, dx \xrightarrow{N \to +\infty} \mathbb{E}(Y_0) \int_0^1 \varphi(x) \, dx$$

(1.87)

pour une fonction φ fixée. Pour $\varphi = \mathbf{1}_Q$, ce résultat serait exactement le Théorème de la Limite Centrale que nous avons rappelé plus haut. La vitesse serait quantifiée par l'assertion (1.70), et nous dirions plus intuitivement que cette vitesse est en $\frac{1}{\sqrt{N}}$.
Il s'ensuit alors que la convergence dans (1.82) pour ce cas particulier, à savoir

$$\int_0^1 \frac{1}{a}\left(\frac{x}{\varepsilon}, \omega\right) dx \xrightarrow{\varepsilon \to 0} \mathbb{E}\left(\int_Q \frac{1}{a}(x, .) dx\right)$$

(1.88)

se produit à la vitesse $\sqrt{\varepsilon}$. Ceci suffit à souligner la différence avec le cas périodique, pour lequel nous avions obtenu (cf. la propriété (P1)) la vitesse ε dans (1.16). Mais détaillons un peu.

La présence de la fonction $\varphi \neq \mathbf{1}_Q$ ne va en fait pas modifier la vitesse $\sqrt{\varepsilon}$, sous réserve que φ soit suffisamment régulière ou intégrable. Nous allons le démontrer dans le cas particulier où $\varphi \in C^0([0, 1])$. Comme cette hypothèse impose en particulier φ bornée, donc $\varphi \in L^4([0, 1])$, nous allons *brièvement* reproduire la stratégie de preuve de la loi forte des grands nombres et du théorème de la limite centrale dans le cas particulier de variables aléatoires i.i.d. L^4.

Changeons Y_k en $Y_k - \mathbb{E}(Y_k)$, ce qui ne change ni le caractère i.i.d des Y_k, ni la convergence (1.87) à étudier, mais rend les Y_k d'espérance nulle. Considérons alors "spontanément" la quantité $\mathbb{E}\left(\left[\sum_{k=0}^{N-1} h(k, N) Y_k(\omega)\right]^4\right)$ où nous avons noté $h(k, N) = \int_{k/N}^{(k+1)/N} \varphi(x)\, dx$, et bornons supérieurement cette quantité. A cause de la propriété $\mathbb{E}(Y_k) = 0$, les seuls termes potentiellement non nuls dans le développement de la puissance quatrième sont des termes ne comportant que des puissances *paires* des Y_k, donc des termes d'indices deux à deux égaux. Nous avons donc :

$$\mathbb{E}\left(\left[\sum_{k=0}^{N-1} h(k, N) Y_k(\omega)\right]^4\right) = \sum_{k_1} \sum_{k_2} h(k_1, N)^2\, h(k_2, N)^2\, \mathbb{E}\left((Y_{k_1})^2\,(Y_{k_2})^2\right).$$

Nous avons, grâce à l'inégalité de Hölder puis au fait que $\varphi \in L^4([0, 1])$,

$$\sum_{k=0}^{N-1} (h(k, N))^4 = \sum_{k=0}^{N-1} \left(\int_{k/N}^{(k+1)/N} \varphi(x)\, dx\right)^4 \leq \frac{1}{N^3} \sum_{k=0}^{N-1} \int_{k/N}^{(k+1)/N} \varphi^4(x)\, dx$$

$$= O\left(\frac{1}{N^3}\right),$$

et, de même, $\sum_{k=0}^{N-1} (h(k, N))^2 = O\left(\frac{1}{N}\right)$ par un argument similaire puisque, *a fortiori*, $\varphi \in L^2([0, 1])$. Les Y_k étant par ailleurs bornés, nous obtenons donc

$$\mathbb{E}\left(\left[\sum_{k=0}^{N-1} h(k, N) Y_k(\omega)\right]^4\right) = O\left(\frac{1}{N^2}\right),$$

d'où nous déduisons que l'espérance de la série $\sum_{N \in \mathbb{N}} \left(\left[\sum_{k=0}^{N-1} h(k, N) Y_k(\omega)\right]^4\right)$ est bornée. La fonction correspondante est donc presque sûrement finie, et donc, en tant que série à termes positifs, a son terme général qui tend presque sûrement vers zéro, ce qui donne sens à la convergence (1.87), laquelle "généralise" (un peu...) la loi forte des grands nombres. La vitesse de convergence est, elle aussi, obtenue par une preuve similaire à celle du théorème de la limite centrale dans les cas simples. Avec les mêmes notations, nous considérons, pour $u \in \mathbb{R}$, la fonction

$$\Phi_N(u) = \mathbb{E}\left(\exp\left[i\,u\,\sqrt{N} \sum_{k=0}^{N-1} h(k, N) Y_k(\omega)\right]\right). \text{ Par indépendance des } Y_k, \text{ nous}$$

avons $\Phi_N(u) = \displaystyle\prod_{k=0}^{N-1} \mathbb{E}\left(\exp\left[i\,u\,\sqrt{N}\,h(k, N)\,Y_k(\omega)\right]\right)$, et, en développant, pour u petit, chaque facteur s'écrit

$$\mathbb{E}\left(\exp\left[i\,u\,\sqrt{N}\,h(k, N)\,Y_k(\omega)\right]\right) = 1 - \frac{N}{2}\,u^2\,(h(k, N))^2\,\mathbb{E}\left((Y_k)^2\right)$$
$$+ O\left(N^{3/2}\,(h(k, N))^3\right)$$

où le premier terme du développement a disparu puisque les Y_k sont d'espérance nulle. Nous obtenons donc (au moins formellement – en prenant le logarithme d'un nombre complexe ! – et la preuve rigoureuse demande un peu d'attention)

$$\log \Phi_N(u) = \sum_{k=0}^{N-1} \log\left(1 - \frac{N}{2}\,u^2\,(h(k, N))^2\,\mathbb{E}\left((Y_0)^2\right) + O\left(N^{3/2}\,(h(k, N))^3\right)\right)$$

$$= -\frac{N}{2}\,u^2\,\mathbb{E}\left((Y_0)^2\right) \sum_{k=0}^{N-1} (h(k, N))^2 + O\left(N^{3/2} \sum_{k=0}^{N-1} (h(k, N))^3\right)$$

$$= -\frac{N}{2}\,u^2\,\mathbb{E}\left((Y_0)^2\right) \sum_{k=0}^{N-1} \left(\int_{k/N}^{(k+1)/N} \varphi(x)\,dx\right)^2 + O\left(\frac{1}{\sqrt{N}}\right)$$

en utilisant pour le second terme du membre de droite une estimation similaire à celles utilisées ci-dessus et le fait que $\varphi \in C^0([0, 1])$, donc $\varphi \in L^3([0, 1])$. Comme φ est continue, la limite du membre de droite est en fait $-\dfrac{1}{2}\,u^2\,\mathbb{E}\left((Y_0)^2\right) \displaystyle\int_0^1 \varphi^2$.

En effet, $\displaystyle\int_{k/N}^{(k+1)/N} \varphi(x)\,dx \approx \frac{1}{N}\,\varphi\left(\frac{k}{N}\right)$ et la série de Riemann $\dfrac{1}{N} \displaystyle\sum_{k=0}^{N-1} \varphi^2\left(\frac{k}{N}\right)$

converge vers l'intégrale $\displaystyle\int_0^1 \varphi^2$. Finalement, nous avons obtenu que $\Phi_N(u)$ converge vers

$$\exp\left(-\frac{1}{2}\,u^2\,\mathbb{E}\left((Y_0)^2\right) \int_0^1 \varphi^2\right).$$

Autrement dit,

$$\sqrt{N}\left(\sum_{k=0}^{N-1} Y_k(\omega) \int_{k/N}^{(k+1)/N} \varphi(x)\,dx - \mathbb{E}(Y_0) \int_0^1 \varphi\right) \xrightarrow[N \to +\infty]{\mathcal{L}} \mathcal{N}\left(0, \frac{1}{\mathbb{V}\mathrm{ar}(Y_0) \int_0^1 \varphi^2}\right),$$
$$(1.89)$$

où $\xrightarrow{\mathcal{L}}$ désigne la convergence en loi, $\mathcal{N}(0, \sigma)$ la loi normale centrée de variance σ^2, et $\mathbb{V}\text{ar}(Y_0) = \mathbb{E}\left[(Y_0 - \mathbb{E}(Y_0))^2\right]$ est la variance de la variable aléatoire Y_0. Cette propriété (1.89) formalise le fait que, intuitivement, la convergence (1.87) se produit, en loi, à une gaussienne près et à la vitesse $\dfrac{1}{\sqrt{N}}$, comme dans le cas classique du théorème de la limite centrale. D'où la vitesse $\sqrt{\varepsilon}$ annoncée.

Il est intéressant alors de faire la remarque suivante. La convergence à la vitesse $\sqrt{\varepsilon}$ dans (1.78) que nous venons de montrer pour une fonction stationnaire constituée de variables i.i.d. est très différente de la vitesse ε établie pour (1.16). Mais cette vitesse $\sqrt{\varepsilon}$ est en fait la meilleure possible pour une fonction aléatoire générale. Elle est due à la courte *longueur de corrélation* dans le modèle i.i.d. choisi. De manière générale, la vitesse de convergence dans (1.78) dépend de la vitesse avec laquelle la fonction

$$R(\tau) = \mathbb{E}\left[\big(g(x, \omega) - \mathbb{E}(g(x, \omega))\big)\big(g(x + \tau, \omega) - \mathbb{E}(g(x + \tau, \omega))\big)\right],$$

dite *fonction d'auto-covariance* décroît quand $|\tau| \to +\infty$. Dans le modèle (1.84), il est facile d'observer que $R(\tau)$ est à support compact puisque, quitte à décaler f de la fonction constante égale à 1 en supposant les Y_k d'espérance nulle, nous avons, pour la partie authentiquement aléatoire de g, $\mathbb{E}(Y_k(\omega) Y_{k+1}(\omega)) = 0$, ce qui est le "meilleur" cas possible. Lorsque

$$R(\tau) \stackrel{|\tau| \to +\infty}{\sim} \frac{1}{|\tau|^\alpha},$$

avec un exposant $\alpha > 0$ qui décroît, la vitesse de convergence ci-dessus décroît aussi. Plus précisément, la vitesse est $\sqrt{\varepsilon}$ tant que $\alpha \geq 1$, puis devient $\varepsilon^{\alpha/2}$ pour $\alpha \leq 1$. La situation est donc un peu paradoxale: le cas périodique est un cas de longueur de corrélation "infinie" et pourtant, alors, la vitesse de convergence s'améliore d'un coup, remontant brutalement de $\varepsilon^{\alpha/2}$, pour $\alpha > 0$ petit, à ε. S'il est surprenant, ce résultat n'est pas contradictoire : le cas périodique est "un cas" (parmi d'autres) où la longueur de corrélation est infinie. Il peut en exister d'autres pour lesquels la vitesse de convergence n'est pas aussi bonne, voire est très mauvaise, en cohérence avec le cas $\alpha > 0$ évoqué ci-dessus.

Nous terminons cette section par quelques observations soulignant encore plus la différence entre une fonction stationnaire et une fonction périodique. Nous étudions les propriétés (P2) à (P5), dans cet ordre. Bien entendu, comme nous avons vu à la Section 1.6.3 que le cadre aléatoire contenait les cas quasi-périodique et presque périodique, nous savons déjà qu'elles ne sont en général pas vraies (sauf éventuellement (P5)) dans le cadre aléatoire. Mais nous allons les étudier en n'utilisant que la généralité du cadre aléatoire.

Examinons d'abord la propriété (P2), c'est-à-dire le fait que la norme L^1_{unif} est équivalente à la norme de moyenne. Ici ceci impliquerait

$$\exists C > 0, \quad \mathbb{E}\left(\int_0^1 |u|\right) \geq C \sup_{x \in \mathbb{R}} \int_x^{x+1} |u|, \tag{1.90}$$

pour tout u stationnaire au sens de (1.73). Le lecteur notera que le membre de droite de cette inégalité, qui semble être une variable aléatoire, est en fait déterministe. En effet, si on note $Z(\omega) = \sup_{x \in \mathbb{R}} \int_x^{x+1} |u(y, \omega)| dy$, la stationnarité de u et un changement de variable donnent, pour tout $k \in \mathbb{Z}$,

$$Z(\tau_k \omega) = \sup_{x \in \mathbb{R}} \int_x^{x+1} |u(y, \tau_k \omega)| dy = \sup_{x \in \mathbb{R}} \int_x^{x+1} |u(y + k, \omega)| dy$$

$$= \sup_{x \in \mathbb{R}} \int_{x+k}^{x+1+k} |u(y, \omega)| dy = \sup_{x \in \mathbb{R}} \int_x^{x+1} |u(y, \omega)| dy = Z(\omega).$$

Et l'ergodicité implique donc que Z est déterministe.

Pour contredire l'inégalité (1.90), il suffit de construire l'exemple suivant :

$$u(x, \omega) = \sum_{j \in \mathbb{Z}} Y_j(\omega) \varphi(x - j), \tag{1.91}$$

où les Y_j sont des variables i.i.d, positives, et $\varphi \in L^1$ est une fonction positive à support dans l'intervalle $]0, 1[$. Dans ce cas, $|u| = u$, et l'inégalité (1.90) devient

$$\mathbb{E}(Y_0) \int_0^1 \varphi \geq C \sup_{x \in \mathbb{R}} \left(\sum_{j \in \mathbb{Z}} Y_j \int_x^{x+1} \varphi(y - j) dy \right)$$

$$\geq C \sup_{x \in \mathbb{Z}} \left(\sum_{j \in \mathbb{Z}} Y_j \int_x^{x+1} \varphi(y - j) dy \right),$$

où pour la deuxième inégalité nous avons utilisé que la borne supérieure sur $x \in \mathbb{R}$ est plus grande que la borne supérieure sur $\mathbb{Z}$. Dans la somme, seul le terme $j = x$ est non nul puisque le support de φ est inclus dans $[0, 1]$. L'inégalité devient donc

$$\mathbb{E}(Y_0) \int_0^1 \varphi \geq C \sup_{j \in \mathbb{Z}} Y_j \int_0^1 \varphi.$$

En supposant que $\int \varphi$ est non nulle, ce qui est toujours possible, nous obtenons donc $\mathbb{E}(Y_0) \geq C\|Y_0\|_{L^\infty(\Omega)}$. Ceci devrait être valable pour toute variable aléatoire positive bornée, ce qui ne peut pas être et nous obtenons une contradiction.

Nous étudions maintenant la propriété (P3), concernant la primitive d'une fonction stationnaire de moyenne nulle. Considérons une suite $X_k(\omega)$, $k \in \mathbb{Z}$, stationnaire, que nous supposons d'espérance nulle : $\mathbb{E}(X_k) = 0$. Posons $Y_N(\omega) = \frac{1}{N} \sum_{k=1}^{N} X_k(\omega)$, pour $N \in \mathbb{N}$. Il est clair que $Y_N(\tau_1\omega) = \frac{1}{N} \sum_{k=1}^{N} X_{k+1}(\omega) = Y_N(\omega) - \frac{X_1(\omega)}{N} + \frac{X_{N+1}(\omega)}{N}$. Dès que la suite X_k n'est pas constante, Y_N n'est donc pas une suite stationnaire. Au mieux, nous savons qu'elle est d'espérance nulle, et qu'elle converge presque sûrement vers 0 quand $N \to +\infty$, grâce au théorème ergodique et à $\mathbb{E}(X_k) = 0$. Traduite en termes analytiques, cette observation nous dit que les primitives $F(x, \omega) = \int_0^x f(t, \omega)\, dt$ vérifient

$$\lim_{|x| \to +\infty} \frac{1}{|x|} F(x, \omega) = 0, \quad \text{presque sûrement,} \quad (1.92)$$

dès que $f(x, \omega)$ est une fonction stationnaire d'espérance nulle. Il suffit d'appliquer le théorème ergodique directement, ou d'appliquer le raisonnement précédent à la suite stationnaire $X_k(\omega) = \int_k^{k+1} f(t, \omega)\, dt$ et de borner les restes d'intégrales du type $\int_{[x]}^x |f|\,(t, \omega)\, dt$ (nous laissons ces détails au lecteur). Un raisonnement analogue vaudrait pour les fonctions stationnaires continues. Il s'ensuit que le cadre stationnaire brise, en toute généralité, une propriété classique du cadre périodique (identifiée propriété (P3) à la Section 1.2): *une fonction périodique de moyenne nulle admet une primitive périodique.* L'exemple ci-dessus prouve que cette assertion est fausse, au moins dans le cas i.i.d.. Dans le cadre stationnaire, l'assertion correspondante est : *pour toute fonction stationnaire d'espérance nulle, ses primitives vérifient seulement* (1.92),*et ne sont pas nécessairement stationnaires en général.*

Comme nous venons de le voir, nous avons un contre-exemple dans le cas i.i.d.. Mais en fait nous pouvons donner des éléments qui indiquent que le phénomène est plus général que la construction particulière ci-dessus. Considérons pour cela le cadre stationnaire *continu* 1D, et un processus Gaussien stationnaire $X_t(\omega)$, $t \in \mathbb{R}$, tel que $\mathbb{E}(X_t) = 0$. Il est alors entièrement défini par sa fonction de covariance K définie par

$$\forall (t, s) \in \mathbb{R}^2, \quad K(t, s) = \mathbb{E}(X_t X_s),$$

dont on montre facilement, à cause de la stationnarité, qu'elle ne dépend que de $|t - s|$. Nous la notons donc $K(t, s) = K(|t - s|)$, et supposons que

$$\int_0^t K(s)ds \xrightarrow[t \to +\infty]{} +\infty. \tag{1.93}$$

Nous définissons alors la fonction stationnaire $f(t, \omega) = X_t(\omega)$, qui est bien de moyenne nulle. Soit g une primitive de f, à savoir une fonction vérifiant

$$g(t, \omega) - g(s, \omega) = \int_s^t f(u, \omega)\, du,$$

presque partout en t, s et presque sûrement en ω. Supposons que cette fonction g est stationnaire et dans $L^2(\Omega)$. En multipliant l'égalité ci-dessus par $f(t, \omega)$ et en en prenant l'espérance, nous obtenons

$$\mathbb{E}(g(t, \omega)f(t, \omega)) - \mathbb{E}(g(s, \omega)f(t, \omega)) = \int_s^t K(|t - u|)\, du.$$

Le premier terme de cette égalité est en fait indépendant de t par stationnarité et intégrabilité L^2 de f et g. L'inégalité de Cauchy-Schwarz, le fait que X_t est bornée dans $L^2(\Omega)$ indépendamment de t (c'est un processus gaussien stationnaire), le caractère L^2 de g et sa stationnarité impliquent que le deuxième est borné indépendamment de t et s. Le membre de gauche est donc borné quand $t \to +\infty$. Ceci contredit (1.93). Supposer la fonction g de classe L^q, $q > 1$, au lieu de L^2 conduit évidemment à la même contradiction, en remplaçant dans l'argument ci-dessus l'inégalité de Cauchy-Schwarz par celle de Hölder.

Ce contre-exemple est plus général que le cas i.i.d, mais le lecteur pourra constater que pour certains cadres stationnaires ergodiques tout processus gaussien a ses primitives bornées. C'est bien sûr le cas du cadre périodique. En effet, dans ce cas, le noyau K est périodique, puisque

$$K(t - s) = \mathbb{E}(X_t X_s) = \int_0^1 f(t + \omega)f(s + \omega)d\omega = \int_0^1 f(t - s + \omega)f(\omega)d\omega,$$

et que f est, dans ce cas, une fonction périodique. Comme K est de moyenne nulle car f l'est (puisque $\mathbb{E}(X_t) = 0$) et que $K \in L^1_{loc}$ car il est de loi gaussienne, toutes ses primitives sont périodiques, donc bornées.

Nous examinons maintenant la propriété (P4), qui est l'inégalité de Poincaré-Wirtinger, et qui s'avère également fausse dans le cas présent. En effet, cette dernière s'écrirait

$$\exists C > 0, \quad \mathbb{E}\left(\int_0^1 |\nabla u|^2\right) \geq C\mathbb{E}\left(\int_0^1 |u|^2\right), \tag{1.94}$$

pour toute fonction u stationnaire au sens de (1.73), et de moyenne nulle. Nous reprenons alors la forme de l'exemple (1.91) ci-dessus, à savoir

$$u(x, \omega) = \sum_{j \in \mathbb{Z}} Y_j(\omega) \varphi(x - j),$$

où les Y_j sont des variables i.i.d, d'espérance nulle, et φ est *cette fois* une fonction dérivable, d'intégrale nulle et à support compact, non nécessairement inclus dans $[0, 1]$. L'inégalité (1.94) appliquée à cette fonction stationnaire u donnerait, puisque $\mathbb{E}(Y_j Y_i) = 0$ si $i \neq j$,

$$\sum_{j \in \mathbb{Z}} \mathbb{E}(Y_j^2) \int_0^1 \varphi'(x - j)^2 dx \geq C \sum_{j \in \mathbb{Z}} \mathbb{E}(Y_j^2) \int_0^1 \varphi(x - j)^2 dx.$$

Comme $\mathbb{E}(Y_j^2)$ est indépendant de j, en supposant que cette quantité est non nulle, il viendrait donc

$$\underbrace{\sum_{j \in \mathbb{Z}} \int_0^1 \varphi'(x - j)^2 dx}_{= \int_{\mathbb{R}} (\varphi')^2} \geq C \underbrace{\sum_{j \in \mathbb{Z}} \int_0^1 \varphi(x - j)^2 dx}_{= \int_{\mathbb{R}} \varphi^2},$$

ceci étant valable pour toute fonction dérivable, d'intégrale nulle et à support compact. Ceci impliquerait l'inégalité de Poincaré-Wirtinger sur $\mathbb{R}$, qui est connue pour être fausse.

Pour finir, nous nous intéressons à la propriété (P5). Nous supposons que $f \in L^\infty(\mathbb{R}, L^1(\Omega))$ est stationnaire, et nous souhaitons prouver que

$$\frac{f(x, \omega)}{1 + |x|} \xrightarrow{|x| \to +\infty} 0, \quad \text{presque sûrement.} \tag{1.95}$$

Cette propriété est en fait évidente. Ceci étant, une autre propriété sera plus adaptée pour la suite, et s'énonce de la façon suivante : si f', la dérivée en x de f, est stationnaire, dans $L^\infty(\mathbb{R}, L^1(\Omega))$, et de moyenne nulle, alors f vérifie (1.95). Cette propriété est une simple conséquence du théorème ergodique, sous sa forme (1.78). En effet, cette dernière assure que, pour tout $R > 0$,

$$\frac{f(R, \omega)}{R} - \frac{f(0, \omega)}{R} = \frac{1}{R} \int_0^R f'(x, \omega) dx = \int_0^1 f'(Rx, \omega) dx \xrightarrow{R \to +\infty} \mathbb{E} \int_Q f' = 0,$$

presque sûrement. Ceci est également vrai si on remplace R par $-R$, et nous avons donc prouvé (1.95).

Chapitre 2
Homogénéisation en dimension 1

Compte-tenu du statut particulier du Chapitre 1, dans lequel nous avons brutalement effacé les opérateurs différentiels de (1), notre étude de la théorie de l'homogénéisation ne commence véritablement qu'avec ce Chapitre 2, où nous considérons (1) en dimension 1 d'espace, à savoir

$$\begin{cases} -\dfrac{d}{dx}\left(a_\varepsilon(x)\,\dfrac{d}{dx}u^\varepsilon(x)\right) = f(x) \text{ dans } [0,1], \\[2mm] u^\varepsilon(0) = u^\varepsilon(1) = 0, \end{cases} \tag{2.1}$$

pour un coefficient que nous supposons positif, isolé de zéro et borné, pour presque tout $x \in [0,1]$ et uniformément en ε :

$$0 < \mu \leq a_\varepsilon(x) \leq M < +\infty. \tag{2.2}$$

L'honnêteté nous oblige à mentionner que la plupart des experts en homogénéisation regardent le cas de la dimension 1 avec un certain scepticisme. La raison tient aux nombreux miracles se produisant en dimension 1. Notamment :

- Alors qu'en dimension $d \geq 2$ d'espace, seulement les fonctions à valeurs vectorielles qui ont un rotationnel nul sont des gradients, c'est-à-dire les fonctions $\mathbf{f}$ qui vérifient les conditions dites *conditions de Cauchy* $\partial_{x_j}\mathbf{f}_i = \partial_{x_i}\mathbf{f}_j$, $1 \leq i, j \leq d$, toute fonction en dimension 1 est un "gradient": elle admet une primitive et donc la résolution d'une équation sous forme divergence présente des caractères très particuliers.
- Un deuxième miracle, plus technique à décrire, est lié aux spécificités, en dimension 1, de la *fonction de Green* $G(x, y)$ (on dit aussi *solution élémentaire*) du Laplacien, à savoir la solution sur $\mathbb{R}^d$ de $-\Delta_x G(x, y) = \delta_y(x)$. Cette fonction G présente des propriétés d'intégrabilité pour $|x - y| \to +\infty$ similaires à celles de la fonction de Green $G_\varepsilon(x, y)$ associée à l'équation (1), laquelle

X. Blanc, C. Le Bris, *Homogénéisation en milieu périodique... ou non*,
Mathématiques et Applications 88, https://doi.org/10.1007/978-3-031-12801-1_2

permet de résoudre (1) via une formule de représentation de la forme $u^\varepsilon(x) = \int_{\mathcal{D}} G_\varepsilon(x, y) f(y) \, dy$). La fonction G vaut, à normalisation près, $G(x, y) = -\dfrac{|x - y|}{2}$ et donc ne tend pas vers zéro à l'infini. Elle ne le fera pas non plus en dimension $d = 2$, où elle se comporte comme $G(x, y) = -\log|x - y|$, mais elle aura, à partir de la dimension $d = 3$, une décroissance en $\dfrac{1}{|x - y|^{d-2}}$ quand $|x - y| \to +\infty$. Ce comportement à l'infini *"anormal"* entraîne des propriétés très particulières.

Un troisième miracle (en fait relié au deuxième) est que l'analyse fonctionnelle en dimension 1 d'espace est très particulière. Pour ne citer qu'un exemple, mentionnons que les fonctions $H^1(]0, 1[)$ sont des fonctions en particulier continues (et même mieux que cela puisqu'elles ont une régularité hölderienne), propriété spécifique, encore une fois, à la dimension 1. Comme nous étudions dans cet ouvrage l'équation (1) pour laquelle $H^1(\mathcal{D})$ est précisément l'espace naturel d'énergie (c'est-à-dire l'espace dans lequel s'effectuent, d'une part, l'interprétation variationnelle de l'équation (voir (2.10) puis la Section 3.1), et d'autre part son interprétation énergétique – nous verrons cela plus en détail au Chapitre 6–), on comprend que la continuité des fonctions qu'on manipule en dimension 1 simplifie beaucoup de raisonnements, et améliore de manière artificielle les résultats de convergence prouvés (puisqu'une convergence dans H^1 entraîne alors, en particulier, une convergence uniforme).

De telles propriétés, ainsi que d'autres plus élaborées que nous découvrirons au fil de l'eau, confèrent donc à la théorie de l'homogénéisation en dimension 1 des spécificités qui peuvent conduire le béotien à pratiquer des généralisations trop hâtives. D'où la méfiance naturelle envers les études d'homogénéisation en dimension 1. Certes.

Pour autant, la dimension 1, par le caractère explicite de la plupart des arguments mathématiques qu'on peut y mener, est un banc d'essai formidable. Et comme *Qui peut le plus peut le moins*, il nous faut au moins comprendre la situation monodimensionnelle pour tous les développements que nous voulons mener quant à la variété des structures possibles, non périodiques le moment venu, du coefficient a dans (1).

Nous présentons donc dans ce chapitre l'étude complète de la version monodimensionnelle (2.1) de (1), pour différents coefficients a. Comme nous allons le voir, le matériau soigneusement accumulé au Chapitre 1 va nous rendre cette étude facile. Nous pourrons donc en profiter pour découvrir quelques aspects nouveaux encore non abordés, notamment quelques premières considérations sur l'*approximation numérique* du problème, ainsi que pour présenter quelques *surprises*, sur des cas qui ne se passent éventuellement pas aussi bien qu'escompté. Nous prendrons garde de signaler à chaque fois ce qui se généralise aux dimensions supérieures, et ce qui ne se généralise pas.

Par rapport au Chapitre 1, la nouveauté majeure est la *restauration des opérateurs différentiels*, que nous avions volontairement ignorés précédemment, et avec eux, l'entrée en jeu de premiers éléments d'*analyse fonctionnelle*.

2.1 Nos premiers cas monodimensionnels

2.1.1 Solution et limite de l'équation elliptique

Rétablissons donc comme annoncé les opérateurs différentiels et considérons donc l'équation (2.1). Cette équation s'entend au sens des distributions, c'est-à-dire

$$\forall \varphi \in C_c^\infty(]0, 1[), \quad \int_0^1 a_\varepsilon \frac{du^\varepsilon}{dx} \frac{d\varphi}{dx} dx = \int_0^1 f\varphi \, dx.$$

Il est clair sur cet formule qu'aucune hypothèse de dérivabilité sur a_ε n'est nécessaire pour lui donner un sens. D'autre part, l'existence et l'unicité de la solution se prouve classiquement pour un second membre $f \in L^2(]0, 1[)$ (mais $H^{-1}(]0, 1[)$ suffit) par l'application du lemme de Lax-Milgram dans $H_0^1(]0, 1[)$, ce qui assure que u^ε est continue car, en 1D, $H^1(]0, 1[)$ s'injecte continûment dans $C^0([0, 1])$. Les conditions de bord prennent donc en fait un sens classique. La solution u^ε se détermine facilement avec deux intégrations successives. Elle s'écrit, en notant $F(x) = \displaystyle\int_0^x f(y)\, dy$,

$$u^\varepsilon(x) = -\int_0^x (a_\varepsilon(y))^{-1} (c_\varepsilon + F(y))\, dy, \qquad (2.3)$$

pour la constante

$$c_\varepsilon = -\frac{\displaystyle\int_0^1 (a_\varepsilon(y))^{-1} F(y)\, dy}{\displaystyle\int_0^1 (a_\varepsilon(y))^{-1}\, dy}. \qquad (2.4)$$

Les bornes sur a_ε nous permettent d'affirmer, comme dans le Chapitre 1, que, pour au moins une extraction ε', nous avons la convergence L^∞ faible-$\star$ (1.3), d'où nous déduisons d'abord que $c_{\varepsilon'}$ converge dans $\mathbb{R}$ vers

$$c_* = -\frac{\displaystyle\int_0^1 (\overline{a}(y))^{-1} F(y)\, dy}{\displaystyle\int_0^1 (\overline{a}(y))^{-1}\, dy}. \qquad (2.5)$$

Ainsi, $c_{\varepsilon'} + F$ converge fortement vers $c_* + F$, donc $u^{\varepsilon'}$ converge pour tout $x \in [0, 1]$ vers

$$u^*(x) = -\int_0^x (\overline{a}(y))^{-1} (c_* + F(y)) \, dy. \tag{2.6}$$

Nous reconnaissons aussi cette limite, dite *solution homogénéisée*, comme la solution de l'équation

$$\begin{cases} -\dfrac{d}{dx} \left(\overline{a}(x) \dfrac{d}{dx} u^*(x) \right) = f(x) \text{ dans } [0, 1], \\[2mm] u^*(0) = u^*(1) = 0, \end{cases} \tag{2.7}$$

dite *équation homogénéisée* où, nous le rappelons, $(\overline{a}(x))^{-1}$ est la limite faible d'une sous-suite convergente de $(a_\varepsilon(y))^{-1}$. Nous ne pouvons, en toute généralité, ni identifier le coefficient $\overline{a}(x)$ ni *a fortiori* affirmer que *toute* la suite u^ε converge vers la solution u^* de l'équation (2.7). Mais au moins, à extraction près, nous avons été capables d'identifier une équation limite (2.7), dont nous observons qu'elle est de la même forme que l'équation originale (2.1).

Comme dans le Chapitre 1, nous devons, pour pouvoir en dire plus, spécifier le coefficient a_ε. C'est ce que nous allons faire à partir de la Section 2.1.3. Mais pour l'instant, partons dans trois autres directions.

La première direction concerne les conditions aux bords de notre problème (2.1). Considérons momentanément, au lieu du *problème de Dirichlet* à données homogènes (2.1) le *problème de Neumann* homogène

$$\begin{cases} -\dfrac{d}{dx} \left(a_\varepsilon(x) \dfrac{d}{dx} u^\varepsilon(x) \right) = f(x) \text{ dans } [0, 1] \\[2mm] (u^\varepsilon)'(0) = (u^\varepsilon)'(1) = 0, \end{cases} \tag{2.8}$$

assorti de la condition nécessaire et suffisante de solvabilité $\int_0^1 f = 0$ (le lecteur qui ne connaîtrait pas déjà cette condition va la comprendre dans quelques lignes ; il voit déjà que le caractère nécessaire s'obtient en intégrant de 0 à 1 la première ligne de (2.8) et en utilisant la deuxième ligne). La solution de (2.8) est définie à l'ajout d'une constante près, que l'on fixe par exemple en imposant $u^\varepsilon(0) = 0$. La résolution explicite de (2.8) se fait aussi facilement que ci-dessus, et nous obtenons $u^\varepsilon(x)$ comme dans (2.3) ci-dessus, mais avec cette fois $c_\varepsilon = 0$, ce qui donne (les calculs sont même plus simples que dans le cas Dirichlet et tout à fait similaires à ceux faits au Chapitre 1 quand nous avions effacé les opérateurs différentiels)

$$u^\varepsilon(x) = -\int_0^x (a_\varepsilon(y))^{-1} F(y)\,dy, \tag{2.9}$$

dont nous vérifions effectivement qu'elle est solution de (2.8) sous la condition $F(1) = \int_0^1 f = 0$. Nous avons donc sur la solution de (2.8) les mêmes phénomènes que sur celle de (2.1), et, à extraction près, l'équation limite obtenue est donc exactement la même que (2.7) à part bien sûr les conditions aux limites de Dirichlet qui sont remplacées par les conditions de Neumann $(u^*)'(0) = (u^*)'(1) = 0$. Dit autrement, nous rencontrons pour la première fois la propriété que l'opérateur homogénéisé (celui figurant au membre de gauche de (2.7)) est indépendant des conditions aux limites dont nous équipons l'équation. Nous reverrons cela au Chapitre 3, plus précisément au Lemme 3.3.

La seconde direction est reliée à la problématique dite des *problèmes inverses*. Avoir identifié la limite, équation homogénéisée, (2.7) de l'équation originale (2.1), en observant que son coefficient $\overline{a}$ est obtenu par limite faible (de l'inverse du coefficient original a_ε) est certes une nouvelle positive : nous avons su identifier en un certain sens la limite. Mais, d'un autre point de vue, cette notion de limite faible qui intervient est aussi une "mauvaise" nouvelle. En effet, malgré le fait que $(a_\varepsilon)^{-1}$ puisse être très éloigné de sa limite faible $(\overline{a})^{-1}$ (penser au cas déjà vu au Chapitre 1 d'une fonction périodique oscillante et de sa limite faible qui est sa moyenne et dont elle peut donc très souvent dévier, comme le montre la Figure 2.1), la solution u^ε est proche de la solution u^*. Donc, nous pouvons avoir des coefficients très différents dans une équation du type (2.1), et donc plus généralement du type (1), qui donnent des solutions proches. Le problème inverse *"identifier le coefficient à partir des solutions"* est donc intrinsèquement un problème instable quand on autorise les coefficients à avoir des oscillations de tailles arbitrairement petites ! Or un tel problème inverse est omniprésent dans les sciences de l'ingénieur. Cette observation est remarquablement expliquée dans l'article [Lio78], auquel nous renvoyons le lecteur qui veut en savoir plus.

La troisième direction dans laquelle nous souhaitons faire des remarques va nous conduire à de premières considérations numériques.

2.1.2 Et pour le numérique ?

Initions dans cette section le lecteur à quelques notions numériques élémentaires qui seront très largement complétées par la suite au Chapitre 5. Tout d'abord, rappelons que la solution u^ε de l'équation (2.1) est en fait de manière équivalente l'unique

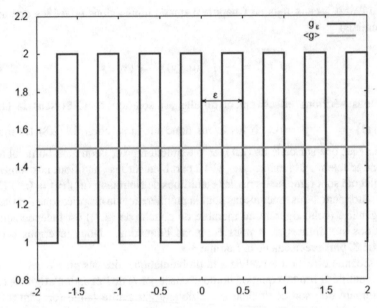

Fig. 2.1 Exemple d'une fonction $g\left(\frac{x}{\varepsilon}\right)$ "en créneau" qui converge faiblement vers sa moyenne $\langle g \rangle$, mais vérifie $|g_\varepsilon(x) - \langle g \rangle| = 1$, pour tout x.

solution du problème mathématique suivant, dit *formulation variationnelle, Trouver $u^\varepsilon \in H_0^1(]0, 1[)$ telle que, pour toute fonction $v \in H_0^1(]0, 1[)$,*

$$\int_0^1 a_\varepsilon(x)\,(u^\varepsilon)'(x)\,v'(x)\,dx = \int_0^1 f(x)\,v(x)\,dx. \tag{2.10}$$

L'équivalence est admise ici, par exemple pour une fonction $f \in L^2(]0, 1[)$. Elle tiendrait aussi pour $f \in H^{-1}(]0, 1[)$ quitte à modifier l'écriture du membre de droite de (2.10) en $\langle f, v \rangle_{H^{-1}, H_0^1}$. Le lecteur pourra consulter plusieurs ouvrages élémentaires de référence, dont par exemple le chapitre VIII (pour la dimension 1) et le chapitre IX (pour la dimension quelconque) de [Bre05], pour rafraichir ses connaissances sur de telles questions. Nous reverrons aussi cela à la Section 3.1. Cette formulation variationnelle va nous être utile pour approcher numériquement la solution u^ε par une *méthode d'éléments finis*, pour laquelle le lecteur pourra consulter [Jol90, EG02] s'il souhaite en savoir (beaucoup) plus. La méthode que nous employons ici est dite, plus précisément, *méthode d'éléments finis* $\mathbb{P}_1$, pour "polynômes de degré 1" sur chaque élément. Nous introduisons d'abord un maillage du domaine de calcul, ici l'intervalle $[0, 1]$, c'est-à-dire un découpage de cet intervalle en N sous-intervalles que nous choisissons (pour simplifier mais cela n'a aucune importance dans la suite) de longueur égale, $H = \dfrac{1}{N}$, les intervalles

$\left[\dfrac{i}{N}, \dfrac{i+1}{N}\right]$ pour $i = 0, \ldots, N - 1$. Nous définissons alors l'espace V_H comme l'espace vectoriel de dimension finie engendré par les fonctions continues

$$\chi_i(x) = \begin{cases} 1 & \text{en} \quad x = \dfrac{i}{N}, \\ \text{affine} & \text{si} \quad x \in \left[\dfrac{i-1}{N}, \dfrac{i}{N}\right] \text{ et } \left[\dfrac{i}{N}, \dfrac{i+1}{N}\right], \\ 0 & \text{si} \quad x \in \left[0, \dfrac{i-1}{N}\right] \cup \left[\dfrac{i+1}{N}, 1\right], \end{cases} \tag{2.11}$$

pour $i = 1, \ldots, N - 1$. Cet espace est clairement un sous-espace de $H_0^1(]0, 1[)$. Sur ce sous-espace, nous introduisons alors la formulation variationnelle dite *formulation variationnelle discrète* : *Trouver $u_H^\varepsilon \in V_H$ telle que, pour toute fonction $v_H \in V_H$,*

$$\int_0^1 a_\varepsilon(x)\,(u_H^\varepsilon)'(x)\,(v_H)'(x)\,dx = \int_0^1 f(x)\,v_H(x)\,dx. \tag{2.12}$$

Les espaces vectoriels V_H, indicés par $H > 0$, forment ce qui est usuellement appelé une approximation interne de $V = H_0^1(]0, 1[)$. La méthode qui consiste à utiliser V_H à la place de $V = H_0^1(]0, 1[)$ dans la formulation variationnelle (2.10) est appelée méthode d'approximation de Galerkin. Nous reverrons ces notions au Chapitre 5. Comme une fonction générique de V_H s'écrit $v_H(x) = \displaystyle\sum_{j=1}^{N-1} (v_H)_j\,\chi_j(x)$ pour des coefficients scalaires $(v_H)_j$ arbitraires, et la solution est recherchée elle-même sous la forme $u_H^\varepsilon(x) = \displaystyle\sum_{j=1}^{N-1} (u_H^\varepsilon)_j\,\chi_j(x)$, la relation (2.12) s'écrit de manière équivalente

$$\sum_{j=1}^{N-1} \left[\int_0^1 a_\varepsilon(x)\,(\chi_i)'(x)\,(\chi_j)'(x)\,dx\right] (u_H^\varepsilon)_j = \int_0^1 f(x)\,\chi_i(x)\,dx, \tag{2.13}$$

pour tout $i = 1, \ldots, N - 1$. Cette expression (2.13) peut en fait se récrire comme l'équation d'algèbre linéaire suivante

$$[A_\varepsilon]\,[u_H^\varepsilon] = [f_H], \tag{2.14}$$

où la matrice $[A_\varepsilon]$ et les vecteurs colonnes $\left[u_H^\varepsilon\right]$ et $[f_H]$ sont respectivement définis, terme à terme, $1 \leq i, j \leq N - 1$, par

$$[A_\varepsilon]_{ij} = \int_0^1 a_\varepsilon(x)\,(\chi_i)'(x)\,(\chi_j)'(x)\,dx,$$

$$\left[u_H^\varepsilon\right]_j = (u_H^\varepsilon)_j, \quad [f_H]_j = \int_0^1 f(x)\,\chi_j(x)\,dx. \tag{2.15}$$

Nous sommes maintenant en position de véritablement commencer notre raisonnement.

Le Chapitre 1 nous a, en particulier, enseigné qu'en effaçant les opérateurs différentiels, la solution de l'équation (2.1) s'écrivait formellement $u^\varepsilon(x) = (a_\varepsilon(x))^{-1} f(x)$. Nous nous attendons donc, au moins formellement, à ce que cette solution contienne des oscillations de même taille que les oscillations de $a_\varepsilon(x)$. Ceci est d'ailleurs confirmé par l'expression explicite (2.3). Si le coefficient $a_\varepsilon(x)$ oscille à l'échelle ε (penser au cas prototypique $a_{\text{per}}\left(\dfrac{x}{\varepsilon}\right)$), et si cette échelle est petite, il est donc naturel de choisir un pas de maillage H qui soit plus petit que ε, par exemple $H = \dfrac{\varepsilon}{10}$ pour pouvoir bien capturer ces oscillations avec des combinaisons linéaires des fonctions affines par morceaux (2.11). Mais il est intuitif pour le lecteur de comprendre que cela entraîne la résolution d'un système algébrique (2.14) de grande taille, disons $O\left(\dfrac{1}{\varepsilon}\right)$. Pour $\varepsilon = 10^{-3}$, la tâche est encore gérable dans ce cas monodimensionnel. Mais il est tout aussi intuitif de réaliser qu'en dimension d'espace d quelconque, la taille du système serait $O\left(\dfrac{1}{\varepsilon^d}\right)$, et donc que très vite le coût informatique de résolution de (2.14) deviendrait prohibitif.

Bien. Imaginons un instant, que, effrayés par la lourdeur de la tâche informatique, nous décidions volontairement d'ignorer les considérations de taille relative de H et ε ci-dessus et choisissions H plus grand que ε, et disons même bien plus grand. Du point de vue mathématique, cette situation est formalisée en fixant H et laissant tendre ε vers zéro. C'est d'ailleurs tout l'objectif de la notion de limite mathématique que de comprendre ces régimes asymptotiques où un paramètre est "bien plus petit" qu'un autre. Passons donc à la limite $\varepsilon \to 0$ dans (2.14)–(2.15). A extraction près (mais nous omettons cette nuance désormais), le terme général de la matrice converge vers une limite que nous connaissons

$$[A_\varepsilon]_{ij} = \int_0^1 a_\varepsilon(x)\,(\chi_i)'(x)\,(\chi_j)'(x)\,dx$$

$$\xrightarrow{\varepsilon \to 0} \int_0^1 \overline{b}(x)\,(\chi_i)'(x)\,(\chi_j)'(x)\,dx =: \left[B\right]_{ij}, \tag{2.16}$$

où la fonction $\overline{b}$ est définie par

$$a_\varepsilon(x) \longrightarrow \overline{b}(x) \quad \text{dans} \quad L^\infty - \text{faible} - \star. \tag{2.17}$$

Le vecteur colonne $\left[u_H^\varepsilon \right]$ solution de (2.14) converge donc vers le vecteur colonne $[\overline{u_H}]$ solution de

$$\left[\overline{B} \right] [\overline{u_H}] = [f_H]. \tag{2.18}$$

Vu l'expression (2.16), nous réalisons immédiatement que (2.18) est l'expression algébrique de la formulation variationnelle discrète *Trouver $u_H^\varepsilon \in V_H$ telle que, pour toute fonction $v_H \in V_H$,*

$$\int_0^1 \overline{b}(x)\,(\overline{u_H})'(x)\,(v_H)'(x)\,dx = \int_0^1 f(x)\,v_H(x)\,dx, \tag{2.19}$$

laquelle est l'approximation, par la *même* méthode d'éléments finis $\mathbb{P}_1$, de l'équation

$$\begin{cases} -\dfrac{d}{dx}\left(\overline{b}(x)\,\dfrac{d}{dx}\overline{u}(x) \right) = f(x) \text{ dans} \quad [0,1] \\[2mm] \overline{u}(0) = \overline{u}(1) = 0. \end{cases} \tag{2.20}$$

Nous comprenons dès lors que, en décidant de prendre H grand devant ε, et donc en un certain sens de nier le caractère oscillant du coefficient a_ε, nous avons en fait obtenu une méthode génériquement fausse. En effet, pour ε petit, notre solution discrète u_H^ε, que nous espérions être une bonne approximation de u^ε, laquelle est, toujours pour ε petit, proche de u^* solution de (2.7), est en fait au contraire proche de la solution $\overline{u}$ de (2.20). Or, u^* solution de (2.7) et $\overline{u}$ de (2.20) n'ont rien à voir entre elles, parce que la limite faible $\overline{b}$ définie par (2.17) n'est pas, génériquement, la limite faible $\overline{a}$ définie par (1.3). Penser en effet que la limite faible de l'inverse n'est pas l'inverse de la limite faible, sauf dans des cas triviaux, comme démontré au Chapitre 1. En conclusion, l'approximation ainsi effectuée est *fausse*. Elle n'est même pas approximativement juste, elle est *exactement fausse* ! Puisque $\overline{a} \neq \overline{b}$, l'erreur est $O(1)$ quand H tend vers 0.

A ce stade, le lecteur ayant des notions de base d'analyse numérique des méthodes de discrétisation des équations aux dérivées partielles, et donc déjà familier avec les méthodes d'éléments finis, peut être légitimement troublé. Les méthodes d'éléments finis sont connues pour bien marcher sur les équations elliptiques, donc que s'est-il passé ? Pour l'expliquer quantitativement, revenons sur le résultat le plus classique de l'analyse numérique de la méthode des éléments finis, l'estimation *a priori* de l'erreur $\mathbb{P}_1$, elle-même basée sur le célèbre *Lemme de Céa*.

En formant la différence entre les deux formulations variationnelles (2.10) et (2.12), nous obtenons, pour toute fonction $v_H \in V_H$,

$$\int_0^1 a_\varepsilon(x)\,(u^\varepsilon - u_H^\varepsilon)'(x)\,(v_H)'(x)\,dx = 0,$$

ce qui s'écrit aussi

$$\int_0^1 a_\varepsilon(x)\,\left|(u^\varepsilon - u_H^\varepsilon)'(x)\right|^2 dx = \int_0^1 a_\varepsilon(x)\,(u^\varepsilon - u_H^\varepsilon)'(x)\,(u^\varepsilon - v_H)'(x)\,dx.$$

En utilisant à gauche le caractère isolé de zéro de a_ε (uniformément en ε), et à droite son caractère borné et l'inégalité de Cauchy-Schwarz, nous en déduisons

$$\left\|(u^\varepsilon - u_H^\varepsilon)'\right\|_{L^2(]0,1[)} \le C \left\|(u^\varepsilon - v_H)'\right\|_{L^2(]0,1[)},$$

toujours pour toute fonction $v_H \in V_H$, et où la constante C ne dépend ni de ε ni de H, mais seulement des bornes sur a_ε. Il s'ensuit que

$$\left\|(u^\varepsilon - u_H^\varepsilon)'\right\|_{L^2(]0,1[)} \le C \inf_{v_H \in V_H} \left\|(u^\varepsilon - v_H)'\right\|_{L^2(]0,1[)}, \qquad (2.21)$$

ce qui est le lemme de Céa. Intuitivement, il énonce que l'*erreur numérique* (différence entre la solution exacte u^ε et la solution approchée u_H^ε) est majorée par l'*erreur d'approximation* (différence entre la solution exacte u^ε et sa meilleure approximation dans l'espace de discrétisation V_H). Jusqu'ici, les spécificités du choix de V_H ne sont pas apparues. C'est dans l'estimation de cette erreur d'approximation qu'elles vont intervenir. Ici, V_H est constitué de fonctions affines par morceaux et le résultat classique d'approximation en une dimension par de telles fonctions s'écrit

$$\inf_{v_H \in V_H} \|v - v_H\|_{H^1(]0,1[)} \le C\,H\,\|v''\|_{L^2(]0,1[)}, \qquad (2.22)$$

pour une fonction quelconque $v \in H^2(]0, 1[)$ et une constante C indépendante de v et H. En supposant que le coefficient a_ε est régulier (par exemple dérivable), nous savons que la solution u^ε est de classe H^2, et en appliquant (2.22) à $v = u^\varepsilon$, nous obtenons donc

$$\left\|(u^\varepsilon - u_H^\varepsilon)'\right\|_{L^2(]0,1[)} \le C\,H\,\left\|(u^\varepsilon)''\right\|_{L^2(]0,1[)}. \qquad (2.23)$$

Et c'est là que nous comprenons tout ! L'expression explicite (2.3) de u^ε permet de réaliser que la dérivée seconde $(u^\varepsilon)''$ fait intervenir la dérivée de a_ε...Or la dérivée d'une fonction qui oscille est immense. Ainsi, si $a_\varepsilon(x) = a\left(\dfrac{x}{\varepsilon}\right)$, la dérivée est $(a_\varepsilon)'(x) = \dfrac{1}{\varepsilon}\, a'\left(\dfrac{x}{\varepsilon}\right)$. L'estimée (2.23) s'écrit donc alors

$$\left\| (u^\varepsilon - u_H^\varepsilon)' \right\|_{L^2(]0,1[)} \leq C\frac{H}{\varepsilon}, \tag{2.24}$$

pour une autre constante C indépendante de H et ε, ce qui montre certes la convergence de la méthode quand $H \to 0$, comme bien connu, mais une estimation d'erreur très mauvaise tant que le rapport $\dfrac{H}{\varepsilon}$ n'est pas petit ! Tout s'explique.

Nous venons de démontrer, par les observations ci-dessus, que, lorsqu'il s'agira de développer des méthodes numériques pour des équations comme (1), il faudra soit choisir des pas de maillages très fins, ce qui sera coûteux, soit, si l'on souhaite garder des maillages relativement grossiers, développer une méthode d'approximation particulière et certainement pas utiliser une méthode "à tout faire" comme une méthode d'éléments finis classiques à base de fonctions polynomiales par morceaux. Nous reviendrons sur ce sujet plus loin dans cet ouvrage, au Chapitre 5.

Examinons sur un exemple numérique les conséquences de l'estimation (2.24). On définit pour cela, sur l'intervalle $]0, 1[$ le problème aux limites (2.1), avec le coefficient a_ε défini par

$$a_\varepsilon(x) = a_{\mathrm{per}}\left(\frac{x}{\varepsilon}\right), \quad a_{\mathrm{per}}(x) = \begin{cases} 1 & \text{si } x \in \left]0, \frac{1}{2}\right[, \\ 10 & \text{si } x \in \left]\frac{1}{2}, 1\right[, \end{cases}$$

et a_{per} est périodique de période 1. Ainsi, $a^* = \frac{20}{11} \approx 1,818$ et le coefficient $\overline{b}$ apparaissant dans (2.20) vaut $\overline{b} = \frac{11}{2} = 5,5$. Nous constatons sur la Figure 2.2 que, pour H de taille relativement modérée, la solution converge vers une solution qui est loin de la solution homogénéisée (et qui est en fait la solution de (2.20)). En revanche, pour $H \ll \varepsilon$, la solution converge bien vers la solution homogénéisée. Sur ce même exemple, nous avons représenté à la Figure 2.3, pour $\varepsilon = 0.1$ et $H = 0.01$, la solution homogénéisée et la solution numérique d'une part, et leurs dérivées respectives d'autre part. Même si u^* est proche de u^ε, $(u^*)'$ n'est pas une bonne approximation de $(u^\varepsilon)'$. Nous étudions cela à la Section 2.2 ci-dessous, (voir (2.30)), et établissons que, si on "corrige" $(u^*)'$ de façon adaptée (voir (2.34) et (2.36)), alors il est possible d'obtenir une bonne approximation de $(u^\varepsilon)'$.

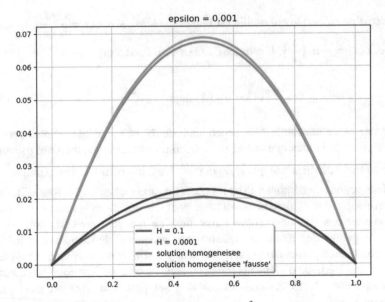

Fig. 2.2 Exemples de simulations numériques avec $\varepsilon = 10^{-3}$, pour différentes valeurs de H. La courbe verte est la solution homogénéisée u^*. La courbe rouge est une solution $\bar{u}$ de l'équation homogénéisée où on remplace a^* par $\bar{b} = \langle a \rangle$. Tant que $H \gg \varepsilon$, même si H est petit, la solution u_H^ε (courbe bleue, correspondant à $H = 10^{-1}$) est proche de $\bar{u}$. En revanche, si $H \ll \varepsilon$, et au degré de détail où les courbes sont présentées, la solution u_H^ε (courbe orange, $H = 10^{-4}$) converge vers u^*.

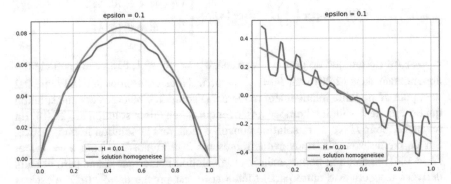

Fig. 2.3 Exemple d'une simulation numérique avec $\varepsilon = 0.1$ et $H = 0.01$: à gauche la solution numérique et la solution homogénéisée, à droite leurs dérivées respectives. Même si la solution u^ε et la solution homogénéisée u^* sont proches l'une de l'autre, ce n'est pas le cas de leurs dérivées.

2.1.3 Le cas périodique

Comme dans le Chapitre 1, supposons dans cette section, pour en savoir plus sur la limite faible $\bar{a}$ et donc sur la limite de la solution u^ε, que le coefficient $a_\varepsilon(x)$ a une *structure*, et plus précisément premièrement qu'il est de la forme (1.7) d'une seule fonction fixée a remise à l'échelle et deuxièmement que cette fonction est périodique $a = a_{\mathrm{per}}$. Dans ce cas, nous savons, aussi depuis le Chapitre 1, pouvoir affirmer que *toute* la suite $(a_\varepsilon(x))^{-1}$ converge faiblement, et ce vers la moyenne $\left\langle (a_{\mathrm{per}})^{-1} \right\rangle$, qui est donc la valeur particulière de $(\overline{a})^{-1}$, constante et explicite dans ce contexte. Dès lors, la limite de toute la suite c_ε vaut

$$c_* = - \int_0^1 F(y)\, dy, \tag{2.25}$$

et la suite u^ε dans son ensemble converge, pour tout $x \in [0, 1]$ vers

$$u^*(x) = - \left\langle (a_{\mathrm{per}})^{-1} \right\rangle \int_0^x (c_* + F(y))\, dy, \tag{2.26}$$

solution de l'équation limite, ou homogénéisée,

$$\begin{cases} -a^* \dfrac{d^2}{dx^2} u^*(x) = f(x) \text{ dans } \quad [0, 1] \\[2mm] u^*(0) = u^*(1) = 0 \end{cases} \tag{2.27}$$

pour

$$(a^*)^{-1} = \left\langle (a_{\mathrm{per}})^{-1} \right\rangle, \tag{2.28}$$

cas particulier de (2.7). Tout est donc connu, et explicite, dans ce cas $a_\varepsilon(x) = a_{per}\left(\dfrac{x}{\varepsilon}\right)$.

2.2 La qualité de l'approximation: le correcteur

Evaluons maintenant, dans le cas général tout d'abord (et pour alléger la notation en remplaçant ε' par ε), en quels sens nous pouvons dire que la solution u^ε, d'expression explicite (2.3), converge vers la solution homogénéisée (2.6). Il est en fait plus facile de raisonner sur les dérivées premières de ces fonctions. La différence $u^\varepsilon - u^*$ est appelée *résidu* (ou parfois *correcteur*, et cette seconde terminologie est particulièrement malheureuse à cause de la confusion possible avec le correcteur w défini ci-dessous en (2.58)–(2.59), donc nous ne l'emploierons pas). La dérivée de cette différence peut s'écrire

$$(u^\varepsilon)'(x) - (u^*)'(x) = - \left((a_\varepsilon)^{-1}(x) - (\overline{a})^{-1}(x) \right)$$
$$\times (c_* + F(x)) + (a_\varepsilon)^{-1}(x)\, (c_* - c_\varepsilon). \tag{2.29}$$

Il est clair que le second terme du membre de droite tend vers 0 en norme L^∞, vu la borne sur a_ε et la convergence de la suite réelle c_ε vers c_*. En revanche, le premier terme converge seulement dans L^∞-faible-$\star$, et n'a aucun raison de converger fortement dans aucun espace de Lebesgue, exactement comme $(a_\varepsilon)^{-1}$ vers $(\overline{a})^{-1}$, dans L^∞-faible-$\star$. Par intégration, nous en déduisons certes que la convergence de u^ε vers u^* est forte dans $L^2(\mathcal{D})$ (au moins), mais celle de leurs dérivées reste faible.

Il s'agit donc désormais de comprendre comment *améliorer* cette convergence, notamment pour obtenir une approximation *forte* de u^ε dans $H^1(\mathcal{D})$. Pour accomplir cela, nous devons donc "faire disparaître" le premier terme du membre de droite de (2.29), précisément obstacle à la convergence forte. Procédons dans le cadre périodique, mais le raisonnement pourrait être adapté dans le cadre général (il le sera au Chapitre prochain, à la Section 3.3).

Dans le cadre périodique, la différence (2.29) s'écrit (et cette fois sans l'abus de langage consistant à confondre ε et ε' puisque toute la suite converge)

$$(u^\varepsilon)'(x) - (u^*)'(x) = -\left(a_{\text{per}}\left(\frac{x}{\varepsilon}\right)^{-1} - \langle (a_{\text{per}})^{-1} \rangle \right)\left(-\int_0^1 F + F(x)\right)$$
$$+ \left(a_{\text{per}}\left(\frac{x}{\varepsilon}\right)\right)^{-1}\left(-\int_0^1 F - c_\varepsilon\right). \tag{2.30}$$

Introduisons la solution w_{per} (définie à une constante additive près, que nous pouvons toujours fixer en supposant qu'elle s'annule en 0) de

$$\begin{cases} -\dfrac{d}{dy}\left(a_{\text{per}}(y)\left(1 + \dfrac{d}{dy}w_{\text{per}}(y)\right)\right) = 0, & \text{dans } [0,1], \\ \quad w_{\text{per}} \text{ périodique} & \text{de période } 1. \end{cases} \tag{2.31}$$

Nous pourrions mener un argument général abstrait pour démontrer l'existence et l'unicité de la solution périodique de (2.31) (nous le ferons en dimension supérieure au Chapitre 3 à la Section 3.4). En fait, dans ce cadre monodimensionnel, il nous suffit d'exhiber explicitement cette solution. On vérifie en effet que

$$w_{\text{per}}(y) = -y + \frac{1}{\langle (a_{\text{per}})^{-1} \rangle} \int_0^y (a_{\text{per}})^{-1}, \tag{2.32}$$

de dérivée

$$w'_{\text{per}}(y) = -1 + \frac{1}{\langle (a_{\text{per}})^{-1} \rangle} (a_{\text{per}}(y))^{-1}, \tag{2.33}$$

est bien solution de (2.31). Son unicité peut être établie par un argument immédiat (résoudre l'équation $-\dfrac{d}{dy}(a_{\text{per}}(y)\dfrac{d}{dy}v_{\text{per}}(y))) = 0$ que la différence $v_{\text{per}} =$

$w_{per,1} - w_{per,2}$ de deux solutions satisfait et utiliser la périodicité pour conclure que v_{per} est constante, donc nulle) mais, au fond, nous n'avons pas besoin de cette unicité dans la suite de notre étude. Elle nous sera en revanche utile au Chapitre 5 lorsque nous étudierons les méthodes numériques de calcul de w_{per}. Un résultat d'estimation d'erreur de la solution calculée numériquement est, en effet, souvent une extension du résultat d'unicité correspondant.

Nous constatons alors que si au lieu de considérer $(u^*)'$ comme approximation de $(u^\varepsilon)'$ et de calculer la différence (2.30), nous considérons $(u^*)'(x)\left(1 + w'_{per}\left(\frac{x}{\varepsilon}\right)\right)$, alors la différence

$$(u^\varepsilon)'(x) - (u^*)'(x)\left(1 + w'_{per}\left(\frac{x}{\varepsilon}\right)\right) = \left(a_{per}\left(\frac{x}{\varepsilon}\right)\right)^{-1}\left(-\int_0^1 F - c_\varepsilon\right).$$
(2.34)

converge cette fois *fortement*.

Nous constatons donc qu'en *modulant* la fonction $(u^*)'$ par les oscillations de la fonction $w'_{per}\left(\frac{x}{\varepsilon}\right)$, lesquelles, via la formule (2.33), sont réminiscentes des oscillations du coefficient a_ε, nous avons éliminé le terme seulement faiblement convergeant de (2.30). Pour cette raison, l'équation (2.31) est appelée *équation du correcteur* et sa solution w_{per} le *correcteur*, ici dans le cadre périodique et monodimensionnel mais tout ceci sera généralisé bientôt.

Nous notons d'ailleurs que l'intégration de la formule (2.34) suggère d'introduire $u^{\varepsilon,1}(x) = u^*(x) + \varepsilon(u^*)'(x)\,w_{per}\left(\frac{x}{\varepsilon}\right)$, qui est une approximation de u^ε sous forme d'un développement limité en ε.

La question peut être posée de la précision de ce développement : à quel ordre en ε a-t-on l'approximation de u^ε par $u^{\varepsilon,1}$ dans la norme H^1 ? En calculant

$$(u^{\varepsilon,1})'(x) = (u^*)'(x)\left(1 + w'_{per}\left(\frac{x}{\varepsilon}\right)\right) + \varepsilon(u^*)''(x)\,w_{per}\left(\frac{x}{\varepsilon}\right),$$

(quand la fonction u^* est supposée de classe H^2, ce qui, nous l'avons vu plus haut, est vrai dès que par exemple f est régulier) et en soustrayant ceci à (2.34), nous obtenons

$$(u^\varepsilon)'(x) - (u^{\varepsilon,1})'(x) = \left(a_{per}\left(\frac{x}{\varepsilon}\right)\right)^{-1}\left(-\int_0^1 F - c_\varepsilon\right)$$
$$- \varepsilon(u^*)''(x)\,w_{per}\left(\frac{x}{\varepsilon}\right). \qquad (2.35)$$

Dans le contexte périodique où nous travaillons ici, (2.4) nous donne

$$-c_\varepsilon - \int_0^1 F = \frac{\displaystyle\int_0^1 (a_\varepsilon(y))^{-1}\,F(y)\,dy}{\displaystyle\int_0^1 (a_\varepsilon(y))^{-1}\,dy} - \int_0^1 F.$$

Si nous avons supposé que, par exemple, F était de classe C^1, alors, comme nous l'avons vu à la Section 1.2, nous obtenons

$$-c_\varepsilon - \int_0^1 F = O(\varepsilon),$$

D'autre part, comme la fonction w_{per} s'écrit (2.32), nous constatons, encore pour la même raison (c'est le même calcul que celui mené en (1.12) pour la preuve de la Proposition 1.3 au Chapitre 1), qu'elle est bornée sur $\mathbb{R}$. En reportant ces deux informations dans (2.35), nous obtenons

$$\left\| u^\varepsilon - u^{\varepsilon,1} \right\|_{H^1(]0,1[)} = O(\varepsilon), \tag{2.36}$$

dans ce cadre périodique.

Quelques remarques sont utiles.

Tout d'abord, il nous faut donner l'intuition de l'origine de l'équation (2.31). Sa dérivation sera, elle, effectuée au Chapitre 3, Section 3.1.1, dans le cadre multidimensionnel. Nous avons observé que la convergence de $(u^\varepsilon)'$ vers $(u^*)'$ est seulement faible dans $L^2(\mathcal{D})$. Ceci est dû, nous le voyons sur l'expression (2.4), aux oscillations de $a_\varepsilon(x) = a\left(\dfrac{x}{\varepsilon}\right)$. Pour espérer mieux capturer ces oscillations, il s'agit donc de *moduler* $(u^*)'(x)$ par une fonction oscillante de même nature. Nous remplaçons donc formellement $(u^*)'(x)$ par $(u^*)'(x)\,(\overline{w})'\left(\dfrac{x}{\varepsilon}\right)$ où la fonction $(\overline{w})'$ est supposée de moyenne 1, pour retrouver en moyenne (i.e dans la limite $\varepsilon \to 0$) $(u^*)'(x)$. Nous insérons ce produit dans l'opérateur de l'équation (2.1), et en traitant de manière indépendante les variables x et $y = \dfrac{x}{\varepsilon}$, qui opèrent à des échelles différentes, nous voyons surgir l'expression

$$\frac{d}{dy}\left(a_{\text{per}}(y)\left(1 + \frac{d}{dy}\,w_{\text{per}}(y)\right)\right),$$

où nous avons écrit $(\overline{w})' = 1 + (w_{\text{per}})'$. D'où l'équation (2.31), qui est donc, en un certain sens, un *zoom* de l'équation (2.1) à la petite échelle ε. Le détail algébrique des calculs que nous venons de mener "en agitant les mains" sera donné au Chapitre 3.

Incidemment, ce résultat permet aussi de comprendre pourquoi la constante additive avec laquelle la fonction w_{per} est définie importe peu, puisqu'une telle constante additive, une fois insérée dans $u^{\varepsilon,1}$, ne modifie qu'à l'ordre ε la convergence ci-dessus et donc ne change pas l'ordre d'approximation.

Nous pouvons aussi remarquer que le caractère borné de la fonction w_{per} n'est en fait pas capital pour assurer que l'approximation (2.35) tend vers zéro: dès que w est *strictement sous-linéaire à l'infini*, c'est-à-dire

$$\lim_{|x| \to +\infty} \frac{w(x)}{1 + |x|} = 0, \tag{2.37}$$

alors $\varepsilon\, w\left(\dfrac{x}{\varepsilon}\right)$ tend vers 0, et donc il en est de même pour (2.35). Le caractère borné permet en revanche de *quantifier* la vitesse de convergence en ε, et d'obtenir (2.36).

Cette vitesse de convergence est d'ailleurs un peu miraculeuse et tient à deux caractères conjoints : le cadre périodique et le fait qu'en dimension 1 d'espace, il n'y a pas d'effet de bord parasite. On peut en effet remarquer que l'approximation $u^{\varepsilon,1} = u^*(x) + \varepsilon\,(u^*)'(x)\,w_{per}\left(\dfrac{x}{\varepsilon}\right)$ ne vérifie pas les conditions de nullité aux bords que u^ε satisfait. En dimension supérieure à un, ceci entraîne une approximation moins bonne au voisinage du bord, laquelle ralentit la convergence. Nous reviendrons sur ce point aux chapitres suivants.

Evidemment, nous pouvons remarquer que l'ordre ε est optimal. Il suffit pour le voir de choisir une fonction f et une fonction a non triviales particulières et de vérifier que la convergence est alors *exactement* d'ordre ε.

2.3 Les défauts en 1D

Posons nous immédiatement la question suivante : l'opération de "correction" que nous venons d'effectuer à la Section précédente dans le cadre très particulier périodique est-elle possible dans le cadre tout à fait général de la Section 2.1.1 ? Il est immédiat de réaliser qu'il "suffirait", dans la mesure où $a_\varepsilon(x) = a(x/\varepsilon)$, de savoir résoudre l'équation

$$\begin{cases} -\dfrac{d}{dy}\left(a(y)\left(1 + \dfrac{d}{dy}\,w(y)\right)\right) = 0 \ \ \text{dans}\,\mathbb{R}, \\[2mm] \lim_{|y| \to +\infty} \dfrac{w(y)}{1 + |y|} = 0, \end{cases} \tag{2.38}$$

où bien évidemment nous devons maintenant poser l'équation sur toute la droite réelle (ne serait-ce que parce qu'il n'y a plus de cellule de périodicité pour a) et nous devons de même tenir compte de la condition de stricte sous-linéarité (2.37).

Dans ce cadre monodimensionnel, trouver les solutions de l'équation de la première ligne est simple. Ce sont *exactement* les fonctions de dérivée $w'(y) = -1 + c\,a^{-1}(y)$, où $c \in \mathbb{R}$ est arbitraire, donc les fonctions $w(y) = d - y + c \displaystyle\int_0^y a^{-1}(t)\,dt$ où la constante d n'a pas d'importance. Jusque-là, tout va bien. Mais la condition (2.37) revient maintenant à démontrer l'existence d'une constante c particulière pour que w ainsi construit soit strictement sous-linéaire à l'infini. Et ceci n'est pas toujours possible pour une fonction arbitraire a (vérifiant les bornes (2.2)). Le lecteur pourra aisément s'en convaincre en construisant des a particuliers : on peut par exemple penser à un a régulier tel que

$$a(t) = \begin{cases} 1 & \text{si } t < -1, \\ 2 & \text{si } t > 1. \end{cases}$$

Nous expliquerons au Chapitre 3 (Proposition 3.11) comment nous passer de cette existence et pourtant parvenir à améliorer la qualité de l'approximation de u^ε (peut-être pas avec un taux de convergence explicite comme dans (2.36), mais en améliorant malgré tout une convergence faible en une convergence forte). Mais pour le moment, voyons des cas bien plus généraux que le cas périodique où nous pouvons effectivement montrer l'existence d'une solution à (2.38). Nous puisons ces cas parmi ceux introduits au Chapitre 1. *Parce que* nous travaillons en dimension 1, nous avons en fait réduit l'étude de la solvabilité de (2.38) à l'étude de l'existence d'une bonne constante c dans

$$w'(y) = -1 + c\, a^{-1}(y),$$

donc en fait à certaines propriétés de base du cadre de travail: existence d'une moyenne pour a^{-1} et caractère de sous-linéarité stricte si la moyenne de la dérivée est nulle. Et nous allons ainsi pouvoir tirer parti du matériau accumulé au Chapitre 1 pour conclure. En dimension supérieure, résoudre l'équation générale correspondant à (2.38) sera, au contraire, un vrai défi. Nous le verrons plus loin.

Le cadre périodique de la Section 2.1.3 est le cadre académique idéal où les résultats généraux de la Section 2.1.1 peuvent être particularisés et rendus plus précis. Mais on sait depuis le Chapitre 1 qu'une large variété de cadres de travail peuvent être adoptés. Classons-les en deux catégories :

- les défauts *locaux* à la périodicité qui ne perturbent que marginalement l'environnement à l'infini, supposé périodique : il s'agit par exemple des défauts de la Section 1.4 du Chapitre 1, qu'ils soient à support compact (Section 1.4.1), ou dans L^p (Section 1.4.2) et qui ne modifient pas la moyenne de la fonction périodique sous-jacente,
- les défauts plus étalés, qui affectent la moyenne de la fonction parce qu'ils sont des déplacements "un peu partout" du cadre périodique : il s'agit ainsi des défauts "généraux" de la Section 1.4.5, des cadres quasi-périodique (Section 1.5.1) et presque périodique (Section 1.5.2) de la Section 1.5, et enfin du cadre aléatoire de la Section 1.6.

Il existe aussi une catégorie intermédiaire de défauts étalés qui n'affectent pas la moyenne de la fonction, comme nous en avons vu un exemple à la Section 1.4.3. Nous l'aborderons brièvement aussi.

Nous allons nous concentrer ici sur la première catégorie, celle des défauts locaux, et de manière brève, sur la catégorie intermédiaire en fin de Section. Dans la seconde catégorie, le cas quasi-périodique est une extension immédiate de nos arguments explicites du cas périodique, et en particulier il est possible d'exhiber effectivement facilement dans ce cas une solution de (2.38). Le cas presque périodique apporte tout aussi peu de nouveauté en tant que tel. De plus, il est en fait, en un certain sens (des nuances très importantes seront discutées au Chapitre 4, Section 4.3.2), comme vu au Chapitre 1, un cas particulier du cas aléatoire, cas que nous étudierons séparément dans la Section 2.4 à venir. Enfin, le cas des hypothèses "générales" de la Section 1.4.5 se traite de façon similaire : ces hypothèses entraînent que les fonctions manipulées ont une moyenne, que *en dimension 1* (au moins) si la moyenne de la dérivée est nulle la fonction est strictement sous-linéaire, avec de bonnes propriétés, donc il suffit de fixer la constante $c = \left(\langle a^{-1} \rangle\right)^{-1}$ dans $w'(y) = -1 + c\,a^{-1}(y)$ pour montrer que (2.38) est bien soluble et procéder "comme dans le cas périodique". La vitesse de convergence (analogue de (2.36)) n'est cependant pas fixée en toute généralité (ce qui est bien compréhensible vu la variété des situations couvertes par ces hypothèses) mais peut *éventuellement* facilement être précisée dans chaque cas particulier.

Pour la première catégorie de défauts, choisissons donc comme exemple d'étude

$$a = a_{\mathrm{per}} + \widetilde{a}, \quad \text{avec } \widetilde{a} \in L^p(\mathbb{R}), \text{ pour un certain } 1 \leq p < +\infty, \tag{2.39}$$

et supposons toujours a_{per} périodique et les bornes (2.2). La détermination de l'équation homogénéisée n'est pas la question: il s'agit exactement de celle obtenue dans le cas périodique, puisqu'aucun de ces défauts ne perturbe la moyenne du coefficient. Le lecteur peut vérifier que : $\left\langle (a_{\mathrm{per}} + \widetilde{a})^{-1} \right\rangle = \left\langle (a_{\mathrm{per}})^{-1} \right\rangle$, où cette fois la moyenne est prise au sens général sur les grands volumes, comme à la Section 1.4.2 du Chapitre 1 (et pas au sens particulier des fonctions périodiques, mais pour ces fonctions-là elle coïncide bien sûr avec la moyenne sur la cellule périodique). C'est la propriété de correction qui nous intéresse.

La différence (2.29) se particularise dans le cas d'un défaut $a = a_{\mathrm{per}} + \widetilde{a}$ sous une forme similaire à (2.30), ici

$$(u^{\varepsilon})'(x) - (u^*)'(x) = -\left((a_{\mathrm{per}} + \widetilde{a}) \left(\frac{x}{\varepsilon}\right)^{-1} - \left\langle (a_{\mathrm{per}} + \widetilde{a})^{-1} \right\rangle \right)$$

$$\times \left(-\int_0^1 F + F(x) \right)$$

$$+ \left((a_{\mathrm{per}} + \widetilde{a}) \left(\frac{x}{\varepsilon}\right) \right)^{-1} \left(-\int_0^1 F - c_{\varepsilon} \right),$$

où la constante c_{ε} est donnée par (2.4), et où nous avons l'identité des moyennes $\left\langle (a_{\mathrm{per}} + \widetilde{a})^{-1} \right\rangle = \left\langle (a_{\mathrm{per}})^{-1} \right\rangle$. Cette différence est, évidemment, seulement faiblement convergente. A la place du correcteur périodique w_{per} dont l'expression explicite est (2.32), nous considérons le correcteur "avec défaut" défini par

$$w'(x) = -1 + a^* \left(a_{\text{per}} + \widetilde{a}\right)^{-1}(x),$$

d'où

$$w(x) = -x + a^* \int_0^x \left(a_{\text{per}} + \widetilde{a}\right)^{-1}(y)\, dy, \qquad (2.40)$$

dont nous pouvons vérifier explicitement qu'il est solution de l'équation

$$
\begin{cases}
-\dfrac{d}{dy}\left(a(y)\left(1 + \dfrac{d}{dy}\, w(y)\right)\right) = 0 \quad \text{dans } \mathbb{R}, \\[3mm]
w = w_{\text{per}} + \widetilde{w} \qquad\qquad\qquad \text{avec } (\widetilde{w})' \in L^p(\mathbb{R}).
\end{cases}
\qquad (2.41)
$$

Nous avons en effet la propriété élémentaire que si $(\widetilde{w})' \in L^p(\mathbb{R})$ alors la moyenne $\langle (\widetilde{w})' \rangle$ existe et est nulle. En effet, une application de l'inégalité de Hölder donne

$$
\left| \frac{1}{2R} \int_{-R}^{R} (\widetilde{w})' \right| \leq \frac{1}{2R}(2R)^{1/p'} \left(\int_{-R}^{R} |(\widetilde{w})'|^p \right)^{1/p}
$$

$$
\leq (2R)^{-1/p} \left\| (\widetilde{w})' \right\|_{L^p(\mathbb{R})} \overset{R \to +\infty}{\longrightarrow} 0,
$$

où p' est l'exposant conjugué de p. Ainsi, $\widetilde{w}$ est automatiquement strictement sous-linéaire à l'infini. Il en est donc de même pour w. Si w n'était pas régulier, cette dernière propriété devrait se comprendre au sens (à peine) plus faible

$$
\lim_{|x| \to +\infty} \frac{1}{1 + |x|} \int_{x-1}^{x+1} |w(t)|\, dt = 0. \qquad (2.42)
$$

Ici, $w' \in L^\infty$, donc w est uniformément continue, et cette propriété équivaut à $w(x)/|x| \to 0$ quand $|x| \to +\infty$.

Nous remarquons, vu la forme du coefficient $a = a_{\text{per}} + \widetilde{a}$, la forme $w = w_{\text{per}} + \widetilde{w}$, et en tenant compte de (2.31) et (2.41), que $\widetilde{w}$ est en fait la solution de

$$
-\frac{d}{dy}\left((a_{\text{per}} + \widetilde{a})(y) \frac{d}{dy}\, \widetilde{w}(y)\right) = \frac{d}{dy}\left(\widetilde{a}(y)\left(1 + \frac{d}{dy}\, w_{\text{per}}(y)\right)\right). \qquad (2.43)
$$

Cette forme particulière de l'équation (2.41) nous sera utile quand nous aborderons les cas multidimensionnels (voir par exemple (4.6)). En utilisant (2.40) et (2.31), nous trouvons l'expression explicite

$$
\widetilde{w}'(x) = a^* \left(\left(a_{\text{per}} + \widetilde{a}\right)^{-1}(x) - \left(a_{\text{per}}\right)^{-1}(x) \right)
$$

$$
= -a^* \widetilde{a}(x) \left(a_{\text{per}}\right)^{-1}(x) \left(a_{\text{per}} + \widetilde{a}\right)^{-1}(x), \qquad (2.44)
$$

ce qui valide *ipso facto* notre choix de chercher $(\widetilde{w})'$ dans $L^p(\mathbb{R})$, puisque nous lisons sur cette relation que $(\widetilde{w})'$ appartient au même espace fonctionnel que $\widetilde{a}$. Par intégration, une expression évidente de $\widetilde{w}$ s'ensuit.

En utilisant ce correcteur $w = w_{\text{per}} + \widetilde{w}$ et en définissant

$$u^{\varepsilon,1}(x) = u^*(x) + \varepsilon \, (u^*)'(x) \, w\left(\frac{x}{\varepsilon}\right),\tag{2.45}$$

nous obtenons l'analogue de (2.34)

$$\left(u^\varepsilon\right)'(x) - \left(u^{\varepsilon,1}\right)'(x) = \left(a\left(\frac{x}{\varepsilon}\right)\right)^{-1}\left(-\int_0^1 F - c_\varepsilon\right).\tag{2.46}$$

Nous avons ainsi rétabli une convergence forte. Mais là n'est finalement pas le principal. Le point principal est que, si nous utilisons dans (2.45) le correcteur périodique w_{per} au lieu de w, alors la formule (2.46) devient

$$(u^\varepsilon)'(x) - (u^*)'(x)\left(1 + w'_{\text{per}}\left(\frac{x}{\varepsilon}\right)\right) = \left(a\left(\frac{x}{\varepsilon}\right)\right)^{-1}\left(-\int_0^1 F - c_\varepsilon\right)$$
$$+ \left((a_{\text{per}})\left(\frac{x}{\varepsilon}\right)^{-1} - (a_{\text{per}} + \widetilde{a})\left(\frac{x}{\varepsilon}\right)^{-1}\right)\left(-\int_0^1 F + F(x)\right).\tag{2.47}$$

Le lecteur attentif pourra observer que cette différence tend aussi vers zéro fortement, par exemple dans L^p, $p < +\infty$, *mais* la différence majeure entre (2.46) et (2.47) est que, en norme L^∞, la première tend vers 0 alors que la seconde non (sauf dans le cas $\widetilde{a} \equiv 0$, i.e. le cas périodique). Comme la norme L^∞ voit tous les détails, à toutes les échelles, une autre manière de constater la différence entre (2.46) et (2.47) est d'écrire ces deux relations à l'échelle εx au lieu de l'échelle x, c'est-à-dire de regarder les choses à l'échelle microscopique. La relation (2.47) obtenue *via* l'utilisation du correcteur périodique w_{per} s'écrit alors

$$(u^\varepsilon)'(\varepsilon x) - (u^*)'(\varepsilon x)(1 + w'_{\text{per}}(x)) = (a(x))^{-1}\left(-\int_0^1 F - c_\varepsilon\right)$$
$$+ \left((a_{\text{per}}(x))^{-1} - ((a_{\text{per}} + \widetilde{a})(x))^{-1}\right)\left(-\int_0^1 F + F(\varepsilon x)\right),\tag{2.48}$$

et, à cause de son second terme, ne tend vers zéro que si $\widetilde{a} \equiv 0$ (c'est-à-dire dans le cas périodique). Pour s'en convaincre, examinons le cas $a_{\text{per}} \equiv 1$ et $F(x) = x$, où le deuxième terme de (2.48) s'écrit

$$\left(1 - \frac{1}{1 + \widetilde{a}(x)}\right)\left(-\frac{1}{2} + \varepsilon x\right),$$

et tend donc vers $-\dfrac{\widetilde{a}(x)}{2(1+\widetilde{a}(x))}$ quand $\varepsilon \to 0$. En revanche, (2.47) s'écrit

$$(u^{\varepsilon})'(\varepsilon\,x) - (u^{\varepsilon,1})'(\varepsilon\,x) = (a(x))^{-1}\left(-\int_0^1 F - c_{\varepsilon}\right), \qquad (2.49)$$

et tend vers 0 quand $\varepsilon \to 0$, ce qui montre que si nous utilisons le bon correcteur (à savoir w, tenant compte du défaut dans le cas avec défaut), alors la convergence vers zéro est vraie même à cette échelle microscopique.

En d'autres termes, le correcteur $w = w_{\text{per}} + \widetilde{w}$, adapté spécifiquement au cas du coefficient $a_{\text{per}} + \widetilde{a}$ a permis, certes comme tout correcteur de rétablir la convergence forte. Mais ceci le correcteur périodique l'aurait aussi permis ! Surtout, il a permis de restaurer la qualité de la convergence du cas périodique, à différentes échelles et dans plusieurs topologies. Nous retrouverons ces phénomènes au Chapitre 4. Quant à la vitesse de convergence dans une topologie donnée, nous pouvons facilement aussi la déterminer en fonction de l'intégrabilité $L^p(\mathbb{R})$ du défaut $\widetilde{a}$.

En effet, l'étude de la convergence de termes du type (2.46) ou (2.47) se ramène à celle de la vitesse de convergence d'intégrales de la forme

$$\int_0^1 \frac{1}{a\left(\frac{x}{\varepsilon}\right)} g(x) dx = \int_0^1 \frac{g(x)}{a_{\text{per}}\left(\frac{x}{\varepsilon}\right) + \widetilde{a}\left(\frac{x}{\varepsilon}\right)} dx$$

$$= \int_0^1 \frac{g(x)}{a_{\text{per}}\left(\frac{x}{\varepsilon}\right)} dx - \int_0^1 g(x) \frac{\widetilde{a}\left(\frac{x}{\varepsilon}\right)}{a_{\text{per}}\left(\frac{x}{\varepsilon}\right) a\left(\frac{x}{\varepsilon}\right)} dx.$$

Le premier terme hérite des propriétés de convergence du cas périodique, et le deuxième se traite via l'inégalité de Hölder, en utilisant que $\widetilde{a} \in L^p(\mathbb{R})$ et que a est minorée :

$$\left| \int_0^1 g(x) \frac{\widetilde{a}\left(\frac{x}{\varepsilon}\right)}{a_{\text{per}}\left(\frac{x}{\varepsilon}\right) a\left(\frac{x}{\varepsilon}\right)} dx \right|$$

$$\leq \|g\|_{L^{p'}(]0,1[)} \left\| \frac{1}{a_{\text{per}}} \right\|_{L^{\infty}(\mathbb{R})} \left\| \frac{1}{a} \right\|_{L^{\infty}(\mathbb{R})} \left\| \widetilde{a}\left(\frac{\cdot}{\varepsilon}\right) \right\|_{L^p(]0,1[)}.$$

Un changement de variable donne alors $\left\| \widetilde{a}\left(\dfrac{\cdot}{\varepsilon}\right) \right\|_{L^p(]0,1[)} \propto \varepsilon^{1/p} \|\widetilde{a}\|_{L^p(\mathbb{R}^+)}$.

Comme à la Section 1.4.3, nous pouvons penser à adapter le travail précédent au cas de défauts qui, au lieu d'être localisés, deviennent "rares" à l'infini. Ceci se formalise *par exemple* par (1.30), c'est-à-dire

$$\widetilde{a}(x) = \sum_{k\in\mathbb{Z}} a_0\left(x - \text{sgn}(k) 2^{|k|}\right), \qquad a_0 \text{ à support compact.} \qquad (2.50)$$

Il est alors possible, dans la mesure où nous imposons les conditions d'uniforme ellipticité classiques, de résoudre l'équation du correcteur comme ci-dessus. Nous avons dans ce cas $w = w_{\text{per}} + \widetilde{w}$, avec w_{per} correcteur périodique. Et nous obtenons à nouveau la formule (2.44), à savoir

$$\widetilde{w}'(x) = -a^* \frac{\widetilde{a}(x)}{a_{\text{per}}(x)\left(a_{\text{per}}(x) + \widetilde{a}(x)\right)}.$$

Nous lisons sur cette formule que $\widetilde{w}'$, lui aussi, sans disparaître à l'infini, devient "rare". Cependant, il ne s'écrit pas exactement sous la forme simple (2.50). En revanche, nous pouvons construire l'algèbre engendrée par les fonctions de la forme (2.50), la fermer pour une norme adaptée (nous ne la précisons pas ici, et renvoyons à [Gou22] pour les détails). Nous montrons alors facilement que $\widetilde{w}'$ est dans cet espace fonctionnel. Les calculs ci-dessus peuvent alors être reproduits sans difficulté, permettant de démontrer que "le correcteur corrige", c'est-à-dire que nous avons bien les mêmes propriétés de convergence de $u^\varepsilon - u^{\varepsilon,1}$ que dans le cas des défauts "localisés" [Gou22], et que, une nouvelle fois, l'usage du correcteur périodique w_{per} au lieu du correcteur $w_{per} + \widetilde{w}$ ne permettrait pas ces mêmes propriétés dans toutes les topologies souhaitées.

Cette propriété de "restaurer les qualités d'approximation du problème sans défauts" sera un caractère essentiel de notre étude des cas avec défauts, que nous retrouverons dans le cadre multidimensionnel au Chapitre 4.

2.4 Le cas aléatoire 1D

Nous considérons la même équation monodimensionnelle que ci-dessus, mais cette fois pour un coefficient aléatoire

$$-\frac{d}{dx}\left(a_\varepsilon(x,\omega)\frac{d}{dx}u^\varepsilon(x,\omega)\right) = f(x), \qquad (2.51)$$

sur l'intervalle $]0, 1[$, complémentée des habituelles conditions au bord $u^\varepsilon(0, \omega) = u^\varepsilon(1, \omega) = 0$, cette fois entendues au sens *presque sûr*.

Nous supposons, en ligne avec ce que nous avons vu à la Section 1.6 du Chapitre 1, que le coefficient $a_\varepsilon(x, \omega)$ s'écrit

$$a_\varepsilon(x,\omega) = a\left(\frac{x}{\varepsilon},\omega\right) \qquad (2.52)$$

où $a(x, \omega)$ est une fonction stationnaire (au sens discret), pour un cadre probabiliste ergodique stationnaire comme défini alors. Nous supposons aussi que ce coefficient est presque sûrement borné, et pour que l'équation (2.51) soit aussi bien posée, qu'il est presque sûrement isolé de zéro. Le membre de droite est supposé, disons, dans $L^2(]0, 1[)$, mais comme d'habitude nous pourrions faire plus général. Nous insistons cependant sur le fait important que le membre de droite $f(x)$ n'est ni oscillant, ni aléatoire : ni ε, ni ω n'y figurent.

La question posée de la limite quand $\varepsilon \to 0$ de la solution u^ε de l'équation (2.51) est celle de l'*homogénéisation stochastique* (ou aussi *homogénéisation aléatoire*).

Remarque 2.1 *Mentionnons tout de suite une ambiguïté possible, car le terme* homogénéisation stochastique *ou* aléatoire *peut aussi alternativement désigner, dans une certaine communauté scientifique, l'homogénéisation de l'équation déterministe (2.1) interprétée en termes stochastiques. Une telle équation de diffusion, et plus généralement bien sûr sa version multidimensionnelle (1), peut en effet être vue à travers la théorie des processus stochastiques, et son homogénéisation faite dans le langage de ces processus. Ce n'est pas ce que nous faisons ici. En revanche, nous reviendrons sur cette autre acceptation du terme* homogénéisation stochastique *à la Section 6.3.*

Comme d'habitude dans le cadre monodimensionnel traité ici, il est possible de déterminer explicitement la solution u^ε de (2.51). Elle s'écrit, en notant comme ci-dessus $F(x) = \displaystyle\int_0^x f(y)\,dy$,

$$u^\varepsilon(x, \omega) = -\int_0^x (a_\varepsilon(y, \omega))^{-1}\,(c_\varepsilon(\omega) + F(y))\,dy, \tag{2.53}$$

pour la constante

$$c_\varepsilon(\omega) = -\frac{\displaystyle\int_0^1 (a_\varepsilon(y, \omega))^{-1}\,F(y)\,dy}{\displaystyle\int_0^1 (a_\varepsilon(y, \omega))^{-1}\,dy}. \tag{2.54}$$

Pour le coefficient oscillant de la forme choisie, nous obtenons donc la limite homogénéisée

$$u^*(x) = -\left(a^*\right)^{-1} \int_0^x (c_* + F(y))\,dy, \tag{2.55}$$

$$\left(a^*\right)^{-1} = \mathbb{E}\int_0^1 a^{-1}(y, \omega)\,dy, \tag{2.56}$$

$$c_* = -\int_0^1 F(y)\,dy, \tag{2.57}$$

qui est bien sûr la solution de l'équation homogénéisée (2.27) pour la constante homogénéisée a^*, soit l'exact analogue de la formule (2.26) du cas périodique.

De manière identique au cas périodique discuté dans la Section 2.2, nous pouvons aussi déterminer le correcteur, défini dans le cadre aléatoire monodimensionnel comme la solution $w(x, \omega)$ de l'équation

$$- \frac{d}{dx} \left(a(x, \omega) \left(1 + \frac{d}{dx} w(x, \omega) \right) \right) = 0 \quad \text{sur tout} \quad \mathbb{R}, \tag{2.58}$$

qui est telle que

$w'(x, \omega)$ est une fonction stationnaire d'espérance nulle : $\mathbb{E} \int_0^1 w'(x, \omega) \, dx = 0,$
$$\tag{2.59}$$

encore une fois condition analogue à la condition de moyenne nulle d'une fonction périodique. Comme nous l'avons indiqué, en insistant, à la Section 1.6.4 du Chapitre 1, la propriété (2.59) n'entraîne cependant pas que w *elle-même* soit une fonction stationnaire, mais seulement qu'elle soit (presque sûrement) strictement sous-linéaire à l'infini, au sens de (1.92). C'est précisément cette propriété qu'il nous faut, cf. la condition (2.37) discutée à la section précédente.

La dérivation intuitive de l'équation (2.58) est la même que dans les autres cas rencontrés ci-dessus. Il s'agit formellement d'un *zoom* de l'équation originale destiné à capturer les oscillations à la petite échelle. Comme dans la Section 2.3, cette équation ne bénéficie plus du caractère miraculeux du cadre périodique où connaître l'environnement microscopique local (dans la maille de périodicité) suffisait à connaître tout l'environnement : cette équation est posée ici sur *toute* la droite réelle. Des difficultés considérables, théoriques et numériques, s'ensuivent. Nous le verrons, respectivement, à la Section 4.3 et à la Section 5.1.5. Mais dans le cadre monodimensionnel que nous traitons dans ce chapitre, il est encore simple de s'en débrouiller.

Comme nous l'avons remarqué dans le cas périodique de la Section 2.2, nous pourrions aussi démontrer de manière abstraite l'existence et l'unicité (à constante additive déterministe près) de la solution de l'équation (2.58)–(2.59). Cette preuve est en fait beaucoup moins immédiate que la preuve du cas périodique (le point que nous venons de remarquer, à savoir que l'équation est posée sur toute la droite réelle, est la cause de cette difficulté), et nous la ferons, en dimension quelconque, à la Section 4.3.1 du Chapitre 4. Ici, il nous suffit d'exhiber une solution, et le lecteur pourra facilement vérifier que la fonction suivante en est une :

$$w'(x, \omega) = -1 + a^* a^{-1}(x, \omega),$$

d'où

$$w(x, \omega) = w(0, \omega) - x + a^* \int_0^x a^{-1}(y, \omega) \, dy. \tag{2.60}$$

Noter que la contrainte $\mathbb{E} \int_0^1 w'(x, \omega) \, dx = 0$, est précisément vérifiée parce que $(a^*)^{-1} = \mathbb{E} \int_0^1 a^{-1}(x, \omega) \, dx$, et que nous retrouvons bien explicitement dans la seconde relation de (2.60) que w est strictement sous-linéaire. L'unicité à constante additive déterministe se montrerait, au besoin, en observant que la différence $v = w_1 - w_2$ de deux solutions satisfait $-\dfrac{d}{dy}\left(a(y, \omega)\dfrac{d}{dy}v(y, \omega)\right) = 0$ donc que $a(y, \omega) \, v'(y, \omega)$ est une constante indépendante de y, notée $c(\omega)$, qui est une fonction stationnaire de la variable ω par construction puisque a, w_1', w_2' le sont. Par ergodicité, $c(\omega)$ est donc constante et déterministe. Il s'agit en effet d'une propriété élémentaire des variables stationnaires [Shi95], que l'on peut démontrer comme suit: nous introduisons, pour tout $\lambda \in \mathbb{R}$, l'ensemble $A_\lambda = \{\omega \in \Omega, \quad c(\omega) < \lambda\}$, et $\phi(\lambda) = \mathbb{P}(A_\lambda)$. Comme $c \in L^1(\Omega)$, ces objets sont bien définis. De plus, par définition, $0 \le \phi \le 1$, ϕ est croissante, $\phi(\lambda) \longrightarrow 0$ quand $\lambda \to -\infty$ et $\phi(\lambda) \longrightarrow 1$ quand $\lambda \to +\infty$. Par ailleurs, A_λ est invariant par l'action τ_k pour tout $k \in \mathbb{Z}$, donc par ergodicité, ϕ ne peut prendre que la valeur 0 ou 1. Nous en déduisons donc qu'il existe un réel λ^* tel que $\phi(\lambda) = 0$ si $\lambda < \lambda^*$ et $\phi(\lambda) = 1$ si $\lambda > \lambda^*$. Par définition de A_λ, ceci implique que $c = \lambda^*$ presque sûrement. Nous avons donc prouvé l'unicité à constante additive déterministe près annoncée, mais, comme déjà remarqué précédemment (voir Section 2.2, page 80), nous n'avons pas besoin de cette unicité dans la suite de notre étude théorique.

Nous pouvons alors, comme dans le cas périodique étudié à la Section 2.2, former l'approximation $u^{\varepsilon,1}(x, \omega) = u^*(x) + \varepsilon \, (u^*)'(x) \, w\left(\dfrac{x}{\varepsilon}, \omega\right)$ et montrer que, presque sûrement, cette fonction approche bien $u^\varepsilon(x, \omega)$ en norme $H^1(\mathcal{D})$. Mais cette fois, dans le cadre aléatoire où nous travaillons, il nous faut aussi comprendre la qualité de l'approximation en termes de la variable ω. Pour cela, nous pourrions considérer la différence

$$\left(u^\varepsilon - u^{\varepsilon,1}\right)'(x, \omega) = (c_\varepsilon(\omega) - c_*)(a_\varepsilon(x, \omega))^{-1}, \tag{2.61}$$

et étudier sa convergence "en ω", mais, dans ce cadre monodimensionnel au moins, il est en fait équivalent de travailler sur la différence (ou résidu)

$$\left(u^\varepsilon - u^*\right)(x, \omega) = -(c_\varepsilon(\omega) - c_*)\int_0^x (a_\varepsilon(y, \omega))^{-1} \, dy$$

$$- \int_0^x \left((a_\varepsilon(y, \omega))^{-1} - (a^*)^{-1}\right)(c_* + F(y)) \, dy, \tag{2.62}$$

cette expression étant facilement obtenue à partir des expressions explicites (2.53) à (2.57) et (2.60).

Il est alors immédiat d'observer que comprendre la vitesse de convergence du résidu (ou, ce serait identique, celle de $u^\varepsilon - u^{\varepsilon,1}$ vers zéro en norme H^1) en termes de la variable ω revient donc exactement à comprendre la vitesse de convergence de

$$\left(\int_0^1 a_\varepsilon^{-1}(y, \omega) \, g(y) \, dy \right) \xrightarrow{\varepsilon \to 0} \left(\mathbb{E} \int_0^1 a^{-1}(y, \omega) \, dy \right) \int_0^1 g(y) \, dy \qquad (2.63)$$

pour toute fonction g arbitraire continue sur $[0, 1]$ (et appliquer ensuite cela successivement aux fonctions $g = 1$ et $g = F$, qui vérifie l'hypothèse g continue si par exemple $f \in L^2$).

Nous l'avons signalé à la Section 1.6.4 du Chapitre 1, dans une telle convergence, les cas les plus variés de vitesse de convergence peuvent se produire vu la grande variété des situations stationnaires. Le cas particulier authentiquement aléatoire que nous avions étudié dans cette section, à savoir (2.52) avec une fonction stationnaire $a(x, \omega)$ s'écrivant comme dans (1.84) de la Section 1.6.4 du Chapitre 1, donne ainsi une vitesse $O(\sqrt{\varepsilon})$ pour (2.63), toujours si g est continue bornée, et donc cette même vitesse pour le résidu défini en (2.62). L'analyse complète de la situation monodimensionnelle a été faite relativement récemment, voir [BP99, BGMP08]. Bien entendu et comme on s'y attend, le cas multidimensionnel est infiniment plus compliqué et essentiellement ouvert. Mais il n'est pas le lieu d'en parler ici.

Quoi qu'il en soit, nous constatons donc la différence de vitesse (même dans ce cas aléatoire simple constitué de variables i.i.d.) entre le cadre aléatoire et le cadre périodique. Voici donc une autre différence que nous devrons garder à l'esprit quand nous parlerons de perturber des géométries périodiques par des défauts.

2.5 Des "mauvais" cas

Nous terminons ce chapitre en exhibant des cas de problèmes d'homogénéisation qui "se passent mal" (ou tout au moins ne se passent pas aussi bien que prévu...), bien qu'étant monodimensionnels, et donc pour lesquels nous pourrions pourtant nous attendre à une simplicité biblique.

Dans les Section 2.5.1 et Section 2.5.2, nous montrons que, contrairement à ce que pourrait faire penser la situation étudiée jusqu'ici dans ce chapitre, *l'équation homogénéisée n'est pas toujours de la même forme que l'équation de départ*, voire peut même ne pas exister du tout. Des cas similaires à ceux que nous présentons en détail seront brièvement mentionnés, pour aussi montrer que de tels contre-exemples ne sont pas rares.

Nous nous concentrons ensuite sur les défauts à la périodicité. Là aussi, nous avons pour le moment vu, au Chapitre 1 et dans la Section 2.3, que la présence d'un défaut (au moins d'un défaut "gentil", c'est-a-dire très localisé, et décroissant rapidement vers zéro à l'infini) ne perturbe pas les moyennes des fonctions en jeu et donc pas la valeur du coefficient homogénéisé. Ce n'est éventuellement que *microscopiquement* qu'il intervient, et nous avons observé en détail son effet à la

Section 2.3. Nous allons *a contrario* présenter à la Section 2.5.3 une situation où *même un défaut présumé le plus gentil possible (nous le choisirons à support compact) perturbe déjà la limite homogénéisée "macroscopique".*

2.5.1 L'équation homogénéisée n'est pas toujours de la même forme

2.5.1.1 Un exemple simple

A titre de premier exemple, nous considérons un problème dépendant du temps (motivé en fait par des questions d'absorption en électromagnétisme), mais des exemples tout aussi convaincants pourraient être choisis sur des cas stationnaires, dans le cadre des milieux poreux ou de la physique des particules. Le problème d'évolution que nous étudions est le suivant

$$
\begin{cases}
\partial_t u^\varepsilon(t, x) + a\left(\dfrac{x}{\varepsilon}\right) u^\varepsilon(t, x) = 0 \quad \text{pour} \quad t > 0, \\[2mm]
u^\varepsilon(t = 0, x) \qquad\qquad = v(x),
\end{cases}
\tag{2.64}
$$

où $v \in L^2(]0, 1[)$ est fixée, et a est une fonction périodique de la variable réelle, de période 1, vérifiant comme d'habitude $0 < c_1 \leq a(x) \leq c_2$ pour deux constantes c_i ne dépendant pas de x quelconque dans $\mathbb{R}$. Imaginant un instant que la théorie de l'homogénéisation vue plus haut s'applique ici de la même façon, nous nous attendons donc à une équation limite de la forme

$$
\begin{cases}
\partial_t u^*(t, x) + a^* u^*(t, x) = 0 \quad \text{pour} \quad t > 0, \\[2mm]
u^*(t = 0, x) \qquad = v(x).
\end{cases}
\tag{2.65}
$$

Or la solution de (2.64) se calcule explicitement facilement et vaut :

$$
u^\varepsilon(t, x) = v(x) \exp\left(-t\, a\left(\frac{x}{\varepsilon}\right)\right).
\tag{2.66}
$$

Il est donc immédiat de montrer que, à la limite $\varepsilon \to 0$,

$$
u^*(t, x) = \lim_{\varepsilon \longrightarrow 0} u^\varepsilon(t, x) = v(x) \langle e^{-ta} \rangle,
\tag{2.67}
$$

au sens faible dans $L^2([0, 1)]$ et pour chaque temps $t > 0$, puisque la fonction $x \to \exp\left(-t\, a\left(\frac{x}{\varepsilon}\right)\right)$ est pour chaque temps t fixé, une fonction périodique en x.

D'autre part, la solution de (2.65) s'écrit $u^*(t, x) = v(x) \exp(-ta^*)$. Pour qu'elle coïncide avec (2.67), il faudrait qu'il existe un scalaire a^* tel que

$$\langle e^{-ta} \rangle = e^{-ta^*} \tag{2.68}$$

pour tout $t > 0$. Ceci n'est possible que si a est constante. Il n'est donc pas possible que la limite $u^*(t, x) = v(x) \langle e^{-ta} \rangle$ vérifie une équation de même type que (2.64). En passant à la limite $\varepsilon \to 0$, la *forme de l'équation a donc changé*.

Le fait que (2.68) pour tout $t > 0$ entraîne que a est constante est la simple conséquence de l'argument suivant. Si c'est le cas, alors la fonction $\log\langle e^{-ta} \rangle$ est une fonction affine du temps, et donc

$$0 = \frac{d^2}{dt^2} \left(\log\langle e^{-ta} \rangle \right) = \frac{d^2}{dt^2} \left(\log \left(\int_0^1 e^{-ta(x)} \, dx \right) \right)$$

Ce qui équivaut à

$$\left(\int_0^1 a^2(x) \, e^{-ta(x)} \, dx \right) \left(\int_0^1 e^{-ta(x)} \, dx \right) - \left(\int_0^1 a(x) \, e^{-ta(x)} \, dx \right)^2 = 0,$$

ce qui est un cas d'égalité de l'inégalité de Cauchy-Schwarz pour les fonctions $e^{-ta(x)/2}$ et $a(x) \, e^{-ta(x)/2}$, et équivaut à son tour à a constant.

Pour être complet, nous allons en fait identifier l'équation dont est solution la limite $u^*(t, x) = v(x) \langle e^{-ta} \rangle$. Nous allons brièvement montrer, ici sur un cas simple de fonction a, que la limite u^* vérifie en fait une équation dite *équation d'évolution avec retard* du type

$$\partial_t u^*(t, x) + \langle a \rangle \, u^*(t, x) = \int_0^t K(t - s) u^*(s, x) \, ds, \tag{2.69}$$

pour la même donnée initiale que (2.64), et pour une certaine fonction $K \neq 0$ que l'on peut déterminer explicitement d'après a (voir (2.71)–(2.72) ci-dessous). Pour mener le calcul avec les outils les plus simples possibles (mais en fait le résultat qualitatif menant de (2.64) à (2.69) est plus général que cela), nous allons choisir comme fonction a la fonction constante par morceaux

$$a(x) = \begin{cases} a_1 \text{ si } x \in [0, \alpha_1], \\ a_2 \text{ si } x \in]\alpha_1, 1], \end{cases} \tag{2.70}$$

où a_1, a_2 sont deux constantes strictement positives, $\alpha_1 \in]0, 1[$, et on note désormais $\alpha_2 = 1 - \alpha_1$.

Pour cette valeur particulière de fonction a, il est immédiat, à partir de (2.66), de calculer que la fonction limite vaut $u^*(t, x) = v(x) \left(\alpha_1 e^{-ta_1} + \alpha_2 e^{-ta_2} \right)$, et donc que

$$\partial_t u^* + \langle a \rangle \, u^*(t, x) = v(x) \left(-a_1 \alpha_1 e^{-ta_1} - a_2 \alpha_2 e^{-ta_2} \right)$$
$$+ v(x) \left(\alpha_1 a_1 + \alpha_2 a_2 \right) \left(\alpha_1 e^{-ta_1} + \alpha_2 e^{-ta_2} \right)$$
$$= v(x) \alpha_1 \alpha_2 (a_1 - a_2) \left(-e^{-ta_1} + e^{-ta_2} \right).$$

En posant alors

$$K(t - s) = \lambda \, e^{-\mu(t-s)}, \tag{2.71}$$

pour les valeurs

$$\lambda = \langle a^2 \rangle - \langle a \rangle^2 \quad \mu = \frac{\langle a^2 \rangle - \langle a \rangle^2}{\langle a \rangle - \frac{1}{\langle \frac{1}{a} \rangle}} \tag{2.72}$$

des coefficients scalaires λ et μ, il est alors possible de vérifier (le calcul est un peu fastidieux mais pas difficile) que u^* vérifie bien l'équation (2.69). Ceci peut aussi être obtenu par une méthode plus générale que l'identification faite ici. Il s'agit d'intégrer, de $t = 0$ à $t = +\infty$, l'équation (2.64) contre e^{-pt} pour $p > 0$, faisant ainsi apparaître la *transformée de Laplace*

$$Lu^\varepsilon(p, x) = \int_0^\infty e^{-pt} u^\varepsilon(t, x) \, dt, \quad \text{pour } x \in [0, 1], \quad p > 0, \tag{2.73}$$

de la fonction u^ε. Et la limite quand $\varepsilon \to 0$ de cette transformée Lu^ε, qui s'exprime ici explicitement par $Lu^\varepsilon(p, x) = \dfrac{1}{p + a\left(\dfrac{x}{\varepsilon}\right)} \, v(x)$, est alors étudiée. L'approche est décrite avec plus de détails sur ce cas particulier par exemple dans [Le 05, p 83-ff]. La portée de ce calcul est alors elle aussi plus générale (rappelons que la transformée de Laplace est l'outil numéro un pour changer un problème linéaire d'évolution en temps en un problème statique), l'équation (2.69) étant effectivement la limite homogénéisée de (2.64) dans une variété de situations.

2.5.1.2 Un exemple qui n'est pas seul

Un phénomène similaire s'observe sur l'équation de transport

$$\begin{cases} \partial_t u^\varepsilon(t, x) + a\left(\dfrac{x_2}{\varepsilon}\right) \, \partial_{x_1} u^\varepsilon(t, x) = 0 \quad \text{pour} \quad t > 0 \\[2mm] u^\varepsilon(t = 0, x) \qquad\qquad = v(x) \end{cases}$$

dans un cas de "fausse" dimension 2, où $x = (x_1, x_2) \in [0, 1]^2$ mais le coefficient a
ne dépend que de la deuxième coordonnée x_2 et la dérivée en espace de la solution
u^ε est prise seulement dans la première coordonnée x_1. La solution de l'équation est
d'ailleurs explicite et vaut $u^\varepsilon(t, x) = v\left(x_1 - t\, a\left(\dfrac{x_2}{\varepsilon}\right), x_2\right)$. Il est alors possible de
démontrer (voir [EH09, p 210] et [Tar89] pour plus de détails), encore en utilisant la
transformation de Laplace mais en combinaison avec des techniques beaucoup plus
sophistiquées, que l'équation homogénéisée obtenue est de la forme

$$\partial_t u^\varepsilon(t, x) + \langle a \rangle \; \partial_{x_1} u^\varepsilon(t, x) = \int_0^t K(t, u(s, .))\, ds,$$

où $K(t, u)$ est une fonctionnelle linéaire de la fonction u, qu'il est possible
d'identifier.

Cette apparition de terme parasite se retrouve aussi dans d'autres contextes, cette
fois statiques, notamment celui des problèmes d'homogénéisation sur des domaines
périodiquement perforés. Une équation de Poisson $-\Delta u = f$ peut ainsi devenir à
la limite une équation $-\Delta u + u = f$. Le lecteur pourra consulter [CM82] pour
en savoir plus. Sous certaines conditions, l'exemple que nous considérerons dans la
Section 2.5.2 à venir montrera une situation similaire.

Plutôt que d'aller vers une exposition de la diversité des cas possibles, faisons
une remarque reliée au cas de l'équation (2.64).

2.5.1.3 Mais un exemple instable

Notre remarque est la suivante.   Certes il y a une certaine généralité dans
l'apparition de ces termes parasites qui modifient la forme de l'équation de départ
(un autre exemple sera vu à la section suivante), mais ce type de phénomènes
est aussi, d'un autre côté, assez *instable*.   En effet, il se peut très bien que si
l'équation est légèrement modifiée de façon idoine, alors on retrouve un phénomène
"gentil" d'homogénéisation, sans terme de retard qui parasite la forme originale.
Considérons en effet l'équation *parabolique*

$$\partial_t u^\varepsilon(t, x) + a\left(\frac{x}{\varepsilon}\right)\; u^\varepsilon(t, x) - \partial_x^2 u^\varepsilon(t, x) = 0, \qquad (2.74)$$

forme "légèrement" modifiée de (2.64), pour la même donnée initiale $v(x)$. Comme
nous avons rajouté un opérateur différentiel, nous devons munir l'équation de
conditions au bord, disons $u^\varepsilon(t, 0) = u^\varepsilon(t, 1) = 0$ pour tout temps $t > 0$. Nous
affirmons alors que, à la limite $\varepsilon \to 0$, cette équation (2.74) converge vers une
équation de la même forme, à savoir

$$\partial_t u^*(t, x) + \langle a \rangle\; u^*(t, x) - \partial_x^2 u^*(t, x) = 0. \qquad (2.75)$$

Pour montrer cette limite, nous ne disposons pas de la formule explicite donnant la solution u^ε et nous devons donc momentanément développer des arguments que nous retrouverons plus loin dans cet ouvrage, et ceci dès la Section 3.1. Ces arguments sont un peu plus élaborés que ceux que nous avons vus à ce stade, mais ils ne sont pas insurmontables et forment un bon apprentissage. Nous supposons, ce qui relève de techniques classiques, que la solution u^ε existe et que les manipulations qui vont suivre sont légitimes. Multiplions (2.74) par u^ε et intégrons sur $[0, 1]$ en espace. Nous trouvons, après une élémentaire intégration par parties

$$\frac{1}{2}\frac{d}{dt}\int_0^1 |u^\varepsilon(t,x)|^2\,dx + \int_0^1 a\left(\frac{x}{\varepsilon}\right)|u^\varepsilon(t,x)|^2\,dx + \int_0^1 \left|\partial_x u^\varepsilon(t,x)\right|^2\,dx = 0,$$
(2.76)

d'où nous déduisons d'abord que

$$\frac{1}{2}\frac{d}{dt}\int_0^1 |u^\varepsilon(t,x)|^2\,dx + \int_0^1 a\left(\frac{x}{\varepsilon}\right)|u^\varepsilon(t,x)|^2\,dx \leq 0,$$

ce qui, en remarquant que a est bornée et par application d'un lemme de Gronwall, nous donne

$$\int_0^1 |u^\varepsilon(t,x)|^2\,dx \leq e^{Ct}\int_0^1 |v(x)|^2\,dx,$$
(2.77)

pour tout $t > 0$ et une constante C indépendante du temps. Par ailleurs, en integrant (2.76) de 0 à $t = T$, nous obtenons

$$\frac{1}{2}\int_0^1 |u^\varepsilon(T,x)|^2\,dx + \int_0^T\int_0^1 a\left(\frac{x}{\varepsilon}\right)|u^\varepsilon(t,x)|^2\,dx\,dt$$

$$+ \int_0^T\int_0^1 \left|\partial_x u^\varepsilon(t,x)\right|^2\,dx\,dt$$

$$= \frac{1}{2}\int_0^1 |v(x)|^2\,dx.$$

Nous obtenons ainsi

$$\int_0^T\int_0^1 \left|\partial_x u^\varepsilon(t,x)\right|^2\,dx\,dt \leq C_T,$$
(2.78)

pour une constante C_T ne dépendant que de T, v et a, mais pas de ε. Les estimations (2.77) et (2.78) ne dépendent pas de ε et, avec l'aide de l'inégalité de Poincaré, montrent que la suite u^ε est bornée dans l'espace fonctionnel $L^\infty\left([0,T], L^2(]0,1[)\right) \cap L^2\left([0,T], H_0^1(]0,1[)\right)$. A extraction près, nous pouvons donc supposer que cette suite converge faiblement, vers une certaine fonction u^*, dans $L^p\left([0, T], L^2(]0, 1[)\right) \cap L^2\left([0, T], H_0^1(]0, 1[)\right)$ pour tout $p < +\infty$. De plus, comme nous pouvons écrire l'équation (2.74) sous la forme $\partial_t u^\varepsilon(t, x) = -a\left(\dfrac{x}{\varepsilon}\right) u^\varepsilon(t, x) + \partial_x^2 u^\varepsilon(t, x)$, cette borne permet aussi de montrer que la suite $\partial_t u^\varepsilon(t, x)$ est bornée dans l'espace fonctionnel $L^2\left([0, T], H^{-1}(]0, 1[)\right)$. Nous rappelons que par définition $H^{-1}(]0, 1[)$ est le dual de $H_0^1(]0, 1[)$. Il résulte par un théorème classique (en quelque sorte une extension du célèbre Théorème de Rellich pour les fonctions dépendantes du temps, voir [Lio69, Théorème 5.1, p 58]), que, quitte à extraire de nouveau, la suite u^ε converge *fortement* vers u^* dans $L^2\left([0, T], L^2(]0, 1[)\right)$. Penser, pour comprendre l'esprit de ce résultat, que la dérivée en temps et la dérivée en espace sont toutes les deux bornées, respectivement dans un espace faible en espace et un espace faible en temps, donc il y a bien compacité en les *deux* variables. Nous pouvons alors reconsidérer l'équation (2.74) et passer à la limite dans chaque terme, au moins au sens des distributions et en fait dans des sens bien meilleurs qu'il n'est pas utile de préciser ici. Les termes linéaires $\partial_t u^\varepsilon(t, x)$ et $\partial_x^2 u^\varepsilon(t, x)$ passent à la limite grâce aux convergences faibles établies. Quant au terme non linéaire $a\left(\dfrac{x}{\varepsilon}\right) u^\varepsilon(t, x)$, il passe aussi à la limite, vers $\langle a \rangle u^*(t, x)$, par produit de la convergence faible, disons dans $L^2\left([0, T], L^2(]0, 1[)\right)$, de $a\left(\dfrac{x}{\varepsilon}\right)$ vers $\langle a \rangle$ et de la convergence forte, dans $L^2\left([0, T], L^2(]0, 1[)\right)$, de $u^\varepsilon(t, x)$ vers u^*. Nous trouvons ainsi l'équation limite (2.75) annoncée. Le lecteur attentif aura compris que la présence du terme de second ordre $\partial_x^2 u^\varepsilon(t, x)$ force (via l'estimée (2.76)) la convergence forte en norme L^2, et donc permet de contrôler le terme produit qui, dans l'équation (2.64) posait problème et créait le terme de retard.

2.5.2 L'équation homogénéisée peut, ou pas, exister, et être, ou non, de la même forme

Comme dans la Section 2.5.1, nous exhibons dans cette Section 2.5.2 un autre cas particulier où l'équation homogénéisée n'est pas de la même forme que l'équation de départ (voire n'existe pas). L'intérêt de ce nouveau cas est qu'il est *statique*, de sorte que le lecteur ne puisse pas croire que seule la dépendance en temps puisse, comme à la Section précédente, causer une telle difficulté.

Nous considérons ici l'équation dite *équation d'advection-diffusion*

$$-\frac{d^2}{dx^2} u^\varepsilon(x) + \frac{1}{\varepsilon} b\left(\frac{x}{\varepsilon}\right) \frac{d}{dx} u^\varepsilon(x) = f(x), \qquad (2.79)$$

ici prise monodimensionnelle, sur l'intervalle $[0, 1]$, toujours pour simplifier l'exposition et bien que cela n'ait rien à voir avec le phénomène que nous allons présenter. Nous verrons une étude complète de cette équation, en dimension quelconque, à la Section 6.1. Une telle équation modélise typiquement l'évolution d'une concentration u (par exemple d'un polluant), transportée par le champ de vitesse b au sein d'un écoulement fluide visqueux (d'où la présence du premier terme, le "Laplacien"), et avec une source f. Le champ b (usuellement un vecteur en dimension $d \geq 2$, mais ici un scalaire puisque le modèle est unidimensionnel) est ici supposé osciller à la petite échelle ε. Pour une raison qui va devenir claire plus loin, nous supposons aussi qu'il est intégrable, mais surtout *périodique*, *de moyenne nulle* $\langle b \rangle = 0$, et qu'il est *amplifié* par le coefficient $\dfrac{1}{\varepsilon}$ (ceci est discutable en terme de pertinence pratique, mais admettons que nous menons ici une entreprise seulement mathématique). Supposons aussi que le membre de droite f est, lui, intégrable, i.e. $L^1(]0, 1[)$. Des conditions au bord, disons $u^\varepsilon(0) = u^\varepsilon(1) = 0$, complètent l'équation (2.79). Nous sommes bien sûr intéressés par le comportement de la solution u^ε quand $\varepsilon \to 0$. En dimension $d \geq 2$, il n'est pas évident de montrer l'existence et l'unicité de cette solution u^ε, mais dans ce cadre monodimensionnel il suffit de la calculer explicitement (en résolvant d'abord dans la fonction inconnue $(u^\varepsilon)'(x)$, puis en intégrant si l'on souhaite obtenir $u^\varepsilon(x)$ elle-même). On obtient alors l'expression :

$$(u^\varepsilon)'(x) = \lambda_\varepsilon \exp\left(B\left(\frac{x}{\varepsilon}\right)\right) - \left(\int_0^x f(y) \exp\left(-B\left(\frac{y}{\varepsilon}\right)\right) dy\right) \exp\left(B\left(\frac{x}{\varepsilon}\right)\right),$$

(2.80)

où nous avons noté $B(x) = \displaystyle\int_0^x b(y)\, dy$ la primitive nulle en zéro de b et

$$\lambda_\varepsilon = \left(\int_0^1 \exp\left(B\left(\frac{y}{\varepsilon}\right)\right) dy\right)^{-1}$$

$$\times \int_0^1 \left(\int_0^x f(y) \exp\left(-B\left(\frac{y}{\varepsilon}\right)\right) dy\right) \exp\left(B\left(\frac{x}{\varepsilon}\right)\right) dx. \qquad (2.81)$$

Utilisons maintenant que la fonction b est périodique, bornée, et de moyenne nulle. Nous savons donc que sa primitive B est aussi périodique, et donc que la fonction $\exp\left(B\left(\frac{\cdot}{\varepsilon}\right)\right)$ converge faiblement vers $\langle e^B \rangle$. De même la fonction $\exp\left(-B\left(\frac{\cdot}{\varepsilon}\right)\right)$ converge faiblement vers $\langle e^{-B} \rangle$. En utilisant ces convergences faibles (et le Théorème de convergence dominée de Lebesgue pour gérer la dernière intégrale), nous obtenons que

$$\lambda_\varepsilon \xrightarrow{\varepsilon \to 0} \langle e^B \rangle^{-1} \int_0^1 F(x) \langle e^{-B} \rangle dx \, \langle e^B \rangle = \langle e^{-B} \rangle \int_0^1 F(x) dx,$$

où F est la primitive nulle en zéro $F(x) = \int_0^x f(t)\, dt$ de f, et

$$(u^\varepsilon)'(x) \overset{\varepsilon \to 0}{\longrightarrow} \left\langle e^B \right\rangle \left\langle e^{-B} \right\rangle \int_0^1 F - \left\langle e^B \right\rangle \left\langle e^{-B} \right\rangle F(x) =: (u^*)'(x) \qquad (2.82)$$

Ceci montre que la limite u^* de u^ε est la solution de l'équation

$$- a^* \frac{d^2}{dx^2} u^*(x) = f(x), \quad \text{avec} \quad a^* = \left(\langle e^B \rangle \langle e^{-B} \rangle \right)^{-1}, \qquad (2.83)$$

avec des conditions de bord $u^*(0) = u^*(1) = 0$. La limite homogénéisée de l'équation d'advection-diffusion (2.79), avec un champ de transport b et une diffusion unité est donc une équation de diffusion pure, sans transport, mais avec un coefficient de diffusion qui n'est plus égal à 1. La forme de l'équation est clairement inattendue.

Les expressions ci-dessus permettent maintenant d'expliquer notre choix très particulier de champ d'advection sous la forme $\frac{1}{\varepsilon} b \left(\frac{x}{\varepsilon} \right)$, avec $\langle b \rangle = 0$. Prenons d'abord l'exemple $f \equiv 1$ et $b \equiv 1$ (qui contredit notre hypothèse $\langle b \rangle = 0$) et nous obtenons à partir de (2.80),

$$(u^\varepsilon)'(x) = (\lambda_\varepsilon - \varepsilon) \exp\left(\frac{x}{\varepsilon} \right) + \varepsilon \quad \text{avec} \quad \lambda_\varepsilon = \varepsilon - \left(\exp\left(\frac{1}{\varepsilon} \right) - 1 \right)^{-1} \qquad (2.84)$$

ce qui montre que $(u^\varepsilon)'(x)$ tend vers zéro (et comme u^ε est nulle au bord, u^ε aussi), et sa limite ne peut donc pas être solution d'une équation comme (2.79) avec second membre $f = 1$. Il n'y a tout bonnement pas d'équation homogénéisée, au sens habituel d'une équation $Lu = f$ où L est un opérateur linéaire et f le membre de droite considéré originalement. S'il y a une équation homogénéisée, c'est en un certain sens l'équation $u^* = 0$ ce qui est un peu frustrant. L'hypothèse de prendre b de moyenne nulle, qui est "le parfait contraire" du cas $b = 1$ doit donc jouer un rôle. De même, si nous supposons maintenant b de moyenne nulle mais effaçons le coefficient d'amplification $\frac{1}{\varepsilon}$, le calcul ci-dessus est seulement modifié à la marge, εB remplaçant B dans (2.80), d'où la limite

$$(u^*)'(x) = \int_0^1 F - F(x)$$

et donc, à la place de (2.83), l'équation homogénéisée

$$- \frac{d^2}{dx^2} u^*(x) = f(x),$$

qui est certes de forme différente de l'équation de départ mais a perdu toute trace du champ de transport, ce qui fait de ce cas un cas un peu trop simplifié.

En fait, le lecteur attentif aura compris que notre choix de combiner les deux hypothèses de moyenne nulle pour b et d'un coefficient d'amplification $\dfrac{1}{\varepsilon}$ est le choix qui permet aux deux termes différentiels de (2.79) d'être parfaitement en compétition. En pensant au cas $u^\varepsilon(x) = u\left(\dfrac{x}{\varepsilon}\right)$, le lecteur réalise que le terme $\dfrac{d^2}{dx^2}u^\varepsilon(x)$ est en $\dfrac{1}{\varepsilon^2}$ et donc est peu susceptible d'être perturbé par un terme du premier ordre $\dfrac{d}{dx}u^\varepsilon(x)$ qui lui varie en $\dfrac{1}{\varepsilon}$ ... sauf si ce dernier est précisément amplifié d'un facteur $\dfrac{1}{\varepsilon}$ ... Mais pour que la perturbation ne soit pas trop violente, il faut aussi prendre un champ de transport petit (en moyenne!). C'est l'intuition derrière les observations calculatoires de cette section.

Nous reviendrons sur l'équation d'advection-diffusion (2.79) sous sa forme multidimensionnelle et en plus grande généralité au Chapitre 6.

2.5.3   Un petit défaut dans une équation non linéaire particulière

A ce stade nous n'avons vu que des cas où perturber la géométrie périodique du coefficient ne modifie pas l'équation homogénéisée, et modifie seulement "un peu" le comportement microscopique, localement. Il est temps de voir une situation, pourtant simplissime, où une perturbation minimale du cadre périodique peut avoir, pour des équations autres que l'équation (1) et *même* en dimension 1, des conséquences drastiques. Cette situation sera en fait non linéaire (et le lecteur ne doit surtout pas en déduire que toutes les situations non linéaires se passent mal).

Nous considérons l'équation monodimensionnelle

$$u^\varepsilon(x) + \left|(u^\varepsilon)'(x)\right| = \widetilde{V}\left(\frac{x}{\varepsilon}\right), \qquad (2.85)$$

posée sur toute la droite réelle $\mathbb{R}$, qui est un cas particulier d'une équation dite *équation de Hamilton-Jacobi du premier ordre*

$$u + H(x, u, \nabla u) = 0, \qquad (2.86)$$

pour un certain *Hamiltonien* $H(x, u, p)$, ici pris égal à $H(x, u, p) = |p| - \widetilde{V}(x/\varepsilon)$. L'équation (2.85) doit être pensée comme la perturbation par le *potentiel* $\widetilde{V}$ de l'équation

$$u^\varepsilon(x) + \left|(u^\varepsilon)'(x)\right| = V_{\text{per}}\left(\frac{x}{\varepsilon}\right),$$

pour le *potentiel périodique* V_{per} pris identiquement nul, à savoir l'équation

$$u(x) + \left| u'(x) \right| = 0. \tag{2.87}$$

La seule solution C^1 bornée de cette équation (2.87) est la solution identiquement nulle, comme nous le vérifions facilement maintenant. Considérons un intervalle maximal où $u' > 0$. Il est noté $]\alpha, \beta[$, avec éventuellement $\alpha = -\infty$ et/ou $\beta = +\infty$. Sur cet intervalle, $u(x) = -Ae^{-x}$, pour un certain $A > 0$. En particulier, $\alpha > -\infty$ car sinon u ne serait pas bornée. Par continuité de u', il faut $u'(\alpha) = 0$ puisque $u' \leq 0$ à gauche de α (sinon l'intervalle $]\alpha, \beta[$ ne serait pas maximal). Donc $Ae^{-\alpha} = 0$, ce qui est contradictoire. Donc cet intervalle maximal n'existe pas. Donc $u' \leq 0$. On prouve de la même façon que $u' \geq 0$. C'est la perturbation de cette unique solution C^1 (nulle) que nous allons en fait étudier.

Choisissons (pour des raisons qu'il ne convient pas d'expliquer ici) le cas particulier d'un potentiel $\widetilde{V}$, de classe C^∞ (une régularité moindre suffirait) vérifiant

$$\left(\widetilde{V}(x) \leq 0, \quad \forall x \in \mathbb{R} \right), \quad \left(\widetilde{V}(0) = \inf_{x \in \mathbb{R}} \widetilde{V}(x) < 0 \right), \quad \text{supp}\left(\widetilde{V} \right) = [-1, 1]. \tag{2.88}$$

Et supposons aussi

$$\left(\widetilde{V} \right)'(x) < 0, \quad \forall x \in\,] - 1, 0[\quad \text{et} \quad \left(\widetilde{V} \right)'(x) > 0, \quad \forall x \in\,]0, 1[. \tag{2.89}$$

Sous de telles conditions, une solution de l'équation (2.85) peut se calculer explicitement. Nous séparons les branches $(u^\varepsilon)' \leq 0$ et $(u^\varepsilon)' \geq 0$, et constatons que

$$u^\varepsilon(x) = \begin{cases} e^x \left(\widetilde{V}(0) + \displaystyle\int_x^0 e^{-t}\, \widetilde{V}\left(\frac{t}{\varepsilon} \right) dt \right) & \text{pour } x < 0, \\[2em] e^{-x} \left(\widetilde{V}(0) + \displaystyle\int_0^x e^t\, \widetilde{V}\left(\frac{t}{\varepsilon} \right) dt \right) & \text{pour } x > 0, \end{cases} \tag{2.90}$$

est solution. Il est en effet possible de vérifier que, par exemple pour $x > 0$, la fonction

$$g(x) = e^x\, b(x) - b(0) - \int_0^x e^t\, b(t)\, dt$$

est telle que $g(0) = 0$ et $g'(x) = e^x\, b'(x)$. Dès que la fonction b atteint son minimum global en $x = 0$, est décroissante avant et croissante après, la fonction

g vérifie donc $g(0) = 0$, et g est décroissante avant et croissante après, donc $g \geq 0$ sur toute la droite réelle. En appliquant ceci à $b = \widetilde{V}\left(\frac{\cdot}{\varepsilon}\right)$ nous trouvons que

$$e^x \, \widetilde{V}\left(\frac{x}{\varepsilon}\right) - \widetilde{V}(0) - \int_0^x e^t \, \widetilde{V}\left(\frac{t}{\varepsilon}\right) dt \geq 0,$$

ce qui est exactement dire que $(u^\varepsilon)'$ comme défini en (2.90) pour $x > 0$ est positif ou nul, et donc égal à sa valeur absolue. Comme la fonction (2.90) est précisément construite pour que $u^\varepsilon(x) + (u^\varepsilon)'(x) = \widetilde{V}\left(\frac{x}{\varepsilon}\right)$, l'équation (2.85) est obtenue pour $x > 0$. Nous procédons de manière similaire pour $x < 0$.

Sachant que c'est *une* solution bornée C^1 de l'équation (2.85), nous devons maintenant prouver que c'est la seule. Remarquons tout d'abord qu'une solution bornée de classe C^1 tend forcément vers 0 en $\pm\infty$. En effet, hors du support de $\widetilde{V}\left(\frac{\cdot}{\varepsilon}\right)$, une telle solution vérifie (2.87). Examinons d'abord ce qui se passe à droite du support de $\widetilde{V}\left(\frac{\cdot}{\varepsilon}\right)$. Si $u'_\varepsilon \leq 0$ sur cet intervalle, alors l'équation (2.87) s'écrit $u^\varepsilon - u'_\varepsilon = 0$, donc $u^\varepsilon(x) = Ae^x$, et à moins que A ne soit nul, u^ε n'est pas bornée quand $x \to +\infty$, ce qui est exclu. Donc soit $u^\varepsilon \equiv 0$ à droite du support de $\widetilde{V}\left(\frac{\cdot}{\varepsilon}\right)$, soit il existe un intervalle sur lequel $u'_\varepsilon > 0$. Dans le deuxième cas, soit un intervalle maximal $]\alpha, \beta[$ où $(u^\varepsilon)' > 0$. Alors pour tout $x \in]\alpha, \beta[$, $u^\varepsilon(x) = -Ae^{-x}$ pour un certain $A > 0$. Si cet intervalle est fini, c'est-à-dire si $\beta < +\infty$, la maximalité de l'intervalle implique $(u^\varepsilon)'(\beta) = u^\varepsilon(\beta) = 0$, donc $A = 0$, ce qui est contradictoire avec la définition de $]\alpha, \beta[$. Donc $\beta = +\infty$, et donc $u^\varepsilon(x) \to 0$ quand $x \to +\infty$. Un raisonnement similaire montre que u^ε tend vers 0 en $-\infty$. Considérons maintenant deux solutions u^ε et v^ε, toutes les deux C^1 bornées et donc tendant vers 0 en $\pm\infty$. Soit $w = u^\varepsilon - v^\varepsilon$, qui vérifie donc $w + |(u^\varepsilon)'| - |(v^\varepsilon)'| = 0$ sur $\mathbb{R}$. En appliquant l'inégalité triangulaire,

$$|w(x)| \leq |w'(x)|, \quad \forall x \in \mathbb{R}.$$

Comme w est une fonction C^1 bornée tendant vers 0 à l'infini, si elle n'est pas nulle, elle admet un extremum local x_0 tel que $w(x_0) \neq 0$. En ce point, on a donc $w'(x_0) = 0$, d'où $|w(x_0)| \leq 0$, ce qui est contradictoire. Donc $w = 0$, d'où l'unicité.

Munis de l'expression explicite (2.90) de la solution de (2.85), nous déterminons maintenant facilement sa limite quand $\varepsilon \to 0$. Comme la fonction $\widetilde{V}$ est à support compact, la suite de fonctions $\widetilde{V}\left(\frac{\cdot}{\varepsilon}\right)$ tend fortement vers zéro dans tous les L^p, $p < \infty$. Nous obtenons donc que, dans ces espaces, la limite (forte) u^* de u^ε est

$$u^* = \left\{ \begin{array}{l} e^x \, \widetilde{V}(0) \quad \text{pour } x < 0, \\[2mm] e^{-x} \, \widetilde{V}(0) \quad \text{pour } x > 0. \end{array} \right\} = e^{-|x|} \, \widetilde{V}(0). \tag{2.91}$$

Cette limite n'est pas solution de l'équation non perturbée homogénéisée (en fait elle-même égale à l'équation non perturbée originale (2.87) puisque le petit paramètre ε n'y apparaît pas). Elle est en fait l'unique solution de l'équation homogénéisée

$$\begin{cases} u^*(x) + \left|(u^*)'(x)\right| = 0 & \text{pour } x \neq 0, \\ u^*(0) = \widetilde{V}(0), \\ u^*(x) \to 0 & \text{quand } |x| \to +\infty. \end{cases} \tag{2.92}$$

Le défaut $\widetilde{V}$, pourtant à support compact, a considérablement modifié les propriétés d'homogénéisation !

Signalons que dans notre cadre de travail ci-dessus, le fait que dans (2.88), l'infimum de $\widetilde{V}$ soit atteint au point particulier $x = 0$, que la fonction $\widetilde{V}$ soit infiniment dérivable, que par (2.89) la fonction $\widetilde{V}$ soit décroissante sur $\mathbb{R}_-$ et croissante sur $\mathbb{R}_+$, que le potentiel non perturbé soit $V_{\text{per}} \equiv 0$, et, plus que tout, que la dimension ambiante soit 1, importe peu. Nous avons fait ces hypothèses seulement pour simplifier nos arguments. En très grande généralité, un défaut à support compact négatif et non trivial perturbe macroscopiquement la limite homogénéisée de l'équation de Hamilton-Jacobi (2.86) à potentiel périodique. La notion de solution qu'il s'agit alors de considérer est celle de *solution de viscosité* de l'équation de Hamilton-Jacobi (2.86), et une telle solution est alors unique. La solution C^1 construite ci-dessus est une solution de viscosité, et, pour une telle équation, est donc l'unique solution de viscosité, donc l'unique solution C^1. C'est en fait cette unique solution de viscosité que nous avons déterminée dans nos calculs explicites de (2.90). Pour une initiation à de telles notions, voir [Bar94].

Le résultat d'homogénéisation que nous avons montré sur l'équation (2.85) devenant à la limite une équation du type (2.92), qui n'est plus une équation différentielle sur toute la droite réelle, mais seulement une telle équation "par morceaux" avec une condition ponctuelle particulière en $x = 0$, est un exemple d'un phénomène bien plus général sur de telles équations de Hamilton-Jacobi en présence de défaut. Une équation du type (2.86) oscillante, à savoir par exemple

$$u_\varepsilon + H\left(\frac{x}{\varepsilon}, \nabla u_\varepsilon\right) = 0,$$

devient à la limite homogénéisée comme l'équation suivante, dont la forme généralise celle de (2.92) :

$$\begin{cases} u^*(x) + H_+^*\left(u^*(x)\right) = 0 & \text{pour } x > 0, \\ u^*(x) + H_-^*\left(u^*(x)\right) = 0 & \text{pour } x < 0, \\ u^*(0) + F^*\left(\nabla u^*(0^-), \nabla u^*(0^+)\right) = 0, \\ u^*(x) \longrightarrow 0 & \text{quand } |x| \longrightarrow +\infty. \end{cases}$$

où les Hamiltoniens H_+^* et H_-^* sont les Hamiltoniens homogénéisés sur chacune des demi-droites considérées, et F^* est une fonction particulière, dépendant du Hamiltonien H, "se souvenant" du défaut placé à l'origine et définissant une condition de *jonction*. De telles questions apparaissent pour des problèmes posés sur des réseaux discrets, pour des problèmes d'interfaces oscillantes entre deux domaines, etc... Nous renvoyons à [AT15, AT19] pour des exemples de tels travaux récents, qui dépassent très largement notre propos introductif.

Chapitre 3
Dimension $\geq$ 2: Les cas "simples": abstrait ou périodique

Le premier chapitre reposait sur la convergence faible et la notion de moyenne de fonctions. Le deuxième montrait l'entrée en jeu des opérateurs différentiels. Ce troisième chapitre marque l'arrivée de la géométrie (bien plus riche à partir de la dimension 2 qu'en dimension 1...) et des raisonnements abstraits (et donc de l'analyse fonctionnelle) car on ne peut plus expliciter comme en dimension 1 les solutions des équations aux dérivées partielles en dimension $d \geq 2$.

Après nos détours sur les cas de dimension zéro et un, nous abordons donc maintenant l'équation (1) que, pour le confort du lecteur, nous récrivons ici assortie de ses conditions au bord

$$\begin{cases} -\operatorname{div}(a_\varepsilon(x)\,\nabla u^\varepsilon(x)) = f(x) \text{ dans } \mathcal{D} \subset \mathbb{R}^d, \\ \\ u^\varepsilon = 0 \qquad\qquad\qquad \text{sur } \partial\mathcal{D}, \end{cases} \tag{1}$$

en dimension générale d, et en particulier, désormais, pour $d \geq 2$. Signalons tout de suite que, bien que définie sur un domaine de $\mathbb{R}^d$, donc à plusieurs arguments $x_1, \ldots, x_d$, $i = 1, \ldots, d$, la fonction u^ε est encore à valeurs *scalaires* réelles. L'équation (1) est donc bien une *équation*, et pas un *système* d'équations (voir à ce sujet la Remarque 3.24 ci-dessous.) En revanche, le coefficient a_ε peut maintenant être à valeurs dans l'espace des matrices $d \times d$. Le lecteur ne se laissera donc pas abuser par notre notation a_ε en lettres *minuscules*. Les bornes (4) doivent donc désormais être comprises au sens des matrices, à savoir

$$\exists\, 0 < \mu,\ M < +\infty,\ \forall \varepsilon > 0,\ x \in \mathcal{D},\ \xi \in \mathbb{R}^d, \quad \mu\,|\xi|^2 \leq (a_\varepsilon(x)\xi).\xi \ \leq M\,|\xi|^2, \tag{3.1}$$

où $\eta \, . \, \xi$ désigne le produit scalaire euclidien entre les vecteurs $\xi, \eta \in \mathbb{R}^d$. Si la fonction $a_\varepsilon(x)$ est définie seulement presque partout sur $\mathcal{D}$, (3.1) s'entend bien sûr aussi presque partout. Notons que dès que la matrice a_ε est symétrique, la

X. Blanc, C. Le Bris, *Homogénéisation en milieu périodique... ou non*, Mathématiques et Applications 88, https://doi.org/10.1007/978-3-031-12801-1_3

borne supérieure dans (3.1) implique que $\|a_\varepsilon\|_{L^\infty(\mathcal{D})}$ est bornée indépendamment de ε. Ceci n'est pas vrai si a_ε n'est pas symétrique. En effet, pour toute matrice a anti-symétrique, et pour tout $\xi \in \mathbb{R}^d$, $(a\xi).\xi = 0$. Donc (3.1) implique une borne supérieure sur la *partie symétrique* de a_ε uniquement. Dans ce qui suit, nous considérerons la plupart du temps, pour simplifier, que a_ε est symétrique, voire scalaire. Partout où ce ne sera pas le cas, (3.1) devra être assortie de l'hypothèse supplémentaire que $\|a_\varepsilon\|_{L^\infty}$ est bornée indépendamment de ε.

Nous commençons par un résultat abstrait, général mais peu informatif, obtenu par un argument de compacité, sur la limite de u^ε quand $\varepsilon \to 0$. Sans hypothèse de structure sur le coefficient a_ε, il nous est difficile d'en savoir plus. Nous avançons ensuite pas à pas. Nous démontrons d'abord, en Section 3.2, que la géométrie joue, comme annoncé, un rôle important. Nous généralisons ensuite, en Section 3.3, la notion de *correcteur* déjà introduite au Chapitre 2 précédent. Nous indiquons dans la Section 3.4 une batterie de preuves possibles pour l'étude précisée de la convergence de u^ε, preuves que nous mettons en œuvre dans le cadre périodique mais dont plusieurs s'adaptent à des cadres bien plus généraux. C'est ainsi que nous préparons le terrain pour, au Chapitre 4, aborder les mêmes problèmes en présence de défauts à la périodicité. Nous terminons le chapitre par la Remarque 3.24 sur le cas de systèmes d'équations elliptiques (par opposition au cas où l'inconnue u^ε est à valeurs scalaires, ce qui est supposé dans tout le reste du présent ouvrage).

3.1 Cadre abstrait et sa preuve

Formalisons l'équation (1) par sa *formulation variationnelle* (notion déjà rencontrée en dimension 1 au Chapitre 2, équation (2.10)). Pour un second membre $f \in H^{-1}(\mathcal{D})$, nous considérons la formulation : *Trouver* $u^\varepsilon \in H_0^1(\mathcal{D})$ *telle que, pour toute fonction* $v \in H_0^1(\mathcal{D})$,

$$\int_{\mathcal{D}} a_\varepsilon(x)\,\nabla u^\varepsilon(x).\,\nabla v(x)\,dx = \langle f\,,\,v\rangle_{H^{-1}(\mathcal{D}),H_0^1(\mathcal{D})} \qquad (3.2)$$

où $\langle\,.\,\rangle_{H^{-1}(\mathcal{D}),H_0^1(\mathcal{D})}$ désigne la dualité entre les deux espaces, le crochet de dualité coïncidant bien sûr, lorsque $f \in L^2(\mathcal{D})$, avec le produit scalaire $\displaystyle\int_{\mathcal{D}} f(x)\,v(x)\,dx$ dans $L^2(\mathcal{D})$. Le fait que cette formulation variationnelle soit équivalente à la forme (1) est un résultat classique. En outre, si $f \in L^2(\mathcal{D})$, et si $a_\varepsilon \in W^{1,1}(\mathcal{D})$, alors l'équation $-\operatorname{div}(a_\varepsilon(x)\,\nabla u^\varepsilon(x)) = f(x)$, s'entend presque partout en $x \in \mathcal{D}$. La condition de bord est contenue dans la formulation variationnelle (3.2) sous la forme $u^\varepsilon \in H_0^1(\mathcal{D})$. Si de plus le domaine $\mathcal{D}$ est de bord régulier et que u^ε est suffisamment régulière (ce qui est le cas si f l'est), elle prend un sens "habituel" $u^\varepsilon(x) = 0$ pour presque tout, voire tout $x \in \partial\mathcal{D}$. Si f est seulement dans $H^{-1}(\mathcal{D})$, l'équation s'entend au sens faible (donc au sens des distributions en particulier) et le sens de la condition de bord est précisément de dire que $u^\varepsilon \in H_0^1(\mathcal{D})$.

Un résultat classique, basé par exemple sur le Lemme de Lax-Milgram, ou si a_ε est une matrice symétrique (ce qui est en particulier le cas si a_ε est une fonction scalaire), sur un théorème d'optimisation (nous renvoyons pour cela d'une part à l'Annexe A et à la littérature qui y est citée, et d'autre part à la Section 6.2.1), permet d'affirmer que, sous la condition (3.1), il existe une et une seule solution à la formulation variationnelle, donc à l'équation (1) aux sens précisés ci-dessus.

En choisissant $v = u^\varepsilon$ dans (3.2) (ou plus prosaïquement si toutes les fonctions en jeu ont une régularité suffisante, en multipliant (1) par u^ε, en intégrant sur $\mathcal{D}$ et en utilisant la formule de Green), nous trouvons

$$\int_\mathcal{D} a_\varepsilon(x)\,\nabla u^\varepsilon(x) \cdot \nabla u^\varepsilon(x)\,dx \;=\; \langle f\,,\,u^\varepsilon \rangle_{H^{-1}(\mathcal{D}),H_0^1(\mathcal{D})}. \tag{3.3}$$

En utilisant (3.1) pour minorer le membre de gauche et les propriétés de la dualité pour majorer le membre de droite, nous en déduisons

$$\int_\mathcal{D} \left|\nabla u^\varepsilon(x)\right|^2 dx \;\le\; \frac{1}{\mu}\,\|f\|_{H^{-1}(\mathcal{D})}\,\|u^\varepsilon\|_{H_0^1(\mathcal{D})}\,,$$

où, propriété capitale, la constante $\dfrac{1}{\mu}$ ne dépend pas de ε. Par application de l'inégalité de Poincaré, nous en déduisons que

$$\|u^\varepsilon\|_{H_0^1(\mathcal{D})} \le C\|f\|_{H^{-1}(\mathcal{D})}, \tag{3.4}$$

où C ne dépend que de μ et du domaine $\mathcal{D}$, donc en particulier pas de ε. En particulier,

$$u^\varepsilon \quad \text{est bornée dans } H_0^1(\mathcal{D}) \quad \text{uniformément en } \varepsilon. \tag{3.5}$$

A extraction ε' près, la suite $u^{\varepsilon'}$ converge donc faiblement dans $H_0^1(\mathcal{D})$ et, par le Théorème de Rellich (et encore à extraction près que nous ne signalons pas explicitement), fortement dans $L^2(\mathcal{D})$. Par ailleurs, la suite de coefficients a_ε étant bornée dans $L^\infty(\mathcal{D})$, nous pouvons aussi choisir l'extraction ε' de sorte que $a_{\varepsilon'}$ converge faiblement-$\star$ dans $L^\infty(\mathcal{D})$. Pour autant, nous ne pouvons rien dire de la suite de produits $a_{\varepsilon'}\,\nabla u^{\varepsilon'}$ présents dans (1), à part qu'elle est aussi bornée et converge donc, à extraction d'une sous-suite près, faiblement dans $L^2(\mathcal{D})$... Nous savons en effet bien que, dans un produit de convergences faibles, la limite du produit n'est pas nécessairement le produit des limites.

Pour en savoir plus, il va nous falloir utiliser l'équation (1) et ses propriétés. C'est le but du résultat que nous abordons maintenant.

3.1.1   Résultat abstrait

Le résultat théorique central de la théorie générale de l'homogénéisation pour l'équation (1) est le suivant. Nous l'énonçons, puis le commentons ici et le démontrerons dans la Section 3.1.2.

Proposition 3.1 *Soit* $\mathcal{D}$ *un ouvert borné de* $\mathbb{R}^d$, *et soit* a_ε *une suite de matrices inversibles à coefficients dans* $L^\infty(\mathbb{R}^d)$ *et vérifiant, uniformément en* ε, *les bornes* (3.1). *Si* a_ε *n'est pas symétrique, nous supposons de plus que* $\|a_\varepsilon\|_{L^\infty(\mathcal{D})}$ *est bornée uniformément en* ε. *Alors, il existe une matrice* a^* *vérifiant les mêmes propriétés que* a_ε *et une sous-suite* $a_{\varepsilon'}$ *de* a_ε *telles que, pour toute fonction* $f \in H^{-1}(\mathcal{D})$, *si* $u^{\varepsilon'}$ *est la solution de l'équation* (1) *avec coefficient* $a_{\varepsilon'}$, *alors on ait les convergences*

$$u^{\varepsilon'} \xrightarrow{\varepsilon' \to 0} u^*, \quad a_{\varepsilon'}\nabla u^{\varepsilon'} \xrightarrow{\varepsilon' \to 0} a^*\nabla u^*, \quad a_{\varepsilon'}\nabla u^{\varepsilon'} . \nabla u^{\varepsilon'} \xrightarrow{\varepsilon' \to 0} a^*\nabla u^* . \nabla u^*,$$
(3.6)

respectivement dans $H_0^1(\mathcal{D})$-*faible,* $L^2(\mathcal{D})$-*faible, et au sens des distributions dans* $\mathcal{D}$, *et de plus*

$$\int_{\mathcal{D}} a_{\varepsilon'}\nabla u^{\varepsilon'} . \nabla u^{\varepsilon'} \, dx \xrightarrow{\varepsilon' \to 0} \int_{\mathcal{D}} a^*\nabla u^* . \nabla u^* \, dx,$$
(3.7)

où u^* *est la solution dans* $H_0^1(\mathcal{D})$ *de*

$$-\operatorname{div}\left(a^*\nabla u^*\right) = f,$$
(3.8)

Remarque 3.2 *Précisons ce que nous entendons, dans la Proposition 3.1, par "une matrice* a^* *vérifiant les mêmes propriétés que* a_ε." *Dans le cas où les matrices* a_ε *sont symétriques, nous supposons* (3.1), *avec des constantes* μ *et* M *indépendantes de* ε. *La matrice* a^* *est alors symétrique, et vérifie* (3.1) *pour les mêmes constantes* μ *et* M. *En revanche, pour des matrices non symétriques, la situation est légèrement différente: nous supposons alors la borne inférieure de* (3.1), *et remplaçons la borne supérieure par* $\|a_\varepsilon\|_{L^\infty} \leq M$. *Et la matrice homogénéisée vérifie la borne inférieure de* (3.1), *avec la même constante* μ, *mais nous avons seulement* $\|a^*\|_{L^\infty} \leq \frac{M^2}{\mu}$. *Nous ne donnons pas ici le détail des preuves correspondantes, et renvoyons le lecteur intéressé à* [MT97] *ou* [Tar09, p 81 et suivantes].

Il est essentiel de bien comprendre la portée théorique de la Proposition 3.1 :

- La matrice a^* et la sous-suite ε' ne dépendent pas du second membre f de l'équation. En un sens mécanique, cela dit qu'il existe un matériau équivalent (on dit *homogénéisé*) et que ce matériau est le même *quel que soit* le chargement que le matériau de départ subit. Nous avons bien observé cette propriété sur les cas monodimensionnels du Chapitre 2, où le coefficient homogénéisé ne dépend typiquement que des moyennes (en des sens variés) de $\dfrac{1}{a}$ et de rien d'autre.

- Le fait qu'il existe une limite à extraction près de la suite u^ε est seulement dû aux bornes *a priori* du problème, établies en début de section ci-dessus (mais on notera alors que l'extraction dépendrait *a priori* du second membre f, d'où l'importance du point précédent). L'important est que cette limite soit solution d'une équation aux dérivées partielles linéaire à second membre f, l'équation homogénéisée. En particulier elle dépend linéairement de f. Ce n'est largement pas le cas de toute fonction !

- Comme le lecteur le sait depuis le Chapitre 2, l'équation homogénéisée n'est pas toujours de la même forme que l'équation originale. Le résultat ci-dessus établit que, dans le cas particulier de l'équation de diffusion (1), et sous les conditions de la Proposition 3.1, c'est le cas.

En revanche, l'écueil majeur de ce résultat théorique est que, tout en affirmant qu'il existe une matrice homogénéisée a^*, il ne fournit pas l'expression explicite de cette matrice, ni *a fortiori* l'expression de la limite u^*. Comme nous le verrons plus loin (dans la Section 3.3), nous pouvons en fait compléter ce résultat par un autre, qui précisera un peu plus qui est a^*, mais pas au point d'en obtenir une expression aussi explicite que rêvée. Pour le moment, seule la considération de cas très particuliers, comme déjà vu au Chapitre 2, et comme nous le verrons dans les prochaines sections et prochains chapitres, nous permettra de déterminer explicitement a^* et u^*. Nous savons maintenant qu'une matrice homogénéisée existe, il nous restera à la déterminer. Il nous faudra aussi, quand cela est possible, établir que *toute* la suite u^ε converge, et pas seulement une extraction.

En fait, dans le résultat de la Proposition 3.1, les conditions aux limites (ici nous avons considéré les solutions u^ε dans H_0^1) ne jouent pas de rôle. C'est ce que montre la propriété suivante, que nous utiliserons plusieurs fois dans la suite, et que nous démontrons dans la section suivante.

Lemme 3.3 *Dans les conditions de la Proposition 3.1, s'il existe un ouvert* $\widetilde{\mathcal{D}} \subset \mathcal{D}$, *une fonction* $f \in H^{-1}(\widetilde{\mathcal{D}})$ *et une suite de fonctions de* $H^1(\widetilde{\mathcal{D}})$, *notée* $v^{\varepsilon'}$ *tels que*

$$-div\left(a_{\varepsilon'}\nabla v^{\varepsilon'}\right) = f \quad dans\ \widetilde{\mathcal{D}}, \tag{3.9}$$

et

$$v^{\varepsilon'} \overset{\varepsilon'\to 0}{\longrightarrow} v \quad dans\ H^1(\widetilde{\mathcal{D}}), \tag{3.10}$$

alors

$$a_{\varepsilon'} \nabla v^{\varepsilon'} \xrightarrow{\varepsilon' \to 0} a^* \nabla v \quad dans \ L^2(\widetilde{\mathcal{D}}), \quad et \ donc \ -div \left(a^* \nabla v\right) = f \quad dans \ \widetilde{\mathcal{D}}.$$

$$(3.11)$$

Remarque 3.4 *Un examen de la preuve (donnée à la Section 3.1.2 ci-dessous) indique que f peut en fait dépendre de ε sous la condition suivante : $f_\varepsilon \longrightarrow f$ quand ε → 0, fortement dans $H^{-1}(\widetilde{\mathcal{D}})$. C'est d'ailleurs sous cette forme que le résultat est énoncé, par exemple dans [All02, Proposition 1.2.19].*

3.1.2 Preuve (par compacité) du résultat abstrait

Nous démontrons dans cette section la Proposition 3.1, puis le Lemme 3.3.

Preuve de la Proposition 3.1. La preuve se fait en plusieurs étapes distinctes.

Etape 1 : bornes et extraction.

Rappelons tout d'abord que $H^{-1}(\mathcal{D})$ est un espace de Hilbert séparable. Il existe donc un sous-ensemble $\mathcal{F} \subset H^{-1}(\mathcal{D})$ dénombrable et dense. Pour chaque $f \in \mathcal{F}$, nous considérons la fonction $u^\varepsilon \in H_0^1(\mathcal{D})$ solution de (1). Nous avons déjà établi la borne (3.5). Comme a_ε est bornée, $a_\varepsilon \nabla u^\varepsilon$ est également bornée dans $L^2(\mathcal{D})$. Nous pouvons donc extraire une sous-suite ε' telle que $u^{\varepsilon'}$ converge faiblement dans $H_0^1(\mathcal{D})$ et (grâce au théorème de Rellich) fortement dans $L^2(\mathcal{D})$, et telle que $a_{\varepsilon'} \nabla u^{\varepsilon'}$ converge faiblement dans $L^2(\mathcal{D})$. Chacune de ces suites extraites dépend du second membre f. Mais comme $\mathcal{F}$ est dénombrable, en procédant par extraction diagonale, nous obtenons une sous-suite $\varepsilon' \to 0$ telle que

$$\forall f \in \mathcal{F}, \quad a_{\varepsilon'} \nabla u^{\varepsilon'} \longrightarrow r^* \quad dans \ L^2(\mathcal{D}),$$

$$u^{\varepsilon'} \longrightarrow u^* \quad dans \ H^1(\mathcal{D}), \qquad (3.12)$$

$$u^{\varepsilon'} \longrightarrow u^* \quad dans \ L^2(\mathcal{D}).$$

Comme de plus $\mathcal{F}$ est dense dans $H^{-1}(\mathcal{D})$ et que, grâce à (3.4), l'application $f \mapsto u^\varepsilon$ est linéaire continue (uniformément en ε) de $H^{-1}(\mathcal{D})$ dans $H_0^1(\mathcal{D})$, nous avons donc convergence pour tout $f \in H^{-1}(\mathcal{D})$. Comme u^ε est une fonction linéaire de f, chacune des limites r^* et u^* est également une fonction linéaire de f. De plus, ces limites héritent des continuités (uniformes en ε') correspondantes, c'est-à-dire que nous avons

$$u^* = S(f), \quad r^* = R(f),$$

où $S : H^{-1}(\mathcal{D}) \to H_0^1(\mathcal{D})$ et $R : H^{-1}(\mathcal{D}) \to \left(L^2(\mathcal{D})\right)^d$ sont linéaires continues. En passant à la limite au sens des distributions dans (1), nous obtenons $-\operatorname{div}(r^*) = f$, c'est-à-dire,

$$\forall f \in H^{-1}(\mathcal{D}), \quad -\operatorname{div}(R(f)) = f. \tag{3.13}$$

La suite de la preuve consiste donc à prouver que $r^* = a^* \nabla u^*$, c'est-à-dire $R(f) = a^* \nabla[S(f)]$, que nous écrivons $RS^{-1}(u^*) = a^* \nabla u^*$, dans la mesure où S est inversible, ce qui est l'objet de l'étape suivante.

Etape 2 : l'opérateur S est inversible.

Pour prouver cela, nous écrivons, par définition de S,

$$\langle f, S(f) \rangle_{H^{-1}, H_0^1} = \lim_{\varepsilon' \to 0} \left\langle f, u^{\varepsilon'} \right\rangle = \lim_{\varepsilon' \to 0} \int_{\mathcal{D}} a_{\varepsilon'} \nabla u^{\varepsilon'}.\nabla u^{\varepsilon'} \geq \liminf_{\varepsilon' \to 0} \mu \int_{\mathcal{D}} \left| \nabla u^{\varepsilon'} \right|^2, \tag{3.14}$$

où, pour la dernière inégalité, nous avons utilisé (3.1). D'autre part, nous avons, toujours en utilisant (3.1),

$$\|f\|_{H^{-1}(\mathcal{D})} = \left\| \operatorname{div}\left(a_{\varepsilon'} \nabla u^{\varepsilon'} \right) \right\|_{H^{-1}(\mathcal{D})} = \sup_{\substack{\varphi \in H_0^1(\mathcal{D}), \\ \|\varphi\|_{H_0^1(\mathcal{D})} = 1}} \int_{\mathcal{D}} a_{\varepsilon'} \nabla u^{\varepsilon'}.\nabla\varphi \leq M \left\| \nabla u^{\varepsilon'} \right\|_{L^2(\mathcal{D})},$$

où la constante M doit être remplacée par $\sup_{\varepsilon > 0} \|a_\varepsilon\|_{L^\infty(\mathcal{D})}$ si a_ε n'est pas symétrique. En insérant cette inégalité dans (3.14), nous obtenons

$$\forall f \in H^{-1}(\mathcal{D}), \quad \langle f, S(f) \rangle_{H^{-1}, H_0^1} \geq \frac{\mu}{M^2} \|f\|_{H^{-1}(\mathcal{D})}^2.$$

Ceci, ainsi que la continuité de S, permet d'appliquer le Lemme de Lax-Milgram dans l'espace de Hilbert $H^{-1}(\mathcal{D})$ pour prouver que S est inversible, d'inverse continue. Il suffit pour cela d'écrire l'équation $S(f) = u$ sous la forme $\forall g \in H^{-1}(\mathcal{D})$, $\langle g, S(f) \rangle_{H^{-1}, H_0^1} = \langle g, u \rangle_{H^{-1}, H_0^1}$. D'après ce qui précède, le membre de gauche est bien une forme bilinéaire coercive continue sur $H^{-1}(\mathcal{D})$, et il est clair que le membre de droite est une forme linéaire continue sur $H^{-1}(\mathcal{D})$.

Etape 3 : borne inférieure (ponctuelle) sur $RS^{-1}(v).\nabla v$.

Dans cette étape, nous fixons $v \in H_0^1(\mathcal{D})$ quelconque, et nous définissons $g = -\operatorname{div}(RS^{-1}(v))$. D'après l'étape précédente, RS^{-1} est une application linéaire continue de $H_0^1(\mathcal{D})$ dans $L^2(\mathcal{D})$, donc $g \in H^{-1}(\mathcal{D})$. En appliquant (3.13) à $f = S^{-1}(v)$, nous avons $-\operatorname{div}(RS^{-1}(v)) = S^{-1}(v)$, donc

$$g = S^{-1}(v).$$

Nous construisons alors v^ε la solution de

$$-\operatorname{div}\left(a_\varepsilon \nabla v^\varepsilon\right) = g, \quad v^\varepsilon \in H_0^1(\mathcal{D}).$$

L'étape 1 ci-dessus implique que

$$v^{\varepsilon'} \longrightarrow S(g) = v \text{ dans } H^1(\mathcal{D}), \quad a_{\varepsilon'}\nabla v^{\varepsilon'} \longrightarrow R(g) = RS^{-1}(v) \text{ dans } L^2(\mathcal{D}),$$

sachant que la première limite est également forte dans $L^2(\mathcal{D})$. Pour $\varphi \in C^\infty\left(\overline{\mathcal{D}}\right)$ telle que $\varphi \geq 0$, nous utilisons $\varphi v^{\varepsilon'}$ comme fonction test dans la formulation variationnelle définissant $v^{\varepsilon'}$. Ceci donne

$$\left\langle g, \varphi v^{\varepsilon'}\right\rangle_{H^{-1},H_0^1} = \int_{\mathcal{D}} a_{\varepsilon'}\nabla v^{\varepsilon'}.\nabla\left(\varphi v^{\varepsilon'}\right) = \int_{\mathcal{D}} \varphi\, a_{\varepsilon'}\nabla v^{\varepsilon'}.\nabla v^{\varepsilon'} + \int_{\mathcal{D}} v^{\varepsilon'} a_{\varepsilon'}\nabla v^{\varepsilon'}.\nabla\varphi.$$

Comme $v^{\varepsilon'}$ converge faiblement dans H^1, nous pouvons passer à la limite dans le membre de gauche. De plus, le dernier terme du membre de droite est un produit de la convergence faible L^2 (de $a_{\varepsilon'}\nabla v^{\varepsilon'}$) par la convergence forte L^2 (de $v^{\varepsilon'}\nabla\varphi$). Nous avons donc

$$\lim_{\varepsilon'\to 0} \int_{\mathcal{D}} \varphi\, a_{\varepsilon'}\nabla v^{\varepsilon'}.\nabla v^{\varepsilon'} = \langle g, \varphi v\rangle_{H^{-1},H_0^1} - \int_{\mathcal{D}} v\, RS^{-1}(v).\nabla\varphi.$$

Comme $g = -\operatorname{div}(RS^{-1}(v))$, ceci s'écrit également

$$\lim_{\varepsilon'\to 0} \int_{\mathcal{D}} a_{\varepsilon'}\nabla v^{\varepsilon'}.\nabla v^{\varepsilon'}\varphi = \int_{\mathcal{D}} RS^{-1}(v)\nabla(\varphi v) - \int_{\mathcal{D}} v\, RS^{-1}(v).\nabla\varphi$$

$$= \int_{\mathcal{D}} \varphi\, RS^{-1}(v).\nabla v. \qquad (3.15)$$

La coercivité de a_ε implique de plus que

$$\lim_{\varepsilon'\to 0} \int_{\mathcal{D}} a_{\varepsilon'}\nabla v^{\varepsilon'}.\nabla v^{\varepsilon'}\varphi \geq \mu \liminf_{\varepsilon'\to 0} \int_{\mathcal{D}} |\nabla v^{\varepsilon'}|^2\varphi \geq \mu \int_{\mathcal{D}} |\nabla v|^2\varphi,$$

où nous avons utilisé la convergence faible de $\nabla v^{\varepsilon'}$ vers ∇v dans $L^2(\mathcal{D})$ pour passer à la limite inférieure dans la fonctionnelle convexe $v \mapsto \int |\nabla v|^2\varphi$ (rappelons que $\varphi \geq 0$). Nous avons donc

$$\int_{\mathcal{D}} \varphi\, RS^{-1}(v).\nabla v \geq \mu \int_{\mathcal{D}} |\nabla v|^2\varphi,$$

pour tout $\varphi \in C^\infty(\overline{\mathcal{D}})$ positive. Nous avons donc obtenu que la fonction $\psi = RS^{-1}(v) \cdot \nabla v - \mu |\nabla v|^2$, qui est dans $L^1(\mathcal{D})$, vérifie

$$\forall \varphi \in C^\infty(\overline{\mathcal{D}}), \quad \varphi \geq 0, \quad \int_{\mathcal{D}} \varphi\, \psi \geq 0.$$

Or c'est un exercice classique (prendre pour φ une approximation de la fonction indicatrice de l'ensemble $\{\psi < 0\}$) de démontrer que cette propriété implique $\psi \geq 0$, c'est-à-dire ici

$$RS^{-1}(v) \cdot \nabla v \geq \mu |\nabla v|^2, \quad \text{presque partout dans } \mathcal{D}. \tag{3.16}$$

Etape 4 : borne supérieure (ponctuelle) sur $RS^{-1}(v) \cdot \nabla v$.

Nous reprenons maintenant le membre de gauche de l'identité (3.15), et nous utilisons que a_ε est bornée par M, ce qui donne, toujours avec $\varphi \in C^\infty(\overline{\mathcal{D}})$, $\varphi \geq 0$,

$$\lim_{\varepsilon' \to 0} \int_{\mathcal{D}} a_{\varepsilon'} \nabla v^{\varepsilon'} \cdot \nabla v^{\varepsilon'} \varphi \geq \frac{1}{M} \liminf_{\varepsilon' \to 0} \int_{\mathcal{D}} |a_{\varepsilon'} \nabla v^{\varepsilon'}|^2 \varphi \geq \frac{1}{M} \int_{\mathcal{D}} |RS^{-1}(v)|^2 \varphi, \tag{3.17}$$

où, comme à l'étape 3, nous sommes passés à la limite inférieure en utilisant la convergence faible de $a_{\varepsilon'} \nabla u^{\varepsilon'}$ vers $RS^{-1}(v)$ et la convexité de $v \mapsto \int |\nabla v|^2 \varphi$. Notons que l'estimation ci-dessus utilise que $\forall \xi \in \mathbb{R}^d$, $(a_\varepsilon \xi) \cdot \xi \geq \frac{1}{M} (a_\varepsilon \xi) \cdot (a_\varepsilon \xi)$, ce qui est impliqué par (3.1) si a_ε est symétrique. Si elle ne l'est pas, il faut remplacer M par $\sup_{\varepsilon > 0} \|a_\varepsilon\|_{L^\infty}^2 \mu^{-1}$. Bien que sans difficulté, la preuve de cette propriété n'est pas évidente. Le lecteur pourra la consulter dans [Tar09, p 81 et suivantes] ou [MT97].

La convergence (3.15) et l'inégalité (3.17) impliquent

$$\int_{\mathcal{D}} \varphi\, RS^{-1}(v) \cdot \nabla v \geq \frac{1}{M} \int_{\mathcal{D}} |RS^{-1}(v)|^2 \varphi.$$

Et ici encore, comme φ peut être n'importe quelle fonction positive de classe C^∞, nous en déduisons que

$$RS^{-1}(v) \cdot \nabla v \geq \frac{1}{M} |RS^{-1}(v)|^2, \quad \text{presque partout dans } \mathcal{D},$$

ce qui, grâce à l'inégalité de Cauchy-Schwarz dans $\mathbb{R}^d$, donne

$$|RS^{-1}(v)| \leq M |\nabla v|, \quad \text{presque partout dans } \mathcal{D}. \tag{3.18}$$

Etape 5 : existence de a*.

En appliquant (3.18) à $v - w$, nous obtenons donc que, pour tout ouvert $\mathcal{O} \subset \mathcal{D}$,

$$\forall v, w \in H_0^1(\mathcal{D}), \quad \nabla v = \nabla w \text{ p.p. dans } \mathcal{O} \quad \Rightarrow \quad RS^{-1}(v) = RS^{-1}(w) \text{ p.p. dans } \mathcal{O}. \tag{3.19}$$

Fixons à présent $\mathcal{O} \subset\subset \mathcal{D}$ (c'est-à-dire que $\mathcal{O}$ est un ouvert dont l'adhérence $\overline{\mathcal{O}}$ vérifie $\overline{\mathcal{O}} \subset \mathcal{D}$), désignons par χ une fonction de troncature infiniment dérivable, à support compact dans $\mathcal{D}$, et telle que $\chi_{|\mathcal{O}} = 1$. Alors, pour tout $\xi \in \mathbb{R}^d$, nous définissons $v(x) = (\xi \cdot x)\chi(x)$, qui vérifie donc $\nabla v = \xi$ dans $\mathcal{O}$. L'application $\xi \mapsto v$ est linéaire, donc l'application $\xi \mapsto RS^{-1}v$ aussi. Ceci implique qu'il existe une application $a^* : \mathcal{O} \mapsto \mathbb{R}^{d \times d}$ telle que

$$\forall x \in \mathcal{O} \quad RS^{-1}(v)(x) = a^*(x)\xi.$$

Cette application a^* est mesurable, et ne dépend en fait pas du choix de χ d'après la propriété (3.19). De plus, toujours en utilisant (3.19), il est facile de démontrer que si $\mathcal{O}' \subset \mathcal{O}$, alors la matrice $a^*(x)$ définie en utilisant $\mathcal{O}'$ coïncide avec celle définie en utilisant $\mathcal{O}$, sur l'ensemble $\mathcal{O}'$. L'application a^* est donc bien définie de façon univoque. Pour finir, il nous reste à démontrer que

$$\forall v \in H_0^1(\mathcal{D}), \quad RS^{-1}v = a^*\nabla v, \quad \text{presque partout.} \tag{3.20}$$

Nous avons déjà prouvé cette propriété sous la forme particulière suivante : si $\nabla v = \xi$ dans $\mathcal{O}$, alors $RS^{-1}v = a^*\xi$ presque partout dans $\mathcal{O}$. Ainsi, si v est affine par morceau, ceci permet de démontrer (3.20) pour ce cas particulier de v. Enfin, comme l'ensemble des fonctions affines par morceaux est dense dans $H_0^1(\mathcal{D})$ et que les deux membres de l'égalité (3.20) sont continus pour la norme correspondante, nous obtenons (3.20).

Etape 6 : conclusion. L'identité (3.20), ainsi que la définition des opérateurs R et S, permettent de démontrer que $r^* = RS^{-1}(u^*) = a^*\nabla u^*$, ce qui, avec les convergences (3.12), permet de passer à la limite dans la formulation faible de $-\operatorname{div}\left(a_{\varepsilon'}\nabla u^{\varepsilon'}\right) = f$, pour obtenir

$$\forall \varphi \in H_0^1(\mathcal{D}), \quad \int_{\mathcal{D}} a^*\nabla u^*.\nabla\varphi = \lim_{\varepsilon' \to 0} \int_{\mathcal{D}} a_{\varepsilon'}\nabla u^{\varepsilon'}.\nabla\varphi = \langle f, \varphi\rangle_{H^{-1}, H_0^1}.$$

Nous avons donc démontré (3.8). Il reste à prouver la troisième convergence de (3.6), ainsi que (3.7). Nous fixons $\varphi \in C^\infty(\overline{\mathcal{D}})$. En utilisant $u^{\varepsilon'}\varphi$ comme fonction test dans la formulation variationnelle dont $u^{\varepsilon'}$ est solution, nous avons

$$\int_{\mathcal{D}} \varphi\, a_{\varepsilon'}\nabla u^{\varepsilon'}.\nabla u^{\varepsilon'} = \int_{\mathcal{D}} a_{\varepsilon'}\nabla u^{\varepsilon'}.\nabla\left(u^{\varepsilon'}\varphi\right) - \int_{\mathcal{D}} u^{\varepsilon'}\, a_{\varepsilon'}\nabla u^{\varepsilon'}.\nabla\varphi$$

$$= \left\langle f, u^{\varepsilon'}\varphi\right\rangle - \int_{\mathcal{D}} u^{\varepsilon'}\, a_{\varepsilon'}\nabla u^{\varepsilon'}.\nabla\varphi.$$

Nous passons à la limite dans le premier terme du membre de droite grâce à la deuxième ligne de (3.12), puisque f est fixée. Pour le deuxième terme, nous utilisons que $u^{\varepsilon'}$ converge fortement vers u^* dans L^2, et la première ligne de (3.12). Nous pouvons donc passer à la limite dans ce produit d'une convergence faible par une convergence forte. Ainsi, en utilisant (3.8),

$$\lim_{\varepsilon' \to 0} \int_{\mathcal{D}} \varphi \, a_{\varepsilon'} \nabla u^{\varepsilon'} . \nabla u^{\varepsilon'} = \langle f, u^* \varphi \rangle - \int_{\mathcal{D}} u^* \, a^* \nabla u^* . \nabla \varphi$$

$$= \int_{\mathcal{D}} a^* \nabla u^* . \nabla (u^* \varphi) - \int_{\mathcal{D}} u^* \, a^* \nabla u^* . \nabla \varphi = \int_{\mathcal{D}} \varphi \, a^* \nabla u^* . \nabla u^*.$$

Remarquons que la limite ci-dessus est valable pour toute fonction φ de classe C^∞. Elle est donc en particulier vraie pour $\varphi \in C^\infty$ à support compact, ce qui prouve la troisième convergence de (3.6). Enfin, il suffit d'utiliser $\varphi = 1$ pour obtenir (3.7).

$\square$

Nous en venons maintenant à la :

Preuve du Lemme 3.3. Pour démontrer ce résultat, nous allons momentanément anticiper sur les résultats que nous démontrerons plus loin. En particulier, nous allons utiliser le Lemme 3.17. Le lecteur pourra facilement vérifier qu'il n'y pas de cercle vicieux dans notre raisonnement : le résultat que nous sommes en train de démontrer ne sera pas utilisé pour prouver le Lemme 3.16 (ni le Lemme 3.17, très similaire au Lemme 3.16).

La suite $a_{\varepsilon'} \nabla v^{\varepsilon'}$ est bornée dans $L^2(\widetilde{\mathcal{D}})$, donc converge faiblement à extraction près, vers une certaine fonction $\eta \in \left(L^2(\widetilde{\mathcal{D}})\right)^d$. Comme nous allons *in fine* démontrer que la seule limite possible de cette suite est $a^* \nabla v^*$, nous ne notons pas cette extraction. Nous avons donc

$$a_{\varepsilon'} \nabla v^{\varepsilon'} \underset{\varepsilon' \to 0}{\longrightarrow} \eta \text{ dans } L^2(\widetilde{\mathcal{D}}). \tag{3.21}$$

Pour démontrer que $\eta = a^* \nabla v^*$, nous fixons $\lambda \in \mathbb{R}^d$, $\varphi \in C^\infty(\widetilde{\mathcal{D}})$ à support compact et introduisons $u^{\varepsilon'}$ la solution de

$$\begin{cases} -\operatorname{div}\left(a_{\varepsilon'} \nabla u^{\varepsilon'}\right) = -\operatorname{div}\left[a^* \nabla \left(\lambda . x \, \varphi(x)\right)\right], \\ \\ u^{\varepsilon'} \in H_0^1(\widetilde{\mathcal{D}}). \end{cases} \tag{3.22}$$

Nous savons, d'après la Proposition 3.1, que les convergences suivantes ont lieu :

$$u^{\varepsilon'} \longrightarrow u^* \text{ dans } L^2(\widetilde{\mathcal{D}}), \quad u^{\varepsilon'} \longrightarrow u^* \text{ dans } H^1(\widetilde{\mathcal{D}}), \quad a_{\varepsilon'} \nabla u^{\varepsilon'} \longrightarrow a^* \nabla u^* \text{ dans } L^2(\widetilde{\mathcal{D}}), \tag{3.23}$$

où la limite homogénéisée u^* est l'unique solution de l'équation $-\operatorname{div}(a^*\nabla u^*) = -\operatorname{div}\left[a^*\nabla\left(\lambda\,.\,x\,\varphi(x)\right)\right]$ dans $H_0^1(\widetilde{\mathcal{D}})$, donc en fait

$$u^*(x) = \lambda\,.\,x\,\varphi(x).$$

La coercivité de la matrice $a_{\varepsilon'}$ implique alors que

$$\left(a_{\varepsilon'}\nabla v^{\varepsilon'} - a_{\varepsilon'}\nabla u^{\varepsilon'}\right)\,.\,\left(\nabla v^{\varepsilon'} - \nabla u^{\varepsilon'}\right) \geq 0,$$

presque partout dans $\widetilde{\mathcal{D}}$. Nous appliquons alors le Lemme 3.17, qui permet de passer à la limite dans le produit ci-dessus, car $\nabla v^{\varepsilon'}$ converge faiblement vers ∇v^*, $a_{\varepsilon'}\nabla u^{\varepsilon'}$ converge faiblement vers $a^*\nabla u^*$, et sa divergence est bornée (constante en fait) dans $H^{-1}(\widetilde{\mathcal{D}})$. Ainsi,

$$\left(\eta - a^*\nabla u^*\right)\,.\,\left(\nabla v - \nabla u^*\right) \geq 0, \tag{3.24}$$

presque partout dans $\widetilde{\mathcal{D}}$. Nous fixons maintenant $x_0 \in \widetilde{\mathcal{D}}$ où (3.24) est vérifiée, et nous choisissons φ tel que $\varphi = 1$ dans un voisinage de x_0, et $\lambda = \nabla v(x_0) + t\mu$, pour $\mu \in \mathbb{R}^d$ fixé. L'inégalité (3.24) devient

$$\left(\eta(x_0) - a^*(x_0)\nabla v(x_0) - a^*(x_0)t\mu\right)\,.\,(-t\mu) \geq 0.$$

Ceci valant pour tout $t \in \mathbb{R}$, nous obtenons donc, pour $t \to 0$,

$$\left(\eta(x_0) - a^*(x_0)\nabla v(x_0)\right)\,.\,\mu = 0.$$

Et comme ceci vaut pour tout $\mu \in \mathbb{R}^d$, nous avons bien $\eta(x_0) = a^*(x_0)\nabla v(x_0)$. Nous venons de démontrer cette égalité pour presque tout $x_0 \in \widetilde{\mathcal{D}}$, ce qui clôt la démonstration. □

3.2 Interlude: l'entrée en jeu de la géométrie

L'objet de cette section est de démontrer que, en dimension supérieure ou égale à 2, la géométrie joue un vrai rôle dans la limite $\varepsilon \to 0$ des problèmes considérés. Nous comparons trois situations, bidimensionnelles, modélisant des matériaux dits *composites*, c'est-à-dire des matériaux constitués de plusieurs phases bien distinctes (ici, deux) s'agençant entre elles à l'échelle microscopique. Bien que ces matériaux soient pris pour les trois situations en proportions comparables, la géométrie selon laquelle les phases s'agencent va faire, ou non, une différence pour la détermination du matériau homogène , i.e. de la matrice a^* obtenue.

3.2.1   Un matériau lamellé

Commençons par un cas de dimension 2 qui ressemble à un cas de dimension 1 : un matériau dit *lamellé*.

Regardons en effet l'équation aux dérivées partielles

$$- \operatorname{div} \left(a_{per} \left(\frac{x_1}{\varepsilon} \right) \nabla u^\varepsilon (x_1, x_2) \right) = f. \tag{3.25}$$

Cette équation est posée sur le carré $Q = [0, 1]^2$, avec des conditions nulles au bord de ce carré.

Dans (3.25), la fonction a_{per} est une fonction périodique de période 1 et à valeurs scalaires, vérifiant (4). Le point important est qu'elle dépend seulement de la première coordonnée x_1 du point $x = (x_1, x_2) \in \mathbb{R}^2$, modélisant donc un matériau bidimensionnel dont les propriétés ne dépendent que de x_1. Un exemple possible est

$$a_{per} (x_1) = \begin{cases} \alpha \text{ si } 0 \leq x_1 \leq 1/2 \\ \beta \text{ si } 1/2 < x_1 \leq 1 \end{cases} \tag{3.26}$$

pour deux constantes réelles strictement positives α et β, et nous pouvons alors penser à (3.25) comme un modèle pour un matériau fait d'un assemblage de deux types de lamelles de coefficient respectif α et β, chacune d'épaisseur $\varepsilon/2$ et assemblées dans le sens x_1, voir la Figure 3.1 (à gauche).

Fig. 3.1 Comparaison des trois matériaux considérés: à gauche le matériau lamellé; au centre le matériau en damier périodique: à droite une réalisation du matériau en damier aléatoire. Chaque phase est en proportion égale et pourtant la limite a^* peut différer.

Le problème obtenu à partir de (3.25) en laissant ε tendre vers 0 est énoncé dans la proposition suivante:

Proposition 3.5 *Quand ε tend vers 0, la solution u^ε du problème* (3.25) *tend (fortement dans L^2 et faiblement dans H^1) vers la solution u^* de*

$$- \, div \left(\left(\begin{array}{cc} \dfrac{1}{\langle \frac{1}{a_{per}} \rangle} & 0 \\[2mm] 0 & \langle a_{per} \rangle \end{array} \right) \nabla u^* \right) = f \qquad (3.27)$$

avec $u^* = 0$ sur le bord ∂Q, c'est-à-dire de

$$-div \left(\frac{1}{\langle \frac{1}{a_{per}} \rangle} \, \partial_{x_1} u^*(x_1, x_2) \, e_1 + \langle a_{per} \rangle \partial_{x_2} u^*(x_1, x_2) \, e_2 \right) = f,$$

où (e_1, e_2) désigne la base canonique de vecteurs unitaires du plan.

Remarquons que la limite homogénéisée du coefficient pourtant scalaire de l'équation (3.25) est une matrice non triviale (bien que diagonale). A partir de la dimension 2, il faudra donc s'habituer à ce phénomène. Il est d'ailleurs même possible, à partir d'un coefficient (périodique ou non) scalaire, d'obtenir une matrice homogénéisée qui n'est pas diagonale, ne serait-ce que parce que la propriété d'être diagonale n'est pas stable par changement de base (voir par exemple [Tar09, page 73]).

Il est possible de comprendre (3.27) intuitivement. Dans la direction x_1, le matériau est rigoureusement identique au matériau monodimensionnel étudié précédemment, et il est donc naturel de voir la quantité $\dfrac{1}{\langle \frac{1}{a_{per}} \rangle}$ apparaître comme coefficient homogénéisé. Dans la direction x_2, le matériau n'a pas d'hétérogénéité à l'échelle ε, et il est donc aussi naturel que sa "réponse" dans cette direction soit la moyenne (au sens habituel, soit $\langle a_{per} \rangle$) des réponses des matériaux constitutifs. Une analogie avec un système électrique est encore plus parlante : le lecteur sait sans doute que les *résistances* de fils assemblés en série s'ajoutent, alors que si ces fils sont assemblés en parallèle, ce sont leurs *conductances* (inverses de leurs résistances) qui s'ajoutent. Nous retrouvons exactement ceci ici.

Nous passons maintenant à la :

Preuve de la Proposition 3.5. Les bornes (4) sur a_{per} permettent de montrer facilement que la suite u^ε et les suites $\partial_{x_i} u^\varepsilon$ sont bornées dans $L^2(Q)$, ou ce qui revient au même, que u^ε est bornée dans $H_0^1(Q)$. A extraction près (et nous omettons cette extraction désormais car elle disparaîtra *in fine* par unicité de la limite obtenue –nous avons déjà utilisé un tel raisonnement dans un chapitre précédent, ainsi qu'au cours de la preuve du Lemme 3.3–), nous pouvons donc supposer la convergence faible de ces suites respectivement vers u^* et les $\partial_{x_i} u^*$. Mieux, à cause du théorème de Rellich, nous pouvons même supposer que la convergence de u^ε

vers u^* dans $L^2(Q)$ est forte. Notons maintenant, pour $i = 1, 2$,

$$\sigma_i^\varepsilon = a_{per} \left(\frac{x_1}{\varepsilon} \right) \partial_{x_i} u^\varepsilon (x_1, x_2).$$

Il est clair que

$$\frac{1}{a_{per} \left(\frac{x_1}{\varepsilon} \right)} \sigma_1^\varepsilon = \partial_{x_1} u^\varepsilon \overset{\varepsilon \to 0}{\longrightarrow} \partial_{x_1} u^*. \tag{3.28}$$

D'autre part, en utilisant les bornes sur $\partial_{x_1} u^\varepsilon$ et de nouveau celles sur a_{per}, nous savons que σ_1^ε est bornée dans $L^2(Q)$. De plus, la réécriture de (3.27) sous la forme

$$-\partial_{x_1} \sigma_1^\varepsilon = f + \partial_{x_2} \sigma_2^\varepsilon$$

implique que σ_1^ε est bornée indépendamment de ε dans $L^2_{x_1}(H^{-1}_{x_2}) = \left(L^2_{x_1}(H^1_{0,x_2}) \right)'$. Nous utilisons alors le Lemme d'Aubin-Lions (Lemme A.6), qui assure que les deux propriétés d'avoir σ_1^ε bornée dans $L^2(Q)$ et $\partial_{x_1} \sigma_1^\varepsilon$ bornée dans $L^2_{x_1}(H^{-1}_{x_2})$ impliquent qu'à extraction près σ_1^ε converge fortement dans $L^2_{x_1}(H^{-1}_{x_2})$ vers un certain σ_1. Cela entraîne la convergence faible

$$\frac{1}{a_{per} \left(\frac{x_1}{\varepsilon} \right)} \sigma_1^\varepsilon \overset{\varepsilon \to 0}{\longrightarrow} \left\langle \frac{1}{a_{per}} \right\rangle \sigma_1 \tag{3.29}$$

grâce à un produit d'une convergence faible (celle de $\dfrac{1}{a_{per}} \left(\dfrac{\cdot}{\varepsilon} \right)$ vers sa moyenne, *indépendamment* de x_2) par une convergence forte (celle de σ_1^ε vers σ_1). Nous déduisons alors de (3.28) et (3.29) que

$$\sigma_1 = \frac{1}{\left\langle \frac{1}{a_{per}} \right\rangle} \partial_{x_1} u^*.$$

D'autre part, nous avons, puisque a_{per} ne dépend pas de la coordonnée x_2 (là est le point clé de la démonstration),

$$\sigma_2^\varepsilon = a_{per} \left(\frac{x_1}{\varepsilon} \right) \partial_{x_2} u^\varepsilon = \partial_{x_2} \left(a_{per} \left(\frac{x_1}{\varepsilon} \right) u^\varepsilon \right).$$

Or, encore par produit de la suite u^ε qui converge fortement dans L^2 et de la suite $a_{per} \left(\dfrac{x_1}{\varepsilon} \right)$ qui converge faiblement-$\star$ dans L^∞, nous avons la convergence faible

$$a_{per} \left(\frac{x_1}{\varepsilon} \right) u^\varepsilon \overset{\varepsilon \to 0}{\longrightarrow} \langle a_{per} \rangle u^*,$$

dans L^2, et donc la convergence faible

$$\sigma_2^\varepsilon \xrightarrow{\varepsilon \to 0} \sigma_2 = \langle a_{per} \rangle \partial_{x_2} u^*,$$

dans H^{-1}, ce qui conclut la preuve.   □

3.2.2 Des matériaux en damier

Nous considérons maintenant un matériau bâti à la manière d'un échiquier (ou d'un damier, le lecteur choisira son jeu de société préféré).

3.2.2.1 Le damier périodique

Tout d'abord, nous choisissons une fonction a_{per} (x_1, x_2) périodique sur le carré Q, et constante par morceau, avec des valeurs α et β, toutes deux strictement positives, selon la Figure 3.1 (au centre). Autrement dit,

$$a_{per}(x_1, x_2) = \begin{cases} \alpha & \text{si } (x_1, x_2) \in \left]0, \tfrac{1}{2}\right[^2 \cup \left]\tfrac{1}{2}, 1\right[^2, \\ \beta & \text{sinon.} \end{cases} \tag{3.30}$$

Nous construisons alors la matrice $A_\varepsilon(x) = A_{per}\left(\dfrac{x_1}{\varepsilon}, \dfrac{x_2}{\varepsilon}\right) = a_{per}\left(\dfrac{x_1}{\varepsilon}, \dfrac{x_2}{\varepsilon}\right) \text{Id}$, et étudions la solution u^ε dans $H_0^1(\mathcal{D})$ de

$$-\text{div}\left(A_\varepsilon \nabla u^\varepsilon\right) = f, \tag{3.31}$$

ce qui s'écrit aussi

$$-\text{div}\left(\begin{pmatrix} a_{per}\left(\dfrac{x_1}{\varepsilon}, \dfrac{x_2}{\varepsilon}\right) & 0 \\ 0 & a_{per}\left(\dfrac{x_1}{\varepsilon}, \dfrac{x_2}{\varepsilon}\right) \end{pmatrix} \nabla u^\varepsilon(x_1, x_2)\right) = f$$

ou encore

$$-\text{div}\left(a_{per}\left(\dfrac{x_1}{\varepsilon}, \dfrac{x_2}{\varepsilon}\right)\left(\partial_{x_1} u^\varepsilon(x_1, x_2)e_1 + \partial_{x_2} u^\varepsilon(x_1, x_2)e_2\right)\right) = f.$$

Nous avons alors la

Proposition 3.6 *La solution* $u^\varepsilon \in H_0^1(\mathcal{D})$ *de* (3.31), *où* $A_{per} = a_{per}$ Id, *avec* a_{per} *définie par* (3.30), *converge vers* $u^* \in H_0^1(\mathcal{D})$ *solution de*

$$-div\left(a^* \nabla u^*\right) = f, \tag{3.32}$$

où la matrice a^* *vaut*

$$a^* = \sqrt{\alpha\beta} \ \text{Id}. \tag{3.33}$$

Il est clair que ce résultat suffit à *démontrer* ce que nous affirmions plus haut : dès la dimension 2, la géométrie compte. Faire des moyennes du type $\langle a_{per}\rangle$ ou $\langle 1/a_{per}\rangle$ des coefficients en jeu, moyennes qui, pour des matériaux composites, ne *voient* que les proportions des différentes phases mélangées, ne suffit pas à déterminer la matrice homogénéisée. La matrice a^* définie en (3.33) est bien différente de la matrice figurant en (3.27), alors que pourtant les matériaux de coefficients α et β sont en proportions identiques (moitié-moitié) dans les coefficients (3.26) et (3.30)... Par souci de complétude, nous présentons ci-dessous la preuve de cette Proposition 3.6. Le lecteur pourra s'il le souhaite ne la lire qu'en deuxième lecture, car elle n'est pas essentielle pour la suite. Elle exploite, *très astucieusement*, plusieurs caractères particuliers du problème considéré: le fait qu'on travaille précisément en dimension 2 et pas au-delà, le fait qu'on a exactement deux phases et pas plus, et le fait que le damier considéré a des symétries géométriques particulières.

Preuve de la Proposition 3.6. Il est clair que la matrice A_ε que nous avons construite remplit les conditions de la Proposition 3.1. Il existe donc une matrice homogénéisée a^*. Nous allons maintenant obtenir une formule explicite pour a^*. Ceci rendra cette matrice unique, et prouvera que toute la suite (et pas seulement une extraction) converge.

Soit $\lambda \in \mathbb{R}^2$ et soit u_{per} une fonction de $H^1(Q)$ vérifiant les conditions périodiques au bord de Q et $-div\left(A_{per}\nabla u_{per}\right) = div\left(A_{per}\lambda\right)$. L'existence d'un tel u_{per} se prouve par l'application du Lemme de Lax-Milgram, comme nous le ferons plus loin pour le correcteur (voir (3.67) et le paragraphe qui suit). Notons $\mathbf{v}_{per} = \nabla u_{per} + \lambda$, qui est donc aussi périodique. Nous remarquons que $\langle \mathbf{v}_{per}\rangle = \lambda$ car $\langle \nabla u_{per}\rangle = 0$ puisque u_{per} est périodique.

Commençons par montrer que nécessairement

$$a^* \langle \mathbf{v}_{per}\rangle = \langle A_{per} \mathbf{v}_{per}\rangle. \tag{3.34}$$

Pour cela, considérons la suite $w^\varepsilon(x) = (\lambda, x) + \varepsilon u_{per}(\frac{x}{\varepsilon})$. En appliquant la Proposition 1.3, nous savons que $\nabla w^\varepsilon(x) = \mathbf{v}_{per}(\frac{x}{\varepsilon})$ converge faiblement vers $\langle \mathbf{v}_{per}\rangle = \lambda$ dans $L^2(Q)$. De même, $u_{per}(\frac{x}{\varepsilon})$ converge faiblement vers $\langle u_{per}\rangle$ dans $L^2(Q)$, d'où w^ε converge faiblement vers $w_0(x) = (\lambda, x)$ dans $H^1(Q)$. En utilisant le fait que $-div\left(A_\varepsilon \nabla w^\varepsilon\right) = -div\left(A_\varepsilon \mathbf{v}_{per}(\frac{x}{\varepsilon})\right) = 0$ et le Lemme 3.3, nous savons que $A_\varepsilon \nabla w^\varepsilon$ converge faiblement vers $a^* \nabla w_0 = a^* \lambda = a^* \langle \mathbf{v}_{per} \rangle$. D'autre part, en appliquant directement la Proposition 1.3 à la fonction périodique $A_{per} \mathbf{v}_{per}$ on sait que $A_\varepsilon \nabla w^\varepsilon = (A_{per}\, \mathbf{v}_{per})(\frac{x}{\varepsilon})$ converge faiblement vers $\langle A_{per} \mathbf{v}_{per} \rangle$. Nous avons donc démontré l'égalité (3.34).

Revenons maintenant à la matrice A_{per} particulière que nous avons choisie et qui modélise la structure en échiquier. Notons σ la rotation d'angle $\pi/2$ dans le plan. Il est clair que, pour tout $x \in Q$

$$A_{per}(x) A_{per}(\sigma(x)) = \alpha \beta \ \text{Id}.$$

On peut donc écrire

$$A_{per}(\sigma(x)) \mathbf{v}_{per}(\sigma(x)) = \alpha \beta \left(A_{per}(x) \right)^{-1} \mathbf{v}_{per}(\sigma(x)), \tag{3.35}$$

et donc

$$a^* \langle \mathbf{v}_{per} \rangle = \langle A_{per} \mathbf{v}_{per} \rangle \ \text{en vertu de } (3.34)$$

$$= \langle (A_{per} \mathbf{v}_{per}) \circ \sigma \rangle \ \text{car } \sigma \ \text{ne change pas la moyenne}$$

$$= \alpha \beta \left\langle A_{per}^{-1} \mathbf{v}_{per} \circ \sigma \right\rangle \ \text{grâce à (3.35)}.$$

Or

$$\text{div} \ (A_{per}(x)(A_{per}(\sigma(x)) \mathbf{v}_{per}(\sigma(x))))$$

$$= \alpha \beta \text{div} \ (\mathbf{v}_{per}(\sigma(x))) = \alpha \beta \text{div} \ (\nabla u_{per}(\sigma(x))) = 0, \tag{3.36}$$

et

$$\text{rot} \ (A_{per}(\sigma(x)) \mathbf{v}_{per}(\sigma(x))) = \ \text{div} \ (A_{per}(x) \mathbf{v}_{per}(x)) = 0. \tag{3.37}$$

Grâce à (3.37), il existe une fonction h_{per} périodique à valeurs scalaires (car nous travaillons *en dimension* 2) telle que $\mathbf{w}_{per}(x) = A_{per}(\sigma(x)) \mathbf{v}_{per}(\sigma(x))$ s'écrit $\mathbf{w}_{per}(x) = \nabla h_{per}(x) + \langle \mathbf{w}_{per} \rangle$, où h_{per} est une fonction scalaire périodique. L'égalité (3.36) implique, quant à elle, que $\text{div} \ (A_{per} \mathbf{w}_{per}) = 0$. Donc la relation (3.34) établie ci-dessus pour $\mathbf{v}_{per}$ peut s'appliquer aussi à $\mathbf{w}_{per}$ pour avoir:

$$a^* \langle A_{per}(\sigma(x)) \mathbf{v}_{per}(\sigma(x)) \rangle = \langle A_{per}(x)(A_{per}(\sigma(x)) \mathbf{v}_{per}(\sigma(x))) \rangle = \alpha \beta \langle \mathbf{v}_{per}(\sigma(x)) \rangle.$$

De plus, $a^*\langle A_{per}(\sigma(x))\mathbf{v}_{per}(\sigma(x))\rangle = a^*\langle A_{per}\mathbf{v}_{per}\rangle = a^*a^*\langle\mathbf{v}_{per}\rangle$, toujours d'après (3.34). Donc

$$a^*a^*\langle\mathbf{v}_{per}\rangle = \alpha\beta\langle\mathbf{v}_{per}(\sigma(x))\rangle$$

$$= \alpha\beta\langle\mathbf{v}_{per}\rangle \quad \text{car}\,\sigma\ \text{ne change pas la moyenne.}$$

Nous avons donc obtenu $(a^*)^2\lambda = \alpha\beta\lambda$ pour tout $\lambda \in \mathbb{R}^2$, ce qui impose $(a^*)^2 = \alpha\beta\,\mathrm{Id}$. Ainsi, le polynôme $X^2 - \alpha\beta$ est un polynôme annulateur de a^*. Comme il est scindé à racines simples, a^* est diagonalisable. Comme nous savons de plus que les valeurs propres de a^* sont strictement positives, a^* a pour seule valeur propre $\sqrt{\alpha\beta}$. Ainsi, $a^* = \sqrt{\alpha\beta}\,\mathrm{Id}$.   □

3.2.2.2 Le damier aléatoire

Nous procédons maintenant à la modification suivante : au lieu de considérer le damier *périodique* ci-dessus, nous considérons le damier *aléatoire* construit en tirant au sort, avec une probabilité 1/2 et de façon identiquement distribuée et indépendante la valeur α ou β sur chaque case du damier précédent. Et, bien sûr, nous remettons ce damier aléatoire à l'échelle ε (voir la Figure 3.1, à droite). Nous construisons ainsi un coefficient aléatoire $a_\varepsilon(x, \omega)$ que nous injectons dans une équation analogue à (3.31) :

$$-\mathrm{div}\left(a_\varepsilon(x, \omega)\nabla u^\varepsilon(x, \omega)\right) = f(x), \tag{3.38}$$

toutes choses égales par ailleurs. Nous savons que ce coefficient peut être interprété comme stationnaire ergodique, en utilisant la notion de shift de Bernoulli introduite au Chapitre 1.

Il se trouve alors que, par un raisonnement analogue à celui de la preuve de la Proposition 3.6, et exploitant les mêmes caractéristiques particulières (exactement 2 phases en dimension exactement 2, sur une géométrie parfaitement carrée), et en plus ici en exploitant le fait que les deux phases sont distribuées de manière indépendante sur les cases, avec exactement la même probabilité 1/2, il est possible de montrer que la matrice homogénéisée obtenue à la limite $\varepsilon \to 0$ est encore la matrice $a^* = \sqrt{\alpha\beta}\,\mathrm{Id}$ de (3.33). *Grosso modo,* l'ingrédient essentiel est encore la rotation σ d'angle $\pi/2$ utilisée ci-dessus, et les quantités sont manipulées en moyenne statistique et non pas de manière déterministe. Le lecteur pourra trouver une preuve détaillée dans [ZKO94, p 235-ff]. Bien sûr, pour la première étape de la preuve, nous avons besoin d'un résultat analogue à celui de la Proposition 3.1, cette fois dans le cas stochastique. Nous devons donc anticiper sur la suite, et appliquer la Proposition 4.10, qui assure que la matrice homogénéisée a^* existe bien et est déterministe. De nouveau, le lecteur pourra lire dans [ZKO94, p 235-ff] (voir aussi [AKM19, exercice 2.10]) un argument complet rigoureux.

Quoi qu'il en soit, nous obtenons donc cette fois que, les damiers périodique et aléatoire considérés, bien que n'étant pas identiques, mais en un certain sens seulement identiques "en moyenne", donnent la même matrice homogénéisée, celle-ci étant différente de celle pour le matériau lamellé.

Retenons donc que, dès la dimension 2, tout est possible !

Remarque 3.7 *Dans la preuve de la Proposition 3.6, la détermination de a^* requiert, d'après (3.34), deux calculs : pour $\langle \mathbf{v}_{per} \rangle = (1, 0)$ et $\langle \mathbf{v}_{per} \rangle = (0, 1)$ (les deux vecteurs de base de $\mathbb{R}^2$), il s'agit de déterminer $a^* \langle \mathbf{v}_{per} \rangle$. En fait, à cause ici de la géométrie particulière du problème, la seconde partie de la preuve montre que ces deux calculs sont inutiles, et peuvent être évités par un petit raisonnement. Dans certains cas plus complexes que nous verrons bientôt, nous retrouverons à la Section 3.3 le fait qu'il faut, pour déterminer a^*, autant de calculs que de dimensions, sans pour autant avoir aucun "raccourci" pour les éviter.*

Remarque 3.8 *Le fait que des matériaux composés des mêmes phases en même proportion puissent conduire, ou non, à la même matrice homogénéisée et donc au même comportement macroscopique, ou non, donne naissance à une question intéressante, à laquelle des recherches sont consacrées. Etant donnée une proportion de matériaux constitutifs fixée, il s'agit de déterminer quelles sont les matrices homogénéisées qu'on peut obtenir, en faisant varier la répartition géométrique de ces matériaux. Cette question a, par le passé, suscité beaucoup d'intérêt. Nous renvoyons le lecteur à la littérature sur le sujet, comme par exemple [LC84b, LC84a, LC87, FM87, Mil90, Gra93, FM94, GMS00], sans prétendre à l'exhaustivité.*

3.3   La correction dans le cadre général

Rappelons que, par souci de simplicité, nous nous concentrons sur le cas où la matrice a_ε est symétrique. Cependant, tout les résultats que nous établissons ici sont valables aussi dans le cas non symétrique, quitte à modifier les arguments de façon adéquate.

Nous faisons maintenant face à deux difficultés *sérieuses* :

- en toute généralité, et cette généralité est quasiment l'ensemble de *tous les cas sauf* les trois cas considérés jusqu'ici (dimension 1, matériau lamellé et damier), il n'existe aucune formule explicite analytique fournissant la valeur de la matrice homogénéisée a^* dont l'existence est affirmée dans la Proposition 3.1,
- et même si nous avions miraculeusement cette valeur, et donc si nous pouvions envisager de résoudre l'équation homogénéisée (3.8), nous n'obtiendrions qu'une approximation *faible* dans H^1 de u^ε, comme énoncé dans (3.6).

Nous consacrons cette section à un début de réponse à ces deux problèmes. Nous commençons par donner dans la Section 3.3.1 une approche formelle, un peu "mécanique" (en les deux sens du mot, à savoir au sens de la science mécanique et au sens d'un argument mécaniquement calculatoire), qui va permettre, dans un cas favorable, de résoudre les deux problèmes d'un seul coup. Formellement, nous obtenons une expression de a^* et nous définissons à l'aide de *correcteurs* (comme en dimension $d = 1$ à la Section 2.2 du Chapitre 2) une approximation *forte* dans H^1 de u^ε. Cette approche formelle, dont nous montrerons par la suite qu'elle est rigoureuse dans les "bons" cas, permet aussi de se forger une intuition sur ce que nous pouvons espérer et comment nous pouvons procéder dans le cas général, cas que nous abordons dans la Section 3.3.2.

3.3.1 Intuition formelle du correcteur: le développement à deux échelles

Pour restaurer une approximation de u^ε dans la topologie $H^1(\mathcal{D})$ *forte*, et donc une approximation plus précise que la seule approximation faible (3.6) fournie par la solution homogénéisée u^* de (3.8), il nous faut regarder plus en détail le comportement de la suite u^ε en fonction de ε. Pour cela, nous *postulons* d'abord une forme de u^ε (en analyse numérique comme en physique, un tel postulat s'appelle parfois un *Ansatz*). Il s'agit d'écrire u^ε comme le développement en ε suivant, dit *développement à deux échelles* :

$$u^\varepsilon(x) = u_0\left(x, \frac{x}{\varepsilon}\right) + \varepsilon\, u_1\left(x, \frac{x}{\varepsilon}\right) + \varepsilon^2\, u_2\left(x, \frac{x}{\varepsilon}\right) + \ldots, \qquad (3.39)$$

où la fonction u_k apparaissant à l'ordre k en ε a été supposée dépendre de deux variables, l'une macroscopique x, l'autre microscopique $\dfrac{x}{\varepsilon}$ (d'où la terminologie *"deux échelles"*).

L'hypothèse de séparation des échelles que nous allons utiliser maintenant consiste à voir les deux variables x et x/ε comme des variables indépendantes. Il n'en est rien en réalité, mais l'espoir est que, dans la limite $\varepsilon \to 0$, ceci devienne vrai. Ceci sera effectivement le cas si les fonctions manipulées sont supposées périodiques de la variable x/ε, car alors cette variable "visite" toutes les valeurs de la cellule périodique $[0, 1]^d$. Pour d'autres cas présentant une forme d'invariance par translation, on pourra éventuellement justifier cela par un argument similaire. Mais dans beaucoup d'autres situations, il s'agit d'une hypothèse qui n'est justifiée qu'*a posteriori* en prouvant la rigueur mathématique de la limite donnée par le développement formel (3.39). En particulier, il existe des contextes dans lesquels une telle stratégie ne s'applique pas. L'étude détaillée de telles situations dépasse le cadre de cet ouvrage introductif.

Pour simplifier dans un premier temps (mais d'autres cadres seront bien sûr étudiés plus tard dans cet ouvrage), nous supposons de plus que le coefficient a_ε est de la forme d'une fonction *périodique* a_{per} remise à l'échelle: $a_\varepsilon(x) = a_{per}\left(\dfrac{x}{\varepsilon}\right)$, et nous choisissons aussi, concomitamment, de supposer que chaque fonction u_k du développement (3.39) est périodique de sa seconde variable $y = \dfrac{x}{\varepsilon}$, c'est-à-dire

$$y \longmapsto u_k(x, y) \text{ est périodique de cellule } Q = [0, 1]^d. \tag{3.40}$$

Tout se passe comme si, en chaque point macroscopique x, existait une modulation de la fonction $u_k(x, \cdot)$ due aux petites échelles présentes dans le problème au point x et représentées par la partie $u_k\left(\cdot, \dfrac{x}{\varepsilon}\right)$ de la fonction u_k. Le lecteur peut penser par exemple, mais pas seulement, à un produit $f(x)g\left(\dfrac{x}{\varepsilon}\right)$. Cette forme est d'ailleurs exacte dans le cas de la dimension $d = 1$, comme nous l'indique la formule (2.3), $(u^\varepsilon)'(x) = \dfrac{c_\varepsilon + F(x)}{a\left(\frac{x}{\varepsilon}\right)}$. Injectons alors (3.39) dans le problème (1) pour voir les conditions nécessairement vérifiées par les fonctions u_k. Le calcul est un peu fastidieux, mais sans difficulté. Il ne faudra pas oublier que, par la règle de dérivation des fonctions composées, le gradient d'une fonction de la forme $v\left(x, \dfrac{x}{\varepsilon}\right)$, s'écrit en fait :

$$\nabla\left(v\left(x, \frac{x}{\varepsilon}\right)\right) = (\nabla_x v)(x, y) + \frac{1}{\varepsilon}(\nabla_y v)(x, y), \quad \text{où } y = \frac{x}{\varepsilon}, \tag{3.41}$$

et où ∇_x et ∇_y désignent les dérivées partielles de $v(x, y)$ respectivement par rapport à son premier argument x et son second y, chacun étant un d-uplet de dérivées partielles du type $\left(\partial_{x_1}, \ldots, \partial_{x_d}\right)$. Dans cette règle de dérivation s'exprime en particulier le fait que nous traitons les variables x et x/ε comme deux variables indépendantes.

Nous avons donc, en notant a au lieu de a_{per} :

$$
\begin{aligned}
-\operatorname{div}\left(a\left(\frac{x}{\varepsilon}\right)\nabla u^\varepsilon\right) = &-\frac{1}{\varepsilon^2}\operatorname{div}_y(a(y)\,\nabla_y u_0(x, y)) \\
&-\frac{1}{\varepsilon}\Bigg[\operatorname{div}_x(a(y)\,\nabla_y u_0(x, y)) + \operatorname{div}_y(a(y)\,\nabla_x u_0(x, y)) \\
&\qquad +\operatorname{div}_y(a(y)\,\nabla_y u_1(x, y))\Bigg] \\
&-\Bigg[\operatorname{div}_x(a(y)\,\nabla_x u_0(x, y)) + \operatorname{div}_y(a(y)\,\nabla_x u_1(x, y)) \\
&\qquad +\operatorname{div}_x(a(y)\,\nabla_y u_1(x, y)) + \operatorname{div}_y(a(y)\,\nabla_y u_2(x, y))\Bigg] \\
&+O(\varepsilon), \tag{3.42}
\end{aligned}
$$

où le terme de reste en $O(\varepsilon)$ dépend des dérivées successives de u_0, u_1, u_2, etc. Comme mentionné plus haut, nous raisonnons maintenant comme si les deux variables x et y étaient indépendantes. Imposer (1) revient donc à exiger d'abord que le coefficient de $\dfrac{1}{\varepsilon^2}$ soit nul, i.e.

$$\operatorname{div}_y(a(y)\,\nabla_y u_0(x,y)) = 0. \tag{3.43}$$

Par intégration sur la maille de périodicité Q, nous avons

$$\mu \int_Q |\nabla_y u_0(x,y)|^2 \le \int_Q \big(a(y)\nabla_y u_0(x,y)\big)\,.\,\nabla_y u_0(x,y)\,dy$$

par la coercivité (3.1) de a

$$= -\int_Q \operatorname{div}_y(a(y)\,\nabla_y u_0(x,y))\,u_0(x,y)\,dy$$

$$+ \int_{\partial Q} (a(y)\,\nabla_y u_0(x,y))\,.\,\mathbf{n}\,u_0(x,y),$$

où le premier terme du membre de droite est nul à cause de (3.43) et le second terme est nul en raison de la périodicité de $u_0(x, \dot{y})$ par rapport à y. Dans la formule ci-dessus, $\mathbf{n}$ désigne bien sûr la normale unitaire sortante sur ∂Q. Ceci impose l'identité

$$\nabla_y u_0(x,y) = 0, \tag{3.44}$$

sur tout Q, et la fonction u_0 ne dépend donc en fait que de la variable macroscopique x :

$$u_0 = u_0(x). \tag{3.45}$$

Revenons à la formule (3.42). A l'ordre $\dfrac{1}{\varepsilon}$ maintenant, nous obtenons, en utilisant l'information (3.44) précédente :

$$-\operatorname{div}_y(a(y)\,(\nabla_x u_0(x) + \nabla_y u_1(x,y))) = 0.$$

L'équation vérifiée par la fonction u_1 est donc

$$\begin{cases} -\operatorname{div}_y(a(y)\,(\nabla_x u_0(x) + \nabla_y u_1(x,y))) = 0, & \text{dans } Q, \\[2mm] u_1 \text{ périodique en } y. \end{cases} \tag{3.46}$$

Si nous supposons connaître u_0 (que nous déterminerons en fait dans un instant
...), la solution de cette équation est en fait entièrement déterminée explicitement.
Il est en effet immédiat de réaliser, en utilisant la *linéarité* de l'équation (3.46), vue
comme une équation aux dérivées partielles en la variable y, qu'il s'agit de

$$u_1(x, y) = \sum_{i=1}^{d} \partial_{x_i} u_0(x) \, w_i(y), \qquad (3.47)$$

où les fonctions w_i sont solutions des problèmes dits *problèmes sous-maille* ou
problèmes du correcteur

$$\begin{cases} -\mathrm{div}_y(a(y)\,(e_i + \nabla_y w_i(y))) = 0, & \text{dans } Q, \\ \\ \quad w_i \text{ périodique.} \end{cases} \qquad (3.48)$$

où e_i, $i = 1, \ldots d$ désigne le i-ème vecteur de base de $\mathbb{R}^d$. Nous reconnaissons
immédiatement (3.48) comme la version multidimensionnelle de l'équation (2.31)
du correcteur introduite, dans le contexte monodimensionnel périodique, de manière
un peu parachutée à la Section 2.2 du Chapitre 2. Nous démontrerons plus loin
l'existence et l'unicité (à l'ajout d'une constante près) de w_i. Voir pour cela la
formule (3.67) et le paragraphe qui la suit.

Remarque 3.9 *En fait, comme seulement la dérivée* $\nabla_y u_1(x, y)$ *intervient dans
l'équation* (3.46) *et pas la fonction* $u_1(x, y)$ *elle-même, l'équation à donnée au bord
périodique* (3.46) *ne détermine* u_1 *selon* (3.47) *qu'à l'addition d'une fonction* $v(x)$
de la seule variable x *près (de même que dans* (3.48) *les fonctions* w_i *peuvent
être décalées d'une constante en* y). *Mais nous pouvons toujours supposer cette
fonction* $v(x)$ *identiquement nulle, d'où la définition* (3.47). *Ceci ne modifie
pas l'expression de la matrice homogénéisée* a^* ($v(x)$ *disparaît immédiatement
dans* (3.49) *ci-dessous), et donc la valeur de* u_0.

L'équation (3.46) qui définit u_1, et qui, nous le verrons, va permettre de définir
la matrice homogénéisée a^*, est vue ici comme une équation (paramétrée en x) de
la variable y. Si nous nous souvenons que $y = \dfrac{x}{\varepsilon}$, elle est donc, en toute rigueur,
posée sur le domaine $\dfrac{1}{\varepsilon} \mathcal{D}$. En la considérant comme paramétrée par x et posée
pour $y \in Q$, nous avons procédé, là comme dans ce qui précède, au triple raccourci
suivant :

(i) nous désolidarisons x de y, alors qu'ils sont liés par $y = \dfrac{x}{\varepsilon}$,

(ii) nous assimilons $\dfrac{1}{\varepsilon} \mathcal{D}$ à $\mathbb{R}^d$, de sorte que (3.46) devient posée sur l'espace tout
entier,

(iii) puis nous exploitons la périodicité postulée en (3.40), et ramenons cette
équation sur la seule maille Q.

Aucun de ces trois raccourcis n'est en fait évident. Ils sont validés par la phase de "remontée", qui consiste en la preuve mathématique (que nous ferons plus loin) du fait que le développement que nous allons trouver est en fait le bon. Il est cependant utile de garder en tête que, structurellement, l'équation (3.46) est en fait posée sur un très grand domaine. Et ceci est normal car, à l'échelle microscopique, le domaine macroscopique est immense ! Nous verrons dans des cas plus compliqués que le cas périodique, notamment les cas avec défauts, l'intérêt crucial de cette remarque et les difficultés mathématiques qui s'ensuivent. C'est seulement la périodicité qui ramène ici le problème du correcteur à un problème posé sur un domaine *borné*, à savoir une maille périodique.

Il nous reste maintenant à déterminer u_0, dont le lecteur aura déjà compris que nous le reconnaîtrons comme u^* ! Pour cela, nous revenons encore une fois au développement (3.42) et à son terme d'ordre ε^0 que nous devons donc égaler à f pour que (1) soit vérifiée :

$$- \operatorname{div}_y (a(y) \, (\nabla_x u_1(x, y) + \nabla_y u_2(x, y))) =$$

$$\operatorname{div}_x (a(y) \, (\nabla_y u_1(x, y) + \nabla_x u_0(x))) + f, \quad (3.49)$$

équation qui est assortie des conditions de périodicité au bord de Q pour la fonction $u_2(x, .)$.

Remarquons alors qu'une condition nécessaire pour que la fonction u_2 existe et soit périodique est que l'intégrale du membre de gauche sur la cellule de périodicité Q soit nulle. En effet, si $\mathbf{g}$ est une fonction périodique à valeurs vectorielles, nous avons nécessairement

$$\int_Q \operatorname{div} \mathbf{g}(y) \, dy = \int_{\partial Q} \mathbf{g}(y) \cdot \mathbf{n} = 0, \text{ par périodicité.}$$

L'intégrale du membre de droite de (3.49) est donc nulle, ce qui se traduit par

$$-\operatorname{div}_x \left(\int_Q a(y) \, (\nabla_y u_1(x, y) + \nabla_x u_0(x)) \, dy \right) = f(x), \quad (3.50)$$

puisque l'intégrale en la variable y "traverse" la dérivation en x. Cette condition nécessaire (3.50) d'existence de u_2 périodique est en fait suffisante. L'équation (3.49) est, à x fixé, une équation de la forme $- \operatorname{div}_y (a(y) \, \nabla z(y)) = h(y)$, où h est périodique. Il en existe une solution z périodique dès que l'intégrale sur Q du membre de droite est nulle, ce qui revient à la condition (3.50) puisque le terme $\operatorname{div}_y (a(y) \, \nabla_x u_1(x, y))$ est lui, par construction et périodicité, automatiquement d'intégrale nulle sur Q. Le lecteur non familier avec de tels arguments classiques pourra trouver un argument similaire plus détaillé en début de Section 3.4, page 142 .

Compte-tenu de la valeur déterminée (3.47) de u_1 en fonction des w_i, nous obtenons à partir de (3.50):

$$-\text{div}_x \left(\int_Q a(y) \sum_{j=1}^d \partial_{x_j} u_0(x)(\nabla_y w_j(y) + e_j)\, dy \right) = f(x). \qquad (3.51)$$

A ce stade, nous remarquons

$$\int_Q a(y) \sum_{j=1}^d \partial_{x_j} u_0(x)(\nabla_y w_j(y) + e_j)\, dy$$

$$= \int_Q a(y) \sum_{j=1}^d (\nabla u_0(x))_j (\nabla_y w_j(y) + e_j)\, dy$$

$$= \sum_{j=1}^d (\nabla u_0(x))_j \left(\int_Q a(y)\, (\nabla_y w_j(y) + e_j)\, dy \right)$$

$$= \sum_{i=1}^d \left(\sum_{j=1}^d \sum_{k=1}^d \int_Q a_{ik}(y)(\nabla_y w_j(y) + e_j)_k\, dy\, (\nabla u_0(x))_j \right) e_i$$

$$= \sum_{i=1}^d \left(\sum_{j=1}^d \mathfrak{a}_{ij} (\nabla u_0(x))_j \right) e_i$$

$$=: \mathfrak{a} \nabla u_0(x)$$

où les termes de la matrice $\mathfrak{a}$ sont donnés, pour $i, j = 1 \dots N$ par

$$\mathfrak{a}_{ij} = \sum_{k=1}^d \int_Q a_{ik}(y)(\nabla_y w_j(y) + e_j)_k\, dy$$

$$= \int_Q \left(a(y)\, (\nabla_y w_j(y) + e_j) \right) . e_i\, dy. \qquad (3.52)$$

L'équation (3.51) peut en fait se récrire sous la forme du *problème homogénéisé*

$$\begin{cases} -\text{div}\,(\mathfrak{a} \nabla u_0) = f, & \text{dans } \mathcal{D}, \\ u_0 = 0, & \text{sur } \partial \mathcal{D}. \end{cases} \qquad (3.53)$$

Comme le développement (3.39) impose formellement que $u^\varepsilon \longrightarrow u_0$ quand $\varepsilon \to 0$, nous réalisons alors que u_0 est nécessairement la solution homogénéisée u^*, que $\mathfrak{a}$ est la matrice homogénéisée a^*, et que (3.53) n'est autre que l'équation homogénéisée (3.8). Nous avons donc obtenu, *formellement*, les deux informations capitales suivantes. Premièrement, grâce à (3.52), qui se récrit

$$a_{ij}^* = \int_Q \left(a(y) \left(\nabla_y w_j(y) + e_j \right) \right) . e_i \, dy, \qquad (3.54)$$

la matrice homogénéisée s'écrit explicitement en fonction d'une intégrale des correcteurs w_i, $1 \le i \le d$ définis par (3.48) et, deuxièmement, grâce à l'expression explicite (3.47) du terme u^1, la différence

$$u^\varepsilon(x) - u^*(x) - \varepsilon \sum_{i=1}^{d} \partial_{x_i} u^*(x) \, w_i \left(\frac{x}{\varepsilon} \right) \qquad (3.55)$$

tend vers 0 fortement dans $H^1(\mathcal{D})$ (puisqu'elle vaut formellement $\varepsilon^2 u_2 \left(x, \dfrac{x}{\varepsilon} \right) +$ ...).

Il s'agit de bien comprendre que ces informations ne sont, pour le moment, que *formelles*, à part dans le cadre monodimensionnel périodique où, *effectivement*, puisqu'elles coïncident avec celles obtenues au Chapitre 2, elles sont vraies rigoureusement. En effet, dans ce cas, l'expression (2.32) du correcteur, une fois insérée dans (3.54), redonne l'expression déjà connue $a^* = \left(\langle a_{per}^{-1} \rangle \right)^{-1}$ du coefficient homogénéisé, et la différence $u^\varepsilon - u^{\varepsilon,1}$, pour $u^{\varepsilon,1}(x) = u^*(x) + \varepsilon \, (u^*)'(x) \, w \left(\dfrac{x}{\varepsilon} \right)$, tend bien vers zéro dans H^1 comme établi dans (2.36). Dans plusieurs autres cas (dont, dans ce chapitre, le cas périodique), nous donnerons bientôt un sens rigoureux aux deux propriétés ci-dessus.

Pour conclure cette section, faisons une rapide digression sur des aspects plus numériques. D'un point de vue pratique, comment la "mécanique" décrite ci-dessus permet-elle d'obtenir une approximation, pour ε assez petit, de la solution u^ε du problème original ? Il suffit de procéder comme suit :

(i) déterminer w_i par résolution des problèmes sous-maille (3.48) sur la cellule de périodicité,
(ii) calculer les termes de la matrice a^* par (3.54),
(iii) résoudre le problème homogénéisé (3.53) pour trouver u_0,
(iv) calculer u_1 par (3.47), si on souhaite avoir le terme d'ordre 1,

sachant qu'il est ensuite possible de résoudre (3.49) si on souhaite le terme suivant du développement en puissances de ε, et ainsi de suite...

Notons que les étapes [i] et [ii] sont des précalculs qui permettent comme dans les cas plus simples des sections ci-dessus de déterminer les termes de la matrice homogénéisée a^*. Ces précalculs sont en fait la résolution d'un ensemble de problèmes aux limites (autant que de dimensions) et pas seulement un "simple" calcul de moyenne d'une fonction périodique, comme dans le cas monodimensionnel du chapitre précédent. De tels calculs, plus l'assemblage de la

Fig. 3.2 En chaque maille de
taille macroscopique, on
résout le problème
sous-maille pour déterminer
les termes de la matrice
homogénéisée.

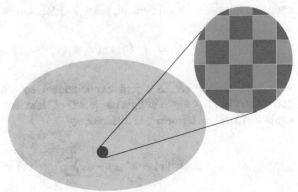

matrice a^*, ne sont, en tout généralité, pas gratuits ! Il faudra bien en être conscient avant d'appliquer cette stratégie de passage à la limite.

Remarquons que la simplification apportée par rapport au problème original est ici extrême, car l'hypothèse de périodicité faite sur la matrice a entraîne que la détermination de a^* ne dépend en fait pas du point macroscopique x. Dans un milieu plus compliqué où on aurait une matrice $a\left(x, \dfrac{x}{\varepsilon}\right)$, on imagine qu'on devrait probablement résoudre les problèmes de type (3.48) *en chaque point x* macroscopique (voir Figure 3.2). Ce qui est bien sûr beaucoup plus cher, même si on peut en fait faire cela en parallèle, et une seule fois pour tous les seconds membres f.

L'intérêt pratique est clair (même si, nous insistons, tout n'est pas gratuit dans cette approche) : *on n'a pas* à discrétiser le domaine de départ avec une échelle aussi fine que ε dans un calcul couplé avec l'échelle 1. Il s'agit d'un précalcul (la résolution de (3.48)) dont le résultat est ensuite utilisé pour la résolution numérique de (3.53) avec un maillage grossier (*par rapport* à ce qui aurait pu être attendu si ε avait encore figuré dans cette équation).

En résumé, en résolvant d'abord les d problèmes (3.48) sur la maille périodique, on est en mesure d'obtenir *pour tous les seconds membres f*, une bonne approximation de la solution u^ε de (1) rien qu'en résolvant (3.53) à l'échelle 1. Autrement dit, connaître une approximation de u^ε (formellement) à l'ordre 1 en ε coûte $d+1$ calculs sur un maillage standard, au lieu d'un calcul sur un maillage de taille ε (qui certes nous donnerait u^ε à tous les ordres). Et la situation est d'autant meilleure que l'on veut résoudre (1) pour beaucoup de seconds membres. Le Chapitre 5 dédié aux questions numériques, et plus précisément la Section 5.1, reviendra plus en détails sur l'approche décrite brièvement ci-dessus.

Remarque 3.10 *La technique de développement à deux échelles que nous avons exposée ici partant de (3.39), qui est une méthode formelle, ne doit pas être confondue avec la méthode rigoureuse dite de convergence à deux échelles introduite dans [Ngu89] et formalisée dans [All92], qui est une approche de preuve mathématique de l'homogénéisation. Nous l'évoquerons rapidement à la Section 3.4.4.*

3.3.2   Le théorème de correction dans le cadre général

Dans la Section 3.3.1, nous avons seulement travaillé par conditions nécessaires, de manière formelle, sans nous préoccuper de notre bon droit quand nous utilisions des dérivées. Nous avons montré que si u^ε admettait un développement limité du type (3.39), avec des fonctions u_k suffisamment régulières, alors les premiers termes étaient nécessairement donnés par les u_0 et u_1 que nous avons déterminés. Dans le cadre monodimensionnel, nous avons pu, à la Section 2.2 du Chapitre 2, fournir la preuve des deux premiers ordres de ce développement (avant même d'en soupçonner sa généralité), mais en toute généralité, il nous reste à en prouver la rigueur mathématique. Nous le ferons dans le cadre périodique à la Section 3.4 et dans d'autres cadres aux chapitres suivants.

En attendant, le développement formel effectué nous donne des idées pour le cadre général, parce qu'il nous donne, avec (3.54), la structure attendue pour l'expression éventuelle de la matrice homogénéisée et, avec (3.48), la structure pour une équation hypothétiquement vérifiée par les correcteurs. Cette intuition permet de motiver l'énoncé des deux résultats maintenant présentés, et qui sont démontrés à la toute fin de cette section.

Le premier de ces deux résultats est un résultat général qui, comme annoncé, prolonge et complète les résultats de la Proposition 3.1. Dans cette dernière, la convergence H^1 de $u^{\varepsilon'}$ vers u^* est faible et donc on n'a pas convergence forte des dérivées, en particulier dans L^1 et donc presque partout. Pour améliorer la situation, il faut adjoindre des termes correctifs à u^*, comme nous l'avons fait en adjoignant εu_1 à u_0 dans le développement à deux échelles.

Proposition 3.11 (Existence des correcteurs) *Nous nous plaçons dans les conditions de la Proposition 3.1. Alors il existe d suites de fonctions $w_i^{\varepsilon'}$ dans $H^1(\mathcal{D})$ vérifiant*

$$w_i^{\varepsilon'} \overset{\varepsilon' \to 0}{\longrightarrow} 0, \quad \text{faiblement dans } H^1(\mathcal{D}), \tag{3.56}$$

et

$$-\mathrm{div}\, a_{\varepsilon'}\left(e_i + \nabla w_i^{\varepsilon'}\right) = -\mathrm{div}(a^* e_i), \tag{3.57}$$

telles que

$$\nabla u^{\varepsilon'} - \left(\mathrm{Id} + \nabla w^{\varepsilon'}\right)\nabla u^* \overset{\varepsilon' \to 0}{\longrightarrow} 0, \quad \text{fortement dans } (L^1(\mathcal{D}))^d. \tag{3.58}$$

Les fonctions $w_i^{\varepsilon'}$ sont dites les correcteurs, *au sens où, grâce à leur présence, la formule (3.58) permet d'obtenir la convergence forte de la dérivée de $u^{\varepsilon'}$.*

Remarque 3.12 *Notons que l'égalité* (3.57) *peut en fait être remplacée par la convergence suivante, moins contraignante :*

$$-div\, a_{\varepsilon'}\left(e_i + \nabla w_i^{\varepsilon'}\right) \overset{\varepsilon' \to 0}{\longrightarrow} - \text{div}(a^* e_i), \; \text{fortement dans } H^{-1}(\mathcal{D}). \qquad (3.59)$$

Cette dernière, avec (3.56), *suffit à assurer* (3.58).

Remarquons que, très souvent (et c'est essentiellement toujours le cas dans le présent ouvrage), la matrice homogénéisée a^* est constante, et le membre de droite de (3.57) est donc nul. C'est en particulier le cas pour les cadres périodiques, périodiques avec défaut localisé, presque-périodiques, stationnaires ergodiques que nous aborderons dans la suite.

Dans (3.58), l'expression condensée $\left(\text{Id} + \nabla w^{\varepsilon'}\right)$ désigne la matrice dont le coefficient (i, j) vaut $\delta_{ij} + \partial_{x_i} w_j^{\varepsilon'}$. Autrement dit, $\left(\text{Id} + \nabla w^{\varepsilon'}\right) \nabla u^*$ désigne le vecteur dont la composante i vaut

$$\left[\left(\text{Id} + \nabla w^{\varepsilon'}\right) \nabla u^*\right]_i = \sum_{j=1}^{d} \left(\delta_{ij} + \partial_{x_i} w_j^{\varepsilon'}\right) \partial_{x_j} u^*.$$

Dans la même veine que la Proposition 3.11, nous obtenons maintenant une expression générale de la matrice homogénéisée a^* dont seulement *l'existence* était affirmée par la Proposition 3.1.

Proposition 3.13 *Toujours sous les conditions de la Proposition 3.1, la matrice homogénéisée a^* s'exprime par*

$$a^* = \lim_{\varepsilon' \to 0} \text{faible} \left[a_{\varepsilon'} \left(\text{Id} + \nabla w^{\varepsilon'}\right)\right] \quad dans \quad (L^2(\mathcal{D}))^{d \times d}, \qquad (3.60)$$

où $w^{\varepsilon'}$ est définie à la Proposition 3.11.

Il est immédiat de constater que le membre de gauche de la convergence (3.59) a bien sûr la structure de l'équation "formelle" du correcteur périodique (3.48). Il suffit d'écrire $w_i^\varepsilon(x) = \varepsilon\, w_i\left(\dfrac{x}{\varepsilon}\right)$ et de remplacer la convergence vers zéro (rappelons que dans ce cas a^* est constante) par une égalité pour comprendre l'identité. Ceci est d'ailleurs, à gros traits, la façon de faire la preuve du résultat, mais nous verrons cela plus loin. La qualité de l'approximation mesurée par la convergence (3.58) généralise, elle, l'estimation formelle sur la convergence de la différence (3.55).

Il est tout aussi immédiat, en se restreignant au cas périodique et avec le même choix de fonctions w_i^ε, de reconnaître la similarité entre (3.60) et (3.54), puisque, nous le savons depuis le Chapitre 1, les fonctions périodiques remises à l'échelle convergent faiblement vers leurs moyennes.

Les deux résultats ci-dessus *formalisent* mathématiquement, et en toute général-ité, le calcul formel "mécanique" effectué via le développement à deux échelles dans le cadre périodique simple. Ils nous permettent, *grosso modo*, d'envisager, *peut-être*, le calcul de a^* et celui des correcteurs, ou tout au moins de fonctions ayant asymptotiquement les mêmes propriétés que des correcteurs s'ils existaient. D'où, au moins théoriquement, pour chaque fonction f, une bonne approximation de u^ε par la seule résolution du problème homogénéisé. Ceci est tout à fait la situation constatée pour le développement à deux échelles.

Pour autant, il ne faut pas se laisser aller à l'euphorie. En fait, l'expression (3.60) n'est pas vraiment *explicite*, car calculer une limite en général, et cette limite en particulier, n'est pas simple : il y a un produit de fonctions au membre de droite, dont, qui plus est, l'une d'entre elles, w^ε, n'est pas connue. Dans le cas périodique, le développement à deux échelles rend cette formule *vrai-ment explicite* et indépendante de l'extraction. C'est ce que nous avons vu formellement plus haut et justifierons dans la prochaine section. On obtient alors *simultanément* le correcteur et la matrice homogénéisée, mais c'est en quelque sorte un miracle du cas périodique. En toute généralité, tout reste à faire !

Remarque 3.14 *Quelles que soient les fonctions w_i^ε remplissant les conditions de la Proposition 3.11 la limite faible du membre de droite de (3.60) est la même. Ceci peut se montrer facilement dans le cas de la dimension $d = 1$, et pour le cas général, nous l'admettrons.*

Nous donnons maintenant la :
Preuve de la Proposition 3.11. Comme nous l'avons fait dans la preuve du Lemme 3.3, nous allons anticiper et utiliser le Lemme 3.17 démontré à la Section 3.4 ci-dessous. Ici encore, le lecteur pourra vérifier que ceci n'induit pas de cercle vicieux, au sens où ni la preuve actuelle ni le résultat qu'elle démontre ne seront utilisés dans celle du Lemme 3.17.

Considérons un domaine $\widetilde{\mathcal{D}}$ qui contient l'adhérence $\overline{\mathcal{D}}$ du domaine $\mathcal{D}$. Alors il existe ϕ une fonction de classe C^∞, à support compact dans $\widetilde{\mathcal{D}}$, et telle que $\phi = 1$ dans $\mathcal{D}$. Par ailleurs, nous étendons $a_{\varepsilon'}$ dans $\widetilde{\mathcal{D}} \setminus \mathcal{D}$, par exemple en la prenant égale à Id dans cet ensemble, et nous notons $\widetilde{a}_{\varepsilon'}$ cette extension. Nous pouvons alors appliquer la Proposition 3.1 sur le domaine $\widetilde{\mathcal{D}}$, et donc, quitte à extraire à nouveau (nous notons toujours cette extraction ε'), obtenir une matrice homogénéisée, que nous notons toujours $\widetilde{a}^*$, sur $\widetilde{\mathcal{D}}$. D'après le Lemme 3.3, cette matrice coïncide avec la matrice homogénéisée a^* sur le domaine $\mathcal{D}$. Nous résolvons alors le problème

$$\begin{cases} -\operatorname{div}\left(\widetilde{a}_{\varepsilon'} \nabla \chi_i^{\varepsilon'}\right) = -\operatorname{div}\left(\widetilde{a}^* \nabla \psi_i\right) & \text{dans } \widetilde{\mathcal{D}}, \\ \chi_i^{\varepsilon'} = 0 & \text{sur } \partial\widetilde{\mathcal{D}}, \end{cases} \qquad (3.61)$$

où ψ_i est définie par

$$\forall x \in \widetilde{\mathcal{D}}, \quad \psi_i(x) = x_i \phi(x). \tag{3.62}$$

Le second membre de la première ligne de (3.61) est bien un élément de $H^{-1}(\widetilde{\mathcal{D}})$, donc la Proposition 3.1 s'applique. Nous avons donc

$$\chi_i^{\varepsilon'} \longrightarrow \chi_i^*, \quad \nabla\chi_i^{\varepsilon'} \longrightarrow \nabla\chi_i^*, \quad \widetilde{a}_{\varepsilon'}\nabla\chi_i^{\varepsilon'} \longrightarrow \widetilde{a}^*\nabla\chi_i^*, \tag{3.63}$$

dans $L^2(\widetilde{\mathcal{D}})$, donc a fortiori dans $L^2(\mathcal{D})$. De plus, vu la valeur de ψ_i, et par unicité de la solution du problème homogénéisé, nous avons $\chi_i^* = \psi_i$. En particulier, $\chi_i^*(x) = x_i$ dans $\mathcal{D}$. Il ne reste plus alors qu'à poser $w_i^{\varepsilon'} = \chi_i^{\varepsilon'} - x_i$ pour obtenir les convergences (3.56) et (3.57).

Nous prouvons maintenant (3.58). Pour cela, supposons momentanément que u^* est de classe C^∞ à support compact dans $\mathcal{D}$. Alors nous avons

$$\int_{\mathcal{D}} \left[a_{\varepsilon'} \left(\nabla u^{\varepsilon'} - \left(\mathrm{Id} + \nabla w^{\varepsilon'} \right) \nabla u^* \right) \right] . \left[\nabla u^{\varepsilon'} - \left(\mathrm{Id} + \nabla w^{\varepsilon'} \right) \nabla u^* \right]$$

$$= \int_{\mathcal{D}} \left(a_{\varepsilon'} \nabla u^{\varepsilon'} . \nabla u^{\varepsilon'} \right) - 2 \int_{\mathcal{D}} \left(a_{\varepsilon'} \nabla u^{\varepsilon'} \right) . \left(\left(\mathrm{Id} + \nabla w^{\varepsilon'} \right) \nabla u^* \right)$$

$$+ \int_{\mathcal{D}} \left[a_{\varepsilon'} \left(\mathrm{Id} + \nabla w^{\varepsilon'} \right) \nabla u^* \right] . \left[\left(\mathrm{Id} + \nabla w^{\varepsilon'} \right) \nabla u^* \right]. \tag{3.64}$$

Le premier terme du membre de droite passe à la limite grâce à (3.7) (Proposition 3.1). Pour le deuxième, nous appliquons le Lemme 3.17. Ici, nous voyons ∇u^* comme une fonction test, nous avons évidemment que $\mathrm{div}\left(a_{\varepsilon'}\nabla u^{\varepsilon'} \right)$ est borné dans $H^{-1}(\mathcal{D})$ et que $\left(\mathrm{Id} + \nabla w^{\varepsilon'} \right)_j = e_j + \nabla w_j^{\varepsilon'}$ est à rotationnel nul. Enfin, le dernier terme de (3.64) passe à la limite par application de (3.7) à la suite $\chi_j^{\varepsilon'} = x_j + w_j^{\varepsilon'}$ définie ci-dessus, et solution de (3.61). Nous avons donc démontré, que, dans le cas où u^* est C^∞ à support compact,

$$\int_{\mathcal{D}} \left[a_{\varepsilon'} \left(\nabla u^{\varepsilon'} - \left(\mathrm{Id} + \nabla w^{\varepsilon'} \right) \nabla u^* \right) \right] . \left[\nabla u^{\varepsilon'} - \left(\mathrm{Id} + \nabla w^{\varepsilon'} \right) \nabla u^* \right]$$

$$\underset{\varepsilon' \to 0}{\longrightarrow} \int_{\mathcal{D}} a^* \nabla u^* . \nabla u^* - 2 \int_{\mathcal{D}} a^* \nabla u^* . \nabla u^* + \int_{\mathcal{D}} a^* \nabla u^* . \nabla u^* = 0.$$

La coercivité de $a_{\varepsilon'}$ assure alors la convergence (3.58).

Pour généraliser cela au cas où ∇u^* n'est pas régulier à support compact, il suffit de raisonner par densité. Nous fixons donc $\delta > 0$ (qui tendra vers 0 *in fine*) et nous considérons $\varphi \in (C^\infty(\mathcal{D}))^d$, à support compact, telle que

$$\|\nabla u^* - \varphi\|_{L^2(\mathcal{D})} \leq \delta.$$

Nous avons alors, puisque $\mathrm{Id} + \nabla w^{\varepsilon'} \in L^2(\mathcal{D})$, et en utilisant l'inégalité de Cauchy-Schwarz,

$$\left\|\left(\mathrm{Id} + \nabla w^{\varepsilon'}\right)\nabla u^* - \left(\mathrm{Id} + \nabla w^{\varepsilon'}\right)\varphi\right\|_{L^1(\mathcal{D})} \leq \left\|\mathrm{Id} + \nabla w^{\varepsilon'}\right\|_{L^2(\mathcal{D})}\delta \leq C\delta,$$
(3.65)

où la constante C ne dépend ni de ε' ni de δ. En appliquant le raisonnement ci-dessus à φ à la place de ∇u^*, nous obtenons que

$$\int_{\mathcal{D}}\left[a_{\varepsilon'}\left(\nabla u^{\varepsilon'} - \left(\mathrm{Id} + \nabla w^{\varepsilon'}\right)\varphi\right)\right] \cdot \left[\nabla u^{\varepsilon'} - \left(\mathrm{Id} + \nabla w^{\varepsilon'}\right)\varphi\right]$$

$$\xrightarrow[\varepsilon' \to 0]{} \int_{\mathcal{D}} a^*\nabla u^* \cdot \nabla u^* - \int_{\mathcal{D}} a^*\nabla u^* \cdot \varphi - \int_{\mathcal{D}} a^*\varphi \cdot \nabla u^* + \int_{\mathcal{D}} a^*\varphi \cdot \varphi$$

$$= \int_{\mathcal{D}} a^*(\nabla u^* - \varphi) \cdot (\nabla u^* - \varphi).$$

Nous utilisons alors le fait que a_ε est coercive et que a^* est bornée, ce qui donne

$$\mu \limsup_{\varepsilon' \to 0}\left\|\nabla u^{\varepsilon'} - \left(\mathrm{Id} + \nabla w^{\varepsilon'}\right)\varphi\right\|^2_{L^2(\mathcal{D})} \leq M\|\nabla u^* - \varphi\|^2_{L^2(\mathcal{D})} \leq C\delta^2,$$

où la constante C ne dépend pas de δ. Nous appliquons à nouveau l'inégalité de Cauchy-Schwarz pour obtenir

$$\limsup_{\varepsilon' \to 0}\left\|\nabla u^{\varepsilon'} - \left(\mathrm{Id} + \nabla w^{\varepsilon'}\right)\varphi\right\|_{L^1(\mathcal{D})}$$

$$\leq |\mathcal{D}|^{1/2}\limsup_{\varepsilon' \to 0}\left\|\nabla u^{\varepsilon'} - \left(\mathrm{Id} + \nabla w^{\varepsilon'}\right)\varphi\right\|_{L^2(\mathcal{D})} \leq C\delta.$$

Cette estimation et (3.65) impliquent donc, via l'inégalité triangulaire,

$$\limsup_{\varepsilon' \to 0}\left\|\nabla u^{\varepsilon'} - \left(\mathrm{Id} + \nabla w^{\varepsilon'}\right)\nabla u^*\right\|_{L^1(\mathcal{D})} \leq C\delta,$$

pour une constante C qui ne dépend pas de δ. Comme ceci est vrai pour tout $\delta > 0$, nous avons démontré (3.58). $\qquad\square$

Remarque 3.15 *Si on suppose savoir plus de choses sur les correcteurs w^ε, alors la topologie de la convergence (3.58) peut être améliorée. En effet, si par exemple ∇w^ε est bornée dans $L^\infty(\mathcal{D})$, alors la borne (3.65) peut être améliorée en l'estimation* $\left\| \left(\mathrm{Id} + \nabla w^{\varepsilon'}\right) \nabla u^* - \left(\mathrm{Id} + \nabla w^{\varepsilon'}\right) \varphi \right\|_{L^2(\mathcal{D})} \leq C\delta$. *Ceci permet de conclure que la convergence (3.58) a lieu en norme $L^2(\mathcal{D})$.*

Preuve de la Proposition 3.13. La convergence (3.60) se récrit, à l'aide de la fonction $\chi_i^{\varepsilon'}$ définie ci-dessus, à savoir $\chi_i^{\varepsilon'}(x) = w_i^{\varepsilon'}(x) + x_i$, sous la forme

$$a_{\varepsilon'} \nabla \chi_i^{\varepsilon'} \longrightarrow a_i^* \quad \text{dans} \quad \left(L^2(\mathcal{D})\right)^d, \tag{3.66}$$

où $a_i^* = a^* e_i$ désigne la $i$ème colonne de la matrice a^*. Il suffit alors d'appliquer (3.63), en se souvenant que, comme nous l'avons vu plus haut, $\chi_i^* = \psi_i$, définie par (3.62). Ainsi, en particulier,

$$\nabla \chi_i^{\varepsilon'} \longrightarrow \nabla \psi_i, \quad \widetilde{a}^{\varepsilon'} \nabla \chi_i^{\varepsilon'} \longrightarrow \widetilde{a}^* \nabla \psi_i.$$

Ces convergences ont lieu dans $L^2(\widetilde{\mathcal{D}})$, donc en particulier dans $L^2(\mathcal{D})$. Et comme, dans $\mathcal{D}$, $\widetilde{a}_{\varepsilon'} = a_{\varepsilon'}$, $\widetilde{a}^* = a^*$ et $\nabla \psi_i = e_i$, nous déduisons (3.66). $\qquad\square$

3.4 Quelques preuves possibles pour un cas explicite : le cas périodique

Le développement à deux échelles effectué à la Section 3.3.1 nous a montré que

[i] *si* la fonction u^ε admet un développement du type (3.39),

[ii] *si* nous pouvons dériver autant que nécessaire les fonctions u_k qui y figurent,

[iii] *si* nous pouvons faire des intégrations par parties, des moyennes, etc,

alors, *nécessairement*,

[a] le terme dominant du développement (coefficient du terme ε^0) est u^*, solution de l'équation homogénéisée avec coefficient a^*,

[b] la matrice a^* s'exprime en fonctions de certaines fonctions w_i dites correcteurs, que nous pouvons identifier par la résolution des problèmes du type (3.48),

[c] le terme suivant du développement (coefficient du terme ε^1) s'exprime en fonction de ∇u^* et des correcteurs w_i,

[d] et nous pouvons continuer le raisonnement, vraisemblablement *ad libitum*, pour identifier les termes suivants.

Notre objectif est ici de démontrer que, dans les bons cadres, le développement obtenu par conditions nécessaires est en fait correct, au moins aux deux premiers ordres. Nous le savons déjà pour le cadre monodimensionnel (périodique, voire au-delà), mais il nous faut mieux. Pour travailler, nous prenons un cadre périodique qui est d'abord aussi régulier que voulu pour simplifier l'argument, puis nous indiquerons au fil de l'eau, dans cette section, quelles modifications sont à opérer pour étendre nos arguments à d'autres cas, préparant ainsi le terrain pour les chapitres à venir dont le Chapitre 4 qui abordera, entre autres, les problèmes périodiques perturbés par des défauts, ou les problèmes aléatoires.

Signalons immédiatement que, en annonçant chercher à démontrer que le développement est *"correct"*, nous entendons qu'il nous sera possible de démontrer que le reliquat obtenu tend effectivement vers zéro avec ε, mais pas forcément à l'ordre "évident" attendu (dit brutalement : pas forcément en ε^{p+1} si nous tronquons le développement formel à l'ordre ε^p), et pas forcément dans toutes les topologies. Il va nous falloir préciser cela.

Pour l'instant, contentons-nous, pour que le lecteur comprenne cette subtilité, de signaler le fait suivant (qui peut surprendre à brûle-pourpoint, si le lecteur se laisse abuser par les apparences...). Un point est passé relativement inaperçu dans notre analyse de la Section 3.3.1 : la condition au bord $u^\varepsilon = 0$ est certes vérifiée par $u_0 = u^*$, mais pas par u_1 (voir la formule (3.47)), puisque pas, en général, par $w_j \left(\frac{\cdot}{\varepsilon} \right)$. Il s'ensuit que nous savons au moins que, sauf miracle, $u^\varepsilon - u_0(\cdot) - \varepsilon u_1 \left(\cdot, \frac{\cdot}{\varepsilon} \right)$ ne peut pas tendre vers zéro comme ε^2, puisqu'il est d'ordre ε au bord ! Rappelons en effet que, par exemple, à cause des propriétés de l'application *Trace*, la norme $H^1(\mathcal{D})$ sur le domaine majore (à constante multiplicative près) la norme $L^2(\partial\mathcal{D})$, et donc si la convergence au bord n'est pas bonne, la convergence de la dérivée sur *tout* le domaine ne peut pas l'être non plus. Un terme parasite dû aux conditions aux limites apparaît ainsi dans le développement limité (3.39), qu'il faut ainsi corriger. Aux ordres supérieurs, nous pourrions anticiper de façon analogue des difficultés. Signalons également que, indépendamment du problème du bord, lorsqu'on considère le gradient de $u^\varepsilon - u_0(\cdot) - \varepsilon u_1 \left(\cdot, \frac{\cdot}{\varepsilon} \right)$, le terme apparemment d'ordre 1 apporte en fait une contribution d'ordre 0, et le terme apparemment d'ordre 2 une contribution d'ordre 1. Donc, sur le reste du développement, il n'est pas possible de trouver un terme d'ordre ε^2 mais au mieux d'ordre ε.

Montrer que le développement est, en un certain sens, correct, implique de montrer que les objets qui y figurent existent. Contrairement au cas de la dimension $d = 1$ où, au moins dans le cadre linéaire où nous travaillons, toute, ou "presque toute", équation différentielle linéaire raisonnable est soluble, la situation est radicalement différente en dimension $d \geq 2$. Ce n'est pas parce que, formellement w_i est solution de (3.48), ou que u_2 est solution de (3.49), que de tels objets existent forcément, sans parler de leur régularité, et *a fortiori* des propriétés éventuelles de correction pour une convergence forte en topologie H^1, etc.

Comme préliminaire, nous montrons maintenant que, dans le cadre périodique, il existe bien un correcteur, c'est-à-dire une solution de (3.48), et que les propriétés de régularité éventuellement supposées sur le coefficient a se transmettent à ce correcteur. Récrivons (3.48) de la manière suivante :

$$- \operatorname{div} \left(a_{per}(y) \left(p + \nabla w_{p,per}(y) \right) \right) = 0 \qquad (3.67)$$

pour $p \in \mathbb{R}^d$ fixé.

Clairement, l'équation (3.67) est de la forme de l'équation générale périodique

$$- \operatorname{div}_y (a_{per}(y) \nabla z_{per}(y)) = h_{per}(y), \qquad (3.68)$$

où, dans le cas de (3.67), $h_{per}(y) = \operatorname{div}_y(a_{per}(y) p)$. Nous remarquons immédiatement, et ce sera un point clé pour la suite, que h_{per} vérifie, au moins formellement, la condition

$$\int_Q h_{per}(y) \, dy = 0 \qquad (3.69)$$

puisque par intégration par parties (ou "formule de Green") sur la maille de périodicité Q, nous avons $\int_Q \operatorname{div} (a_{per}(y) p) \, dy = \int_{\partial Q} (a_{per}(y) p) \cdot \mathbf{n} = 0$. En termes de régularité, choisissons pour le moment de supposer que $h_{per} \in H^{-1}_{per}(Q)$, ce qui est largement le cas pour le choix spécifique $h_{per}(y) = \operatorname{div}_y(a_{per}(y) p)$, puisque nous avons même $h_{per} \in W^{-1,\infty}(Q)$, compte-tenu des hypothèses faites sur a_{per}. Nous formalisons alors la condition formelle (3.69) par

$$\langle h_{per}, \, 1 \rangle_{H^{-1}_{per}(Q), H^1_{per}(Q)} = 0 \qquad (3.70)$$

au sens de la dualité entre $H^{-1}_{per}(Q)$ et $H^1_{per}(Q)$. La formulation variationnelle que nous adoptons pour (3.68) est la suivante: *Trouver* $z_{per} \in H^1_{per,0}$ *tel que, pour tout* $v_{per} \in H^1_{per,0}$, *on ait*

$$\int_Q a_{per}(y) \nabla z_{per}(y) \cdot \nabla v_{per}(y) \, dy = \langle h_{per}, v_{per} \rangle_{H^{-1}_{per}(Q), H^1_{per}(Q)}, \qquad (3.71)$$

où l'espace fonctionnel $H^1_{per,0}$ est défini par

$$H^1_{per,0} = \left\{ v_{per} \in H^1(Q); \, v_{per} \text{ périodique}, \int_Q v_{per}(y) \, dy = 0 \right\} \qquad (3.72)$$

Le lecteur comprend bien sûr que, comme seul le gradient de z_{per}, et pas z_{per} lui-même, intervient dans (3.68), nous devons et pouvons toujours fixer "la constante d'intégration" et donc imposer par exemple la condition d'intégrale nulle de l'espace $H^1_{per,0}$. La formulation (3.71) s'obtient formellement en multipliant (3.68) par v_{per} et en intégrant par parties sur Q :

$$-\int_Q \text{div}_y(a_{per}(y)\,\nabla z_{per}(y))\,v_{per}(y)\,dy = \int_Q a_{per}(y)\,\nabla z_{per}(y)\,.\,\nabla v_{per}(y)\,dy$$

$$-\int_{\partial Q} a_{per}(y)\,\nabla z_{per}(y)\,.\,\mathbf{n}\,v_{per}(y)\,dy,$$

$$(3.73)$$

le terme de bord s'éliminant par périodicité. Il est classique de démontrer l'existence et l'unicité de la solution de la formulation variationnelle (3.71), par exemple par le Lemme de Lax-Milgram. L'ingrédient clé est de prouver la coercivité de la forme bilinéaire $\int_Q a_{per}(y)\,\nabla z_{per}(y)\,.\,\nabla v_{per}(y)\,dy$ sur l'espace (3.72), et ceci est une conséquence de l'inégalité de Poincaré-Wirtinger (c'est-à-dire la version multidimensionnelle de la propriété (P4) du Chapitre 1) et de la coercivité (3.1) de a_{per}. Les autres propriétés nécessaires pour appliquer le Lemme de Lax-Milgram sont immédiates et laissées au lecteur. Il s'agit alors de montrer que la solution unique z_{per} de (3.71) est en fait une solution de (3.68). C'est ici que la condition (3.70) va se rappeler à notre bon souvenir. A priori, la propriété (3.71) n'est vraie que si $v_{per} \in H^1_{per}$ satisfait la condition (3.70). Mais en fait, nous pouvons éliminer cette restriction. En effet, changer v_{per} en $v_{per} - \int_Q v_{per}$ ne perturbe ni le membre de gauche qui ne se soucie que de ∇v_{per}, ni le membre de droite car, formellement,

$$\int_Q h_{per}(y)\,v_{per}(y)\,dy = \int_Q h_{per}(y)\left(v_{per}(y) - \int_Q v_{per}(y')\,dy'\right) dy,$$

à cause de (3.69), ce qui s'écrit rigoureusement

$$\langle h_{per},\,v_{per}\rangle_{H^{-1}_{per}(Q),H^1_{per}(Q)} = \left\langle h_{per},\,v_{per} - \int_Q v_{per}\right\rangle_{H^{-1}_{per}(Q),H^1_{per}(Q)}$$

à cause de (3.70). A partir de là, l'argument classique rappelé à la Section A.2 qui permet de "remonter" d'une formulation variationnelle comme (3.71) à l'équation originale associée (3.68) se poursuit "comme d'habitude". En choisissant maintenant à bon droit comme fonction test v une fonction quelconque infiniment dérivable et à support compact dans Q, nous récupérons d'abord l'équation (3.68) *au sens des distributions* dans Q. La condition de périodicité étant elle contenue dans l'espace variationnel où nous avons travaillé, elle est automatiquement obtenue. D'où notre solution, unique à constante additive près, de l'équation (3.68), et donc une solution, de nouveau unique à constante additive près, de (3.67).

Si plus de régularité est supposée sur a_{per} et sur h_{per}, nous pouvons aussi en établir sur z_{per} (et donc sur $w_{p,per}$). Par exemple, en appliquant le Théorème A.20, si a_{per} est de classe $C^{0,\sigma}$, pour un certain $\sigma \in]0, 1[$, alors $\nabla w_{p,per} \in C^{0,\sigma}(Q)$. En particulier, comme $\nabla w_{p,per}$ est périodique, ceci implique que $\nabla w_{p,per} \in L^\infty(\mathbb{R}^d)$.

Une autre remarque s'impose aussi, qui concerne cette fois $w_{p,per}$ lui-même et non son gradient. Même sans supposer de régularité sur le coefficient a_{per} (mais en le considérant seulement borné et coercif), la théorie de Nash-Moser permet de démontrer que $w_{p,per} \in C^{0,\nu}$, pour un certain $\nu \in]0, 1[$ dépendant uniquement de la constante de coercivité de a_{per} et de sa borne L^∞. Il suffit par exemple d'appliquer le Théorème A.19 à la fonction $x \mapsto w_{p,per}(x) + p.x$. Comme $w_{p,per}$ est périodique, elle est en fait dans $C_{unif}^{0,\nu}(\mathbb{R}^d)$. Prouver cela dans le cas de systèmes nécessite une hypothèse de régularité höldrienne supplémentaire sur le coefficient a_{per}, comme cela est supposé par exemple dans [AL87].

Cette dernière remarque implique aussi, puisque $w_{p,per} \in C_{unif}^{0,\nu}(\mathbb{R}^d)$, que $w_{p,per}$ est bornée, donc strictement sous-linéaire, au sens où nous l'avons défini dès la Section 2.3 du Chapitre 2. Il s'agit de la condition de *sous-linéarité stricte* (mentionnée en (2.37) et (2.38)). Ici encore, cet argument est basé sur la théorie de Nash-Moser, qui n'est valable que pour les équations scalaires, et pas pour les systèmes. Il ne s'étend aux systèmes elliptiques qui si le coefficient est suffisamment régulier.

Signalons enfin, et ceci sera valable pour le reste de ce chapitre 3 et le chapitre 4, que, dans beaucoup de résultats et de preuves, la régularité Höldrienne du coefficient pourrait être remplacée par une hypothèse plus faible. En effet, les travaux [LN03] et [LV00] montrent que les résultats de régularité elliptique de type Schauder comme le Théorème A.20 peuvent être généralisés sous certaines conditions au cas de coefficients discontinus réguliers par morceaux. Nous remercions un referee anonyme pour cette remarque.

3.4.1 Preuve dans le cadre (très) régulier

Le raisonnement que nous allons faire maintenant est issu de [BLP11, Chapitre 1, Section 2] et de [ES08], auxquels nous renvoyons pour plus de détails. Nous supposons que nous disposons des fonctions w_i solutions de la première ligne de (3.48), u^* solution de (3.8) pour une certaine matrice homogénéisée a^* donnée par (3.54), u_1 s'exprimant par (3.47), et u_2 vérifiant l'équation (3.49), et que ces fonctions sont toutes suffisamment régulières pour donner un sens aux arguments de nature classique que nous allons développer maintenant. Nous allons aussi supposer que les fonctions $w_i(y)$ et $u_2(x, y)$ sont bornées uniformément par rapport à $y \in \mathbb{R}^d$, sachant qu'en fait les bonnes conditions sont que $w_i(y)$ et $u_2(x, y)$ soient strictement sous-linéaires à l'infini en y, comme vu en (2.37) au Chapitre 2, ainsi qu'à la fin de la Section précédente. Nous reviendrons sur ces questions plus loin.

Nous *savons* depuis le début de cette section que si nous sommes originellement partis dans (1) d'un coefficient $a_\varepsilon = a_{per} \left(\frac{\cdot}{\varepsilon} \right)$ pour a_{per} *périodique* et *régulier*, et d'une fonction f au second membre qui est elle aussi régulière, alors nous disposons effectivement de telles fonctions avec la régularité voulue. Mais, au fond, ces fonctions auraient pu, dans un cadre général, littéralement *tomber du ciel*, et nous pourrions tout autant mettre en œuvre les arguments de cette section. En particulier, la *périodicité* n'est pas du tout requise dans cette étape, qui pourrait donc se faire dans d'autres contextes. Seule la *régularité* compte.

Nous construisons alors (*spontanément* !) la fonction d'approximation (qui est la troncature à l'ordre 2 formel en ε du développement à deux échelles que nous avons postulé)

$$ u^{\varepsilon,2}(x) = u^*(x) + \varepsilon \sum_{i=1}^{d} \partial_{x_i} u^*(x) \, w_i \left(\frac{x}{\varepsilon} \right) + \varepsilon^2 u_2 \left(x, \frac{x}{\varepsilon} \right). \tag{3.74} $$

Cette fonction est la généralisation multidimensionnelle et à un ordre supérieur de notre construction (2.45) du Chapitre 2, aussi utilisée dans (3.55). Nous formons alors la différence

$$ z^\varepsilon = u^\varepsilon - u^{\varepsilon,2}, \tag{3.75} $$

et réutilisons le calcul (3.42) pour obtenir

$$ -\mathrm{div} \left(a_{per} \left(\frac{x}{\varepsilon} \right) \nabla z^\varepsilon \right) = O(\varepsilon) \text{ dans le domaine } \mathcal{D}, \tag{3.76} $$

où nous rappelons que ce reste $O(\varepsilon)$ dépend des dérivées d'ordre 0, 1 et 2 des u_k, et qu'il est effectivement au moins d'un tel ordre si toutes ces dérivées sont bornées. Par (3.76), nous entendons bien sûr qu'il existe une constante C telle que, pour tout $x \in \mathcal{D}$, $\left| \mathrm{div} \left(a_{per} \left(\frac{x}{\varepsilon} \right) \nabla z^\varepsilon \right) \right| \leq C \varepsilon$.

Par ailleurs, sur le bord $\partial \mathcal{D}$ du domaine, nous savons que u^ε et u^* s'annulent et donc nous avons aussi, toujours à cause des bornes sur les u_k, donc ici sur u^* et u_2, et dans le même sens,

$$ z^\varepsilon = O(\varepsilon) \text{ sur } \partial \mathcal{D}. \tag{3.77} $$

Il résulte alors de (3.76) - (3.77) et du *principe du maximum* (voir le Théorème A.13) que

$$ z^\varepsilon = O(\varepsilon) \text{ dans tout le domaine } \mathcal{D}. \tag{3.78} $$

Si nous avions simplement l'opérateur $-\Delta$, c'est-à-dire si a_{per} était égale à l'identité, une preuve (très simple) possible pour (3.75) serait la suivante. Quitte à translater le domaine $\mathcal{D}$, nous pouvons supposer qu'il contient l'origine et est inclus dans la boule $B(R, 0)$ de centre 0 et de rayon $R > 0$. Soit alors

$$U^\varepsilon(x) = K\varepsilon \left(R^2 + 1 - |x|^2 \right), \quad K > 0.$$

Cette fonction vérifie

$$-\Delta U^\varepsilon \geq 2dK\varepsilon \quad \text{dans} \quad \mathcal{D}, \tag{3.79}$$

et $U^\varepsilon \geq K\varepsilon$ sur $\partial\mathcal{D}$. En réalité, (3.79) est une égalité, mais c'est seulement cette inégalité qui va nous servir. Donc, pour K suffisamment grand (indépendant de ε), nous avons

$$-\Delta \left(z^\varepsilon - U^\varepsilon \right) \leq 0 \quad \text{dans} \quad \mathcal{D}, \qquad z^\varepsilon - U^\varepsilon \leq 0 \quad \text{sur} \quad \partial\mathcal{D}.$$

Le principe du maximum (Théorème A.12) implique alors $z^\varepsilon \leq U^\varepsilon$. De la même façon, il est possible de prouver que $z^\varepsilon \geq -U^\varepsilon$. Ceci nous permet de conclure que $|z^\varepsilon| \leq U^\varepsilon \leq K \left(R^2 + 1 \right) \varepsilon$, c'est-à-dire (3.78). L'important est que la constante K intervenant ici ne dépend que de $\mathcal{D}$ et de la constante de coercivité de a_ε, donc en particulier pas de ε. La méthode que nous venons d'exposer dans ce cas (très) simplifié de l'opérateur Laplacien est en fait générale et porte le nom de *méthode de sur-solution*. A cause de l'inégalité (3.79), la fonction U^ε est appelée sur-solution de l'équation vérifiée par z^ε. Cette terminologie se comprenant facilement *a posteriori* puisque, précisément, par le principe de comparaison, elle est "au-dessus" de la solution. Pour une raison similaire et symétrique $-U_\varepsilon$ est dite une *sous-solution*. Dans le cas qui nous occupe ici, il n'est pas possible d'utiliser un raisonnement aussi simple que (3.79). Cependant, le Théorème A.13, dont la preuve est basée sur une technique de comparaison similaire avec une sur-solution et une sous-solution bien choisies (voir pour cela [GT01, Théorème 8.16, p 191]), permet encore de prouver (3.78).

L'estimation (3.78) nous fournit donc, pour la première fois dans un cadre général (*mais* régulier), et pour le premier ordre, la preuve du fait que le développement à deux échelles formel effectué à la Section 3.3.1 est *rigoureux*. Nous allons maintenant passer à une autre preuve du même résultat, dans un contexte moins régulier, mais qui exploite plus intensément la structure périodique, et est donc plus délicate (mais pas impossible!) à appliquer à d'autres contextes, comme nous le verrons dans la suite de cet ouvrage.

3.4.2 Identification de la limite homogénéisée et convergence par div-curl

La *méthode de l'énergie* (*energy method* en anglais), aussi appelée *méthode des fonctions oscillantes* (*oscillating test functions* en anglais), est due à François Murat et Luc Tartar, voir les articles [Mur78, Tar79]. Elle est basée sur le principe dit, ou la méthode dite, de *compacité par compensation*, principe ou méthode que le lecteur ne confondra pas avec le principe ou méthode de *concentration-compacité*, dû à Pierre-Louis Lions dans [Lio84, Lio85] (et qu'il se trouve que nous utiliserons plus loin dans cet ouvrage, juste pour embrouiller le lecteur !). La confusion de terminologie est fréquente. Quand nous aurons vu plus en détail ces deux méthodes, le lecteur comprendra la terminologie et ne fera plus de confusion. L'outil essentiel de la méthode de compacité par compensation est le *Lemme du div-curl*, plus connu sous son nom anglais (que nous adopterons ici), le *div-curl Lemma*.

Par souci de clarté et de pédagogie, nous mettons en œuvre la méthode sur le cas périodique, bien que son application ne soit absolument pas restreinte à ce cas, puisqu'elle pourrait s'appliquer dans le cadre général traité à la Section 3.3.2. Le cadre périodique suffit à comprendre les ressorts essentiels de l'approche. De plus, et c'est anecdotique, nous supposons de nouveau le coefficient a_{per} à valeurs scalaires. Sinon, "comme d'habitude", nos arguments doivent être amendés avec l'apparition en certains endroits (et notamment pour cette preuve dans l'équation qui définit le correcteur w_p employé) de la matrice transposée a_{per}^T.

Comme annoncé, nous avons déjà utilisé le Lemme 3.17 à la Section 3.1 d'une part, et à la Section 3.3 d'autre part, dans un cadre plus général que le cadre périodique. Nous l'énonçons donc et le démontrons ci-dessous dans ce cadre général, bien que son utilisation subséquente soit réservée au cas périodique.

A cause des bornes établies en début de Section 3.1, et aussi du résultat abstrait de la Proposition 3.1, nous savons qu'à extraction près que nous omettons dans la notation, nous pouvons supposer que u^ε converge faiblement dans $H_0^1(\mathcal{D})$, vers une certaine fonction à valeurs scalaires u^*, et que, de même $a_{per}(x/\varepsilon)\nabla u^\varepsilon$ converge faiblement dans $L^2(\mathcal{D})$, vers une certaine fonction à valeurs vectorielles r^*. Par linéarité et passage à la limite faible dans (1), cette fonction vérifie bien sûr

$$-\operatorname{div} r^* = f. \qquad (3.80)$$

Par ailleurs, pour tout $p \in \mathbb{R}^d$, le correcteur périodique w_p vérifie

$$\nabla w_p\left(\frac{x}{\varepsilon}\right) \longrightarrow \langle \nabla w_p \rangle = 0, \qquad (3.81)$$

pour la convergence L^2 faible, et donc aussi

$$p + \nabla w_p\left(\frac{x}{\varepsilon}\right) \longrightarrow p. \qquad (3.82)$$

D'autre part, toujours à cause des mêmes bornes et de la périodicité,

$$a_{per}\left(\frac{x}{\varepsilon}\right)\left(p + \nabla w_p\left(\frac{x}{\varepsilon}\right)\right)$$

est borné dans L^2, et converge donc faiblement vers $\langle a_{per}\left(p + \nabla w_p\right)\rangle$. Cette moyenne est clairement une fonction *linéaire* de $p \in \mathbb{R}^d$, puisque ∇w_p elle-même est linéaire en p (par unicité de la solution de l'équation du correcteur périodique à constante additive près). Nous pouvons donc définir une matrice constante $(\mathfrak{a})^T$ telle que

$$a_{per}\left(\frac{x}{\varepsilon}\right)\left(p + \nabla w_p\left(\frac{x}{\varepsilon}\right)\right) \longrightarrow \langle a_{per}\left(p + \nabla w_p\right)\rangle = (\mathfrak{a})^T \, p \qquad (3.83)$$

Cette matrice $\mathfrak{a}$ est bien sûr identique à celle introduite formellement en (3.52) dans le développement à deux échelles. Nous considérons alors la quantité scalaire

$$\left[a_{per}\left(\frac{x}{\varepsilon}\right)\left(p + \nabla w_p\left(\frac{x}{\varepsilon}\right)\right)\right] . \nabla u^\varepsilon = \left[a_{per}\left(\frac{x}{\varepsilon}\right)\nabla u^\varepsilon\right] . \left(p + \nabla w_p\left(\frac{x}{\varepsilon}\right)\right).$$

$$(3.84)$$

Écrivons cette équation

$$\mathbf{f}^\varepsilon . \mathbf{g}^\varepsilon = \mathbf{r}^\varepsilon . \mathbf{s}^\varepsilon, \qquad (3.85)$$

où nous avons introduit

$$\begin{cases} \mathbf{f}^\varepsilon = a_{per}\left(\frac{x}{\varepsilon}\right)\left(p + \nabla w_p\left(\frac{x}{\varepsilon}\right)\right), \\[2mm] \mathbf{g}^\varepsilon = \nabla u^\varepsilon, \\[2mm] \mathbf{r}^\varepsilon = a_{per}\left(\frac{x}{\varepsilon}\right)\nabla u^\varepsilon, \\[2mm] \mathbf{s}^\varepsilon = p + \nabla w_p\left(\frac{x}{\varepsilon}\right). \end{cases} \qquad (3.86)$$

Nous remarquons que les quatre suites $\mathbf{f}^\varepsilon$, $\mathbf{g}^\varepsilon$, $\mathbf{r}^\varepsilon$, $\mathbf{s}^\varepsilon$ sont bornées dans $L^2(\mathcal{D})$ uniformément en ε, et que, par construction, $\mathrm{rot}\,\mathbf{g}^\varepsilon = 0$, $\mathrm{rot}\,\mathbf{s}^\varepsilon = 0$, alors que, à cause de l'équation du correcteur, $\mathrm{div}\,\mathbf{f}^\varepsilon = 0$, et à cause de l'équation originale (1), $\mathrm{div}\,\mathbf{r}^\varepsilon = -f$. Nous sommes alors en mesure d'appliquer le célèbre lemme suivant.

Lemme 3.16 *[Lemme du div-curl ("div-curl Lemma")]*

Soient $\mathbf{f}^\varepsilon$ et $\mathbf{g}^\varepsilon$ deux suites de fonctions à valeurs vectorielles dans $\mathbb{R}^d$, qui convergent faiblement dans $\left(L^2\left(\mathbb{R}^d\right)\right)^d$, respectivement vers $\mathbf{f}$ et $\mathbf{g}$. Supposons de plus que la suite $\mathrm{div}\,\mathbf{f}^\varepsilon$ est bornée dans $L^2\left(\mathbb{R}^d\right)$ et la suite $\mathrm{rot}\,\mathbf{g}^\varepsilon$ est bornée *dans* $\left(L^2\left(\mathbb{R}^d\right)\right)^d$. *Alors la suite des produits scalaires* $\mathbf{f}^\varepsilon \cdot \mathbf{g}^\varepsilon$ *converge (au sens des distributions* $\mathcal{D}'\left(\mathbb{R}^d\right)$ *au moins) vers le produit scalaire* $\mathbf{f} \cdot \mathbf{g}$.

L'intérêt d'un tel résultat est bien sûr le fait que, comme le sait bien le lecteur, en général et en l'absence d'hypothèses supplémentaires, le produit de deux suites faiblement convergentes ne converge pas vers le produit de leurs limites. Si *toutes* les dérivées de $\mathbf{f}^\varepsilon$ ou de $\mathbf{g}^\varepsilon$ étaient bornées, disons dans $L^2\left(\mathbb{R}^d\right)$, alors par le Théorème de Rellich, ces suites seraient (localement à extraction près) fortement convergentes dans $L^2\left(\mathbb{R}^d\right)$, et nous pourrions facilement passer à la limite dans le produit scalaire au sens des distributions. Ceci se ferait d'abord à extraction près, puis, à cause des bornes et par unicité de la limite, pour toute la suite. Ici, ce sont seulement *certaines* combinaisons linéaires de dérivées partielles premières qui sont bornées, et pourtant nous y parvenons quand même. C'est la force de ce lemme, qui, en l'esprit, peut rappeler au lecteur les phénomènes de régularité elliptique : si le Laplacien est régulier (c'est-à-dire une *certaine* combinaison linéaire de certaines dérivées partielles secondes est régulier), alors sous de bonnes conditions *toutes* les dérivées partielles secondes le sont. Signalons aussi que ce lemme admet de multiples variantes, en particulier une variante immédiate avec des convergences et des bornes dans un bon couple d'espaces $\left(L^q, L^{q'}\right)$, $1 < q < +\infty$, $\dfrac{1}{q} + \dfrac{1}{q'} = 1$, au lieu de L^2 et une variante pour un cas particulier, que nous énoncerons au Lemme 3.17. Nous esquisserons la preuve du Lemme 3.16 en fin de cette section (preuve qui confirmera nos observations "philosophiques" ci-dessus, et qui expliquera la terminologie "compensation"), mais pour le moment nous nous contentons d'*utiliser* ce lemme.

Nous appliquons le Lemme 3.16 successivement au couple de suites $(\mathbf{f}^\varepsilon, \mathbf{g}^\varepsilon)$, et au couple $(\mathbf{r}^\varepsilon, \mathbf{s}^\varepsilon)$, tous définis en (3.86), ce que nous pouvons faire à bon droit vu les observations que nous avons faites ci-dessus. Remarquons bien sûr que le Lemme, énoncé sur $\mathbb{R}^d$ tout entier, implique évidemment *a fortiori* le même résultat pour des fonctions considérées *localement* et pas globalement sur $\mathbb{R}^d$. C'est cette variante que nous appliquons en fait. En tout état de cause, la convergence au sens des distributions qui est déduite est une convergence locale, donc les deux versions, locale et globale, du Lemme 3.16 sont en fait équivalentes.

En passant alors à la limite dans (3.84), et compte-tenu des limites faibles de $\mathbf{f}^\varepsilon$ (voir (3.83)), de $\mathbf{g}^\varepsilon$ (puisque $\nabla u^\varepsilon \rightharpoonup \nabla u^*$ à cause de la Proposition 3.1), de $\mathbf{r}^\varepsilon$ (à cause de l'équation (1)) et de $\mathbf{s}^\varepsilon$ (voir (3.82)), nous obtenons

$$\left[(\mathfrak{a})^T p\right] \cdot \nabla u^* = r^* \cdot p,$$

c'est-à-dire

$$\left[\mathfrak{a}\,\nabla u^*\right] \cdot p = r^* \cdot p.$$

Ceci étant vrai pour tout $p \in \mathbb{R}^d$, nous concluons que $r^* = \mathfrak{a} \nabla u^*$, et donc, en passant à la limite dans l'équation (1) et en obtenant (3.80), que la matrice $\mathfrak{a}$ définie par (3.83), identique à la matrice "devinée" en (3.52), est effectivement la matrice homogénéisée a^* donnant u^* comme solution de $-\mathrm{div}\,(a^* \nabla u^*) = f$.

En conclusion, remarquons que la preuve ci-dessus repose sur les mêmes ressorts que celle du Lemme 3.3. Cette dernière utilise d'ailleurs le Lemme 3.17, qui est un corollaire du Lemme 3.16.

Nous devons faire deux remarques importantes.

Premièrement, le raisonnement ci-dessus, s'il fournit bien une identification de la matrice homogénéisée et montre que la suite de solutions u^ε converge effectivement vers la solution u^* de l'équation associée, ne dit rien de la vitesse de convergence de u^ε vers u^*, dans aucune topologie. Il faudra travailler plus pour estimer une telle vitesse, comme nous avions pu le faire dans le cas régulier à la Section 3.4.1. Nous le ferons à la Section 3.4.3.

Deuxièmement, comme annoncé, même si nous avons raisonné dans le cadre périodique par souci de simplicité, la preuve ci-dessus utilise en fait beaucoup moins que cela. En particulier, dans beaucoup de contextes (nous avons vu de tels contextes au Chapitre 1), la propriété (3.81) serait vraie pour un "bon" correcteur strictement sous-linéaire à l'infini. De même, la convergence faible (3.83) suffit à caractériser $\mathfrak{a}$ (sans passer par l'opération intermédiaire de calcul de moyenne périodique), et donc peut aussi être généralisée (le lecteur comprend qu'on n'est plus très loin de la *preuve* de la formule (3.60) de la Proposition 3.13). A partir de là, tout dans l'argument que nous avons mené est affaire de bornes et de convergences faibles. D'où les possibles généralisations. En fait, même l'existence d'un correcteur pourrait être remplacée par la suite de correcteurs de la Proposition 3.11. Dans toutes ces généralisations, nous devrions peut-être *a priori* considérer une suite extraite ε' et, puisqu'elle ne serait pas caractérisée par une "formule" exogène (par exemple une moyenne), nous ne serions éventuellement pas capables de montrer que la limite est unique, donc que toute la suite en ε converge. Mais ce n'est pas dans de telles directions, bien documentées dans les références bibliographiques habituelles, que nous souhaitons aller.

Comme annoncé, nous terminons cette section en esquissant une preuve du Lemme 3.16. Avant cela, notons qu'en réalité, nous n'avons pas besoin du Lemme 3.16 dans toute sa généralité, mais seulement du cas où $\mathbf{g}^\varepsilon = \nabla w^\varepsilon$, qui est plus spécifique que les hypothèses du Lemme 3.16. Citons donc ici un résultat plus faible, qui nous suffit pour ce dont nous avons besoin, et dont la preuve est en fait bien plus simple que celle du Lemme 3.16, plus général. Ce dernier reste un résultat très important d'analyse en général, c'est pourquoi, bien que nous ne l'utiliserons pas directement, nous l'avons cité ci-dessus (et en proposons plus loin une démonstration simplifiée).

Lemme 3.17 *Soient* $\mathbf{f}^\varepsilon$ *et* $\mathbf{g}^\varepsilon$ *deux suites de fonctions à valeurs vectorielles dans* $\mathbb{R}^d$, *qui convergent faiblement dans* $\left(L^2(\mathcal{D})\right)^d$, *respectivement vers* $\mathbf{f}$ *et* $\mathbf{g}$. *Supposons de plus que la suite div* $\mathbf{f}^\varepsilon$ *est bornée dans* $L^2(\mathcal{D})$ *et* $\mathbf{g}^\varepsilon = \nabla w^\varepsilon$. *Alors la suite* *des produits scalaires* $\mathbf{f}^\varepsilon \cdot \mathbf{g}^\varepsilon$ *converge au sens des distributions vers le produit scalaire* $\mathbf{f} \cdot \mathbf{g}$.

Preuve. Commençons par remarquer que, quitte à décaler w^ε d'une constante, nous pouvons toujours supposer que $\int_{\mathcal{D}} w^\varepsilon = 0$. L'inégalité de Poincaré-Wirtinger assure alors que la suite w^ε est bornée dans $H^1(\mathcal{D})$. A extraction près, elle converge donc faiblement dans $H^1(\mathcal{D})$ et fortement dans $L^2(\mathcal{D})$, vers un certain $w \in H^1(\mathcal{D})$. Comme la convergence H^1 faible implique la convergence au sens des distributions, et que les opérateurs differentiels sont continus pour cette dernière topologie, nous déduisons que $\mathbf{g} = \nabla w$. Fixons maintenant $\varphi \in \mathcal{C}^\infty(\mathcal{D})$, à support compact. Nous avons alors, en intégrant par parties,

$$
\int_{\mathcal{D}} \mathbf{f}^\varepsilon \cdot \mathbf{g}^\varepsilon \, \varphi = \int_{\mathcal{D}} \mathbf{f}^\varepsilon \cdot \nabla w^\varepsilon \, \varphi
$$

$$
= -\int_{\mathcal{D}} w^\varepsilon \, \mathrm{div}(\mathbf{f}^\varepsilon \varphi)
$$

$$
= -\int_{\mathcal{D}} w^\varepsilon \, \mathrm{div}(\mathbf{f}^\varepsilon) \, \varphi - \int_{\mathcal{D}} w^\varepsilon \mathbf{f}^\varepsilon \cdot \nabla \varphi. \tag{3.87}
$$

Comme $\mathrm{div}(\mathbf{f}^\varepsilon)$ est bornée $L^2(\mathcal{D})$, elle converge (à extraction près) dans $L^2(\mathcal{D})$ faible. Ici encore, ceci implique la convergence au sens des distributions, et la continuité des opérateurs différentiels pour cette topologie assure que la limite est $\mathrm{div}(\mathbf{f})$. Comme w^ε converge fortement dans $L^2(\mathcal{D})$, nous pouvons passer à la limite dans le premier terme du membre de droite de (3.87). De même pour le deuxième terme du membre de droite car $\mathbf{f}^\varepsilon$ converge faiblement et w^ε converge fortement. Ainsi,

$$
\lim_{\varepsilon \to 0} \int_{\mathcal{D}} \mathbf{f}^\varepsilon \cdot \mathbf{g}^\varepsilon \, \varphi = -\int_{\mathcal{D}} w \, \mathrm{div}(\mathbf{f}) \, \varphi - \int_{\mathcal{D}} w \, \mathbf{f} \cdot \nabla \varphi = \int_{\mathcal{D}} \varphi \, \mathbf{f} \cdot \nabla w = \int_{\mathcal{D}} \varphi \, \mathbf{f} . \mathbf{g},
$$

ce qui prouve la convergence au sens des distributions annoncée, pour toute la suite, par unicité de la limite. $\qquad\square$

Comme promis, nous terminons cette section par la preuve simplifiée du Lemme 3.16. Pour une démonstration complète, nous renvoyons aux très claires notes de cours [Pra16a] de Christophe Prange sur le sujet.

Preuve (légèrement simplifiée) du Lemme 3.16 :

Comme nous souhaitons montrer la convergence $\mathbf{f}^\varepsilon \cdot \mathbf{g}^\varepsilon \;\to\; \mathbf{f} \cdot \mathbf{g}$ au sens des distributions, nous pouvons sans perte de généralité "avaler" dans $\mathbf{f}^\varepsilon$ et $\mathbf{g}^\varepsilon$ la fonction test régulière à support compact et donc supposer que les deux suites $\mathbf{f}^\varepsilon$ et $\mathbf{g}^\varepsilon$ sont toutes les deux à support compact dans la boule disons de rayon unité, et qu'il s'agit de montrer que $\int_{\mathbb{R}^d} \mathbf{f}^\varepsilon \cdot \mathbf{g}^\varepsilon \;\to\; \int_{\mathbb{R}^d} \mathbf{f} \cdot \mathbf{g}$. Par ailleurs, la transformée de Fourier étant une isométrie sur $L^2(\mathbb{R}^d)$, il suffit de montrer la convergence $\int_{\mathbb{R}^d} \widehat{\mathbf{f}^\varepsilon} \cdot \widehat{\mathbf{g}^\varepsilon} \rightarrow \int_{\mathbb{R}^d} \widehat{\mathbf{f}} \cdot \widehat{\mathbf{g}}$ pour les suites de transformées de Fourier $\widehat{\mathbf{f}^\varepsilon}(\xi) = \int_{\mathbb{R}^d} \mathbf{f}^\varepsilon(x) \exp(-2i\pi\, x \cdot \xi)\, dx$ (laquelle intégrale se réduit en fait à $\int_{|x|<1} \mathbf{f}^\varepsilon(x) \exp(-2i\pi\, x \cdot \xi)\, dx$ puisque $\mathbf{f}^\varepsilon$ est à support dans la boule unité), et $\widehat{\mathbf{f}}, \widehat{\mathbf{g}^\varepsilon}, \widehat{\mathbf{g}}$ définies de manière similaire.

Fixons un rayon $R < +\infty$ et considérons d'abord dans l'intégrale sur $\mathbb{R}^d$ la partie à distance finie : $\int_{|\xi|<R} \widehat{\mathbf{f}^\varepsilon} \cdot \widehat{\mathbf{g}^\varepsilon}$. Comme la suite $\mathbf{f}^\varepsilon$ est bornée dans $L^2(\mathbb{R}^d)$, une application directe de l'inégalité de Cauchy-Schwarz nous montre que la suite

$$\widehat{\mathbf{f}^\varepsilon}(\xi) = \int_{|x|<1} \mathbf{f}^\varepsilon(x) \exp(-2i\pi\, x \cdot \xi)\, dx$$

est bornée dans $L^\infty(\mathbb{R}^d)$. De plus, puisque $\mathbf{f}^\varepsilon$ converge faiblement dans $L^2(\mathbb{R}^d)$ vers $\mathbf{f}$ et que nous travaillons sur le support borné $|x| < 1$ où l'exponentielle elle aussi est de carré sommable, la suite $\widehat{\mathbf{f}^\varepsilon}(\xi)$ converge presque partout en $\xi \in \mathbb{R}^d$ vers $\widehat{\mathbf{f}}(\xi)$. Cette convergence presque partout, la borne $L^\infty(\mathbb{R}^d)$, les deux étant valables à la fois pour $\widehat{\mathbf{f}^\varepsilon}$ et $\widehat{\mathbf{g}^\varepsilon}$ bien sûr, et le Théorème de convergence dominée de Lebesgue, entraînent que

$$\int_{|\xi|<R} \widehat{\mathbf{f}^\varepsilon} \cdot \widehat{\mathbf{g}^\varepsilon} \rightarrow \int_{|\xi|<R} \widehat{\mathbf{f}} \cdot \widehat{\mathbf{g}}. \tag{3.88}$$

Le lecteur remarquera qu'à ce stade nous n'avons pas encore utilisé les hypothèses du Lemme 3.16 sur la divergence $\operatorname{div} \mathbf{f}^\varepsilon$ et le rotationnel $\operatorname{rot} \mathbf{g}^\varepsilon$. Le moment de le faire est venu, pour traiter la partie "à l'infini" de l'intégrale : $\int_{|\xi|>R} \widehat{\mathbf{f}^\varepsilon} \cdot \widehat{\mathbf{g}^\varepsilon}$.

En termes de transformées de Fourier, les deux hypothèses $\operatorname{div} \mathbf{f}^\varepsilon$ et $\operatorname{rot} \mathbf{g}^\varepsilon$ bornées dans $L^2(\mathbb{R}^d)$ se traduisent respectivement par $\xi_i \widehat{\mathbf{f}^\varepsilon_i}$ et, pour chaque couple (i, j) dans $\{1, 2, 3\}$, $\xi_j \widehat{\mathbf{g}^\varepsilon_i} - \xi_i \widehat{\mathbf{g}^\varepsilon_j}$ sont bornées dans $L^2(\mathbb{R}^d)$. Nous utilisons ici la convention de sommation sur les indices répétés, c'est-à-dire

$$\xi_i \widehat{\mathbf{f}^\varepsilon_i} = \sum_{i=1}^d \xi_i \widehat{\mathbf{f}^\varepsilon_i}. \tag{3.89}$$

Noter que nous avons laissé de côté le fait que depuis le début nous avons multiplié les fonctions $\mathbf{f}^\varepsilon$ et $\mathbf{g}^\varepsilon$ par la fonction test à support compact, ce qui modifie un peu l'algèbre dans ce raisonnement, mais glissons sur ces aspects techniques qui peuvent se régler facilement. Ecrivons alors, pour j fixé dans $\{1, 2, 3\}$ et toujours avec la convention de somme sur l'indice répété i,

$$\xi_j \, \widehat{\mathbf{f}_i^\varepsilon} \, \widehat{\mathbf{g}_i^\varepsilon} = \left(\xi_i \, \widehat{\mathbf{f}_i^\varepsilon}\right) \widehat{\mathbf{g}_j^\varepsilon} + \widehat{\mathbf{f}_i^\varepsilon} \left(\xi_j \, \widehat{\mathbf{g}_i^\varepsilon} - \xi_i \, \widehat{\mathbf{g}_j^\varepsilon}\right) \tag{3.90}$$

Les bornes dans $L^2\left(\mathbb{R}^d\right)$ sur $\widehat{\mathbf{f}_i^\varepsilon}$, $\widehat{\mathbf{g}_i^\varepsilon}$, $\xi_i \widehat{\mathbf{f}_i^\varepsilon}$, $\xi_j \widehat{\mathbf{g}_i^\varepsilon} - \xi_i \widehat{\mathbf{g}_j^\varepsilon}$ impliquent alors, via (3.90), que $\xi_j \, \widehat{\mathbf{f}_i^\varepsilon} \, \widehat{\mathbf{g}_i^\varepsilon}$ est bornée dans $L^1\left(\mathbb{R}^d\right)$, pour chaque $j \in \{1, 2, 3\}$. C'est précisément à cet endroit que la *compensation* (du terme *compacité par compensation* que nous mentionnions au début de cette section) s'opère. Nous n'avons pas de borne sur *chacune* des dérivées de $\mathbf{f}^\varepsilon$ et $\mathbf{g}^\varepsilon$, donc sur leurs transformées de Fourier $\xi_i \widehat{\mathbf{f}_i^\varepsilon}$, $\xi_j \widehat{\mathbf{g}_j^\varepsilon}$ pour *tous* les couples (i, j). Pourtant, sans que ces termes soient tous bornés, des compensations s'opèrent dans les sommations ou différences $\xi_i \widehat{\mathbf{f}_i^\varepsilon}$, $\xi_j \widehat{\mathbf{g}_i^\varepsilon} - \xi_i \widehat{\mathbf{g}_j^\varepsilon}$, et suffisent pour obtenir des bornes qui donnent, *in fine*, la compacité de la suite de produits scalaires $\mathbf{f}^\varepsilon . \mathbf{g}^\varepsilon$ étudiée, comme nous allons le voir.

Nous déduisons en effet de ces bornes que

$$\left| \int_{|\xi| > R} \widehat{\mathbf{f}^\varepsilon} . \widehat{\mathbf{g}^\varepsilon} \right| \leq \int_{|\xi| > R} \left| \widehat{\mathbf{f}^\varepsilon} . \widehat{\mathbf{g}^\varepsilon} \right|$$

$$\leq \int_{|\xi| > R} \frac{|\xi_1| + |\xi_2| + |\xi_3|}{|\xi|} \left| \widehat{\mathbf{f}^\varepsilon} . \widehat{\mathbf{g}^\varepsilon} \right|$$

$$\leq \frac{1}{R} \int_{|\xi| > R} (|\xi_1| + |\xi_2| + |\xi_3|) \left| \widehat{\mathbf{f}^\varepsilon} . \widehat{\mathbf{g}^\varepsilon} \right| \tag{3.91}$$

où le dernier tend donc vers 0, *uniformément* en ε, quand $R \to +\infty$. En regroupant (3.88) et (3.91), en choisissant *d'abord* R assez grand pour que les parties à l'infini des intégrales soient arbitrairement petites, *puis*, à R ainsi fixé, ε assez petit, nous obtenons la convergence annoncée et concluons cette esquisse de preuve.□

3.4.3 Convergence et vitesse

Comme annoncé ci-dessus, nous allons considérer ici un cadre périodique (et "un peu" régulier, dans un sens que nous allons définir), mais beaucoup des arguments (analytiques et algébriques) que nous allons faire vont pouvoir s'étendre, dans la suite de cet ouvrage, à des cadres différents du cadre périodique, et notamment des cadres "perturbés" en les divers sens du mot vus aux chapitres précédents. Et nous allons dans ce cadre montrer que les deux premiers termes du développement sont bien ceux attendus, fournissant même une estimation de la vitesse de convergence.

Pour simplifier les arguments, nous supposons encore une fois que le coefficient a_ε est *scalaire*, ce qui dans le cadre de travail défini, signifie que nous partons d'un coefficient périodique a_{per} lui-même scalaire. Modifier les arguments à venir pour les appliquer à un cadre où a_ε est une *matrice*, voire une matrice *non* symétrique, est sans difficulté particulière. En revanche, la situation n'est pas aussi simple si on s'intéresse à des *systèmes* plutôt qu'à des équations (autrement si l'inconnue u^ε devient à valeurs vectorielles). La généralisation à de tels cas est possible, mais beaucoup plus difficile. Nous y reviendrons dans la Remarque 3.24.

3.4.3.1 Quelques calculs préliminaires

Considérons donc les correcteurs $w_{p,per}$, solutions périodiques de l'équation (3.67). Considérons aussi la matrice homogénéisée de terme général

$$[a^*]_{ij} = \lim_{\varepsilon \to 0} \text{faible } a_{per}(./\varepsilon)\,(\delta_{ij} + \partial_j w_{i,per}(./\varepsilon)) \qquad (3.92)$$

$$= \int_Q a_{per}(y)\,(\delta_{ij} + \partial_j w_{i,per}(y))\,dy \qquad (3.93)$$

pour $1 \leq i, j \leq d$. Nous conservons les deux écritures (3.92)–(3.93) (la première venant de (3.60), la seconde reproduisant (3.54)) de cette matrice, dans l'idée de réutiliser, plus tard, la caractérisation (3.92) générale et suffisante pour bien des arguments, ou la caractérisation (3.93) plus explicite, valable telle quelle seulement en périodique et s'adaptant *mutatis mutandis* à d'autres contextes au-delà du périodique.

Nous formons maintenant

$$u_{per}^{\varepsilon,1}(x) = u^*(x) + \varepsilon \sum_{i=1}^d \partial_i u^*(x)\, w_{i,per}(x/\varepsilon), \qquad (3.94)$$

comme "prévu" en (3.55) par le développement formel à deux échelles.

Pour alléger les notations, et aussi pour montrer que beaucoup de nos arguments ci-dessous sont désormais plus généraux que ceux du cadre périodique, laissons tomber l'indice $\cdot_{per}$ dans toutes les fonctions. Au besoin, nous le rétablirons momentanément quand la périodicité jouera un rôle clé. Dans le même esprit, nous notons a^* plutôt que $a^*(x)$ bien qu'*a priori* la matrice homogénéisée puisse dépendre de la variable spatiale x (sauf dans les cas invariants par translation comme le cas périodique, stationnaire, etc...)

Nous avons

$$\partial_j u^{\varepsilon,1} = \sum_{i=1}^d (\delta_{ij} + \partial_j w_i(./\varepsilon))\, \partial_i u^* + \varepsilon \sum_{i=1}^d w_i(./\varepsilon)\, \partial_{ij} u^*, \qquad (3.95)$$

pour $1 \leq j \leq d$, ce que nous pouvons aussi noter de manière plus concise

$$\nabla u^{\varepsilon,1} = (\mathrm{Id} + \nabla w(./\varepsilon)) \, \nabla u^* + \varepsilon \, w(./\varepsilon) \, \nabla \nabla u^*. \tag{3.96}$$

Ayant tous ces ingrédients en main, nous pouvons commencer à étudier la différence $u^\varepsilon - u^{\varepsilon,1}$, espérant prouver qu'elle est "petite". L'idée à avoir est élémentaire (elle est décrite par exemple dans [ZKO94, p26–27]): nous ne connaissons pas explicitement cette différence elle-même (pas plus que nous ne connaissons explicitement u^ε), mais nous savons qu'en appliquant à ces fonctions l'opérateur différentiel $-\mathrm{div}\,(a_\varepsilon \, \nabla .)$ nous allons obtenir des quantités mieux connues (comme f, ou ...). Nous écrivons donc

$$-\mathrm{div}\left(a_\varepsilon \, \nabla (u^\varepsilon - u^{\varepsilon,1})\right) = -\mathrm{div}\left(a_\varepsilon \, \nabla u^\varepsilon - a_\varepsilon \, (\mathrm{Id} + \nabla w(./\varepsilon)) \, \nabla u^*(x)\right)$$

$$+\varepsilon \, \mathrm{div}\left(a_\varepsilon \, w(./\varepsilon) \, \nabla \nabla u^*\right)$$

$$= -\mathrm{div}\left((a^* - a_\varepsilon \, (\mathrm{Id} + \nabla w(./\varepsilon)) \, \nabla u^*(x))\right)$$

$$+\varepsilon \, \mathrm{div}\left(a(./\varepsilon) \, w(./\varepsilon) \, \nabla \nabla u^*\right) \tag{3.97}$$

puisque $-\mathrm{div}\,(a_\varepsilon \, \nabla u^\varepsilon) = -\mathrm{div}\,(a^* \, \nabla u^*) = f$. L'égalité (3.97) est écrite sous forme condensée, comme (3.96), et sa version "développée" serait

$$-\sum_{i=1}^{d} \partial_i \left(a_\varepsilon \partial_i \left(u^\varepsilon - u^{\varepsilon,1}\right)\right) = -\sum_{i=1}^{d}\sum_{j=1}^{d} \partial_i \left[\left(a_{ij}^* - a_\varepsilon \left(\delta_{ij} + \partial_i w_j(./\varepsilon)\right)\right) \partial_j u^*\right]$$

$$+ \varepsilon \sum_{i=1}^{d}\sum_{j=1}^{d} \partial_i \left[a_\varepsilon w_j(./\varepsilon)\partial_{ji} u^*\right].$$

Le lecteur conviendra que la forme (3.97) est plus agréable. Pour la suite, nous laisserons au lecteur le soin, éventuellement, de récrire les formules développées s'il le juge nécessaire. Nous introduisons alors la fonction à valeurs matricielles

$$M = a^* - a \, (\mathrm{Id} + \nabla w), \tag{3.98}$$

qui, composante par composante, s'écrit donc $[M(x)]_{ij} = [a^*]_{ij} - a(x) \left(\delta_{ij} + \partial_i w_j(x)\right)$. Bien que l'argument que nous allons faire soit indépendant de la dimension ambiante, raisonnons désormais en dimension $d = 3$ où les choses sont plus faciles à écrire et plus "parlantes". Nous renvoyons à la Remarque 3.18 pour le cas général.

La fonction M_j, j-ième colonne de la fonction matricielle M, est, pour chaque $1 \leq j \leq 3$, à divergence nulle :

$$\operatorname{div} M_j(x) = \partial_i [M(x)]_{ij} = \partial_i \left([a^*]_{ij} - a(x) \left(\delta_{ij} + \partial_i w_j(x)\right)\right)$$
$$= 0,$$

grâce à l'équation du correcteur, qui s'écrit $- \operatorname{div}(a(e_j + \nabla w_j)) = \operatorname{div}(a^* e_j)$. Si a^* est constante, on retrouve bien l'équation de correcteur (3.67) écrite ci-dessous. Celle utilisée ci-dessus en est une généralisation. Il existe donc, pour chaque $1 \leq j \leq 3$, une fonction à valeurs vectorielles B_j telle que $M_j = \operatorname{rot} B_j$, ce que nous notons sous la forme plus concise $M = \operatorname{rot} B$.

Cette propriété est tout à fait générale et probablement bien connue du lecteur. Elle porte parfois le nom de *Lemme de de Rham*, à cause de sa nature *algébrique*, ou *décomposition de Hodge* (ou Helmholtz-Hodge), et peut se prouver en toute généralité, même si M_j est seulement une distribution. Voir par exemple [Lio69, pp 67–69] ou [Tem79, Chapitre I, Proposition 1.1]. Il se trouve que, dans la suite de notre raisonnement, nous aurons besoin non seulement de l'existence de B_j mais aussi d'en savoir un peu plus sur cette fonction d'un point de vue *analytique*. Nous aurons besoin de ses propriétés de structure (que, par exemple, elle soit périodique si le cadre de travail est périodique), de régularité, et de croissance à l'infini. Autant donc présenter ici une preuve constructive de l'existence de B_j, qui nous fournira, sous de bonnes conditions, tous ces renseignements à la fois. Signalons de nouveau que, au besoin, cette preuve pourra être adaptée pour couvrir un ensemble de cas autres que le seul cas périodique.

Pour alléger, notons $\mathbf{m}$ (c'est M_j pour un certain $j \in \{1, 2, 3\}$) une fonction de $\mathbb{R}^3$ dans lui-même, que nous supposons périodique. Nous cherchons une fonction $\mathbf{b}$, aussi de $\mathbb{R}^3$ dans lui-même, telle que $\mathbf{m} = \operatorname{rot} \mathbf{b}$. Rajoutons maintenant une autre propriété de $\mathbf{m}$. Supposons qu'en plus d'être périodique, elle est de moyenne nulle. C'est d'ailleurs bien le cas dans notre contexte particulier $\mathbf{m} = M_j$, puisque c'est précisément la définition (3.93) de la matrice homogénéisée a^*. Nous allons alors rechercher la fonction $\mathbf{b}$ comme, elle-même, une fonction périodique. Fixons $j \in \{1, 2, 3\}$, et résolvons le problème périodique $- \Delta \mathbf{a}_j = \mathbf{m}_j$, comme nous avions au début de la Section 3.4 résolu le problème du correcteur périodique. Il existe bien, à constante additive près (que nous prenons nulle, mais c'est sans importance pour la suite), une fonction périodique $\mathbf{a}_j$ solution, puisque la condition nécessaire et suffisante de résolution $\int_Q \mathbf{m}_j = 0$ est satisfaite. Ayant fait cela pour chaque $j \in \{1, 2, 3\}$, nous définissions $\mathbf{a}$, la matrice dont les colonnes sont constituées des vecteurs $\mathbf{a}_j$. Cette matrice est bien entendu différente du coefficient a apparaissant dans (1). Nous remarquons, par dérivation et par somme, que

$$- \Delta \operatorname{div} \mathbf{a} = - \Delta \left(\partial_j \mathbf{a}_j\right) = \partial_j \mathbf{m}_j = \operatorname{div} \mathbf{m} = 0.$$

Il s'ensuit, div $\mathbf{a}$ étant aussi périodique, que div $\mathbf{a}$ est donc constante, mais par intégration sur Q, $\displaystyle\int_Q \mathrm{div}\,\mathbf{a} \;=\; \int_{\partial Q} \mathbf{a}\cdot\mathbf{n} \;=\; 0$ par périodicité, donc la constante est nulle et div $\mathbf{a} = 0$. Par conséquent, $\mathbf{m} = -\Delta\mathbf{a} = \mathrm{rot}\,\mathrm{rot}\,\mathbf{a}$. Il nous reste à poser $\mathbf{b} = \mathrm{rot}\,\mathbf{a}$ et nous avons la fonction recherchée. Elle est périodique par construction. De plus, dès que $\mathbf{m}$ est régulière, ce qui sera le cas pour nous puisque $\mathbf{m} = M_j$ et M est régulière car à la fois a et w le sont, $\mathbf{b}$ est aussi régulière, et donc *bornée*. Cet argument montre en fait que $\mathbf{b}$ (c'est-à-dire pour nous B_j) a exactement la même régularité que w. Cette information sera capitale pour la suite. Ce résultat peut être démontré, au moins dans le cas périodique, et si le coefficient a est de classe $C^{0,\alpha}$ en appliquant le Théorème A.20 pour obtenir que $w \in C^{1,\alpha}$, donc que $\mathbf{m} \in C^{0,\alpha}$. Toujours en appliquant le Théorème A.20, nous en déduisons que $\mathbf{a} \in C^{2,\alpha}$, donc par définition de $\mathbf{b}$, que $\mathbf{b} \in C^{1,\alpha}$.

Revenons maintenant au cours de nos manipulations. Puisque $M = \mathrm{rot}\,B$ implique $M(./\varepsilon) = \varepsilon\,\mathrm{rot}\,(B(./\varepsilon))$, nous pouvons récrire le premier terme du membre de droite de (3.97) sous la forme

$$
\begin{aligned}
-\mathrm{div}\left(\left(a^* - a_\varepsilon\,(\mathrm{Id} + \nabla w(./\varepsilon))\,\nabla u^*(x)\right)\right) &= -\mathrm{div}\left(M(./\varepsilon)\,\nabla u^*(x)\right) \\
&= -\mathrm{div}\left(\varepsilon\,\mathrm{rot}\,(B(x/\varepsilon))\,\nabla u^*\right) \\
&= -\varepsilon\,\mathrm{div}\Big[\,\mathrm{rot}\,\left(B(x/\varepsilon)\,\nabla u^*\right) \\
&\qquad -B(x/\varepsilon)\times\nabla\nabla u^*\Big] \\
&= \varepsilon\,\mathrm{div}\left(B(x/\varepsilon)\times\nabla\nabla u^*\right).
\end{aligned}
$$

Et (3.97) implique donc

$$
\begin{aligned}
-\mathrm{div}\left(a_\varepsilon\,\nabla(u^\varepsilon - u^{\varepsilon,1})\right) &= \varepsilon\,\mathrm{div}\left(B(./\varepsilon)\times\nabla\nabla u^*\right) \\
&\quad +\varepsilon\,\mathrm{div}\left(a(./\varepsilon)\,w(./\varepsilon)\,\nabla\nabla u^*\right)
\end{aligned}
$$

$$\tag{3.99}$$

ce qui, au moins très formellement à cause du facteur ε présent dans tout le membre de droite, montre que $u^\varepsilon - u^{\varepsilon,1}$ est d'ordre $O(\varepsilon)$. Nous allons maintenant prouver que c'est effectivement le cas, en un certain sens (c'est-à-dire dans un espace fonctionnel adéquat), mais pour cela nous procéderons progressivement.

Remarque 3.18 *Revenons sur notre choix de momentanément travailler en dimension $d = 3$. En dimension $d = 1$, les fonctions à divergence nulle sont les fonctions à dérivée nulle, donc les fonctions constantes et l'argument que nous avons fait est trivial (et correct, bien sûr). En dimension quelconque, on peut écrire les choses de la façon suivante : pour toute fonction périodique $\mathbf{m}$ à valeurs vectorielles, telle* que $\langle \mathbf{m} \rangle = 0$ et $\mathrm{div}(\mathbf{m}) = 0$, il existe une fonction périodique $B = \left(B_{ij} \right)_{1 \le i, j \le d}$, à valeurs matricielles, telle que $B_{ij} = -B_{ji}$, et $\mathrm{div}(B) = \mathbf{m}$, au sens où

$$\forall j, \quad \sum_{i=1}^{d} \partial_i B_{ij} = \mathbf{m}_j.$$

Une façon simple de construire un tel B est de résoudre l'équation $-\Delta B_{ij} = \partial_i \mathbf{m}_j - \partial_j \mathbf{m}_i$, qui a bien une solution périodique car le second membre est périodique de moyenne nulle. Nous renvoyons, par exemple, à [ZKO94, pages 6–7] pour plus de détails. Il suffit ensuite d'appliquer le résultat ci-dessus à chaque colonne $\mathbf{m} = M_j$ de la matrice M définie par (3.98). Muni de cela, les arguments ci-dessus peuvent être facilement adaptés. Pour clore cette remarque, notons que si $d = 3$, on retrouve bien que $\mathbf{m}$ est un rotationnel. Il suffit pour cela d'écrire la matrice anti-symétrique B sous la forme

$$B = \begin{pmatrix} 0 & -b_3 & b_2 \\ b_3 & 0 & -b_1 \\ -b_2 & b_1 & 0 \end{pmatrix}, \quad d'où \quad \mathrm{div}(B) = \mathrm{rot} \begin{pmatrix} b_1 \\ b_2 \\ b_3 \end{pmatrix}.$$

3.4.3.2 Des arguments (de moins en moins) formels

Tout d'abord, comme rapidement énoncé, procédons formellement. En éliminant du regard les opérateurs divergence à gauche et à droite, l'équation (3.99) se récrit

$$-a_\varepsilon \, \nabla(u^\varepsilon - u^{\varepsilon,1}) = \varepsilon \, B(./\varepsilon) \times \nabla \nabla u^* + \varepsilon \, a(./\varepsilon) \, w(./\varepsilon) \, \nabla \nabla u^*. \qquad (3.100)$$

Nous y "lisons" que $\nabla(u^\varepsilon - u^{\varepsilon,1})$ converge vers zéro comme un $O(\varepsilon)$. Cette manipulation formelle, parfaitement illicite bien sûr, redonne en fait le calcul monodimensionnel effectué au Chapitre 2. Nous y avions en effet établi (2.35), laquelle équation se récrit

$$-a_{per} \left(\frac{x}{\varepsilon} \right) \left(u^\varepsilon - u^{\varepsilon,1} \right)'(x) = \left(\int_0^1 F + c_\varepsilon \right) + \varepsilon \, a_{per} \left(\frac{x}{\varepsilon} \right) (u^*)''(x) \, w_{per} \left(\frac{x}{\varepsilon} \right),$$

$$(3.101)$$

où nous avions vu que $\displaystyle\int_0^1 F + c_\varepsilon = O(\varepsilon)$. La similarité formelle entre (3.100) et (3.101) est claire. Le second terme des membres de droite est identique. Quant au premier, il est différent car en dimension 1, les fonctions à divergence nulle sont des constantes. Le terme en B de (3.100) ne peut donc pas apparaître dans (3.101), tandis que la constante du premier terme de (3.101) est la constante d'intégration. A ces détails techniques "cosmétiques" près, les deux équations sont les mêmes.

Malheureusement, nous ne pouvons pas ainsi *oublier* les opérateurs divergence, donc donnons maintenant une preuve "un peu moins" illicite.

Introduisons les notations $R_\varepsilon = u^\varepsilon - u^{\varepsilon,1}$ et

$$F_\varepsilon = B(./\varepsilon) \times \nabla \nabla u^* + a(./\varepsilon) \, w(./\varepsilon) \, \nabla \nabla u^*, \tag{3.102}$$

de sorte que (3.99) se récrit sous la forme plus compacte

$$- \operatorname{div} a_\varepsilon \nabla R_\varepsilon = \varepsilon \operatorname{div} F_\varepsilon. \tag{3.103}$$

Notons que, si par exemple

$$f \in L^2(\mathcal{D}), \tag{3.104}$$

alors $u^* \in H^2(\mathcal{D})$ par régularité elliptique (voir le Théorème A.21), et donc $\nabla \nabla u^* \in L^2(\mathcal{D})$. Par ailleurs a (et donc w aussi par le Théorème A.19) est bornée, ainsi que B (rappelons que B a la même régularité que w). C'est un des endroits où nous utilisons le cadre périodique de manière *essentielle*, car sans cela il n'est pas clair de prouver que w et B sont bornés. Nous utiliserons à nouveau la périodicité plus loin en divers endroits. Ceci implique que $F_\varepsilon \in L^2(\mathcal{D})$, et même

$$\|F_\varepsilon\|_{L^2(\mathcal{D})} \le \|B\|_{L^\infty(\mathbb{R}^d)} \|u^*\|_{H^2(\mathcal{D})} + \|a\|_{L^\infty(\mathbb{R}^d)} \|w\|_{L^\infty(\mathbb{R}^d)} \|u^*\|_{H^2(\mathcal{D})} \le C \|f\|_{L^2(\Omega)},$$

où la constante C ne dépend que de la constante de coercivité de a, de sa norme L^∞, de a^* et de $\mathcal{D}$, mais surtout pas de ε ni de f. En particulier,

$$F_\varepsilon \text{ est borné dans } L^2(\mathcal{D}), \text{ uniformément en } \varepsilon. \tag{3.105}$$

Donc, le second membre de (3.103) est borné dans $H^{-1}(\mathcal{D})$, et l'équation (3.103) s'entend au sens faible suivant

$$\forall \varphi \in H_0^1(\mathcal{D}), \quad \int_\mathcal{D} a_\varepsilon \nabla R_\varepsilon . \nabla \varphi = \varepsilon \int_\mathcal{D} F_\varepsilon . \nabla \varphi \tag{3.106}$$

Imaginons momentanément que la fonction R_ε est nulle au bord de $\mathcal{D}$. Elle ne l'est pas, elle est seulement d'ordre formel $O(\varepsilon)$ sur ce bord, puisqu'elle y vaut $R_\varepsilon = \varepsilon \sum_{i=1}^d \partial_{x_i} u^*(x) \, w_i(x/\varepsilon)$ (rappelons en effet que à la fois u^ε et u^* sont nulles sur ce bord). Peu importe pour le moment. Si R_ε *était* nulle sur ce bord, nous pourrions l'utiliser comme fonction test dans (3.106) et trouver (nous raisonnons encore avec un coefficient a_ε à valeurs scalaires pour simplifier le calcul algébrique sans intérêt)

$$\int_\mathcal{D} a_\varepsilon \, |\nabla R_\varepsilon|^2 = \varepsilon \int_\mathcal{D} F_\varepsilon . \nabla R_\varepsilon. \tag{3.107}$$

En utilisant l'inégalité de Cauchy-Schwarz pour majorer à droite, et la coercivité (3.1) pour minorer à gauche, nous obtenons, pour une certaine constante C indépendante de ε,

$$\int_{\mathcal{D}} |\nabla R_\varepsilon|^2 \leq C\,\varepsilon^2 \int_{\mathcal{D}} |F_\varepsilon|^2 \tag{3.108}$$

(notons que F_ε est par définition une fonction à valeurs vectorielles). Nous utilisons maintenant (3.105), qui donne $\int_{\mathcal{D}} |\nabla R_\varepsilon|^2 = O(\varepsilon^2)$. Comme nous avons supposé ici que R_ε était nulle au bord, une application immédiate de l'inégalité de Poincaré nous permet de conclure que

$$\|R_\varepsilon\|_{H^1(\mathcal{D})} = O(\varepsilon). \tag{3.109}$$

C'était bien le résultat de convergence forte sur $u^\varepsilon - u^{\varepsilon,1}$ annoncé depuis longtemps, reproduisant le résultat monodimensionnel établi en (2.36), et validant le développement à deux échelles formel de la Section 3.3.1. *Sauf* qu'il y a deux embarras sérieux :

[i] nous avons établi (3.109) de manière rigoureuse *mais* en supposant la nullité de R_ε au bord $\partial\mathcal{D}$, laquelle n'a pas de raison d'être vraie, et donc

[ii] ce résultat, bien que correct pour sa partie convergence dans $H^1(\mathcal{D})$, est en général *faux* pour l'ordre annoncé en ε : l'ordre en $O(\varepsilon)$ n'est vrai que *en s'isolant* du bord $\partial\mathcal{D}$ et si on inclut le bord, la convergence est à un ordre plus faible, typiquement $O(\sqrt{\varepsilon})$.

Différons encore les *vrais* arguments rigoureux qui nous donneront (enfin) les bons résultats. Il existe en effet un cas, totalement miraculeux, où le résultat (3.109) est correct.

Choisissons l'ouvert $\mathcal{D}$ comme le "cube" ouvert $\mathcal{D} =]0, 1[^d$ (ici nous avons choisi de travailler en dimension $d = 3$ mais cela n'a pas d'importance pour l'argument qui suit). Et posons $\varepsilon = \dfrac{1}{N}$, où N est un entier. Choisissons aussi le second membre f périodique sur le cube, et d'intégrale nulle

$$\int_{\mathcal{D}} f = 0,$$

et bien sûr, comme dans toute cette section, le coefficient a périodique, du cube unité $]0, 1[^d$. Au lieu du problème original (1) muni de la condition de Dirichlet homogène $u^\varepsilon = 0$, considérons le problème *périodique* sur $\mathbb{R}^d$: nous cherchons une solution u^ε périodique du cube $\mathcal{D} =]0, 1[^d$ et solution sur *tout* $\mathbb{R}^d$. Pour la rendre unique, nous supposons par exemple $\int_{\mathcal{D}} u^\varepsilon = 0$. Cette solution existe, est unique, et si le coefficient a est continu, est de classe H^2 (voir le Théorème A.21). La solution homogénéisée qui lui correspond est, au vu du Lemme 3.3, la solution périodique u^* de (3.8), rendue elle aussi unique par la condition $\int_{\mathcal{D}} u^* = 0$. Il s'agit donc en fait d'une solution aussi sur *tout* $\mathbb{R}^d$. Comme le coefficient a^* est constant, u^* est évidemment, elle, dans H^2_{unif}. Ces deux fonctions u^{ε} et u^* ont bien sûr toutes leurs dérivées aussi périodiques du cube $\mathcal{D} =]0, 1[^d$. Comme les fonctions a, w, et B sont périodiques du cube unité $]0, 1[^d$, et que ε est l'inverse d'un entier, les fonctions remises à l'échelle $a(./\varepsilon)$, $w(./\varepsilon)$, $B(./\varepsilon)$ sont périodiques du cube $\mathcal{D}$. Et comme $\nabla \nabla u^*$ est aussi périodique, il en est donc de même pour F_{ε}. L'intégration par parties menant de (3.103) à (3.107) est donc légitime (à cause des régularités ci-dessus) et algébriquement correcte, les termes de bord s'éliminant par périodicité. La conclusion

$$\int_{\mathcal{D}} |\nabla R_{\varepsilon}|^2 = O(\varepsilon^2)$$

s'ensuit, de manière rigoureuse. Une application de l'inégalité de Poincaré-Wirtinger, adaptée aux fonctions périodiques, et le fait que $\int_{\mathcal{D}} R_{\varepsilon} = O(\varepsilon)$ parce que son terme $u^{\varepsilon} - u^*$ est d'intégrale nulle par hypothèse, permet alors d'en déduire (3.109), toujours de manière rigoureuse. Mais le lecteur admettra que nous avons utilisé un rare "alignement des planètes".

Donnons maintenant successivement deux vraies preuves, dans le cas de la donnée de Dirichlet homogène choisie depuis le début, d'un domaine $\mathcal{D}$ de forme quelconque, et d'un paramètre ε aussi quelconque. Les preuves que nous allons donner concernent la norme H^1 de R_{ε}, et formalisent donc rigoureusement, de deux façons différentes, le calcul très approximatif (nous nous en sommes expliqués...) fait autour de (3.109) ci-dessus. Nous mentionnerons ensuite des éléments de preuve pour estimer le résidu R_{ε} dans des normes $W^{1,q}$ pour $q \neq 2$, ou pour des normes hölderiennes.

3.4.3.3 Convergence H^1 loin du bord

Pour notre première preuve, qui demande moins d'outils théoriques que la seconde mais montre un résultat un peu différent (le lecteur comparera (3.119) ci-dessous avec (3.139) à venir à la Section suivante), nous décomposons $R_{\varepsilon} = u^{\varepsilon} - u^{\varepsilon,1}$ solution de (3.103) sous la forme $R_{\varepsilon} = R_{1,\varepsilon} + R_{2,\varepsilon}$, avec

$$\begin{cases} -\operatorname{div} a_{\varepsilon} \nabla R_{1,\varepsilon} = \varepsilon \operatorname{div} F_{\varepsilon} & \text{dans } \mathcal{D}, \\ \\ R_{1,\varepsilon} = 0 & \text{sur } \partial\mathcal{D}, \end{cases} \qquad (3.110)$$

$$\begin{cases} -\operatorname{div} a_\varepsilon \nabla R_{2,\varepsilon} = 0 & \text{dans } \mathcal{D}, \\[2mm] R_{2,\varepsilon} = \varepsilon\, T_\varepsilon & \text{sur } \partial\mathcal{D}. \end{cases} \tag{3.111}$$

La fonction T_ε est définie par

$$T_\varepsilon = \sum_{i=1}^{d} \partial_{x_i} u^*(x)\, w_i(x/\varepsilon). \tag{3.112}$$

Si, en plus des hypothèses imposées jusqu'à présent (c'est-à-dire (3.1)), nous supposons aussi que

$$f \in L^\infty(\mathcal{D}), \tag{3.113}$$

et que le bord de $\mathcal{D}$ est de classe C^2, alors, par application du Théorème A.22 de régularité elliptique, $\nabla\nabla u^* \in L^q(\mathcal{D})$ pour tout $q \in [1, +\infty[$. Pour q assez grand, ceci implique $\nabla u^* \in C^0(\overline{\mathcal{D}})$. Donc, puisque, comme nous l'avons déjà vu, $w_i \in L^\infty(\mathbb{R}^d)$, nous avons

$$\|T_\varepsilon\|_{L^\infty(\partial\mathcal{D})} \leq C, \tag{3.114}$$

pour une constante C indépendante de ε.

La partie $R_{1,\varepsilon}$ étant nulle au bord, la preuve que nous avons faite ci-dessus, montre que

$$\|R_{1,\varepsilon}\|_{H^1(\mathcal{D})} = O(\varepsilon). \tag{3.115}$$

Comme attendu, et comme intuitif d'après nos preuves formelles, dès que les choses sont parfaitement nulles sur le bord, alors la conclusion voulue est vraie à la vitesse $O(\varepsilon)$.

Nous nous concentrons maintenant sur la partie $R_{2,\varepsilon}$. Comme elle est solution d'une *équation* elliptique du second ordre homogène sur le domaine $\mathcal{D}$, nous pouvons appliquer le principe du maximum (Théorème A.12), et déduire de (3.114) que

$$\left| R_{2,\varepsilon}(x) \right| \leq \varepsilon\, \|T_\varepsilon\|_{L^\infty(\partial\mathcal{D})} \leq C\,\varepsilon, \tag{3.116}$$

pour tout $x \in \mathcal{D}$, où la constante C dépend seulement de la borne uniforme sur $\|T_\varepsilon\|_{L^\infty(\partial\mathcal{D})}$, et est indépendante de ε puisque le principe du maximum n'utilise que le caractère coercif du coefficient a_ε dans $-\operatorname{div} a_\varepsilon \nabla$.

Nous utilisons maintenant l'*inégalité de Caccioppoli* (voir le Théorème A.10), qui s'écrit

$$\int_{B(x,\rho)} \left|\nabla R_{2,\varepsilon}\right|^2 (y)\, dy \le \frac{C}{\rho^2} \int_{B(x,2\rho)} \left|R_{2,\varepsilon}\right|^2 (y)\, dy, \tag{3.117}$$

où C est une constante qui ne dépend que de la constante de coercivité de a et de $\|a\|_{L^\infty}$, et où $x \in \mathcal{D}$ et $\rho > 0$ sont tels que $B(x, 2\rho) \subset \mathcal{D}$. Fixons alors un ouvert $\mathcal{D}_0$ strictement inclus dans $\mathcal{D}$, au sens où l'adhérence $\overline{\mathcal{D}_0}$ de $\mathcal{D}_0$ est incluse dans $\mathcal{D}$. Nous en déduisons, par recouvrement de cet ouvert par des boules de rayon ρ choisi assez petit, que

$$\int_{\mathcal{D}_0} \left|\nabla R_{2,\varepsilon}\right|^2 \le \frac{C}{\rho^2} \int_{\mathcal{D}} \left|R_{2,\varepsilon}\right|^2 \le C\,\varepsilon^2, \tag{3.118}$$

où la dernière majoration provient de (3.116). En regroupant (3.116), (3.115), (3.118), nous obtenons la convergence

$$\|R_\varepsilon\|_{H^1(\mathcal{D}_0)} = O(\varepsilon). \tag{3.119}$$

Insistons sur le fait que cet ordre de convergence n'est donc vrai que sur un domaine intérieur $\mathcal{D}_0$. L'analyse (un peu) plus technique faite ci-dessous en (3.139) montrera que nous avons un ordre moins bon près du bord.

La preuve ci-dessus, qui donne un taux de convergence en norme $H^1(\mathcal{D}_0)$ (donc pour un domaine intérieur) permet en fait d'obtenir le même taux, en norme $L^2(\mathcal{D})$ (donc jusqu'au bord). En effet, l'estimation (3.116) implique en particulier

$$\|R_{2,\varepsilon}\|_{L^2(\mathcal{D})} \le C\varepsilon,$$

pour une constante C indépendante de ε. Comme par ailleurs, l'estimation (3.115) implique la même chose pour $R_{1,\varepsilon}$, on en déduit immédiatement

$$\|R_\varepsilon\|_{L^2(\mathcal{D})} = O(\varepsilon).$$

Notons également qu'en utilisant les injections de Sobolev, nous obtenons aussi ce taux de convergence dans $L^q(\mathcal{D})$, pour tout $q < 2^* = \dfrac{2d}{d-2}$.

3.4.3.4 Convergence H^1 sur tout le domaine

Notre objectif, cette fois, est d'estimer $\|R_\varepsilon\|_{H^1(\mathcal{D})}$ sur *tout* le domaine $\mathcal{D}$, et non plus $\|R_\varepsilon\|_{H^1(\mathcal{D}_0)}$ pour un domaine *intérieur* $\mathcal{D}_0$ comme dans (3.119).

Commençons par un argument relativement simple qui permet de comprendre qu'on peut effectivement traiter le bord, et que la vitesse de convergence en norme

H^1 est (au pire) $\sqrt{\varepsilon}$. Cet argument, issu de [ZKO94, pages 27–28], est valable dans le cas où on suppose de la régularité, à savoir $u^* \in C^2(\overline{\mathcal{D}})$ et $w_j \in W^{1,\infty}(\mathbb{R}^d)$. Par ailleurs, l'ouvert $\mathcal{D}$ est supposé de classe C^2, régularité que nous avons déjà utilisée pour démontrer (3.114). Cette dernière propriété permet d'établir qu'il existe une fonction cut-off τ^ε, de classe C^∞ et à support compact dans $\mathcal{D}$, telle que

$$0 \leq \tau^\varepsilon \leq 1, \quad \varepsilon \left| \nabla \tau^\varepsilon \right| \leq C, \quad \tau^\varepsilon(x) = 1 \text{ si } d(x, \partial\mathcal{D}) > \varepsilon, \qquad (3.120)$$

où la constante C dépend uniquement de $\mathcal{D}$. Ce cadre est plus régulier que précédemment, car, jusqu'ici, nous supposions seulement que $u^* \in W^{2,q}$ pour tout $q < +\infty$ et que $w_j \in L^\infty$. Notons que le fait que ∇w_j est borné est, comme nous le verrons plus loin, une conséquence du fait que le coefficient a est Hölderien. Nous formons alors le résidu "corrigé au bord"

$$Q_\varepsilon = u^\varepsilon - u^* - \varepsilon \tau^\varepsilon \sum_{i=1}^{d} w_i \left(\frac{\cdot}{\varepsilon} \right) \partial_i u^*. \qquad (3.121)$$

Donc, si $R_\varepsilon = u^\varepsilon - u^{\varepsilon,1}$, où $u^{\varepsilon,1}$ est définie par (3.94), nous avons

$$R_\varepsilon - Q_\varepsilon = \varepsilon \left(1 - \tau^\varepsilon \right) \sum_{i=1}^{d} w_i \left(\frac{\cdot}{\varepsilon} \right) \partial_i u^*.$$

Ainsi,

$$\| R_\varepsilon - Q_\varepsilon \|_{L^2(\mathcal{D})} \leq \varepsilon \| \nabla u^* \|_{C^0(\mathcal{D})} \sum_{i=1}^{d} \| w_i \|_{L^\infty(\mathbb{R}^d)} = O(\varepsilon), \qquad (3.122)$$

et pour tout indice j compris entre 1 et d,

$$\partial_j \left(R_\varepsilon - Q_\varepsilon \right) = -\varepsilon \partial_j \tau^\varepsilon \sum_{i=1}^{d} w_i \left(\frac{\cdot}{\varepsilon} \right) \partial_i u^* + \left(1 - \tau^\varepsilon \right) \sum_{i=1}^{d} \partial_j w_i \left(\frac{\cdot}{\varepsilon} \right) \partial_i u^*$$

$$+ \varepsilon \left(1 - \tau^\varepsilon \right) \sum_{i=1}^{d} w_i \left(\frac{\cdot}{\varepsilon} \right) \partial_{ij} u^*. \qquad (3.123)$$

Le dernier terme se majore exactement comme nous l'avons fait ci-dessus pour (3.122), en utilisant cette fois $\| D^2 u^* \|_{C^0(\mathcal{D})}$. Nous avons donc

$$\left\| \partial_j \left(R_\varepsilon - Q_\varepsilon \right) \right\|_{L^2(\mathcal{D})} \leq \varepsilon \| \nabla \tau^\varepsilon \|_{L^2(\mathcal{D})} \sum_{i=1}^{d} \| w_i \|_{L^\infty(\mathbb{R}^d)} \| \nabla u^* \|_{C^0(\mathcal{D})}$$

$$+ \|1 - \tau^\varepsilon\|_{L^2(\mathcal{D})} \sum_{i=1}^{d} \|\nabla w_i\|_{L^\infty(\mathbb{R}^d)} \|\nabla u^*\|_{C^0(\mathcal{D})} + O(\varepsilon). \tag{3.124}$$

En utilisant (3.120), nous en déduisons, à cause des bornes sur τ^ε, w_i et u^* (ici nous utilisons le fait que $\nabla w_j \in L^\infty(\mathbb{R}^d)$), et l'inégalité de Cauchy-Schwarz, que

$$\|\nabla(R_\varepsilon - Q_\varepsilon)\|_{L^2(\mathcal{D})} \leq C \left|\mathrm{supp}(\nabla\tau^\varepsilon)\right|^{1/2} + C \left|\mathrm{supp}(1 - \tau^\varepsilon)\right|^{1/2} + O(\varepsilon),$$

$$\tag{3.125}$$

où supp désigne le support d'une fonction. Ici, vu la définition de τ^ε, nous avons l'inclusion $\mathrm{supp}(\nabla\tau^\varepsilon) \subset \mathrm{supp}(1 - \tau^\varepsilon)$. De plus, toujours par définition de τ^ε, la mesure du support de $1 - \tau^\varepsilon$ et d'ordre $\varepsilon|\partial\mathcal{D}|$, où $|\partial\mathcal{D}|$ est la mesure $(d-1)$-dimensionnelle de la frontière $\partial\mathcal{D}$. Ainsi,

$$\|\nabla(R_\varepsilon - Q_\varepsilon)\|_{L^2(\mathcal{D})} \leq C\sqrt{\varepsilon}.$$

Cette inégalité et (3.122) impliquent alors

$$\|R_\varepsilon - Q_\varepsilon\|_{H^1(\mathcal{D})} \leq C\sqrt{\varepsilon}. \tag{3.126}$$

Par ailleurs,

$$-\mathrm{div}\,(a_\varepsilon \nabla Q_\varepsilon) = -\mathrm{div}\,(a_\varepsilon \nabla R_\varepsilon) + \mathrm{div}\,(a_\varepsilon \nabla(R_\varepsilon - Q_\varepsilon)).$$

L'équation (3.103), l'estimation (3.126) et le fait que a_ε est bornée permettent de récrire ceci sous la forme

$$-\mathrm{div}\,(a_\varepsilon \nabla Q_\varepsilon) = \varepsilon\,\mathrm{div}(F_\varepsilon) + \sqrt{\varepsilon}\,\mathrm{div}(G_\varepsilon), \quad \|F_\varepsilon\|_{L^2(\mathcal{D})} + \|G_\varepsilon\|_{L^2(\mathcal{D})} \leq C,$$

où la constante C ne dépend pas de ε. Comme cette fois Q_ε est nulle sur $\partial\mathcal{D}$, nous pouvons multiplier l'équation ci-dessus par Q_ε et intégrer par parties, ce qui donne

$$\int_{\mathcal{D}} a_\varepsilon \nabla Q_\varepsilon \cdot \nabla Q_\varepsilon = \varepsilon \int_{\mathcal{D}} F_\varepsilon \cdot \nabla Q_\varepsilon + \sqrt{\varepsilon} \int_{\mathcal{D}} G_\varepsilon \cdot \nabla Q_\varepsilon \leq C\sqrt{\varepsilon}\,\|\nabla Q_\varepsilon\|_{L^2(\mathcal{D})}.$$

La coercivité de a_ε permet donc de conclure que

$$\|Q_\varepsilon\|_{H^1(\mathcal{D})} \leq C\sqrt{\varepsilon}. \tag{3.127}$$

Il suffit ensuite d'appliquer l'inégalité triangulaire pour obtenir, à partir de (3.126) et (3.127),

$$\|R_\varepsilon\|_{H^1(\mathcal{D})} \leq C\sqrt{\varepsilon}. \tag{3.128}$$

Remarque 3.19 *Nous avons supposé ci-dessus que $w_j \in W^{1,\infty}(\mathbb{R}^d)$. Cependant, il est possible de s'affranchir de cette hypothèse et de la remplacer par $w_j \in H^1_{unif}(\mathbb{R}^d)$, propriété qui est vraie dès que la matrice a_{per} est coercive et bornée. En effet, l'hypothèse $\nabla w_j \in L^\infty$ sert uniquement à borner le deuxième terme du membre de droite de (3.123). Or ce terme peut également s'estimer de la façon suivante :*

$$\left\| (1 - \tau^\varepsilon) \sum_{i=1}^{d} \partial_j w_i \left(\frac{\cdot}{\varepsilon}\right) \partial_i u^* \right\|_{L^2(\mathcal{D})} \leq \|\nabla u^*\|_{L^\infty(\mathcal{D})} \sum_{i=1}^{d} \left\| \nabla w_i \left(\frac{\cdot}{\varepsilon}\right) \right\|_{L^2(\mathrm{supp}(1-\tau^\varepsilon))}.$$

Le dernier facteur se récrit :

$$\left\| \nabla w_i \left(\frac{\cdot}{\varepsilon}\right) \right\|^2_{L^2(\mathrm{supp}(1-\tau^\varepsilon))} = \varepsilon^d \int_{\frac{1}{\varepsilon}\,\mathrm{supp}(1-\tau^\varepsilon)} |\nabla w_i|^2 (y) dy$$

$$= \varepsilon^d \sum_{k \in \mathbb{Z}^d} \int_{\frac{1}{\varepsilon}\,\mathrm{supp}(1-\tau^\varepsilon) \cap (Q+k)} |\nabla w_i|^2.$$

Comme l'ensemble $\dfrac{1}{\varepsilon} \mathrm{supp}(1 - \tau^\varepsilon)$ est égal à l'ensemble $\dfrac{1}{\varepsilon}\partial\mathcal{D}$ "épaissi" d'une longueur 1, le nombre de $k \in \mathbb{Z}^d$ pour lesquels le terme ci-dessus est non nul est d'ordre ε^{1-d}. Ainsi,

$$\left\| \nabla w_i \left(\frac{\cdot}{\varepsilon}\right) \right\|^2_{L^2(\mathrm{supp}(1-\tau^\varepsilon))} \leq C\varepsilon \|\nabla w_i\|^2_{L^2(Q)},$$

où C ne dépend que de la géométrie du bord $\partial\mathcal{D}$. Ceci démontre bien (3.124), mais on a remplacé le terme $\|\nabla w_i\|_{L^\infty}$ par $\|\nabla w_i\|_{L^2(Q)} = \|\nabla w_i\|_{L^2_{unif}(\mathbb{R}^d)}$, par périodicité.

Avant de revenir au cas général, nous donnons une autre preuve de ce résultat, sous les mêmes hypothèses de régularité. Cette dernière nous a été signalée par Alexei Lozinski. Elle se base sur l'égalité, déjà vue à la Section 3.4.3.1, que nous rappelons ici : pour tout indice $i \in \{1, \ldots, d\}$,

$$ae_i + a\nabla w_i - a^* e_i = \mathrm{rot}\left(B^i\right), \tag{3.129}$$

où B^i est un champ de vecteur périodique. Nous nous plaçons à nouveau en dimension $d = 3$ pour pouvoir écrire cela, ce qui simplifie les manipulations ci-dessous. Mais tout reste valable en dimension quelconque, comme nous l'indiquions à la Remarque 3.18. Nous supposons dans l'immédiat que $B^i \in L^\infty(\mathbb{R}^d)$, et indiquerons à la fin de l'argument ci-dessous pourquoi cette hypothèse n'est pas indispensable. Et comme ci-dessus, nous supposons aussi que le domaine $\mathcal{D}$ est lipschitzien et que $u^* \in W^{2,\infty}(\mathcal{D})$. Définissons

$$S_\varepsilon = a_\varepsilon \nabla v^{\varepsilon,1} - a^* \nabla u^*, \tag{3.130}$$

où $v^{\varepsilon,1}$ est une version "corrigée au bord" de $u^{\varepsilon,1}$, dans l'esprit de (3.121), c'est-à-dire

$$v^{\varepsilon,1} = u^* + \varepsilon \tau^\varepsilon \sum_{i=1}^{d} w_i \left(\frac{\cdot}{\varepsilon}\right) \partial_i u^*.$$

Nous prétendons que S_ε vérifie

$$\forall \varphi \in H^1(\mathcal{D}), \quad \int_{\mathcal{D}} S_\varepsilon \cdot \nabla \varphi \leq C\sqrt{\varepsilon} \|\nabla \varphi\|_{L^2(\mathcal{D})}, \tag{3.131}$$

où la constante C ne dépend pas de ε ni de φ. Pour établir cette estimation, nous utilisons la définition de $v^{\varepsilon,1}$ et récrivons S_ε sous la forme

$$S_\varepsilon = \left(a_\varepsilon - a^*\right) \nabla u^* + \sum_{i=1}^{d} \tau^\varepsilon \partial_i u^* a_\varepsilon \nabla w_i \left(\frac{\cdot}{\varepsilon}\right) + \varepsilon \sum_{i=1}^{d} \tau^\varepsilon w_i \left(\frac{\cdot}{\varepsilon}\right) a_\varepsilon \nabla \partial_i u^*$$

$$+ \varepsilon \sum_{i=1}^{d} w_i \left(\frac{\cdot}{\varepsilon}\right) \partial_i u^* a_\varepsilon \nabla \tau^\varepsilon.$$

Dans le deuxième terme du membre de droite, nous remplaçons $a_\varepsilon \nabla w_i \left(\frac{\cdot}{\varepsilon}\right)$ par sa valeur en utilisant (3.129), ce qui donne

$$S_\varepsilon = \left(a_\varepsilon - a^*\right) \nabla u^* + \underbrace{\sum_{i=1}^{d} \tau^\varepsilon \partial_i u^* a^* e_i}_{=\tau^\varepsilon a^* \nabla u^*} + \sum_{i=1}^{d} \tau^\varepsilon \partial_i u^* \operatorname{rot}(B^i) \left(\frac{\cdot}{\varepsilon}\right) - \underbrace{\sum_{i=1}^{d} \tau^\varepsilon \partial_i u^* a_\varepsilon e_i}_{\tau^\varepsilon a_\varepsilon \nabla u^*}$$

$$+ \varepsilon \sum_{i=1}^{d} \tau^\varepsilon w_i \left(\frac{\cdot}{\varepsilon}\right) a_\varepsilon \nabla \partial_i u^* + \varepsilon \sum_{i=1}^{d} w_i \left(\frac{\cdot}{\varepsilon}\right) \partial_i u^* a_\varepsilon \nabla \tau^\varepsilon$$

$$= \left(1 - \tau^\varepsilon\right) \left(a_\varepsilon - a^*\right) \nabla u^* + \sum_{i=1}^{d} \tau^\varepsilon \partial_i u^* \operatorname{rot}(B^i) \left(\frac{\cdot}{\varepsilon}\right) + \varepsilon \sum_{i=1}^{d} \tau^\varepsilon w_i \left(\frac{\cdot}{\varepsilon}\right) a_\varepsilon \nabla \partial_i u^*$$

$$+ \varepsilon \sum_{i=1}^{d} w_i \left(\frac{\cdot}{\varepsilon}\right) \partial_i u^* a_\varepsilon \nabla \tau^\varepsilon.$$

Ainsi, pour tout $\varphi \in H^1(\mathcal{D})$,

$$\int_{\mathcal{D}} S_\varepsilon \cdot \nabla \varphi = \int_{\mathcal{D}} \left(1 - \tau^\varepsilon\right) \left(a_\varepsilon - a^*\right) \nabla u^* \cdot \nabla \varphi + \sum_{i=1}^{d} \int_{\mathcal{D}} \tau^\varepsilon \partial_i u^* \operatorname{rot}(B^i) \left(\frac{\cdot}{\varepsilon}\right) \cdot \nabla \varphi$$

$$+ \varepsilon \sum_{i=1}^{d} \int_{\mathcal{D}} \tau^\varepsilon w_i \left(\frac{\cdot}{\varepsilon}\right) a_\varepsilon \nabla \partial_i u^* \cdot \nabla \varphi + \varepsilon \sum_{i=1}^{d} \int_{\mathcal{D}} w_i \left(\frac{\cdot}{\varepsilon}\right) \partial_i u^* a_\varepsilon \nabla \tau^\varepsilon \cdot \nabla \varphi \qquad (3.132)$$

Commençons par traiter le premier terme : l'inégalité de Cauchy-Schwarz, le fait que $\|a_\varepsilon\|_{L^\infty}$ est bornée indépendamment de ε et que $\nabla u^* \in L^\infty$ donnent

$$\left| \int_{\mathcal{D}} \left(1 - \tau^\varepsilon\right) \left(a_\varepsilon - a^*\right) \nabla u^* \cdot \nabla \varphi \right| \leq C \left\| 1 - \tau^\varepsilon \right\|_{L^2(\mathcal{D})} \|\nabla \varphi\|_{L^2(\mathcal{D})}.$$

nous estimons alors $\|1 - \tau^\varepsilon\|_{L^2(\mathcal{D})}$ exactement comme nous l'avons fait précédemment pour le deuxième terme du membre de droite de (3.124). Pour les troisième et quatrième terme du membre de droite de (3.132), nous utilisons là aussi l'inégalité de Cauchy-Schwarz et les bornes sur $a_\varepsilon \, u^*$ et w_i, comme nous l'avons déjà fait dans la preuve précédente. Le seul terme qui reste est donc le deuxième, pour lequel nous allons intégrer par parties, en remarquant que $\operatorname{rot}(B^i) \left(\frac{\cdot}{\varepsilon}\right) = \varepsilon \operatorname{rot}\left[B^i\left(\frac{\cdot}{\varepsilon}\right)\right]$:

$$\int_{\mathcal{D}} \tau^\varepsilon \partial_i u^* \operatorname{rot}(B^i) \left(\frac{\cdot}{\varepsilon}\right) \cdot \nabla \varphi = -\varepsilon \int_{\mathcal{D}} B^i \left(\frac{\cdot}{\varepsilon}\right) \cdot \operatorname{rot}\left(\nabla \varphi \tau^\varepsilon \partial_i u^*\right).$$

Remarquons que

$$\operatorname{rot}\left(\nabla \varphi \tau^\varepsilon \partial_i u^*\right) = \tau^\varepsilon \partial_i u^* \underbrace{\operatorname{rot} \nabla \varphi}_{=0} + \partial_i u^* \nabla \tau^\varepsilon \times \nabla \varphi + \tau^\varepsilon \nabla \partial_i u^* \times \nabla \varphi,$$

et donc, toujours en appliquant l'inégalité de Cauchy-Schwarz,

$$\left| \int_{\mathcal{D}} \tau^\varepsilon \partial_i u^* \operatorname{rot}(B^i) \left(\frac{\cdot}{\varepsilon}\right) \cdot \nabla \varphi \right| \leq \varepsilon \|\nabla u^*\|_{L^\infty(\mathcal{D})} \|\nabla \tau^\varepsilon\|_{L^2(\mathcal{D})} \left\| B_i \left(\frac{\cdot}{\varepsilon}\right) \right\|_{L^2(\mathcal{D})} \|\nabla \varphi\|_{L^2(\mathcal{D})}$$

$$+ \varepsilon \|D^2 u^*\|_{L^\infty(\mathcal{D})} \left\| B_i \left(\frac{\cdot}{\varepsilon}\right) \right\|_{L^2(\mathcal{D})} \|\nabla \varphi\|_{L^2(\mathcal{D})}.$$

Comme nous l'avons déjà vu dans l'argument qui suit (3.124), $\varepsilon \|\nabla \tau^\varepsilon\|_{L^2(\mathcal{D})} \leq C \sqrt{\varepsilon}$, où C ne dépend que de la géométrie de $\mathcal{D}$. Nous avons donc

$$\left| \int_{\mathcal{D}} \tau^\varepsilon \partial_i u^* \operatorname{rot}(B^i) \left(\frac{\cdot}{\varepsilon}\right) \cdot \nabla \varphi \right| \leq C \sqrt{\varepsilon} \|B^i\|_{L^\infty(\mathbb{R}^d)} \|\nabla \varphi\|_{L^2(\mathcal{D})},$$

pour une constante C qui dépend uniquement de $\mathcal{D}$, de $\|\nabla u^*\|_{L^\infty(\mathcal{D})}$ et de $\|D^2 u^*\|_{L^\infty(\mathcal{D})}$. Nous avons donc bien établi (3.132). Nous utilisons maintenant que a_ε vérifie (3.1) pour écrire

$$
\begin{aligned}
\left\| \nabla \left(v^{\varepsilon,1} - u^\varepsilon \right) \right\|_{L^2(\mathcal{D})}^2 &\leq \frac{1}{\mu} \int_{\mathcal{D}} a_\varepsilon \nabla \left(v^{\varepsilon,1} - u^\varepsilon \right) \cdot \nabla \left(v^{\varepsilon,1} - u^\varepsilon \right) \\
&= \frac{1}{\mu} \int_{\mathcal{D}} a_\varepsilon \nabla v^{\varepsilon,1} \cdot \nabla \left(v^{\varepsilon,1} - u^\varepsilon \right) - \frac{1}{\mu} \int_{\mathcal{D}} a_\varepsilon \nabla u^\varepsilon \cdot \nabla \left(v^{\varepsilon,1} - u^\varepsilon \right) \\
&= \frac{1}{\mu} \int_{\mathcal{D}} a_\varepsilon \nabla v^{\varepsilon,1} \cdot \nabla \left(v^{\varepsilon,1} - u^\varepsilon \right) - \frac{1}{\mu} \int_{\mathcal{D}} a^* \nabla u^* \cdot \nabla \left(v^{\varepsilon,1} - u^\varepsilon \right) \\
&= \frac{1}{\mu} \int_{\mathcal{D}} S_\varepsilon \cdot \nabla \left(v^{\varepsilon,1} - u^\varepsilon \right)
\end{aligned}
$$

Pour passer de la deuxième à la troisième ligne ci-dessus, nous avons utilisé que $- \operatorname{div}(a_\varepsilon \nabla u^\varepsilon) = - \operatorname{div}(a^* \nabla u^*)$ au sens faible, et que $v^{\varepsilon,1} - u^\varepsilon \in H_0^1(\mathcal{D})$. Nous pouvons maintenant appliquer (3.132), qui donne

$$
\left\| \nabla \left(v^{\varepsilon,1} - u^\varepsilon \right) \right\|_{L^2(\mathcal{D})}^2 \leq C \sqrt{\varepsilon} \left\| \nabla \left(v^{\varepsilon,1} - u^\varepsilon \right) \right\|_{L^2(\mathcal{D})},
$$

d'où (3.127), ce qui donne bien (3.128).

Revenons sur l'hypothèse $B^i \in L^\infty$, que nous avons utilisée ci-dessus. Elle nous a uniquement servi à borner des termes du type $\left\| B^i \left(\frac{\cdot}{\varepsilon} \right) \right\|_{L^2}$. Or, comme nous l'avons vu à la Remarque 3.19, il suffit pour borner un tel terme d'avoir $B^i \in L^2_{unif}$, ce qui est le cas puisque, par définition, $B^i \in H^1_{per}$.

Ceci étant dit, revenons maintenant au cas général, où u^* et w_j ne sont pas nécessairement aussi régulières que ci-dessus.

Comme ci-dessus, considérons de nouveau le découpage du problème en les deux problèmes (3.110)–(3.111). L'estimation (3.115) est inchangée, et il s'agit donc cette fois d'estimer $\left\| R_{2,\varepsilon} \right\|_{H^1(\mathcal{D})}$ sur tout le domaine. Pour cela, nous établissons d'abord que

$$
\|T_\varepsilon\|_{H^{1/2}(\partial\mathcal{D})} = O\left(\frac{1}{\sqrt{\varepsilon}} \right). \tag{3.133}
$$

Au vu des mêmes bornes sur u^* et w_j que celles utilisées ci-dessus, et par définition de la norme $H^{1/2}$ sur le domaine $\partial\mathcal{D}$ qui est un domaine de dimension $d-1$ (voir [Bre05, Bre11]) pour une définition générale), à savoir

$$
\|h\|_{H^{1/2}(\partial\mathcal{D})}^2 = \|h\|_{L^2(\partial\mathcal{D})}^2 + \iint_{\partial\mathcal{D} \times \partial\mathcal{D}} \frac{|h(x) - h(y)|^2}{|x-y|^d} \, dx \, dy,
$$

nous avons (par abus de langage, nous notons dx la mesure de surface de $\partial \mathcal{D}$)

$$\|w(./\varepsilon)\|^2_{H^{1/2}(\partial \mathcal{D})} = \varepsilon^{d-1} \|w\|^2_{L^2(\varepsilon^{-1} \partial \mathcal{D})} + \varepsilon^{d-2} \iint_{\varepsilon^{-1} \partial \mathcal{D} \times \varepsilon^{-1} \partial \mathcal{D}} \frac{|w(x) - w(y)|^2}{|x-y|^d} \, dx \, dy,$$

$$= \varepsilon^{d-1} O\left(\varepsilon^{-(d-1)}\right) + \varepsilon^{d-2} O\left(\varepsilon^{-(d-1)}\right),$$

$$= O\left(\varepsilon^{-1}\right),$$

et donc

$$\left\|\nabla u^* \, w(./\varepsilon)\right\|_{H^{1/2}(\partial \mathcal{D})} = O\left(\frac{1}{\sqrt{\varepsilon}}\right),$$

ce qui montre exactement (3.133), vu la définition de T_ε. Dans l'estimation ci-dessus, nous avons utilisé que

$$I_\varepsilon = \iint_{\varepsilon^{-1} \partial \mathcal{D} \times \varepsilon^{-1} \partial \mathcal{D}} \frac{|w(x) - w(y)|^2}{|x-y|^d} \, dx \, dy = O\left(\varepsilon^{-(d-1)}\right). \tag{3.134}$$

Cette estimation n'est pas immédiate et il s'agit de donner quelques éléments pour la justifier. Nous allons seulement la prouver dans le cas où l'ensemble $\partial \mathcal{D}$ est

$$\partial \mathcal{D} = \left\{ x = \underbrace{(x_1, \ldots, x_{d-1}, 0)}_{=x'}, \quad |x'| < 1 \right\},$$

c'est-à-dire la boule de centre 0 et de rayon 1 de l'hyperplan H défini par $x_d = 0$. Ce n'est en fait pas le cas, mais dans le cadre d'un ouvert de bord régulier, on peut se ramener à ce cas en utilisant des cartes locales. Alors l'intégrale ci-dessus s'écrit

$$I_\varepsilon = \int_{|x'| < \frac{1}{\varepsilon}} \int_{|y'| < \frac{1}{\varepsilon}} \frac{|w(x', 0) - w(y', 0)|^2}{|x' - y'|^d} dx' dy'.$$

Si $|x'| < 1/\varepsilon$ et $|y'| < 1/\varepsilon$, alors $|x' - y'| < 2/\varepsilon$, et un changement de variable donne donc

$$I_\varepsilon \leq \int_{|x'| < \frac{1}{\varepsilon}} \int_{|z'| < \frac{2}{\varepsilon}} \frac{|w(x', 0) - w(x' + z', 0)|^2}{|z'|^d} dz' dx'.$$

L'intégrale en z' est alors séparée en deux intégrales, l'une pour $|z'| < 1$, l'autre pour $1 < |z'| < 2/\varepsilon$. Nous traitons chacune séparément : pour la première, nous utilisons une formule de Taylor, qui donne que $w(x' +$

$z', 0) - w(x', 0) = \int_0^1 \nabla w(x' + tz', 0) \cdot z' \, dt$, puis l'inégalité de Cauchy-Schwarz :

$$\int_{|x'| < \frac{1}{\varepsilon}} \int_{|z'| < 1} \frac{|w(x', 0) - w(x' + z', 0)|^2}{|z'|^d} dz' dx'$$

$$\leq \int_{|x'| < \frac{1}{\varepsilon}} \int_{|z'| < 1} \int_0^1 \frac{|\nabla w(x' + tz', 0)|^2 |z'|^2}{|z'|^d} dt \, dz' dx'.$$

En utilisant que $|x' + tz'| \leq 1 + 1/\varepsilon$, nous obtenons

$$\int_{|x'| < \frac{1}{\varepsilon}} \int_{|z'| < 1} \frac{|w(x', 0) - w(x' + z', 0)|^2}{|z'|^d} dz' dx'$$

$$\leq \int_{|x''| < 1 + \frac{1}{\varepsilon}} |\nabla w(x'', 0)|^2 dx'' \int_{|z'| < 1} |z'|^{2-d} dz'$$

$$\leq C \|\nabla w\|_{L^2_{unif}(H)}^2 \, \varepsilon^{-(d-1)} \int_0^1 r^{2-d} r^{d-2} dr,$$

où H est l'hyperplan $H = \{x \in \mathbb{R}^d, \quad x_d = 0\}$. La constante C ne dépend que de la dimension d. Pour obtenir la dernière inégalité, nous avons majoré l'intégrale de $|\nabla w|^2$ par sa norme L^1_{unif} multipliée par la surface du domaine $\{|x'| \leq 1 + \varepsilon^{-1}\} \subset H$, et nous sommes passés en coordonnées polaires dans l'intégrale en z'. Ainsi,

$$\int_{|x'| < \frac{1}{\varepsilon}} \int_{|z'| < 1} \frac{|w(x', 0) - w(x' + z', 0)|^2}{|z'|^d} dz' dx' \leq C \|\nabla w\|_{L^2_{unif}(H)}^2 \, \varepsilon^{-(d-1)}.$$

$$(3.135)$$

Traitons maintenant l'intégrale pour $1 < |z'| < 2/\varepsilon$. Nous majorons simplement w par sa norme L^∞ (rappelons que le correcteur est, pas la théorie de Nash-Moser, borné), ce qui donne

$$\int_{|x'| < \frac{1}{\varepsilon}} \int_{1 < |z'| < \frac{2}{\varepsilon}} \frac{|w(x', 0) - w(x' + z', 0)|^2}{|z'|^d} dz' dx'$$

$$\leq 4 \|w\|_{L^\infty}^2 \int_{|x'| < \frac{1}{\varepsilon}} \int_{1 < |z'| < \frac{2}{\varepsilon}} |z'|^{-d} dz' = C \|w\|_{L^\infty}^2 \, \varepsilon^{-(d-1)} \int_1^{+\infty} r^{-d} r^{d-2} dr,$$

d'où

$$\int_{|x'|<\frac{1}{\varepsilon}} \int_{1<|z'|<\frac{2}{\varepsilon}} \frac{|w(x',0) - w(x'+z',0)|^2}{|z'|^d} dz' dx' \leq C\|w\|_{L^\infty}^2 \varepsilon^{-(d-1)}.$$

(3.136)

Les deux inégalités (3.135) et (3.136) impliquent bien (3.134), et permettent donc de conclure la preuve de (3.133).

Munis de l'estimée (3.133), nous revenons à l'équation (3.111). Nous savons, grâce au Théorème A.5, que nous pouvons "relever" la valeur au bord $T_\varepsilon \in H^{1/2}(\partial\mathcal{D})$ en une fonction $t_\varepsilon \in H^1(\mathcal{D})$ sur tout le domaine, qui coïncide avec T_ε sur le bord et qui soit telle que

$$c\, \|T_\varepsilon\|_{H^{1/2}(\partial\mathcal{D})} \leq \|t_\varepsilon\|_{H^1(\mathcal{D})} \leq C\, \|T_\varepsilon\|_{H^{1/2}(\partial\mathcal{D})},$$

pour deux constantes c et C ne dépendant pas de ε, seule la seconde de ces deux inégalités nous intéressant ici. Nous résolvons

$$\begin{cases} -\operatorname{div} a_\varepsilon \nabla (R_{2,\varepsilon} - \varepsilon\, t_\varepsilon) = -\varepsilon \operatorname{div} a_\varepsilon \nabla t_\varepsilon & \text{dans } \mathcal{D}, \\ R_{2,\varepsilon} - \varepsilon\, t_\varepsilon \quad = \quad 0 & \text{sur } \partial\mathcal{D}, \end{cases}$$

(3.137)

qui est équivalent à (3.111), où nous remarquons que, dans le membre de droite, $-\operatorname{div} a_\varepsilon \nabla t_\varepsilon$ appartient à $H^{-1}(\mathcal{D})$ et est de norme

$$\|-\operatorname{div} a_\varepsilon \nabla t_\varepsilon\|_{H^{-1}(\mathcal{D})} \leq \|a_\varepsilon\|_{L^\infty(\mathcal{D})} \|t_\varepsilon\|_{H^1(\mathcal{D})}$$

dans cet espace. Nous obtenons alors, encore par notre argument "favori" pour les fonctions nulles au bord,

$$\|R_{2,\varepsilon} - \varepsilon\, t_\varepsilon\|_{H^1(\mathcal{D})} \leq \varepsilon\, \|a_\varepsilon\|_{L^\infty(\mathcal{D})} \|T_\varepsilon\|_{H^{1/2}(\partial\mathcal{D})} = O(\sqrt{\varepsilon}).$$

Ceci implique

$$\|R_{2,\varepsilon}\|_{H^1(\mathcal{D})} = O(\sqrt{\varepsilon}),$$

(3.138)

et donc, en tenant compte de (3.115), la conclusion attendue

$$\|R_\varepsilon\|_{H^1(\mathcal{D})} = O(\sqrt{\varepsilon}).$$

(3.139)

Elle formalise, avec un ordre de convergence finalement moins optimiste que l'ordre $O(\varepsilon)$ formellement attendu, le développement à deux échelles et nos arguments "intuitifs" associés. Il se trouve, mais nous ne le démontrerons pas, que cet ordre ne peut pas être amélioré en toute généralité (et hormis des cas miraculeux, comme par exemple la dimension 1, ou le cas d'un domaine périodique "parfaitement" aligné avec les cellules de périodicité à l'échelle ε décrit ci-dessus). La séquence des différents arguments donnés ci-dessus suggère que c'est un *effet de bord* qui est responsable du taux de convergence $O(\sqrt{\varepsilon})$ au lieu de $O(\varepsilon)$. Cet effet disparaît si on oublie le bord, soit parce que la norme choisie (L^2 par exemple) ne le voit pas, soit parce que le domaine choisi ($\mathcal{D}_0 \subset\subset \mathcal{D}$) l'élimine, ou si le bord est réduit à un point (cas de la dimension 1) ou est aligné (cas périodique parfait). Le raisonnement que nous avons donné à la section précédente confirme cette observation. Nous nous y tenions "loin" du bord, et le taux de convergence s'en trouve amélioré, revenant à $O(\varepsilon)$.

Pour terminer, examinons les hypothèses de régularité sur le coefficient a qui nous ont été utiles.

Au cours de la Section 3.4.3.1, qui consiste uniquement en des calculs préparatoires, aucune hypothèse n'est nécessaire à part la coercivité et le caractère borné du coefficient (3.1). Comme toujours, si a est symétrique, (3.1) suffit, et sinon il faut lui ajouter l'hypothèse $a \in L^{\infty}(\mathbb{R}^d)$.

A la Section 3.4.3.2, nous avons utilisé deux ingrédients essentiels : $u^* \in H^2(\mathcal{D})$ si $f \in L^2(\mathcal{D})$ d'une part, et le fait que le correcteur w est borné. La deuxième hypothèse n'impose rien de plus sur a. La preuve est toutefois, en l'état, valable uniquement pour des équations et pas des systèmes elliptiques, car elle repose sur la théorie de Nash-Moser. En revanche, la première estimation, utilisée telle quelle, nécessite que le bord $\partial\mathcal{D}$ soit de classe C^2 (voir le Théorème A.21). Il est toutefois possible de s'en passer en faisant uniquement appel à des estimations intérieures (Théorème A.20) pour borner u^* dans $H^2(\mathcal{D}_0)$, avec $\mathcal{D}_0 \subset\subset \mathcal{D}$. Ainsi, (3.109) s'obtient en supposant, cette fois, non que R_{ε} est nulle au bord, mais qu'elle est à support compact dans $\mathcal{D}$. Le cadre périodique traité à la fin de la Section 3.4.3.2, lui, reste valide sans aucune modification.

Pour la Section 3.4.3.3, là aussi, la preuve est construite de façon à utiliser une régularité C^2 du bord, pour pouvoir obtenir que $u^* \in W^{2,q}$. Il semblerait naturel que la même remarque que ci-dessus soit valable : pour des estimations intérieures, la régularité du bord ne devrait pas jouer. Cependant, adapter la preuve en ce sens nécessite des complications que nous ne souhaitons pas développer. Tout le reste n'utilise aucune hypothèse supplémentaire à part (3.1), adaptée selon la symétrie de la matrice a. En particulier le fait que le coefficient a soit de régularité hölderienne n'est pas requis.

Enfin, la Section 3.4.3.4 utilise clairement la fait que le coefficient est de régularité hölderienne. En effet, cette hypothèse permet en particulier de démontrer que le gradient du correcteur est borné. Il n'est pas clair que cette hypothèse soit nécessaire *en toute généralité*. Citons cependant les travaux [LV00] et [LN03], qui permettent de généraliser les résultats de régularité de type Schauder, que nous utilisons ici, a des coefficients qui sont seulement réguliers par morceaux.

3.4.3.5 Convergence dans $W^{1,q}$ (et autres normes "de gradient")

Nous cherchons ici à estimer le résidu $R_\varepsilon = u^\varepsilon - u^{\varepsilon,1}$ et en particulier son gradient, dans des normes L^q pour $q \neq 2$. Idéalement, nous souhaitons pouvoir prendre la topologie la plus exigeante, à savoir $q = +\infty$. Les estimées sur ∇R_ε dans tous ces L^q sont possibles et existent dans la littérature. Avant de les citer, et en écho à nos remarques de la fin de la Section 3.4.3.4, nous ajoutons immédiatement l'hypothèse

$$a \text{ est de régularité hölderienne } C^{0,\alpha}, \text{ pour un certain } \alpha > 0, \tag{3.140}$$

qui nous permettra de restaurer sur l'opérateur $- \operatorname{div}(a_\varepsilon \nabla .)$ certaines propriétés agréables du Laplacien… L'hypothèse (3.140) permet aussi d'assurer qu'à $\varepsilon > 0$ fixé, la fonction u^ε, donc R_ε, est suffisamment régulière pour que les normes présentes dans (3.142) et (3.143) ci-dessous existent bien. Enfin, elle est nécessaire également pour que le gradient du correcteur soit dans L^∞.

Le résultat emblématique du cas périodique est le suivant

Proposition 3.20 *Dans le cas $a_\varepsilon = a_{per}\left(\dfrac{\cdot}{\varepsilon}\right)$, si le domaine $\mathcal{D}$ est de classe C^2, et sous les hypothèses (3.1)–(3.140), nous avons sur tout domaine intérieur $\mathcal{D}_0$, en plus de la convergence H^1 déjà établie dans (3.119) à savoir*

$$\|R_\varepsilon\|_{H^1(\mathcal{D}_0)} \leq C \varepsilon \|f\|_{L^2(\mathcal{D})}, \tag{3.141}$$

convergence établie sous l'hypothèse $f \in L^2(\mathcal{D})$ (et en fait sans l'hypothèse (3.140)), les convergences

$$\|\nabla R_\varepsilon\|_{L^q(\mathcal{D}_0)} \leq C \varepsilon \|f\|_{L^q(\mathcal{D})}, \tag{3.142}$$

quand $f \in L^q(\mathcal{D})$, $2 \leq q < +\infty$, et, pour le cas particulier $q = +\infty$,

$$\|\nabla R_\varepsilon\|_{L^\infty(\mathcal{D}_0)} \leq C \varepsilon \ln(2 + \varepsilon^{-1}) \|f\|_{C^{0,\beta}(\mathcal{D})}, \tag{3.143}$$

quand $f \in C^{0,\beta}(\mathcal{D})$, $\beta \in]0, 1[$. Tout ceci est vrai pour des constantes indifféremment notées C qui ne dépendent ni de f ni de ε.

Remarque 3.21 *Le lecteur ne doit pas s'étonner de la spécificité du cas $q = +\infty$: la présence d'une norme de Hölder $\|f\|_{C^{0,\beta}(\mathcal{D})}$ au lieu de la norme de Lebesgue $\|f\|_{L^\infty(\mathcal{D})}$ qui aurait pu être naïvement attendue est bien naturelle, puisque les estimées de régularité elliptique les plus classiques (du genre $Lu = f \implies \|u\|_{W^{2,q}} \leq \|f\|_{L^q}$) sont connues pour être fausses pour $q = +\infty$ (un contre-exemple est donné dans [GM12, pages 141–142]), et que le cadre L^∞ s'obtient par les estimées de régularité du cadre hölderien et les injections de Sobolev. Quant au facteur $\ln(2 + \varepsilon^{-1})$ qui vient ralentir la convergence en $O(\varepsilon)$ au membre de droite de (3.143), il n'est qu'un point technique sans importance.*

Remarque 3.22 *Si, jusqu'à présent, nous avons uniquement considéré une équation scalaire (par opposition à un système, où l'inconnue u^ε serait à valeurs dans $\mathbb{R}^m$, pour $m \in \mathbb{N}$), et ce afin de simplifier les preuves que nous avons faites, tous les résultats que nous avons énoncés sont en fait valables pour des systèmes. Nous renvoyons à la Remarque 3.24 ci-dessous pour plus de détails.*

La preuve détaillée de ces estimées "pour tous les L^q", pour q aussi grand que voulu et même $q = +\infty$, est un tour de force, originalement publié dans [AL87] et pour lequel nous ne pouvons que renvoyer à la littérature (et notamment à notre propre réécriture [BJL20] de la preuve, sous un format s'adaptant au cadre des problèmes périodiques avec défauts, nous y reviendrons au Chapitre 4). Dans un tel ouvrage introductif, nous ne donnerons qu'une *idée* de leurs preuves, en mentionnant quelques arguments clés et aussi un squelette de preuve, ou en donnant l'intuition du type de résultats en jeu. De plus, quand il s'agira de comprendre les géométries non périodiques et leur influence sur la théorie de l'homogénéisation, ce qui est le point central de notre entreprise scientifique, le cadre L^2 suffira déjà à comprendre beaucoup de phénomènes intéressants. Le cadre L^q, $q \neq 2$, nous sera alors surtout utile par le cas particulier $q = \infty$, qui est une topologie qui voit les moindres détails, à *toutes* les échelles, nous y reviendrons aussi.

En fait, nous pouvons formuler notre ambition dans cette section de la manière suivante. Notre *unique* objectif est que le lecteur comprenne pourquoi des résultats comme ceux de la Proposition 3.20 peuvent être vrais et puisse ainsi aller, bien préparé, lire le détail de leurs preuves techniques dans les articles de la littérature. Nous ne pouvons pas nous substituer à d'authentiques preuves, mais nous pouvons pré-mâcher le travail au lecteur pour qu'il parvienne à les comprendre. Parce que, pour être tout à fait franc, elles sont loin d'être digestes.... On n'obtient pas des résultats aussi puissants à moindre frais.

Quelques considérations générales. Reprenons le système vérifié par R_ε, à savoir

$$\begin{cases} -\operatorname{div}(a_\varepsilon \nabla R_\varepsilon) = \varepsilon \operatorname{div} F_\varepsilon & \text{dans } \mathcal{D}, \\ \\ R_\varepsilon = \varepsilon T_\varepsilon & \text{sur } \partial\mathcal{D}, \end{cases} \tag{3.144}$$

avec les mêmes définitions (3.102) de F_ε et (3.112) de T_ε.

Signalons aussi que, si nous voulions des résultats à ε *fixé*, ceux-ci ne seraient pas si durs. Ils relèveraient de techniques classiques de régularité elliptique. Rappelons en effet que, dans l'équation (3.144), la fonction F_ε est donnée par (3.102), et donc "essentiellement" égale au second membre f de l'équation originale (1) (ou en tout cas dont les normes dans un espace fonctionnel donné sont contrôlées par celles de f dans –quasiment– le même espace, vu les propriétés particulières de B et a dans le cas périodique). Une application directe des théorèmes de régularité elliptique, dans le cadre de régularité Sobolev (Théorème A.21) ou Hölder (Théorème A.20), nous donnerait donc respectivement, pour chaque ε fixé, les estimées (3.142) et (3.143) de la Proposition 3.20 avec des constantes C indépendantes du second membre f. La difficulté est que nous voulons un résultat valable dans l'asymptotique $\varepsilon \to 0$, ce qui requiert en effet une *uniformité* en ε de nos arguments. Nous voulons des constantes C dans (3.142)–(3.143) qui soient *indépendantes* de ε. Et il va donc falloir travailler beaucoup (beaucoup) plus...

Qu'avons-nous appris des morceaux de preuves des sections précédentes ?

Tout d'abord, nous avons appris que la décomposition de notre problème en un problème à donnée au bord nulle et un problème à second membre nul nous permettait de bien cerner et séparer la contribution de l'intérieur du domaine et la contribution du bord, et permettait de traiter chaque morceau avec des arguments différents. Il est donc naturel, à nouveau, et en nous inspirant de ce que nous avons fait à la Section 3.4.3.3, d'introduire la décomposition $R_\varepsilon = R_{1,\varepsilon} + R_{2,\varepsilon}$, avec $R_{1,\varepsilon}$ et $R_{2,\varepsilon}$ solutions respectives des problèmes (3.110)–(3.111), ainsi que des décompositions analogues.

Ensuite, nous avons vu que le contrôle du gradient ∇R_ε (plus précisément celui de son morceau constitutif $\nabla R_{2,\varepsilon}$, celui solution d'une équation elliptique à second membre nul) passait par celui de la fonction R_ε elle-même (c'est-à-dire $R_{2,\varepsilon}$), l'ingrédient clé permettant de passer de l'un à l'autre étant une estimée du type *inégalité de Caccioppoli*, puisque nous manipulions des solutions d'équations elliptiques. De nouveau, nous nous attendons à voir des telles inégalités (norme du gradient dans une certaine topologie majorée par la norme de la fonction dans une autre) jouer un rôle. Ce sera effectivement le cas, sous une forme différente.

Enfin, ce que nous avons touché du doigt est le fait que les arguments pour l'opérateur $-\operatorname{div}(a_\varepsilon \nabla\,.)$ s'inspiraient de ceux pour le Laplacien lui-même, ou en tout cas de ceux pour un opérateur à coefficients constants. Là encore, nous allons y revenir.

L'équation homogène. Commençons par le découpage en deux morceaux, et par nous intéresser au morceau (3.111) à second membre nul, ce qu'on appelle l'équation *homogène*, que nous mettons sous la forme "muette"

$$\begin{cases} -\operatorname{div}(a_\varepsilon \nabla v_\varepsilon) = 0 & \text{dans } \Omega, \\[2mm] v_\varepsilon = g & \text{sur } \partial\Omega, \end{cases} \tag{3.145}$$

où g est une donnée *fixée*, posée au bord du domaine Ω (aussi un domaine muet, contenu dans notre domaine original $\mathcal{D}$ et que bien sûr le lecteur étourdi ne confondra pas avec notre notation classique pour l'espace de probabilité utilisé dans certains autres chapitres de cet ouvrage). La première question que nous nous posons est de contrôler v_ε, qui joue le rôle de R_ε, dans les topologies apparaissant dans les estimées (3.142)–(3.143) voulues, c'est-à-dire que, plus précisément, nous voulons estimer $\|\nabla v_\varepsilon\|_{L^q(\Omega)}$ et $\|\nabla v_\varepsilon\|_{C^{0,\beta}(\Omega)}$. Ces deux "échelles" de norme, Sobolev et Hölder, sont en effet susceptibles de jouer un rôle clé dans tous les arguments pour établir (3.142)–(3.143) (et la preuve détaillée montre qu'elles le jouent effectivement).

L'idée de "se ramener" au Laplacien, qui est un opérateur simple pour lequel tous les résultats que nous souhaitons prouver sur l'opérateur $-\operatorname{div} a_\varepsilon \nabla$ seraient immédiatement vrais, a déjà été évoquée ci-dessus. Reprenons cette idée ici, de manière plus adaptée au difficile problème auquel nous sommes confrontés.

Si nous remplaçons brutalement $-\operatorname{div} a_\varepsilon \nabla$ par $-\Delta$ dans (3.145), alors il est classique de montrer des estimations sur $\|\nabla v_\varepsilon\|_{L^\infty(\Omega)}$ et $\|\nabla v_\varepsilon\|_{C^{0,\beta}(\Omega)}$. Faisons-le. Puisque

$$-\Delta v_\varepsilon = 0,$$

et puisque le Laplacien est un opérateur à coefficients *constants*, nous pouvons dériver cette équation et obtenir, par exemple pour chaque dérivée partielle dans la direction e_i, $1 \le i \le d$,

$$-\Delta(\partial_i v_\varepsilon) = 0. \tag{3.146}$$

Le Laplacien étant un opérateur elliptique, nous pouvons alors appliquer l'*inégalité de Harnack*, sous une forme faible (Corollaire A.15). Sans perte de généralité, nous pouvons toujours supposer que $0 \in \Omega$. Nous nous plaçons de plus dans le cas où la boule unité $B(0, 1)$ centrée à l'origine et de rayon 1 est incluse dans Ω. Le cas général où $B(0, 1)$ intersecte éventuellement le bord de Ω peut être traité avec des outils similaires. Le Corollaire A.15 appliqué à (3.146) (pour chacune des directions de $\mathbb{R}^d$), donne

$$\sup_{x \in B(0,1/4)} |\nabla v_\varepsilon(x)| \le C \, \|\nabla v_\varepsilon\|_{L^2(B(0,1/2))}, \tag{3.147}$$

pour une constante C indépendante de la solution v_ε (le rayon choisi, à savoir $1/4$, va devenir clair dans quelques lignes, le choix étant purement technique). Nous minorons alors le membre de gauche en procédant comme suit. Prenons un rayon $0 < \theta < 1/4$, et utilisons l'inégalité de Poincaré-Wirtinger sur la boule $B(0, \theta)$:

$$\fint_{B(0,\theta)} \left| v_\varepsilon - \fint_{B(0,\theta)} v_\varepsilon \right|^2 \le C_{PW} \, \theta^2 \fint_{B(0,\theta)} |\nabla v_\varepsilon|^2, \tag{3.148}$$

où la constante C_{PW} ne dépend pas de v_ε et est relative à la même inégalité sur la boule de rayon unité, et où le coefficient θ^2 tient compte de la remise à l'échelle sur la boule de rayon θ. Comme $B(0, \theta) \subset B(0, 1/4)$, nous pouvons majorer le membre de droite de (3.148) :

$$\fint_{B(0,\theta)} \left| v_\varepsilon - \fint_{B(0,\theta)} v_\varepsilon \right|^2 \le C_{PW} \, \theta^2 \left(\sup_{x \in B(0,1/4)} |\nabla v_\varepsilon(x)| \right)^2,$$

et en utilisant (3.147), encore majorer par

$$\fint_{B(0,\theta)} \left| v_\varepsilon - \fint_{B(0,\theta)} v_\varepsilon \right|^2 \leq C_{PW}\, C\, \theta^2 \fint_{B(0,1/2)} |\nabla v_\varepsilon|^2.$$

Nous majorons enfin le membre de droite en utilisant l'*inégalité de Caccioppoli* (à bon droit puisque v_ε est bien solution de $-\Delta v_\varepsilon = 0$), et nous obtenons

$$\fint_{B(0,\theta)} \left| v_\varepsilon - \fint_{B(0,\theta)} v_\varepsilon \right|^2 \leq C\, \theta^2 \fint_{B(0,1)} |v_\varepsilon|^2. \tag{3.149}$$

Cette estimation va nous permettre d'obtenir une borne en norme hölderienne (voir plus loin l'inégalité (3.150) et le raisonnement qui la suit). Mais pour l'instant, voyons surtout comment l'argument ci-dessus, fait pour le laplacien, s'adapte au cas de l'opérateur $-\operatorname{div}(a_\varepsilon \nabla \cdot)$, car il s'agit d'un point clé du raisonnement. Tout d'abord, ce que nous avons fait avec l'opérateur Laplacien, nous pourrions l'avoir fait de manière rigoureusement identique avec l'opérateur *homogénéisé* correspondant à l'équation (3.145), à savoir l'opérateur $-\operatorname{div} a^* \nabla$. En effet, tout ce que nous avons utilisé est le caractère elliptique, et, *surtout*, le fait que l'opérateur est *à coefficients constants*, pour obtenir l'inégalité de Harnack (3.147) sur le *gradient* de la solution (et non sur la solution elle-même, ce qui serait facile car ne requerrait que l'ellipticité). Nous avons donc, en fait, obtenu (3.149) pour la solution v_ε de

$$-\operatorname{div}\left(a^* \nabla v_\varepsilon\right) = 0.$$

Or, nous savons que, pour ε assez petit, l'opérateur original $-\operatorname{div} a_\varepsilon \nabla$ *ressemble* à l'opérateur $-\operatorname{div} a^* \nabla$, ceci étant quantifié mathématiquement par le résultat d'homogénéisation. Pour ε petit, l'estimation (3.149) *doit donc* être aussi vraie pour notre solution v_ε de l'équation (3.145). Le raisonnement à faire pour effectivement le montrer est appelé un *raisonnement par compacité* et est en fait un raisonnement par l'absurde. On suppose que, même pour θ et ε petits, (3.149) est faux, et on atteint une contradiction. Ce raisonnement est bien sûr détaillé dans la littérature indiquée ci-dessus (voir [AL87]). A partir de là, une technique dite *d'itération* puis de *recouvrement* permet d'étendre l'estimation (3.149) à tous les rayons r, pour un certain exposant ρ :

$$\fint_{B(0,r)} \left| v_\varepsilon - \fint_{B(0,r)} v_\varepsilon \right|^2 \leq C\, r^\rho \fint_{B(0,1)} |v_\varepsilon|^2. \tag{3.150}$$

Notre dernière étape de cette preuve consiste alors à remarquer que la quantité

$$\sup_{r>0} \left(\frac{1}{r^\rho} \fint_{B(0,r)} \left| v - \fint_{B(0,r)} v \right|^2 \right)^{1/2} \tag{3.151}$$

est en fait, par la propriété dite *caractérisation de Campanato* de la régularité hölderienne, une quantité *équivalente* à la norme $C^{0,\beta}$ pour $\beta = \rho/2$ (plus précisément à la *semi*-norme $C^{0,\beta}$ puisque les constantes ne sont pas vues dans cette quantité). Nous renvoyons pour cela au Théorème A.4, dont la preuve peut être lue dans [Gia83, p 70], ou dans [GM12, Theorem 5.5]. Nous avons donc ainsi décrit les grandes lignes de la preuve de l'estimée, dite *estimée de Hölder*

$$[v_\varepsilon]_{C^{0,\beta}(B(0,1/2))} \leq C \, \|v_\varepsilon\|_{L^2(B(0,1))} \,, \tag{3.152}$$

pour la solution v_ε de (3.145), avec une constante C bien sûr indépendante de ε (c'était tout le but de nos efforts !), et où $[\cdot]_{C^{0,\beta}(B(0,1/2))}$ désigne la semi-norme $C^{0,\beta}$ sur la boule $B(0, 1/2)$. Il est assez intuitif d'admettre que, si nous avions choisi une boule qui intersecte le bord du domaine muet Ω, au lieu de supposer que la boule unité $B(0, 1)$ était tout entière incluse dans Ω, alors l'estimation (3.152) ci-dessus verrait son membre de droite modifié par l'addition d'un terme tenant compte de la donnée au bord g. Nous aurions ainsi par exemple

$$[v_\varepsilon]_{C^{0,\beta}(B(0,1/2))} \leq C \, \|v_\varepsilon\|_{L^2(B(0,1))} + C \, [g]_{C^{0,\beta}(B(0,1))} \,. \tag{3.153}$$

où la notation g désigne ici un relèvement de la donnée au bord.

En se souvenant qu'un ingrédient essentiel pour démarrer notre raisonnement a été l'inégalité de Harnack (faible) (3.147), laquelle contrôle le *gradient* ∇v_ε, le lecteur voudra bien admettre que par une technique de preuve tout à fait similaire, on peut en fait établir l'estimée, dite, pour des raisons évidentes, *estimée de Lipschitz*,

$$\|\nabla v_\varepsilon\|_{L^\infty(B(0,1/2))} \leq C \, \|v_\varepsilon\|_{L^2(B(0,1))} \,, \tag{3.154}$$

de nouveau si la boule n'intersecte pas le bord du domaine, et avec une adaptation similaire à celle ci-dessus pour (3.153) si c'est le cas. L'inégalité (3.154) joue, comme promis, le rôle de l'inégalité de Caccioppoli, qui, elle, était spécifique au cadre L^2. Il s'agit cependant de noter que l'estimée (3.154) est un peu plus exigeante, dans sa preuve, que l'estimée (3.152). En un sens intuitif, ceci est normal puisqu'elle fait intervenir la *dérivée d'ordre un* (le gradient) et non pas seulement la dérivée *d'ordre β*, en nous autorisant cet abus de langage pour parler de la semi-norme de Hölder $C^{0,\beta}$. Pour établir (3.154), il nous faut, comme c'est bien naturel, obtenir une bonne estimation de ∇v_ε, lequel joue le rôle d'une partie de ∇R_ε. Or dans ce gradient figure explicitement le correcteur, rappelons-nous en effet de (3.96). Ceci sera un point à garder en mémoire quand nous aborderons ultérieurement les problèmes non périodiques.

Il faut évidemment bien comprendre que nous avons fait à ce stade un pas crucial vers les estimations voulues (3.142)–(3.143). En effet, comme nous l'avons déjà dit, la fonction v_ε est vouée à jouer le rôle de R_ε, et le contrôle de la norme $\|v_\varepsilon\|_{L^2} = \|R_\varepsilon\|_{L^2}$ qui apparaît virtuellement aux membres de droite de (3.152)–(3.154) est une difficulté que nous avons *déjà* réglée (se souvenir de l'estimation H^1 obtenue en (3.141)). La plus-value est ici que nous sommes sur la bonne voie pour contrôler les "dérivées" de R_ε.

Mais bien sûr, il nous reste un peu de travail, puisque les estimations (3.152)–(3.154) ont été obtenues sur le cas de l'équation homogène (c'est-à-dire à second membre nul, ou, c'est-à-dire encore, le cas de $R_{2,\varepsilon}$ défini en (3.111)). Il nous faut encore comprendre comment contrôler la partie $R_{1,\varepsilon}$, c'est-à-dire plus généralement comment agir pour

$$\begin{cases} -\operatorname{div}\,(a_\varepsilon \nabla v_\varepsilon) = \operatorname{div}(f) & \text{dans } \mathcal{D}, \\[2mm] v_\varepsilon = 0 & \text{sur } \partial\mathcal{D}, \end{cases} \tag{3.155}$$

au lieu de (3.145).

L'équation non homogène. De nouveau, nous n'allons donner qu'un *canevas* de preuve pour obtenir les estimations voulues sur une équation du type (3.155).

Comment passer d'un résultat sur une équation homogène à un résultat analogue sur une équation à second membre ? Que le lecteur retienne le "truc"... Une possibilité est d'utiliser la *fonction de Green*. Rappelons qu'elle est définie, dans notre cas précis (3.110), par

$$\begin{cases} -\operatorname{div}_x\,(a_\varepsilon \nabla_x G_\varepsilon(x,y)) = \delta(x-y) & \text{pour } x \in \mathcal{D}, \\[2mm] G_\varepsilon(x,y) = 0 & \text{pour } x \in \partial\mathcal{D}, \end{cases} \tag{3.156}$$

pour chaque $y \in \mathcal{D}$. L'existence et l'unicité de G_ε solution de (3.156) est par exemple démontrée dans [GW82]. Si notre opérateur était un opérateur à coefficients constants, la fonction de Green serait de la forme $G_\varepsilon(x,y) = G_\varepsilon(x-y)$, tout se ramènerait à une équation avec une masse de Dirac à l'origine (au moins quand $\mathcal{D} = \mathbb{R}^d$), et nous obtiendrions la solution pour un membre de droite donné par *convolution*. Ici, le coefficient a_ε n'étant pas constant (et le domaine $\mathcal{D}$ n'étant pas $\mathbb{R}^d$), la fonction $G_\varepsilon(x,y)$ est une authentique fonction de deux variables. Il n'en reste pas moins que, formellement au moins et ceci peut être rendu rigoureux, la linéarité de l'équation entraîne que la solution de l'équation avec second membre s'écrit comme une *superposition* (dit autrement, une intégrale en y) de la fonction de Green pondérée par les valeurs du second membre. Bref, nous avons une *formule de représentation*

$$v_\varepsilon(x) = \int G_\varepsilon(x,y)\,\operatorname{div} f(y)\,dy, \tag{3.157}$$

que nous laissons volontairement imprécise ici. Il s'ensuit un contrôle du gradient obtenu par dérivation et intégration par parties (formelle)

$$\nabla v_\varepsilon(x) = -\int \nabla_x \nabla_y G_\varepsilon(x, y) \, f(y) \, dy. \qquad (3.158)$$

Si nous comprenons les propriétés de cette fonction de Green $G_\varepsilon(x, y)$, de nouveau *uniformément en* ε, et plus précisément les propriétés de l'*ensemble* des fonctions $G_\varepsilon(x, y)$, $\nabla_x G_\varepsilon(x, y)$, $\nabla_y G_\varepsilon(x, y)$, $\nabla_x \nabla_y G_\varepsilon(x, y)$, alors nous aurons fait un grand pas vers les estimées sur les solutions à second membre non nul, et donc sur les fonctions du type $R_{1,\varepsilon}$.

Or, miracle... (évidemment le lecteur comprend que ce n'en est pas un, mais que les choses sont naturelles), le second membre de l'équation (3.156) est *"très souvent"* nul... Il suffit en effet de le regarder sur un sous-domaine qui ne contient pas le point y, autrement dit de s'intéresser à $G_\varepsilon(x, y)$ pour $x \neq y$. Et ceci devrait bien suffire à obtenir quasiment toute l'information nécessaire. Nous pouvons donc espérer recycler pour cette équation (3.156) beaucoup du matériau que nous avons utilisé pour l'équation (3.145). Et c'est effectivement le cas.

Que savons-nous sur cette fonction de Green G_ε ? tout d'abord, nous disposons de résultats tout à fait généraux, qui reposent seulement sur les bornes "inférieure et supérieure" (3.1) sur le coefficient a_ε dans l'opérateur sous forme divergence $-\operatorname{div} a_\varepsilon \nabla$. Il s'agit d'abord et surtout de

$$0 \leq G_\varepsilon(x, y) \leq C \frac{1}{|x-y|^{d-2}}, \qquad (3.159)$$

pour tout $x \neq y \in \mathcal{D} \subset \mathbb{R}^d$, $d \geq 3$, pour une constante C ne dépendant que de la constante de coercivité dans (3.1) et de $\|a_\varepsilon\|_{L^\infty} = \|a\|_{L^\infty}$ (et donc, dans notre cadre d'application, qui est indépendante de ε !). Il est absolument remarquable qu'une telle inégalité *point par point* soit vraie pour l'opérateur sous forme divergence à coefficients variables, avec en plus une estimée uniforme ne dépendant que des bornes, exactement comme l'inégalité est vraie pour l'opérateur Laplacien. Rappelons en effet que la fonction de Green est alors, au moins pour $\mathcal{D} = \mathbb{R}^d, d \geq 3$ de la forme $G(x, y) \propto \dfrac{1}{|x-y|^{d-2}}$, à une constante de proportionnalité explicite près et dépendant seulement de la dimension (cette constante vaut $\dfrac{\Gamma(d/2)}{2(d-2)\pi^{d/2}}$, où Γ est la fonction d'Euler). Le principe du maximum permet de démontrer que la fonction de Green du Laplacien pour le cas des domaines quelconques (i.e bornés ou non) se comporte identiquement pour x proche de y, et, à longue distance, si c'est possible dans le domaine considéré, pour x loin de y.

Une autre estimation tout à fait générale est l'estimation

$$\left\|\nabla_x G_\varepsilon(., y_0)\right\|_{L^{\frac{d}{d-1},\infty}(\mathcal{D})} + \left\|\nabla_y G_\varepsilon(x_0,)\right\|_{L^{\frac{d}{d-1},\infty}(\mathcal{D})} \leq C, \qquad (3.160)$$

pour tout x_0, $y_0 \in \mathcal{D} \subset \mathbb{R}^d$ et de nouveau pour une constante C ne dépendant que de la constante de coercivité et de la borne supérieure dans (3.1). La notation $L^{q,\infty}$, $1 < q < +\infty$, désigne un *espace de Marcinkiewicz*, aussi appelé *espace L^q faible*, défini comme l'ensemble des fonctions f mesurables telles que

$$\sup_{s>0} \left(s \operatorname{mes} \{ x \,:\, |f(x)| > s \}^{\frac{1}{q}} \right) < +\infty, \tag{3.161}$$

la norme sur cet espace étant définie à partir du réarrangement décroissant de f (nous renvoyons par exemple à [BL76] pour de telles définitions précises et les propriétés de ces espaces).

De nouveau, il est intéressant de se souvenir que, dans le cas du Laplacien, $|\nabla_x G(x, y)| \propto \dfrac{1}{|x - y|^{d-1}}$ donc que l'appartenance à l'espace $L^{\frac{d}{d-1},\infty}$ est immédiate puisque

$$\sup_{s>0} \left(s \operatorname{mes} \left\{ x \,:\, \frac{1}{|x|^{d-1}} > s \right\}^{\frac{d-1}{d}} \right) = \sup_{s>0} \left(s \operatorname{mes} B \left(0, \left(\frac{1}{s} \right)^{\frac{1}{d-1}} \right)^{\frac{d-1}{d}} \right) < +\infty,$$

(l'autre appartenance de (3.160) s'en déduit puisque $\nabla_y G(x, y) = -\nabla_x G(x, y)$).

Ces estimées (3.159) et (3.160) ont été établies dans un article très célèbre [GW82], et le lecteur pourra aussi consulter [BLA13] qui remet en perspective ces résultats, ainsi que ceux que nous allons esquisser ici, issus de [AL87] (voir également [KLS14]). Notons, et nous y reviendrons à la Remarque 3.24, que les résultats de [AL87] sont valables aussi pour des systèmes d'équations (et pas uniquement le cas des équations scalaires que nous traitons ici), contrairement à [GW82] et [BLA13]. Des résultats plus précis (et pour des dérivées d'ordre plus élevées) sont également démontrés dans [DM95], là aussi dans le cas de systèmes.

Munis de (3.159), et en suivant notre observation que le membre de droite de (3.156) est nul dès qu'on s'intéresse aux points $x \neq y$, nous utilisons maintenant le même type de raisonnement que ci-dessus pour (3.145). Nous pouvons ainsi estimer, dans la veine de (3.154), $\nabla_x G_\varepsilon(x, y)$ en fonction de la norme L^2 de G_ε lui-même sur une boule de rayon approprié. Si nous utilisons alors notre estimation (3.159) de G_ε et si nous choisissons un rayon de sorte qu'il soit proportionnel à la distance $|x - y|$, puisque, nous le rappelons, nous avons en quelque sorte "séparé" le point x du point y, il est alors possible de montrer l'estimation *ponctuelle* suivante, cette fois sur le gradient,

$$|\nabla_x G_\varepsilon(x, y)| \leq C \frac{1}{|x - y|^{d-1}}, \tag{3.162}$$

pour une constante C indépendante de ε et pour tout $x \neq y$. Et il est aussi possible de démontrer la même estimation sur $\nabla_y G_\varepsilon(x, y)$. En effet, un simple calcul permet de montrer que la fonction $G_\varepsilon(y, x)$ (noter l'inversion des variables) est fonction de Green de l'opérateur $-\operatorname{div}(a^T \nabla \, .)$. Elle vérifie donc elle aussi (3.162), ce qui revient à y remplacer ∇_x par ∇_y. Mieux, comme l'équation (3.156) s'entend *à y fixé*, et que ce y n'y est qu'un paramètre, nous pouvons *dériver cette équation par rapport à y* et obtenir une équation sur $\nabla_y G_\varepsilon(x, y)$ dont le second membre (le gradient de la masse de Dirac) est tout aussi nul identiquement dès que l'on considère les points $x \neq y$. Le lecteur se rappellera utilement à cette occasion notre technique, utilisée plus haut, de dériver l'équation quand l'opérateur est à coefficients constants. Ici, l'opérateur différentiel en x est à coefficients constants en y ! Notre raisonnement précédent s'applique donc une nouvelle fois et nous pouvons établir de même

$$\left| \nabla_x \nabla_y G_\varepsilon(x, y) \right| \leq C \, \frac{1}{|x - y|^d}. \tag{3.163}$$

Mais attention, contrairement à (3.159) qui ne reposait que sur des propriétés générales, ces nouvelles estimations (3.162)–(3.163) ont cette fois été établies à cause des propriétés particulières d'homogénéisation de l'opérateur $-\operatorname{div}_x a_\varepsilon \nabla$ et sous nos hypothèses bien précises (ici, le cadre périodique !).

Une fois toutes ces estimations sur la fonction de Green établies, il nous "suffit" alors, comme annoncé ci-dessus, d'utiliser les formules de représentation (3.157)–(3.158) d'une solution d'une équation du type (3.155) et de ses dérivées à l'aide de la fonction de Green. A de nombreuses technicalités près, que nous passons encore sous silence, nous pouvons alors établir des estimations sur ∇v_ε et sur la norme $C^{0,\beta}$ de v_ε solution de (3.155). Celles-ci peuvent à leur tour être utilisées, en conjonction avec les estimées analogues montrées sur la solution de (3.145), pour établir des contrôles dans les mêmes normes de la solution d'équations muettes "complètes"

$$\begin{cases} -\operatorname{div}(a_\varepsilon \nabla v_\varepsilon) = f & \text{dans } \Omega, \\[2mm] v_\varepsilon = g & \text{sur } \partial\Omega, \end{cases} \tag{3.164}$$

Ces résultats peuvent être utilisés pour obtenir (3.142)–(3.143). Ils peuvent aussi, au passage et c'est en fait une étape technique de la preuve, être utilisés pour comparer la fonction de Green G_ε avec la fonction de Green G^* de l'opérateur homogénéisé $-\operatorname{div}_x a^* \nabla$, ce qui après tout n'est que le résultat pour un second membre très particulier (et très irrégulier !) $f(x) = \delta(x - y)$ dans l'équation (1). Il peut ainsi être établi que

$$\left| G_\varepsilon(x, y) - G^*(x, y) \right] \leq C \, \frac{\varepsilon}{|x - y|^{d-1}}, \tag{3.165}$$

et des estimées analogues sur $\nabla_x G_\varepsilon(x, y)$, $\nabla_y G_\varepsilon(x, y)$, $\nabla_x \nabla_y G_\varepsilon(x, y)$ vis à vis respectivement de $\nabla_x G^*(x, y)$, $\nabla_y G^*(x, y)$, $\nabla_x \nabla_y G^*(x, y)$. La dernière d'entre elles, à savoir une estimation du type

$$\left| \nabla_x \nabla_y G_\varepsilon(x, y) - \left(\mathrm{Id} + \nabla w_{per} \left(\frac{y}{\varepsilon} \right) \right) \left(\mathrm{Id} + \nabla w_{per} \left(\frac{x}{\varepsilon} \right) \right) \nabla_x \nabla_y G^*(x, y) \right|$$

$$\leq C \varepsilon \qquad\qquad (3.166)$$

sera précisée au Chapitre 4, à l'équation (4.52) et nous y sera très utile.

Quoi qu'il en soit, la discussion résume, comme nous l'avions annoncé, les *grandes lignes* de la démonstration de la Proposition 3.20. Nous renvoyons le lecteur à la démonstration originale [AL87] pour tous les développements techniques de la preuve, lesquels ne sont pas à négliger. Mais il fallait bien commencer par un survol... Nous aurons l'occasion de revenir sur plusieurs points précis de cette preuve au Chapitre 4.

3.4.4 Techniques alternatives

La méthode dite de la *convergence à deux échelles* est une alternative possible aux méthodes déjà présentées. Elle a été originalement introduite dans des travaux [Ngu89] de Gabriel N'Guetseng. Elle a été formalisée complètement et systématisée par Grégoire Allaire dans le célèbre article [All92]. Imaginée pour le cadre périodique (et pas immédiatement destinée à la généralité, comme l'avait été la méthode de l'énergie présentée en Section 3.4.2), elle a été *a posteriori* étendue à des cadres plus généraux (voir par exemple [Ngu03a] pour des cas déterministes, et [BMW94] pour le cas stochastique).

L'ingrédient crucial de cette approche est le suivant.

Lemme 3.23 (Convergence à deux échelles) *Toute suite bornée u^ε dans $H^1(\mathcal{D})$ satisfait, à extraction d'une sous-suite près et pour une certaine fonction $u_0 \in H^1(\mathcal{D})$, la convergence faible habituelle*

$$u^\varepsilon \xrightarrow{\varepsilon \to 0} u_0 \text{ dans } H^1(\mathcal{D}),$$

mais aussi, pour une certaine fonction $u_1 \in L^2(\mathcal{D}, H^1_{per}(Q))$, la convergence, dite donc convergence à deux échelles *:*

Pour toute fonction $\xi \in L^2(\mathcal{D}, C^0_{per}(Q))$,

$$\int_{\mathcal{D}} \nabla u^\varepsilon(x) \, \xi\left(x, \frac{x}{\varepsilon}\right) dx \xrightarrow{\varepsilon \to 0} \int_{\mathcal{D}} \int_Q (\nabla u_0(x) + \nabla_y u_1(x, y)) \, \xi(x, y) \, dy \, dx.$$

$$(3.167)$$

Dans ce résultat, étant donné un espace vectoreil normé V, $L^2(\mathcal{D}, V)$ désigne l'espace des fonctions f à valeurs dans V qui sont de carré intégrable pour la norme $\|\cdot\|_V$ de l'espace V, c'est-à-dire $\int_{\mathcal{D}} \|f(x)\|_V^2 dx < +\infty$. L'espace $L^2(\mathcal{D}, V)$ est équipé de la norme

$$\|f\|_{L^2(\mathcal{D}, V)} = \left(\int_{\mathcal{D}} \|f(x)\|_V^2 dx\right)^{1/2},$$

qui le rend complet si V est complet. Par exemple, dans le cas $V = C_{\text{per}}^0(Q)$ du Lemme 3.23, f peut être vue comme une fonction de $x \in \mathcal{D}$ et $y \in Q$ qui est périodique en y et telle que $\int_{\mathcal{D}} \sup_{y \in Q} |f(x,y)|^2 dx < +\infty$. La norme associée est

$$\|f\|_{L^2(\mathcal{D}, C_{\text{per}}^0(Q))} = \left(\int_{\mathcal{D}} \sup_{y \in Q} |f(x,y)|^2 dx\right)^{1/2}.$$

Donnons quelques idées de la preuve de ce résultat. Tout d'abord, le fait que u^ε est bornée dans $H^1(\mathcal{D})$ implique la première convergence, à extraction près. De plus, pour tout $\xi \in L^2(\mathcal{D}, C_{\text{per}}^0(Q))$, nous avons, pour tout indice j compris entre 1 et d,

$$\left|\int_{\mathcal{D}} \partial_j u^\varepsilon(x)\, \xi\left(x, \frac{x}{\varepsilon}\right) dx\right| \leq C \left(\int_{\mathcal{D}} \xi\left(x, \frac{x}{\varepsilon}\right)^2 dx\right)^{1/2} \overset{\varepsilon \to 0}{\longrightarrow} C \|\xi\|_{L^2(\mathcal{D}, L_{\text{per}}^2(Q))},$$

$$(3.168)$$

où la constante C ne dépend pas de ε. La majoration est une simple conséquence de l'inégalité de Cauchy-Schwarz. Le résultat de convergence qui la suit est moins évident, et repose sur le fait qu'une fonction périodique dilatée converge vers sa moyenne. Voir [All92, Lemma 1.3] pour une preuve. De plus, ∇u^ε est bornée dans $L^2(\mathcal{D})$, donc dans $L^1(\mathcal{D})$, car $\mathcal{D}$ est borné. Donc l'application $\xi \mapsto \int_{\mathcal{D}} \nabla u^\varepsilon(x)\, \xi\left(x, \frac{x}{\varepsilon}\right) dx$ est une forme linéaire sur $L^2(\mathcal{D}, C_{\text{per}}^0(Q))$, qui est bornée uniformément en ε. Ceci implique que $\partial_j u^\varepsilon$, considéré comme un élément de $L^2(\mathcal{D}, M_{\text{per}}(Q))$, est une suite bornée. Ici, $M_{\text{per}}(Q)$ désigne l'espace dual de $C_{\text{per}}^0(Q)$, c'est-à-dire l'ensemble des mesures périodiques de cellule de périodicité Q. Elle converge donc faiblement, à extraction d'une sous-suite près, vers $\mu_0 \in L^2(\mathcal{D}, M_{\text{per}}(Q))$. De plus, en passant à la limite dans le membre de gauche de (3.168), on obtient que μ_0 est en fait une forme linéaire continue sur $L^2(\mathcal{D}, L^2_{\text{per}}(Q))$, donc un élément de $L^2(\mathcal{D}, L^2_{\text{per}}(Q))$. Il existe donc $\chi_j \in$ $L^2(\mathcal{D}, L^2_{\text{per}}(Q))$ tel que

$$\forall \xi \in L^2(\mathcal{D}, C^0_{\text{per}}(Q)), \quad \int_{\mathcal{D}} \partial_j u^\varepsilon(x) \, \xi\left(x, \frac{x}{\varepsilon}\right) dx \xrightarrow[\varepsilon \to 0]{} \int_{\mathcal{D}} \int_Q \chi_j(x, y) \xi(x, y) dx dy. \tag{3.169}$$

Il reste ensuite à montrer que l'application $(x, y) \mapsto \chi(x, y) = (\chi_1(x, y), \dots, \chi_d(x, y))$ a bien la structure annoncée dans le membre de droite de (3.167). Pour cela, commençons par utiliser comme fonctions test ξ dans (3.169) des fonctions indépendantes de y. Ceci implique, puisque $\partial_j u^\varepsilon$ converge faiblement vers $\partial_j u_0$, que

$$\int_Q \chi(x, y) dy = \nabla u_0(x).$$

Autrement dit,

$$\chi(x, y) = \nabla u_0(x) + U(x, y), \quad \int_Q U(x, y) dy = 0, \tag{3.170}$$

pour un certain $U \in \left(L^2(\mathcal{D}, L^2_{\text{per}}(Q)) \right)^d$. Enfin, il reste à démontrer que U est bien un gradient de la variable y. Pour cela, nous utilisons comme fonctions test des fonctions $\xi_j(y)$ telles que le vecteur $\Psi = (\xi_j)_{1 \leq j \leq d}$ est à divergence nulle. La convergence (3.169) donne

$$\int_{\mathcal{D}} \nabla u^\varepsilon \cdot \Psi\left(\frac{x}{\varepsilon}\right) dx \xrightarrow[\varepsilon \to 0]{} \int_{\mathcal{D}} \nabla u_0(x) \cdot \left(\int_Q \Psi(y) dy\right) dx + \int_{\mathcal{D}} \int_Q U(x, y) \cdot \Psi(y) \, dy \, dx.$$

Par ailleurs, le Lemme du div-curl (sous la forme particulière du Lemme 3.17) permet de passer à la limite dans le terme de gauche, de sorte que

$$\int_{\mathcal{D}} \nabla u_0 \cdot \left(\int_Q \Psi(y) dy\right) dx = \int_{\mathcal{D}} \nabla u_0(x) \cdot \left(\int_Q \Psi(y) dy\right) dx$$

$$+ \int_{\mathcal{D}} \int_Q U(x, y) \cdot \Psi(y) \, dy \, dx,$$

donc, pour presque tout $x \in \mathcal{D}$,

$$\int_Q U(x, y) \cdot \Psi(y) \, dy = 0.$$

Ceci vaut pour tout champ de vecteur périodique Ψ tel que div $\Psi = 0$. Le Lemme de de Rham assure que $U(x, y) = \nabla_y u_1(x, y)$ pour une certaine fonction $u_1 \in L^2(\mathcal{D}, H^1_{\text{per}}(Q))$.

Le lecteur aura remarqué que nous avons utilisé le Lemme du div-curl au cours de la preuve ci-dessus. En réalité, la preuve d'origine de [All92] ne l'utilise pas, et utilise une intégration par parties pour passer à la limite dans le terme concerné. Ceci a le mérite de s'affranchir du Lemme du div-curl, mais rend la preuve beaucoup plus technique. C'est pourquoi nous avons préféré ici cette approche.

Dans le cadre périodique $a_\varepsilon = a_{per}\left(\dfrac{\cdot}{\varepsilon}\right)$ (et pour a_{per} scalaire et $f \in L^2(\mathcal{D})$ pour simplifier), le Lemme 3.23 permet de *démontrer* la validité des termes dominants du développement à deux échelles de la Section 3.3.1. Multiplions en effet (1) par la fonction $\varphi_0(x) + \varepsilon\varphi_1\left(x, \dfrac{x}{\varepsilon}\right)$, pour $\varphi_0 \in H^1(\mathcal{D})$ et $\varphi_1 \in H^1(\mathcal{D}, H^1_{\text{per}}(Q))$ arbitraires et intégrons par parties sur $\mathcal{D}$. En utilisant la fonction $\xi(x, y) = a(y)(\nabla\varphi_0(x) + \nabla_y\varphi_1(x, y))$ dans la convergence (3.167), nous obtenons, à la limite $\varepsilon \to 0$,

$$\int_{\mathcal{D}}\int_Q \left(\nabla u_0(x) + \nabla_y u_1(x, y)\right) a(y) \left(\nabla\varphi_0(x) + \nabla_y\varphi_1(x, y)\right) dy\, dx = \int_{\mathcal{D}} f\varphi_0.$$
(3.171)

En prenant $\varphi_0 = 0$, nous obtenons que

$$\int_{\mathcal{D}}\int_Q a(y) \left(\nabla u_0(x) + \nabla_y u_1(x, y)\right) \nabla_y\varphi_1(x, y)\, dy\, dx = 0,$$

est vraie pour toute fonction $\varphi_1 \in H^1(\mathcal{D}, H^1_{\text{per}}(Q))$, et donc

$$-\text{div}_y\left[a(y)(\nabla u_0(x) + \nabla_y u_1(x, y))dy\right] = 0,$$

au moins au sens des distributions sur Q, et ensuite en un sens bien meilleur *modulo* les régularités. Ceci redonne bien, cette fois rigoureusement, l'équation (3.46). Nous pouvons alors en déduire que u_1 s'exprime bien comme (3.47) à partir du correcteur périodique (dont nous avons, par ailleurs et indépendamment, démontré l'existence rigoureusement). Les deux termes dominants du développement donnent donc bien la limite voulue. Mais, comme pour la méthode de l'énergie, cette preuve ne renseigne pas sur la vitesse de convergence.

La notion de convergence à deux échelles a également été adaptée à des cas non périodiques. Il suffit pour cela que l'ensemble des fonctions considérées, sans nécessairement être périodiques, forme une algèbre munie d'une notion de moyenne. C'est le cas par exemple des fonctions presque-périodiques, mais pas seulement, comme nous l'avons vu au Chapitre 1. Le lecteur intéressé pourra consulter sur ce sujet les articles [NS11, LNNW09, Ngu06, Ngu04, Ngu03b, Ngu03a]. Ces travaux utilisent des notions d'algèbres (de fonctions) équipées de moyenne qui sont très reliées à ce que nous avons vu pour la construction du compactifié de Bohr à la Section 1.6.3, et à l'utilisation que nous ferons de la théorie stationnaire ergodique pour les cas quasi-périodique et presque périodique (Section 4.3.2). Ils suggèrent une autre piste que les algèbres construites à la Section 1.4.5 avec certaines variantes qui nous emmèneraient trop loin dans cet ouvrage introductif.

Terminons en signalant que d'autres méthodes existent également, comme par exemple la méthode d'éclatement ("*unfolding method*"). Résumée très brièvement, cette méthode consiste en la définition d'un opérateur d'éclatement $\mathcal{T}_\varepsilon$ qui, à une fonction $w \in L^2(\mathcal{D})$, associe une fonction $\mathcal{T}_\varepsilon(w) \in L^2(\mathcal{D} \times Q)$, et tel que u^ε converge à deux échelles vers $u_0(x, y)$ si et seulement si $\mathcal{T}_\varepsilon(u^\varepsilon) \longrightarrow u_0$ dans $L^2(\mathcal{D} \times Q)$. Ceci permet de remplacer la topologie de convergence à deux échelles par une topologie plus "usuelle" et plus facile à manipuler. Le cœur de la théorie est alors un lemme de compacité du même type que le Lemme 3.23, qui assure que, pour toute suite u^ε bornée dans $H^1(\mathcal{D})$, à extraction près, on a convergence de $\mathcal{T}_\varepsilon(u^\varepsilon)$ vers un certain $u_0 \in L^2(\mathcal{D})$, et convergence de $\mathcal{T}_\varepsilon(\nabla u^\varepsilon)$ vers $\nabla u_0(x) + \nabla_y u_1(x, y)$, pour un certain $u_1 \in L^2(\mathcal{D}, H^1_{\mathrm{per}}(Q))$. Nous renvoyons au livre [CDG18] pour un exposé complet de cette théorie et de ses applications.

Remarque 3.24 (Le cas des systèmes) *Toutes les estimations de convergence ont été énoncées et démontrées jusqu'à présent pour des* équations *elliptiques, par opposition à des* systèmes *d'équations* elliptiques, *où l'inconnue* u^ε *serait à valeurs dans* $\mathbb{R}^m$, *pour* $m \in \mathbb{N}$. *Ceci tient essentiellement au fait que les preuves sont considérablement simplifiées dans le cas des équations. Néanmoins, tous les résultats présentés dans la Section 3.4 sont en fait valables pour des systèmes d'EDP elliptiques. Ainsi, la Proposition 3.20 est en fait démontrée dans [AL87] pour le cas des systèmes.*

La méthode de preuve pour des systèmes est similaire à celle utilisée ici. Cependant, une simplification notable s'opère lorsque nous utilisons le principe du maximum (qui n'est pas vrai en général pour des systèmes) ou une de ses conséquences (l'inégalité de Harnack et la théorie de régularité de Nash-Moser). Partout où un tel résultat a été utilisé, il faut le remplacer par une estimation de régularité elliptique dans un espace de Hölder, qui, elle, est vraie pour des systèmes.

Pour prendre la mesure de ces "complications", nous renvoyons à l'article [KLS14], qui démontre des résultats du même type, et mentionne pour chaque preuve les simplifications associées au cas d'une équation.

Pour une présentation récente de l'homogénéisation des systèmes périodiques, nous renvoyons à [She18].

Chapitre 4
Dimension ≥ 2: Des cas explicites au-delà du périodique

Enfin. Enfin, dira le lecteur, nous abordons les problèmes d'homogénéisation *non* périodiques dans les *vraies* dimensions, c'est-à-dire les dimensions $d \geq 2$. Le temps a peut-être semblé long... Les chapitres précédents étaient pourtant un préliminaire nécessaire, puisque nous y avons vu

- des éléments sur l'homogénéisation "abstraite", c'est-à-dire certains résultats généraux n'exigeant que le minimum d'hypothèses sur les objets en jeu (le coefficient a en particulier),
- l'essentiel de la théorie de l'homogénéisation périodique dans le cas simple de l'équation (1),
- et les premières perturbations du cadre périodique pour la question du calcul des moyennes et de l'homogénéisation monodimensionnelle, laquelle est, à peu de choses près, une réécriture de ces questions de moyennes (complétée des premières préoccupations sur le "correcteur" et son utilisation).

Ces trois briques élémentaires vont maintenant être assemblées pour traiter des cas non périodiques en dimension $d \geq 2$.

Nous abordons d'abord le cadre déterministe, avec en Section 4.1 les défauts "locaux", qui sont des perturbations dans $L^q(\mathbb{R}^d)$, $1 < q < +\infty$, d'un coefficient périodique, et en Section 4.2, d'autres cadres déterministes, dont les cadres quasi- et presque périodiques. Nous terminons ensuite ce Chapitre 4 avec le cadre stochastique, à la Section 4.3.

X. Blanc, C. Le Bris, *Homogénéisation en milieu périodique... ou non*,
Mathématiques et Applications 88, https://doi.org/10.1007/978-3-031-12801-1_4

4.1   Les défauts localisés

Nous commençons par traiter le cas d'une perturbation "localisée" d'une géométrie périodique : le coefficient $a_\varepsilon = a\left(\dfrac{\cdot}{\varepsilon}\right)$ est supposé de la forme

$$a = a_{per} + \widetilde{a} \quad \text{avec } \widetilde{a} \in L^q(\mathbb{R}^d), \quad \text{pour un certain } 1 < q < +\infty, \qquad (4.1)$$

ceci signifiant que, en un sens vague qui sera précisé au besoin, la perturbation $\widetilde{a}$ disparaît loin de l'origine. Le lecteur notera que les deux cas $q = 1$ et $q = +\infty$ sont exclus de (4.1). Le cas $q = 1$ pourrait être traité au prix de modifications techniques qui sont relativement sans intérêt, avec une légère variation des résultats par rapport à ceux que nous allons obtenir pour un exposant $1 < q < +\infty$. Le cas $q = +\infty$, en revanche, est une question mathématique ouverte. En effet, pour ce cas, nous devrions alors raisonnablement supposer

$$\widetilde{a}(x) \overset{|x| \to +\infty}{\longrightarrow} 0, \qquad (4.2)$$

pour exprimer la disparition du défaut à l'infini que nous évoquions ci-dessus. Malheureusement, nous sommes incapables de travailler dans l'espace des fonctions bornées qui tendent vers zéro à l'infini, même en les supposant régulières localement, par exemple continues ou hölderiennes. Le cas (4.2) est pourtant diablement intéressant pour la pratique. En l'état actuel de nos connaissances, nous ne pouvons modéliser le fait que le défaut disparaît loin de l'origine que par l'appartenance $\widetilde{a} \in L^q(\mathbb{R}^d)$, $1 < q < +\infty$. La propriété (4.2) n'est alors pas vraie au sens strict (on connaît beaucoup de telles fonctions qui ne tendent pas vers zéro à l'infini), mais dès qu'une once de régularité est supposée, par exemple $\widetilde{a}$ est globalement uniformément hölderienne, alors automatiquement la combinaison des deux conditions entraine que $\widetilde{a}$ tend vers zéro à l'infini. Mais ceci ne couvre malheureusement pas la généralité de (4.2).

   Sur la base de ce que nous avons fait pour les moyennes dans la Section 1.4.2 du Chapitre 1 et pour le problème d'homogénéisation monodimensionnel à la Section 2.1.1 du Chapitre 2, nous nous attendons à ce que, pour $\widetilde{a}$ vérifiant (4.1), le coefficient homogénéisé a^* soit inchangé, c'est-à-dire avec des notations évidentes, $a^* = (a_{per})^*$. Aussi, compte tenu de la Section 2.3 du Chapitre 2 et de sa formule (2.41), nous nous attendons à ce que le correcteur w_p, pour $p \in \mathbb{R}^d$ fixé, soit de la forme $w_p = w_{p,per} + \widetilde{w}_p$ avec $\nabla \widetilde{w}_p$ dans le même espace fonctionnel que $\widetilde{a}$, à savoir $L^q(\mathbb{R}^d)$. Nous allons voir, d'abord pour $q = 2$, puis pour $1 < q \neq 2 < +\infty$, que ces deux propriétés, $a^* = (a_{per})^*$ et $\nabla \widetilde{w}_p \in L^q(\mathbb{R}^d)$, sont bien vraies. Nous montrerons ensuite que le correcteur corrige effectivement, c'est-à-dire que son utilisation permet d'obtenir une convergence forte dans H^1, comme nous l'avons vu dans la Proposition 3.11. Notre preuve de cette dernière propriété sera faite en détail pour le cas $q = 2$, et à plus gros traits pour le cas $1 < q \neq 2 < +\infty$.

Fixons donc $1 < q < +\infty$, choisissons a sous la forme (4.1), où nous allons supposer de plus que, à la fois a_{per} et a satisfont la propriété de bornes et de coercivité (3.1). Comme précédemment, nous supposons ces fonctions à valeurs scalaires pour simplifier l'exposé, mais la plupart de nos arguments peuvent facilement se généraliser au cas matriciel, sachant que, si certains arguments ne le peuvent qu'au prix de complications substantielles, nous le mentionnerons spécifiquement. A ces propriétés, nous ajoutons que a_{per} doit être de régularité Hölderienne, et nous pourrons éventuellement, à la Section 4.1.2 (voir (4.37)), imposer cette régularité à $\widetilde{a}$ également.

La question d'homogénéisation que nous étudions est celle de l'équation (1) pour un coefficient a de la forme (4.1) (et vérifiant les propriétés ci-dessus), à savoir donc :

$$- \operatorname{div} \left(\left(a_{per} \left(\frac{\cdot}{\varepsilon} \right) + \widetilde{a} \left(\frac{\cdot}{\varepsilon} \right) \right) \nabla u^{\varepsilon} \right) = f,$$

munie des habituelles conditions au bord de Dirichlet homogènes.

Le problème clé de toute cette section est l'équation du correcteur pour le problème étudié. Nous considérons, pour $p \in \mathbb{R}^d$ fixé, l'équation

$$- \operatorname{div} \left((a_{per} + \widetilde{a}) (p + \nabla w_p) \right) = 0, \tag{4.3}$$

qui est à la fois

- l'extension naturelle au cas multidimensionnel de l'équation (2.41) de la Section 2.3 du Chapitre 2 sur le cas monodimensionnel
- et l'extension naturelle au cas non périodique de l'équation périodique (3.67) du Chapitre 3.

Inspirés par la décomposition effectuée en (2.41) à la Section 2.3 du Chapitre 2, nous cherchons sa solution sous la forme

$$\begin{cases} w_p = w_{p,per} + \widetilde{w}_p, \\ w_{p,per} \quad \text{solution périodique de (3.67)}, \\ \nabla \widetilde{w}_p \in L^q(\mathbb{R}^d), \end{cases} \tag{4.4}$$

où $1 < q < +\infty$ est le *même* exposant que celui tel que $\widetilde{a} \in L^q(\mathbb{R}^d)$ dans (4.1).

Nous allons présenter *trois* stratégies de preuve pour l'étude de (4.3)–(4.4). La première, en Section 4.1.1, est dédiée à des équations sous forme divergence (4.3) et, de plus, est restreinte au cas $q = 2$. Elle est de nature hilbertienne, fondée sur des intégrations par parties répétées, et ne fait appel qu'à des techniques relativement élémentaires. La seconde, en Section 4.1.2, s'applique à tous les exposants $1 < q < +\infty$, et même potentiellement à d'autres formes d'équations, et repose sur des arguments très robustes, issus de la méthode de concentration-compacité. La troisième, en Section 4.1.3, nécessite des ingrédients classiques de l'analyse harmonique, qu'elle utilise spécifiquement pour les équations de forme divergence comme (4.3), et s'applique, pour sa majeure partie, à des coefficients "sans structure", c'est-à-dire beaucoup plus généraux que ceux du type (4.1).

Une fois l'existence et l'unicité de la solution w_p démontrée dans la classe définie par (4.4), nous utiliserons ce correcteur d'abord pour établir une expression explicite du tenseur homogénéisé a^*, et ensuite pour trouver une approximation précise de la solution u^ε. Cette partie-là de l'étude ne sera effectuée qu'une fois, dans la Section 4.1.1 et pour le cas $q = 2$. Le cas q général ne demanderait que des modifications mineures que nous omettons.

4.1.1 Cas d'un défaut $L^2(\mathbb{R}^d)$ à la périodicité

Nous fixons $q = 2$ dans toute cette Section 4.1.1.

4.1.1.1 Existence (et unicité) du correcteur

Nous allons prouver le résultat suivant sur le correcteur dans le cas $q = 2$.

Lemme 4.1 *Soit* $p \in \mathbb{R}^d$ *fixé. Nous supposons a de la forme* (4.1) *avec la propriété* (3.1) *à la fois pour* a_{per} *et a. Nous supposons aussi que la coefficient* a_{per} *est de classe hölderienne* $C^{0,\alpha}$, *pour un certain* $\alpha > 0$.

L'équation (4.3) *admet alors une et une seule solution de la forme* (4.4), *à constante additive près bien sûr. En fait, cette solution est même unique (toujours à constante additive près) dans la classe des solutions de* (4.3) *telles que* $\nabla w_p \in L^2_{per} + L^2(\mathbb{R}^d)$ *si nous imposons la condition*

$$\lim_{R \to +\infty} \frac{1}{|B_R|} \int_{B_R} \nabla w_p = 0, \tag{4.5}$$

où B_R *désigne bien sûr la boule de rayon R centrée à l'origine.*

Des commentaires importants sur l'énoncé et la preuve du Lemme 4.1 suivront la preuve.

Preuve du Lemme 4.1 :

Etape 1: Existence - Nous cherchons w_p solution de (4.3). En utilisant (3.67), l'équation se récrit sous la forme

$$- \operatorname{div}\left((a_{per} + \widetilde{a}) \nabla \widetilde{w}_p\right) = \operatorname{div}\left(\widetilde{a}\,(p + \nabla w_{p,per})\right). \tag{4.6}$$

Cette équation est posée *sur tout l'espace* $\mathbb{R}^d$, et nous en cherchons une solution qui soit telle que $\nabla \widetilde{w}_p \in L^2(\mathbb{R}^d)$. Pour démontrer l'existence d'une telle fonction, nous ne pouvons pas appliquer "comme d'habitude" un résultat du type Lemme de Lax-Milgram. L'équation (4.6) est bien linéaire. Elle peut bien se récrire sous la forme abstraite d'une formulation variationnelle : *trouver* $\widetilde{w}_p \in H^1(\mathbb{R}^d)$ *telle que pour tout* $v \in H^1(\mathbb{R}^d)$, $\mathcal{B}(\widetilde{w}_p, v) = \mathcal{L}(v)$, où les formes

$$\mathcal{B}(\widetilde{w}_p, v) = \int_{\mathbb{R}^d} (a_{per} + \widetilde{a}) \, \nabla \widetilde{w}_p \cdot \nabla v,$$

et

$$\mathcal{L}(v) = \int_{\mathbb{R}^d} \widetilde{a} \, (p + \nabla w_{p,per}) \cdot \nabla v,$$

facilement lisibles sur (4.6), sont bien respectivement bilinéaires et linéaires, et toutes les deux continues pour la norme $H^1(\mathbb{R}^d)$. Le lecteur notera que la forme linéaire $\mathcal{L}$ est continue parce que $\widetilde{a} \, (p + \nabla w_{p,per}) \in L^2(\mathbb{R}^d)$. Nous avons en effet $\widetilde{a} \in L^2(\mathbb{R}^d)$ et $\nabla w_{p,per} \in L^\infty(\mathbb{R}^d)$, cette dernière propriété étant une conséquence de l'hypothèse $a_{per} \in C^{0,\alpha}(\mathbb{R}^d)$ et du Théorème A.20, comme nous l'avons vu à la Section 3.4.3. Malheureusement, la forme bilinéaire $\mathcal{B}$ n'est pas coercive sur $H^1(\mathbb{R}^d)$. En effet, et *c'est un point capital avec lequel nous aurons de nouveau maille à partir plus loin dans cet ouvrage*, il n'existe pas d'inégalité de Poincaré sur $\mathbb{R}^d$ qui montrerait l'existence d'une constante $C_P < +\infty$ telle que $\|\widetilde{w}_p\|_{H^1(\mathbb{R}^d)} \leq C_P \|\nabla \widetilde{w}_p\|_{L^2(\mathbb{R}^d)}$. Le lecteur construira aisément une suite de fonctions contredisant cette inégalité.

Une manière de contourner la difficulté est d'appliquer une technique classique dite *méthode de régularisation*, ou parfois aussi *méthode d'approximation*. Nous reverrons cette technique à plusieurs reprises, et par exemple dès la Section 4.3 dans le cadre stochastique. Introduisons un petit paramètre $\eta > 0$ et l'équation

$$- \operatorname{div}\left((a_{per} + \widetilde{a}) \, \nabla \widetilde{w}_p^\eta\right) + \eta \, \widetilde{w}_p^\eta = \operatorname{div}\left(\widetilde{a} \, (p + \nabla w_{p,per})\right), \qquad (4.7)$$

qui est l'équation (4.6) *modulo* l'ajout du terme d'ordre zéro $\eta \, \widetilde{w}_p^\eta$ au membre de gauche. La forme bilinéaire correspondant à cette équation s'écrit

$$\mathcal{B}_\eta(\widetilde{w}_p, v) = \int_{\mathbb{R}^d} (a_{per} + \widetilde{a}) \, \nabla \widetilde{w}_p \cdot \nabla v + \eta \int_{\mathbb{R}^d} \widetilde{w}_p v,$$

et, compte tenu de la coercivité (3.1) de $a_{per} + \widetilde{a}$ et du fait que $\eta > 0$, cette forme bilinéaire est bien coercive sur $H^1(\mathbb{R}^d)$:

$$\mathcal{B}_\eta(\widetilde{w}_p, \widetilde{w}_p) \geq \min(\mu, \eta) \, \|\widetilde{w}_p\|_{H^1(\mathbb{R}^d)}^2.$$

Par ailleurs, la forme $\mathcal{B}_\eta$ et la forme $\mathcal{L}$ du membre de droite sont bien continues sur $H^1(\mathbb{R}^d)$, pour des raisons qui ont été données ci-dessus. Pour $\eta > 0$ fixé, le Lemme de Lax-Milgram permet donc d'affirmer l'existence et l'unicité de $\widetilde{w}_p^\eta \in H^1(\mathbb{R}^d)$

solution de la formulation variationnelle associée à (4.7) : *pour toute fonction $v \in H^1(\mathbb{R}^d)$*,

$$\int_{\mathbb{R}^d} (a_{per} + \widetilde{a}) \nabla \widetilde{w}_p^\eta . \nabla v + \eta \int_{\mathbb{R}^d} \widetilde{w}_p^\eta v = \int_{\mathbb{R}^d} \widetilde{a} (p + \nabla w_{p,per}) . \nabla v \qquad (4.8)$$

En écrivant cette formulation pour la cas particulier $v = \widetilde{w}_p^\eta$, et en majorant le membre de droite par l'inégalité de Cauchy-Schwarz puis l'inégalité de Young,

$$\left| \int_{\mathbb{R}^d} \widetilde{a} (p + \nabla w_{p,per}) . \nabla \widetilde{w}_p \right| \leq \|\widetilde{a}\|_{L^2(\mathbb{R}^d)} \|p + \nabla w_{p,per}\|_{L^\infty(\mathbb{R}^d)} \|\nabla \widetilde{w}_p^\eta\|_{L^2(\mathbb{R}^d)}$$

$$\leq \frac{\mu}{2} \|\nabla \widetilde{w}_p^\eta\|_{L^2(\mathbb{R}^d)}^2 + \frac{1}{2\mu} \|\widetilde{a}\|_{L^2(\mathbb{R}^d)}^2 \|p + \nabla w_{p,per}\|_{L^\infty(\mathbb{R}^d)}^2,$$

où μ est la constante de coercivité de a, et en minorant le membre de gauche de (4.8) (où on a pris $v = \widetilde{w}_p^\eta$) par coercivité de $\mathcal{B}_\eta$, nous obtenons :

$$\frac{\mu}{2} \left\| \nabla \widetilde{w}_p^\eta \right\|_{L^2(\mathbb{R}^d)}^2 + \eta \left\| \widetilde{w}_p^\eta \right\|_{L^2(\mathbb{R}^d)}^2 \leq \frac{1}{2\mu} \|\widetilde{a}\|_{L^2(\mathbb{R}^d)}^2 \left\| p + \nabla w_{p,per} \right\|_{L^\infty(\mathbb{R}^d)}^2 .$$
$$(4.9)$$

Il s'ensuit d'abord que, la suite $\nabla \widetilde{w}_p^\eta$ étant bornée dans $L^2(\mathbb{R}^d)$, nous pouvons supposer sans perte de généralité qu'elle converge faiblement dans cet espace, quitte à procéder à une extraction en η. Sa limite faible $\mathbf{g} \in L^2(\mathbb{R}^d)$ est une fonction qui, par continuité des opérateurs linéaires pour la topologie faible $L^2(\mathbb{R}^d)$, vérifie, comme chaque $\nabla \widetilde{w}_p^\eta$, rot $\mathbf{g} = 0$. Nous appliquons alors le Lemme de de Rham, déjà évoqué au Chapitre 3, pour en déduire l'existence d'une fonction $\widetilde{w}_p \in H^1_{loc}(\mathbb{R}^d)$ telle que $\mathbf{g} = \nabla \widetilde{w}_p$. Par ailleurs, puisque $\eta \widetilde{w}_p^\eta = \sqrt{\eta} \left(\sqrt{\eta} \widetilde{w}_p^\eta \right)$ et que $\sqrt{\eta} \left\| \widetilde{w}_p^\eta \right\|_{L^2(\mathbb{R}^d)}$ est bornée, $\eta \widetilde{w}_p^\eta$ tend fortement vers zéro dans $L^2(\mathbb{R}^d)$. Allié à la convergence faible $\nabla \widetilde{w}_p^\eta \longrightarrow \nabla \widetilde{w}_p$, ceci permet de passer à la limite dans (4.8) et d'obtenir

$$\int_{\mathbb{R}^d} (a_{per} + \widetilde{a}) \nabla \widetilde{w}_p . \nabla v = \int_{\mathbb{R}^d} \widetilde{a} (p + \nabla w_{p,per}) . \nabla v \qquad (4.10)$$

pour toute fonction $v \in H^1(\mathbb{R}^d)$, ce qui démontre l'existence de $\widetilde{w}_p \in H^1_{loc}(\mathbb{R}^d)$, solution de (4.6) au sens des distributions au moins. Remarquons que, en passant à la limite faible dans (4.9), nous avons l'estimation

$$\|\nabla \widetilde{w}_p\|_{L^2(\mathbb{R}^d)} \leq C \|\widetilde{a}\|_{L^2(\mathbb{R}^d)} \|p + \nabla w_{p,per}\|_{L^\infty(\mathbb{R}^d)} .$$

En particulier, $\nabla \widetilde{w}_p \in L^2(\mathbb{R}^d)$, et nous avons donc établi l'existence voulue. Remarquons aussi d'ailleurs que la fonction w_p alors construite par somme vérifie bien la condition (4.5) puisque $\int_Q \nabla w_{p,per} = 0$ sur la cellule de périodicité Q,

donc $\left| \int_{B_R} \nabla w_{p,per} \right| = o\left(|B_R| \right)$, tandis que, par l'inégalité de Cauchy-Schwarz,

$$\left| \int_{B_R} \nabla \widetilde{w}_p \right| \le \sqrt{|B_R|} \left(\int_{B_R} |\nabla \widetilde{w}_p|^2 \right)^{1/2},$$

donc $\left| \int_{B_R} \nabla \widetilde{w}_p \right| = o\left(|B_R| \right)$ aussi.

Etape 2: Unicité - Pour montrer l'unicité annoncée, considérons la différence $v = w_p^1 - w_p^2$ de deux solutions w_p^1 et w_p^2 de (4.3) dont les gradients appartiennent chacun à $L_{per}^2 + L^2(\mathbb{R}^d)$ et vérifiant chacune la condition (4.5). Nous devons montrer que v est constante. Rappelons que nous ne pouvons pas obtenir mieux que l'unicité à constante additive près puisque l'équation (4.3) ne fait intervenir que le gradient ∇w_p et pas w_p elle-même. Par différence, nous savons que $\nabla v = \mathbf{g}_{per} + \widetilde{\mathbf{g}}$ avec $\mathbf{g}_{per} \in L_{per}^2$ et $\widetilde{\mathbf{g}} \in L^2(\mathbb{R}^d)$. Comme rot $\nabla v = 0$, nous avons rot $\left(\mathbf{g}_{per} + \widetilde{\mathbf{g}} \right) = 0$. En translatant cette égalité à l'infini (dans sa formulation au sens des distributions, remplacer ∇v par $\nabla v(. + nT)$ pour $n \in \mathbb{N}$ et $T \in \mathbb{R}^d$ fixé qui est multiple d'une période, et prendre la limite $n \to +\infty$: le terme $\widetilde{\mathbf{g}}$ disparaît alors que le terme périodique $\mathbf{g}_{per}$ demeure inchangé), nous obtenons que rot $\mathbf{g}_{per} = 0$, et donc par suite que rot $\widetilde{\mathbf{g}} = 0$ aussi. En appliquant de nouveau le Lemme de de Rham, chaque terme est donc un gradient et nous pouvons écrire $\mathbf{g}_{per} = \nabla v_0$ et $\widetilde{\mathbf{g}} = \nabla \widetilde{v}$, pour un certain v_0 et un certain $\widetilde{v}$. Mais concernant v_0, nous savons même un peu plus. En effet, la condition (4.5) sur chacune des solutions w_p^1 et w_p^2 impose aussi par différence cette condition sur ∇v. De nouveau, par application d'une inégalité de Cauchy-Schwarz comme fait ci-dessus, la partie en $\widetilde{\mathbf{g}}$ disparaît, et il ne reste donc que la partie périodique, ce qui équivaut à la condition de moyenne $\int_Q \mathbf{g}_{per} = 0$. Donc $\mathbf{g}_{per}$ est non seulement un gradient, mais le gradient d'une fonction périodique, que nous notons donc à bon droit $v_0 = v_{per}$. A ce stade, nous avons obtenu que la différence de nos deux solutions est une solution v de

$$- \operatorname{div}((a_{per} + \widetilde{a}) \nabla v) = 0, \tag{4.11}$$

s'écrivant sous la forme $v = v_{per} + \widetilde{v}$, avec v_{per} périodique et $\nabla \widetilde{v} \in L^2(\mathbb{R}^d)$. Et notre objectif est toujours de montrer que cela implique que v est une constante.

En dimension $d = 1$, la tâche serait facile. Nous pourrions intégrer (4.11) en $v' = C (a_{per} + \widetilde{a})^{-1}$ pour une certaine constante d'intégration C. L'écrire sous la forme $v' = C a_{per}^{-1} - C \widetilde{a} (a_{per} + \widetilde{a})^{-1} a_{per}^{-1}$ montrerait en particulier que nécessairement $v'_{per} = C a_{per}^{-1}$, mais cette fonction ne peut effectivement être la dérivée d'une fonction périodique que si $C = 0$ (sinon sa moyenne n'est pas nulle). Et donc v est une constante. Bien. Abordons donc en confiance la preuve en dimension $d \ge 2$. Comme le lecteur pourra sans doute le remarquer, la technique de preuve que nous allons employer est l'adaptation au cas spécifique étudié d'une technique de preuve utilisée classiquement, et en particulier pour prouver l'inégalité de Caccioppoli : multiplication par une fonction *"cut-off"* – de troncature, dirait-on en bon français –, intégration par parties et estimation des normes L^2 du gradient sur des boules en fonction des normes L^2 des fonctions elles-mêmes sur des boules un peu plus grandes. L'énoncé de l'inégalité de Caccioppoli est donné dans le Théorème A.10. Nous renvoyons pour sa preuve, par exemple, à [Gia83, Proposition 2.1, pp 76–77].

Commençons par prouver que $\nabla v_{per} = 0$. Définissons la fonction de troncature χ valant 1 sur la boule B_1 de rayon unité centrée en un point $x \in \mathbb{R}^d$ (que nous oublions de noter désormais et qui ne jouera aucun rôle), et identiquement nulle en dehors de la boule B_2 de rayon double et toujours centrée au même point. Nous choisissons de plus χ régulière, de dérivée partout bornée par 2. Considérons alors la fonction rescalée $\chi_R = \chi(./R)$, et remarquons bien que $\nabla \chi_R = O(1/R)$ en tout point de l'anneau $A_{R,2R} = B_R^c \cap B_{2R}$ avec des notations évidentes.

Multiplions maintenant (4.11) par la fonction $\left(v - \fint_{A_{R,2R}} \widetilde{v} \right) \chi_R^2$ où, ici et dans la suite, $\fint_D g = \dfrac{1}{|D|} \int_D g$ désigne l'intégrale d'une fonction g sur un domaine arbitraire D borné, normalisée par le volume de ce domaine D. La fonction choisie pour multiplier l'équation peut sembler un peu mystérieuse *a priori*, mais elle est en fait très intuitive : (i) il nous faut multiplier (4.11) par v pour obtenir une information sur ∇v dans L^2 qui est l'espace naturel où nous travaillons, (ii) il nous faut retirer à v une normalisation pour pouvoir ensuite l'estimer avec une inégalité du type Poincaré-Wirtinger, sans quoi nous n'avons aucune chance de faire intervenir son gradient dans les deux membres, (iii) il nous faut une fonction cut-off pour ne pas nous préoccuper des termes de bord dans les intégrales, et enfin (iv) il nous faut aussi intégrer sur des grands volumes pour pouvoir faire asymptotiquement disparaître l'effet de la fonction cut-off (qui, formellement, va tendre vers la fonction constante unité). Tout ceci va successivement se mettre en place. Par intégration par parties à partir de (4.11), nous obtenons

$$\int a|\nabla v|^2 \chi_R^2 = -2 \int a \left(v - \fint_{A_{R,2R}} \widetilde{v} \right) \chi_R \nabla v . \nabla \chi_R.$$

Le membre de droite est immédiatement majoré en utilisant l'inégalité de Cauchy-Schwarz. Par simplification d'un des facteurs, nous déduisons

$$\int a|\nabla v|^2 \chi_R^2 \leq 4 \int a \left(v - \fint_{A_{R,2R}} \widetilde{v} \right)^2 |\nabla \chi_R|^2,$$

et en utilisant la borne $\nabla \chi_R = O(1/R)$ sur l'anneau, nous avons

$$\int a|\nabla v|^2 \chi_R^2 \le \frac{C}{R^2} \int_{A_{R,2R}} \left(v - \fint_{A_{R,2R}} \tilde{v} \right)^2,$$

pour une constante C indépendante du rayon R. En décomposant $v = v_{per} + \tilde{v}$, nous savons que, presque partout,

$$\left(v - \fint_{A_{R,2R}} \tilde{v} \right)^2 \le 2\, v_{per}^2 + 2 \left(\tilde{v} - \fint_{A_{R,2R}} \tilde{v} \right)^2,$$

et donc nous obtenons

$$\int a|\nabla v|^2 \chi_R^2 \le 2 \frac{C}{R^2} \int_{A_{R,2R}} v_{per}^2 + 2 \frac{C}{R^2} \int_{A_{R,2R}} \left(\tilde{v} - \fint_{A_{R,2R}} \tilde{v} \right)^2. \tag{4.12}$$

Par périodicité, nous avons, dans le premier terme du membre de droite,

$$\int_{A_{R,2R}} v_{per}^2 = O(R^d). \tag{4.13}$$

Pour le second terme, nous utilisons comme annoncé l'inégalité de Poincaré-Wirtinger, inégalité que nous écrivons d'abord pour une fonction arbitraire u sur l'anneau fixe $A_{1,2}$:

$$\int_{A_{1,2}} \left(u - \fint_{A_{1,2}} u \right)^2 \le C \int_{A_{1,2}} |\nabla u|^2,$$

puis nous changeons d'échelle pour en déduire l'inégalité analogue

$$\int_{A_{R,2R}} \left(u - \fint_{A_{R,2R}} u \right)^2 \le C R^2 \int_{A_{R,2R}} |\nabla u|^2 \tag{4.14}$$

pour toute fonction arbitraire u cette fois définie sur l'anneau $A_{R,2R}$. L'important est bien sûr la loi d'échelle en $C R^2$, pour C indépendant de R, au membre de droite. En appliquant cela à $u = \tilde{v}$, nous obtenons

$$\int_{A_{R,2R}} \left(\tilde{v} - \fint_{A_{R,2R}} \tilde{v} \right)^2 \le C R^2 \int_{A_{R,2R}} |\nabla \tilde{v}|^2, \tag{4.15}$$

où $\displaystyle\int_{A_{R,2R}} |\nabla\widetilde{v}|^2$ tend vers zéro quand $R \longrightarrow +\infty$, comme tranche de Cauchy d'une intégrale convergente, puisque $\nabla\widetilde{v} \in L^2(\mathbb{R}^d)$. En insérant (4.13) et (4.15) dans (4.12), et en utilisant, pour minorer son membre de gauche, la coercivité de a et le fait que $\chi_R^2 \equiv 1$ sur B_R et est positive partout, nous concluons

$$\int_{B_R} |\nabla v|^2 = O(R^{d-2}) + o(1) = O(R^{d-2}) = o(R^d). \tag{4.16}$$

Mais, comme $v = v_{per} + \widetilde{v}$, nous avons

$$\int_{B_R} |\nabla v|^2 \geq \frac{1}{2} \int_{B_R} |\nabla v_{per}|^2 - \int_{B_R} |\nabla\widetilde{v}|^2 \geq \frac{1}{2} \int_{B_R} |\nabla v_{per}|^2 - \int_{\mathbb{R}^d} |\nabla\widetilde{v}|^2,$$

et l'estimation (4.16) implique *a fortiori* que $\displaystyle\int_{B_R} |\nabla v_{per}|^2 = o(R^d)$ et donc, à cause de la périodicité, que ∇v_{per} est identiquement nulle et enfin que v_{per} est une constante.

Remarquons que ce résultat peut être démontré plus simplement que ce que nous venons de faire : il suffit pour cela d'écrire l'équation (4.11) au sens des distributions, et de la translater à l'infini. Ce faisant, $\widetilde{a}$ et $\nabla\widetilde{w}$ disparaissent, et nous obtenons l'équation périodique $-\operatorname{div}\left(a_{per}\nabla v_{per}\right) = 0$, dont nous *savons* qu'elle implique que $\nabla v_{per} \equiv 0$. Il nous semble néanmoins utile de développer les arguments ci-dessus car ils sont en fait indispensables pour la suite de la preuve.

Nous reportons alors l'information $\nabla v_{per} \equiv 0$ dans (4.11) :

$$-\operatorname{div}((a_{per} + \widetilde{a})\nabla\widetilde{v}) = 0, \tag{4.17}$$

dont, sachant $\nabla\widetilde{v} \in L^2(\mathbb{R}^d)$, nous voulons cette fois déduire que $\nabla\widetilde{v} \equiv 0$. Le résultat est classique, mais en fait, comme nous venons de le remarquer, nous avons *déjà* fait sa preuve ! En effet, le *même* raisonnement que celui que nous venons de faire, cette fois exécuté en multipliant (4.17) par la fonction $\left(\widetilde{v} - \fint_{A_{R,2R}} \widetilde{v}\right)\chi_R^2$ (noter le changement de v en $\widetilde{v}$ au début de la parenthèse !), conduit à l'analogue de la majoration (4.12) qui devient

$$\int a|\nabla\widetilde{v}|^2 \chi_R^2 \leq \frac{C}{R^2} \int_{A_{R,2R}} \left(\widetilde{v} - \fint_{A_{R,2R}} \widetilde{v}\right)^2,$$

et donc à une nouvelle mouture de l'estimée (4.16), à savoir

$$\int_{B_R} |\nabla\widetilde{v}|^2 = o(1),$$

laquelle impose, en prenant la limite $R \to +\infty$, que $\nabla \widetilde{v}$ est identiquement nulle. On conclut que toute la fonction v est effectivement une fonction constante et le Lemme 4.1 est prouvé. □

Comme annoncé dès après l'énoncé du Lemme 4.1, nous devons quelques commentaires importants au lecteur.

Tout d'abord, nous avons tenu à établir l'unicité (à constante additive près) du correcteur w_p, mais, pour l'objectif spécifique de l'homogénéisation théorique, seule l'*existence* d'un correcteur adéquat compte. Une fois que nous en avons *un*, nous pouvons former le candidat à être le coefficient homogénéisé a^*, nous pouvons résoudre en u^*, et nous pouvons aussi former l'approximation $u^{\varepsilon,1}$, pour ensuite potentiellement établir les convergences et taux de convergence. Dans le cadre périodique, l'unicité (à constante additive près) de $w_{p,per}$ était gratuite car conséquence du Lemme de Lax-Milgram. Ici, l'étape 2 de la preuve du Lemme 4.1 a montré que l'unicité n'était pas aussi gratuite. Nous avons cependant tenu à l'établir notamment avec une visée *pratique*. En anticipant à peine sur le Chapitre 5 où nous aborderons les questions numériques, nous pouvons d'ores et déjà signaler qu'approcher par des méthodes numériques la solution d'une équation aux dérivées partielles comme (4.3), quand on n'est pas *déjà* assuré de l'unicité d'une telle solution, peut s'avérer de l'équilibrisme. Ajoutons que la preuve de l'unicité de la solution constitue *méthodologiquement* la première étape d'une preuve de convergence d'un algorithme pour la calculer.

Le lecteur aura ensuite remarqué que nous avons supposé la régularité $a_{per} \in C^{0,\alpha}(\mathbb{R}^d)$, laquelle nous a seulement été utile, lors de l'étape d'existence, pour établir que $\nabla w_{p,per} \in L^\infty(\mathbb{R}^d)$, ce que nous avons utilisé pour montrer $\widetilde{a}\,(p + \nabla w_{p,per}) \in L^2(\mathbb{R}^d)$ au membre de droite de (4.6). Comme nous l'avons déjà mentionné au Chapitre 3, cette hypothèse peut être affaiblie : les résultats de [LV00] et [LN03] permettent de généraliser la borne sur le gradient du correcteur au cas où le coefficient est seulement Hölderien par morceaux. Dans le cadre d'estimées hilbertiennes (de type L^2) où nous travaillons dans cette Section 4.1.1, on pourrait s'attendre à ce que la régularité du coefficient ne joue pas de rôle, la coercivité se chargeant de tout (voir à ce sujet la discussion à la fin de la Section 3.4.3.4). C'est *grosso modo* exact. Ainsi, nous pouvons par exemple remarquer que si la fonction $\widetilde{a}$ est une fonction $L^2(\mathbb{R}^d)$ qui, sur chaque maille $k + Q$, $k \in \mathbb{Z}^d$, se trouve être constante, alors nous avons directement, sans régularité de a_{per}, $\widetilde{a}\,(p + \nabla w_{p,per}) \in L^2(\mathbb{R}^d)$. Il suffit en effet de remarquer que, dans ce cas très particulier,

$$\left\| \widetilde{a}\,(p + \nabla w_{p,per}) \right\|_{L^2(k+Q)}^2 = \|\widetilde{a}\|_{L^2(k+Q)}^2 \left\| p + \nabla w_{p,per} \right\|_{L^2(k+Q)}^2$$

et de majorer la série en $k \in \mathbb{Z}^d$ parce que $\left\| p + \nabla w_{p,per} \right\|_{L^2(k+Q)}$ est uniformément majoré en k (par périodicité et intégrabilité L^2 locale) et la série de terme général $\|\widetilde{a}\|_{L^2(k+Q)}^2$ converge, vers $\|\widetilde{a}\|_{L^2(\mathbb{R}^d)}^2$. Le même argument montrerait la même conclusion pour une fonction plus générale $\widetilde{a}$ vérifiant $\displaystyle\sum_{k \in \mathbb{Z}^d} \|\widetilde{a}\|_{L^\infty(k+Q)}^2 <$

$+\infty$, condition un peu plus exigeante que $\widetilde{a} \in L^2(\mathbb{R}^d)$. Cet exemple, quoi que nous le confessons très particulier, a au moins le mérite de montrer que la régularité du coefficient ne joue pas un rôle central dans la preuve que nous avons exposée ci-dessus.

En particulier, faisons l'observation suivante, très importante pour la suite de ce chapitre. S'il n'était question que d'étudier l'équation

$$- \operatorname{div}((a_{per} + \widetilde{a}) \nabla u) = \operatorname{div} \mathbf{f}, \tag{4.18}$$

posée sur $\mathbb{R}^d$, pour $\widetilde{a} \in L^2(\mathbb{R}^d)$ et $\mathbf{f} \in L^2(\mathbb{R}^d)$, alors la *preuve* effectuée ci-dessus pour montrer le Lemme 4.1 permettrait de conclure à l'existence et unicité (à constante additive près) d'une solution $u \in L^1_{loc}(\mathbb{R}^d)$ avec $\nabla u \in L^2(\mathbb{R}^d)$, et ceci sans aucune hypothèse, ni de structure, ni de régularité, sur $a_{per} + \widetilde{a}$ autre que la coercivité et la borne exprimées dans (3.1). Et cette solution vérifierait l'estimée

$$\|\nabla u\|_{L^2(\mathbb{R}^d)} \leq C \|\mathbf{f}\|_{L^2(\mathbb{R}^d)}. \tag{4.19}$$

Nous laissons au lecteur le soin de reprendre la preuve du Lemme 4.1 pour vérifier ces affirmations. Nous reviendrons sur de telles considérations dans la suite, aux Sections 4.1.2 et 4.1.3, et notamment quand nous comparerons cette question avec la même question posée dans $L^q(\mathbb{R}^d)$, $q \neq 2$.

Un troisième commentaire que nous souhaiterions apporter ici concerne les questions de *sous-linéarité stricte*. Le correcteur w_p dont nous démontrons l'existence au Lemme 4.1 est le premier que nous rencontrons, en dimension $d \geq 2$, qui ne soit pas périodique. Il est donc utile de rappeler le concept de *sous-linéarité stricte* introduit dès la Section 2.3 du Chapitre 2 (condition (2.37)). Dans le cadre d'une perturbation $\widetilde{a} \in L^2(\mathbb{R}^d)$ que nous traitons ici, il s'agit de remarquer que le correcteur w_p que nous avons construit satisfait effectivement cette condition, sous les hypothèses où nous nous sommes placés pour le Lemme 4.1. Sa partie périodique $w_{p,per}$ n'est évidemment pas en jeu (rappelons qu'elle est bornée, car non seulement périodique mais régulière (continue) grâce à la propriété de régularité de Nash-Moser (Théorème A.19)) et nous nous concentrons donc sur sa partie $\widetilde{w}_p$.

Pour une fonction arbitraire dont nous saurions seulement que le gradient est $L^2(\mathbb{R}^d)$ (par exemple, sachant que le raisonnement serait identique dans un autre $L^q(\mathbb{R}^d)$), nous ne pouvons pas en fait espérer en toute généralité *exactement* la condition (2.37). Cette formulation est une conséquence de la régularité locale uniforme, laquelle était automatiquement vraie dans le contexte monodimensionnel du Chapitre 2 parce que nous avions alors, par construction, $w' \in L^\infty(\mathbb{R})$ et donc w uniformément lipschitzienne, ou dans le contexte périodique, à cause de l'équation vérifiée par le correcteur. Ainsi, le lecteur se rendra compte en effet que *même* une fonction périodique, qui pourtant est clairement strictement sous-linéaire à l'infini intuitivement, ne vérifie pas nécessairement (2.37) si elle a par exemple des "pics" de singularité, de carré intégrable localement, dans chaque cellule de périodicité. Il nous faut donc généraliser (2.37), ici sous la forme,

$$\varepsilon\, w_p\left(\frac{\cdot}{\varepsilon}\right) \longrightarrow 0 \text{ dans } L^1_{loc}(\mathbb{R}^d) \quad \text{quand} \quad \varepsilon \to 0. \tag{4.20}$$

Le lecteur pourra vérifier qu'elle est bien satisfaite à la fois par une fonction vérifiant (2.37), et qu'elle est aussi satisfaite par exemple par une fonction périodique,
non nécessairement régulière, dans $L^1_{loc}(\mathbb{R}^d)$.

Il se trouve qu'une fonction $\widetilde{w}_p$ à gradient $L^q(\mathbb{R}^d)$ vérifie automatiquement une
telle sous-linéarité stricte. Pour le démontrer, il est possible de procéder de la façon
suivante :
Tout d'abord, si $q > d$, alors l'inégalité de Morrey (voir le Théorème A.1) implique
que

$$\left|\widetilde{w}_p(x) - \widetilde{w}_p(y)\right| \leq C|x-y|^{1-\frac{d}{q}}, \tag{4.21}$$

où la constante C ne dépend que de $\left\|\nabla\widetilde{w}_p\right\|_{L^q(\mathbb{R}^d)}$, de d et de q. Nous avons donc
dans ce cas (2.37), en appliquant (4.21) à $y = 0$ et en prenant la limite $|x| \longrightarrow +\infty$.
Supposons maintenant que $q < d$. Nous utilisons alors l'inégalite de Gagliardo-
Nirenberg-Sobolev, ou plus exactement le Corollaire A.3 : il existe une constante
$M \in \mathbb{R}$ telle que la fonction $v_p = \widetilde{w}_p - M$ vérifie $v_p \in L^{q^*}(\mathbb{R}^d)$, avec $\frac{1}{q^*} = \frac{1}{q} - \frac{1}{d}$.
Ainsi, pour toute boule $B(x_0, 1)$ de rayon 1, nous avons

$$\left\|\varepsilon\widetilde{w}_p\left(\frac{\cdot}{\varepsilon}\right)\right\|_{L^1(B(x_0,1))} \leq \varepsilon M\, |B(x_0,1)| + \varepsilon\left\|v_p\left(\frac{\cdot}{\varepsilon}\right)\right\|_{L^1(B(x_0,1))}$$

$$= \varepsilon M\, |B(x_0,1)| + \varepsilon^{d+1}\left\|v_p\right\|_{L^1(B(x_0/\varepsilon,1/\varepsilon))}.$$

Nous appliquons l'inégalité de Hölder au dernier terme ci-dessus :

$$\varepsilon^{d+1}\left\|v_p\right\|_{L^1(B(x_0/\varepsilon,1/\varepsilon))} \leq \varepsilon^{d+1}\left|B\left(\frac{x_0}{\varepsilon},\frac{1}{\varepsilon}\right)\right|^{1-\frac{1}{q^*}}\left\|v_p\right\|_{L^{q^*}(B(x_0/\varepsilon,1/\varepsilon))}$$

$$\leq C\varepsilon^{d+1-d+\frac{d}{q^*}}\left\|v_p\right\|_{L^{q^*}(\mathbb{R}^d)} = C\varepsilon^{1+\frac{d}{q^*}}\left\|v_p\right\|_{L^{q^*}(\mathbb{R}^d)},$$

qui tend bien vers 0 quand $\varepsilon \to 0$. Nous avons donc bien établi (4.20). Il nous reste
à traiter le cas limite $q = d$. Nous définissons dans ce cas $\rho \in C^\infty(\mathbb{R}^d)$, à support
inclus dans la boule $B(0,1)$ de centre 0 et de rayon 1, $\rho \geq 0$, telle que $\int_{\mathbb{R}^d} \rho = 1$.
Nous posons $h = \widetilde{w}_p * \rho$. Alors $\nabla h = \nabla\widetilde{w}_p * \rho \in L^\infty \cap L^d$. Donc h vérifie (4.21)
pour tout $q > d$. Par ailleurs, la différence $\widetilde{w}_p - h$ vérifie, pour presque tout $x \in \mathbb{R}^d$,

$$\widetilde{w}_p(x) - h(x) = \widetilde{w}_p(x)\int_{\mathbb{R}^d}\rho(y)dy - \int_{\mathbb{R}^d}\rho(y)\widetilde{w}_p(x-y)dy$$

$$= \int_{B(0,1)}\rho(y)\left(\widetilde{w}_p(x) - \widetilde{w}_p(x-y)\right)dy = \int_{B(0,1)}\rho(y)\int_0^1\nabla\widetilde{w}_p(x-ty)\,.\,y\,dt\,dy.$$

Ainsi, en intégrant sur la boule $B(x_0, 1)$ pour $x_0 \in \mathbb{R}^d$ fixé, nous avons

$$\left\|\widetilde{w}_p - h\right\|_{L^1(B(x_0,1))} \leq \int_0^1 \int_{B(0,1)} \left(\int_{B(x_0,1)} |\nabla \widetilde{w}_p(x - ty)| dx \right) \rho(y) \, dy \, dt.$$

Pour tout $t \in [0, 1]$ et tout $y \in B(0, 1)$, $x - ty \in B(x, 1) \subset B(x_0, 2)$, donc

$$\left\|\widetilde{w}_p - h\right\|_{L^1(B(x_0,1))} \leq \int_0^1 \int_{B(0,1)} \left(\int_{B(x_0,2)} |\nabla \widetilde{w}_p(z)| dz \right) \rho(y) \, dy \, dt$$

$$\leq C \|\nabla \widetilde{w}_p\|_{L^d(B(x_0,2))} \leq C \|\nabla \widetilde{w}_p\|_{L^d(\mathbb{R}^d)},$$

où C ne dépend que de d. Nous avons donc établi que $\widetilde{w}_p - h \in L^1_{unif}(\mathbb{R}^d)$. Autrement dit, $\widetilde{w}_p = \phi + h$, où $\phi \in L^1_{unif}(\mathbb{R}^d)$, et h vérifie (4.21), donc (4.20). Il est facile de vérifier que toute fonction de L^1_{unif} vérifie (4.20), ce qui clôt la démonstration.

Nous avons jusqu'à présent énoncé et démontré des propriétés d'intégrabilité globales du gradient $\nabla \widetilde{w}_p$. Mais nous savons en fait plus que cela. En effet, $\widetilde{w}_p$ est solution de l'équation du correcteur et donc est en fait *régulière*. La théorie de Nash-Moser (Théorème A.19) implique qu'elle est Hölderienne. C'est un argument que nous avons déjà utilisé dans le cas périodique (voir Section 3.4, page 144, et aussi à l'instant, page 201), et qui reste valable ici car il est basé uniquement sur le fait que le coefficient $a = a_{per} + \widetilde{a}$ est coercif et borné. La périodicité de ce coefficient n'est pas nécessaire à la preuve de ce résultat. C'est alors une conséquence immédiate de la régularité de $\widetilde{w}_p$ et de l'intégrabilité globale $\nabla \widetilde{w}_p \in L^2(\mathbb{R}^d)$ que $\widetilde{w}_p$ est strictement sous-linéaire à l'infini, au sens "classique" (2.37).

Une conséquence de la remarque ci-dessus est que le correcteur w_p est *en particulier* solution de l'analogue multidimensionnel de l'équation (2.38), à savoir

$$\begin{cases} - \operatorname{div}\left((a_{per} + \widetilde{a}) (p + \nabla w_p) \right) = 0 \text{ dans } \mathbb{R}^d, \\[2mm] \lim_{|x| \to +\infty} \dfrac{w_p(x)}{1 + |x|} = 0. \end{cases} \tag{4.22}$$

Il convient de remarquer, en revanche, que nous ne savons pas si w_p est la *seule* solution à constante additive près de cette équation. Nous avons seulement prouvé l'unicité sous une *autre* contrainte, celle d'être la somme d'une fonction périodique et d'une fonction à gradient $L^2(\mathbb{R}^d)$, vérifiant la normalisation (4.5).

Il convient aussi de remarquer que, si cette fois nous attaquons directement l'étude de l'équation (4.22), alors une preuve d'existence est aussi possible. Elle procède d'une autre stratégie. Une possible telle stratégie de preuve est basée sur une formule dite *formule de représentation* de la solution de (4.3) (en fait plus

exactement de la réécriture (4.6) de cette équation), c'est-à-dire une expression du
type

$$\widetilde{w}_p(x) = \int_{\mathbb{R}^d} G(x, y) F(y) \, dy,$$

où F désigne une fonction dépendant du membre de droite de (4.6), et G la fonction
dite *fonction de Green* associée à l'opérateur $-\operatorname{div}\left((a_{per} + \widetilde{a}) \nabla .\right)$ du membre de
gauche de (4.6). Cette stratégie de preuve peut d'ailleurs s'étendre à certains espaces
de Lebesgue différents de L^2. Le lecteur que cela intéresse pourra lire une telle
preuve, s'appliquant en particulier au cadre L^2 en dimension $d \geq 3$, dans [BLL15,
Theorem 3.1]. Comme il le verra, les arguments y sont différents de ceux de
la preuve ci-dessus, elle originalement effectuée dans [BLL12, Lemma 1]. Les
techniques de fonction de Green ont déjà été utilisées à la Section 3.4.3.5, pages 180
et suivantes, pour le cas périodique. Nous les retrouverons également plus loin, pour
le cas des défauts (voir pages 218 et suivantes).

4.1.1.2 Coefficient homogénéisé inchangé

Nous identifions ici le coefficient homogénéisé a^* associé à notre problème
d'homogénéisation (1)–(4.1). Nous reprenons la stratégie de preuve par le Lemme
du div-curl exposée, dans le cas périodique, à la Section 3.4.2. L'égalité clé à
considérer est l'égalité (3.84), qui prend ici la forme

$$\left[a\left(\frac{x}{\varepsilon}\right)\left(p + \nabla w_p\left(\frac{x}{\varepsilon}\right)\right)\right] \cdot \nabla u^\varepsilon = \left[a\left(\frac{x}{\varepsilon}\right)\nabla u^\varepsilon\right] \cdot \left(p + \nabla w_p\left(\frac{x}{\varepsilon}\right)\right). \quad (4.23)$$

Il se trouve que les limites faibles énoncées en (3.82) et (3.83) restent, *mutatis
mutandis*, encore vraies. Elles s'énoncent respectivement

$$p + \nabla w_p\left(\frac{x}{\varepsilon}\right) \longrightarrow p, \quad (4.24)$$

et

$$a\left(\frac{x}{\varepsilon}\right)\left(p + \nabla w_p\left(\frac{x}{\varepsilon}\right)\right) \longrightarrow \langle a_{per}\left(p + \nabla w_{p,per}\right)\rangle. \quad (4.25)$$

En effet, chacune de ces convergences faibles dans L^2 (il s'agit de convergences
locales, et nous ne le préciserons plus désormais) est déjà établie pour les composantes périodiques de a et w_p. Il suffit donc de se concentrer sur les convergences
faibles dans L^2 de $\nabla \widetilde{w}_p\left(\frac{x}{\varepsilon}\right)$, $a\left(\frac{x}{\varepsilon}\right)\nabla \widetilde{w}_p\left(\frac{x}{\varepsilon}\right)$ et $\widetilde{a}\left(\frac{x}{\varepsilon}\right)\left(p + \nabla w_{p,per}\right)\left(\frac{x}{\varepsilon}\right)$. La
première est claire parce qu'elle est en fait une convergence forte, par l'égalité
$\left\|\nabla \widetilde{w}_p\left(\frac{x}{\varepsilon}\right)\right\|_{L^2(\mathbb{R}^d)} = \varepsilon^{d/2} \left\|\nabla \widetilde{w}_p\right\|_{L^2(\mathbb{R}^d)}$, déjà vue plusieurs fois. Ceci prouve

donc (4.24). Pour la même raison de convergence forte de $\nabla \widetilde{w}_p \left(\dfrac{x}{\varepsilon} \right)$ vers zéro, comme $a \left(\dfrac{x}{\varepsilon} \right)$ est une suite bornée dans L^∞, le produit $a \left(\dfrac{x}{\varepsilon} \right) \nabla \widetilde{w}_p \left(\dfrac{x}{\varepsilon} \right)$ converge fortement dans L^2 vers zéro. Et la seconde convergence est donc aussi forte dans L^2. Pour la troisième convergence, nous remarquons d'abord que, encore pour la même raison, $\widetilde{a} \left(\dfrac{x}{\varepsilon} \right) p$ converge fortement vers zéro dans L^2. Enfin, le terme $\widetilde{a} \left(\dfrac{x}{\varepsilon} \right) \nabla w_{p,per} \left(\dfrac{x}{\varepsilon} \right)$ est le produit d'un premier facteur fortement convergent dans L^2 par un second facteur faiblement convergent (vers zéro) aussi dans L^2. Le produit converge donc faiblement dans L^1. Mais comme $\widetilde{a}$ est dans L^∞ et $\nabla w_{p,per}$ est périodique et localement dans L^2, le produit $\widetilde{a} \left(\dfrac{x}{\varepsilon} \right) \nabla w_{p,per} \left(\dfrac{x}{\varepsilon} \right)$ est borné dans L^2. La convergence faible est donc aussi vraie dans L^2.

Nous pouvons alors raisonner comme à la Section 3.4.2, et utiliser le Lemme div-curl pour passer à la limite dans l'égalité (4.23) écrite sous la forme concise $\mathbf{f}^\varepsilon \cdot \mathbf{g}^\varepsilon = \mathbf{r}^\varepsilon \cdot \mathbf{s}^\varepsilon$, de (3.85), où seules les définitions de $\mathbf{f}^\varepsilon$ et $\mathbf{r}^\varepsilon$ ont changé, et ce de manière évidente. Nous en concluons alors que le coefficient homogénéisé a^* associé à notre équation avec défaut L^2 est rigoureusement identique au coefficient homogénéisé du cas périodique, comme en fait exprimé par la convergence faible (4.25) ci-dessus. Comme attendu, et comme déjà vu en dimension $d = 1$, un défaut local (ici $L^2(\mathbb{R}^d)$) ne perturbe pas la propriété d'homogénéisation macroscopique. Certains effets dûs à la présence du défaut se feront sentir, mais pas à cette échelle pour des propriétés moyennes. En attendant, nous conservons en mémoire

$$a^* = (a_{per})^*. \tag{4.26}$$

4.1.1.3 Utilisation du correcteur

Comme dans le cas périodique de la Section 3.4.3 du Chapitre 3, nous travaillons en dimension $d = 3$, pour simplifier l'exposé des calculs algébriques, et nous formons l'approximation

$$u^{\varepsilon,1}(x) = u^*(x) + \varepsilon \sum_{i=1}^{3} \partial_{x_i} u^*(x) \, w_i(x/\varepsilon), \tag{4.27}$$

analogue de (3.94), où w_i est maintenant le correcteur défini en (4.3) pour $p = e_i$, le i-ème vecteur de la base canonique, et où u^* est la solution de l'équation homogénéisée pour le coefficient homogénéisé défini en (4.26) et qui se trouve, par les raisonnements ci-dessus, pouvoir s'exprimer par

$$[a^*]_{ij} = \lim_{\varepsilon \longrightarrow 0} \text{faible} \; a(./\varepsilon) \, (\delta_{ij} + \partial_j w_i(./\varepsilon)),$$

$$= \int_Q a_{per}(y) \, (\delta_{ij} + \partial_j w_{i,per}(y)) \, dy,$$

pour $1 \leq i, j \leq 3$, c'est-à-dire à la fois comme limite faible des coefficients perturbés (ou non, d'ailleurs !), ou comme moyenne des parties périodiques. En utilisant l'analogue des calculs menés autour de (3.96), nous obtenons encore (3.97), c'est-à-dire

$$- \operatorname{div} \left(a_\varepsilon \, \nabla(u^\varepsilon - u^{\varepsilon,1}) \right) = - \operatorname{div} \left((a^* - a_\varepsilon \, (\operatorname{Id} + \nabla w(./\varepsilon)) \, \nabla u^*(x)) \right)$$
$$+ \varepsilon \operatorname{div} \left(a(./\varepsilon) \, w(./\varepsilon) \, \nabla \nabla u^* \right).$$

Nous introduisons, comme dans (3.98), la fonction à valeurs matricielles

$$M = a^* - a \, (\operatorname{Id} + \nabla w),$$

c'est-à-dire, $M_{ij} = a_{ij}^* - \sum_{k=1}^{3} a_{ik} \left(\delta_{kj} + \partial_k w_j \right)$. Cette application M (à valeurs matricielles) vérifie toujours $\operatorname{div} M_j = 0$ et nous devons maintenant, pour imiter la preuve faite dans la Section 3.4.3, en déduire l'existence, pour chaque $1 \leq j \leq 3$, d'une fonction à valeurs vectorielles B_j telle que $M_j = \operatorname{rot} B_j$, ce que nous notons sous la forme plus concise $M = \operatorname{rot} B$. Ceci nous permettra de récrire (3.97) sous la forme (3.99), c'est-à-dire

$$- \operatorname{div} \left(a_\varepsilon \, \nabla(u^\varepsilon - u^{\varepsilon,1}) \right) = \varepsilon \operatorname{div} \left(B(./\varepsilon) \times \nabla \nabla u^* \right)$$
$$+ \varepsilon \operatorname{div} \left(a(./\varepsilon) \, w(./\varepsilon) \, \nabla \nabla u^* \right).$$

La question est de connaître les propriétés de structure attendues pour B. Au Chapitre 3, le cadre périodique imposait que M était périodique, de moyenne nulle, et il s'ensuivait que B pouvait être pris de même. Il est évident que nous avons ici

$$M = a^* - a \, (\operatorname{Id} + \nabla w)$$
$$= \left(a^* - a_{per} \, (\operatorname{Id} + \nabla w_{per}) \right) - \left(a_{per} \, \nabla \widetilde{w} + \widetilde{a} \, (\operatorname{Id} + \nabla w) \right)$$
$$=: M_{per} + \widetilde{M}.$$

Nous savons déjà, puisque la matrice homogénéisée a^* est aussi celle du cas périodique, que la fonction M_{per} est *exactement* celle du cas périodique manipulée à la Section 3.4.3, et donc qu'elle s'écrit $M_{per} = \operatorname{rot} B_{per}$. Il s'agit maintenant de faire le travail analogue sur $\widetilde{M}$, c'est-à-dire construire $\widetilde{B}$ tel que $\widetilde{M} = \operatorname{rot} \widetilde{B}$. Comme pour la partie périodique (voir Section 3.4.3.1, pages 155 et suivantes), cette égalité s'entend colonne par colonne. Autrement dit, tout revient à résoudre

$$\operatorname{rot} \mathbf{b} = \mathbf{m},$$

où $\mathbf{m} : \mathbb{R}^3 \longrightarrow \mathbb{R}^3$ est un champ de vecteur vérifiant

$$\mathbf{m} \in L^2(\mathbb{R}^3)^3, \quad \operatorname{div} \mathbf{m} = 0.$$

En s'inspirant du cas périodique, nous allons donc résoudre $-\Delta \mathbf{a} = \mathbf{m}$, et poser ensuite $\mathbf{b} = \operatorname{rot} \mathbf{a}$. Imaginons un instant que $\mathbf{m}$ soit C^∞ à support compact. Alors, en appliquant la transformée de Fourier,

$$\widehat{\mathbf{a}}(\xi) = \frac{1}{4\pi^2 |\xi|^2} \widehat{\mathbf{m}}(\xi). \tag{4.28}$$

Il est clair que ceci définit $\widehat{\mathbf{a}} \in L^q(\mathbb{R}^3)$, pour tout $q < 3/2$. En effet, ceci garantit l'intégrabilité en 0 car $\widehat{\mathbf{m}}$ est bornée (puisque $\mathbf{m}$ est régulière). De plus, à l'infini, $\widehat{\mathbf{m}}$ est à décroissance rapide. Donc $\mathbf{a} \in L^\infty(\mathbb{R}^3)$, et $\mathbf{a} \in C^\infty(\mathbb{R}^3)$ (sa transformée de Fourier est à décroissance rapide). Ainsi,

$$\widehat{\mathbf{b}}(\xi) = -\frac{i}{2\pi |\xi|^2} \xi \times \widehat{\mathbf{m}}(\xi)$$

définit également une fonction $\mathbf{b}$ régulière et bornée. En utilisant que $\operatorname{div} \mathbf{m} = 0$, c'est-à-dire $\xi . \widehat{\mathbf{m}} = 0$, un calcul simple montre que pour $\xi \neq 0$,

$$2i\pi\xi \times \widehat{\mathbf{b}}(\xi) = \frac{1}{|\xi|^2} \xi \times (\xi \times \widehat{\mathbf{m}}(\xi)) = \widehat{\mathbf{m}} + \frac{1}{|\xi|^2} \underbrace{(\xi . \widehat{\mathbf{m}}(\xi))}_{=0} \xi,$$

c'est-à-dire $\operatorname{rot} \mathbf{b} = \mathbf{m}$. Enfin, comme la transformée de Fourier est une isométrie, nous avons

$$\|\nabla \mathbf{b}\|_{L^2(\mathbb{R}^3)} = \left\| \frac{1}{|\xi|^2} \xi \otimes (\xi \times \widehat{\mathbf{m}}(\xi)) \right\|_{L^2(\mathbb{R}^3)} \leq \|\widehat{\mathbf{m}}\|_{L^2(\mathbb{R}^3)} = \|\mathbf{m}\|_{L^2(\mathbb{R}^3)}.$$

Donc l'application $\mathbf{m} \longmapsto \nabla \mathbf{b}$, définie sur l'ensemble des fonctions C^∞ à support compact, est linéaire et continue pour la norme L^2. Par densité, elle peut être étendue en une application définie et continue de $L^2(\mathbb{R}^3)$ dans lui-même. Ceci prouve bien l'existence et l'unicité de $\widetilde{B}$ solution de $\widetilde{M} = \operatorname{rot} \widetilde{B}$, avec l'estimation de continuité

$$\left\| \nabla \widetilde{B} \right\|_{L^2(\mathbb{R}^3)} \leq \left\| \widetilde{M} \right\|_{L^2(\mathbb{R}^3)}.$$

En anticipant un peu sur la suite, il est également possible de démontrer que l'application $T : \widetilde{M} \longmapsto \nabla \widetilde{B}$ est non seulement continue de L^2 dans lui-même, mais est également un opérateur de Calderón-Zygmund (voir Section 4.1.2.1 ci-dessous, avec en particulier la Définition 4.3). Ceci implique sa continuité de L^q dans L^q, pour tout $q \in]1, +\infty[$. Nous obtenons donc, lorsque $\widetilde{a} \in L^q$, que $\widetilde{M} \in L^q$, et que $\nabla \widetilde{B} \in L^q$. Ainsi, la stricte sous-linéarité de $\widetilde{B}$ est assurée, au sens de (2.37), pour les mêmes raisons (vues à la Section 4.1.1.1) que celle du correcteur $\widetilde{w}_p$.

Remarquons par ailleurs que la relation (4.28) s'écrit également $\mathbf{a} = \dfrac{1}{4\pi |x|} * \mathbf{m}$, d'où

$$\mathbf{b}(x) = \operatorname{rot} \mathbf{a}(x) = \frac{1}{4\pi} \int_{\mathbb{R}^3} \frac{x-y}{|x-y|^3} \times \mathbf{m}(y) dy.$$

Ainsi,

$$\widetilde{B}(x) = \frac{1}{4\pi} \int_{\mathbb{R}^3} \frac{x-y}{|x-y|^3} \times \widetilde{M}(y) dy.$$

Cette formule, qu'il faut comprendre colonne par colonne, est pour l'instant formelle, et nous la définissons pour $\widetilde{M}$ bornée à support compact. En séparant l'intégrale ci-dessus en une intégrale sur la boule $B(y,1)$ et son complémentaire $B(y,1)^c$, nous obtenons

$$\left| \widetilde{B}(x) \right| \le \frac{1}{4\pi} \int_{B(y,1)} \frac{1}{|x-y|^2} \left| \widetilde{M}(y) \right| dy + \frac{1}{4\pi} \int_{B(y,1)^c} \frac{1}{|x-y|^2} \left| \widetilde{M}(y) \right| dy.$$

L'inégalité de Hölder permet de borner séparément chacun des termes :

$$\left| \widetilde{B}(x) \right| \le \frac{1}{4\pi} \left\| \frac{1}{|x|^2} \right\|_{L^1(B(0,1))} \left\| \widetilde{M} \right\|_{L^\infty(\mathbb{R}^3)} + \frac{1}{4\pi} \left\| \frac{1}{|x|^2} \right\|_{L^{q'}(B(0,1)^c)} \left\| \widetilde{M} \right\|_{L^q(\mathbb{R}^3)}.$$

Puisque $\widetilde{M} \in L^q(\mathbb{R}^3) \cap L^\infty(\mathbb{R}^3)$, avec $q < 3$, donc $q' > 3/2$, nous avons $|x|^{-2} \in L^{q'}(B(0,1)^c)$. L'inégalité précédente implique alors que $\widetilde{B} \in L^\infty(\mathbb{R}^3)$. Comme l'ensemble des fonctions bornées à support compact est dense dans $L^q(\mathbb{R}^3) \cap L^\infty(\mathbb{R}^3)$, ceci est vrai pour tout $\widetilde{M} \in L^q(\mathbb{R}^3) \cap L^\infty(\mathbb{R}^3)$.

Plus généralement, une preuve analogue à la preuve ci-dessus permet d'établir que, en dimension $d \ge 2$ quelconque, si $\widetilde{M} \in L^q(\mathbb{R}^3) \cap L^\infty(\mathbb{R}^3)$, avec $q < d$, alors $\widetilde{B} \in L^\infty(\mathbb{R}^d)$. Le cas $q = 2$ est seulement un cas particulier immédiat.

A ce stade, nous avons obtenu, en regroupant nos résultats des discussions précédentes

$$M = M_{per} + \widetilde{M} = \operatorname{rot} B_{per} + \operatorname{rot} \widetilde{B} = \operatorname{rot} B,$$

où la fonction B_{per} est, comme la fonction $w_{p,per}$, périodique et bornée, et où, selon la dimension ambiante d (ici prise égale à 3 pour simplifier) et l'intégrabilité q du défaut $\widetilde{a}$, la fonction $\widetilde{B}$ (de nouveau comme $\widetilde{w}_p$) peut être éventuellement bornée, mais, en tous les cas, est strictement sous-linéaire à l'infini au sens de (2.37). Il s'ensuit que B est elle-même, toujours, strictement sous-linéaire à l'infini. Nous pouvons d'ailleurs être plus précis et quantifier cette stricte sous-linéarité. En dimension d, si le défaut est tel que $\widetilde{a} \in L^q(\mathbb{R}^d)$, $q \neq d$, alors en posant

$$\nu = \min\left(1, \frac{d}{q}\right), \tag{4.29}$$

les fonctions $\widetilde{w}_p$ et $\widetilde{B}$ vérifient les estimations

$$\left|\widetilde{w}_p(x) - \widetilde{w}_p(y)\right| \leq C|x-y|^{1-\nu}, \quad \left|\widetilde{B}(x) - \widetilde{B}(y)\right| \leq C|x-y|^{1-\nu}, \tag{4.30}$$

sachant que dans le cas $q > d$, $\widetilde{w}_p \in L^\infty(\mathbb{R}^d)$ et $\widetilde{B} \in L^\infty(\mathbb{R}^d)$. De nouveau, le cas $q = 2$ est seulement un cas particulier des propriétés ci-dessus. Les arguments ci-dessus ne s'appliquent pas au cas $q = d$. Dans ce dernier cas, comme $\widetilde{a} \in L^q(\mathbb{R}^d) \cap L^\infty(\mathbb{R}^d)$, $\widetilde{a} \in L^r(\mathbb{R}^d)$ pour tout $r > d$, et il est toujours possible d'appliquer le résultat pour ces valeurs de l'exposant d'intégrabilité.

Nous pouvons alors reprendre la chaîne des raisonnements utilisés dans les Sections 3.4.3.2 à 3.4.3.5. Tout d'abord, et, selon notre bonne expression, en "éliminant du regard" les opérateurs divergence à gauche et à droite, l'équation (3.99) se récrit purement formellement comme (3.100), à savoir

$$-a_\varepsilon \nabla(u^\varepsilon - u^{\varepsilon,1}) = \varepsilon B(./\varepsilon) \times \nabla \nabla u^* + \varepsilon a(./\varepsilon) w(./\varepsilon) \nabla \nabla u^*.$$

La nouveauté par rapport au cas où B et w étaient bornés est évidemment que nous devons maintenant remarquer que, respectivement, les termes $\varepsilon B(./\varepsilon)$ et $\varepsilon w(./\varepsilon)$ ne sont plus nécessairement $O(\varepsilon)$, mais cette fois ont (potentiellement) une composante (celle en $\widetilde{B}$ et $\widetilde{w}_p$) en $O(\varepsilon^\nu)$. Nous lisons donc cette fois que $\nabla(u^\varepsilon - u^{\varepsilon,1})$ converge vers zéro à la vitesse $O(\varepsilon^\nu)$.

A partir de cet argument formel, immédiatement adapté de celui de la Section 3.4.3.2, nous pouvons comprendre que l'ensemble des arguments des Sections 3.4.3.2 à 3.4.3.5 s'adaptent de manière identique, des arguments formels aux arguments rigoureux. Tous ces arguments étaient en effet "pilotés" par le comportement de la fonction

$$F_\varepsilon = B(./\varepsilon) \times \nabla \nabla u^* + a(./\varepsilon) w(./\varepsilon) \nabla \nabla u^*,$$

définie en (3.102), pour $\varepsilon \to 0$. Ainsi, si les questions de valeurs au bord $\partial \mathcal{D}$ sont volontairement omises, l'estimation (3.109) du reste $R_\varepsilon = u^\varepsilon - u^{\varepsilon,1}$ faite en Section 3.4.3.2 devient

$$\|R_\varepsilon\|_{H^1(\mathcal{D})} = O(\varepsilon^\nu).$$

De même, cette fois rigoureusement, l'estimation (3.119) sur les domaines intérieurs de la Section 3.4.3.3 s'écrit maintenant

$$\|R_\varepsilon\|_{H^1(\mathcal{D}_0)} = O(\varepsilon^\nu).$$

Un travail identique peut être effectué pour les estimations $W^{1,q}$ et les estimations reliées de la Proposition 3.20 de la Section 3.4.3.5, avec des adaptations similaires. Comme nous l'avons vu alors, ces estimations sont le résultat de la combinaison

[i] du comportement, quand $\varepsilon \to 0$ de la fonction F_ε et de la fonction $T_\varepsilon = \sum_{i=1}^{d} \partial_{x_i} u^*(x) \, w_i(x/\varepsilon)$ figurant respectivement au second membre et comme donnée au bord de l'équation (3.144) sur le reste R_ε, à savoir

$$\begin{cases} -\operatorname{div}\left(a_\varepsilon \nabla R_\varepsilon\right) = \varepsilon \operatorname{div} F_\varepsilon & \text{dans } \mathcal{D}, \\ \qquad\qquad R_\varepsilon \;\;=\;\; \varepsilon\, T_\varepsilon & \text{sur } \partial\mathcal{D}, \end{cases}$$

,

[ii] et des propriétés de l'opérateur $-\operatorname{div} a_\varepsilon \nabla$, lesquelles impliquent notamment des estimations (uniformes en ε) sur la fonction de Green, estimations qui sont soit de caractère général, (3.159)–(3.160), et liées à la coercivité et à la borne supérieure toutes les deux uniformes de (3.1), soit conséquences des propriétés du correcteur, comme (3.162)–(3.163) et les estimations (3.165)–(3.166) de distance avec la fonction de Green de l'opérateur homogénéisé.

Dans notre contexte avec défaut (4.1), les modifications à faire dans les arguments de la preuve de la Proposition 3.20 sont donc claires. En particulier, toute la preuve concernant l'équation homogène s'applique au cas avec défaut sans aucune modification. En revanche, même si cela est un peu "caché" dans notre rédaction, les estimations de décroissance des dérivées de la fonction de Green, comme (3.162) et (3.163), utilisent le comportement à l'infini du correcteur, donc doivent être modifiées. Sans être conceptuellement difficiles, ces modifications restent techniquement non triviales, et nous renvoyons à [BJL20] pour une présentation détaillée. Plutôt que de détailler *ad libitum* de telles adaptations, nous préférons insister maintenant sur une autre question.

4.1.1.4 Si on se sert seulement du correcteur périodique

Un autre calcul formel que celui menant de (3.99) à (3.100) est en effet bien plus instructif.

Supposons momentanément que *nous nous trompons de correcteur*, et que nous utilisons pour l'approximation de u^ε non pas $u^{\varepsilon,1} = u^* + \varepsilon \sum_{i=1}^{d} \partial_{x_i} u^* \, w_i(./\varepsilon)$ défini par (4.27), mais $u_{per}^{\varepsilon,1} = u^* + \varepsilon \sum_{i=1}^{d} \partial_{x_i} u^* \, w_{i,per}(./\varepsilon)$ défini par (3.94). Le reste $R_\varepsilon = u^\varepsilon - u^{\varepsilon,1}$, qui converge vers zéro en tous les sens exprimés explicitement en fonction de ε ci-dessus, est alors remplacé par $R_{\varepsilon,per} = u^\varepsilon - u_{per}^{\varepsilon,1}$. Comparons les deux équations que ces deux "restes" vérifient. En vertu de (3.99), R_ε vérifie

$$- \operatorname{div}(a_\varepsilon \nabla R_\varepsilon) = \varepsilon \operatorname{div}\left(B(./\varepsilon) \times \nabla \nabla u^*\right) + \varepsilon \operatorname{div}\left(a(./\varepsilon)\, w(./\varepsilon)\, \nabla \nabla u^*\right),$$
(4.31)

alors que, de son côté, $R_{\varepsilon,per}$ vérifie

$$- \operatorname{div}\left(a_\varepsilon \nabla R_{\varepsilon,per}\right) = - \operatorname{div}(a_\varepsilon \nabla R_\varepsilon) - \varepsilon \operatorname{div}\left(a(./\varepsilon)\, \widetilde{w}(./\varepsilon)\, \nabla \nabla u^*\right)$$
$$- \operatorname{div}\left(a(./\varepsilon)\, (\nabla \widetilde{w})(./\varepsilon)\, \nabla u^*(x)\right). \quad (4.32)$$

La comparaison de (4.31) et (4.32) explique parfaitement la différence entre le cas où le correcteur tenant compte du défaut est utilisé, et celui où le correcteur "habituel" périodique est utilisé : le dernier terme de (4.32) est formellement d'ordre 0 en ε et dégrade violemment la convergence en $O(\varepsilon)$ que les autres termes donnent au reste. Moins formellement, il suffit d'écrire l'égalité presque partout, issue de la définition même des restes R_ε et $R_{\varepsilon,per}$,

$$\nabla R_{\varepsilon,per} = \nabla R_\varepsilon - \varepsilon \, \widetilde{w}(./\varepsilon)\, \nabla \nabla u^* - (\nabla \widetilde{w})(./\varepsilon)\, \nabla u^*. \quad (4.33)$$

Nous remarquons alors que, d'après les observations de la Section 4.1.1.3 précédente sur l'extension possible des estimées $W^{1,q}$ sur le reste R_ε (cf (3.142)) il est possible de prouver des estimations du type $\|\nabla R_\varepsilon\|_{L^q} = O(\varepsilon^\alpha)$ pour différentes valeurs de $\alpha = \alpha(q) \in\,]0,1]$ dépendant de la norme L^q utilisée. Les cas d'exposants $q < +\infty$ n'apportent rien d'intéressant : le lecteur pourra en effet le vérifier, car $\nabla R_{\varepsilon,per}$ et ∇R_ε sont alors du même ordre, les termes de différence étant eux au moins d'ordre $O(\varepsilon)$ et donc négligeables. Rien n'est donc amélioré, ni dégradé. Mais le cas $q = +\infty$ discrimine clairement entre $\nabla R_{\varepsilon,per}$ et ∇R_ε, puisque le tout dernier terme de (4.33), $(\nabla \widetilde{w})(./\varepsilon)\, \nabla u^*$ est, génériquement, d'ordre 1 en norme L^∞ et ne disparaît pas quand $\varepsilon \to 0$, donc domine la différence. Ceci se voit particulièrement bien en lisant l'égalité (4.33) à l'échelle microscopique, c'est-à-dire en changeant x en $\varepsilon\, x$:

$$\nabla R_{\varepsilon,per}(\varepsilon\, x) = \nabla R_\varepsilon(\varepsilon\, x) - \varepsilon \, \widetilde{w}(x)\, \nabla \nabla u^*(\varepsilon\, x) - (\nabla \widetilde{w})(x)\, \nabla u^*(\varepsilon\, x). \quad (4.34)$$

Nous constatons que le dernier terme est d'ordre 1, et ne disparaît pas quand $\varepsilon \to 0$. Clairement, la qualité de l'approximation *fine* de u^ε par $u^{\varepsilon,1}$ est donc meilleure que celle de u^ε par $u_{per}^{\varepsilon,1}$.

Une partie de cet argument formel peut être rendue rigoureuse. En effet, le reste $R_{\varepsilon,per}$ est solution de

$$\begin{cases} - \operatorname{div}\left(a_\varepsilon \nabla R_{\varepsilon,per}\right) = \varepsilon \operatorname{div} F_{\varepsilon,per} & \text{dans } \mathcal{D}, \\[2mm] R_{\varepsilon,per} = \varepsilon\, T_{\varepsilon,per} & \text{sur } \partial\mathcal{D}, \end{cases} \quad (4.35)$$

adaptée de (3.144), et où, avec des notations évidentes, $F_{\varepsilon,per}$ et $T_{\varepsilon,per}$ désignent les modifications de (3.102)–(3.112) où le "vrai" correcteur w a été remplacé par sa version périodique. Comme le montre l'équation (4.33), nous avons

$$F_{\varepsilon,per} = F_\varepsilon + a(./\varepsilon)\,\widetilde{w}(./\varepsilon)\,\nabla\nabla u^* + \varepsilon^{-1}\,a(./\varepsilon)\,(\nabla\widetilde{w})(./\varepsilon)\,\nabla u^*, \qquad (4.36)$$

et des formules similaires pour $T_{\varepsilon,per}$ et T_ε. Nous pouvons alors rééditer, cette fois rigoureusement, les ingrédients de la discussion menée après (4.33). Dans toutes les normes L^q, pourvu que $q < +\infty$, les convergences vers zéro de $\varepsilon\,F_\varepsilon$ et de $\varepsilon\,F_{\varepsilon,per}$ n'ont pas lieu à la vitesse $O(\varepsilon)$ comme dans le cas périodique, mais elles ont lieu toutes les deux à la même vitesse, une certaine puissance de ε précisée ci-dessus. Il en est de même pour $T_{\varepsilon,per}$ et T_ε. Et donc, une fois la preuve de la Proposition 3.20 faite, il en est de même pour $\nabla R_{\varepsilon,per}$ et ∇R_ε. En revanche, dans la norme L^∞ (qui, elle, "voit" l'échelle microscopique formellement mise en valeur dans (4.34)), la situation est différente. Nous *n'avons pas* $\varepsilon\,F_{\varepsilon,per} \to 0$ dans cette norme, à cause du terme $a(./\varepsilon)\,(\nabla\widetilde{w})(./\varepsilon)\,\nabla u^*$, présent dans (4.36), dont la norme L^∞ est *constante* en ε, alors que les *autres* termes $\varepsilon\,F_\varepsilon + \varepsilon\,a(./\varepsilon)\,\widetilde{w}(./\varepsilon)\,\nabla\nabla u^*$, eux, tendent vers zéro dans cette norme (le premier à cause de la Proposition 3.20, et le second à cause de la sous-linéarité stricte (4.20) de $\widetilde{w}$). Ceci est illustré par la Figure 4.1 par un calcul numérique.

Ceci n'est évidemment pas une *preuve* que $\nabla R_{\varepsilon,per}$ ne tend pas vers zéro quand $\varepsilon \to 0$ car $\varepsilon\,\mathrm{div}\left(F_{\varepsilon,per}\right)$ au membre de droite de (4.35) pourrait tendre vers 0 sans que $\varepsilon\,F_{\varepsilon,per}$ ne le fasse. Mais l'argument formel ci-dessus, identique en fait à un argument rigoureux en dimension $d = 1$, et les considérations développées ici contribuent à se convaincre qu'il est peu probable que ce soit le cas. Des expérimentations numériques peuvent aussi, dans une certaine mesure, le *"démontrer"*. Une telle étude numérique peut être trouvée dans [BLL12, Section 4].

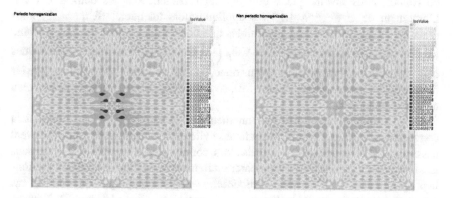

Fig. 4.1 Exemple de la norme $\left|\nabla u^\varepsilon\,(\varepsilon\,\cdot) - \nabla u_{per}^{\varepsilon,1}\,(\varepsilon\,\cdot)\right|$ (à gauche) et $\left|\nabla u^\varepsilon\,(\varepsilon\,\cdot) - \nabla u^{\varepsilon,1}\,(\varepsilon\,\cdot)\right|$ (à droite). Le domaine de calcul est $(-1, 1)^2$. La qualité de l'approximation est nettement meilleure lorsqu'on utilise le correcteur non-périodique.

4.1.2   Cas d'un défaut $L^q(\mathbb{R}^d)$, $q \neq 2$

Choisissons maintenant $\tilde{a} \in L^q(\mathbb{R}^d)$ avec $1 < q < +\infty$ et $q \neq 2$. Evidemment, tout ce qui suit va *aussi*, en particulier, s'appliquer au cas $q = 2$, mais notre objectif est d'obtenir les résultats pour le cadre non hilbertien $q \neq 2$.

Nous allons nous concentrer sur la preuve de l'existence d'un correcteur w_p ayant les bonnes propriétés, à savoir (4.4).

Anticipons momentanément sur cette existence. Nous remarquons alors que nos arguments ci-dessus qui nous ont conduits, dans le cas $q = 2$, à montrer dans la Section 4.1.1.2 que le coefficient homogénéisé a^* obtenu était identique au coefficient du cadre périodique, sont encore valables et conduisent à la même conclusion. L'ingrédient que nous utilisions était le Lemme du div-curl, dans sa version "simplifiée" du Lemme 3.17 de la Section 3.4.2, résultat que nous avions énoncé, et dont nous avions donné la preuve, dans L^2. Dans le cadre de notre souhait de généraliser nos résultats du cas L^2 au cas L^q, $q \neq 2$, le Lemme du div-curl se généralise lui-même (avec une preuve qui n'est donc pas la preuve par transformée de Fourier que nous avions indiquée !), au cas de deux exposants conjugués q, q' tels que $\dfrac{1}{q} + \dfrac{1}{q'} = 1$. Le cas énoncé au Lemme 3.16 correspond bien sûr au cas particulier $q = q' = 2$.

Cependant, dans notre cas précis et à cause de nos hypothèses spécifiques, le petit raisonnement suivant permet de se convaincre que nous pourrons encore utiliser le Lemme 3.16 dans sa forme L^2 pour notre cas $q \neq 2$. Rappelons en effet que, à cause de la régularité hölderienne des coefficients supposée dans (4.37), nous avons, par un raisonnement déjà vu (voir la preuve du Lemme 4.1, qui traite le cas périodique, mais n'utilise que la régularité *locale* du coefficient, donc s'adapte au cas présent), $\nabla w_p \in L^\infty(\mathbb{R}^d)$. De même, $\tilde{a}$ est supposé, au vu de (4.37), lui-même dans $L^\infty(\mathbb{R}^d)$. Si $q < 2$, alors par une application immédiate de l'inégalité de Hölder, nous savons que $\tilde{a}$ et $\nabla \tilde{w}_p$ appartiennent tous les deux à $L^2(\mathbb{R}^d)$. L'argument de la Section 4.1.1.2 s'applique alors tel quel. Si $q > 2$, nous remarquons que les convergences faibles que nous utilisons sont *locales*. Comme les convergences fortes de $\tilde{a}\left(\dfrac{\cdot}{\varepsilon}\right)$ et $\nabla \tilde{w}_p\left(\dfrac{\cdot}{\varepsilon}\right)$ dans $L^q(\mathbb{R}^d)$ impliquent les mêmes convergences localement, nous savons donc, encore par inégalité de Hölder, que les mêmes convergences, dans L^2 cette fois, sont vérifiées. Et ceci suffit à mener à bien notre raisonnement.

Dans la même veine, nos raisonnements de la Section 4.1.1.3, montrant la convergence du reste $u^\varepsilon - u^{\varepsilon,1}$ et étudiant sa vitesse de convergence avec ε, peuvent aussi se généraliser au cas $q \neq 2$, mais alors, comme c'est d'ailleurs déjà le cas dans le cadre périodique (le lecteur comparera utilement la Section 3.4.3.5 aux sections la précédant dans 3.4.2) ils sont *considérablement* plus compliqués que ceux du cas L^2 (et en fait relativement identiques à ceux du cas périodique L^q, $q \neq 2$). Nous ne les présenterons donc pas ici.

Concentrons-nous donc, comme annoncé, sur l'existence de w_p. Cette existence, et l'unicité à constante additive près, sont une conséquence immédiate de la

Proposition 4.2 que nous énonçons ci-dessous. Il suffit de l'appliquer au cas $r = q$, $\mathbf{f} = \widetilde{a}(p + \nabla w_{p,per})$. Cette dernière fonction appartient bien à $L^q(\mathbb{R}^d)$ car $\widetilde{a} \in L^q(\mathbb{R}^d)$ et, à cause de la régularité hölderienne des coefficients supposée dans (4.37), $\nabla w_{p,per} \in L^\infty(\mathbb{R}^d)$, nous l'avons déjà dit. Le lecteur notera bien sûr que nous ne faisons qu'une application très spécifique de la Proposition 4.2, puisque nous n'y prenons l'estimation $L^r(\mathbb{R}^d)$ de (4.39) que pour l'exposant r coïncidant avec l'exposant q d'intégrabilité $L^q(\mathbb{R}^d)$ du défaut $\widetilde{a}$. Mais bien sûr, comme q est quelconque, il n'y a guère de façon de procéder différemment...

Tout repose donc sur notre résultat central, à savoir :

Proposition 4.2 *Supposons* (4.1) *ainsi que*

$$\begin{cases} a_{per} \; et \;\; a_{per} + \widetilde{a} \quad v\acute{e}rifient \quad (3.1) \\ a_{per}, \; \widetilde{a} \in C^{0,\alpha}_{\mathrm{unif}}\left(\mathbb{R}^d\right) \quad pour\, un\, certain \quad \alpha > 0. \end{cases} \tag{4.37}$$

Fixons $1 < r < +\infty$. *Alors, pour tout* $\mathbf{f} \in L^r(\mathbb{R}^d)$, *il existe une fonction* $u \in L^1_{loc}(\mathbb{R}^d)$, *telle que* $\nabla u \in L^r(\mathbb{R}^d)$, *solution de l'équation*

$$- \operatorname{div}(a\,\nabla u) = \operatorname{div}\mathbf{f} \quad dans\, tout\; \mathbb{R}^d. \tag{4.38}$$

Une telle solution est unique à l'addition d'une constante additive près. De plus, il existe une constante C_r, *dépendant seulement de l'exposant* r, *de la dimension ambiante* d *et du coefficient* a *(et donc indépendante de la donnée* f*), telle que*

$$\|\nabla u\|_{L^r(\mathbb{R}^d)} \leq C_r \; \|\mathbf{f}\|_{L^r(\mathbb{R}^d)}. \tag{4.39}$$

Le lecteur ne sera pas surpris à la lecture de l'estimation centrale (4.39) de la Proposition 4.2. Cette estimation généralise clairement l'estimation (4.19) vue à la Section 4.1.1.1 et dont nous avions expliqué que la preuve était en fait contenue dans la preuve du Lemme 4.1.

Une lecture "un peu rapide" du résultat de la Proposition 4.2 consisterait à affirmer que tout ce qui est connu pour le cas périodique s'étend au cas d'un coefficient périodique perturbé par un défaut. Ceci n'est pas tout-à-fait exact, car un certain nombre de propriétés connues et démontrées pour le cas périodique ne l'ont pas été, à ce jour, pour le cas avec défaut. Citons par exemple le résultat contenu dans [AL89], qui donne une classification de l'ensemble des solutions de $\operatorname{div}(a_{per}\nabla u) = 0$ à croissance au plus polynomiale : un tel résultat n'a pas été prouvé, à ce jour, pour le cas d'un défaut.

Ce commentaire nous conduit à souligner l'importance d'une estimation du type (4.39). En réfléchissant un peu, il est intuitif de réaliser que, puisque l'équation du correcteur est une équation *linéaire*, prouver l'existence et l'unicité de sa solution dans une bonne classe de fonctions est en fait une entreprise mathématiquement équivalente à démontrer une estimation de ce type. Cette observation à elle seule justifie que nous présentions en un peu plus de détails la famille de résultats, tous fameux, sur lesquels la Proposition 4.2, et bien sûr sa preuve, sont basées. C'est l'objet de notre section suivante, la Section 4.1.2.1. En regard des résultats célèbres qui y seront exposés, la Proposition 4.2 n'est véritablement qu'une extension, voire un *corollaire*, permettant de mener à bien notre entreprise d'homogénéisation pour les coefficients du type (4.1).

Avant de passer à cela, faisons une observation.

L'hypothèse (4.1) exclut le cas particulier $\tilde{a} \in L^1(\mathbb{R}^d)$. Ceci est mathématiquement compréhensible, puisque L^1 est un espace non réflexif de nature bien différente des espaces L^r, $1 < r < +\infty$. Mais ceci est un peu paradoxal pour les questions spécifiques que nous étudions ici, puisqu'un défaut $\tilde{a} \in L^1(\mathbb{R}^d)$ est en fait un défaut qui "décroît" à l'infini de façon meilleure qu'un défaut $\tilde{a} \in L^q(\mathbb{R}^d)$ pour $q > 1$. Nous devrions donc éprouver moins de difficulté à lui trouver un correcteur ! En fait, la difficulté n'est pas tant de lui trouver un correcteur que d'assurer que ce correcteur est dans le bon espace. Une manière de contourner la difficulté et d'arriver à une existence de correcteur moins optimale mais tout de même utile est la suivante. Comme l'hypothèse (4.1) suppose que les coefficients sont bornés, si nous supposons $\tilde{a} \in L^1(\mathbb{R}^d)$, nous avons donc par une application immédiate de l'inégalité de Hölder, que $\tilde{a} \in L^q(\mathbb{R}^d)$ *aussi* pour tout $1 < q < +\infty$. Nous pouvons donc appliquer la Proposition 4.2. Il en résulte que le correcteur dont nous démontrons l'existence ci-dessus par application immédiate de la Proposition 4.2 est tel que non pas $\nabla \tilde{w}_p \in L^1(\mathbb{R}^d)$, mais au moins $\nabla \tilde{w}_p \in L^q(\mathbb{R}^d)$ pour tout $1 < q < +\infty$. Ceci suffit pour démontrer d'abord l'égalité $a^* = (a_{per})^*$ dans ce cadre et aussi pour obtenir une vitesse de convergence du reste $u^\varepsilon - u^{\varepsilon,1}$. En fait, en allant un peu plus loin, et en utilisant que $\nabla w_p \in L^\infty(\mathbb{R}^d)$, nous pourrions démontrer, à l'aide de résultats établis dans [AL91], que $\nabla \tilde{w}_p$ est dans un espace particulier appelé l'espace $L^1(\mathbb{R}^d)$-*faible*. Cet espace, parfois noté $L^{1,\infty}(\mathbb{R}^d)$, est l'espace des fonctions f telles que

$$\sup_{\lambda > 0}\left(\lambda \operatorname{mesure}\left\{x \in \mathbb{R}^d;\ |f(x)| > \lambda\right\}\right) < +\infty. \tag{4.40}$$

Il s'agit d'une certaine façon de l'extension au cas $q = 1$ de l'espace de Marcinkiewicz que nous avons rencontré au Chapitre 3 (voir (3.161)). Cependant, (4.40) ne définit pas une norme sur cet espace (il s'agit seulement d'une quasi-norme). Il n'en reste pas moins que cet espace fonctionnel est un espace métrique complet, quand il est muni d'une "bonne" distance que nous ne précisons pas ici. Le lecteur pourra consulter [Mey90, pp 229–230] à ce sujet.

4.1.2.1 Généalogie d'un résultat

Pour comprendre l'essence de la Proposition 4.2, simplifions la situation à l'extrême en considérant le cas de l'opérateur Laplacien, ce qui revient en fait à considérer le cas particulier du coefficient $a = a_{per} + \tilde{a}$ avec $a_{per} \equiv 1$ et $\tilde{a} \equiv 0$, cas tout à fait acceptable du point de vue de nos hypothèses (4.1)–(4.37). Dans ce cas, l'équation que nous cherchons à résoudre en (4.38) est l'équation

$$- \Delta u = \operatorname{div} \mathbf{f} \quad \text{dans tout } \mathbb{R}^d, \tag{4.41}$$

pour $\mathbf{f} \in L^r(\mathbb{R}^d)$ et nous souhaitons lui trouver une solution telle que $\nabla u \in L^r(\mathbb{R}^d)$. Laquelle solution se trouvera aussi vérifier (4.39), c'est-à-dire $\|\nabla u\|_{L^r(\mathbb{R}^d)} \leq C_r \|\mathbf{f}\|_{L^r(\mathbb{R}^d)}$.

Procédons, comme c'est notre habitude dans cet ouvrage, par ordre de difficulté croissante.

Les dimensions "zéro" et 1. Si, selon notre méthode "brutale" éprouvée, nous effaçons l'opérateur divergence à gauche et à droite, nous obtenons formellement $\nabla u = \mathbf{f}$, ce qui, effectivement, transforme l'estimée dans L^r attendue en une tautologie. Nous avons donc envie de croire au résultat. Mais il reste à le montrer. Réinstaurons donc l'opérateur divergence et étudions (4.41).

En dimension $d = 1$, le résultat est correct, et élémentaire à démontrer. L'équation (4.41) se récrit $-u'' = f'$, se résout en $u' = -f + \text{constante}$. La seule constante d'intégration qui permette d'avoir une solution satisfaisant $u' \in L^r(\mathbb{R})$ est nulle, et nous obtenons donc bien une solution unique $u(x) = \displaystyle\int_0^x f(t)\, dt$ à constante additive près, et vérifiant en fait $u' = -f$. L'estimée $\|u'\|_{L^r(\mathbb{R})} \leq \|f\|_{L^r(\mathbb{R})}$ est immédiate et est en fait une égalité.

Le cas radial. En dimension $d \geq 2$, si une symétrie radiale est imposée pour f, alors nous pouvons nous ramener au cas monodimensionnel. En effet, si $\mathbf{f}(x) = g(r)\, \mathbf{e}_r$, où $r = |x|$ et $\mathbf{e}_r$ est le vecteur unitaire radial, alors, en cherchant la solution u à symétrie radiale, l'équation (4.41) devient

$$-\partial_r^2 u - \frac{d-1}{r} \partial_r u = \partial_r g + \frac{d-1}{r} g.$$

Il est clair qu'une solution particulière de cette équation est $\partial_r u = -g$, c'est-à-dire $\nabla u = -\mathbf{f}$. Par ailleurs, le Théorème de Liouville (Corollaire A.18) assure l'unicité (à l'ajout d'une constante près) d'une solution u telle que $\nabla u \in L^r(\mathbb{R}^d)$, donc il s'agit de l'unique solution, et la situation est donc similaire à celle du cas monodimensionnel.

Les considérations ci-dessus indiquent que nous pouvons être raisonnablement optimistes pour la preuve du résultat en toute généralité.

Le cas L^2 pour le Laplacien. Dès la dimension $d = 2$, et sans hypothèse de structure comme la symétrie radiale brièvement supposée ci-dessus, la difficulté commence (essentiellement, le lecteur l'aura compris, parce que (4.41) équivaut à la condition que $\nabla u + \mathbf{f}$ est un rotationnel, et que les rotationnels ne sont plus triviaux en dimension $d \geq 2$). Quand $r = 2$, la difficulté reste mesurée. En effet, plusieurs preuves du résultat sont possibles.

Tout d'abord, un argument par transformation de Fourier permet de se convaincre du résultat. La fonction $\hat{u}$, transformée de Fourier au sens des distributions tempérées de u solution de l'équation (4.41), satisfait, pour presque tout $\xi \in \mathbb{R}^d$,

$|\xi|^2 \hat{u}(\xi) = i \sum_{j=1}^{d} \xi_j \widehat{\mathbf{f}_j}(\xi)$, où $\widehat{\mathbf{f}_j}$ est bien sûr la transformée de Fourier de $\mathbf{f}_j$,

$1 \leq j \leq d$. Il s'ensuit que, pour tout $1 \leq k \leq d$, $\widehat{\partial_k u}(\xi) = i \xi_k \hat{u}(\xi) =$

$\sum_{j=1}^{d} \frac{\xi_j \xi_k}{|\xi|^2} \widehat{\mathbf{f}_j}(\xi) = \frac{\xi_k}{|\xi|^2} \xi \cdot \widehat{\mathbf{f}}(\xi)$. Par application de l'inégalité de Cauchy-Schwarz,

ceci entraîne, toujours pour tout $1 \leq k \leq d$, $\left|\widehat{\partial_k u}(\xi)\right|^2 \leq \sum_{j=1}^{d} \left|\widehat{\mathbf{f}_j}(\xi)\right|^2$, ce qui donne

exactement l'estimée $\|\nabla u\|_{L^2(\mathbb{R}^d)} \leq C_2 \|\mathbf{f}\|_{L^2(\mathbb{R}^d)}$ voulue, pour $C_2 = \sqrt{d}$. Une fois cette estimation *a priori* obtenue, il est en fait facile de modifier le raisonnement ci-dessus pour montrer précisément l'existence de la solution voulue, avec l'estimée voulue.

Une autre preuve, parmi beaucoup d'autres, est fournie par la démonstration que nous avons faite dans le cadre plus compliqué, *mais L^2* !!, de la Section 4.1.1.1. La technique de multiplication par la fonction u, elle-même multipliée par une fonction de troncature, et d'intégration par parties sur l'espace s'applique tout à fait, et permet de conclure.

Avant de quitter le cas $r = 2$ dans (4.41), signalons que la question d'établir l'estimation L^2 pour la solution de l'équation (4.41) est inextricablement liée à celle, célèbre, de la continuité L^2 de l'*opérateur de Riesz*. Cet opérateur (aussi appelé *transformée* de Riesz) se définit, pour $1 \leq j \leq d$, par

$$R_j = -i \, \partial_{x_j} \, (-\Delta)^{-1/2}, \qquad (4.42)$$

ou, en utilisant la transformée de Fourier, par $\widehat{R_j(f)}(\xi) = \frac{\xi_j}{|\xi|} \hat{f}(\xi)$. Un calcul

élémentaire montre que l'opérateur $\nabla (-\Delta)^{-1}$ div, qui relie le gradient ∇u de la solution de (4.41) à la donnée $\mathbf{f}$ par $\nabla u = \left[\nabla (-\Delta)^{-1} \text{div}\right] \mathbf{f}$, s'écrit comme le "carré" de l'opérateur de Riesz : $\nabla (-\Delta)^{-1}$ div $= R_j R_j^*$ (où nous avons encore employé la convention de sommation sur les indices répétés (3.89)).

Le cas L^r, $r \neq 2$, pour le Laplacien et la théorie de Calderón-Zygmund. Forts de ces premières observations sur le cas $r = 2$, abordons le cas $r \neq 2$, incomparablement plus complexe. Notre exposé s'inspire fortement de l'ouvrage [Mey90, Chapitres VII–VIII], auquel nous renvoyons le lecteur intéressé par plus de détails. Introduisons d'abord la notion d'*opérateur de Calderón-Zygmund*. Considérons un opérateur linéaire, noté T, défini sur l'espace $\mathcal{D}(\mathbb{R}^d)$ des fonctions infiniment dérivables à support compact et à valeurs dans l'espace des distributions $\mathcal{D}'(\mathbb{R}^d)$. Le *Théorème des noyaux de Schwartz* (voir [Sch52] ou [HÖ3, Theorem 5.2.1, p 218]) nous assure de l'existence d'une distribution $S \in \mathcal{D}'(\mathbb{R}^d \times \mathbb{R}^d)$, appelée *noyau-distribution* de l'opérateur T, telle que, pour tout f et g dans $\mathcal{D}(\mathbb{R}^d)$, $\langle T(f), g \rangle = \langle S, g \otimes f \rangle$, où le premier crochet désigne la dualité entre $\mathcal{D}(\mathbb{R}^d)$ et $\mathcal{D}'(\mathbb{R}^d)$, alors que le second désigne celle entre $\mathcal{D}(\mathbb{R}^d \times \mathbb{R}^d)$ et $\mathcal{D}'(\mathbb{R}^d \times \mathbb{R}^d)$. Autrement dit, pour comprendre, et en écrivant cela formellement avec des intégrales (alors que tout l'intérêt de la notion est que ceci n'est pas nécessairement permis, qu'il faut utiliser des distributions du type de *valeurs principales*, etc...), le noyau S est défini par $T(f)(x) = \displaystyle\int_{\mathbb{R}^d} S(x, y) f(y) \, dy$ pour toute fonction f et donc vérifie $\displaystyle\int_{\mathbb{R}^d} T(f)(x) \, g(x) \, dx = \int_{\mathbb{R}^d \times \mathbb{R}^d} S(x, y) \, g(x) \, f(y) \, dx \, dy$ pour toutes fonctions f et g dans $\mathcal{D}(\mathbb{R}^d)$. Introduisons ensuite l'ouvert

$$D = \left\{ (x, y) \in \mathbb{R}^d \times \mathbb{R}^d \setminus x \neq y \right\},$$

c'est-à-dire l'espace-produit $\mathbb{R}^d \times \mathbb{R}^d$ privé de sa "diagonale", et notons

$$K = S_{|D}$$

la restriction du noyau S à D. Nous pouvons alors donner la définition d'un opérateur de Calderón-Zygmund.

Définition 4.3 (Opérateurs de Calderón-Zygmund) *L'opérateur T ci-dessus est dit* de Calderón-Zygmund *si les conditions suivantes sont satisfaites :*

[CZ1] *la fonction K est localement intégrable sur D et vérifie*

$$\forall (x, y) \in D, \quad |K(x, y)| \leq C_0 \, |x - y|^{-d}, \tag{4.43}$$

pour une certaine constante C_0 ;
il existe $\gamma \in \,]0, 1]$ et $C_1 > 0$ tels que
[CZ2] *pour $(x, y) \in D$ et $x' \in \mathbb{R}^d$ tel que $|x' - x| \leq 1/2 \, |x - y|$,*

$$\left| K(x', y) - K(x, y) \right| \leq C_1 \, \left| x' - x \right|^{\gamma} \, |x - y|^{-d-\gamma}, \tag{4.44}$$

[CZ3] *pour $(x, y) \in D$ et $y' \in \mathbb{R}^d$ tel que $|y' - y| \leq 1/2 \, |x - y|$,*

$$\left| K(x, y') - K(x, y) \right| \leq C_1 \, \left| y' - y \right|^{\gamma} \, |x - y|^{-d-\gamma}, \tag{4.45}$$

[CZ4] *l'opérateur T se prolonge en un opérateur linéaire continu de $L^2(\mathbb{R}^d)$ dans lui-même.*

Le lecteur notera que, si $\gamma = 1$, les conditions (4.44)–(4.45) se récrivent tout simplement

$$\left| \partial_{x_j} K \right| + \left| \partial_{y_j} K \right| \leq C_1 \, |x - y|^{-d-1}, \quad 1 \leq j \leq d. \tag{4.46}$$

Deux exemples historiques d'opérateur de Calderón-Zygmund sont l'opérateur de Riesz (4.42), et, tout autant, l'opérateur

$$T_{Lap} = \nabla \left(-\Delta\right)^{-1} \operatorname{div} \qquad\qquad (4.47)$$

que nous manipulons dans notre étude. Ce dernier est un *opérateur de convolution*, c'est-à-dire que son noyau K est en fait de la forme $K(x, y) = k(x - y)$. Ceci correspond au fait que l'opérateur T_{Lap} est associé à une équation aux dérivées partielles linéaire *à coefficients constants*, à savoir une équation du type de l'équation (4.41), équation laissée invariante par les translations. La force de la théorie de Calderón-Zygmund est qu'elle permet de s'attaquer à des opérateurs qui *ne sont pas* des opérateurs de convolution, dont ceux qui sont associés à des équations à coefficients *non* constants, comme par exemple (4.38).

Pour le moment, regardons comme exemple le noyau de l'opérateur $\nabla \left(-\Delta\right)^{-1}$ div. Le lecteur connaît la fonction de Green de l'opérateur Laplacien sur $\mathbb{R}^d$, (aussi appelée *solution élémentaire* du Laplacien), qui, en dimension $d \geq 3$ (nous omettons volontairement les dimensions $d = 1$ et $d = 2$ trop spécifiques), s'écrit, à constante mutiplicative près

$$G(x, y) \propto |x - y|^{-d+2} \quad \text{pour } (x, y) \in D. \qquad\qquad (4.48)$$

En différentiant cette fonction dans les bonnes directions, c'est-à-dire en calculant $\partial_{x_i} \partial_{y_j} |x - y|^{-d+2}$, nous voyons que le noyau correspondant à l'opérateur $\nabla \left(-\Delta\right)^{-1}$ div s'écrit donc, toujours à constante multiplicative près,

$$K(x, y) \propto (x_i - y_i)(x_j - y_j) |x - y|^{-d-2} \quad \text{pour } (x, y) \in D, \qquad (4.49)$$

où nous avons adopté une notation compacte : dans (4.49), le lecteur doit comprendre que le noyau correspondant à la i-ème composante de l'opérateur fait intervenir des combinaisons linéaires en j de termes du type $(x_i - y_i)(x_j - y_j) |x - y|^{-d-2}$. Le calcul précis de ces termes est inutile. Seules comptent les propriétés d'imparité et l'homogénéité des termes en jeu. Il est clair qu'un noyau du type (4.49) vérifie la condition (4.43) et, en le différentiant une fois, aussi la condition (4.46). Comme nous avons par ailleurs rappelé ci-dessus que l'opérateur T_{Lap} était continu de $L^2(\mathbb{R}^d)$ dans lui-même, il s'agit donc d'un exemple d'opérateur de Calderón-Zygmund.

La propriété clé qui nous intéresse, dans le cadre de la théorie des opérateurs de Calderón-Zygmund, est la suivante : *un opérateur de Calderón-Zygmund se prolonge en un opérateur linéaire continu de $L^r(\mathbb{R}^d)$ dans lui-même, pour tout $1 < r < \infty$*. Cette propriété nous fournit précisément, en l'appliquant à l'opérateur T_{Lap}, l'estimation (4.39) recherchée. Nous ne la démontrerons pas. Signalons cependant qu'elle se démontre en prouvant d'abord qu'un opérateur de Calderón-Zygmund se prolonge en un opérateur continu de l'espace $L^1(\mathbb{R}^d)$ dans l'espace L^1-*faible*, défini en (4.40), espace un peu plus grand que $L^1(\mathbb{R}^d)$ puisque, de manière élémentaire, pour $f \in L^1(\mathbb{R}^d)$,

$$\lambda \text{ mesure } \left\{ x \in \mathbb{R}^d ;\ |f(x)| > \lambda \right\} \leq \int_{\{x \in \mathbb{R}^d ;\ |f(x)| > \lambda\}} |f| \leq \int_{\mathbb{R}^d} |f|.$$

Quelques propriétés élémentaires de cet espace ont été énoncées à la suite de (4.40). C'est à cette étape de la preuve que Calderón et Zygmund introduisirent la décomposition qui porte aussi leur nom, la *décomposition de Calderón-Zygmund* d'une fonction de L^1 en une somme d'une partie aussi L^2 et d'une série de termes oscillants localisés. *A contrario*, si on souhaite que l'opérateur *aboutisse* dans $L^1(\mathbb{R}^d)$ alors ce n'est pas sur $L^1(\mathbb{R}^d)$ qu'il faut le définir, mais sur un sous-espace strict de $L^1(\mathbb{R}^d)$ appelé *espace de Hardy* $\mathbb{H}^1(\mathbb{R}^d)$. Dans cette même veine, il s'agit de remarquer que tous les opérateurs de Calderón-Zygmund ne sont pas continus de $\mathbb{H}^1(\mathbb{R}^d)$ dans lui-même, et qu'on sait décrire ceux qui le sont, par le critère dit $T(1) = 0$. A "l'autre bout du spectre", des propriétés similaires tiennent pour l'espace $L^\infty(\mathbb{R}^d)$, qu'un opérateur de Calderón-Zygmund n'envoie pas dans lui-même. Des espaces proches de $L^\infty(\mathbb{R}^d)$ mais qui ne sont pas $L^\infty(\mathbb{R}^d)$ lui-même sont alors considérés : ainsi notamment l'espace BMO "Bounded Mean Oscillation" des fonctions à oscillations moyennes bornées (un espace un peu plus gros que l'espace $L^\infty(\mathbb{R}^d)$ et qui contient par exemple la fonction $\log |x|$). Mais cessons là cette digression.

Par la théorie dite *théorie de l'interpolation* entre $r = 1$ et $r = 2$, il se déduit de la continuité $L^1(\mathbb{R}^d)$ dans L^1-*faible* et $L^2(\mathbb{R}^d)$ dans $L^2(\mathbb{R}^d)$ un prolongement de l'opérateur en un opérateur de $L^r(\mathbb{R}^d)$ dans lui-même, pour tout $1 < r \leq 2$. Puis, par la *théorie de la dualité*, celle-ci appliquée à l'opérateur adjoint (lui aussi opérateur de Calderón-Zygmund dès que l'opérateur original en est un), le prolongement en un opérateur de $L^r(\mathbb{R}^d)$ dans lui-même, pour tout $2 \leq r < \infty$, est établi. Le lecteur doit bien réaliser que nous enjambons ainsi, dans les phrases qui précèdent, des développements *monumentaux* en analyse harmonique. Nous ne pouvons qu'insister: que le lecteur curieux ne manque pas de lire l'illuminant exposé fait par Yves Meyer dans son livre [Mey90], et qu'il utilise au passage et au besoin le traité de référence [Ste93] pour les notions utiles d'analyse harmonique.

Pour le but qui nous intéresse, à savoir prouver la continuité L^r d'un opérateur linéaire, la leçon de ce qui précède est claire : si le noyau de l'opérateur vérifie les propriétés (4.43) à (4.45), alors montrer qu'il est continu de L^r dans lui-même pour tout $1 < r < +\infty$ se résume à montrer qu'il est continu de L^2 dans lui-même. C'est une simplification phénoménale. Sauf que c'est toujours à ce moment que le sol se dérobe sous les pieds du mathématicien... Il n'est pas toujours simple de démontrer cette continuité L^2. Nous avons pu le faire relativement simplement dans notre cas de l'opérateur T_{Lap} mais, en toute généralité, ce n'est pas du même tonneau. C'est le célèbre *Théorème T(1) de David-Journé* qui répond alors à cette question en fournissant un critère nécessaire et suffisant pour que la continuité L^2 soit satisfaite (voir son énoncé dans [Mey90, Théorème 1, page 265]). Nous ne poursuivrons pas dans cette direction, mais incitons le lecteur à le faire, pour comprendre encore mieux les relations avec les questions qui nous intéressent ici, dans le cadre de la théorie de l'homogénéisation. Retenons seulement une morale pratique: il est fondamental, pour la continuité L^r, $1 < r < +\infty$, de d'abord regarder la continuité L^2 et donc nous n'avons pas si mal procédé que cela dans le début de ce chapitre et le chapitre précédent !

Le cas L^r, $r \neq 2$, pour l'opérateur périodique. Nous l'avons mentionné ci-dessus, la théorie de Calderón-Zygmund s'est développée pour les opérateurs associés à des opérateurs différentiels à coefficients non constants. C'est précisément le cas de nos opérateurs $-\operatorname{div} a \nabla$, et c'est déjà le cas dans le cadre périodique $a = a_{per}$. Dans ce cadre, nous avons déjà établi la continuité L^2, et nous pourrions donc, sous réserve de montrer que les opérateurs sont de Calderón-Zygmund, en déduire la continuité L^r. Il suffit en effet d'étudier les propriétés du noyau de l'opérateur, comme nous l'avons fait pour établir (3.159), (3.162), (3.163), et constater qu'avec un peu de travail, ces estimations impliquent les propriétés (4.43) à (4.45). Ceci permet de déduire que l'opérateur est bien de Calderón-Zygmund, et conclure. Il se trouve que, historiquement, c'est une trajectoire un peu différente qui a été suivie, la continuité dans L^r ayant été établie en quelque sorte *directement* à partir des propriétés du noyau de l'opérateur en question, dans l'article [AL91], lequel suppose, outre la périodicité, la régularité Hölderienne du coefficient. Nous résumons cet article à grands traits maintenant.

Pour démontrer la continuité dans $L^r(\mathbb{R}^d)$ de l'opérateur

$$T_{per} = \nabla \left(-\operatorname{div}\left(a_{per} \nabla.\right)\right)^{-1} \operatorname{div}, \tag{4.50}$$

il s'agit, comme dans le cas ci-dessus de l'opérateur T_{Lap}, de considérer attentivement son noyau. Celui-ci met en jeu les dérivées secondes croisées $\partial_{x_i} \partial_{y_j} G^{per}(x, y)$ de la fonction de Green $G^{per}(x, y)$, laquelle joue le même rôle que la fonction $G(x, y)$ définie en (4.48) et fonction de Green du Laplacien. Comprendre les estimations ponctuelles possibles sur $G^{per}(x, y)$ et ses dérivées est un résultat en fait *contenu* dans la théorie de l'homogénéisation de l'équation (1) à coefficient périodique a_{per}, dans la mesure où cette théorie est poussée jusqu'à des estimations de taux de convergence précis comme ceux de la Proposition 3.20. Expliquons au moins schématiquement cela, la preuve détaillée de nos assertions formelles figurant dans [AL87] et [AL91]. Nous renvoyons également au cours [Pra16b] pour une introduction pédagogique.

L'étude de la vitesse de convergence en ε, dans diverses normes fonctionnelles, de l'approximation par homogénéisation de la solution u^ε de (1) pour un coefficient $a = a_{per}$ périodique, menée dans une série de travaux initiés en [AL87], implique des estimations ponctuelles sur la fonction de Green $G_\varepsilon(x, y)$ de l'opérateur $L_{per} = -\operatorname{div}\left(a_{per}\left(\dfrac{\cdot}{\varepsilon}\right)\nabla\cdot\right)$ présent dans cette équation. Puisque $G_\varepsilon(x, y)$ est la solution de l'équation pour le second membre (très particulier) $\delta(x - y)$, il est intuitif que l'on doit pouvoir, en particulier, comprendre comment cette solution $G_\varepsilon(x, y)$ converge, en les bons sens, vers la solution de l'équation homogénéisée, d'opérateur différentiel

$$L_* = -\operatorname{div}\left(a^* \nabla.\right),\tag{4.51}$$

c'est-à-dire une fonction de Green du type de celle du Laplacien. En plus des estimations ponctuelles établies sur $G_\varepsilon(x, y)$ lui-même et ses dérivées ((3.159)–(3.162)–(3.163)), et l'appartenance à des espaces fonctionnels adéquats de ces fonctions (dans la veine de (3.160)), nous avons aussi mentionné, en (3.165)–(3.166), l'établissement d'estimées sur la distance entre $G_\varepsilon(x, y)$ et sa limite homogénéisée. Nous avions promis alors de préciser l'estimée concernant la dérivée double $\nabla_x \nabla_y G_\varepsilon(x, y)$. La voici :

$$\left|\partial_{x_i} \partial_{y_j} G_\varepsilon(x, y) - \left(\operatorname{Id} + \nabla w_{per}\left(\frac{y}{\varepsilon}\right)\right)\left(\operatorname{Id} + \nabla w_{per}\left(\frac{x}{\varepsilon}\right)\right) \partial_{x_i} \partial_{y_j} |x - y|^{-d+2}\right|$$
$$\le C \varepsilon^\alpha,\tag{4.52}$$

pour ε petit et $|x - y|$ ni trop proche ni trop loin de l'origine (le lecteur reconnaîtra dans (4.52) un développement du type de celui de $u^{\varepsilon, 1}$). Cette estimation, au moins intuitivement, et ceci peut effectivement être démontré mathématiquement, contient en fait l'estimation de la différence

$$\left|\partial_{x_i} \partial_{y_j} G_{per}(x, y) - \left(\operatorname{Id} + \nabla w_{per}(y)\right)\left(\operatorname{Id} + \nabla w_{per}(x)\right) \partial_{x_i} \partial_{y_j} |x - y|^{-d+2}\right|$$
$$\le C \; |x - y|^{-d-\alpha}\tag{4.53}$$

pour un certain $\alpha > 0$ et pour $|x - y|$ grand. A partir de cette estimation, l'étude de la question de la continuité de l'opérateur $T_{per} = \nabla L_{per}^{-1} \operatorname{div}$ de $L^r(\mathbb{R}^d)$ dans lui-même se ramène à celle de l'opérateur $T_* = \nabla L_*^{-1} \operatorname{div}$, étude essentiellement rappelée ci-dessus puisque, comme la matrice homogénéisée a^* est constante, les propriétés de cet opérateur sont identiques à celles de l'opérateur T_{Lap}. Un peu plus précisément, disons seulement qu'on démontre alors directement que le noyau $\partial_{x_i} \partial_{y_j} G_{per}(x, y)$ de l'opérateur T_{per} donne à T_{per} les mêmes propriétés que celles obtenues pour T_{Lap}. Pour $|x - y|$ à distance finie de l'origine, l'opérateur est bien borné sur $L^r(\mathbb{R}^d)$ par un argument classique reposant sur la régularité hölderienne du coefficient a_{per}, et pour $|x - y|$ loin de l'origine, l'opérateur est aussi borné sur $L^r(\mathbb{R}^d)$ puisque son noyau ressemble à celui de T_{Lap}. Nous renvoyons le lecteur à l'article [AL91] qui met en œuvre cette preuve.

Schématiquement, ayant maintenant

- le résultat dans tous les L^r, $1 < r < +\infty$, pour l'opérateur à coefficient $a = a_{per}$ périodique, et
- le résultat dans L^2 pour l'opérateur avec défaut $a = a_{per} + \tilde{a}$,

la dernière tâche est d'obtenir le résultat dans L^r, $1 < r < +\infty$, $r \neq 2$, pour l'opérateur avec défaut. C'est évidemment l'objet de la Proposition 4.2, dont nous donnons la preuve dans la section suivante.

4.1.2.2   Preuve de la Proposition 4.2

Nous présentons dans cette section la preuve de la Proposition 4.2. Elle a originalement paru dans [BLL18].

Comme nous venons de le dire, le résultat de la Proposition 4.2 peut être vu comme la concaténation d'un résultat dans L^r (pour tout $1 < r < +\infty$) pour l'opérateur périodique et d'un résultat dans L^2 pour l'opérateur avec défaut. Cette interprétation intuitive sera d'ailleurs effectivement confirmée dans la preuve que nous allons mener, où des arguments seront utilisés venant de chacune de ces deux "briques" constitutives.

Une autre interprétation intuitive, complémentaire, est de comprendre la preuve comme une preuve de nature : *si le résultat est vrai pour un opérateur "de référence", alors il est aussi vrai pour une perturbation bien choisie de cet opérateur.* Ici, l'opérateur de référence est périodique. Il pourrait tout autant être un opérateur bien plus simple, comme le Laplacien. Ou il pourrait être un opérateur plus sophistiqué "muet", pour lequel nous aurions préalablement prouvé le résultat. L'objectif de cette preuve est de perturber cet opérateur de manière que la perturbation disparaisse en un certain sens à l'infini, et de montrer que le résultat survit. Détaillons ceci sur le cas choisi.

Quand le défaut $\widetilde{a}$ est absent, le coefficient a est périodique et l'estimation (4.39) a été établie dans l'article [AL91], que nous avons brièvement résumé à la Section 4.1.2.1. Quand $\widetilde{a} \neq 0$, nous remarquons que, puisque $\widetilde{a} \in L^q(\mathbb{R}^d) \cap C^{0,\alpha}_{\text{unif}}(\mathbb{R}^d)$, $\widetilde{a}(x) \overset{|x| \to \infty}{\longrightarrow} 0$. Intuitivement, l'opérateur $- \operatorname{div}(a \nabla .)$ est donc proche de l'opérateur périodique $- \operatorname{div}(a_{per} \nabla .)$ à l'infini, et l'estimée (4.39) est donc susceptible d'être vraie pour les fonctions qui ont un support loin de l'origine. D'un autre côté, localement, à distance finie de l'origine, l'estimée (4.39) est une conséquence de la régularité elliptique (voir le Théorème A.21) et du fait qu'elle est vraie dans le cas $q = 2$, comme établie dans l'article [BLL12] et rappelé dans la Section 4.1.1.1. En combinant ces deux observations, nous devrions pouvoir établir le résultat. La preuve rigoureuse de la Proposition 4.2 implémente en fait exactement cette stratégie.

Nous traitons d'abord le cas d'un exposant $2 \leq r < +\infty$, le cas complémentaire $1 < r \leq 2$ étant traité à la fin de la preuve par dualité.

Préliminaire. L'argument que nous mettons en œuvre est un argument dit *de (ou par) continuation*, ou aussi dit argument *par connexité*. Nous définissons le coefficient $a_t = a_{per} + t\widetilde{a}$ pour $0 \leq t \leq 1$. Pour $t = 0$, les résultats contenus dans l'énoncé de la Proposition sont déjà établis (il s'agit du cas périodique !), et nous voulons les prouver pour le cas $t = 1$. Nous introduisons la propriété $\mathcal{P}$ suivante :

Nous dirons que le coefficient a, vérifiant, pour un certain $1 \le q < +\infty$, les hypothèses (4.1)–(4.37), satisfait la propriété $\mathcal{P}$ si l'énoncé de la Proposition 4.2 est vrai pour l'équation (4.38) avec le coefficient a.

Nous définissons alors l'intervalle

$$\mathcal{I} = \{t \in [0,1] / \forall s \in [0,t], \text{ la propriété } \mathcal{P} \text{ est vraie pour } a_s\}. \qquad (4.54)$$

Nous allons successivement prouver que l'intervalle $\mathcal{I}$ est non vide, ouvert et fermé (relativement à l'intervalle fermé $[0,1]$). Ceci montrera, par connexité, que $\mathcal{I} = [0,1]$, d'où le résultat voulu pour $t = 1$.

L'intervalle $\mathcal{I}$ est non vide et ouvert. Le caractère non vide de $\mathcal{I}$ est immédiat, puisque, par les résultats sur le cas périodique (issus originalement de [AL91, Theorem A] et brièvement rappelés ci-dessus), nous avons $0 \in \mathcal{I}$. La propriété $u \in L_{loc}^1$ est une conséquence de la régularité elliptique et de $\mathbf{f} \in L_{loc}^1(\mathbb{R}^d)$. Dès que nous serons assurés, par l'argument ci-dessous, de l'existence d'une solution, cette propriété $u \in L_{loc}^1$ se propagera d'ailleurs à tout $t \in \mathcal{I}$, à cause de la régularité de $\widetilde{a}$. Nous n'en parlerons donc plus.

Nous montrons maintenant que $\mathcal{I}$ est un intervalle *ouvert*, relativement à l'intervalle $[0,1]$. Supposons pour cela que $t \in \mathcal{I}$ et prouvons la propriété $\mathcal{P}$ pour $[t, t + \varepsilon[$ et un certain $\varepsilon > 0$ tel que $t + \varepsilon \le 1$. Pour $\mathbf{f} \in L^r(\mathbb{R}^d)$, nous écrivons l'équation

$$-\operatorname{div}((a_t + \varepsilon\,\widetilde{a})\,\nabla u) = \operatorname{div}\mathbf{f}$$

sous la forme

$$\nabla u = T_t\,(\varepsilon\,\widetilde{a}\,\nabla u + \mathbf{f}), \qquad (4.55)$$

où $T_t = \nabla\,(-\operatorname{div}(a_t\,\nabla.))^{-1}\operatorname{div}$ (avec une notation héritée de (4.50) et des formules similaires) est l'application linéaire qui associe à tout $\mathbf{f} \in L^r(\mathbb{R})$ le gradient $\nabla u \in L^r(\mathbb{R}^d)$ de la solution u de $-\operatorname{div}(a_t\nabla u) = \operatorname{div}\mathbf{f}$ construite par la propriété $\mathcal{P}$ pour $a = a_t$. Puisque $t \in \mathcal{I}$, cette application T_t existe et est continue de L^r dans L^r, de norme C_r, et il est clair que, pour $C_r\varepsilon\,\|\widetilde{a}\|_{L^\infty(\mathbb{R}^d)} < 1$, l'application $v \mapsto T_t\,(\varepsilon\,\widetilde{a}\,v + \mathbf{f})$ est une contraction sur L^r. Par conséquent, en appliquant le Théorème du point fixe de Banach à cette application, l'équation $\mathbf{v} = T_t(\varepsilon\widetilde{a}\mathbf{v} + \mathbf{f})$ admet une solution, unique, dans $L^r(\mathbb{R}^d)$. Cette solution est par construction un gradient, puisqu'elle est dans l'image de T_t : $\mathbf{v} = \nabla u$, où u est donc solution de (4.55). Elle satisfait l'estimée (4.39) avec une constante $C_r\left(1 - C_r\varepsilon\,\|\widetilde{a}\|_{L^\infty(\mathbb{R}^d)}\right)^{-1}$ à la place de C_r.

L'intervalle $\mathcal{I}$ est fermé si les constantes d'estimation sont bornées. Nous montrons maintenant le point clé : l'intervalle $\mathcal{I}$ est *fermé*. Prenons une suite $t_n \in \mathcal{I}$, $t_n \le t$, $t_n \longrightarrow t$ quand $n \longrightarrow +\infty$. Pour tout $n \in \mathbb{N}$, nous savons que, pour tout $\mathbf{f} \in L^r(\mathbb{R}^d)$, il existe une solution u (unique à l'addition près d'une constante) avec $\nabla u \in L^r(\mathbb{R}^d)$ de l'équation

$$- \operatorname{div}\left(a_{t_n} \nabla u\right) = \operatorname{div} \mathbf{f} \quad \text{dans } \mathbb{R}^d,$$

et que cette solution satisfait

$$\|\nabla u\|_{L^r(\mathbb{R}^d)} \le C_n \ \|\mathbf{f}\|_{L^r(\mathbb{R}^d)} \tag{4.56}$$

pour une constante C_n dépendant de n mais ni de $\mathbf{f}$ ni de u. Nous voulons montrer ces mêmes propriétés pour la limite t de la suite (t_n).

Admettons momentanément que la suite de constantes (C_n) dans (4.56) est uniformément bornée en n et concluons. Pour $\mathbf{f} \in L^r(\mathbb{R}^d)$ fixé, nous considérons la suite de solutions u^n de

$$- \operatorname{div}\left(a_{t_n} \nabla u^n\right) = \operatorname{div} \mathbf{f} \quad \text{dans } \mathbb{R}^d,$$

équation que nous pouvons écrire

$$- \operatorname{div}\left(a_t \nabla u^n\right) = \operatorname{div}\left(\mathbf{f} + (a_{t_n} - a_t)\,\nabla u^n\right).$$

La suite des gradients ∇u^n est bornée dans $L^r(\mathbb{R}^d)$, et, à extraction près que nous ne notons pas, converge faiblement dans cet espace vers une fonction dont on sait par construction qu'elle est un gradient et que nous notons ∇u. Puisque par ailleurs nous savons que la suite $a_{t_n} - a_t$ converge fortement dans L^∞, vu sa construction, la convergence faible de ∇u^n vers ∇u suffit à passer à la limite dans l'équation ci-dessus et nous obtenons donc une solution de $- \operatorname{div}(a_t \nabla u) = \operatorname{div} \mathbf{f}$. D'autre part, puisque la suite de solutions u^n vérifie pour chaque $n \in \mathbb{N}$ l'estimation L^r, puisque les constantes C_n sont bornées et puisque la norme est semi-continue inférieurement pour la topologie faible, nous obtenons l'estimée pour ∇u. Il reste à prouver l'unicité à constante additive près de la solution construite dans la classe *générale* des solutions u à gradient L^r. En d'autres termes, vu la linéarité de l'équation, nous voulons montrer qu'une solution u de

$$- \operatorname{div}(a_t \nabla u) = 0 \quad \text{dans } \mathbb{R}^d, \tag{4.57}$$

vérifiant $\nabla u \in L^r(\mathbb{R}^d)$ est nécessairement constante. Nous remarquons que (4.57) s'écrit aussi

$$- \operatorname{div}\left(a_{per} \nabla u\right) = t \operatorname{div}\left(\tilde{a} \nabla u\right). \tag{4.58}$$

Nous allons mener un argument dit *de bootstrap*, où nous appliquons un argument répétitivement, de sorte qu'à chaque étape nous recyclons dans l'équation une information toujours meilleure. Au membre de droite, par application de l'inégalité de Hölder, $\widetilde{a}\,\nabla u \in L^{r_1}(\mathbb{R}^d)$ pour $\dfrac{1}{r_1} = \dfrac{1}{r} + \dfrac{1}{q}$. Nous exploitons ici le fait que $\widetilde{a}$ est $L^q(\mathbb{R}^d)$ et donc en un sens, comme annoncé au début de cette Section 4.1.2.2, disparaît à l'infini, améliorant l'intégrabilité du terme produit $\widetilde{a}\,\nabla u$, et laissant le terme périodique "seul". Nous retrouverons un phénomène similaire plus loin dans la preuve. Nous appliquons alors tout d'abord les résultats de [AL89], qui affirment que toute solution de $-\operatorname{div}(a_{per}\nabla v) = 0$ est constante dès qu'elle croît moins vite qu'un polynôme à l'infini. En particulier, la solution de $-\operatorname{div}(a_{per}\nabla u) = \operatorname{div}(f)$ est unique dès qu'on sait que $\nabla u \in L^r$. C'est bien le cas ici dans (4.58), donc u est l'unique solution, à constante près, ce qui impose que $\nabla u \in L^{r_1}(\mathbb{R}^d)$. L'exposant r_1 étant strictement plus petit que r, nous avons "un peu" gagné en intégrabilité à l'infini. Rappelons en effet que, intuitivement et très formellement, une fonction $L^s(\mathbb{R}^d)$ décroît d'autant plus vite à l'infini que l'exposant s est petit. Nous pouvons alors réitérer l'argument en prenant r_1 en lieu et place de r, et ainsi construire, par récurrence, une suite d'exposants r_n tels que $\nabla u \in L^{r_n}(\mathbb{R}^d)$ et $\dfrac{1}{r_n} = \dfrac{1}{r_{n-1}} + \dfrac{1}{q}$, c'est-à-dire, en cumulant ces formules, $\dfrac{1}{r_n} = \dfrac{1}{r} + \dfrac{n}{q}$. Rappelons alors que nous avons supposé en début de preuve que nous traitions d'abord le cas $r \geq 2$, c'est-à-dire $\dfrac{1}{r} \leq \dfrac{1}{2}$. Si, de plus, $q \geq 2$, c'est-à-dire $\dfrac{1}{q} \leq \dfrac{1}{2}$, il est toujours possible de choisir maintenant n assez grand pour faire croître $\dfrac{1}{r_n}$, donc décroître r_n, jusqu'à avoir $1 \leq r_n \leq 2$. Si au contraire, $q < 2$, alors comme $\widetilde{a}$ est de toute façon dans $L^\infty(\mathbb{R}^d)$, il est donc, par l'inégalité de Hölder, aussi dans $L^2(\mathbb{R}^d)$ et nous sommes ramenés au cas précédent. Dans les deux cas, nous avons, pour un certain $n \in \mathbb{N}$, $\nabla u \in L^{r_n}(\mathbb{R}^d)$ avec $1 \leq r_n \leq 2$, sachant aussi que, depuis le début de ce raisonnement, $\nabla u \in L^r(\mathbb{R}^d)$ avec $r \geq 2$. Mais alors, encore par l'inégalité de Hölder, ∇u est donc aussi $L^2(\mathbb{R}^d)$, en écrivant $\dfrac{1}{2} = \dfrac{\alpha}{r} + \dfrac{1-\alpha}{r_n}$ pour $0 \leq \alpha \leq 1$ bien choisi. A ce stade nous avons gagné ! En effet, nous avons donc une solution u de (4.57) dont le gradient est non seulement dans $L^r(\mathbb{R}^d)$ mais aussi dans $L^2(\mathbb{R}^d)$, ce qui, soit dit en passant, est une intégrabilité à l'infini meilleure que prévue puisque $r \geq 2$. Les résultats accumulés précédemment nous permettent de conclure que $\nabla u \equiv 0$: il suffit d'appliquer l'estimée (4.19), pour laquelle nous avions mentionné que l'intégrabilité de $\widetilde{a}$ ne comptait pas. L'unicité à constante additive près est prouvée et la preuve terminée. Remarquons que, comme annoncé avant cette preuve, nous utilisons là un ingrédient crucial issu du cas L^2 pour montrer le cas L^r... Remarquons aussi que le point clé du raisonnement est un résultat d'unicité pour une équation linéaire homogène, l'équation (4.57), résultat habituellement connu sous le nom de théorème du type *Théorème de Liouville* : *si $Lu = 0$ sur $\mathbb{R}^d$, et u appartient à une bonne classe de fonctions, alors $u = 0$ (ou constante)*. Nous reviendrons sur ces aspects plus loin dans cet ouvrage. Voir par exemple les commentaires à la fin de la présente section, page 231.

Mais, pour le moment, n'oublions pas que nous avions *supposé* la suite de constantes C_n figurant dans (4.56) bornée et qu'il va nous falloir établir ce fait maintenant. Et n'oublions pas aussi qu'en toute fin de preuve nous aurons à traiter le cas $r \leq 2$, laissé de côté à ce stade.

Les constantes d'estimation sont effectivement bornées : une version simple de la méthode de concentration-compacité. Pour démontrer l'existence d'une borne uniforme sur les constantes C_n, nous raisonnons par contradiction, ce qui revient à supposer l'existence d'une suite $\mathbf{f}^n \in L^r(\mathbb{R}^d)$ et d'une suite u^n avec $\nabla u^n \in L^r(\mathbb{R}^d)$ telles que

$$- \operatorname{div}\left(a_{t_n} \nabla u^n\right) = \operatorname{div} \mathbf{f}^n \quad \text{dans } \mathbb{R}^d, \tag{4.59}$$

$$\left\| \nabla u^n \right\|_{L^r(\mathbb{R}^d)} = 1, \tag{4.60}$$

pour tout $n \in \mathbb{N}$, et

$$\left\| \mathbf{f}^n \right\|_{L^r(\mathbb{R}^d)} \overset{n \longrightarrow +\infty}{\longrightarrow} 0, \tag{4.61}$$

Nous notons immédiatement que (4.59) s'écrit aussi

$$- \operatorname{div}\left(a_t \nabla u^n\right) = \operatorname{div}\left(\mathbf{f}^n + (a_t - a_{t_n}) \nabla u^n\right),$$

où, quand $n \longrightarrow +\infty$, le terme $(a_t - a_{t_n}) \nabla u^n$ converge vers zéro dans $L^r(\mathbb{R}^d)$ puisque $a_t - a_{t_n}$ converge vers zéro dans $L^\infty(\mathbb{R}^d)$ et ∇u^n est bornée dans $L^r(\mathbb{R}^d)$. Sans perte de généralité, nous pouvons donc remplacer $\mathbf{f}^n + (a_t - a_{t_n}) \nabla u^n$ par $\mathbf{f}^n$, et désormais supposer que

$$- \operatorname{div}\left(a_t \nabla u^n\right) = \operatorname{div} \mathbf{f}^n \tag{4.62}$$

à la place de (4.59), sans rien changer à (4.60)–(4.61). Le gain par rapport à (4.59) est évidemment que l'opérateur figurant au membre de gauche est maintenant fixe et indépendant de n. Nous nous focalisons maintenant sur la suite ∇u^n. L'argument que nous allons développer est un argument typique (mais une version en fait simplifiée) de la *méthode de concentration-compacité*, méthode dont nous avons déjà mentionné l'existence au début de la Section 3.4.2. Nous mettons en œuvre cet argument et concluons la preuve. Nous commenterons (un peu) plus largement cette méthode à l'issue de la preuve.

Nous prétendons que

$$\exists \eta > 0, \quad \exists\, 0 < R < +\infty, \quad \forall n \in \mathbb{N}, \quad \left\| \nabla u^n \right\|_{L^r(B_R)} \geq \eta > 0, \tag{4.63}$$

où B_R désigne bien sûr comme d'habitude la boule de rayon R centrée à l'origine.

Nous raisonnons encore par contradiction (*à l'intérieur* de notre raisonnement principal de cette étape qui lui aussi est un argument par contradiction issu de (4.59)–(4.60)–(4.61)), et supposons donc que, contrairement à l'affirmation (4.63),

$$\forall 0 < R < +\infty, \quad \left\| \nabla u^n \right\|_{L^r(B_R)} \overset{n \longrightarrow +\infty}{\longrightarrow} 0. \tag{4.64}$$

Puisque le coefficient $\widetilde{a}$ est par hypothèse uniformément continu (car dans $C^{0,\alpha}_{unif}(\mathbb{R}^d)$ et dans $L^r(\mathbb{R}^d)$), il tend vers zéro à l'infini, et donc, pour tout $\delta > 0$, nous pouvons choisir un rayon R assez grand pour que

$$\|\widetilde{a}\|_{L^\infty(B_R^c)} \le \delta, \tag{4.65}$$

où B_R^c est le complémentaire de la boule B_R. Nous avons alors

$$\left\| \widetilde{a} \, \nabla u^n \right\|^r_{L^r(\mathbb{R}^d)} = \int_{B_R} \left| \widetilde{a} \, \nabla u^n \right|^r + \int_{B_R^c} \left| \widetilde{a} \, \nabla u^n \right|^r$$

$$\le \|\widetilde{a}\|^r_{L^\infty(\mathbb{R}^d)} \left\| \nabla u^n \right\|^r_{L^r(B_R)} + \|\widetilde{a}\|^r_{L^\infty(B_R^c)} \underbrace{\left\| \nabla u^n \right\|^r_{L^r(\mathbb{R}^d)}}_{=1}$$

Ainsi, grâce à (4.65),

$$\left\| \widetilde{a} \, \nabla u^n \right\|^r_{L^r(\mathbb{R}^d)} \le \|\widetilde{a}\|^r_{L^\infty(\mathbb{R}^d)} \left\| \nabla u^n \right\|^r_{L^r(B_R)} + \delta^r.$$

Nous utilisons ensuite la propriété (4.64), qui permet, pour R fixé, de choisir n_0 tel que, pour tout $n \ge n_0$, le premier terme du majorant ci-dessus soit bornée par δ^r. Donc

$$\forall n \ge n_0, \quad \left\| \widetilde{a} \, \nabla u^n \right\|^r_{L^r(\mathbb{R}^d)} \le 2\delta^r.$$

Comme ceci est vrai pour tout $\delta > 0$, il s'ensuit que $\widetilde{a} \, \nabla u^n$ converge fortement vers zéro dans $L^r(\mathbb{R}^d)$. Nous insérons cette convergence et (4.61) dans l'équation (4.62), que nous récrivons sous la forme

$$- \operatorname{div} \left(a_{per} \, \nabla u^n \right) = \operatorname{div} \left(\mathbf{f}^n + t \, \widetilde{a} \, \nabla u^n \right).$$

Nous en déduisons, en utilisant la continuité dans $L^r(\mathbb{R}^d)$ de l'opérateur *périodique* T_{per} défini en (4.50), que ∇u^n converge fortement vers zéro dans $L^r(\mathbb{R}^d)$. Ceci contredit (4.60), et confirme donc que l'affirmation (4.63) est vraie. Le lecteur notera que c'est de nouveau à cet endroit de la preuve que nous mettons techniquement en œuvre l'intuition développée à l'entame de cette Section 4.1.2.2 : loin de l'origine l'opérateur ressemble à l'opérateur périodique puisque le terme en $\widetilde{a}$ disparaît.

La borne (4.60) implique que, à extraction près que nous ne notons pas, la suite ∇u^n converge faiblement dans $L^r(\mathbb{R}^d)$ vers le gradient ∇u d'une certaine fonction. En passant à la limite dans l'équation, au moins au sens des distributions, nous obtenons

$$- \operatorname{div}(a_t \nabla u) = 0. \tag{4.66}$$

Malheureusement, la minoration (4.63) ne passe pas à la limite faible et ne nous donne donc pas d'information supplémentaire sur u. A ce stade, u pourrait être identiquement nulle et l'équation (4.66) ne serait que $0 = 0$! Pour nous en sortir, nous montrons alors, et c'est un point clé, que la convergence de ∇u^n vers ∇u est en fait *forte* dans $L^r_{loc}(\mathbb{R}^d)$. En toute généralité ceci est bien sûr faux, mais c'est le fait que u_n et u sont toutes solutions d'équations elliptiques partageant certaines propriétés qui va entraîner cette convergence forte. Nous allons faire une sorte de *"zig-zag"* : utiliser la convergence faible des gradients pour montrer la convergence forte des fonctions, et recycler la convergence forte des fonctions dans la convergence forte des gradients par régularité elliptique. Mettons cette stratégie en action.

Par le Théorème de Rellich (ou les injections compactes de Sobolev pour les ouverts bornés), nous savons que la convergence faible ci-dessus implique au moins, toujours à extraction près et sans changer notre notation, la convergence forte de u^n vers u dans $L^r_{loc}(\mathbb{R}^d)$. En fait, il s'agit de la convergence à une suite de constantes additives près, mais nous pouvons toujours "avaler" la suite de constantes dans u^n, et donc dans la limite u. Nous allons maintenant recycler cette convergence des fonctions en une convergence forte de leurs gradients. Puisque nous avons

$$-\operatorname{div}\left(a_t\left(\nabla u^n - \nabla u\right)\right) = \operatorname{div}\mathbf{f}^n,$$

nous pouvons multiplier l'équation par $(u^n - u)\chi_R$, où χ_R est une fonction de troncature "habituelle" telle que $\chi_R = 1$ dans B_R, $\chi_R = 0$ dans B^c_{R+1}, et $\chi_R \geq 0$ partout. En intégrant par parties, nous obtenons alors

$$\int \chi_R \left[a_t \nabla(u^n - u)\right] . \nabla(u^n - u) = -\int \left[a_t \nabla(u^n - u)\right] . (\nabla\chi_R)(u^n - u)$$

$$-\int \chi_R \nabla(u^n - u) . \mathbf{f}^n - \int (u^n - u)\mathbf{f}^n . \nabla\chi_R.$$

Nous pouvons passer à la limite dans chacun des trois termes du membre de droite. Les termes en $\nabla(u^n - u)$ ne convergent que faiblement dans L^r, mais les termes en $u^n - u$ et $\mathbf{f}^n$ convergent fortement dans ce même L^r au moins localement. Comme nous avons supposé $r \geq 2$, ces convergences sont *a fortiori* vraies localement dans L^2 et donc se multiplient entre elles pour obtenir le résultat. Le membre de droite tend donc vers zéro, à R fixé, quand $n \to +\infty$. A cause de la forme de χ_R et de la coercivité de a_t, nous en déduisons la convergence forte $\nabla u^n \longrightarrow \nabla u$ dans $L^2(B_R)$. Nous avons *"presque"* gagné: la convergence est bien forte, mais seulement dans L^2 et pas encore dans le L^r voulu. La conclusion de notre raisonnement passe alors par l'estimation de régularité intérieure classique (voir par exemple [GM12, Theorem 7.2])

$$\|\nabla v\|_{L^r(B_{R/2})} \le C(R)\left(\|\nabla v\|_{L^2(B_R)} + \|\mathbf{f}\|_{L^r(B_R)}\right), \tag{4.67}$$

pour tout $0 < R < +\infty$, une constante $C(R)$ dépendant seulement de R, et toute solution v de $-\operatorname{div}(a_t \nabla v) = \operatorname{div}\mathbf{f}$. Pour expliquer en quelques mots cette estimation, disons que des techniques classiques d'EDP elliptiques permettent de se ramener au cas d'un opérateur à coefficients constants. Et pour un tel opérateur, comme le Laplacien par exemple, des arguments de type Caccioppoli donnent (4.67), sans même le terme $\|\nabla v\|_{L^2}$. Ce dernier apparaît lorsqu'on revient à l'opérateur à coefficients non constants. En appliquant l'inégalité (4.67) à $v = u^n - u$ et $\mathbf{f} = \mathbf{f}^n$, et en se souvenant de (4.61), nous obtenons la convergence *forte* de ∇u^n vers ∇u dans $L^r(B_R)$. Mais alors, précisément en raison de cette convergence forte, la minoration (4.63) passe à la limite et nous permet d'affirmer que ∇u n'est pas identiquement nulle. Pourtant, u résout (4.66). Nous retrouvons une situation similaire à celle de (4.57) et pouvons donc conclure de la même manière que $\nabla u = 0$ et obtenir une contradiction. Ceci termine toute la preuve dans le cas $2 \le r < +\infty$.

Le cas adjoint. Pour traiter le cas $1 < r < 2$ (en fait *a priori* plus favorable car l'intégrabilité y est meilleure à l'infini que dans le cas $r \ge 2$), nous raisonnons comme annoncé par dualité. Comme la Proposition 4.2 est établie pour $2 \le r < +\infty$, nous pouvons l'appliquer à l'opérateur adjoint de l'opérateur $-\operatorname{div}(a \nabla \cdot)$, c'est-à-dire, dans le cas général où a est à valeurs matricielles $-\operatorname{div}(a^T \nabla \cdot)$. Ceci est à bon droit puisque, clairement, si a vérifie les hypothèses de la Proposition 4.2, sa matrice adjointe a^T aussi. Fixons alors $\mathbf{f} \in L^r(\mathbb{R}^d)$, avec $1 < r \le 2$ (ou $1 < r < 2$, cela importe peu), et notons $2 \le r' < +\infty$ l'exposant conjugué de r, c'est-à-dire $\frac{1}{r} + \frac{1}{r'} = 1$. A toute fonction $\mathbf{g} \in L^{r'}(\mathbb{R}^d)$ à valeurs dans $\mathbb{R}^d$, nous pouvons associer l'unique solution (à constante additive près) v telle que $\nabla v \in L^{r'}(\mathbb{R}^d)$, de $-\operatorname{div}(a^T \nabla v) = \operatorname{div}\mathbf{g}$. Son gradient ∇v dépend continûment et linéairement de $\mathbf{g}$ dans $L^{r'}(\mathbb{R}^d)$, précisément par notre preuve du cas d'un exposant supérieur ou égal à 2. Nous pouvons donc définir la forme linéaire $L_{\mathbf{f}}$ par $L_{\mathbf{f}}(\mathbf{g}) = \int_{\mathbb{R}^d} \mathbf{f}.\nabla v$ sur $L^{r'}(\mathbb{R}^d)$. En appliquant la Proposition 4.2, nous avons

$$\left| L_{\mathbf{f}}(\mathbf{g}) = \int_{\mathbb{R}^d} \mathbf{f}.\nabla v \right| \le \|\mathbf{f}\|_{L^r(\mathbb{R}^d)} \|\nabla v\|_{L^{r'}(\mathbb{R}^d)}$$
$$\le C_{r'} \|\mathbf{f}\|_{L^r(\mathbb{R}^d)} \|\mathbf{g}\|_{L^{r'}(\mathbb{R}^d)}. \tag{4.68}$$

Cela montre que la forme linéaire $L_{\mathbf{f}}$ est continue sur $L^{r'}(\mathbb{R}^d)$. Il existe donc $U \in L^r(\mathbb{R}^d)$ telle que

$$L_{\mathbf{f}}(\mathbf{g}) = \int_{\mathbb{R}^d} \mathbf{f}.\nabla v = \int_{\mathbb{R}^d} \mathbf{g}.U,$$

et nous lisons sur l'estimée (4.68) que

$$\|U\|_{L^r(\mathbb{R}^d)} \leq C_{r'} \, \|\mathbf{f}\|_{L^r(\mathbb{R}^d)} \, .$$

Nous identifions maintenant U. En supposant que $\mathbf{g}$ satisfait aussi $\operatorname{div} \mathbf{g} = 0$ dans $\mathbb{R}^d$, nous avons $- \operatorname{div} \left(a^T \, \nabla v \right) = \operatorname{div} \mathbf{g} = 0$ avec $\nabla v \in L^{r'}(\mathbb{R}^d)$, et donc, par l'estimée (4.39), $\nabla v \equiv 0$. Pour un tel $\mathbf{g}$, nous avons $L_{\mathbf{f}}(\mathbf{g}) = \int_{\mathbb{R}^d} \mathbf{f} \cdot \nabla v = 0$, donc $0 = \int_{\mathbb{R}^d} \mathbf{g} \cdot U$. Cette propriété, établie pour tous les $\mathbf{g} \in L^{r'}(\mathbb{R}^d)$ tels que $\operatorname{div}(\mathbf{g}) = 0$, montre l'existence de u telle que $U = \nabla u$, et donc $\nabla u \in L^r(\mathbb{R}^d)$ avec

$$\|\nabla u\|_{L^r(\mathbb{R}^d)} \leq C_{r'} \, \|f\|_{L^r(\mathbb{R}^d)} \, .$$

Nous montrons finalement que u vérifie $- \operatorname{div} (a \, \nabla u) = \operatorname{div} \mathbf{f}$. Il suffit de considérer $v \in \mathcal{D}(\mathbb{R}^d)$ et de poser $\mathbf{g} = -a^T \, \nabla v$, de sorte que $- \operatorname{div} \left(a^T \, \nabla v \right) = \operatorname{div} \mathbf{g}$. En appliquant ce qui précède, nous avons $\int_{\mathbb{R}^d} \mathbf{f} \cdot \nabla v = \int_{\mathbb{R}^d} \mathbf{g} \cdot \nabla u$. Le membre de gauche est $-\langle \operatorname{div} \mathbf{f}, v \rangle_{\mathcal{D}'(\mathbb{R}^d), \mathcal{D}(\mathbb{R}^d)}$, alors que, par définition, le membre de droite est

$$-\int_{\mathbb{R}^d} a^T \, \nabla v \cdot \nabla u = -\int_{\mathbb{R}^d} \nabla v \cdot a \, \nabla u = \langle \operatorname{div} (a \, \nabla u), v \rangle_{\mathcal{D}'(\mathbb{R}^d), \mathcal{D}(\mathbb{R}^d)} \, .$$

Ceci étant vrai pour tout $v \in \mathcal{D}(\mathbb{R}^d)$, il s'ensuit que $- \operatorname{div} (a \, \nabla u) = \operatorname{div} \mathbf{f}$, ce qui conclut la preuve. $\square$

A propos de la preuve et de la méthode de concentration-compacité. Comme promis au cours de la preuve de la Proposition 4.2, nous en disons ici un peu plus sur le *principe* de la preuve ci-dessus et en particulier sur la *méthode de concentration-compacité*.

Avec un peu de recul, le lecteur pourra constater l'extrême flexibilité de la preuve que nous venons de donner. Cette flexibilité est confirmée par le fait que la *même* stratégie de preuve s'applique à plusieurs cas de coefficients différents et plusieurs formes d'équations. Bien que nous ne le détaillions pas ici (voir [BLL18, BLL19]), il est bon d'avoir ce fait en mémoire.

Finalement, qu'est ce qui a compté ? Tout d'abord, la *structure* du coefficient a, formé de la somme d'un coefficient périodique a_{per} (l'environnement non perturbé) et d'une fonction $\widetilde{a}$ (le défaut disparaissant à l'infini) supposée dans L^q. En un sens faible, $\widetilde{a}$ s'évanouit à l'infini, intuitivement parce qu'elle y est intégrable, et ce sens est rendu plus fort quand on superpose la condition de régularité hölderienne uniforme, qui entraîne alors qu'effectivement $\widetilde{a}(x) \longrightarrow 0$ à l'infini. Cette structure a compté deux fois. Elle a d'abord compté en amont de la Proposition 4.2, pour ramener l'étude de l'existence et unicité du correcteur solution de (4.3), vu la connaissance du correcteur périodique, à l'étude de la solubilité dans $L^r(\mathbb{R}^d)$ d'une équation du type (4.38). Elle a ensuite compté car elle a entraîné une décomposition du problème posé dans la Proposition 4.2 en deux parties :

[i] la partie *à distance finie*, où, pour une très large variété de coefficients a, pourvu qu'ils soient bornés, coercifs et éventuellement réguliers si on veut travailler dans des normes fines, résoudre une équation linéaire du type (1) et prouver une estimation de continuité de la solution par rapport à la donnée est *simple*, avec des techniques habituelles de la théorie elliptique ;

[ii] la partie *loin de l'origine*, susceptible d'être délicate, et pour laquelle l'espoir est de se reposer sur des comportements "de référence" déjà connus, ici le cas d'un coefficient périodique asymptotiquement obtenu par disparition à l'infini du défaut $\widetilde{a}$.

Qu'est ce qui décide alors de l' "activation" de la partie **[i]** ou de la partie **[ii]**? Elle se fait selon le comportement de la suite considérée dans l'argument par contradiction. Si quelque chose se passe mal (ici l'estimation recherchée; dans d'autres contextes, la minimisation d'une fonctionnelle), alors il faut regarder une suite pathologique. Clairement, dans un problème comme celui étudié ici, la partie difficile est la partie **[ii]**, à l'infini, donc s'il y a pathologie, cette pathologie a à voir avec la fuite d'une fonction vers l'infini. C'est là que la méthode de concentration-compacité entre en jeu. Le problème considéré dans l'énoncé de la Proposition 4.2 fait partie d'une catégorie de problèmes dits problèmes *localement compacts*, au sens où les problèmes en question seraient compacts (donc "faciles") s'ils étaient posés sur des ouverts bornés (c'est la partie **[i]** !). La méthode de concentration-compacité s'applique en particulier à de telles questions, sachant qu'il existe une catégorie différente de problèmes que cette méthode traite, pour lesquels la difficulté est locale et liée à des *concentrations* du type masse de Dirac, par exemple. Dans les problèmes localement compacts, la *compacité* de la suite et son bon comportement sont assurés dès qu'il est établi que les fuites à l'infini ne peuvent pas se produire. L'objet principal de la preuve ci-dessus est de regarder "dans les yeux" la suite pathologique ∇u_n, issue de l'hypothèse de contradiction (4.59)–(4.61)–(4.60), et de chercher où va sa masse, ici mesurée par sa norme dans (4.60). Si cette masse s'en va entièrement loin de l'origine, comme le dirait (4.64), alors cette masse ne "voit" essentiellement que le coefficient périodique (puisque $\widetilde{a}$ disparaît) et la suite ne peut pas être pathologique, car le problème est sain pour un coefficient périodique. Donc une partie de la masse reste à distance finie de l'origine, comme l'affirme (4.63). Mais, par compacité, cette partie est alors solution d'un problème de Liouville, l'équation (4.66), et ceci conduit aussi à une contradiction.

4.1.3   Une preuve d'une autre nature

Nous présentons dans cette dernière partie de la Section 4.1 une preuve alternative d'un résultat de continuité L^r similaire à celui contenu dans la Proposition 4.2, avec quelques nuances sans grande importance pour notre propos ici. Comme la preuve de la Section 4.1.2, la preuve que nous donnons ici s'applique à tous les L^r,

$1 < r < +\infty$. En revanche, elle a quatre différences notables par rapport à la preuve de la Section 4.1.2 :

[i] elle est réservée au cas d'une équation sous forme divergence, alors que nous venons ci-dessus d'insister sur la flexibilité de notre preuve précédente qui permet de s'attaquer aussi à d'autres formes d'équations ;

[ii] mais elle n'utilise pas la *structure* du coefficient a sous la forme (4.1), et est donc valable pour tout coefficient coercif et régulier, (noter cependant que l'*utilisation* du résultat d'existence et continuité pour l'équation $-\operatorname{div} a \, \nabla u = \operatorname{div} \mathbf{f}$ pour démontrer l'existence du correcteur solution de $-\operatorname{div} (a \, (p+\nabla w)) = 0$ est une étape qui, elle, exploite toujours la structure du coefficient) ;

[iii] et elle peut s'étendre immédiatement à un cadre non linéaire pourvu qu'il soit sous forme divergence, on pense ainsi à des équations dites *quasi-linéaires* du type $-\operatorname{div}\left(a \, |\nabla u|^{s-1} \, \nabla u\right) = \operatorname{div} \mathbf{f}$, avec $s \geq 1$;

[iv] et enfin, techniquement, elle utilise des ingrédients d'analyse harmonique, essentiellement élémentaires mais cependant plus élaborés que ceux des autres preuves, que le lecteur peut trouver intéressant de connaître et de voir à l'œuvre.

Le résultat central que nous allons prouver est le suivant.

Lemme 4.4 *Soit un coefficient a vérifiant la condition de borne et de coercivité (3.1), ainsi que la régularité hölderienne $C^{0,\alpha}_{\mathrm{unif}}\left(\mathbb{R}^d\right)$ pour un certain $\alpha > 0$. Fixons $2 \leq r < +\infty$. Alors, pour tout $\mathbf{f} \in L^2 \cap L^r(\mathbb{R}^d)$, et pour toute fonction $u \in L^1_{loc}(\mathbb{R}^d)$, telle que $\nabla u \in L^2(\mathbb{R}^d)$, solution de l'équation (4.38), nous avons $\nabla u \in L^r(\mathbb{R}^d)$ et l'estimation (4.39), pour une constante C_r, dépendant seulement de l'exposant r, de la dimension ambiante d et du coefficient a.*

A partir de ce Lemme 4.4, que nous démontrerons plus loin, nous pouvons retrouver tout ou partie des résultats de la Proposition 4.2. Soyons plus précis. Si nous comparons l'énoncé du Lemme 4.4 à celui de la Proposition 4.2, nous voyons qu'il nous faut dans le Lemme 4.4, et contrairement à l'énoncé de la Proposition 4.2, (a) supposer que le second membre $\mathbf{f}$ est non seulement dans $L^r(\mathbb{R}^d)$ mais dans $L^2 \cap L^r(\mathbb{R}^d)$, (b) supposer qu'une solution existe avec gradient dans L^2 pour pouvoir ensuite seulement établir que ce gradient appartient au bon espace fonctionnel attendu et vérifie l'estimation de continuité (4.39), et (c) supposer que l'exposant r est supérieur ou égal à 2.

Pour atteindre la portée de la Proposition 4.2 à partir du Lemme 4.4, il nous faut donc successivement essayer de se libérer de chacune de ces hypothèses supplémentaires, en y parvenant... ou non (rappelons que nous essayons de travailler sous des hypothèses plus faibles qu'à la Proposition 4.2, donc nous devons nous attendre à être "déçu" à un moment...).

Commençons par le résultat suivant, qui est en fait un corollaire de la *technique de preuve* du Lemme 4.1. Ce lemme établit que les choses se passent bien pour l'exposant particulier $r = 2$, que l'on retrouve comme jouant un rôle pivot dans l'énoncé du Lemme 4.4 ci-dessus. Nous l'annoncions en termes brefs dans un des commentaires placés après le Lemme 4.1, en discutant l'estimation (4.19). En utilisant ce nouveau lemme, nous pourrons ensuite seulement supposer $\mathbf{f} \in L^r(\mathbb{R}^d)$ et plus nécessairement $\mathbf{f} \in L^2 \cap L^r(\mathbb{R}^d)$, et établir l'existence de la solution manipulée. Ceci sera détaillé plus loin.

Lemme 4.5 *Nous supposons le coefficient a borné et coercif au sens de la propriété* (3.1), *mais nous ne le supposons plus, comme dans le Lemme 4.1, de la forme particulière* (4.1), *ni de classe hölderienne (ni même continu, d'ailleurs).*

Alors, pour tout $\mathbf{f} \in L^2(\mathbb{R}^d)$, *il existe une fonction* $u \in L^1_{loc}(\mathbb{R}^d)$, *telle que* $\nabla u \in L^2(\mathbb{R}^d)$, *solution de l'équation*

$$- \operatorname{div}(a \, \nabla u) = \operatorname{div} \mathbf{f} \quad \textit{dans tout } \mathbb{R}^d. \tag{4.69}$$

Une telle solution est unique à l'addition d'une constante additive près. De plus, il existe une constante C_2, *dépendant seulement de la dimension ambiante d et du coefficient a (et donc indépendante de la donnée* $\mathbf{f}$), *telle que*

$$\|\nabla u\|_{L^2(\mathbb{R}^d)} \leq C_2 \, \|\mathbf{f}\|_{L^2(\mathbb{R}^d)}. \tag{4.70}$$

Preuve du Lemme 4.5. Comme annoncé, la preuve est directement répliquée de la preuve du Lemme 4.1. En fait, comme le lecteur expert s'en est probablement immédiatement rendu compte à la lecture de la preuve du Lemme 4.1, c'est plutôt le contraire... : c'est la preuve du Lemme 4.1 qui s'inspire de l'idée de celle, en fait beaucoup plus simple, du Lemme 4.5 que nous donnons ci-dessous. Mais c'est l'ordonnancement pédagogique que nous avons choisi, pour d'autres raisons, qui nous a obligé à ce "tête-à-queue" !

Pour démontrer l'existence d'une solution, nous procédons comme dans l'Etape 1 de la preuve du Lemme 4.1 et nous régularisons l'équation (4.69) par l'addition d'un terme d'ordre zéro, comme nous l'avons fait dans (4.7) et considérons donc, pour $\eta > 0$,

$$- \operatorname{div}(a \, \nabla u^\eta) + \eta \, u^\eta = \operatorname{div} \mathbf{f}. \tag{4.71}$$

L'addition de ce terme permet de rétablir la coercivité, sur l'espace $H^1(\mathbb{R}^d)$, de la forme bilinéaire associée au membre de gauche de la formulation variationnelle de (4.69), et le Lemme de Lax-Milgram nous permet alors de conclure à l'existence et l'unicité d'une solution $u^\eta \in H^1(\mathbb{R}^d)$. Par les mêmes techniques que précédemment (voir en cela la preuve du Lemme 4.1), nous obtenons

$$\left\|\nabla u^\eta\right\|^2_{L^2(\mathbb{R}^d)} + \eta \, \left\|u^\eta\right\|^2_{L^2(\mathbb{R}^d)} \leq C \, \|\mathbf{f}\|^2_{L^2(\mathbb{R}^d)},$$

pour une constante C *uniforme* en le paramètre η, et, par limite faible d'une extraction, nous obtenons une solution u de (4.69) (ou, plus précisément de sa formulation variationnelle, mais celle-ci implique (4.69) au sens des distributions, et même lui équivaut vu les hypothèses sous lesquelles nous travaillons), telle que $\nabla u \in L^2(\mathbb{R}^d)$, et de plus vérifiant l'estimée (4.70).

La question de l'unicité d'une telle solution se règle, là aussi, en imitant les arguments de l'Etape 2 de la preuve du Lemme 4.1. Considérons la différence v de deux telles solutions, qui vérifie donc $\nabla v \in L^2(\mathbb{R}^d)$ et $-\operatorname{div}(a\,\nabla v) = 0$. Nous reprenons la fonction de troncature χ, régulière, de dérivée partout bornée par 2, valant 1 sur la boule B_1 de rayon unité centrée en un point $x \in \mathbb{R}^d$, identiquement nulle en dehors de la boule B_2 de rayon double et toujours centrée au même point. Et nous reprenons de même sa fonction rescalée $\chi_R = \chi(./R)$, qui vérifie $\nabla\chi_R = O(1/R)$ en tout point de l'anneau $A_{R,2R} = B_R^c \cap B_{2R}$. Nous multiplions l'équation ci-dessus par $\left(v - \fint_{A_{R,2R}} v\right) \chi_R^2$. Par intégration par parties, nous obtenons

$$\int a|\nabla v|^2\chi_R^2 = 2\int a\left(v - \fint_{A_{R,2R}} v\right)\chi_R\nabla v.\nabla\chi_R,$$

d'où nous déduisons, comme nous avons obtenu (4.12) dans la preuve du Lemme 4.1, que

$$\int a|\nabla v|^2\chi_R^2 \leq \frac{C}{R^2}\int_{A_{R,2R}}\left(v - \fint_{A_{R,2R}} v\right)^2.$$

Nous estimons le membre de droite comme en (4.14) et obtenons, en utilisant, pour minorer le membre de gauche, la coercivité de a et le fait que $\chi_R^2 \equiv 1$ sur B_R et est positive partout,

$$\int_{B_R}|\nabla v|^2 \leq C\int_{A_{R,2R}}|\nabla v|^2.$$

Mais, *par hypothèse* (c'est le fait nouveau par rapport à la preuve du Lemme 4.1 et celui qui nous permet de nous affranchir de l'hypothèse de structure (4.1) sur le coefficient a), nous savons que $\nabla v \in L^2(\mathbb{R}^d)$ et donc que le membre de droite tend vers zéro quand $R \to +\infty$. Nous concluons donc que $\nabla v \equiv 0$, ce qui établit l'unicité de la solution à constante additive près. Le Lemme 4.5 est démontré. □

Munis du Lemme 4.5, nous pouvons maintenant transformer une première fois l'énoncé du Lemme 4.4, en remplaçant la phrase *"pour tout $\mathbf{f} \in L^2 \cap L^r(\mathbb{R}^d)$, et pour toute fonction (...) telle que $\nabla u \in L^2(\mathbb{R}^d)$, solution de l'équation (4.38), nous avons"* par la phrase *"pour tout $\underline{\mathbf{f} \in L^r(\mathbb{R}^d)}$ (et pas seulement $\mathbf{f} \in L^2 \cap L^r(\mathbb{R}^d)$), il existe une fonction (...) telle que $\nabla u \in L^r(\mathbb{R}^d)$, solution de l'équation (4.38), et telle que..."*

Pour le démontrer, il suffit, pour $\mathbf{f}$ fixée dans $L^r(\mathbb{R}^d)$, de construire une suite $\mathbf{f}_n \in L^2 \cap L^r(\mathbb{R}^d)$, $n \in \mathbb{N}$, tendant vers $\mathbf{f}$ dans $L^r(\mathbb{R}^d)$ pour $n \to +\infty$. Pour chaque n, le fait que, en particulier, $\mathbf{f}_n \in L^2(\mathbb{R}^d)$, permet d'appliquer le Lemme 4.5 pour en déduire l'existence d'une solution u_n de l'équation $-\operatorname{div}(a\,\nabla u_n) = \operatorname{div}\mathbf{f}_n$, telle que $\nabla u_n \in L^2(\mathbb{R}^d)$. En appliquant ensuite, toujours pour chaque n, le Lemme 4.4, nous savons que cette solution vérifie de plus (4.39), donc que ∇u_n est borné dans $L^r(\mathbb{R}^d)$. Quitte à extraire, nous pouvons passer à la limite faible dans cet espace, et obtenir comme limite faible de ∇u_n une fonction de L^r dont il est classique de démontrer qu'elle est aussi un gradient, disons $\nabla u \in L^r(\mathbb{R}^d)$. En utilisant $\mathbf{f}_n \to \mathbf{f}$ dans $L^r(\mathbb{R}^d)$, nous déduisons aussi de (4.39) que cette limite faible ∇u vérifie $\|\nabla u\|_{L^r(\mathbb{R}^d)} \leq C_r \|\mathbf{f}\|_{L^r(\mathbb{R}^d)}$. Nous venons ainsi de montrer, comme annoncé, l'*existence* d'une solution à gradient $L^r(\mathbb{R}^d)$ et qui vérifie l'estimée. Les points (a) et (b) ci-dessus (page 232) sont donc réglés pour ce qui concerne l'existence. Le lecteur notera, d'ailleurs, que l'extension que nous venons de faire ne dépend pas de l'hypothèse $r \geq 2$ et qu'elle serait tout aussi vraie si nous avions à cet instant le Lemme 4.4 pour $r \leq 2$. Ceci est bien entendu relié au point (c).

La question suivante est l'unicité d'une telle solution à gradient $L^r(\mathbb{R}^d)$. Là, le bât blesse. L'unicité d'une telle solution revient à démontrer, par linéarité, que si $\nabla v \in L^r(\mathbb{R}^d)$ et $-\operatorname{div}(a \nabla v) = 0$, alors $\nabla v \equiv 0$. Sous les hypothèses générales sur le coefficient a d'être seulement borné et coercif, ce n'est pas vrai. En effet, nous pouvons rappeler ici l'exemple suivant, issu de [Mey63] : en dimension $d = 2$, soit

$$a(x) = \begin{pmatrix} 1 - (1-\mu^2)\frac{x_1^2}{|x|^2} & (1-\mu^2)\frac{x_1 x_2}{|x|^2} \\ (1-\mu^2)\frac{x_1 x_2}{|x|^2} & 1 - (1-\mu^2)\frac{x_2^2}{|x|^2} \end{pmatrix},$$

où $\mu \in]0, 1[$ est un paramètre fixé. Un calcul simple montre que les valeurs propres de $a(x)$ sont 1 et μ^2, et $a(x)$ est donc une matrice uniformément coercive. De plus, la fonction

$$u(x) = x_1 \left(x_1^2 + x_2^2\right)^{\frac{\mu-1}{2}} = x_1|x|^{\mu-1},$$

vérifie $-\operatorname{div}(a\nabla u) = 0$. Remarquons tout d'abord que cette fonction est strictement sous-linéaire à l'infini et localement bornée. De plus, en calculant son gradient, nous obtenons

$$\nabla u(x) = \begin{pmatrix} |x|^{\mu-1} + (\mu-1)x_1^2|x|^{\mu-3} \\ (\mu-1)x_1 x_2|x|^{\mu-3} \end{pmatrix} = |x|^{\mu-3}\begin{pmatrix} \mu x_1^2 + x_2^2 \\ (\mu-1)x_1 x_2 \end{pmatrix}. \qquad (4.72)$$

Ainsi, $|\nabla u(x)| \leq 2|x|^{\mu-1}$, ce qui implique que $\nabla u \in L^r(\mathbb{R}^2 \setminus B(0, 1))$, pour tout $r > \frac{d}{1-\mu} = \frac{2}{1-\mu}$. Bien sûr, cet exemple ne constitue pas en lui-même une situation où $\nabla u \in L^r(\mathbb{R}^2)$, puisque nous ne nous sommes intéressés qu'à l'intégrabilité à l'infini. La singularité à l'origine donne en fait que $|\nabla u|^r$ est intégrable en 0 si et seulement si $r < \frac{d}{1-\mu} = \frac{2}{1-\mu}$. Il est donc nécessaire de modifier un peu notre solution pour la rendre lisse en 0. Pour cela, nous utilisons la matrice

$$a_\chi(x) = \chi(x)a(x) + (1 - \chi(x)) \begin{pmatrix} 1 & 0 \\ 0 & 1 \end{pmatrix},$$

où χ est une fonction de troncature de classe C^∞, telle que $\chi(x) = 1$ si $|x| > 2$, et $\chi(x) = 0$ si $|x| < 1$. Définissons alors $v = \chi u$, et calculons

$$\operatorname{div}\big(a_\chi(x)\nabla v(x)\big) = \operatorname{div}((1 - \chi)\chi\nabla u) + \operatorname{div}((1 - \chi)u\nabla\chi)$$
$$+ \operatorname{div}(\chi ua\nabla\chi) + 2\chi\nabla\chi \cdot (a\nabla u).$$

Appelons ϕ le second membre de cette équation :

$$\phi = \operatorname{div}((1 - \chi)\chi\nabla u) + \operatorname{div}((1 - \chi)u\nabla\chi) + \operatorname{div}(\chi ua\nabla\chi) + 2\chi\nabla\chi \cdot (a\nabla u).$$

Cette fonction ϕ est de classe C^∞ à support compact, car $(1-\chi)\chi$ et $\nabla\chi$ le sont, que leur support ne contient pas l'origine, et que a et u sont de classe C^∞ sur $\mathbb{R}^2 \setminus \{0\}$. Si nous résolvons maintenant

$$-\operatorname{div}(a_\chi\nabla w) = \phi,$$

alors $v + w$ est solution de $\operatorname{div}(a_\chi\nabla(v + w)) = 0$. Nous devons donc maintenant vérifier deux choses : d'une part que $\nabla v + \nabla w \not\equiv 0$, d'autre part que $\nabla v + \nabla w \in L^r(\mathbb{R}^2)$, pour tout $r > \dfrac{2}{1 - \mu}$.

Montrons d'abord que $\nabla v + \nabla w \not\equiv 0$. Pour cela, nous allons prouver que $\nabla w \in L^r(\mathbb{R}^2)$ pour tout $r > d/(d - 1) = 2$. Comme $|\nabla u| \geq \mu|x|^{\mu-1}$, le comportement à l'infini de ∇v implique $\nabla v \notin L^r(\mathbb{R}^2)$ pour $r \leq \dfrac{2}{1 - \mu}$, et nous aurons bien démontré que $\nabla v + \nabla w \not\equiv 0$. Pour établir que $\nabla w \in L^r(\mathbb{R}^2)$, nous écrivons

$$\nabla w(x) = \int_{\mathbb{R}^d} \nabla_x G_{a_\chi}(x, y)\phi(y)dy, \tag{4.73}$$

où G_{a_χ} est la fonction de Green associée à l'opérateur $-\operatorname{div}(a_\chi\nabla)$. Cette dernière vérifie (3.160). Ceci permet de démontrer immédiatement, grâce à l'inégalité de Hölder dans les espaces de Marcinkiewicz (voir [BS88, page 220]), et puisque ϕ est de classe C^∞ et à support compact, que $\nabla w \in L^\infty(\mathbb{R}^2)$. La seule question pour démontrer que $|\nabla w|^r$ est intégrable est donc son comportement à l'infini. Nous remarquons alors que $\operatorname{supp}(\phi) \subset B_2$, la boule de centre 0 et de rayon 2. Nous avons alors, en utilisant (4.73), l'inégalité de Hölder (entre L^r et $L^{r'}$ cette fois) et le fait que $\operatorname{supp}(\phi) \subset B_2$,

$$\int_{B_4^c} |\nabla w(x)|^r dx \leq \|\phi\|_{L^{r'}(\mathbb{R}^2)} \int_{B_4^c} \int_{B_2} |\nabla_x G_{a_\chi}(x, y)|^r dy dx.$$

L'intégrale du membre de droite ne fait intervenir que des valeurs de x et y telles que $|x - y| > 2$. Sur cette zone, nous avons $|\nabla_x G_{a_\chi}(x, y)| \leq C_0$, pour une constante C_0 ne dépendant ni de x ni de y. Nous découpons alors l'intégrale selon les niveaux de $|\nabla_x G_\chi|$ de la façon suivante :

$$\int_{B_4^c} |\nabla w(x)|^r \, dx \leq \|\phi\|_{L^{r'}(\mathbb{R}^2)} \int_{B_2} \left(\sum_{n \geq 0} \int_{C_0 2^{-n-1} < |\nabla_x G_{a_\chi}(x,y)| \leq C_0 2^{-n}} |\nabla_x G_{a_\chi}(x, y)|^r \, dx \right) dy$$

$$\leq \|\phi\|_{L^{r'}(\mathbb{R}^2)} \int_{B_2} \left(\sum_{n \geq 0} \left| \left\{ |\nabla_x G_{a_\chi}(\cdot, y)| > C_0 2^{-n-1} \right\} \right| C_0^r 2^{-nr} \right) dy.$$

La définition (3.161) de l'espace $L^{2,\infty}$ et la propriété (3.160) vérifiée par G_{a_χ} impliquent alors

$$\int_{B_4^c} |\nabla w(x)|^r \, dx \leq \|\phi\|_{L^{r'}(\mathbb{R}^2)} \sup_{y \in B_2} \|\nabla_x G_{a_\chi}(\cdot, y)\|_{L^{2,\infty}(\mathbb{R}^2)} \sum_{n \geq 0} |B_2| C_0^2 2^{2n+2} C_0^r 2^{-nr}$$

$$\leq C \sum_{n \geq 0} 2^{(2-r)n},$$

somme qui est finie dès que $r > 2$. Ceci démontre bien que $\nabla w \in L^r(\mathbb{R}^2)$, pour $r > 2$, et donc que $\nabla v + \nabla w \neq 0$. Il nous reste à démontrer que $\nabla v + \nabla w \in L^r(\mathbb{R}^2)$ pour $r > \dfrac{2}{1 - \mu}$. C'est évidemment vrai pour ∇w car nous venons de le prouver. Pour ∇v, il s'agit d'une fonction bornée, et son comportement à l'infini est le même que celui de u par définition de χ. Donc $\nabla v \in L^r(\mathbb{R}^2)$. Nous avons donc démontré que

$$\text{div}(a_\chi \nabla(v + w)) = 0, \quad \nabla(v + w) \in L^r(\mathbb{R}^d), \quad \forall r > \frac{2}{1 - \mu}, \quad \nabla(v + w) \not\equiv 0.$$

$$(4.74)$$

Bien entendu, comme $\mu \in]0, 1[$, l'exposant r vérifie $r > 2$, ce qui est bien naturel puisque qu'on sait que dans le cas $r = 2$, le Lemme 4.5 assure l'unicité. En revanche, pour tout exposant strictement plus grand, ce n'est pas le cas, à moins de supposer des propriétés supplémentaires sur la matrice a (comme la périodicité par exemple).

Le dernier point de généralisation possible est le point (c), à savoir le cas des exposants $r < 2$. Fixons donc $1 \leq r < 2$, $\mathbf{f} \in L^2 \cap L^r(\mathbb{R}^d)$, $u \in L^1_{loc}(\mathbb{R}^d)$, telle que $\nabla u \in L^2(\mathbb{R}^d)$, solution de l'équation (4.38) (c'est-à-dire, de sa formulation variationnelle, mais c'est équivalent). Nous voulons démontrer que $\nabla u \in L^r(\mathbb{R}^d)$ et que l'estimation (4.39) est vérifiée.

Choisissons arbitrairement $\mathbf{g} \in L^{r'}(\mathbb{R}^d)$, où r' est bien sûr l'exposant conjugué de r, lequel est donc supérieur à 2. En considérant une suite $\mathbf{g}_n \in L^2 \cap L^{r'}(\mathbb{R}^d)$,

$n \in \mathbb{N}$, tendant vers $\mathbf{g}$ dans $L^{r'}(\mathbb{R}^d)$ pour $n \rightarrow +\infty$, nous pouvons, par le même argument que ci-dessus (qui rappelons-le ne dépendait pas de la position de l'exposant par rapport à 2), démontrer l'existence de $\nabla v \in L^{r'}(\mathbb{R}^d)$, vérifiant

$$\|\nabla v\|_{L^{r'}(\mathbb{R}^d)} \leq C_{r'} \|\mathbf{g}\|_{L^{r'}(\mathbb{R}^d)} \tag{4.75}$$

et solution de $-\operatorname{div}\left(a^T \nabla v\right) = \operatorname{div} \mathbf{g}$ (ou, de nouveau, de sa formulation variationnelle).

La norme $L^r(\mathbb{R}^d)$ de ∇u est définie par

$$\|\nabla u\|_{L^r(\mathbb{R}^d)} = \sup_{\mathbf{g} \in L^{r'}(\mathbb{R}^d),\ \mathbf{g} \neq 0} \frac{\left|\displaystyle\int_{\mathbb{R}^d} \nabla u \cdot \mathbf{g}\right|}{\|\mathbf{g}\|_{L^{r'}(\mathbb{R}^d)}} \tag{4.76}$$

En utilisant successivement les deux formulations variationnelles des équations $-\operatorname{div}(a\nabla u) = \operatorname{div} \mathbf{f}$ et $-\operatorname{div}\left(a^T \nabla v\right) = \operatorname{div} \mathbf{g}$, nous avons

$$\int_{\mathbb{R}^d} \nabla u \cdot \mathbf{g} = \int_{\mathbb{R}^d} \nabla v \cdot \mathbf{f}. \tag{4.77}$$

En insérant (4.75) et (4.77) dans (4.76), nous obtenons donc

$$\|\nabla u\|_{L^r(\mathbb{R}^d)} \leq C_{r'} \sup_{\mathbf{g} \in L^{r'}(\mathbb{R}^d),\ \mathbf{g} \neq 0} \frac{\left|\displaystyle\int_{\mathbb{R}^d} \nabla v \cdot \mathbf{f}\right|}{\|\nabla v\|_{L^{r'}(\mathbb{R}^d)}} \leq C_{r'} \|\mathbf{f}\|_{L^p(\mathbb{R}^d)}. \tag{4.78}$$

Ceci démontre ce que nous voulions : $\nabla u \in L^r(\mathbb{R}^d)$ et l'estimation (4.39).

Signalons également le fait que, comme déjà mentionné, nous pouvons aussi appliquer les extensions ci-dessus au cas $r < 2$: il *existe* une solution vérifiant $\nabla u \in L^r(\mathbb{R}^d)$ et l'estimation (4.39). Pour l'unicité, il est possible de procéder de la façon suivante : $\nabla u \in L^r(\mathbb{R}^d)$, $r < 2 \leq d$, donc, par application de l'inégalité de Gagliardo-Nirenberg-Sobolev (voir le Corollaire A.3), il existe une constante $M \in \mathbb{R}$ telle que $u - M \in L^{r^*}(\mathbb{R}^d)$, où $\dfrac{1}{r^*} = \dfrac{1}{r} - \dfrac{1}{d}$. Comme $\operatorname{div}(a\nabla u) = 0$, une conséquence de l'inégalité de Harnack (voir le Corollaire A.17) est que $u(x)$, si elle n'est pas constante, croît à l'infini au moins comme une puissance positive de $|x|$, ce qui est contradictoire, à moins que $\nabla u = 0$. Remarquons qu'en fait, ce dernier argument est valable pour tout $r < d$. Donc, dans le cas $r \geq 2$ ci-dessus, nous avons en réalité un résultat d'unicité si $2 \leq r < d$. Ce n'est pas contradictoire avec le contre-exemple (4.72), car nous avions imposé $d = 2$.

Signalons maintenant une preuve alternative de l'unicité de la solution, sous une hypothèse plus faible que celle du Lemme 4.5, à savoir $\nabla u \in L^2(\mathbb{R}^d)$. Il s'agit du résultat suivant :

Lemme 4.6 *Soit a une matrice bornée et coercive, c'est-à-dire vérifiant la propriété (3.1). Soit $u \in L^1_{loc}(\mathbb{R}^d)$ solution de*

$$- \operatorname{div}(a\nabla u) = 0. \tag{4.79}$$

Si $\nabla u \in L^r(\mathbb{R}^d)$ avec $2 \leq r < d$, alors u est constante.

Rappelons que nous avons un contre-exemple à cette unicité (voir (4.74) et la discussion qui précède), dans le cas $r > d = 2$, ce qui bien sûr n'est pas incohérent avec le Lemme 4.6.

Preuve du Lemme 4.6. Commençons par appliquer le Corollaire A.3, conséquence de l'inégalité de Gagliardo-Nirenberg-Sobolev (Théorème A.2). Nous savons donc qu'il existe une constante $K \in \mathbb{R}$ telle que

$$u - K \in L^{r^*}(\mathbb{R}^d), \quad r^* = \frac{rd}{d-r}.$$

Et bien sûr, nous pouvons sans perte de généralité supposer que $K = 0$. Nous posons alors

$$q = \frac{r(d-2)}{d-r},$$

et nous avons alors que $\nabla |u|^{q/2} \in L^2(\mathbb{R}^d)$. En effet, au sens des distributions,

$$\nabla |u|^{q/2} = \frac{q}{2} |u|^{q/2-1} \nabla u, \tag{4.80}$$

avec $|u|^{q/2-1} \in L^{\frac{r^*}{q/2-1}}(\mathbb{R}^d)$ et $\nabla u \in L^r(\mathbb{R}^d)$, donc par application de l'inégalité de Hölder, $\nabla |u|^{q/2} \in L^s(\mathbb{R}^d)$, avec

$$\frac{1}{s} = \frac{q/2-1}{r^*} + \frac{1}{r} = \left(\frac{r(d-2)}{2(d-r)} - 1 \right) \frac{d-r}{rd} + \frac{1}{r} = \frac{d-2}{2d} - \frac{d-r}{rd} + \frac{1}{r}$$

$$= \frac{dr - 2r - 2d + 2r + 2d}{2rd} = \frac{1}{2}.$$

Nous définissons une fonction de troncature, que l'on note χ, et qui vérifie :

$$\chi \in C^\infty(\mathbb{R}^d), \quad \chi = 1 \text{ dans } B_1, \quad \chi = 0 \text{ dans } B_2^c, \quad 0 \leq \chi \leq 1.$$

Nous notons $\chi_R(x) = \chi(x/R)$, utilisons $\chi_R u |u|^{q-2}$ comme fonction test dans la formulation variationnelle de (4.79), et obtenons

$$(q-1) \int_{\mathbb{R}^d} |u|^{q-2} \chi_R^2 \, a \nabla u \cdot \nabla u = -2 \int_{\mathbb{R}^d} u |u|^{q-2} \chi_R \, a \nabla u \cdot \nabla \chi_R.$$

Ceci implique, grâce à la coercivité (3.1) de la matrice a, que

$$(q-1) \int_{\mathbb{R}^d} |u|^{q-2} \chi_R^2 \, |\nabla u|^2 \leq \frac{2M}{\mu} \int_{\mathbb{R}^d} |\nabla u \cdot \nabla \chi_R| \, |u|^{q-1} \chi_R.$$

Nous utilisons (4.80) dans le terme de gauche, qui s'écrit donc $\dfrac{q-1}{(q/2)^2} \displaystyle\int_{\mathbb{R}^d} \left| \nabla |u|^{q/2} \right|^2 \chi_R^2$. En identifiant de même $\nabla |u|^{q/2}$ dans le terme de droite, toujours grâce à (4.80), nous avons

$$\frac{q-1}{(q/2)^2} \int_{\mathbb{R}^d} \left| \nabla |u|^{q/2} \right|^2 \chi_R^2 \leq \frac{2M}{\mu} \frac{2}{q} \int_{\mathbb{R}^d} \left| \nabla |u|^{q/2} \cdot \nabla \chi_R \right| |u|^{q/2} \chi_R.$$

L'inégalité de Cauchy-Schwarz appliquée au terme de droite donne alors

$$\int_{\mathbb{R}^d} \left| \nabla |u|^{q/2} \right|^2 \chi_R^2 \leq \frac{Mq}{\mu(q-1)} \left(\int_{\mathbb{R}^d} \left| \nabla |u|^{q/2} \right|^2 \chi_R^2 \right)^{1/2} \left(\int_{\mathbb{R}^d} |u|^q |\nabla \chi_R|^2 \right)^{1/2},$$

ce qui implique

$$\int_{\mathbb{R}^d} \left| \nabla |u|^{q/2} \right|^2 \chi_R^2 \leq \left(\frac{Mq}{\mu(q-1)} \right)^2 \int_{\mathbb{R}^d} |u|^q |\nabla \chi_R|^2 \leq \frac{C}{R^2} \int_{B_{2R} \setminus B_R} |u|^q,$$

en utilisant que $|\nabla \chi_R| \leq \|\nabla \chi\|_{L^\infty}/R$. La constante C ci-dessus dépend uniquement de d, μ, M, q, χ. Enfin, nous appliquons l'inégalité de Hölder dans $L^{d/2}$ et $L^{d/(d-2)}$, et obtenons

$$\int_{\mathbb{R}^d} \left| \nabla |u|^{q/2} \right|^2 \chi_R^2 \leq \frac{C}{R^2} \left(\int_{B_{2R} \setminus B_R} |u|^{\frac{dq}{d-2}} \right)^{1-\frac{2}{d}} \left(R^d \right)^{\frac{2}{d}} = C \left(\int_{B_{2R} \setminus B_R} |u|^{r^*} \right)^{1-\frac{2}{d}},$$

où la constante C, différente de celle ci-dessus a priori, ne dépend toujours que de d, μ, M, q, χ. Comme $u \in L^{r^*}(\mathbb{R}^d)$, en prenant la limite $R \to +\infty$ dans cette inégalité, nous avons donc $\nabla |u|^{q/2} = 0$, donc u est constante. $\qquad\square$

Ayant procédé à toutes ces extensions et remarques, nous revenons maintenant à la preuve du Lemme 4.4.

Preuve du Lemme 4.4. Comme nous l'avons indiqué ci-dessus, la preuve du Lemme 4.4 que nous présentons s'adapte à des cas non linéaires, ne serait-ce que parce que, originalement, elle a été publiée dans [Iwa83, Theorem 2] précisément pour le cadre non linéaire, et nous en présentons une version *dégradée* sur le cas linéaire.

De plus, nous allons d'abord effectuer la preuve dans le cas $a \equiv 1$, c'est-à-dire pour l'équation

$$- \Delta u = \mathrm{div}\, \mathbf{f}, \tag{4.81}$$

et nous indiquerons en fin de preuve les modifications mineures permettant de conclure sur le cas (4.38). D'ailleurs, c'est une version invariante par translation (c'est-à-dire avec $a \equiv 1$) qui a été considérée dans la preuve originale.

Enfin, signalons que nous ne donnons la preuve ici que dans le cas $r > 2$, car le cas $r = 2$ est déjà contenu dans le Lemme 4.5.

Fixons $x_0 \in \mathbb{R}^d$, un rayon $R > 0$, une boule B_R centré à l'origine telle que $x_0 \in B_{R/2}$, et considérons l'équation

$$\begin{cases} - \Delta w = 0 & \text{dans } B_R, \\ \quad w = u & \text{sur } \partial B_R. \end{cases} \tag{4.82}$$

Notre toute première étape est un argument classique, "hilbertien", avec lequel le lecteur est maintenant bien familier. En intégrant l'équation (4.82) contre $w - u$, nous trouvons $\int_{B_R} \nabla w \cdot \nabla(w - u) = 0$. Le même procédé appliqué à (4.81) donne $\int_{B_R} \nabla u \cdot \nabla(w - u) = - \int_{B_R} \mathbf{f} \cdot \nabla(w - u)$. En soustrayant ces deux égalités, nous obtenons

$$\int_{B_R} |\nabla(w - u)|^2 = \int_{B_R} \mathbf{f} \cdot \nabla(w - u).$$

Une application directe de l'inégalité de Cauchy-Schwarz fournit alors l'estimation

$$\|\nabla(w - u)\|_{L^2(B_R)} \leq \|\mathbf{f}\|_{L^2(B_R)} . \tag{4.83}$$

Comme seconde étape, remarquons l'inégalité élémentaire, du type "Pythagore",

$$\forall A,\, B,\, c \in \mathbb{R},\ \forall \beta > 0, \quad |A^2 - c| \leq |B^2 - c| + \frac{\beta + 1}{\beta}\, (A - B)^2 + \beta\, A^2. \tag{4.84}$$

Utilisons d'abord (4.84) pour $A = |\nabla u(x)|$, $B = |\nabla w(x)|$, $c = |\nabla u(x)|^2 + |\nabla w(x)|^2$, $\beta = 1$, et intégrons l'inégalité obtenue sur la boule $B_{R/2}(x_0)$:

$$\int_{B_{R/2}(x_0)} |\nabla w|^2 \leq \int_{B_{R/2}(x_0)} |\nabla u(x)|^2\, dx + 2 \int_{B_{R/2}(x_0)} \big||\nabla u(x)| - |\nabla w(x)|\big|^2\, dx$$

$$+ \int_{B_{R/2}(x_0)} |\nabla u(x)|^2 \, dx$$

$$\leq 2 \int_{B_R} \left(|\nabla u|^2 + |\mathbf{f}|^2 \right), \tag{4.85}$$

en utilisant pour la seconde intégrale du membre de droite, l'inégalité triangulaire $||\nabla u| - |\nabla w|| \leq |\nabla(u - w)|$ et la borne (4.83) puisque $x_0 \in B_{R/2}$ donc $B_{R/2}(x_0) \subset B_R$.

Utilisons ensuite (4.84) pour $A = |\nabla u(x)|$, $B = |\nabla w(x)|$, $c = |\nabla w(x_0)|^2$, β positif quelconque pour le moment (il sera pris petit un peu plus tard dans la preuve), et intégrons cette fois sur la boule $B_\rho(x_0)$ pour $\rho \leq r/2$ avec $r \leq R$ qui sera fixé plus loin aussi (et donc $B_\rho(x_0) \subset B_R$ *a fortiori*),

$$\int_{B_\rho(x_0)} \left| |\nabla u(x)|^2 - |\nabla w(x_0)|^2 \right| dx \leq \int_{B_\rho(x_0)} \left| |\nabla w(x)|^2 - |\nabla w(x_0)|^2 \right| dx$$

$$+ \frac{\beta+1}{\beta} \int_{B_\rho(x_0)} \left| |\nabla u(x)| - |\nabla w(x)| \right|^2 dx$$

$$+ \beta \int_{B_\rho(x_0)} |\nabla u(x)|^2 \, dx$$

$$\leq \int_{B_\rho(x_0)} \left| |\nabla w(x)|^2 - |\nabla w(x_0)|^2 \right| dx$$

$$+ \frac{\beta+1}{\beta} \int_{B_R} |\mathbf{f}|^2 + \beta \int_{B_\rho(x_0)} |\nabla u|^2, \tag{4.86}$$

avec le même argument que ci-dessus pour la seconde intégrale du membre de droite.

Nous rappelons alors les résultats de régularité elliptique suivants : *si la fonction w est solution de $-\Delta w = 0$ sur un domaine D, alors w vérifie les deux estimations suivantes*

$$\sup_{x \in B_r(x_0)} |\nabla w(x)| \leq C \left(\fint_{B_r(x_0)} |\nabla w|^2 \right)^{1/2}, \tag{4.87}$$

$$\sup_{x \in B_\rho(x_0)} |\nabla w(x) - \nabla w(x_0)| \leq C \left(\frac{\rho}{r} \right)^\alpha \left(\fint_{B_r(x_0)} |\nabla w|^2 \right)^{1/2} \tag{4.88}$$

pour une constante C et un exposant $\alpha > 0$ ne dépendant que de la dimension ambiante, et où les rayons $\rho > 0$ et $r > 0$ sont tels que $\rho \leq r/2$ et $B_r(x_0) \subset D$. L'estimation (4.87) est en fait le Corollaire A.15 appliqué aux dérivées premières de

w, qui sont harmoniques. La deuxième estimation (4.88) peut être vue comme une conséquence de résultats de régularité de Nash-Moser (voir le Théorème A.19), là aussi appliqués à ∇w.

Pour $x \in B_\rho(x_0)$, $\rho \leq r/2$ et $D = B_R$, nous écrivons ensuite, grâce aux deux résultats de régularité (4.87)–(4.88),

$$\left| |\nabla w(x)|^2 - |\nabla w(x_0)|^2 \right| \leq |\nabla w(x) - \nabla w(x_0)| \, (|\nabla w(x)| + |\nabla w(x_0)|)$$

$$\leq C \left(\frac{\rho}{r} \right)^\alpha \fint_{B_r} |\nabla w|^2. \tag{4.89}$$

En choisissant $r = R/2$ et en majorant le membre de droite avec l'inégalité (4.85), nous obtenons

$$\left| |\nabla w(x)|^2 - |\nabla w(x_0)|^2 \right| \leq C \left(\frac{\rho}{R} \right)^\alpha \fint_{B_R} \left(|\nabla u|^2 + |\mathbf{f}|^2 \right). \tag{4.90}$$

Cette estimée à son tour injectée au membre de droite de (4.86), entraîne

$$\fint_{B_\rho(x_0)} \left| |\nabla u(x)|^2 - |\nabla w(x_0)|^2 \right| dx \leq C \left(\frac{\rho}{R} \right)^\alpha \rho^d \fint_{B_R} \left(|\nabla u|^2 + |\mathbf{f}|^2 \right)$$

$$+ \frac{\beta + 1}{\beta} \int_{B_R} |\mathbf{f}|^2 + \beta \int_{B_\rho(x_0)} |\nabla u|^2,$$

qui se récrit

$$\fint_{B_\rho(x_0)} \left| |\nabla u(x)|^2 - |\nabla w(x_0)|^2 \right| dx \leq C \left(\frac{\rho}{R} \right)^\alpha \fint_{B_R} |\nabla u|^2 + \beta \fint_{B_\rho(x_0)} |\nabla u|^2$$

$$+ \left(\frac{\beta + 1}{\beta} \left(\frac{\rho}{R} \right)^{-d} + C \left(\frac{\rho}{R} \right)^\alpha \right) \fint_{B_R} |\mathbf{f}|^2. \tag{4.91}$$

A ce stade, nous choisissons déjà $\beta \leq 1$ de sorte que $\beta + 1 \leq 2$ pour le second terme, et nous prenons $R = \rho \, \beta^{-1/\alpha}$, et choisissons β assez petit pour que ceci soit compatible avec le fait que $\rho \leq r/2 \leq R/4$ supposé pour établir (4.90). L'estimée (4.91) se récrit alors

$$\fint_{B_\rho(x_0)} \left| |\nabla u(x)|^2 - |\nabla w(x_0)|^2 \right| dx \leq \beta \fint_{B_R} |\nabla u|^2 + \beta \fint_{B_\rho(x_0)} |\nabla u|^2$$

$$+ \frac{1}{\beta^{1+d/\alpha}} \fint_{B_R} |\mathbf{f}|^2, \tag{4.92}$$

à des constantes multiplicatives près sans importance et ne dépendant pas de ρ, x_0, β. Une petite astuce permet d'aller plus loin. En effet, il est élémentaire de prouver, avec l'inégalité triangulaire, que, pour tout domaine $B \subset \mathbb{R}^d$, toute fonction g intégrable et toute constante $c \in \mathbb{R}$,

$$\fint_B \left| g(x) - \fint_B g(y)\, dy \right| dx \leq 2 \fint_B |g(x) - c|\, dx. \tag{4.93}$$

En appliquant ceci à $g = |\nabla u|^2$, $c = |\nabla w(x_0)|^2$ et $B = B_\rho(x_0)$, nous déduisons de (4.92) que

$$\fint_{B_\rho(x_0)} \left| |\nabla u(x)|^2 - \fint_{B_\rho(x_0)} |\nabla u|^2 \right| dx \leq \beta \fint_{B_R} |\nabla u|^2 + \beta \fint_{B_\rho(x_0)} |\nabla u|^2$$

$$+ \frac{1}{\beta^{1+d/\alpha}} \fint_{B_R} |\mathbf{f}|^2, \tag{4.94}$$

toujours à constantes multiplicatives près. C'est à ce moment que, comme annoncé, nous allons faire appel à quelques notions d'analyse harmonique. Pour $f \in L^1_{loc}(\mathbb{R}^d)$, nous introduisons les deux fonctions définies pour $x \in \mathbb{R}^d$ par

$$M[f](x) = \sup_{r>0} \fint_{B_r(x)} |f|(y)\, dy, \tag{4.95}$$

$$f^\sharp(x) = \sup_{r>0} \fint_{B_r(x)} \left| f(y) - \fint_{B_r(x)} f(z)\, dz \right| dy, \tag{4.96}$$

respectivement appelées la *fonction maximale de Hardy-Littlewood* et l'*opérateur maximal de Fefferman et Stein* (ou très souvent *sharp maximal function* comme en anglais). Le lecteur pourra consulter [Ste93, Chapter I] et [Ste93, Chapter IV] pour ces deux notions.

Le membre de droite de (4.94) est d'abord majoré en utilisant $M\left[|\nabla u|^2\right]$ et $M\left[|\mathbf{f}|^2\right]$ définis par (4.95) :

$$\fint_{B_\rho(x_0)} \left| |\nabla u(x)|^2 - \fint_{B_\rho(x_0)} |\nabla u|^2 \right| dx \leq 2\beta\, M\left[|\nabla u|^2\right](x_0) + \frac{1}{\beta^{1+d/\alpha}} M\left[|\mathbf{f}|^2\right](x_0),$$

et ceci étant vrai pour toute boule $B_\rho(x_0)$, nous pouvons maintenant passer au supremum dans le membre de gauche, en utilisant cette fois (4.96), :

$$\left(|\nabla u|^2\right)^\sharp(x_0) \leq 2\beta\, M\left[|\nabla u|^2\right](x_0) + \frac{1}{\beta^{1+d/\alpha}} M\left[|\mathbf{f}|^2\right](x_0). \tag{4.97}$$

Cette inégalité (4.97) va nous permettre de conclure rapidement. Mais arrêtons-nous un instant sur sa signification. Appliquons notre réflexe brutal et "oublions" les $M[.]$ et $.^{\sharp}$. Elle se récrit alors formellement

$$|\nabla u|^2 (x_0) \leq 2\beta \, |\nabla u|^2 (x_0) + \frac{1}{\beta^{1+d/\alpha}} \, |\mathbf{f}|^2 (x_0).$$

ce qui entraîne, en prenant β assez petit,

$$|\nabla u|^2 (x_0) \leq C \, |\mathbf{f}|^2 (x_0). \tag{4.98}$$

Cette inégalité (4.98), vraie pour tout x_0, serait une estimation point par point, immensément puissante qui, en particulier, nous permettrait de montrer l'appartenance de ∇u à tout $L^q(\mathbb{R}^d)$, $1 \leq q \leq +\infty$, auquel $\mathbf{f}$ appartiendrait, et bien évidemment en particulier l'estimation (4.39) voulue. Evidemment, la manipulation que nous venons de faire en oubliant les $M[.]$ et $.^{\sharp}$ est illicite, mais nous allons pouvoir *quand même* nous en tirer, obtenant un résultat moins puissant (pas l'estimation ponctuelle (4.98)...) à savoir le résultat voulu.

Pour cela, nous rappelons les deux estimées d'analyse harmonique suivantes, reliant la norme d'une fonction g et les normes des fonctions $M[g]$ et $g^{\sharp}$. D'une part,

$$\|g\|_{L^q(\mathbb{R}^d)} \leq \|M[g]\|_{L^q(\mathbb{R}^d)} \leq C_q^S \, \|g\|_{L^q(\mathbb{R}^d)}, \tag{4.99}$$

estimée dite *inégalité de Stein*, valable pour tout $1 < q < +\infty$ avec une constante C_q^S explicite, ne dépendant que de l'exposant q et de la dimension ambiante d. D'autre part,

$$\|M[g]\|_{L^q(\mathbb{R}^d)} \leq C_q^{FS} \, \|g^{\sharp}\|_{L^q(\mathbb{R}^d)}, \tag{4.100}$$

estimée dite *inégalité de Fefferman-Stein*, valable pour tout $1 \leq q < +\infty$ et aussi avec une constante C_q^{FS} explicite, ne dépendant que de l'exposant q et de la dimension ambiante d. Ces inégalités sont citées et prouvées dans [Ste93, Chapter I, Theorem 1, p 13] et [Ste93, Chapter IV, Theorem 2, p 148].

Munis de ces deux inégalités, appliquées à $q = \dfrac{r}{2}$, revenons à (4.97). Nous prenons d'abord la norme $L^{r/2}(\mathbb{R}^d)$ des deux membres et trouvons

$$\left\| \left(|\nabla u|^2\right)^{\sharp} \right\|_{L^{r/2}(\mathbb{R}^d)} \leq 2\beta \left\| M\left[|\nabla u|^2\right] \right\|_{L^{r/2}(\mathbb{R}^d)} + \frac{1}{\beta^{1+d/\alpha}} \left\| M\left[|\mathbf{f}|^2\right] \right\|_{L^{r/2}(\mathbb{R}^d)},$$

où nous utilisons l'inégalité de Fefferman-Stein (4.100) pour minorer le membre de gauche

$$\left\| M\left[|\nabla u|^2\right] \right\|_{L^{r/2}(\mathbb{R}^d)} \leq 2 C_{r/2}^{FS} \beta \left\| M\left[|\nabla u|^2\right] \right\|_{L^{r/2}(\mathbb{R}^d)} + \frac{1}{\beta^{1+d/\alpha}} C_{r/2}^{FS} \left\| M\left[|\mathbf{f}|^2\right] \right\|_{L^{r/2}(\mathbb{R}^d)},$$

et choisissons alors β assez petit, à savoir tel que $2\,C_{r/2}^{FS}\,\beta < 1$, pour obtenir,

$$\left\| M\left[|\nabla u|^2\right]\right\|_{L^{r/2}(\mathbb{R}^d)} \leq C \left\| M\left[|\mathbf{f}|^2\right]\right\|_{L^{r/2}(\mathbb{R}^d)},$$

pour une constante C inintéressante, mais que nous savons indépendante de $\mathbf{f}$. Il nous reste alors à utiliser l'inégalité de Stein (4.99) qui nous dit l'équivalence des normes $\|.\|_{L^{r/2}(\mathbb{R}^d)}$ et $\|M[.]\|_{L^{r/2}(\mathbb{R}^d)}$, pour conclure que l'estimation (4.39) est bien vraie. Nous avons donc bien su, comme annoncé, contourner l'illégalité de l'inégalité (4.98), et arriver à la même conclusion, sans pour autant savoir prouver cette inégalité point par point (et pour cause : sauf en dimension 1, elle est en toute généralité fausse).

Nous indiquons maintenant, comme annoncé aussi, les quelques modifications mineures à faire dans nos arguments ci-dessus pour qu'ils s'appliquent au cas de l'équation (4.38) avec un coefficient a "général", vérifiant les conditions de l'énoncé du Lemme 4.4. L'équation (4.81) redevenant l'équation (4.38), l'équation (4.82) est bien sûr modifiée en $-\mathrm{div}\,(a\,\nabla w) = 0$, mais l'intégration par parties peut se mener à l'identique, et la coercivité du coefficient a suffit à conclure que l'estimation (4.83) tient encore. La suite de la preuve ne fait qu'intégrer des estimations ponctuelles issues de l'inégalité purement algébrique (4.84) et n'a pas à être modifiée. Ce n'est que lorsque nous utilisons les résultats de régularité (4.87)–(4.88) que nous devons remarquer que ces résultats tiennent encore, pourvu que le coefficient a soit de classe $C^{0,\alpha}$, grâce aux résultats de régularité elliptique (Théorème A.20). La fin de la preuve, utilisant les fonctions maximale et sharp, se déroule alors sans autre modification. Ceci conclut la preuve du Lemme 4.4.   □

4.2 D'autres cas explicites déterministes

Dans les cas explicites que nous considérons dans cette section, l'enjeu n'est bien sûr pas de démontrer qu'il existe une limite homogénéisée, puisque, comme les coefficients que nous considérons sont tous bornés et coercifs, une telle existence découle du cadre abstrait et de la Proposition 3.1.

L'enjeu est d'*identifier explicitement* la matrice homogénéisée a^*. Ceci se fait en démontrant l'existence d'un correcteur. C'est à cette tâche que nous allons nous atteler. Dès cette existence démontrée, il est alors classique d'exprimer la matrice a^* en fonction de (moyennes de) ce correcteur. Par *"moyenne"*, nous entendons moyenne en un certain sens approprié, c'est-à-dire moyenne périodique dans le cadre périodique, espérance dans le cadre aléatoire, etc. L'argument clé pour cette étape est celui de la Section 3.4.2, reposant sur le Lemme du div-curl, c'est-à-dire le Lemme 3.16. Nous ne le reproduisons pas spécifiquement dans cette Section 4.2, et ce d'autant moins que nous le reverrons effectivement, dans un cadre à peine plus compliqué, à savoir le cadre stationnaire, à la Section 4.3.3.

L'enjeu pourrait être aussi de préciser la convergence de la solution oscillante u^ε vers la solution homogénéisée u^* en utilisant ce correcteur et une approximation $u^{\varepsilon,1}$ par troncature du développement à deux échelles, et aussi de préciser les différents taux de convergence de cette approximation en fonction des topologies choisies. Nous n'aborderons pas cette question, trop difficile pour les cadres traités ici.

En définitive, nous nous concentrons donc sur l'existence du correcteur, et laissons toutes ses conséquences de côté.

4.2.1 Les défauts non locaux

Revenons maintenant, dans la situation de la dimension $d \geq 2$, sur le cas de défauts qui ne sont pas localisés, ne disparaissent à l'infini en aucune norme L^q, $1 \leq q \leq +\infty$, mais qui "deviennent rares" à l'infini. Cette situation a été étudiée en dimension un à la Section 1.4.3. Ici, nous nous contentons de citer le résultat central correspondant et renvoyons le lecteur intéressé à [Gou22] pour les détails.

La situation considérée est la suivante : le coefficient a est ici encore de la forme (4.1), c'est-à-dire

$$a = a_{per} + \widetilde{a}, \tag{4.101}$$

mais plutôt que d'imposer que $\widetilde{a} \in L^q(\mathbb{R}^d)$, nous supposerons ici que $\widetilde{a}$ est de la forme

$$\widetilde{a}(x) = \sum_{z \in \mathcal{G}} \varphi(x - z), \tag{4.102}$$

où l'ensemble $\mathcal{G}$ est un sous-ensemble discret de $\mathbb{R}^d$, dont nous supposons que les éléments sont exponentiellement éloignés les uns des autres à mesure que l'on s'éloigne de l'origine. Un exemple est représenté à la Figure 4.2, avec les cellules de Voronoï associées. Ici, la fonction φ sera supposée de classe C^∞ à support compact. Mais il est bien sûr possible de généraliser sans peine : la forme (4.102) est une forme "prototype", et il convient de prendre l'adhérence (pour la norme L^2_{unif} par exemple, ou toute autre norme uniforme adaptée) de l'algèbre engendrée par de telles fonctions pour obtenir un espace de Banach dans lequel travailler. Un tel espace est noté $\mathcal{B}$. Nous ne préciserons pas exactement comment il est défini. Les résultats de l'article [Gou22] montrent que, si $\widetilde{a} \in \mathcal{B}$, et sous les hypothèses habituelles de coercivité, borne et régularité Hölderienne du coefficient, il existe un correcteur w_p de la forme

$$w_p = w_{p,per} + \widetilde{w}_p,$$

où $w_{p,per}$ est le correcteur périodique (correspondant au cas $\widetilde{a} = 0$) et $\nabla \widetilde{w}_p \in \mathcal{B}$. Par ailleurs, w_p est unique (à l'ajout d'une constante près) dans cette classe. De

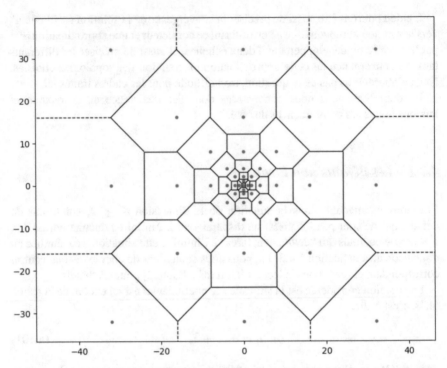

Fig. 4.2 (extraite de [Gou22, Figure 2]) Un exemple d'ensemble de points "rares à l'inifini". Copyright ©2022 American Institute of Mathematical Sciences. Reproduit avec autorisation, droits réservés.

plus, il est possible d'utiliser ce correcteur pour obtenir des résultats de taux de convergence similaires au cas des défauts localisés.

Comme dans le cas de la dimension 1 traité à la Section 1.4.3, le point clé ici est le comportement du coefficient à l'infini. En effet, pour une suite $a(x + x_n)$, où $(x_n)_{n \in \mathbb{N}}$ est une suite tendant vers l'infini, deux situations peuvent se produire :

1. la distance entre x_n et l'ensemble $\mathcal{G}$ tend vers l'infini, et dans ce cas $a(x + x_n)$ converge vers $a_{per}(x)$ quand $n \to +\infty$;
2. à extraction près, la suite x_n reste proche de $\mathcal{G}$, et dans ce cas $a(x + x_n)$ converge vers $a_{per}(x) + \varphi(x)$ à translation près.

Dans le premier cas, nous nous ramenons au cas périodique, que nous savons traiter. Dans le deuxième cas, nous retrouvons le cas du défaut localisé, étudié dans les sections précédentes.

Il est donc naturel de penser que nous savons conclure pour le cas de défauts de la forme (4.101)–(4.102) et leurs variantes. En un certain sens, l'analyse formelle effectuée ci-dessus en établissant le "catalogue" des comportements possibles de la suite $a(x + x_n)$ pour $|x_n| \longrightarrow +\infty$ rappelle les arguments de la preuve de la Proposition 4.2 et les commentaires qui les ont suivis sur la méthode de concentration-compacité en fin de Section 4.1.2. Il s'agit ici aussi de considérer le *problème à l'infini*, ou plus précisément *les* problèmes à l'infini *possibles*, tout-à-fait dans la droite ligne de cette méthode. Une fois ceux-ci compris séparément, leur résolution forme la colonne vertébrale de la preuve complète.

4.2.2 *Quasi-périodicité et presque périodicité*

Nous souhaitons aborder dans cette section la question de l'homogénéisation quasi-périodique en tant que telle (et dans une moindre mesure, celle de l'homogénéisation presque périodique). Expliquons tout de suite ce que nous entendons par "en tant que telle".

Le lecteur sait depuis le Chapitre 1, que, tout comme le cadre périodique, le cadre quasi-périodique peut être interprété comme un cas particulier du cadre stationnaire ergodique, pour un bon choix d'espace de probabilité (en considérant comme espace de probabilité abstrait une structure périodique dans une dimension augmentée et comme mesure de probabilité sur cet espace la mesure de Lebesgue renormalisée, voir la Section 1.6.3). De plus, le cadre quasi-périodique est aussi un cas particulier du cadre presque périodique, lequel cadre peut à son tour être reconnu comme un cadre particulier du cadre stationnaire ergodique, de nouveau pour un bon choix d'espace de probabilité (en considérant comme espace de probabilité abstrait le compactifié de Bohr $\mathbb{G}$, et comme mesure de probabilité sur cet espace la mesure de Haar, voir également la Section 1.6.3).

On pourrait donc se dire que traiter le cadre stationnaire ergodique suffit, et règle l'ensemble des questions pour les cadres quasi-périodique et presque périodique.

C'est à ce moment de la discussion qu'une subtilité intervient. Qu'entend-on par "la question de l'homogénéisation" ? Cette question a plusieurs volets. Démontrer l'existence d'une limite homogénéisée, identifier l'équation limite, calculer ses coefficients, établir une approximation du type développement à deux échelles, estimer les distances, en fonction du petit paramètre ε, entre solution oscillante originale et solution homogénéisée dans diverses normes : toutes ces questions sont plusieurs déclinaisons de la même question, qui ne demandent pas les mêmes ingrédients. Ainsi, pour les trois premières questions de cette liste, l'existence d'une fonction solution du problème du correcteur n'est pas requise. Notons d'ailleurs que la Proposition 3.1 n'en a pas besoin pour démontrer l'existence d'une limite homogénéisée. Pour avoir un peu mieux, affiner l'approximation de la solution et identifier abstraitement le coefficient homogénéisé, il est connu du lecteur, depuis les Propositions 3.11 et 3.13, que des "presque" solutions du problème du correcteur (en un sens précisé par (3.56)–(3.57)) sont suffisantes pour aboutir. Pour avoir encore mieux il est possible d'établir (comme c'est le cas pour le cadre stochastique) l'existence d'une vraie solution du problème du correcteur, mais l'établir *presque sûrement* suffira tout à fait pour résoudre beaucoup des questions posées, comme nous le verrons à la Section 4.3. Il découle de cette discussion que se poser la question de l'existence d'une solution au problème du correcteur (et chercher à connaître ses propriétés) est une question plus exigeante que de simplement réaliser l'homogénéisation, et fournit des renseignements autrement plus intimes sur les phénomènes mathématiques en jeu.

Certes. Mais nous pourrions alors nous dire que, si nous établissons l'existence (et l'unicité en un sens approprié) d'un correcteur adéquat dans le cadre stationnaire ergodique —ce que nous ferons dans la Section 4.3.1 à la Proposition 4.8 —, alors, il en découlera naturellement les mêmes propriétés pour les cadres périodique, quasi-périodique, presque périodique. En fait, ce n'est pas du tout aussi simple. Nous verrons en Section 4.3.2 que, si le correcteur périodique peut être retrouvé à partir du cadre stationnaire, les choses sont beaucoup plus subtiles dans les cadres quasi-périodique et presque périodique : dans ces deux cadres, le passage par le formalisme stochastique, s'il permet de retrouver la propriété d'homogénéisation, ne permet pas en revanche d'établir l'existence d'un "vrai" correcteur.

Faisons aussi, pour ce qui concerne spécifiquement le cadre quasi-périodique, la remarque suivante. Un coefficient quasi-périodique est *en particulier* presque périodique, et nous pouvons donc le traiter comme tel, déplaçant la question de l'existence d'un correcteur dans le cadre quasi-périodique vers celle de l'existence d'un correcteur dans le cadre presque périodique. Dans le meilleur des cas, même si nous résolvons cette dernière question, le correcteur obtenu serait presque périodique lui-même ou, *a minima* à gradient presque périodique, ce qui de toute façon ne nous dirait pas si ce correcteur est (à gradient) quasi-périodique, ni en particulier de quelles quasi-périodes.

Le cadre monodimensionnel suggère pourtant, au moins, puisque dans ce cadre $1 + w'$ est un multiple de a^{-1}, que, intuitivement, il devrait exister, sous de bonnes hypothèses, un correcteur à gradient quasi-périodique pour un coefficient quasi-périodique, et que les quasi-périodes devraient être les mêmes. Il suggère de même, dans le cadre presque périodique, qu'un correcteur au moins à gradient presque périodique devrait exister. Qu'en est-il ? Nous ne savons pas répondre à la seconde question. Nous ne connaissons pas de preuve directe (nous entendons par là, purement déterministe) de l'existence d'un correcteur presque périodique *en toute généralité*. Il existe des hypothèses supplémentaires qui permettent de conclure à l'existence d'un tel correcteur (qui est même borné), sous réserve de preuves difficiles qui n'ont pas leur place dans cet ouvrage d'introduction (et qui souvent, d'ailleurs, reproduisent en fait certaines étapes de preuves du cadre stochastique). Le lecteur intéressé pourra consulter sur ce sujet l'article [AGK16]. Nous donnerons quelques détails sur cette question à la Section 4.2.2.2. Et, comme nous l'avons brièvement mentionné plus haut et reviendrons dessus à la Section 4.3.2, le cadre stationnaire n'aide pas.

Nous allons en revanche ici étudier la première question : pouvons-nous résoudre le problème du correcteur à coefficient quasi-périodique et quelles propriétés a sa solution ? Etant entendu que, une fois le problème du correcteur résolu, la théorie de l'homogénéisation s'ensuit, avec toutes ses propriétés précisées (correction, taux de convergence, etc...), par une analyse proche de celle du cas périodique. C'est d'ailleurs un bon exercice laissé au lecteur que de faire le bilan sur ce qui survit tel quel du cas périodique, ce qui est modifié, ce qui devient faux.

Il convient aussi de rajouter deux commentaires à la discussion ci-dessus.

Le premier commentaire est sans doute un peu provocateur. Il n'est pas clair (pour nous au moins) que le cadre quasi-périodique (et le cadre presque périodique avec lui...) ait un quelconque intérêt *pratique*. Certes, il existe bien *certaines* situations où l'on rencontre une géométrie quasi-périodique, comme le long de l'interface entre deux cristaux périodiques de périodes incommensurables (penser à une maille cubique de côté unité à gauche de l'interface et une maille cubique de côté $\sqrt{2}$ à droite, qui se rejoignent de manière parallèle aux côtés), ou entre deux structures périodiques identiques, de maille cubique de côté unité, mais qui se rejoignent selon un angle incliné de tangente irrationnelle. En science des matériaux, une telle interface s'appelle, en bon français, une *twin boundary*. Un autre exemple, aussi hérité de la science des matériaux, est celui des *quasicristaux*, structures cristallines non périodiques découvertes dans les années 1980, qui peuvent se modéliser par des fonctions quasi-périodiques (ou plus généralement presque périodiques, voir [Sen95]). Pour autant, ces situations sont finalement assez rares dans l'ensemble des sciences de l'ingénieur, et donc l'intérêt pratique du cadre quasi-périodique, et avec lui du cadre presque périodique, n'est pas évident.

En revanche, et c'est notre second commentaire, jusqu'à ce que soient considérées en homogénéisation les géométries périodiques perturbées par des défauts, le cadre quasi-périodique (et, de même le cadre presque périodique) était en fait le cadre de choix pour montrer, en homogénéisation, une variation (une généralisation aussi) du cadre périodique où beaucoup des propriétés du cadre périodique survivaient mais pas nécessairement *toutes*. Et ceci sans pour autant plonger dans les tourments du cadre aléatoire, significativement plus complexe, longtemps plus mal connu, et qui, sur certaines questions précises, ne renseigne en rien sur le cadre déterministe. C'est à ce titre "académique" que nous considérons encore le cadre quasi-périodique. Finalement, il s'est longtemps agi d'un bon cas pour s'entraîner au non périodique déterministe. Ceci est une justification suffisante pour s'y intéresser.

4.2.2.1 Quasi-périodicité

Pour fixer les idées et pour simplifier (mais ce n'est en rien restrictif des arguments que nous allons utiliser, ni du résultat que nous allons établir), nous choisissons de raisonner sur le cas d'un coefficient $a(x, y)$ (à valeurs scalaires) qui est quasi-périodique en dimension 2, et qui est la trace d'une fonction périodique de dimension 4 au sens suivant,

$$a(x, y) = A_{per}(x, x, y, y), \tag{4.103}$$

où $A_{per} = A_{per}(x_1, x_2, x_3, x_4)$ est une fonction régulière, définie sur l'espace $\mathbb{R}^4$, périodique de période S par rapport aux variables x_1 et x_3 et de période T par rapport aux variables x_2 et x_4, avec bien sûr $T/S \notin \mathbb{Q}$, sinon le coefficient $a(x, y)$ est lui-même périodique et le cas n'a que peu d'intérêt. Comme nous le verrons plus loin, nous utiliserons la convention que les grandeurs associées à l'espace "augmenté" $\mathbb{R}^4$ sont notées en majuscules, alors que les grandeurs associées à l'espace de départ $\mathbb{R}^2$ sont notées en minuscules. D'où la notation A_{per}, qui ne présume pas que cette fonction soit à valeurs matricielles ou à valeurs scalaires. Insistons sur le fait que ce cas d'une fonction périodique définie sur $\mathbb{R}^4$ tracée "deux arguments" par "deux arguments" en une fonction quasi-périodique de $\mathbb{R}^2$ est un cas très particulier, vu la généralité possible pour les fonctions quasi-périodiques (lesquelles sont définies, dans l'esprit de (1.45), en prenant des traces partielles de "paquets" de variables de dimension supérieure). Mais cet exemple capture le phénomène principal et va nous permettre d'illustrer une méthode générale.

Bien entendu, nous supposons que A_{per} a les propriétés habituelles de coercivité et de borne supérieure (3.1). Nous pourrions nous attendre à être capable de mener à bien nos investigations pour A_{per} de classe $C^{0,\alpha}$, mais il se trouve que nos arguments vont nous conduire à exiger une régularité plus élevée, à savoir C^k pour k assez grand (le degré de différentiabilité nécessaire sera quantifié en fonction de la dimension ambiante, ici $d = 4$, au cours de la preuve).

Notre objectif dans cette section est de prouver le résultat suivant :

Proposition 4.7 (Existence du correcteur, cadre quasi-périodique) *Nous considérons, en dimension $d = 2$, l'équation du correcteur*

$$\begin{cases} -\operatorname{div}\left(a\left(p + \nabla w_p\right)\right) = 0 \text{ dans } \mathbb{R}^d, \\[2mm] \lim_{|x| \to +\infty} \dfrac{w_p(x)}{1 + |x|} = 0, \end{cases} \tag{4.104}$$

pour un coefficient a quasi-périodique, à valeurs scalaires, coercif et borné au sens de (3.1) et de la forme (4.103) avec un coefficient A_{per} de classe $C^k\left(\mathbb{R}^4\right)$ pour k assez grand (nous verrons au cours de la preuve que $k \geq 3$ est la bonne condition).

Alors, l'équation ((4.104)-1) admet une solution w_p, régulière et strictement sous-linéaire à l'infini, au sens de ((4.104)-2). Son gradient est quasi-périodique, de la même forme que (4.103), c'est-à-dire trace d'un gradient périodique de dimension 4, de même maille périodique que le coefficient A_{per} dont la trace est a. Ce gradient est borné, de moyenne nulle et à dérivées bornées. Cette solution w_p, appelée le correcteur *(associé au vecteur p), est unique à constante additive près.*

Si de plus nous supposons que le rapport irrationnel des périodes S et T intervenant dans la quasi-périodicité de a n'est pas un nombre de Liouville, au sens de la Définition 1.9, (et, si nécessaire, en supposant plus de régularité sur le coefficient A_{per}) alors le correcteur w_p est lui-même quasi-périodique, borné, et de la forme (4.103).

Comme le coefficient a est de la forme (4.103), la tentation immédiate pour prouver la Proposition 4.7, est d'écrire l'équation ((4.104)-1) sous la forme d'une équation posée en dimension $2d = 4$, laquelle aura pour coefficient le coefficient périodique A_{per} et est donc susceptible d'être soluble par les mêmes techniques que celle employées dans la preuve de l'existence d'un correcteur pour le cadre périodique, faite au début de la Section 3.4 au Chapitre 3. Examinons cette piste, car il est d'ores et déjà clair que c'est "quelque chose comme cela" qu'il faudra faire....

Le contexte nous oblige à introduire quelques notations.

Nous notons avec des lettres minuscules, comme $w_p(x, y)$, les fonctions définies sur $\mathbb{R}^2$, et avec des lettres majuscules, comme $W_p(x_1, x_2, x_3, x_4)$ les fonctions définies sur $\mathbb{R}^4$. De même, le vecteur $p = (p_x, p_y) \in \mathbb{R}^2$ fixé pour la définition de l'équation ((4.104)-1), se relève en un vecteur $P = (p_x, p_x, p_y, p_y) \in \mathbb{R}^4$.

Par ailleurs, nous gardons ∇ et div pour les opérateurs gradient et divergence en dimension $d = 2$, et adoptons la notation D et DIV pour les opérateurs gradient et divergence en dimension $2d = 4$. Nous notons aussi $\overline{D}$ l'opérateur $\overline{D} = (\partial_{\frac{x_1+x_2}{2}}, \partial_{\frac{x_3+x_4}{2}})$ agissant sur des fonctions $W(x_1, x_2, x_3, x_4)$ définies sur $\mathbb{R}^4$. Nous utilisons ici le système de coordonnées indépendantes $\left(\frac{x_1+x_2}{2}, \frac{x_1-x_2}{2}\right)$, de sorte que, dans le langage des coordonnées d'origine (x_1, x_2), nous avons en fait $\partial_{\frac{x_1+x_2}{2}} = \partial_{x_1} + \partial_{x_2}$ et $\partial_{\frac{x_1-x_2}{2}} = \partial_{x_1} - \partial_{x_2}$. L'opérateur adjoint de $\overline{D}$ est noté $-\overline{\text{DIV}}$.

Preuve de la Proposition 4.7. Si nous lisons l'équation ((4.104)-1) comme la trace en $(x_1, x_2, x_3, x_4) = (x, x, y, y)$ d'une équation posée sur l'espace $\mathbb{R}^4$, et que nous introduisons la fonction inconnue (dont nous espérons secrètement qu'elle soit périodique) $W_{p,per}$ sur $\mathbb{R}^4$ telle que nous puissions espérer que $w_p(x, y) = W_{p,per}(x, x, y, y)$, alors l'équation ((4.104)-1) se relève en l'équation

$$- \overline{\text{DIV}}\left(A_{per}\left(p + \overline{D}W_{p,per}\right)\right) = 0. \qquad (4.105)$$

Cette équation *évoque* l'équation du correcteur périodique W_P en dimension 4, mais ce n'est pas elle. La *vraie* équation du correcteur ferait figurer les opérateurs D et DIV et pas les opérateurs $\overline{D}$ et $\overline{\text{DIV}}$. Mais après tout ce n'est peut-être pas si grave et nous pourrions avoir envie de nous attaquer à cette équation (4.105) telle quelle. La difficulté est la suivante. Bien que nous soyons partis de l'équation qui est elliptique en tant qu'équation sur $\mathbb{R}^2$, l'équation (4.105) n'est pas elliptique sur $\mathbb{R}^4$, précisément parce qu'il "manque des composantes". Il suffit de penser au cas $a = 1$ et à l'équation de Laplace $-(\partial_{xx} + \partial_{yy})w_p = 0$ vue comme équation sur $\mathbb{R}^4$. Nous tombons donc devant un obstacle.

Pourtant, il s'agit bien du bon angle d'attaque ! L'idée de relever l'équation quasi-périodique en une équation à coefficients périodiques de dimension "augmentée" est celle qui va nous permettre de faire la preuve. La technique est due originellement à Sergei Kozlov (un des contributeurs majeurs de la théorie de l'homogénéisation et un des auteurs de l'ouvrage de référence [ZKO94]) qui l'a explicitement utilisée dans un but un peu différent dans [Koz79] (voir également la Section 4.2.2.2), mais les idées maîtresses lui sont dues. L'argument que nous développons ici a été présenté en détail, et en toute généralité, dans [BLL15], Sections 5.3 & 5.4]. Cette technique est parfois appelée le "doublement de dimension".

Pour nous en sortir, il nous suffit de restaurer l'ellipticité de l'équation (4.105), en la perturbant par un terme, petit, que nous ferons disparaître asymptotiquement, et qui rend l'équation elliptique. Plus précisément, nous considérons sur $\mathbb{R}^4$ l'équation

$$- \overline{\mathrm{DIV}} \left(A_{per} \left(p + \overline{D} W_{p,per,\eta} \right) \right) - \eta \, \mathrm{DIV} \, D \, W_{p,per,\eta} + \eta \, W_{p,per,\eta} = 0.$$

(4.106)

où $-\mathrm{DIV} \, D$ est bien sûr le *vrai* laplacien de dimension 4. Il est sans doute plus parlant de récrire cette équation sous la forme

$$- \overline{\mathrm{DIV}} \left(A_{per} \, \overline{D} W_{p,per,\eta} \right) - \eta \, \Delta \, W_{p,per,\eta} + \eta \, W_{p,per,\eta} = \overline{\mathrm{DIV}} \left(A_{per} \, p \right),$$

(4.107)

où l'opérateur $-\Delta$ est bien l'opérateur Laplacien *de dimension 4*, et l'opérateur $-\overline{\mathrm{DIV}} \left(A_{per} \, \overline{D} \cdot \right)$ est positif, car A_{per} est coercive. Nous reconnaissons ainsi une classique équation elliptique à coefficients périodiques et à second membre périodique donné. La théorie des problèmes périodiques elliptiques, telle que déjà mise en œuvre à la Section 3.4 du Chapitre 3 nous permet d'affirmer l'existence d'une solution périodique $W_{p,per,\eta} \in H^1_{per}(Y)$, unique, solution de la formulation variationnelle associée. Ici, $Y = \left] -\dfrac{1}{2}, \dfrac{1}{2} \right[^4$ est le cube unité de $\mathbb{R}^4$. Cette fonction $W_{p,per,\eta}$ est donc (au moins) solution de l'équation (4.107) au sens des distributions, et vérifie l'estimation

$$\int_Y A_{per} \left| \overline{D} \, W_{p,per,\eta} \right|^2 + \eta \int_Y \left| D \, W_{p,per,\eta} \right|^2 + \eta \int_Y \left| W_{p,per,\eta} \right|^2 \leq C,$$

(4.108)

où C est une constante indépendante de $\eta > 0$. Nous laissons le lecteur établir, à partir de (4.107), cette estimation standard, par multiplication, intégration par parties et application de l'inégalité de Cauchy-Schwarz.

A partir de l'estimée (4.108) uniforme en η, nous pouvons affirmer que, quitte à extraire, la suite $\overline{D} \, W_{p,per,\eta}$ converge faiblement dans $L^2(Y)$, vers une fonction de cet espace qui est aussi de la forme $\overline{D} \, W_p$ pour une certaine fonction W_p (et ce parce que le caractère d'être un gradient, même partiel, passe à la limite faible), et qui est aussi périodique, et de moyenne nulle (de nouveau parce que ces propriétés passent à la limite). Nous savons aussi que $\sqrt{\eta} \, D \, W_{p,per,\eta}$ et $\sqrt{\eta} \, W_{p,per,\eta}$ sont bornées dans $L^2(Y)$, donc $\eta \, D \, W_{p,per,\eta}$ et $\eta \, W_{p,per,\eta}$ tendent fortement vers zéro dans $L^2(Y)$. Ces informations nous permettent de passer à la limite dans (4.106), ou plus précisément dans la formulation variationnelle de (4.107), et d'obtenir une solution W_p, au moins au sens des distributions, de (4.105). Certes, mais pour obtenir ((4.104)-1) à partir de (4.105), nous devons en prendre la trace, et pour cela avoir une information de régularité sur W_p, information qu'*a priori* nous n'avons pas. Nous ne pouvons pas conclure à l'existence de la solution de ((4.104)-1), sans parler de pouvoir conclure sur les propriétés de quasi-périodicité de cette solution.

Rétro-pédalons, et souvenons-nous alors que nous avons précisément choisi de supposer le coefficient A_{per} aussi régulier que nécessaire. Dérivons l'équation (4.107) (c'est-à-dire appliquons-lui l'opérateur D), et nous obtenons alors que $DW_{p,per,\eta}$ vérifie une équation de même type, dont le second membre fait intervenir notamment $D A_{per}$. Par le même argument que ci-dessus il est donc possible de prouver l'estimation (4.108) avec $DW_{p,per,\eta}$ en lieu et place de $W_{p,per,\eta}$. En répétant la dérivation, et cette procédure, k fois, nous obtenons en particulier que la suite $\overline{D} W_{p,per,\eta}$ converge faiblement non seulement dans $L^2(Y)$, mais il en est de même de toutes ses dérivées $D \overline{D} W_{p,per,\eta}$, ..., $D^k \overline{D} W_{p,per,\eta}$. En choisissant $2k > 4$, i.e. $k \geq 3$, de sorte que l'espace de Sobolev $H_{per}^k(Y)$ s'injecte continûment, en particulier, dans l'espace des fonctions continues de l'espace ambiant $\mathbb{R}^4$, nous obtenons donc que la limite $\overline{D} W_p$ est continue. Cette propriété nous permet de prendre la trace en $(x_1 = x_2 = x, x_3 = x_4 = y)$ de la fonction $\overline{D} W_p$ et de prendre de même la trace de l'équation (4.105). Nous obtenons alors une fonction ∇w_p, quasi-périodique "des mêmes quasi-périodes S et T", par construction, et solution de l'équation ((4.104)-1). Comme ∇w_p est la trace de $\overline{D} W_p$ lequel est périodique et continu donc borné, il en est de même pour ∇w_p. La propriété de moyenne nulle de $\overline{D} W_p$ en tant que fonction périodique se traduit en la propriété de moyenne nulle de ∇w_p en tant que fonction quasi-périodique, grâce à la Proposition 1.7. De là s'ensuit la stricte sous-linéarité ((4.104)-2) car W_p est bornée, donc w_p l'est également. Dès que A_{per} est supposée arbitrairement régulière, une régularité correspondante se transporte aussitôt sur ∇w_p.

Le mode de construction de la solution w_p ne fournit pas de résultat d'unicité. Il s'agit donc de prouver maintenant cette unicité, à constante additive près, de manière indépendante. Considérons deux solutions régulières de (4.104), chacune à gradient quasi-périodique. Leur différence, notée u, est aussi à gradient quasi-périodique, et est strictement sous-linéaire (voir à ce sujet la fin de la Section 1.5.1), et est solution de $-\operatorname{div}(a \nabla u) = 0$. En multipliant par u, en intégrant sur la boule B_R, et en utilisant que a est coercive et bornée, nous obtenons

$$\frac{1}{|B_R|} \int_{B_R} |\nabla u|^2 \leq C \frac{1}{|B_R|} \int_{\partial B_R} |\nabla u| \, |u|,$$

pour une certaine constante C indépendante de R. Parce que a est régulier, et en particulier de classe $C^{0,\alpha}$ pour $\alpha > 0$ (mais en fait beaucoup mieux), la fonction u vérifie automatiquement (par le Théorème A.19, dit de Nash-Moser) que ∇u est borné *uniformément sur tout l'espace*. Nous en déduisons que

$$\frac{1}{|B_R|} \int_{B_R} |\nabla u|^2 \leq C \frac{1}{|B_R|} \int_{\partial B_R} |u|,$$

pour une autre constante C indépendante de R. Mais comme u est strictement sous-linéaire à l'infini, le membre de droite tend vers zéro quand $R \to +\infty$, et donc la moyenne de la fonction quasi-périodique positive $|\nabla u|^2$ est nulle, ce qui n'est possible que si u est une constante.

Le lecteur notera que nous n'avons pas démontré l'unicité de la solution de (4.104), mais seulement de celle de la solution régulière qui est à gradient quasi-périodique.

La dernière partie de la preuve de la Proposition 4.7 concerne le correcteur w_p lui-même et non plus seulement son gradient, et ce sous l'hypothèse supplémentaire que T/S n'est pas un nombre de Liouville (cf la Définition 1.9). L'argument est immédiat, compte tenu de l'inégalité de Gårding (établie au Chapitre 1, Lemme 1.10). Puisque les dérivées successives de $\overline{D}\,W_{p,per,\eta}$ (au moins les premières d'entre elles, et il suffit d'augmenter l'hypothèse sur la régularité de a pour augmenter arbitrairement cette différentiabilité) sont de carré intégrable, nous pouvons à bon droit utiliser l'inégalité de Gårding et obtenir une borne sur $W_{p,per,\eta} - \dfrac{1}{|Y|}\displaystyle\int_Y W_{p,per,\eta}$ dans $L^2(Y)$. Lors de notre passage à la limite sur la suite $\overline{D}\,W_{p,per,\eta}$, nous pouvons donc aussi passer à la limite dans la suite de fonctions périodiques $W_{p,per,\eta} - \dfrac{1}{|Y|}\displaystyle\int_Y W_{p,per,\eta}$. Notons que l'on peut toujours supposer que cette limite est W_p, puisque les constantes ne se voient pas dans les gradients. La fonction W_p est donc périodique et continue, donc bornée. Nous prenons finalement sa trace pour obtenir que w_p est une fonction quasi-périodique et bornée (et continue, bien sûr). $\qquad\qquad\qquad\qquad\qquad\qquad\qquad$ $\square$

4.2.2.2 Presque périodicité

L'article [Koz79] de Sergei Kozlov est à juste titre considéré comme l'article majeur pour la théorie de l'homogénéisation presque périodique. Il y est établi la limite homogénéisée. Sous de bonnes hypothèses, un taux de convergence vers cette limite, dans une bonne topologie, est même identifié. Pour ce qui concerne la question de l'existence d'un correcteur, question qui est centrale pour nous dans notre perspective particulière de traiter des problèmes non périodiques plus généraux, il est cependant à noter que cet article n'établit pas, en toute généralité, l'existence d'un correcteur presque périodique (ou, plus exactement, à gradient presque périodique) pour un coefficient presque périodique. L'homogénéisation est faite en suivant en argument de densité, pour lequel la densité des polynômes trigonométriques (voir la Définition 1.6) dans l'ensemble des fonctions presque périodiques suffit. De ce fait, la solubilité du problème du correcteur pour un coefficient qui est un polynôme trigonométrique (donc en particulier un coefficient quasi-périodique) suffit. Et démontrer que sa solution est une fonction à gradient presque périodique (et non, comme dans la Section 4.2.2.1 en fait à gradient quasi-périodique), suffit aussi. C'est ainsi qu'il est établi dans [Koz79, Theorem1] que, si le coefficient est un polynôme trigonométrique, alors il existe un correcteur strictement sous-linéaire et à gradient presque périodique. Comme nous l'avons signalé dans la Section 4.2.2.1, *la technique de preuve*, par augmentation de dimension, est en revanche plus générale, puisque, en particulier, elle nous a servi pour la preuve de la Proposition 4.7 ! Dans le détail, elle ne repose pas, comme nous l'avons fait pour la preuve de la Proposition 4.7, sur une régularisation par un terme restaurant l'ellipticité, mais sur une approximation de l'équation aux dérivées partielles par un problème de dimension finie (une approximation de Galerkin, comme en analyse numérique), et fournit, par fermeture, un correcteur à gradient presque périodique, et strictement sous-linéaire à l'infini. Il n'est pas essentiel de la reproduire dans cet ouvrage d'introduction, puisque le lecteur a déjà vu l'essentiel des ingrédients à la section précédente.

Remarquons que la technique de [Koz79] permet, en particulier, l'approximation de la matrice homogénéisée a^* par passage à la limite. Comme dit plus haut, la convergence vers l'équation homogénéisée peut aussi être obtenue avec un taux de convergence sous de bonnes conditions. Ces conditions sont, comme le lecteur s'en doute, des conditions dans l'esprit de conditions *diophantiennes* sur la commensurabilité des "périodes". Tout ceci, répétons-le, permet de procéder à l'homogénéisation dans le cadre presque périodique de façon *autonome*, c'est-à-dire sans reconnaître ce cadre comme un cas particulier du cadre stationnaire, comme nous le mentionnerons à la Section 4.3.2.

Notons que, dans ce même travail [Koz79], aucune affirmation n'est faite sur l'unicité éventuelle du correcteur ainsi construit, et que des éléments de contexte sont donnés pour convaincre que son existence en toute généralité pour un coefficient presque périodique est une question délicate puisque des contrexemples d'une telle existence sont connus, pour des équations aux dérivées partielles "génériques" à coefficients presque périodiques.

Notons enfin que le travail [AGK16] prolonge l'article [Koz79] en se concentrant sur la question de l'existence d'un correcteur *borné*, au prix de conditions sur le coefficient presque périodique considéré. Comme nous l'avons déjà mentionné plus haut, la preuve est dans ce cas d'une nature différente et utilise le cadre stochastique.

4.2.3 Retour sur les algèbres de fonctions pour l'homogénéisation

Revenons un instant sur les notions d'algèbres de fonctions introduites aux Sections 1.4.4 et 1.4.5. Nous y avons vu que nos hypothèses (H1)-(H2)-(H3') permettent de créer des espaces fonctionnels où toute fonction admet une moyenne (voir (1.42)–(1.43)), donc permet de traiter l'homogénéisation en "dimension zéro". De plus, les considérations du Chapitre 2 montrent que le cas de la dimension 1 se ramène également à la question de l'existence de moyennes. Il est donc possible de traiter l'homogénéisation dans ce cadre en dimension 1 également. Notons bien que l'hypothèse (H3') est nécessaire ici. Pour le voir, supposons que le coefficient a s'écrit

$$a(x) = 1 + \sum_{k \in \mathbb{Z}} \varphi(x - k - Z_k), \qquad (4.109)$$

où φ est à support compact et la suite $(Z_k)_{k\in\mathbb{Z}}$ une suite bornée (disons $|Z_k| < 1$ pour fixer les idées). Il est alors possible de construire une suite particulière $(Z_k)_{k\in\mathbb{Z}}$ telle que $1/a$ n'ait pas de moyenne. Tout en ayant bien sûr, comme d'habitude, que a est bornée et isolée de 0. Donnons quelques précisions sur cette construction : si $\varphi = \mathbf{1}_{[0,1[}$, un calcul simple montre que, d'une part,

$$\left\langle \frac{1}{1 + \sum \varphi(\cdot - k)} \right\rangle = \frac{1}{2},$$

car la fonction dont on prend la moyenne est en fait la constante égale à $1/2$, et d'autre part, si θ_k est une suite "bien choisie", alors

$$\left\langle \frac{1}{1 + \sum \varphi(\cdot - k - \theta_k)} \right\rangle = \int_0^1 \int_0^1 \int_0^1 \frac{1}{1 + \varphi(x - y) + \varphi(x + 1 - z)} dx\,dy\,dz = \frac{7}{9},$$
$$(4.110)$$

cette dernière égalité étant basée sur le fait que, pour toute fonction ϕ de deux variables et continue à support compact, et pour tout $x \in \mathbb{R}$,

$$\lim_{N \to +\infty} \frac{1}{2N} \sum_{k=-N}^{N} \phi(x - \theta_k, x + 1 - \theta_{k-1}) = \int_0^1 \int_0^1 \phi(x - y, x + 1 - z) dy\,dz.$$

Le fait qu'il existe bien une suite θ_k vérifiant cette propriété n'est pas évident, et nous renvoyons par exemple à [Fra63, Theorem 15] pour une construction possible. Nous pouvons alors construire une fonction a de la forme (4.109), avec la suite Z_k définie par

$$Z_k = \begin{cases} \theta_k & \text{si } 2^{2n} \leq |k| < 2^{2n+1}, \quad n \in \mathbb{N}, \\ 0 & \text{si } 2^{2n+1} \leq |k| < 2^{2n+2}, \quad n \in \mathbb{N}. \end{cases}$$

En adaptant les calculs permettant d'obtenir (4.110), il est alors possible de montrer que

$$\lim_{n \to +\infty} \frac{1}{2^{2n+1}} \int_{-2^{2n}}^{2^{2n}} \frac{1}{a}(x) dx = \frac{1}{2}, \qquad (4.111)$$

alors que

$$\lim_{n \to +\infty} \frac{1}{2^{2n+2}} \int_{-2^{2n+1}}^{2^{2n+1}} \frac{1}{a}(x) dx = \frac{7}{9}, \qquad (4.112)$$

ce qui implique que la fonction $1/a$ n'a pas de moyenne. En conséquence, il n'existe pas de correcteur strictement sous-linéaire à l'infini. En effet, ce dernier vérifierait

$1 + w' = C/a$, pour une certaine constante C. Elle devrait donc vérifier

$$1 + \frac{1}{2^{2n+1}} \left(w(2^{2n}) - w(-2^{2n}) \right) = C \frac{1}{2^{2n+1}} \int_{-2^{2n}}^{2^{2n}} \frac{1}{a}(x)dx$$

d'une part, et

$$1 + \frac{1}{2^{2n+2}} \left(w(2^{2n+1}) - w(-2^{2n+1}) \right) = C \frac{1}{2^{2n+2}} \int_{-2^{2n+1}}^{2^{2n+1}} \frac{1}{a}(x)dx$$

d'autre part. La stricte sous-linéarité de w et les convergences (4.111) et (4.112) impliqueraient $C = 2$ et $C = 9/7$, ce qui est contradictoire. Notons bien que cet exemple ne vérifie pas l'hypothèse (H3), car cette dernière implique, nous l'avons vu, que $1/a$ admet une moyenne. Comme (H3') implique (H3), il ne satisfait pas (H3') non plus. L'exemple ci-dessus indique une diversité de cas possibles très importante, avec en particulier des cas où les moyennes de fonctions n'existent pas. Nos hypothèses (H1)-(H2)-(H3') éliminent au moins ce cas, mais nous ne savons pas si elles suffisent à développer une théorie de l'homogénéisation.

En dimension supérieure, il est bien entendu possible de généraliser la construction des espaces fonctionnels $\mathcal{A}^{(s,p)}$ de façon naturelle. En revanche, la question de l'utiliser pour l'homogénéisation reste largement ouverte. Si la théorie générale de l'homogénéisation permet d'affirmer qu'un coefficient homogénéisé existe (il suffit d'appliquer la Proposition 3.1), il n'est pas du tout clair qu'on puisse obtenir des formules explicites pour le calculer. Une brique élémentaire pour cela serait la résolution de l'équation du correcteur dans l'espace fonctionnel $\mathcal{A}^{(2)}$ (par exemple) associé, que l'on pourrait formaliser comme suit : pour $p \in \mathbb{R}^d$ fixé, trouver $w_p \in L^1_{loc}(\mathbb{R}^d)$ vérifiant

$$\begin{cases} -\operatorname{div}\left(a \left(\nabla w_p + p \right) \right) = 0, \\ \nabla w_p \in \mathcal{A}^{(2)}, \\ \langle \nabla w_p \rangle = 0. \end{cases} \tag{4.113}$$

Si une telle solution existait, elle serait strictement sous-linéaire à l'infini. Ceci est impliqué par la troisième ligne de (4.113). La preuve de ce résultat n'est pas difficile, et nous la laissons au lecteur. De plus, ce correcteur permettrait de définir le coefficient homogénéisé comme la moyenne

$$\left[a^* \right]_{ij} = \langle a \left(e_j + \nabla w_{e_j} \right) . e_i \rangle,$$

dans l'esprit des cadres connus (périodique, quasi-périodique, etc...). Un tel programme, s'il pouvait être mené à bien, utiliserait pleinement la structure d'algèbre et les propriétés associées, que ce soit pour résoudre le système (4.113) ou pour établir la formule ci-dessus pour a^*.

Ceci semble pour l'instant hors de portée, mais les considérations ci-dessus ont surtout servi, à défaut d'utiliser réellement le cadre général de la Section 1.4.5, à générer de nouvelles idées en étudiant des cas reliés, s'inspirant des constructions de ces algèbres mais n'étant pas forcément exactement de tels cas.

4.3 Le cadre stochastique

Cette section est consacrée à l'étude du problème d'homogénéisation pour l'équation (1) avec un coefficient stationnaire oscillant, dans le cadre ergodique, à savoir l'équation

$$\begin{cases} - \operatorname{div}\left(a\left(\dfrac{x}{\varepsilon}, \omega\right) \nabla u^{\varepsilon}(x, \omega)\right) = f(x) \text{ dans } \mathcal{D} \subset \mathbb{R}^d, \\ u^{\varepsilon} = 0 \hspace{4.5cm} \text{sur } \partial\mathcal{D}. \end{cases} \quad (4.114)$$

Le lecteur notera que, dans cette équation, le second membre et la condition au bord sont déterministes. L'équation (4.114) est bien évidemment la version multi-dimensionnelle de l'équation (2.51) considérée à la Section 2.4 du Chapitre 2. Pour équiper l'équation ci-dessus d'un cadre mathématique rigoureux, nous reprenons mot pour mot toute la formalisation du cadre aléatoire ergodique stationnaire présentée dans la Section 1.6 du Chapitre 1 et en particulier la Section 1.6.2. La seule différence est que tout est fait ici en dimension d quelconque et non plus dans le cadre monodimensionnel, mais ceci est une extension immédiate.

4.3.1 Existence du correcteur

La Section 2.4 du Chapitre 2 nous a montré que, au moins en dimension 1, nous savions résoudre, dans le cadre aléatoire, l'équation du correcteur pour le problème d'homogénéisation de l'équation (4.114). Nous prenons modèle sur la Section 2.4, et en particulier sur (2.58)–(2.59), et introduisons, pour $p \in \mathbb{R}^d$ fixé, le problème dit du *correcteur stationnaire* :

$$\begin{cases} - \operatorname{div}(a(x, \omega)(p + \nabla w_p(x, \omega))) = 0 \text{ dans } \mathbb{R}^d, \\ \nabla w_p(x, \omega) \text{ stationnaire}, \\ \mathbb{E}\displaystyle\int_Q \nabla w_p(x, \omega)\, dx = 0. \end{cases} \quad (4.115)$$

Dans (4.115), la notion de fonction *stationnaire* s'entend bien sûr au sens de la généralisation à la dimension quelconque de (1.73), c'est-à-dire qu'une fonction

$v = v(x, \omega)$ est dite stationnaire si

$$\forall k \in \mathbb{Z}^d, \quad v(x + k, \omega) = v(x, \tau_k \omega), \tag{4.116}$$

presque sûrement en $\omega \in \Omega$, presque partout en $x \in \mathbb{R}^d$. Notre ambition est maintenant de prouver que ce problème admet bien une solution w_p. Le mieux que nous puissions espérer en toute généralité est de montrer l'existence de cette solution *presque sûrement*, puis de montrer qu'elle est unique à l'ajout d'une fonction aléatoire près. Pour ce second point, rappelons en effet que si $X(\omega)$ est une variable aléatoire quelconque, alors $w_p(x, \omega) + X(\omega)$ a le même gradient en x que $w_p(x, \omega)$ et donc rien dans le système (4.115) ne permet de distinguer ces deux fonctions.

Nous allons montrer le résultat suivant :

Proposition 4.8 (Existence du correcteur, cadre stationnaire discret) *Il existe une fonction $w_p(x, \omega)$, solution du problème (4.115) au sens suivant : l'équation ((4.115)-1) est, presque sûrement, vérifiée au sens des distributions $\mathcal{D}'\left(\mathbb{R}^d\right)$. De plus, la fonction $\nabla w_p(x, \omega)$ est, comme stipulé en ((4.115)-2), stationnaire et, de plus, elle appartient à l'espace $\left(L^2\left(\Omega, L^2(Q)\right)\right)^d$. La condition ((4.115)-3) est vérifiée, et donc cette solution w_p est presque sûrement strictement sous-linéaire à l'infini. Elle est unique à l'addition d'une variable aléatoire près.*

Notons qu'implicitement, nous utilisons ci-dessus que, comme ∇w_p est stationnaire à moyenne nulle, w_p est strictement sous-linéaire à l'infini. Nous n'avons donné la preuve de ce résultat qu'en dimension 1 (voir la fin de la Section 1.6.4), mais cette dernière s'étend facilement à la dimension quelconque.

Si les équations (2.58)–(2.59) du Chapitre 2 nous ont guidés sur *quelle* équation du correcteur écrire, c'est maintenant la preuve de l'existence du correcteur pour le cadre périodique, faite au début de la Section 3.4 du Chapitre 3, qui va nous indiquer la marche à suivre pour montrer l'existence d'une solution au sens affirmé dans l'énoncé de la Proposition 4.8. Dans cette preuve (le lecteur se reportera aux équations (3.67) à (3.73)), nous introduisons un espace fonctionnel approprié (là-bas l'espace $H^1_{per,0}$ défini en (3.72)) et écrivons une formulation variationnelle de l'équation (voir (3.71)), formulation que nous étudions grâce au Lemme de Lax-Milgram. Nous allons en fait procéder identiquement ici, seuls les détails techniques étant un peu plus lourds, puisqu'il nous faut gérer non seulement la variable x d'espace, mais aussi la variable ω additionnelle, paramètre de la famille de problèmes (4.115).

Hormis les détails techniques, finalement sans grande importance, la difficulté essentielle, qui fait la différence entre le problème stationnaire (4.115) et le problème périodique (3.68) est un problème de *coercivité*. L'opérateur $-\operatorname{div} a \nabla$, dans le cas périodique, peut en effet être rendu elliptique, malgré l'absence de terme d'ordre zéro, en considérant l'espace $H^1_{per,0}$ défini en (3.72). Ceci est une conséquence cruciale de l'inégalité de Poincaré-Wirtinger, déjà vue et utilisée à plusieurs reprises : si v_{per} est une fonction périodique de moyenne nulle $\int_Q v_{per} = 0$, nous avons

$$\int_Q |v_{per}|^2 \le C \int_Q |\nabla v_{per}|^2 \,,$$

où C est une constante indépendante de v_{per}. La forme bilinéaire $\int_Q a_{per} \nabla v_{per}$ ∇w_{per} associée à l'opérateur $-\operatorname{div} a_{per} \nabla$ est donc coercive pour la norme H^1 équipant $H^1_{per,0}$. Malheureusement, comme nous l'avons vu à la Section 1.6.4, page 64, aucune inégalité de type Poincaré-Wirtinger ne peut être vraie sur l'espace des fonctions stationnaires, même en imposant une condition de moyenne nulle, comme la condition $\mathbb{E}\left(\int v(x, \omega)\, dx\right) = 0$ suggérée par la définition (3.72).

Nous devons donc contourner cette difficulté. Il est possible de le faire de plusieurs manières et nous allons dans la suite en détailler deux différentes, fournissant ainsi deux preuves alternatives de la Proposition 4.8. La première preuve est basée sur une méthode de *régularisation* du problème (4.115), par ajout d'un terme d'ordre zéro que nous ferons disparaître ensuite, et qui, temporairement rétablit la coercivité de la forme bilinéaire. La seconde preuve repose, elle, sur une formulation abstraite du problème ayant pour inconnue le *gradient* $\nabla w_p(x, \omega)$ du correcteur et pas le correcteur $w_p(x, \omega)$ lui-même, ce qui rétablit la coercivité (car il s'agit maintenant de coercivité en terme du gradient).

La première stratégie de preuve consiste, comme annoncé, en une méthode de *régularisation* du problème (4.115) par ajout d'un terme d'ordre zéro.

Plus précisément, nous considérons, comme approximation (ou régularisation) de (4.115), le problème, pour $p \in \mathbb{R}^d$ fixé et pour une constante de régularisation $\eta > 0$ fixée,

$$\begin{cases} -\operatorname{div}\big(a(x, \omega)\,(p + \nabla w_{p,\eta}(x, \omega))\big) + \eta\, w_{p,\eta}(x, \omega) = 0 \text{ dans } \mathbb{R}^d, \\ w_{p,\eta}(x, \omega) \text{ stationnaire}. \end{cases} \tag{4.117}$$

Dans cette définition, $w_{p,\eta}$ *stationnaire* s'entend bien sûr au sens de (4.116). Le lecteur notera bien l'introduction "au burin" du terme d'ordre zéro $+ \eta\, w_{p,\eta}$ et la disparition de la condition d'espérance nulle, mais il notera que, *surtout*, nous cherchons maintenant la fonction $w_{p,\eta}$ comme stationnaire elle-même, et plus seulement son gradient.

Le problème régularisé (4.117), lui, possède toutes les bonnes propriétés qui vont nous permettre de l'étudier avec des ingrédients classiques. En guise d'espace fonctionnel, nous introduisons

$$H = \left\{v \in L^2\big(\Omega, L^2(Q)\big) \ / \ v \text{ stationnaire et } \nabla_x v \in \big(L^2\big(\Omega, L^2(Q)\big)\big)^d\right\},$$
$$\tag{4.118}$$

où la stationnarité de v s'entend, au sens discret (4.116). Nous munissons cet espace de la norme suivante :

$$\|v\|_H^2 = \mathbb{E}\left(\int_Q |v(x, \omega)|^2 \, dx + \int_Q |\nabla v(x, \omega)|^2 \, dx \right). \tag{4.119}$$

Cette norme fait de H un *espace de Hilbert* (nous laissons cette preuve au lecteur, elle n'est pas difficile, et peut l'aider à s'entraîner à manipuler la notion de stationnarité), dans lequel les fonctions stationnaires *régulières en x* sont denses. Cette norme peut aussi s'exprimer comme la *moyenne sur les grands volumes* suivante :

$$\|v\|_H^2 = \text{p.s.} \lim_{R \to +\infty} \frac{1}{|B_R|} \int_{B_R} |v(x, \omega)|^2 + |\nabla v(x, \omega)|^2 \, dx, \tag{4.120}$$

où la boule B_R, centrée à l'origine et de rayon R, pourrait être remplacée par n'importe quelle suite de domaines *raisonnables* tendant vers $\mathbb{R}^d$. Volontairement, nous ne rendons pas plus précis le terme "raisonnable", qui nous emmènerait dans des généralités non nécessaires ici. Le lecteur se contentera de boules, d'hypercubes de dimension d, etc. La propriété (4.120) est bien sûr une conséquence directe, et une généralisation à la dimension $d \geq 2$, de la propriété d'ergodicité énoncée au Théorème 1.21, Equation (1.77) du Chapitre 1. Le lecteur pourra là aussi faire la preuve seul, en recouvrant la boule B_R par les cubes $k + Q$ pour des $k \in \mathbb{Z}^d$ appropriés, et en appliquant (1.77) (ou plus exactement sa généralisation à la dimension d quelconque) à la fonction stationnaire $f(x, \omega) = |v(x, \omega)|^2 + |\nabla v(x, \omega)|^2$. Le caractère "raisonnable" de la suite de domaines sert alors à contrôler le reliquat de l'intégrale sur la partie du domaine qui n'est pas exactement recouverte par cette réunion de cubes.

Nous aurons besoin de la propriété suivante : pour toute fonction $v \in H$ (et en fait pour des fonctions bien plus générales),

$$\mathbb{E}\left(\int_Q \nabla v(x, \omega) \, dx \right) = 0, \tag{4.121}$$

qui serait immédiate, par intégration par parties (ou, plus précisément, par *formule de Green*), pour des fonctions périodiques, et dont la preuve pour des fonctions stationnaires suit en fait exactement le même schéma. En dimension 1 d'espace par exemple, il suffit de remarquer que

$$\mathbb{E}\left(\int_0^1 v'(x, \omega) \, dx \right) = \mathbb{E}\left(v(1, \omega) - v(0, \omega) \right) = \mathbb{E}(v(1, \omega)) - \mathbb{E}(v(0, \omega)) = 0,$$

successivement par intégration, continuité et stationnarité de $v \in H$, et ce pour toute fonction v supposée de plus régulière. Le cas de la dimension $d \geq 2$ est à peine plus compliqué et du même acabit, la formule de Green remplaçant l'intégration simple et le calcul se faisant d'abord sur des fonctions v régulières, la densité de ces fonctions permettant de conclure à la généralité.

Nous sommes maintenant bien armés pour la

Preuve (première version) de la Proposition 4.8. La preuve qui suit a initialement été publiée dans [PV81, Theorem 2].

Nous débutons la preuve en considérant la formulation variationnelle du problème régularisé (4.117) dans l'espace de Hilbert (4.118) muni de sa norme (4.119) : il nous faut *trouver $w_{p,\eta} \in H$ tel que, pour tout $v \in H$,*

$$\mathbb{E} \int_Q \big(a(x, \omega)\, \nabla w_{p,\eta}(x, \omega) \, . \, \nabla v(x, \omega) \, + \, \eta\, w_{p,\eta}(x, \omega)\, v(x, \omega) \big)\, dx$$

$$= - \mathbb{E} \int_Q a(x, \omega)\, p \, . \, \nabla v(x, \omega)\, dx. \qquad (4.122)$$

Cette formulation variationnelle est de la forme *"canonique"* $\mathcal{B}(w_{p,\eta}, v) = \mathcal{L}(v)$, où $\mathcal{B}(w_{p,\eta}, v)$ est la forme bilinéaire du membre de gauche de (4.122), et $\mathcal{L}(v)$ est la forme linéaire du membre de droite. Hormis les continuités "habituelles" de ces deux formes, le point clé est que $\mathcal{B}$ est effectivement coercive, puisque

$$\mathcal{B}(v, v) = \mathbb{E} \int_Q \big(a(x, \omega)\, |\nabla v(x, \omega)|^2 \, + \, \eta\, |v(x, \omega)|^2 \big)\, dx$$

est équivalente à la norme de H définie en (4.119) parce que a est (continu et) coercif et $\eta > 0$. Il existe donc, par le Lemme de Lax-Milgram, une unique solution $w_{p,\eta}$ de la formulation variationnelle ci-dessus. Nous pourrions d'ores et déjà montrer que cela implique que nous avons en fait résolu presque sûrement l'équation ((4.117)-1) au sens des distributions, mais comme cette équation n'est en fait pas notre objectif final, passons sur ce point. Remarquons en revanche, en prenant la fonction test $v = w_{p,\eta}$ dans (4.122) et en majorant son membre de droite par l'inégalité de Cauchy-Schwarz (en les deux variables x et ω), que nous avons l'estimation

$$\mathbb{E} \int_Q |\nabla w_{p,\eta}(x, \omega)|^2\, dx \, + \, \eta\, \mathbb{E} \int_Q |w_{p,\eta}(x, \omega)|^2\, dx \, \leq \, C, \qquad (4.123)$$

pour une constante C indépendante de η. Cette estimation (4.123) nous permet d'affirmer que, quand $\eta \to 0$, la suite $\nabla w_{p,\eta}$ converge faiblement, à extraction près, dans $\left(L^2 \big(\Omega, L^2(Q) \big) \right)^d$ vers une fonction de cet espace, que nous notons T. Pour établir que T est un gradient, nous supposons, comme nous l'avons déjà fait à la Section 3.4.3.1, que la dimension est $d = 3$, sachant que la généralisation à toute dimension est facile (voir en cela la Remarque 3.18). Nous fixons $\varphi \in (C^\infty(Q))^d$, à support compact dans Q, et $X \in L^2(\Omega)$. Alors

$$\mathbb{E} \left(X \int_Q T \, . \, \operatorname{rot} \varphi \right) = \lim_{\eta \to 0} \mathbb{E} \left(X \int_Q \nabla w_{p,\eta} \, . \, \operatorname{rot} \varphi \right) = 0, \qquad (4.124)$$

car une intégration par parties donne

$$\int_Q \nabla w_{p,\eta} \cdot \operatorname{rot} \varphi = -\int_Q w_{p,\eta} \operatorname{div}(\operatorname{rot} \varphi) = 0.$$

Les termes de bord sont bien entendu nuls car la fonction φ est à support compact dans Q. Nous déduisons donc de (4.124) que, presque sûrement, $\int_Q T \cdot \operatorname{rot} \varphi = 0$. Et comme ceci vaut pour toute fonction $\varphi \in (C^\infty(Q))^d$ à support compact, le lemme de de Rham, que nous avons déjà utilisé à la Section 3.4.3.1, nous assure qu'il existe $w_p \in L^2(\Omega, H^1(Q))$ tel que $T = \nabla w_p$. Nous avons donc établi que $\nabla w_{p,\eta}$ converge vers ∇w_p faiblement dans $\left(L^2\left(\Omega, L^2(Q)\right)\right)^d$. De plus, toujours d'après (4.123), comme la suite $\sqrt{\eta}\, w_{p,\eta}$ est, elle, bornée dans $L^2\left(\Omega, L^2(Q)\right)$, la suite $\eta\, w_{p,\eta}$ converge fortement vers zéro dans cet espace. Nous pouvons donc passer à la limite dans la formulation variationnelle (4.122) et obtenir l'existence d'une fonction w_p telle que $\nabla w_p \in \left(L^2\left(\Omega, L^2(Q)\right)\right)^d$ et, pour tout $v \in H$,

$$\mathbb{E}\int_Q a(x,\omega)\,\nabla w_p(x,\omega) \cdot \nabla v(x,\omega)\,dx = -\mathbb{E}\int_Q a(x,\omega)\,p \cdot \nabla v(x,\omega)\,dx.$$

$$(4.125)$$

Mieux, nous pouvons établir deux propriétés supplémentaires de ∇w_p. D'abord, cette fonction est stationnaire (et donc la condition ((4.115)-2) est vérifiée). En effet, il s'agit d'une propriété générale qu'une fonction $f(x,\omega)$, limite faible dans $L^2\left(\Omega, L^2(Q)\right)$ d'une suite de fonctions $f_n(x,\omega)$ stationnaires est aussi stationnaire. Pour le voir, remarquons que nous avons, pour toute fonction $\varphi \in L^2(\Omega)$, toute fonction $\chi \in L^2(Q)$, tout $k \in \mathbb{Z}^d$, et tout $n \in \mathbb{N}$,

$$\mathbb{E}\int_Q f_n(x+k,\omega)\,\varphi(\omega)\,\chi(x)\,dx = \mathbb{E}\int_Q f_n(x, \tau_k\omega)\,\varphi(\omega)\,\chi(x)\,dx,$$

par stationnarité de f_n. En passant à la limite quand $n \to +\infty$, nous obtenons la même propriété pour f, à savoir

$$\mathbb{E}\int_Q f(x+k,\omega)\,\varphi(\omega)\,\chi(x)\,dx = \mathbb{E}\int_Q f(x, \tau_k\omega)\,\varphi(\omega)\,\chi(x)\,dx,$$

propriété qui, étant vraie pour toute fonction $\varphi \in L^2(\Omega)$ et toute fonction $\chi \in L^2(Q)$, dit exactement, par densité de l'espace vectoriel engendré par les produits de telles fonctions, que $f(x+k,\omega) = f(x, \tau_k\omega)$ dans $L^2\left(\Omega, L^2(Q)\right)$, ce qui est la stationnarité de f. Pour *exactement* la même raison technique, appliquée à $\varphi \equiv 1$, $\chi \equiv 1$, la propriété $\mathbb{E}\left(\int_Q \nabla w_{p,\eta}(x,\omega)\,dx\right) = 0$, issue de (4.121) et du fait que $w_{p,\eta}$ est stationnaire, passe à la limite et donne la condition ((4.115)-3) sur ∇w_p.

Le point clé, final, est de démontrer que la formulation variationnelle (4.125) implique l'équation ((4.115)-1) au sens des distributions (et notre preuve montrera de même, et c'est un point que nous avons laissé de côté ci-dessus, que la formulation variationnelle (4.122) impliquait en fait l'équation ((4.117)-1)). Toutes ces implications sont immédiates à prouver dès qu'on a compris *comment* établir la propriété suivante : si $F(y, \omega)$ est une fonction stationnaire dans $L^2\left(\Omega, L^2(Q)\right)$ et si $\mathbb{E} \int_Q F(x, \omega)\Phi(x, \omega)\, dx \;=\; 0$ pour toute fonction stationnaire $\Phi(x, \omega)$ dans $L^2\left(\Omega, L^2(Q)\right)$, alors $F(y, \omega) \;=\; 0$ presque sûrement et pour presque tout x. Evidemment, nous savons que cette propriété est vraie (elle contribue à bien définir les espaces fonctionnels dans lesquels nous avons travaillé), et il suffit pour la démontrer de prendre $\Phi \;=\; F$ dans la propriété ci-dessus. Cependant, un tel raccourci n'est pas possible ici, car F (autrement dit w_p ci-dessus) ne vit pas dans le même espace que les fonctions-tests : ∇w_p est stationnaire, mais pas w_p *a priori*. Il nous faut donc une preuve en quelque sorte *constructive* et malléable, que voici. Choisissons $\varphi \in L^2(\Omega)$, $\chi \in \mathcal{D}\left(\mathbb{R}^d\right)$ et construisons la fonction

$$\Phi(x, \omega) = \sum_{k \in \mathbb{Z}^d} \chi(x + k)\, \varphi(\tau_{-k}\omega). \qquad (4.126)$$

Cette fonction est bien définie (parce que la somme $\displaystyle\sum_{k \in \mathbb{Z}^d}$ ne comporte qu'un nombre fini de termes quand $x \in \mathbb{R}^d$ est fixé) et est stationnaire. En effet, pour $j \in \mathbb{Z}^d$,

$$\Phi(x+j, \omega) = \sum_{k \in \mathbb{Z}^d} \chi(x+k+j)\, \varphi(\tau_{-k}\,\omega) = \sum_{k' \in \mathbb{Z}^d} \chi(x+k')\, \varphi(\tau_{-k'}\,(\tau_j\,\omega)) = \Phi(x, \tau_j\,\omega).$$

Testons alors la propriété $\mathbb{E} \int_Q F(x, \omega)\Phi(x, \omega)\, dx \;=\; 0$ sur cette fonction Φ particulière. Nous obtenons

$$\mathbb{E} \int_Q F(x, \omega)\Phi(x, \omega)\, dx = \mathbb{E} \int_Q F(x, \omega) \sum_{k \in \mathbb{Z}^d} \chi(x + k)\, \varphi(\tau_{-k}\omega)\, dx$$

$$= \mathbb{E} \int_Q \sum_{k \in \mathbb{Z}^d} F(x + k, \tau_{-k}\omega)\chi(x + k)\, dx\, \varphi(\tau_{-k}\omega),$$

$$= \sum_{k \in \mathbb{Z}^d} \mathbb{E} \int_{Q+k} F(x, \tau_{-k}\omega)\chi(x)\, dx\, \varphi(\tau_{-k}\omega),$$

où nous avons utilisé la stationnarité de $F(x, \omega)$ et, de nouveau, le fait que la somme $\sum\limits_{k \in \mathbb{Z}^d}$ n'a qu'un nombre fini de termes donc que nous pouvons à bon droit permuter somme et intégrales. Or, l'action de groupe τ laissant invariante la mesure, nous avons, pour chaque $k \in \mathbb{Z}^d$,

$$\mathbb{E} \int_{Q+k} F(x, \tau_{-k}\omega)\chi(x)\,dx\,\varphi(\tau_{-k}\omega) = \mathbb{E} \int_{Q+k} F(x, \omega)\chi(x)\,dx\,\varphi(\omega),$$

et nous obtenons donc

$$\mathbb{E} \int_Q F(x, \omega)\Phi(x, \omega)\,dx = \sum_{k \in \mathbb{Z}^d} \mathbb{E} \int_{Q+k} F(x, \omega)\chi(x)\,dx\,\varphi(\omega),$$

$$= \mathbb{E} \int_{\mathbb{R}^d} F(x, \omega)\chi(x)\,dx\,\varphi(\omega).$$

Si cette quantité s'annule pour toute fonction $\varphi \in L^2(\Omega)$, cela équivaut à dire que $\int_{\mathbb{R}^d} F(x, \omega)\chi(x)\,dx = 0$ presque sûrement, et, cette dernière propriété étant vraie pour toute fonction $\chi \in \mathcal{D}\left(\mathbb{R}^d\right)$, nous obtenons, presque sûrement, que $F(x, \omega) = 0$, au sens des distributions en $x \in \mathbb{R}^d$, presque partout et aussi dans $L^2\left(\Omega, L^2(Q)\right)$, toutes ces informations étant identiques puisque F était supposée originalement dans $L^2\left(\Omega, L^2(Q)\right)$. Mais le lecteur a bien sûr compris que nous aurions pu prouver beaucoup de variantes avec cette technique.

Précisément, revenons dès lors à l'équation (4.125). En utilisant $v(x, \omega) = \Phi(x, \omega)$ (définie par (4.126)) comme fonction test, et en appliquant la technique de preuve que nous venons de voir, ce qui revient à faire les transformations ci-dessus pour $F(x, \omega)$ pris successivement comme les composantes de $a(x, \omega)\,(p + \nabla w_p(x, \omega))$, nous en déduisons que

$$\int_{\mathbb{R}^d} a(x, \omega)\,\nabla w_p(x, \omega) \,.\, \nabla \chi(x)\,dx = -\int_{\mathbb{R}^d} a(x, \omega)\,p\,.\,\nabla \chi(x)\,dx,$$

et donc que l'équation ((4.115)-1) est bien vraie au sens des distributions.

Il reste à prouver l'unicité de cette solution. Par linéarité, ceci équivaut à prouver que, si $p = 0$, alors w_0 solution (à gradient stationnaire) de (4.125) vérifie $\nabla w_0 = 0$. On serait tenté d'utiliser $v = w_0$ comme fonction test, ce qui donnerait hypothétiquement le résultat, mais ceci n'est pas licite car cette dernière fonction n'est *a priori* pas stationnaire. Nous allons en fait résoudre le problème :

$$-\Delta \psi_j^\gamma + \gamma \psi_j^\gamma = \partial_j w_0,$$

où $\gamma > 0$ et un paramètre de régularisation qui tendra vers 0 *in fine*, et $j \in \{1, \ldots, d\}$. Comme d'habitude, ce problème s'entend au sens de sa formulation variationnelle dans l'espace des fonctions stationnaires. Autrement dit, nous posons

$$V = \left\{ v \in L^2 \left(\Omega, H^1_{loc}(\mathbb{R}^d) \right), \quad v \text{ stationnaire} \right\},$$

et cherchons $\psi_j^\gamma \in V$, telle que

$$\forall v \in V, \quad \mathbb{E} \int_Q \nabla \psi_j^\gamma \cdot \nabla v + \gamma \, \mathbb{E} \int_Q \psi_j^\gamma v = \mathbb{E} \int_Q \partial_j w_0 v.$$

Par application du Lemme de Lax-Milgram dans l'espace de Hilbert V, ce problème admet une unique solution $\psi_j^\gamma \in V$. Bien entendu, $\nabla \psi_j^\gamma$ est également stationnaire. Nous formons maintenant

$$v^\gamma(x, \omega) = \sum_{j=1}^{d} \partial_j \psi_j^\gamma(x, \omega),$$

qui est bien stationnaire et que nous pouvons donc utiliser comme fonction test dans (4.125) pour $p = 0$. Nous trouvons :

$$\mathbb{E} \int_Q a(x, \omega) \nabla w_0(x, \omega) \cdot \nabla v^\gamma(x, \omega) dx = 0. \tag{4.127}$$

Nous allons maintenant démontrer que ∇v^γ converge vers ∇w_0 quand $\gamma \to 0$. Pour cela, nous notons que $(-\Delta + \gamma)v^\gamma = -\Delta w_0$, et donc,

$$\mathbb{E} \int_Q |\nabla v^\gamma|^2 + \gamma \, \mathbb{E} \int_Q (v^\gamma)^2 \leq \left(\mathbb{E} \int_Q |\nabla w_0|^2 \right)^{1/2} \left(\mathbb{E} \int_Q |\nabla v^\gamma|^2 \right)^{1/2},$$

ce qui prouve que ∇v^γ est bornée dans $L^2(\Omega \times Q)$, et que $\gamma v^\gamma \longrightarrow 0$ dans $L^2(\Omega \times Q)$. Nous pouvons donc passer à la limite dans l'égalité (4.127), et nous obtenons que $\nabla w_0 = 0$. $\qquad \square$

Passons maintenant à une deuxième méthode de preuve, qui, comme annoncé, consiste à prendre comme fonction inconnue le *gradient* plutôt que la fonction elle-même. Cette seconde preuve demande un peu plus de formalisme abstrait que la première, et est en un certain sens moins intuitive, mais, une fois que le bon formalisme a été mis en place, elle est en fait plus concise (sachant toutefois, pour être tout à fait honnête, que cette concision tient en particulier au fait que nous allons réutiliser plusieurs des *ingrédients* détaillés à la preuve précédente...).

Nous considérons le problème original (4.115), pour $p \in \mathbb{R}^d$ fixé, et introduisons l'espace fonctionnel

$$H = \left\{ \mathbf{f} \in \left(L^2 \left(\Omega, L^2(Q) \right) \right)^d \, / \, \mathbf{f} \text{ stationnaire}, \, \mathbb{E} \int_Q \mathbf{f}(x, \omega) \, dx = 0, \right.$$

$$\left. \text{et, presque sûrement, } \operatorname{rot} \mathbf{f} = 0 \right\}, \quad (4.128)$$

où *stationnaire* s'entend encore au sens discret, $\mathbf{f}(x + k, \omega) = \mathbf{f}(x, \tau_k \omega)$, pour tout $k \in \mathbb{Z}^d$. Nous munissons H du produit scalaire :

$$(\mathbf{f}|\mathbf{g})_H = \mathbb{E} \left(\int_Q \mathbf{f}(x, \omega) \cdot \mathbf{g}(x, \omega) dx \right),$$

et de la norme associée

$$\|\mathbf{f}\|_H^2 = \mathbb{E} \left(\int_Q |\mathbf{f}(x, \omega)|^2 \, dx \right). \quad (4.129)$$

Ce produit scalaire fait de H un *espace de Hilbert*, car il est immédiat de voir que H est en fait un sous-espace fermé de $\left\{ \mathbf{f} \in \left(L^2 \left(\Omega, L^2(Q) \right) \right)^d \, / \, \mathbf{f} \text{ stationnaire} \right\}$ pour la norme (4.129). Il est également aisé de voir que H vérifie

$$H = \left\{ \nabla v \in \left(L^2 \left(\Omega, L^2(Q) \right) \right)^d \, / \, \nabla v \text{ stationnaire}, \, \mathbb{E} \int_Q \nabla v(x, \omega) \, dx = 0 \right\}. \quad (4.130)$$

Nous pouvons maintenant entamer la

Preuve (seconde version) de la Proposition 4.8. La formulation variationnelle du problème (4.115) dans l'espace de Hilbert H défini par (4.128) muni de la norme (4.129) s'écrit : *trouver* $\nabla w_p \in H$ *tel que, pour tout* $\nabla v(x, \omega) \in H$,

$$\mathbb{E} \int_Q a(x, \omega) \, \nabla w_p(x, \omega) \cdot \nabla v(x, \omega) \, dx = -\mathbb{E} \int_Q a(x, \omega) \, p \cdot \nabla v(x, \omega) \, dx. \quad (4.131)$$

Dans cette formulation variationnelle de la forme $\mathcal{B}(w_p, v) = \mathcal{L}(v)$, l'important est que $\mathcal{B}(u, v)$ est coercive sur H puisque $\mathbb{E} \int_Q a(x, \omega) \, |\nabla v(x, \omega)|^2 \, dx$ est équivalente à la norme de H. Il existe donc, par le Lemme de Lax-Milgram, une unique solution ∇w_p de la formulation variationnelle ci-dessus. Nous pouvons alors réutiliser les *ingrédients* de la première preuve de la Proposition 4.8 et démontrer que nous avons résolu presque sûrement l'équation (4.115), au sens des distributions. Il suffit de considérer de nouveau, pour $\varphi \in L^2(\Omega)$, et $\chi \in \mathcal{D}\left(\mathbb{R}^d\right)$, la fonction

$$\Phi(x, \omega) = \sum_{k \in \mathbb{Z}^d} \chi(x + k)\, \varphi(\tau_{-k}\omega),$$

définie en (4.126). Cette fonction est stationnaire, donc son gradient l'est aussi. De plus, ce gradient est de moyenne nulle, au sens $\mathbb{E} \displaystyle\int_Q \nabla\Phi(x, \omega)\, dx = 0$, à cause de la propriété (4.121). Nous testons la formulation variationnelle sur cette fonction Φ, et obtenons encore une fois que

$$\int_{\mathbb{R}^d} a(x, \omega)\, \nabla w_p(x, \omega)\,.\,\nabla\chi(x)\, dx = -\int_{\mathbb{R}^d} a(x, \omega)\, p\,.\,\nabla\chi(x)\, dx.$$

L'équation ((4.115)-1) est donc bien vraie, presque sûrement, au sens des distributions. Les deux autres conditions de (4.115) sont évidemment aussi vérifiées, par construction de ∇w_p dans l'espace H défini en (4.128). L'existence est donc démontrée.

L'unicité de la solution de l'équation reste à établir. Une solution de l'équation (4.115) est automatiquement solution de la formulation variationnelle. Il suffit, pour s'en rendre compte, de réutiliser la fonction (4.126). Nous obtenons alors la propriété (4.131) pour toute fonction test $v = \Phi$ de cette forme. La densité dans H des gradients $\nabla\Phi$ de telles fonctions permet de conclure qu'il s'agit bien d'une solution de la formulation variationnelle (4.131). Le Lemme de Lax-Milgram utilisé donne bien entendu l'unicité de la solution de la formulation variationnelle, d'où la conclusion. $\square$

Nous devons faire plusieurs remarques.

Tout d'abord, il est énoncé dans la Proposition 4.8 que le correcteur w_p est à gradient stationnaire, mais pour w_p lui-même, il est seulement affirmé qu'il est strictement sous linéaire à l'infini. Ceci est une conséquence du fait que ∇w_p est stationnaire de moyenne nulle (nous l'avons prouvé en dimension 1 à la Section 1.6.4, page 65, mais la preuve s'adapte facilement à la dimension quelconque). Cependant, rien n'est dit sur la stationnarité de w_p lui-même. En fait, nous avons établi au Chapitre 2, Section 2.4, la formule explicite (2.60) pour le correcteur monodimensionnel, à savoir $w(x, \omega) = -x + a^* \displaystyle\int_0^x a^{-1}(y, \omega)\, dy$. Il est facile de se convaincre qu'à moins d'un miracle, ce correcteur n'est pas stationnaire, comme nous l'avons vu au Chapitre 1, pages 63 et suivantes.

En revanche, en dimension $d \geq 3$, il a été récemment prouvé dans [GO17] que le correcteur était lui-même stationnaire, sous une hypothèse supplémentaire de trou spectral. De façon très grossière, il s'agit d'une version faible de l'inégalité de Poincaré.

La propriété de *trou spectral* (ou en anglais *spectral gap*) est en effet une propriété du cadre probabiliste sur lequel les équations sont posées. Nous renvoyons par exemple à [BGL14, Chapitre 4] pour une présentation exhaustive du formalisme

et des questions associées. La propriété stipule qu'il existe une constante C telle
que, pour toute fonction f pour laquelle le second membre a un sens,

$$\int_{\mathbb{R}^d} f^2 \, d\mu - \left(\int_{\mathbb{R}^d} f \, d\mu \right)^2 \leq C \, D(f), \qquad (4.132)$$

où $D(f)$ est la *forme de Dirichlet* associée au cadre de travail considéré. Dans le
nôtre, cette forme vaut $\int_{\mathbb{R}^d} |\nabla f|^2 \, d\mu$ et la mesure μ est la mesure de probabilité
définissant l'espérance "habituelle" pour le cadre stationnaire discret. Le lecteur
notera que le membre de gauche de (4.132) s'écrit aussi $\int_{\mathbb{R}^d} \left(f - \int_{\mathbb{R}^d} f \, d\mu \right)^2$
et donc que, pour le cas périodique reconnu comme un cas particulier du cadre
stochastique stationnaire (nous verrons les détails de ceci dans la Section 4.3.2 ci-
dessous), l'inégalité (4.132) est exactement l'inégalité de Poincaré-Wirtinger. Ce
cas particulier permet d'expliquer la terminologie de "trou spectral". En effet, la
constante de l'inégalité de Poincaré-Wirtinger est égale à l'inverse de la différence
entre les deux premières valeurs propres de l'opérateur $-\Delta$ défini sur H^1_{per}. Le
fait qu'elle soit finie correspond bien à la présence d'un "trou" dans le spectre de
cet opérateur. D'ailleurs, pour la culture du lecteur, nous mentionnons aussi que
la propriété de trou spectral joue un rôle crucial dans l'étude du comportement en
temps long de la solution de la forme parabolique des équations elliptiques que nous
étudions ici. Nous verrons des questions reliées à la fin de la Section 6.3.3.

La propriété de trou spectral est plus exigeante que celle d'ergodicité, qu'elle
implique. Si elle est vérifiée, alors il peut effectivement être établi, comme nous
l'annoncions ci-dessus, et le résultat est tout à fait récent et contenu dans [GO17],
que, en dimension $d \geq 3$, le correcteur w_p défini ci-dessus est *lui-même* stationnaire
(en plus de son gradient, qui, lui, l'est toujours). Intuitivement, ceci peut se
comprendre par exemple en observant que la borne (4.123), uniforme en η, obtenue
ci-dessus sur $\nabla w_{p,\eta}$ se transmet, en gros, à $w_{p,\eta}$ lui-même et permet de passer aussi
à la limite sur ce dernier dans l'espace des fonctions stationnaires.

Une autre remarque, plus naturelle, est la suivante.

Remarque 4.9 *Nous avons travaillé ci-dessus dans le cadre stationnaire discret
défini par (4.116), dont nous avons déjà eu l'occasion de dire qu'il était plus naturel
pour notre étude des problèmes d'homogénéisation dans des géométries périodiques
perturbées. Un résultat analogue à celui de la Proposition 4.8 est valable dans le
cas de la stationnarité continue. Nous admettrons ce résultat d'énoncé évident, et
le lecteur peut aisément réaliser que sa preuve est à peu de choses près celle du
cadre discret (disons dans sa première version, mais il est aussi possible d'adapter
la deuxième version) : régularisation du problème par un terme d'ordre zéro $\eta \, w_{p,\eta}$,
formulation variationnelle (effacer mentalement les $\int_Q \ldots dx$ dans (4.122)), et
passage à la limite. La seule petite nuance est la preuve du fait que la solution
de la formulation variationnelle est solution de l'équation "habituelle" au sens*

des distributions : le lecteur a déjà compris qu'il s'agit de remplacer (4.126) par sa version "continue" $\Phi(x, \omega) = \displaystyle\int_{\mathbb{R}^d} \chi(x + y)\, \varphi(\tau_{-y}\,\omega)\, dy$. *De même, dans la deuxième version de la preuve, l'espace de Hilbert H est défini comme un sous-espace de $L^2(\Omega)$ et non $L^2(\Omega, L^2(Q))$, et toutes les intégrales sur Q disparaissent dans la preuve. La fonction test (4.126) est là aussi remplacée par celle ci-dessus.*

Ayant obtenu, par la Proposition 4.8, l'existence presque sûre du correcteur à gradient stationnaire, il est intéressant d'observer ce que cela implique pour les cas particuliers du cadre stationnaire que nous avons mentionnés dans cet ouvrage.

4.3.2 Retour sur les cas particuliers

Application au cadre périodique.   Tout d'abord, nous nous souvenons que, par nos observations de la Section 1.6.3 au Chapitre 1, le cadre périodique se reconnaît comme un cadre stationnaire. L'argument du Chapitre 1 a été fait en dimension 1, mais il est immédiat de l'adapter en dimension d quelconque. L'objet de notre discussion n'est donc évidemment pas de prouver l'existence d'un correcteur périodique, ce que nous savons déjà, mais de le "re-prouver" à partir du cadre aléatoire, ceci étant un moyen de mieux comprendre ce dernier cadre.

Commençons par identifier le cadre périodique à un cas particulier du cadre stationnaire *continu*, il s'agit de la connexion faite le plus traditionnellement. Comme dit à la Section 1.6.3 au Chapitre 1, nous utilisons pour cela le tore comme espace de probabilité, la mesure de Lebesgue comme mesure de probabilité, et la translation $\tau_x \omega = x + \omega$ comme action de groupe.

Prenons alors $a_{per}(x)$ un coefficient périodique et définissons $a(x, \omega) = a_{per}(x + \omega)$, presque sûrement en ω et pour presque tout $x \in \mathbb{R}^d$. Ce coefficient est stationnaire, puisque

$$a(x + y, \omega) = a_{per}(x + y + \omega) = a(x, \tau_y\omega),$$

presque sûrement en ω et pour presque tout $x \in \mathbb{R}^d$ et $y \in \mathbb{R}^d$. En appliquant le résultat analogue, dans le cadre continu, à celui de la Proposition 4.8, nous obtenons l'existence presque sûre d'un correcteur $w_p(x, \omega)$, de gradient stationnaire et d'espérance nulle $\mathbb{E}\, \nabla w_p(x, \omega) = 0$ pour presque tout $x \in \mathbb{R}^d$. Nous savons, par construction, par le même argument que celui fait à la Section 1.6.3 et par stationnarité, que la fonction $\nabla w_p(x, \omega)$ vérifie $\nabla w_p(x', \omega') = \nabla w_p(x, \omega)$ dès que $x' + \omega' = x + \omega \bmod(1)$. Ainsi, $\nabla w_p(x, \omega)$ se reconnaît comme une fonction périodique de $x + \omega$. Elle est bien sûr un gradient de la variable x (parce que son rotationnel est nul) et nous la notons $\nabla w_{p, per}(x + \omega)$. Le lecteur notera que notre notation par un indice *per* anticipe sur la périodicité, mais que à ce stade, nous ne savons pas *encore* que $w_{p, per}$ elle-même est périodique de la variable $x + \omega$. En revanche, nous savons que son gradient, en tant que fonction périodique de la variable $x + \omega$, est de moyenne nulle. En effet, la condition $\mathbb{E}\,\nabla w_p(x, \omega) = 0$ s'écrit, puisque Ω est le tore et la mesure de probabilité est la mesure de Lebesgue,

$$\int_{\mathbb{T}^d} \nabla w_p(x + \omega)\,d\omega = 0,$$

pour presque tout $x \in \mathbb{R}^d$, ce qui est exactement dire que la fonction périodique $\nabla w_{p,per}$ est de moyenne périodique nulle. Il s'agit donc effectivement du gradient d'une fonction elle aussi périodique, ce qui valide notre notation $w_{p,per}$ (et nous pouvons bien sûr rendre cette dernière fonction unique en la supposant par exemple de moyenne nulle). Observons alors que, l'ensemble des ω pour lesquels nous avons établi l'existence d'un correcteur stationnaire étant de mesure pleine, nous pouvons choisir au moins un point ω_0 dans cet ensemble et poser $w_{p,per}(x + \omega_0) = w_p(x, \omega_0)$. Comme la fonction $w_{p,per}(x + \omega_0)$ est solution de l'équation du correcteur stationnaire avec coefficient $a(x, \omega_0) = a_{per}(x + \omega_0)$, nous avons effectivement obtenu une solution de l'équation du correcteur périodique (changer finalement $x + \omega_0$ en x, ce qui revient à "lire" l'équation au point translaté, pour retrouver sa formulation habituelle).

Si nous voulons alternativement identifier le cadre périodique à un cas particulier du formalisme stationnaire *discret*, et que nous choisissons un coefficient a_{per}, nous devons alors définir le coefficient aléatoire $a(x, \omega) = a_{per}(x)$, presque sûrement, lequel coefficient se trouve être stationnaire discret puisque la condition $a(x + k, \omega) = a_{per}(x + k) = a_{per}(x) = a(x, \tau_k \omega)$ est évidemment remplie pour tout $k \in \mathbb{Z}^d$. Par la Proposition 4.8, nous obtenons l'existence presque sûre d'un correcteur $w_p(x, \omega)$, de gradient stationnaire discret et de moyenne nulle, au sens où

$$\mathbb{E} \int_Q \nabla w_p(x, \omega)\,dx = 0.$$

En posant (toujours avec cette "anticipation de notation") $w_{p,per}(x) = \mathbb{E}\,w_p(x, \omega)$, nous savons que $\nabla w_{p,per}$ est périodique (grâce à la stationnarité discrète de $\nabla w_p(x, \omega)$), de moyenne nulle (en utilisant le Lemme de Fubini dans la condition de moyenne nulle de $\nabla w_p(x, \omega)$) et (grâce au fait que le coefficient a_{per} est déterministe, donc l'espérance commute avec l'opérateur différentiel $-\operatorname{div}(a_{per}\,\nabla\,.))$ solution de l'équation $-\operatorname{div}(a_{per}\,(p + \nabla w_{p,per})) = 0$. Cela fournit donc (au cas où nous ne l'aurions pas déjà su) une solution du problème du correcteur périodique. Comme nous le savons, il s'agit du gradient du correcteur périodique déjà connu. Et nous concluons que $w_{p,per}$ ainsi construit est bien un correcteur périodique, donc est, à constante additive près bien sûr, *le* correcteur périodique.

En fait, nous pouvons même montrer que, presque sûrement, $w_p(x, \omega)$ (et pas seulement son espérance) est égal (cette fois à constante additive *aléatoire* près) à ce correcteur périodique. En effet, $w_{p,per}$ est *en particulier* une fonction stationnaire discrète, donc son gradient aussi, et son gradient résout, comme $\nabla w_p(x, \omega)$, la formulation variationnelle

$$\mathbb{E} \int_Q a_{per}(x) \, \nabla w_{p,per}(x) . \nabla v(x, \omega) \, dx \; = \; - \mathbb{E} \int_Q a_{per}(x) \, p . \nabla v(x, \omega) \, dx,$$

pour toute fonction $v(x, \omega)$ stationnaire discrète, parce que de nouveau nous pouvons permuter espérance et opérateur différentiel. Nous pouvons donc appliquer directement la propriété d'unicité du gradient du correcteur stationnaire (établie, nous le rappelons, dans [PV81] et reproduite ci-dessus dans la preuve de la Proposition 4.8 pour conclure que $\nabla w_{p,per}(x) = \nabla w_p(x, \omega)$ (presque sûrement et presque partout), donc que $w_{p,per}(x) - w_p(x, \omega)$ est une variable aléatoire indépendante de x.

Application au cadre quasi-périodique. Le cadre quasi-périodique s'identifie, nous l'avons vu à la Section 1.6.3 du Chapitre 1, à un cas particulier du cadre stationnaire continu. Il s'agit en fait d'une petite modification de l'identification similaire faite dans ce même chapitre dans le cadre périodique et rappelée dans la première moitié du paragraphe ci-dessus.

Il serait donc naturel qu'on puisse déduire l'existence d'un correcteur quasi-périodique (ou au moins à gradient quasi-périodique) en utilisant l'existence presque sûre d'un correcteur $w_p(x, \omega)$, de gradient stationnaire et d'espérance nulle $\mathbb{E} \nabla w_p(x, \omega) = 0$ pour presque tout $x \in \mathbb{R}^d$, établie par l'analogue de la Proposition 4.8 dans le cadre continu. Pourtant, la "petite" modification du passage du cadre périodique au cadre quasi-périodique va considérablement modifier la situation vue au paragraphe ci-dessus, et en fait rendre impossible cette démarche.

Le cas monodimensionnel suffit déjà à expliquer l'obstruction. C'est pourtant un cas pour lequel nous savons, depuis la Section 2.4 du Chapitre 2, qu'il existe un correcteur à dérivée quasi-périodique. La question posée est : peut-on le retrouver à partir du cadre stationnaire ? Et nous allons voir que, pour ce faire, il faut "tricher". Le cas de la dimension $d \geq 2$ sera immédiatement traité ensuite, et nous y verrons l'impossibilité annoncée.

Choisissons $a_{q-per}(x)$ un coefficient quasi-périodique de la variable réelle $x \in \mathbb{R}$, et supposons ce coefficient au moins continu, pour pouvoir le reconnaître comme la trace d'un coefficient régulier périodique de dimension supérieure. Pour simplifier l'exposé, mais comme toujours cela ne change évidemment rien à ce que nous allons dire, supposons ce coefficient issu d'un coefficient périodique de dimension $d = 2$. Plus précisément, supposons

$$a_{q-per}(x) = a_{per}\left(x, \frac{x}{\sqrt{2}}\right),$$

où $a_{per}(x, y)$ est un coefficient régulier périodique de cellule de périodicité $Q = [0, 1]^2$, et bien sûr coercif. Le coefficient $a_{q-per}(x)$ a donc pour quasi-périodes 1 et $\sqrt{2}$. Le cadre stationnaire associé à cette situation quasi-périodique est obtenu en prenant comme espace de probabilité $\Omega = Q = [0, 1]^2$, la mesure de

Lebesgue comme mesure de probabilité, et la loi d'action $\tau_x \omega = \omega + \left(x, \dfrac{x}{\sqrt{2}} \right) = \left(\omega_1 + x, \omega_2 + \dfrac{x}{\sqrt{2}} \right)$ pour presque tout $\omega = (\omega_1, \omega_2) \in \Omega$ et $x \in \mathbb{R}$. L'irrationalité de $\sqrt{2}$ entraîne l'ergodicité du cadre stationnaire considéré. Nous posons alors $a(x, \omega) = a_{per} \left(\omega_1 + x, \omega_2 + \dfrac{x}{\sqrt{2}} \right)$, coefficient qui, par construction, est stationnaire (et régulier, borné, coercif). Le résultat du cadre stationnaire nous fournit l'existence presque sûre d'une solution à l'équation du correcteur (2.58), à savoir

$$ -\frac{d}{dx} \left(a(x, \omega) \left(1 + \frac{dw}{dx}(x, \omega) \right) \right) = 0, $$

version monodimensionnelle de l'équation du correcteur, solution qui vérifie de plus w' stationnaire et $\mathbb{E}w' = 0$. La propriété de régularité elliptique (qui est un bien grand mot dans ce cadre monodimensionnel, car il nous suffirait de résoudre l'équation différentielle ordinaire pour obtenir la même conclusion) nous permet d'affirmer que la fonction w' est régulière. La question qui se pose est de savoir si l'équation entraîne une équation du correcteur quasi-périodique et si cette fonction w' est une fonction quasi-périodique. C'est à ce moment que le sol se dérobe sous nos pieds... Prenons un ω pour lequel l'équation est vraie. Avec l'expérience du paragraphe précédent sur le cadre périodique derrière nous, nous nous attendons à trouver l'équation du correcteur quasi-périodique *translatée* en le point ω. Mais, pour obtenir que w' est quasi-périodique, nous devons reconnaître cette fonction comme la trace d'une fonction périodique régulière. Or, si nous savons bien que w' est stationnaire, donc s'écrit $w'(x, \omega) = W_{per} \left(\omega_1 + x, \omega_2 + \dfrac{x}{\sqrt{2}} \right)$, pour une certaine fonction W_{per} périodique et appartenant à $L^2(\Omega)$, et si la "régularité elliptique" nous a bien dit que la fonction $x \mapsto w'(x, \omega)$ était (presque sûrement) régulière de la variable x, elle ne nous a pas dit que la fonction $(x, y) \mapsto W_{per} \left(\omega_1 + x, \omega_2 + \dfrac{y}{\sqrt{2}} \right)$ était (presque sûrement) régulière de la variable *bidimensionnelle* $(x, y) \in \mathbb{R}^2$, et donc que prendre sa trace en $x = y$ était légitime et donnait une fonction quasi-périodique. Donc nous ne pouvons pas conclure ... à moins... et c'est évidemment spécifique à ce cadre monodimensionnel, de "tricher" en résolvant explicitement l'équation, c'est à dire en écrivant $a(x, \omega)(1 + w'(x, \omega)) = c(\omega)$ pour une variable aléatoire $c(\omega)$, dont on montre ensuite (par un argument déjà fait au Chapitre 2, page 91) par stationnarité et ergodicité qu'elle est en fait constante, et d'où l'on déduit alors que w' s'exprime explicitement en fonction de $a(x, \omega)$ selon la formule habituelle. Formule dont nous déduisons enfin que w' est, donc, quasi-périodique (et qu'elle résout l'équation *sûrement*) !

Mais, dans le cadre de la dimension $d \geq 2$, nous ne pouvons pas tricher ainsi. Impossible de résoudre explicitement l'équation du correcteur. Et donc impossible d'obtenir à partir du cadre stationnaire ni l'équation sûrement, ni que sa solution est à gradient quasi-périodique. Même si, répétons-le, cela n'empêche pas de faire l'homogénéisation quasi-périodique à partir de l'homogénéisation stationnaire, pourvu que, comme nous l'avons précisé plus haut, on comprenne bien ce que veut dire, dans ce cadre, "faire l'homogénéisation". Ceci, *a posteriori*, justifie l'intérêt de notre Section 4.2.2.1.

Application au cadre presque périodique.   Venons-en finalement au cadre presque périodique.

Comme dans le cadre quasi-périodique que nous venons d'aborder, nous savons aussi depuis le Chapitre 1 que le cadre presque périodique s'identifie à un cas particulier du cadre stationnaire continu. L'espace de probabilité abstrait à considérer est le compactifié de Bohr $\mathbb{G}$ et la mesure de probabilité sur cet espace la mesure de Haar. L'action de groupe abstraite est la "somme" $\tau_x \omega = x + \omega$, où la loi d'addition $+$ est celle du compactifié et prolonge l'addition dans $\mathbb{R}^d$.

De nouveau, on peut donc penser naturel de déduire l'existence d'un correcteur presque périodique (ou au moins à gradient presque périodique) en utilisant l'existence presque sûre d'un correcteur $w_p(x, \omega)$ de ce cadre stationnaire. Pourtant, comme nous venons de le voir dans le cadre quasi-périodique du paragraphe précédent, nous allons rencontrer une obstruction, en un certain sens similaire.

Pour comprendre la difficulté, soyons un peu plus précis dans notre identification du cadre presque périodique.

La première option est de considérer les fonctions presque périodiques *continues*, c'est-à-dire au sens de Bohr (voir la Définition 1.11), c'est-à-dire encore, comme nous l'avons vu, la fermeture des polynômes trigonométriques pour la norme uniforme sur l'espace $\mathbb{R}^d$ (cf. Théorème 1.13). La théorie rappelée au Chapitre 1 (voir notamment le Théorème 1.19) nous permet alors d'identifier cet espace avec celui $C(\mathbb{G})$ des fonctions continues sur le compactifié de Bohr $\mathbb{G}$. Le coefficient presque périodique $a_{p-per}(x)$ continu (et bien sûr comme d'habitude coercif et borné) peut donc être considéré comme un coefficient stationnaire $a(x, \omega)$. Tentons alors d'utiliser le résultat d'existence d'un correcteur $w_p(x, \omega)$ à gradient stationnaire et $L^2(\mathbb{G})$ dans ce cadre. Nous savons que le correcteur construit résout presque sûrement l'équation à coefficient presque périodique. Supposons avoir manipulé dès le départ un coefficient presque périodique $a_{p-per}(x)$ non seulement continu mais disons de régularité höldérienne $C^{0,\alpha}$, pour un certain $\alpha > 0$. Par un argument de régularité elliptique (et de manière similaire à ce que nous avons évoqué au paragraphe précédent), nous en déduisons que, dit rapidement mais bien sûr tout ceci peut se formaliser rigoureusement, "pour les ω tels que l'équation est vraie", $\nabla w_p(x, \omega)$ est une fonction continue de la variable $x \in \mathbb{R}^d$. Ceci signifie que la fonction

$$x \longmapsto \nabla W_p(x + \omega),$$

fonction abstraite de $L^2(\mathbb{G})$ naturellement associée à $\nabla w_p(x, \omega)$, est, presque sûrement en ω, continue en x. Ceci, cependant, *n'implique pas* que cette fonction ∇W_p soit continue sur $\mathbb{G}$. En effet, les directions réelles x ne sont pas *toutes les directions* dans $\mathbb{G}$, puisque nous savons, depuis le Chapitre 1 aussi, que $\mathbb{R}^d$ est de mesure de Haar nulle dans son compactifié de Bohr (voir en cela la page 52). La fonction n'étant pas continue, elle n'est *a priori* pas dans $C(\mathbb{G})$, et nous ne pouvons pas l'identifier à une fonction presque périodique.

Essayons alors une autre voie, en considérant les fonctions presque périodiques non nécessairement continues, et plus précisément les fonctions presque périodiques au sens de Besicovitch (voir la Définition 1.17), fermeture pour la semi-norme $\langle |f|^p \rangle^{1/p}$, $1 \le p < +\infty$, issue de la moyenne au sens $L^p(\mathbb{R}^d)$, des polynômes trigonométriques. Nous savons alors que cet espace s'identifie à $L^p(\mathbb{G})$ modulo le quotientage par l'ensemble des fonctions de norme nulle. Rappelons alors que, dans cet espace quotient, la fonction f et la fonction $f + \varphi$ où φ est par exemple une fonction à support compact appartiennent à la même classe d'équivalence, donc sont indiscernables. De nouveau, appliquons le résultat d'existence du correcteur à gradient stationnaire. Dans ce cadre, cette existence signifie l'existence d'une *classe d'équivalence* adéquate, c'est-à-dire l'existence d'une fonction à gradient stationnaire à l'addition près d'une fonction "invisible dans la moyenne". Nous savons aussi, par le cadre général, que l'équation est, presque sûrement en ω, vérifiée, au sens des distributions en x, donc qu'il existe un *représentant* de la classe en question qui est solution. En d'autres termes, nous avons dans cette fameuse classe : (a) un représentant qui est un gradient presque périodique (au sens de Besicovitch) à l'addition près d'une fonction de moyenne nulle, et (b) un représentant qui est, presque sûrement, solution de l'équation du correcteur, toujours à addition d'une fonction convenable près. Mais rien ne nous dit que nous puissions trouver, presque sûrement, une fonction à gradient presque périodique solution de l'équation du correcteur. Et même si ceci est le cas, rien ne nous dit que nous pourrons, en toute généralité, en déduire l'existence d'une vraie solution de l'équation à gradient presque périodique.

Evidemment, dans chacune des versions ci-dessus, nous aurions pu considérer comme exemple particulier le cadre de la dimension 1 d'espace, où nous pouvons explicitement démontrer, par intégration de l'équation différentielle ordinaire, l'existence d'un correcteur à gradient presque périodique. Dans chacune des voies, nous n'aurions pas pu le *"retrouver"*.

4.3.3   Passage à la limite vers le problème homogénéisé

Sachant l'existence d'un correcteur à gradient stationnaire, nous pouvons assez facilement procéder de manière similaire ce que nous avions fait, au Chapitre 3, lorsque nous avons explicitement identifié la limite homogénéisée pour le cadre périodique.

Nous travaillons dans le cas d'une stationnarité discrète, sachant comme d'habitude que nos arguments peuvent être modifiés aux bons endroits (et ce n'est pas très dur) pour couvrir le cas de la stationnarité continue.

En premier lieu, nous appliquons pas à pas nos arguments du début de Section 3.1.

Introduisons la formulation variationnelle de l'équation (4.115). Pour un second membre $f \in L^2(\mathcal{D})$, (et il nous suffirait en fait de supposer $f \in H^{-1}(\mathcal{D})$) nous entendons : *trouver $u^\varepsilon \in L^2\left(\Omega, H_0^1(\mathcal{D})\right)$ telle que, pour toute fonction $v \in L^2\left(\Omega, H_0^1(\mathcal{D})\right)$,*

$$\mathbb{E} \int_{\mathcal{D}} a_\varepsilon(x, \omega) \, \nabla u^\varepsilon(x, \omega) \, . \, \nabla v(x, \omega) \, dx \; = \; \mathbb{E} \langle f \, , \, v(., \omega) \rangle_{H^{-1}(\mathcal{D}), H_0^1(\mathcal{D})} \tag{4.133}$$

ce qui est en fait équivalent, vu les espaces fonctionnels imposés pour u^ε et v, à avoir presque sûrement (c'est-à-dire $\mathbb{P}$-presque partout en $\omega \in \Omega$), une formulation variationnelle du type (3.2) en la variable d'espace. La formulation (4.133) s'obtient formellement à partir de (4.115) en multipliant par $v(x, \omega)$, en intégrant sur $\mathcal{D}$, en intégrant par parties en x, et en prenant l'espérance. Réciproquement, en utilisant une fonction test $v(x, \omega) = \theta(x)\phi(\omega)$ où θ est $C^\infty(\mathbb{R}^d)$ à support compact et $\phi \in L^2(\Omega)$, et en utilisant la densité de l'espace vectoriel engendré par ces fonctions, nous retrouvons (3.2).

Le Lemme de Lax-Milgram (appliqué à bon droit lorsque $a(x, \omega)$ est supposée vérifier presque sûrement la condition (3.1)) permet d'obtenir l'existence et l'unicité de u^ε, et, en procédant comme à la Section 3.1, nous obtenons

$$\mathbb{E} \int_{\mathcal{D}} \left| \nabla u^\varepsilon(x) \right|^2 dx \leq C \, \mathbb{E} \left[\|f\|_{H^{-1}(\mathcal{D})} \, \|u^\varepsilon\|_{H_0^1(\mathcal{D})} \right],$$

$$\leq C \, \|f\|_{H^{-1}(\mathcal{D})} \left(\mathbb{E} \left[\|u^\varepsilon\|_{H_0^1(\mathcal{D})}^2 \right] \right)^{1/2},$$

où la constante C ne dépend pas de ε et où nous avons utilisé l'inégalité de Cauchy-Schwarz dans $L^2(\Omega)$. Par application de l'inégalité de Poincaré, nous en déduisons que

$$u^\varepsilon \quad \text{est bornée dans } L^2\left(\Omega, H_0^1(\mathcal{D})\right) \quad \text{uniformément en } \varepsilon. \tag{4.134}$$

A extraction d'une sous-suite près que nous ne notons pas, la suite u^ε converge donc faiblement dans $L^2\left(\Omega, H_0^1(\mathcal{D})\right)$ vers une certaine fonction u^* (*a priori* une fonction aléatoire !) et de même la suite $a_\varepsilon \nabla u^\varepsilon$ converge faiblement dans $L^2\left(\Omega, L^2(\mathcal{D})^d\right)$, vers une certaine fonction (aussi aléatoire) à valeurs vectorielles r^*.

Nous suivons alors notre argument du cadre périodique de la Section 3.4.2 (qui est aussi celui du cadre périodique avec défaut L^q de la Section 4.1.1.2).

Par linéarité et passage à la limite faible dans (4.115), nous obtenons, comme dans (3.80), que $-\text{div} \, r^* = f$. Par ailleurs, pour tout $p \in \mathbb{R}^d$, les propriétés du correcteur w_p et le théorème ergodique (Théorème 1.21 en dimension 1, dont la généralisation à la dimension quelconque est évidente) entraînent la convergence (3.82), c'est-à-dire :

$$p + \nabla w_p \left(\frac{x}{\varepsilon}, \omega \right) \longrightarrow p.$$

dans $L^2 \left(\Omega, L^2(\mathcal{D}) \right)$, pendant que, dans le même espace, $a \left(\frac{x}{\varepsilon}, \omega \right)$ $\left(p + \nabla w_p \left(\frac{x}{\varepsilon}, \omega \right) \right) \longrightarrow \mathbb{E} \int_Q a \left(p + \nabla w_p \right)$. Nous définissons comme dans (3.83) la matrice constante $(a^*)^T$ par

$$a \left(\frac{x}{\varepsilon}, \omega \right) \left(p + \nabla w_p \left(\frac{x}{\varepsilon}, \omega \right) \right) \longrightarrow \mathbb{E} \int_Q a \left(p + \nabla w_p \right) = (a^*)^T p, \quad (4.135)$$

et nous considérons la quantité scalaire "magique", analogue de (3.84),

$$\left[a \left(\frac{x}{\varepsilon}, \omega \right) \left(p + \nabla w_p \left(\frac{x}{\varepsilon}, \omega \right) \right) \right] . \nabla u^\varepsilon = \left[a \left(\frac{x}{\varepsilon}, \omega \right) \nabla u^\varepsilon \right] . \left(p + \nabla w_p \left(\frac{x}{\varepsilon}, \omega \right) \right).$$

Comme dans (3.85), nous l'écrivons sous la forme $\mathbf{f}^\varepsilon . \mathbf{g}^\varepsilon = \mathbf{r}^\varepsilon . \mathbf{s}^\varepsilon$, et appliquons mot à mot le raisonnement déjà fait pour passer à la limite dans les produits de chaque côté, grâce au Lemme du div-curl, c'est-à-dire le Lemme 3.16. Nous obtenons $\left[(a^*)^T p \right] . \nabla u^* = r^* . p$, c'est-à-dire

$$\left[a^* \nabla u^* \right] . p = r^* . p.$$

Ceci étant vrai pour tout $p \in \mathbb{R}^d$, nous concluons que $r^* = a^* \nabla u^*$, et donc, en passant à la limite dans l'équation (4.114), que $-\operatorname{div} (a^* \nabla u^*) = f$ pour la matrice homogénéisée a^* définie par (4.135).

Nous avons donc établi le résultat suivant

Proposition 4.10 (Limite homogénéisée dans le cadre stationnaire discret) *La solution $u^\varepsilon(x, \omega)$ du problème (4.114) converge faiblement, quand $\varepsilon \to 0$, dans l'espace $L^2 \left(\Omega, H_0^1 (\mathcal{D}) \right)$, vers $u^*(x)$, fonction déterministe solution de*

$$\begin{cases} - \operatorname{div}(a^* \nabla u^*(x)) = f(x) \ dans \ \mathcal{D} \subset \mathbb{R}^d, \\ u^* = 0 \qquad\qquad\qquad\ sur \ \partial \mathcal{D}, \end{cases} \quad (4.136)$$

pour la matrice déterministe a^* de terme général défini par

$$[a^*]_{ij} = \mathbb{E} \int_Q a \left(e_j + \nabla w_{e_j} \right) e_i, \quad (4.137)$$

où w_{e_j} est la solution pour $p = e_j$ de l'équation du correcteur stationnaire (4.115) dont l'existence est établie à la Proposition 4.8. De plus, nous avons aussi la *convergence des flux :*

$$a \left(\frac{x}{\varepsilon}, \omega \right) \nabla u^\varepsilon (x, \omega) \longrightarrow a^* \nabla u^* \tag{4.138}$$

dans $L^2(\Omega \times \mathcal{D})$.

Le lecteur aurait pu avoir la légitime tentation suivante. "A ω fixé" (ce qui est une phrase familière pour dire que la suite de cette remarque s'entend *presque sûrement*), le problème (4.114) est un problème d'homogénéisation "général", qui, compte tenu des bornes sur a, peut se traiter sur la seule base du résultat théorique central de la théorie générale de l'homogénéisation énoncé à la Section 3.1.1, à savoir la Proposition 3.1. Ce résultat donne bien l'existence d'une limite homogénéisée, mais on doit alors garder à l'esprit que la matrice homogénéisée obtenue est inconnue, et surtout qu'elle est *a priori* une matrice *aléatoire* $a^*(\omega)$, et qui dépend de surcroît de l'extraction utilisée lors de l'application de la Proposition 3.1, sous-suite qui, elle aussi, dépend de ω. Par notre argument ci-dessus, nous avons obtenu beaucoup mieux : en considérant la *famille* de problèmes (4.114), on obtient que le coefficient homogénéisé est *déterministe*. C'est la structure stationnaire ergodique qui assure ce résultat, structure *transverse* en ω qui relie entre eux les problèmes à différents ω (penser à l'opérateur τ) et entraîne que la limite est déterministe.

Si l'on a travaillé d'abord ω par ω, il est aussi possible de montrer que la variable aléatoire $a^*(\omega)$ est en fait déterministe, et qu'elle vaut la matrice a^* déterminée ci-dessus et définie par (4.135). Un argument additionnel est nécessaire. Ceci peut par exemple se démontrer par la méthode des fonctions oscillantes (indiquée dans la Section 3.4.2). Le résultat prouvé est alors un résultat d'homogénéisation presque sûre, au sens suivant:

Proposition 4.11 *Sous les hypothèses de la Proposition 4.10, et avec les mêmes notations, nous avons les convergences presque sûres (en ω) suivantes :*

$$u^\varepsilon \longrightarrow u^* \text{ dans } H^1(\mathcal{D}), \tag{4.139}$$

$$u^\varepsilon \longrightarrow u^* \text{ dans } L^2(\mathcal{D}), \tag{4.140}$$

et

$$a \left(\frac{\cdot}{\varepsilon} \right) \nabla u^\varepsilon \longrightarrow a^* \nabla u^* \text{ dans } L^2(\mathcal{D}). \tag{4.141}$$

Remarque 4.12 *Des résultats analogues aux Propositions 4.10 et 4.11 sont bien sûr vrais dans le cadre stationnaire* continu. *Seule change l'expression de la matrice homogénéisée a^* qui devient* $[a^*]_{ij} = \mathbb{E} \left(a \left(e_j + \nabla w_{e_j} \right) e_i \right)$*, la Proposition 4.8 étant remplacée par la Remarque 4.9.*

Les résultats ci-dessus ne disent rien de la convergence forte, même dans $L^2(\Omega \times \mathcal{D})$. Et à moins d'un travail supplémentaire, nous ne pouvons rien conclure

en ce sens, car la compacité dans la variable ω, contrairement à celle issue du
Théorème de Rellich pour la variable x, est inaccessible. De tels résultats de
convergence forte dans $L^2(\Omega \times \mathcal{D})$ sont démontrés par exemple dans [PV81,
Theorem 3] (pour un opérateur elliptique contenant un terme d'ordre 0, de la forme
$L_\varepsilon u = -\operatorname{div}(a_\varepsilon \nabla u) + \alpha u$, $\alpha > 0$) et [Koz80, Proposition 1].

La question de la convergence forte dans $L^2(\Omega, H_0^1(\mathcal{D}))$ se pose également, avec
toutefois une correction, comme dans le cas périodique (voir la formule (3.55)). Ici
encore, des résultats en ce sens sont démontrés dans [PV81, Theorem 3] (toujours
pour un opérateur régularisé), et [Koz80, Proposition 1].

Nous renvoyons également à [AKM19] pour des résultats plus récents dans
cette direction. Les techniques utilisées sont assez différentes de celles que nous
avons vues jusqu'ici, et il n'est pas approprié de les développer dans cet ouvrage
introductif.

Chapitre 5
Approches numériques

Ce chapitre est une introduction aux approches numériques pour les problèmes multi-échelles du type (1). Il aborde successivement trois grands types de méthodologies.

Dans la Section 5.1, nous mettons en œuvre numériquement l'approche développée dans les Chapitres 1 à 4 précédents. Nous considérons le problème (1) sous des conditions telles sur le coefficient a_ε que ce problème admet une limite homogénéisée, de la forme (3.8), "calculable". Il s'agit alors, dans l'ordre, d'approcher numériquement le correcteur w_p associé au problème, d'en déduire le coefficient a^* apparaissant dans (3.8), et enfin une approximation à deux échelles $u^{\varepsilon,1}$ de la solution exacte u^ε de (1). Après des rappels dans la Section 5.1.1, nous menons à bien ce programme dans les Sections 5.1.2 à 5.1.5, en examinant notamment les cadres de travail périodique (Section 5.1.3), périodique avec défauts (Section 5.1.4), et stochastique (Section 5.1.5).

La Section 5.2 présente une approche différente, plus moderne, plus générale, ou plus complète (selon les points de vue...), celle des *méthodes numériques multi-échelles*. Dans ces méthodes, la théorie de l'homogénéisation est un guide de pensée, utile pour l'intuition de nouvelles approches et leur justification mathématique, mais pas indispensable pour leur mise en œuvre. Nous introduisons une telle méthode, dite *MsFEM* (Multiscale Finite Element Method, ou Méthode des éléments finis multi-échelles), dans un contexte monodimensionnel à la Section 5.2.1, puis en dimension 2 (et en fait en dimension générale) à la Section 5.2.2. La Section 5.2.3 présente brièvement la principale concurrente des méthodes *MsFEM*, la méthode *HMM* (Heterogeneous Multiscale Method). Et la Section 5.2.4 présente une variante de l'approche, ne serait-ce que pour montrer la diversité possible. Quant à la Section 5.2.5, nous y discutons quelques questions générales reliées aux méthodes multi-échelles, leur implémentation et leurs applications.

Notre troisième et dernière Section 5.3 procède de l'observation (qui sera précisée à la Section 5.1.5) que le cadre multi-échelle stochastique est très coûteux

X. Blanc, C. Le Bris, *Homogénéisation en milieu périodique... ou non*, Mathématiques et Applications 88, https://doi.org/10.1007/978-3-031-12801-1_5

numériquement.   Pouvoir l'éviter, trouver un compromis entre une situation périodique idéale et une situation aléatoire parfois impossible à approcher est donc d'une importance pratique capitale.   Nous introduisons donc une famille de stratégies de modélisation possibles dans un cadre "faiblement" aléatoire, où le problème aléatoire considéré est en fait une petite perturbation, en un sens qui sera précisé, du problème périodique. Les Sections 5.3.1 et 5.3.2 présentent deux exemples de stratégies allant dans cette direction.

A l'abord de ce chapitre, précisons qu'une description complète des méthodes numériques demanderait un ouvrage entier.   Nous réitérerons ce commentaire plus loin, mais pour les éléments de base sur les méthodes numériques (non nécessairement multi-échelles), nous renvoyons aux ouvrages de référence, comme par exemple (dans une immense liste possible) [Qua18, QV08, BS08, EG02, EG04] avec une forte préférence pour le premier.   Nous souhaitons aussi, pour certains aspects d'implémentation et aussi une présentation des méthodes éléments finis très didactique et peut-être moins habituelle que dans les ouvrages de référence précédents, signaler les lectures possibles suivantes : [Ber01, Jol90, RBD98]. Les méthodes multi-échelles sont omniprésentes dans les articles de recherche mais sont, elles, bien moins documentées dans des ouvrages didactiques.   Nous ne connaissons essentiellement que [EH09], auquel nous renverrons donc aussi par endroit.

5.1   Mise en œuvre de l'approche classique

Dans cette section, et comme annoncé ci-dessus, nous considérons l'approche classique, "historique", de l'homogénéisation: partant du problème oscillant (1)–(2), nous nous plaçons sous des hypothèses sur le coefficient telles qu'un coefficient a^* homogénéisé existe *et* que ce coefficient soit calculable explicitement par une "formule" (et non pas simplement défini par la limite (3.60) de la Proposition 3.13, qui plus est à extraction près).   Dans l'ordre, nous devons donc d'abord réaliser l'approximation numérique du correcteur, puis en déduire celle du coefficient homogénéisé a^*, ce qui nous permettra enfin de résoudre l'équation homogénéisée numériquement, et éventuellement d'améliorer l'approximation obtenue en tenant compte du correcteur. Bref, le programme mis en œuvre est celui annoncé dans les items **(i)-(ii)-(iii)-(iv)** de la page 133 du Chapitre 3.

Le cas prototype de cette situation est le cas périodique, pour lequel le co-efficient a^* s'exprime, via (3.54), en fonction du correcteur périodique solution de (3.67), et permet de définir l'équation homogénéisée (3.8). Nous consacrons la Section 5.1.3 à ce cas.   Le lecteur sait déjà que ce cas périodique n'est largement pas le seul cas où nous pouvons mettre une telle stratégie à l'œuvre. Nous verrons de tels autres cas aux Sections 5.1.4 et 5.1.5. Le premier concerne les perturbations du cadre périodique, le second le cas stochastique, dont nous verrons qu'il est significativement plus exigeant numériquement. Mais tout d'abord, rappelons quelques ingrédients élémentaires sur les méthodes de discrétisation, en

Section 5.1.1 puis appliquons cela à l'équation la plus simple, à savoir l'équation homogénéisée, en Section 5.1.2.

5.1.1 Résoudre numériquement un problème aux limites elliptique sur un domaine borné

Pour le confort du lecteur, nous rappelons brièvement dans cette section quelques notions de base de la discrétisation par méthode d'éléments finis d'un problème aux limites elliptique sur un ouvert borné, pour une dimension ambiante $d \geq 2$. Le cas de la dimension $d = 1$ a été vu en Section 2.1.2 au Chapitre 2. Nous choisissons comme problème "type" le problème suivant:

$$\begin{cases} -\operatorname{div}(a(x)\,\nabla u(x)) = f(x) \text{ dans } \mathcal{D}, \\ \quad u(x) \qquad\quad = 0 \qquad \text{sur } \partial\mathcal{D}, \end{cases} \tag{5.1}$$

pour $f \in L^2(\mathcal{D})$. Il est immédiat de reconnaître, pour $a = a_\varepsilon$, notre problème original (1)–(2) comme un problème de cette forme. De même, pour $a = a^*$, nous obtenons le problème homogénéisé (3.8). Le problème du correcteur (3.67) peut aussi, *modulo* une légère modification nécessaire, notamment pour prendre en compte les conditions au bord périodiques, se reconnaître comme un problème (5.1), nous l'expliquerons plus loin.

Nous décrivons maintenant les grandes étapes de sa discrétisation : formulation variationnelle, approximation interne, construction d'un maillage régulier et quasi-uniforme, introduction d'une approximation par éléments finis, écriture du système algébrique associé, résolution de ce système algébrique, théorie d'analyse numérique justifiant l'approche et quantifiant sa précision. Evidemment, cette courte section ne peut pas se substituer à un authentique cours d'analyse numérique. Nous renvoyons donc le lecteur, par exemple, aux ouvrages mentionnés dès l'introduction de ce Chapitre 5, et plus précisément à [Qua18, Chapter 4], [QV08, Part I], [BS08, Chapters 3 & 5], [EG02].

Nous commençons par la formulation variationnelle de (5.1), analogue de la formulation variationnelle monodimensionnelle (2.10) : *Trouver $u \in H_0^1(\mathcal{D})$ telle que, pour toute fonction $v \in H_0^1(\mathcal{D})$,*

$$\int_{\mathcal{D}} a(x)\,\nabla u(x) \cdot \nabla v(x)\,dx = \int_{\mathcal{D}} f(x)\,v(x)\,dx. \tag{5.2}$$

Dans le cas monodimensionnel, nous avions découpé l'intervalle $[0, 1]$ sur lequel nous résolvions l'équation en N sous-intervalles $\left[\dfrac{i}{N}, \dfrac{i+1}{N}\right]$, $i = 0, \ldots, N-1$, chacun de longueur $H = \dfrac{1}{N}$. A partir de la dimension $d = 2$, nous devons, pour réaliser une tâche analogue, utiliser un *maillage*. Le cas le plus simple, qui est le seul que nous allons considérer ici, est le cas de la dimension $d = 2$ quand un maillage par des *triangles* est utilisé. Nous allons aussi, toujours par souci de simplicité, supposer ici que notre domaine $\mathcal{D}$ est de plus un polygone tel que le maillage triangulaire construit couvre parfaitement le domaine $\mathcal{D}$ dans son ensemble (autrement dit que les côtés extérieurs du maillage épousent parfaitement la frontière $\partial\mathcal{D}$). Dans tous les autres cas, certaines difficultés techniques (voire aussi théoriques) apparaissent : la construction d'un maillage en dimension $d = 3$ est beaucoup plus complexe qu'en dimension $d = 2$, l'adoption de mailles *quadrangulaires* au lieu de triangulaires peut engendrer quelques complexités, et lorsque le domaine lui-même n'est pas un polygone, il faut aussi tenir compte de la qualité de l'approximation de son bord par des côtés de triangles, de quadrilatères, ou des facettes de tétraèdres, etc. Nous écartons tous ces cas ici.

De même, nous omettons de discuter l'ensemble des difficultés *pratiques* liées à la génération d'un "bon" maillage pour les méthodes d'éléments finis. Cette question occupe des vies entières de chercheurs, des rayons entiers de bibliothèque, et des millions de lignes de codes numériques. Pour les questions que nous abordons ici, nous considérons que tout a été fait dans les règles de l'art et que nous avons un tel bon outil de maillage à notre disposition. En dimension $d = 2$ sur des ouverts polygonaux, ce n'est pas une hypothèse très osée : il existe des outils informatiques gratuits et accessibles permettant de faire cela facilement.

Désignons alors par $\mathcal{T}_H$ la réunion des triangles τ_k qui composent le maillage. Nous supposons que ce maillage a toutes les propriétés adéquates de *régularité* de sorte que les théorèmes habituels d'analyse numérique sur les méthodes d'éléments finis appliquées sur ce maillage soient valides. En deux mots et de manière imagée, nous supposons donc que les triangles composant le maillage sont tous de "forme" similaire, de sorte que tous les côtés de chacun d'eux sont essentiellement de "taille" H. Nous renvoyons le lecteur aux traités cités ci-dessus pour la formalisation de ces conditions et plus de détails mathématiques, ce n'est pas notre propos ici (voir par ex. [Qua18, Chapter 4, Section 4.5]).

Contentons-nous de mentionner les deux notions suivantes. Premièrement, le maillage est dit *régulier* si la propriété suivante est vérifiée, uniformément en H, pour tous les éléments (par exemple les triangles) τ_k du maillage

$$\frac{\operatorname{diam}(\tau_k)}{\rho(\tau_k)} \leq C,$$

pour une constante C indépendante de k et de H, et où $\operatorname{diam}(\tau_k)$ désigne le diamètre de l'élément τ_k et $\rho(\tau_k)$ le rayon du cercle inscrit dans cet élément. Cette propriété assure que les opérateurs d'*interpolation* sur les nœuds du maillage ont de bonnes propriétés d'approximation. Deuxièmement, le maillage est dit *quasi-uniforme* si, en plus de la propriété de régularité ci-dessus,

$$\rho(\tau_k) \geq c\,H,$$

pour tout k, de nouveau pour une constante c indépendante de k et de H. Dans un maillage régulier, les éléments ne peuvent pas être trop déformés (par exemple les triangles ne sont pas trop écrasés), mais ils peuvent être arbitrairement petits. Si en plus le maillage est quasi-uniforme, ce n'est plus le cas, et tous les éléments sont de la taille typique du maillage. Dans la suite, nous appelerons vulgairement "bon maillage" un maillage ayant les deux propriétés ci-dessus.

Nous définissons alors l'espace V_H comme l'espace vectoriel de dimension finie engendré par les $N - 1$ fonctions continues (ici, nous notons $N - 1$ le nombre de sommets internes du maillage, en cohérence avec le cas monodimensionnel), affines par morceaux, nulles au bord du domaine, définies comme suit

$$\chi_i(x) = \begin{cases} 1 & \text{en le sommet } i \text{ du maillage} \\ \text{affine sur chacun des triangles partageant ce sommet} \\ 0 & \text{sur l'ensemble des autres triangles} \end{cases} \tag{5.3}$$

pour $i = 1, \ldots, N - 1$, ou, ce qui revient au même,

$$\chi_i(x) = \begin{cases} 1 & \text{en le sommet } i \text{ du maillage} \\ \text{affine sur chaque triangle} \\ 0 & \text{sur tous les autres sommets du maillage.} \end{cases}$$

Ces fonctions, indicées donc par les sommets des triangles (on parle aussi de *nœuds* du maillage), sont les analogues multidimensionnelles des fonctions "chapeaux" définies en (2.11) et sont appelées les éléments finis $\mathbb{P}_1$ associés au maillage triangulaire $\mathcal{T}_H$ considéré. Elles sont aussi appelées base *nodale* des éléments finis. Le lecteur notera que N est ici *de l'ordre de* H^{-2}, puisque le domaine $\mathcal{D}$ de dimension $d = 2$ a été subdivisé en triangles de taille H. La relation précise entre N et H dépend des détails de la triangulation, mais, pour la suite (et pour la pratique !), seul compte l'ordre de grandeur de N en fonction de H. La Figure 5.1 résume la construction faite ci-dessus.

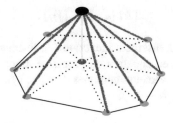

Fig. 5.1 Une fonction de base éléments finis $\mathbb{P}_1$ sur un maillage triangulaire bidimensionnel: la fonction vaut 1 en le nœud (rouge) considéré, 0 en tous les nœuds (bleus) adjacents, et est affine sur les triangles ayant pour sommet le nœud considéré.

Nous énonçons alors la formulation variationnelle discrète associée à (5.2) :
Trouver $u_H \in V_H$ telle que, pour toute fonction $v_H \in V_H$,

$$\int_{\mathcal{D}} a(x)\,\nabla u_H(x)\,.\,\nabla v_H(x)\,dx = \int_{\mathcal{D}} f(x)\,v_H(x)\,dx, \qquad (5.4)$$

laquelle est bien entendu l'analogue de la formulation (2.12).

Le lecteur notera que l'espace V_H que nous avons construit, puis utilisé dans (5.4), est un sous-espace de dimension finie de l'espace de dimension infinie $H_0^1(\mathcal{D})$ apparaissant dans la formulation variationnelle (5.2). On parle d'*approximation interne*. La méthode générale employée, consistant à approcher la formulation variationnelle de départ par une formulation similaire en dimension finie, est appelée *approximation de Galerkin*. Cette appellation sous-entend aussi parfois (pas toujours..., la situation est un peu ambigüe mais tout ceci n'est *que* de la terminologie) que l'espace V_H de la formulation variationnelle discrète est inclus dans l'espace de dimension infinie de la formulation variationnelle théorique.

De manière similaire à la Section 2.1.2, nous remarquons qu'une fonction générique de V_H s'écrit $v_H(x) = \sum_{j=1}^{N-1} (v_H)_j\,\chi_j(x)$ pour des coefficients scalaires $(v_H)_j$ arbitraires, et la solution est recherchée elle-même sous la forme $u_H(x) = \sum_{j=1}^{N-1} (u_H)_j\,\chi_j(x)$. La relation (5.4) s'écrit donc de manière équivalente

$$\sum_{j=1}^{N-1} \left[\int_{\mathcal{D}} a(x)\,\nabla \chi_i(x)\,.\,\nabla \chi_j(x)\,dx \right] (u_H)_j = \int_{\mathcal{D}} f(x)\,\chi_i(x)\,dx, \qquad (5.5)$$

pour tout $i = 1, \ldots, N - 1$. Cette expression (5.5) peut en fait se récrire comme le système linéaire suivant

$$[A]\,[u_H] = [f_H], \qquad (5.6)$$

équation algébrique rigoureusement identique à la formulation algébrique obtenue en (2.14) lors de la mise en équation du problème monodimensionnel, avec cette fois la matrice $[A]$ et les vecteurs colonnes $[u_H]$ et $[f_H]$ respectivement définis, terme à terme, $1 \le i, j \le N - 1$, par

$$[A]_{ij} = \int_{\mathcal{D}} a(x)\,\nabla \chi_j(x)\,.\,\nabla \chi_i(x)\,dx, \quad [u_H]_j = (u_H)_j,$$

$$[f_H]_j = \int_{\mathcal{D}} f(x)\,\chi_j(x)\,dx. \qquad (5.7)$$

Le lecteur notera au passage que nous n'évoquons absolument pas la question de la *numérotation* des nœuds du maillage, question pourtant d'importance pratique (car elle influe sur la structure de la matrice [*A*] et donc rejaillit sur la manière de résoudre le système linéaire (5.6)), mais qui n'a pas d'influence sur les problèmes que nous abordons dans cette section. De même, et encore selon notre souhait de nous concentrer sur le propos de cet ouvrage, nous ne discutons pas la manière dont les termes de la matrice [*A*] et du second membre [*f_H*] sont calculés :

(i) pour la matrice [*A*], dite matrice de rigidité on parle de techniques d'*assemblage* : il s'agit de "parcourir" efficacement les nœuds du maillage tout en stockant au fil de l'eau la contribution de chaque fonction de base "visitée" aux différents termes de la matrice [*A*] dans lesquels elle intervient ;

(ii) pour le second membre (et en général aussi pour le calcul des termes de la matrice de rigidité [*A*]), interviennent des techniques et des formules de *quadrature* : si la fonction *f* est connue comme combinaison linéaire des fonctions de base χ_k on peut effectuer un développement linéaire de l'intégrale en question en fonction des intégrales "élémentaires" $\int_{\mathcal{D}} \chi_i(x)\,\chi_j(x)\,dx$. Mais si, ce qui est le cas général, la fonction *f* n'est pas dans cet espace, alors il s'agit d'approcher numériquement l'intégrale par des formules de quadrature (c'est-à-dire typiquement des formules qui "seraient" exactes si *f* était un polynôme de degré donné, mais ne sont que des *approximations* sinon).

La résolution pratique de l'équation algébrique (5.6), identique formellement à (2.14), se fait donc de la même manière dans son principe. La différence pratique est évidement la *taille* du système algébrique. Pour un même pas de maillage *H* (et donc, nous le verrons ci-dessous, un même ordre de précision attendu), le nombre *N* de degrés de liberté, c'est-à-dire le nombre d'inconnues, est d'ordre H^{-2} et plus H^{-1}. Dès que *H* devient petit, les méthodes adoptées pour la résolution du système algébrique (5.6) doivent être choisies convenablement. La plupart du temps, les méthodes directes d'inversion de matrice (comme la méthode du pivot de Gauss, la factorisation *LU*, etc) sont vite dépassées (elles ne tiennent plus en mémoire machine) et donc des méthodes itératives (la méthode du gradient conjugué, la méthode *GMRES*, plus généralement les *méthodes de Lanczos*) les remplacent. La littérature sur le sujet est abondante et nous renvoyons le lecteur par exemple à [Saa03], [BRZ06, Chapitres 2 à 5] ou [Cia82, chapitre 5].

L'analyse numérique de la méthode des éléments finis en dimension $d \geq 2$, telle que brièvement rappelée ci-dessus, suit les mêmes étapes que l'analyse faite en dimension $d = 1$ et rappelée en Section 2.1.2. L'ingrédient principal en est le Lemme de Céa (erreur numérique majorée par erreur d'approximation), lemme que nous avons déjà vu au Chapitre 2 sous sa forme monodimensionnelle (2.21) et dont nous donnons une version plus générale ici (une autre version sera encore donnée plus loin, en (5.81)) :

$$\|u - u_H\|_{H^1(\mathcal{D})} \leq C \inf_{v_H \in V_H} \|u - v_H\|_{H^1(\mathcal{D})}. \tag{5.8}$$

Comme au Chapitre 2, le membre de droite est estimé grâce aux propriétés
d'approximation de l'espace V_H, et pour l'espace d'éléments finis $\mathbb{P}_1$ choisi ici,
nous avons la généralisation suivante de (2.22), grâce aux hypothèses faites sur le
maillage :

$$\inf_{v_H \in V_H} \|v - v_H\|_{H^1(\mathcal{D})} \leq C\,H\,\|v\|_{H^2(\mathcal{D})}, \tag{5.9}$$

pour une fonction quelconque $v \in H^2(\mathcal{D})$ et une constante C indépendante de v
et H. Si le coefficient a est régulier (par exemple si $a \in W^{1,\infty}(\mathcal{D})$, par application
du Théorème A.22 de régularité elliptique), nous savons que la solution u de (5.1)
est de classe H^2, et en appliquant (5.9) à $v = u$, nous obtenons donc à partir de
(5.8)–(5.9),

$$\|u - u_H\|_{H^1(\mathcal{D})} \leq C\,H\,\|u\|_{H^2(\mathcal{D})}, \tag{5.10}$$

estimation qui est dite *estimée d'erreur a priori*. Cette terminologie est due au
fait qu'il n'est pas nécessaire d'avoir *déjà* calculé u_H pour connaître sa qualité, ou
plus précisément l'évolution attendue de sa qualité quand la taille H du maillage
varie. En effet, on ne connaît pas précisément la constante C de (5.10) (il est
bien sûr possible de l'estimer, mais il est difficile, voire impossible, de le faire
avec précision en général – voir [LK10] pour un travail dans cette direction –)
et donc seule la loi d'échelle (en bon français, le *scaling*) du membre de droite
de (5.10) en fonction de H est important. Cette estimée nous dit donc qu'en divisant
la taille de H par 2, nous pouvons nous attendre à doubler la précision. C'est
une information que le lecteur peut juger floue, mais elle est pourtant diablement
importante pour la pratique. Evidemment, il se doute aussi que si (5.10) est appelée
a priori, c'est aussi par opposition à une seconde classe d'estimées d'erreur pour
les méthodes numériques, dites *estimée d'erreur a posteriori*. Dans cette seconde
classe, la valeur de u_H intervient dans l'estimation au membre de droite, et elle
ne peut donc être mise en œuvre qu'*après* le calcul numérique de u_H et souvent
au prix, en fait, d'un deuxième calcul éventuellement coûteux. Une telle estimée
renseigne donc mieux sur la qualité de l'approximation, mais elle n'est pas non plus
la panacée (encore parce qu'elle contient des constantes C difficiles à déterminer
précisément). Brièvement dit, elle permet de jauger la qualité d'approximation
locale de u par u_H, et indique les zones du domaine $\mathcal{D}$ où les paramètres de
discrétisation (le maillage, par exemple) doivent être raffinés pour garantir une
qualité d'approximation homogène. Mais, une fois encore, ceci nous emmènerait
trop loin, même sur un problème non multi-échelle. La question de l'analyse
d'erreur *a posteriori* pour les problèmes à plusieurs échelles que nous regardons
dans cet ouvrage est, elle, une question sur le front de la recherche.

5.1.2 *Application au problème homogénéisé*

L'application au problème homogénéisé (3.8), que nous rappelons ici sous la forme

$$
\begin{cases}
-\operatorname{div}(a^{*}\,\nabla u^{*}(x)) = f(x) \ \text{dans}\ \mathcal{D},\\
\quad\quad u^{*}(x) \quad\ \ = 0 \quad\ \text{sur}\ \partial\mathcal{D},
\end{cases}
\tag{5.11}
$$

de la méthode esquissée à la section précédente est immédiate. Dès que le coefficient a^{*} est régulier, ce qui sera le cas pour nous dans cet ouvrage puisqu'il est quasiment toujours *constant*, et que le domaine $\mathcal{D}$ est aussi régulier, ce que nous avons supposé, la solution u^{*} est de classe H^{2} et la qualité de l'approximation $\mathbb{P}_{1}$ sur un maillage régulier de taille H est donc donnée par

$$
\left\| u^{*} - (u^{*})_{H} \right\|_{H^{1}(\mathcal{D})} \leq C\,H\,\left\| u^{*} \right\|_{H^{2}(\mathcal{D})}.
\tag{5.12}
$$

Le lecteur aura noté qu'en réalité, nous avons supposé, à la section précédente, que l'ouvert $\mathcal{D}$ était polygonal, donc lipschitzien. Ceci ne suffit en général pas à appliquer les théorèmes de régularité classiques comme le Théorème A.22 et obtenir (5.12). Cependant, un tel résultat de régularité H^{2} est en fait valable pour un ouvert polygonal *en dimension 2* (voir [Gri11, Theorem 4.3.1.4] pour le cas de l'opérateur $-\Delta$, mais qui se généralise sans problème à tout opérateur elliptique à coefficients constants). Il est aussi possible de généraliser ce résultat à des ouverts *polygonaux convexes,* en dimension quelconque (il faut pour cela extraire l'estimation de la preuve de [Gri11, Theorem 3.2.1.2], mais détailler ceci nous éloignerait trop de notre propos). Et nous allons donc "subrepticement" ajouter cette hypothèse de convexité de $\mathcal{D}$, peu restrictive pour les problèmes que nous exposons ici. Le point capital est que la taille du maillage H pour atteindre une précision donnée sur u^{*} est donc, au moins dans cette estimation, indépendante de ε, le petit paramètre du problème original (1)–(2). De manière consistante avec l'objectif *théorique* de la théorie de l'homogénéisation, nous obtenons, même au niveau *numérique*, une approximation où la petite échelle ε a disparu au profit de l'échelle macroscopique.

Mais évidemment, le lecteur doit garder à l'esprit que u^{*} *n'est pas* u^{ε}, et qu'il est seulement proche de ce dernier à des termes dépendant de ε près (c'est tout l'objectif des résultats sur les taux de convergence que nous avons établis aux Chapitres 3 et 4). Donc, si l'objectif est d'approcher u^{ε} et non pas seulement u^{*}, le travail ne se résume pas à l'estimation (5.12).

Pour aller plus loin, il est possible soit de bâtir une approximation de u^{ε} avec le développement à deux échelles tronqué à un certain ordre, ce qui est essentiellement le choix de la méthode "historique" que nous décrivons dans cette Section 5.1, soit de "basculer" sur des méthodes différentes, comme celles que nous exposerons en Section 5.2.

En attendant de faire mieux, nous devons au moins calculer le coefficient a^{*} de (5.11). Pour l'ensemble des cadres pratiques que nous avons couverts dans cet ouvrage, et en particulier pour le cadre périodique, ce calcul passe, d'abord, par le calcul du correcteur...

5.1.3 Application au calcul du correcteur périodique $w_{p,per}$, puis de a^*

Dans le cadre périodique, nous devons maintenant calculer a^* via (3.54), c'est-à-dire avec des notations plus précises,

$$a_{ij}^* = \int_Q \left(a_{per}(y) \left(e_j + \nabla_y w_{e_j,per}(y) \right) \right) . e_i \, dy,$$

en fonction du correcteur périodique $w_{e_j,per}$.

Le correcteur périodique $w_{p,per}$, pour $p \in \mathbb{R}^d$ fixé, est, rappelons-le encore une fois, la solution périodique, unique à constante additive près, de (3.67), à savoir

$$- \operatorname{div} \left(a_{per}(y) \left(p + \nabla w_{p,per}(y) \right) \right) = 0.$$

A la Section 3.4 du Chapitre 3, nous avons réalisé la formulation variationnelle de cette équation sous la forme générale (3.71). Dans le cas particulier $z_{per} = w_{p,per}$, $h_{per}(y) = \operatorname{div}_y(a_{per}(y)\,p)$, cette formulation est : *Trouver $w_{p,per} \in H_{per,0}^1$ tel que, pour tout $v_{per} \in H_{per,0}^1$, on ait*

$$\int_Q a_{per}(y) \, \nabla w_{p,per}(y) \, . \, \nabla v_{per}(y) \, dy = - \int_Q a_{per}(y) \, p \, . \, \nabla v_{per}(y) \, dy,$$

$$(5.13)$$

où l'espace fonctionnel $H_{per,0}^1$ a été défini en (3.72) par

$$H_{per,0}^1 = \left\{ v_{per} \in H^1(Q); \ v_{per} \text{ périodique}, \ \int_Q v_{per}(y) \, dy = 0 \right\}.$$

Cette formulation relève tout à fait de l'approche générale rappelée en Section 5.1.1. Ceci doit s'entendre à deux nuances près. Le membre de droite est différent : il est une fonction de ∇v_{per}, et non de v_{per} lui-même, mais comme il reste une forme linéaire continue de $v_{per} \in H^1$, ceci est un détail. Et, plus important, l'espace $H_{per,0}^1$ n'est pas immédiat à approcher. Nous allons discuter ce point ci-dessous.

Nous introduisons d'abord un maillage régulier de la maille de périodicité Q, maillage dont nous notons la taille h, et non plus H. Nous signalons par cette différence de notation

(i) que h est associé à un problème de nature microscopique, le problème du correcteur (5.13), alors que H est associé au problème macroscopique homogénéisé (5.11) ;

(ii) que h n'a aucune raison d'être choisi égal à H, et sera dicté par des considérations de précision que nous allons aborder ci-dessous.

La question se pose alors de choisir l'espace $V_{per,h}$ à adopter pour l'approximation du problème (5.13). Evidemment, nous voulons encore aboutir à une formulation du type (2.12), qui s'exprimerait ici sous la forme : *Trouver $w_{p,per,h} \in V_{per,h}$ telle que, pour toute fonction $v_{per,h} \in V_{per,h}$,*

$$\int_Q a_{per}(y) \, \nabla w_{p,per,h}(y) \,.\, \nabla v_{per,h}(y) \, dy = - \int_Q a_{per}(y) \, p \,.\, \nabla v_{per,h}(y) \, dy,$$

(5.14)

pour un espace $V_{per,h}$ bien choisi, que nous imaginons sous-espace de l'espace "théorique" $H^1_{per,0}$ défini en (3.72) et rappelé ci-dessus.

Le point de départ pour la définition de $V_{per,h}$ est un espace V_h d'éléments finis, de classe $\mathbb{P}_1$ comme à la section précédente, bâtis à partir du maillage de la cellule de périodicité Q. Ce maillage doit respecter la périodicité, c'est-à-dire être identique sur deux faces opposées de Q. Nous pouvons alors imposer la périodicité en "décidant" que la valeur d'une fonction de $V_{per,h}$ est la même sur deux sommets identiques du maillage pour des faces opposées. Cet espace nous permet d'approcher une fonction périodique $v_{per} \in H^1(Q)$ de (3.72).

Ainsi, les degrés de liberté d'une face sont identifiés à ceux de la face opposée. Pour illustrer ceci, qui est très intuitif, contentons-nous de dire qu'en dimension $d = 1$, cette implémentation revient à prolonger la définition (2.11) des fonctions de base χ_i du Chapitre 2 aux deux cas particuliers $i = 0$ et $i = N$, en posant évidemment,

$$\chi_0(x) = \chi_N(x) = \begin{cases} 1 & \text{en} \quad x = 0 \text{ et } x = 1, \\ 0 & \text{si} \quad x \in \left[\dfrac{1}{N}, 1 - \dfrac{1}{N}\right], \\ \text{affine} & \text{si} \quad x \in \left[0, \dfrac{1}{N}\right], \\ \text{affine} & \text{si} \quad x \in \left[1 - \dfrac{1}{N}, 1\right]. \end{cases}$$

Le lecteur se figure aisément la construction analogue pour le carré $Q = [0, 1]^2$ en dimension $d = 2$, ou le cube $[0, 1]^3$ en dimension $d = 3$. D'un point de vue algébrique, c'est-à-dire dans la formulation (5.6)–(5.7), notons que cette approche revient à non pas augmenter la taille de la matrice $[A]$ du nombre de sommets du maillage présents sur le bord, mais de la "moitié" d'entre eux.

En revanche, la condition $\int_Q v_{per}(y)\,dy = 0$ dans (3.72) étant une condition *globale*, elle est beaucoup plus délicate à implémenter. Elle affecte en effet typiquement la *somme* des coefficients, soit, en continuant notre illustration monodimensionnelle, la somme $\sum_{j=0}^{N} (v_H)_j$. Dans son principe, assurer une telle condition n'a rien de compliqué. Mais, si nous regardons les choses en termes d'algèbre linéaire, l'opération est plus délicate. Soit il s'agit d'ajouter une ligne et une colonne à la matrice, la dernière ligne créée étant une ligne de termes tous égaux à 1. Soit il s'agit d'éliminer un des degrés de liberté en l'exprimant en fonction de l'ensemble des autres, ce qui revient à éliminer une ligne et une colonne de la matrice $[A]$, mais, de nouveau et à quelques détails près, à peupler sa nouvelle dernière ligne par une ligne de 1. Une telle opération, qui couple l'ensemble des colonnes entre elles, peut briser une structure remarquable de la matrice (les méthodes d'éléments finis comme la méthode $\mathbb{P}_1$ correspondent typiquement à des matrices tridiagonales ou tridiagonales par blocs) et donc *in fine* limiter l'efficacité de la méthode de résolution choisie pour le système linéaire. Comme le but de la condition $\int_Q v_{per}(y)\,dy = 0$ est de lever l'indétermination liée au fait que la fonction $w_{p,per}$ n'est fixée qu'à une constante additive près, "*l'ingénieur*" (numéricien) préfère souvent adopter une approche plus pragmatique. Une valeur arbitraire (typiquement zéro) est affectée autoritairement à un des nœuds du maillage (souvent un nœud du bord d'ailleurs). Ce nœud, et donc la fonction de base associée, sont purement et simplement éliminés du problème. Cette modification, *locale*, n'affecte, elle, que marginalement la structure de la matrice algébrique obtenue. Une alternative possible est de modifier l'équation résolue en y ajoutant un terme de pénalisation de la condition $\int_Q v_{per}(y)\,dy = 0$.

Pour être tout à fait complet sur ces aspects pratiques, une dernière chose est à noter. En fait, sous réserve de toujours adopter une méthode de résolution du système linéaire qui soit itérative (et donc de ne pas procéder à l'inversion, *stricto sensu*, de la matrice $[A]$) nous pourrions tout à fait procéder à la résolution numérique sur l'espace de dimension finie

$$V_{per,h} = \left\{ v_{per,h} \in V_h;\ v_{per,h} \text{ périodique} \right\}.$$

sans nous soucier de la condition $\int_Q v_{per,h}(y)\,dy = 0$. En effet, omettre cette condition revient à identifier $\nabla v_{per,h}$ en renonçant à déterminer $v_{per,h}$ lui-même, c'est-à-dire à travailler à une constante près. Or, un algorithme itératif de résolution d'un système linéaire nécessite un point de départ (un "initial guess", toujours en bon français), lequel choix fixe implicitement la constante et lève la dégénérescence associée !

Quoi qu'il en soit, il est important de remarquer que le choix particulier d'implémentation n'affecte pas l'analyse numérique du problème (il affecterait en revanche l'analyse de la vitesse de convergence de l'algorithme itératif choisi pour résoudre le système linéaire algébrique associé, mais c'est une autre affaire, à laquelle nous ne nous intéressons pas ici). A partir du moment où nous avons, en pratique, généré un espace de fonctions périodiques de régularité idoine et où nous nous sommes débrouillés pour lever la dégénérescence, nous pouvons toujours continuer notre discussion en *prétendant* que nous avons choisi comme espace $V_{per,h}$ pour l'approximation (5.14) du problème (5.13) l'espace

$$V_{per,h} = \left\{ v_{per} \in V_h(Q);\ v_{per}\ \text{périodique},\ \int_Q v_{per}(y)\,dy = 0 \right\}. \qquad (5.15)$$

La formulation variationnelle discrète que nous adoptons est donc (5.14)–(5.15).

Les éléments d'analyse numérique rappelés à la Section 5.1.1 s'appliquent à ce problème. Le lecteur ne devra pas être troublé par le fait que ces éléments concernaient un problème avec données de Dirichlet homogènes ($u = 0$ sur le bord du domaine) et que nous les appliquons ici sur un problème *périodique*, qui plus est avec une *contrainte* (intégrale nulle sur le domaine). Ceci ne change en rien l'analyse. En effet, rappelons qu'elle est basée sur la structure spécifique de la formulation variationnelle (gérée par le Lemme de Lax-Milgram), suivie du Lemme de Céa, lequel repose sur la linéarité de l'équation et sur le fait que l'espace de discrétisation est inclus dans l'espace de la formulation originale. Tout ceci est préservé dans la formulation (5.14)–(5.15).

Nous pourrons donc, dans la pratique numérique, choisir la taille h du maillage pour obtenir la précision voulue sur le correcteur $w_{p,per,h}$, ou plus précisément sur son gradient $\nabla w_{p,per,h}$, qui de toute façon est la quantité d'intérêt pour la suite.

Une fois le problème du correcteur résolu, pour chacune des directions $p = e_i,\ i = 1,\dots,d$ (donc, dans l'immensité des cas pratiques, pour deux ou trois directions), le calcul de la matrice homogénéisée a^* se fait par simple intégration sur la maille périodique. Dans la formule (3.54)

$$a_{ij}^* = \int_Q \left(a_{per}(y)\,(e_j + \nabla w_{e_j,per}(y)) \right) . e_i\,dy,$$

la fonction $w_{e_j,per}$ est connue par son développement sur les fonctions de base éléments finis χ_k, pour k variant dans les indices des différents nœuds du maillage. L'intégrale se décompose en une combinaison linéaire d'intégrales élémentaires du type

$$\int_Q a_{per}(y)\,\nabla \chi_k(y) . e_i\,dy,$$

lesquelles intégrales ont essentiellement été déjà calculées lors de la phase d'assemblage du second membre $[f_H]$ du système (5.6). Le lecteur notera que, dans ce cas particulier (et sous réserve que le coefficient original a_{per} soit connu analytiquement et que sa formule permette le calcul explicite de ces intégrales), aucune formule de quadrature n'est nécessaire puisque l'intégration est exacte. Aucune erreur numérique ne vient donc s'ajouter à celle, inévitable, entachant l'approximation du correcteur. Dans ce cas périodique, l'essentiel du travail est donc accompli quand les gradients $\nabla w_{e_j,per}$ des correcteurs sont approchés.

La matrice a^* calculée est insérée dans le problème homogénéisé, et u^* est approché selon la description de la section précédente. Au besoin, pour une approximation dans H^1 de u^ε, les correcteurs approchés sont de nouveau utilisés dans le cadre d'une approximation de $u^{\varepsilon,1}$ (cf. la formule (3.94) du Chapitre 3).

Il n'est peut-être pas inutile, pour conclure cette section concernant le cas périodique, de faire le bilan en termes d'analyse numérique. Si nous remplaçons u^ε solution du problème original (1)–(2) par l'approximation numérique

$$u^{\varepsilon,1,h,H}(x) = u_H^*(x) + \varepsilon \sum_{i=1}^d \partial_{x_i} u_H^*(x)\, w_{e_i,per,h}\left(\frac{x}{\varepsilon}\right) \qquad (5.16)$$

de son approximation "à deux échelles" tronquée à l'ordre un (que nous reproduisons ici en recopiant (3.94))

$$u_{per}^{\varepsilon,1}(x) = u^*(x) + \varepsilon \sum_{i=1}^d \partial_{x_i} u^*(x)\, w_{e_i,per}(x/\varepsilon), \qquad (5.17)$$

quelles erreurs commettons-nous ? Faisons-en la liste :

(E1) l'erreur numérique d'approximation de $w_{e_i,per}$ par $w_{e_i,per,h}$: cette erreur est contrôlée par l'estimée d'erreur *a priori* (5.10) appliquée au problème (5.13) approché par (5.14), à savoir (sous réserve de la régularité nécessaire de a_{per} pour que $w_{e_i,per,h}$ soit effectivement de classe H^2)

$$\left\| w_{e_i,per} - w_{e_i,per,h} \right\|_{H^1(Q)} \leq C\, h\, \left\| w_{e_i,per} \right\|_{H^2(Q)}.$$

Notons que, en toute rigueur, s'additionne à cette erreur celle commise lors de l'assemblage de la matrice de rigidité du problème du correcteur (car le calcul de ses coefficients nécessite en général une méthode de quadrature), comme nous l'avons signalé page 289, point **(ii)**, à propos du problème macroscopique ;

(E2) l'erreur numérique de calcul de a^* via la formule approchant (3.54), c'est-à-dire

$$[a_h^*]_{ij} = \int_Q \left(a_{per}(y)\, (\nabla w_{e_j,per,h}(y) + e_j) \right) . e_i\, dy. \qquad (5.18)$$

L'utilisation de cette formule n'induit aucune erreur supplémentaire liée à la discrétisation numérique. Comme nous l'avons vu ci-dessus, cette erreur est, ici, seulement dépendante de l'erreur d'approximation (E1) précédente, dans la mesure où la connaissance analytique de a_{per} et sa forme permettent le calcul exact de (5.18) une fois $\nabla w_{e_j,per,h}$ connu. Il faut éventuellement lui ajouter une erreur de quadrature numérique si l'intégrale (5.18) n'est pas calculable analytiquement. Notons que les matrices et vecteurs assemblés lors de la résolution du problème de cellule peuvent être réutilisés pour simplifier le calcul de (5.18). Il reste que l'erreur de quadrature, lorsque cette dernière est présente, est en général faible et très facilement contrôlable. Pour être plus précis, l'erreur $\left|a^* - a_h^*\right|$ est au plus d'ordre h. Cet état des choses ne sera plus vrai dans les cas non périodiques, et une erreur supplémentaire surviendra souvent ici, qui sera, elle, beaucoup plus importante que l'erreur de quadrature.

(E3) l'erreur numérique d'approximation de u^* par u_H^*: si nous en croyons la Section 5.1.2, cette erreur est contrôlée par l'estimation (5.12),

$$\left\| u^* - (u^*)_H \right\|_{H^1(\mathcal{D})} \leq C\, H\, \left\| u^* \right\|_{H^2(\mathcal{D})},$$

mais il ne faut pas oublier que (5.12) estime seulement l'erreur entre la solution exacte de (5.11) et son approximation. *Cependant*, puisque nous ne connaissons pas a^* mais seulement a_h^*, nous n'avons pas inséré le "bon" a^* dans le problème homogénéisé, et il faut donc aussi évaluer la partie de l'erreur globale due à cette approximation; cette partie de l'erreur, qui s'additionne aux autres, peut être évaluée (via le Lemme de Strang [Cia78, Theorem 4.1.1, page 186]) en estimant comment varient respectivement la solution exacte u^* de (5.11) et la solution numérique de son approximation quand on fait varier le coefficient a^*, d'où deux erreurs "nouvelles". Nous ne nous lancerons pas dans une telle analyse ici;

(E4) les étapes précédentes nous permettent d'évaluer l'erreur entre $u^{\varepsilon,1,h,H}$ et $u^{\varepsilon,1}$, en fonction de h, H, et ε, il nous faut enfin évaluer l'erreur entre $u^{\varepsilon,1}$ et u^ε, qui est une erreur dépendant seulement de ε, indépendante des paramètres h et H de la discrétisation numérique, et qui a fait l'objet de l'analyse théorique présentée au Chapitre 3.

Au terme de cette énumération, il est assez intuitif de réaliser (mais nous ne ferons pas les détails de la preuve de cette affirmation) que

$$\left(\sum_{\tau_k \in \mathcal{T}} \left\| u^\varepsilon - u^{\varepsilon,1,h,H} \right\|_{H^1(\tau_k)}^2 \right)^{1/2} = O\left(\varepsilon + H + h\right), \tag{5.19}$$

ou une majoration de ce type où les paramètres ε, h, H apparaissent chacun à une certaine puissance éventuellement différente de 1 (par exemple, un terme en $\sqrt{\varepsilon}$ est attendu vu la majoration (3.128)). Dans la pratique, ε est en général le plus petit de ces trois paramètres, et H (qui est souvent du même ordre que h) le plus grand. Sans que ceci soit une loi absolue. Signalons enfin que la norme apparaissant au membre de gauche de (5.19) est une norme dite H^1-*brisée* (soit "*broken* H^1 *norm*", en anglais) ressemblant à $\| . \|_{H^1(\mathcal{D})}$. Les fonctions $\partial_{x_i} u_H^*(x)$ apparaissant dans l'expression (5.19) de $u^{\varepsilon,1,h,H}$ n'étant pas globalement de classe H^1 sur tout le domaine $\mathcal{D}$, cette précaution est nécessaire.

5.1.4 Application au calcul du correcteur et de a^*, cadre non périodique

Cette section est consacrée à refaire, pour un cas déterministe *non* périodique, le travail fait dans la section précédente pour le cas périodique. Nous n'allons bien évidemment pas reprendre le détail de toutes les étapes, mais plutôt souligner les apparitions de nouvelles difficultés. Nous les regarderons plus précisément dans deux cas :

(a) le cas d'un défaut localisé, disons L^2, superposé à une structure périodique, c'est-à-dire le cas dont la théorie a été étudiée à la Section 4.1.1 du Chapitre 4, et

(b) le cas d'une structure quasi-périodique, dont la théorie a été abordée à la Section 4.2.2.1 de ce même chapitre.

Avec le cas **(a)**, nous allons découvrir, pour l'approximation numérique, une première difficulté additionnelle par rapport au cas périodique de la Section 5.1.3, à savoir : *le problème du correcteur n'est plus posé sur un ouvert borné mais sur tout l'espace ambiant* $\mathbb{R}^d$ (pour notre exposé, $d = 2$). Cette difficulté sera aussi présente pour le cas **(b)**, mais une seconde difficulté se surimposera : le coefficient homogénéisé a^* s'exprime à partir du correcteur non plus comme une moyenne sur un ouvert borné (la maille périodique Q par exemple) mais comme une *moyenne au sens de la limite sur les grands volumes*

$$\left[a^*\right]_{ij} = \lim_{R \to +\infty} R^{-d} \int_{[-R/2,\,R/2]^d} \left(a(y)\left(\nabla w_{e_j}(y) + e_j\right)\right) . e_i \, dy, \tag{5.20}$$

expression héritée de l'expression générale (3.60) en tant que limite faible. Dans le cas **(a)**, nous faisons l'économie de cette difficulté parce que la limite est en fait identique à celle obtenue pour la structure périodique sous-jacente, et est donc calculable par une intégrale réduite à la maille périodique. Nous y reviendrons.

Avec ces deux cas, il va donc nous falloir comprendre successivement comment approcher numériquement la résolution d'un problème posé sur l'espace tout entier, et comment calculer des moyennes de fonctions sur les grands volumes.

5.1.4.1   Le cas d'un défaut localisé L^2 dans une structure originalement périodique

Rappelons que ce cas a été introduit et étudié théoriquement à la Section 4.1.1 du Chapitre 4. Le coefficient original y est supposé être de la forme (4.1) pour $q = 2$, c'est-à-dire $a = a_{per} + \tilde{a}$ avec a_{per} périodique de classe hölderienne $C^{0,\alpha}$, pour un certain $\alpha > 0$, et $\tilde{a} \in L^2(\mathbb{R}^d) \cap L^\infty(\mathbb{R}^d)$. Nous avons démontré, au Lemme 4.1, qu'il existait, à constante additive près bien sûr, un unique correcteur w_p, solution de l'équation du correcteur (4.3), i.e.

$$- \operatorname{div}\left((a_{per} + \tilde{a})\,(p + \nabla w_p)\right) = 0, \quad \text{sur } \mathbb{R}^d,$$

s'écrivant sous la forme (4.4), à savoir $w_p = w_{p,per} + \widetilde{w_p}$ où $w_{p,per}$ est le correcteur périodique "habituel", solution périodique de (3.67) (et dont nous avons donc procédé à l'approximation numérique à la Section 5.1.3), et $\nabla \widetilde{w_p} \in L^2(\mathbb{R}^d)$. Nous avons ensuite mentionné à la Section 4.1, page 190, que le coefficient homogénéisé a^* est identique au coefficient homogénéisé a^*_{per} du cas périodique, la raison étant que dans la convergence faible (3.60), les termes contenant $\tilde{a}\left(\dfrac{x}{\varepsilon}\right)$ ou $\nabla \widetilde{w_p}\left(\dfrac{x}{\varepsilon}\right)$ convergent vers 0, puisque ces deux fonctions tendent fortement vers 0 dans $L^2(\mathbb{R}^d)$ quand $\varepsilon \to 0$. Cette propriété peut aussi se lire sur la limite des grands volumes (5.20) rappelée ci-dessus.

Le seul point nouveau, ici, est donc la résolution du problème du correcteur (4.3) sur tout l'espace $\mathbb{R}^d$. Toutes les autres tâches ont déjà été effectuées à la Section 5.1.3. Pour cela, il est utile de d'abord récrire (4.3) sous la forme qui en fait avait été utilisée dans l'étude théorique pour la preuve du Lemme 4.1, à savoir (4.6)

$$- \operatorname{div}\left((a_{per} + \tilde{a})\,\nabla \widetilde{w_p}\right) = \operatorname{div}\left(\tilde{a}\,(p + \nabla w_{p,per})\right), \quad \text{sur } \mathbb{R}^d.$$

Cette équation étant de la forme générale

$$- \operatorname{div}\left(a\,\nabla u\right) = \operatorname{div}\mathbf{f}, \quad \text{sur } \mathbb{R}^d, \tag{5.21}$$

(tiens... voilà qui nous rappelle l'équation (4.38) et se relie naturellement aux questions théoriques étudiées dans la Section 4.1), il s'agit de comprendre comment approcher numériquement la solution u de (5.21).

Ici, comme pour de nombreuses questions numériques déjà abordées dans ce chapitre (et bien d'autres viendront encore), nous effleurons seulement la surface de questions qui sont des "piliers" du calcul scientifique. Ici, il s'agit de la résolution des équations sur les ouverts non bornés. Nous ne donnons qu'un infime aperçu de la question.

Notre observation de départ est que, si nous voulons nous cantonner, ce que nous ferons, à des techniques d'éléments finis, nous devons *tronquer* le domaine de calcul, puisqu'on ne peut pas "mailler jusqu'à l'infini" et obtenir un système linéaire infini à résoudre. Naturellement, l'idée vient de restreindre l'équation (5.21) à un domaine borné "grand", disons, pour faire simple, le cube $[-R/2, R/2]^d$ avec R grand. Nous choisissons donc d'approcher u par u_R solution de

$$- \operatorname{div}(a \, \nabla u_R) = \operatorname{div} \mathbf{f}, \quad \text{sur } [-R/2, R/2]^d. \tag{5.22}$$

L'information qui nous manque est : *avec quelle condition au bord du domaine de calcul complémenter l'équation (5.22)?* Evidemment, la seule bonne réponse à cette question est : il faut poser $u_R = u$ sur le bord, où u est la solution exacte de (5.21), mais puisque nous cherchons précisément à connaître cette fonction u, ceci n'est pas très réaliste... Comme nous ne voulons pas ouvrir la boite de Pandore des techniques très avancées (on parle alors, dans la littérature, de *conditions transparentes*, etc), prenons une solution intuitive et pragmatique. Dans la pratique, nous espérons pouvoir prendre un domaine tronqué $[-R/2, R/2]^d$ très grand. L'opérateur au membre de gauche de (5.22) étant un opérateur de diffusion, il est légitime de penser que la solution u_R dans un large sous-domaine, disons le domaine $[-\sqrt{R}/2, \sqrt{R}/2]^d$, ne dépend que peu, pour R très grand, de la valeur que nous aurons choisi d'imposer au bord du domaine $[-R/2, R/2]^d$. Cette "croyance" peut en fait se démontrer et, dans une certaine mesure, se quantifier, mais passons cela. Nous choisissons donc la condition au bord

$$u = 0 \quad \text{sur le bord de } [-R/2, R/2]^d. \tag{5.23}$$

La brutalité de cette méthode de résolution n'a d'égale que son efficacité ! En pratique, elle marche relativement bien. Le lecteur notera que nous pourrions aussi avoir choisi des conditions périodiques, ou, en nous basant sur le fait que u figure ici $\widetilde{w}_p$ et que ∇w_p est attendu comme un élément de $L^2(\mathbb{R}^d)$, des conditions de Neumann homogènes $\nabla u \cdot \mathbf{n} = 0$ sur le bord du domaine. Toutes ces options sont parfaitement légitimes (au moins autant que l'option choisie ci-dessus, comme illustration, de conditions de Dirichlet homogènes).

La question théorique qui surgit alors est celle d'estimer l'erreur numérique additionnelle commise en remplaçant u par u_R, ou, dans le langage de notre problème original, $\widetilde{w}_p$ par $\widetilde{w}_{p,R}$. Nous ne discuterons pas cette question ici.

Contentons-nous de signaler qu'une "astuce" peut être utilisée pour, quelle qu'elle soit, diminuer cette erreur. Cette "astuce" n'en est pas une *littéralement* et repose en fait sur une analyse numérique et théorique approfondie. Elle va nous fournir une transition parfaite pour les questions nouvelles que nous allons voir ci-dessous pour le cas quasi-périodique, et plus tard dans le cadre stochastique. Plutôt que de considérer (5.22) comme approximation du problème (5.21), nous allons considérer

$$- \operatorname{div}(a \, \nabla \widetilde{u}_R) + \eta_R \, \widetilde{u}_R = \operatorname{div} \mathbf{f}, \quad \text{sur } [-R/2, R/2]^d, \tag{5.24}$$

pour un coefficient $\eta_R > 0$ typiquement lié à R par une loi du type $\eta_R = \dfrac{1}{R^2}$ à ajuster, et c'est à cette équation que nous allons adjoindre les conditions au bord choisies, par exemple (5.23). L'idée cachée derrière cette pénalisation par le terme d'ordre zéro "$+ \eta_R \, \widetilde{u}_R$" est la motivation d'atténuer les effets néfastes d'avoir choisi une mauvaise condition au bord (5.23). Elle se comprend particulièrement bien en dimension $d = 3$, où les objets en jeu sont (un peu) plus explicites. Prenons le coefficient a dans (5.21) identiquement égal à 1 pour simplifier, cela ne change rien. Le lecteur sait sans doute que la fonction de Green de l'opérateur $-\Delta + \eta_R$ s'écrit (à une constante multiplicative près, universelle et sans intérêt) comme la fonction, dite *potentiel de Yukawa*

$$G_{\eta_R}(x) \propto \frac{1}{|x|} \, \exp\left(-\sqrt{\eta_R} \, |x|\right). \qquad (5.25)$$

Cette fonction converge bien sûr, dans la limite $\eta_R \to 0$, vers la fonction de Green du Laplacien en dimension $d = 3$, c'est-à-dire (encore à constante multiplicative près) $\dfrac{1}{|x|}$. La décroissance exponentielle présente dans (5.25) accroît encore l'insensibilité de la solution de (5.22) par rapport à une "mauvaise" condition imposée sur le bord lointain du domaine. Bien entendu, il faut ensuite quantifier l'erreur entre $\widetilde{u}_R$ solution de (5.24) et u_R solution de (5.22) (ou, mieux, directement, u solution de (5.21)). Mais tout ceci peut se faire... Et un bon ajustement de la constante η_R en fonction de la taille R régissant la taille du domaine de calcul tronqué (voire des autres paramètres de discrétisation du problème) permet alors de construire l'approximation la meilleure.

En appliquant les techniques décrites ci-dessus, il est donc possible de résoudre numériquement (4.3). Nous renvoyons à la Figure 4.1 du Chapitre 4 pour une illustration de l'influence du défaut sur l'approximation de la solution u^ε.

Il est temps de passer au second problème non périodique, le problème quasi-périodique.

5.1.4.2   Le cadre quasi-périodique

Nous reprenons ici le cas quasi-périodique étudié théoriquement à la Section 4.2.2.1 du Chapitre 4. Comme dans cette section, plutôt que de traiter la généralité, nous considérons un coefficient quasi-périodique particulier, en dimension $d = 2$, qui encode essentiellement la complexité de tous les cas sans introduire de technicalités inutiles. Ce coefficient quasi-périodique a est à valeurs scalaires, coercif et borné au sens de (3.1) et suffisamment régulier. Il s'écrit sous la forme (4.103), c'est-à-dire

$$a(x, y) = a_{per}(x, x, y, y),$$

où $a_{per} = a_{per}(x_1, x_2, x_3, x_4)$ est une fonction régulière de $\mathbb{R}^4$, périodique de période S par rapport aux variables x_1 et x_3 et de période T par rapport aux variables x_2 et x_4, avec bien sûr $T/S \notin \mathbb{Q}$ pour que la fonction a ne soit pas périodique. Sous ces conditions, nous avons démontré à la Proposition 4.7 l'existence (et l'unicité à constante additive près) du correcteur à gradient quasi-périodique solution de l'équation (4.104), à savoir

$$- \operatorname{div}\big(a\,(p + \nabla w_p)\big) = 0 \quad \text{dans } \mathbb{R}^d, \tag{5.26}$$

$$\langle \nabla w_p \rangle = 0. \tag{5.27}$$

Le gradient ∇w_p de ce correcteur a la même structure (4.103) que le coefficient a. Il a donc pour quasi-périodes S et T.

Du point de vue numérique, la première question que nous devons résoudre est l'approximation du problème (5.26), posé, comme dans la section précédente, sur tout l'espace $\mathbb{R}^d$ (pour $d = 2$ ici). La discussion s'applique ici de la même manière. Il s'agit de tronquer de manière convenable le problème originalement posé sur tout l'espace, ce qui est typiquement fait en considérant de nouveau un "grand" domaine, du type $[-R/2, R/2]^2$ pour R grand. La condition à poser au bord de ce domaine n'est pas claire, et en l'absence d'idée meilleure, il est raisonnable de poser une condition arbitraire, ici probablement une condition de périodicité, parce qu'une telle condition est sans doute plus intuitive dans ce contexte particulier que la condition de Dirichlet homogène choisie à la section précédente. Si le rapport T/S *était* rationnel (ce qu'il n'est pas par hypothèse, mais bon ...), et si R était un multiple commun (entier) de T et S, alors au moins cette condition serait exacte. La piste d'ajouter un terme d'ordre zéro comme en (5.24) peut aussi être envisagée, pour atténuer l'erreur artificielle introduite par cette condition de bord.... et d'ailleurs une telle piste sera mise en œuvre ci-dessous. Mais abordons tout de suite la deuxième difficulté annoncée plus haut, laquelle est nouvelle par rapport à la section précédente.

Même si nous pouvons résoudre l'équation du correcteur (5.26) de manière exacte et déterminer parfaitement w_p, ou, dit de façon plus pragmatique, même une fois trouvée une manière parfaitement efficace d'approcher numériquement la solution de (5.26), la question se pose de calculer la moyenne (5.20)

$$[a^*]_{ij} = \lim_{R \to +\infty} R^{-d} \int_{[-R/2,\,R/2]^d} \big(a(y)\,(\nabla w_{e_j}(y) + e_j)\big) \cdot e_i \, dy.$$

Puisque cette moyenne n'est plus égale à une moyenne sur un borné (comme elle l'était dans le cas périodique ou dans le cas périodique perturbé par un défaut localisé), nous ne pouvons éviter d'avoir à calculer cette limite quand $R \to +\infty$. Pour comprendre comment bien faire cela, il nous faut maintenant opérer un petit retour en arrière, sur des questions de calcul de moyennes évoquées au Chapitre 1, et en particulier pour ce qui concerne les fonctions quasi-périodiques à la Section 1.5.1, mais que nous allons reprendre ici avec une perspective numérique.

Comme nous allons le voir, ces questions sont intimement reliées à des questions de *traitement du signal*.

Retournons momentanément en dimension $d = 1$, et considérons une fonction quasi-périodique b. Nous savons depuis la Proposition 1.7 que cette fonction a une moyenne (qui est en fait égale à la moyenne de la fonction périodique de dimension supérieure dont elle est issue), et, depuis la Proposition 1.8 que cette moyenne est en particulier obtenue par la limite

$$\langle b \rangle = \lim_{R \to +\infty} R^{-1} \int_{-R/2}^{R/2} b(x)\,dx. \tag{5.28}$$

La vitesse de convergence dans (5.28) est, au mieux, $\dfrac{1}{R}$ (car c'est le cas périodique). Une telle convergence est, en pratique, très lente, et il y a grand intérêt à l'accélérer. Dans notre contexte spécifique, l'objectif d'une telle accélération est bien entendu de pouvoir prendre, à précision finale donnée, un paramètre R plus petit, et donc de se contenter de résoudre l'équation du correcteur (5.26) sur un domaine tronqué plus petit (ou, à l'inverse, pour un R donné, d'obtenir dans (5.20) une précision meilleure sur la matrice homogénéisée $\left[a^*\right]$).

L'idée pour le faire est empruntée à la théorie du signal, et a été pour la première fois introduite dans le contexte de l'homogénéisation dans [BLB10] en poursuivant des idées utilisées aussi dans un autre contexte (la dynamique moléculaire et le calcul des moyennes ergodiques en temps long) dans [CCC+05]. Au lieu de considérer au membre de droite de (5.28) la moyenne

$$\langle b \rangle_{R^{-1}\mathbf{1}_R} = R^{-1} \int_{-R/2}^{R/2} b(x)\,dx, \tag{5.29}$$

où nous avons génériquement noté $\langle b \rangle_\varphi = \displaystyle\int_{-R/2}^{R/2} b(x)\varphi(x)dx$, pour toute fonction φ positive d'intégrale égale à 1, et à support dans l'intervalle $[-R/2, R/2]$ (ici, $\varphi = R^{-1}\mathbf{1}_R$, où $\mathbf{1}_R$ est la fonction caractéristique du segment $[-R/2, R/2]$), nous introduisons, pour $k \in \mathbb{N}^*$ fixé, une fonction, dite *fonction filtre*, telle que

$$\begin{cases} \varphi \in C^k\left(\left[-\dfrac{1}{2}, \dfrac{1}{2}\right]\right), \quad \varphi \geq 0, \quad \displaystyle\int_{-\frac{1}{2}}^{\frac{1}{2}} \varphi = 1, \\[2mm] \varphi = 0 \quad \text{sur} \ \left]-\infty, -\dfrac{1}{2}\right] \cup \left[\dfrac{1}{2}, +\infty\right[, \\[2mm] \forall\, 0 \leq j \leq k-1, \ \dfrac{d^j}{dx^j}\,\varphi\left(-\dfrac{1}{2}\right) = \dfrac{d^j}{dx^j}\,\varphi\left(\dfrac{1}{2}\right) = 0 \end{cases} \tag{5.30}$$

posons $\varphi_R(.) = R^{-1} \varphi \left(\dfrac{\cdot}{R} \right)$, et considérons (avec la même forme de notation que (5.29))

$$\langle b \rangle_{\varphi_R} = \int_{-R/2}^{R/2} b(x) \, \varphi_R(x) \, dx. \tag{5.31}$$

Notre espoir, en remplaçant (5.29) par (5.31), est d'accélérer la convergence (5.28) au sens où

$$\langle b \rangle - \lim_{R \to +\infty} \int_{-R/2}^{R/2} b(x) \, \varphi_R(x) \, dx = O\left(R^{-k} \right).$$

Pour comprendre pourquoi cette accélération a lieu, nous allons regarder plus en détail le cas où la fonction b n'est pas seulement quasi-périodique, mais où elle est vraiment *périodique* et, disons pour fixer les idées, de période 1. Evidemment, dans ce cas, le calcul de sa moyenne par la limite (5.29) est stupide, puisqu'il suffit de prendre R égal à la période de la fonction pour trouver le résultat exact. Ce n'est pourtant pas un mauvais exercice, pour *comprendre*, que d'imaginer que nous savons que b est périodique mais que nous ne connaissons pas sa période ! C'est d'ailleurs un exercice que nous allons pratiquer de nouveau plus loin dans cette section. Il s'agit aussi d'un exercice qui n'est pas sans réalité pratique : nous pouvons tout à fait imaginer des cas où une hypothèse de périodicité est raisonnable, mais qu'il y a une incertitude sur la période exacte.

Supposons donc b périodique (et borné). La vitesse de convergence (5.29) est facile à établir rigoureusement (et nous l'avons d'ailleurs fait au Chapitre 1, à la formule (1.16)) :

$$\langle b \rangle - \lim_{R \to +\infty} R^{-1} \int_{-R/2}^{R/2} b(x) \, dx = O\left(R^{-1} \right).$$

Par ailleurs, nous pouvons évaluer la moyenne (5.31) par transformée de Fourier

$$\int_{-R/2}^{R/2} b(x) \, \varphi_R(x) \, dx = \int_{\mathbb{R}} b \, \varphi_R = \int_{\mathbb{R}} \widehat{b} \, \overline{\widehat{\varphi_R}} = \sum_{j \in \mathbb{Z}} \widehat{b}(j) \, \overline{\widehat{\varphi}(j \, R)},$$

d'où

$$\langle b \rangle - \int_{-R/2}^{R/2} b(x) \, \varphi_R(x) \, dx = - \sum_{j \in \mathbb{Z} \setminus \{0\}} \widehat{b}(j) \, \overline{\widehat{\varphi}(j \, R)},$$

puisque $\widehat{b}(0) = \langle b \rangle$ et $\widehat{\varphi}(0) = 1$. Nous savons que

$$\widehat{\varphi^{(k)}}(\xi) = (2i\pi\xi)^k \,\widehat{\varphi}(\xi).$$

De plus, $\varphi \in C^k\left(\left[-\frac{1}{2}, \frac{1}{2}\right]\right)$, est identiquement nulle à l'extérieur de $\left[-\frac{1}{2}, \frac{1}{2}\right]$, et toutes ses dérivées jusqu'à l'ordre $k-1$ s'annulent en $\pm\frac{1}{2}$. Il en résulte que $\varphi^{(k)} \in L^1(\mathbb{R})$, et sa transformée de Fourier est donc bornée. Ceci implique que, pour tout $\xi \in \mathbb{R}\backslash\{0\}$,

$$|\widehat{\varphi}(\xi)| \leq \frac{1}{(2\pi)^k}\left\|\widehat{\varphi^{(k)}}\right\|_{L^\infty(\mathbb{R})} |\xi|^{-k} \leq \frac{1}{(2\pi)^k}\left\|\varphi^{(k)}\right\|_{L^1(\mathbb{R})} |\xi|^{-k} \leq C|\xi|^{-k},$$

où C ne dépend pas de ξ. Nous en déduisons que

$$\left|\sum_{j\in\mathbb{Z}\backslash\{0\}} \widehat{b}(j)\,\overline{\widehat{\varphi}(j\,R)}\right| \leq C\,R^{-k}\sum_{j\in\mathbb{Z}\backslash\{0\}} |\widehat{b}(j)|\,|j|^{-k}$$

$$\leq C\,R^{-k}\,\|b\|_{L^2([-\frac{1}{2},\frac{1}{2}])}\left(\sum_{j\in\mathbb{Z}\backslash\{0\}} |j|^{-2k}\right)^{\frac{1}{2}}$$

$$= O\left(R^{-k}\right),$$

où la majoration centrale est obtenue par l'inégalité de Cauchy-Schwarz discrète et en remarquant que $\displaystyle\sum_{j\in\mathbb{Z}} |\widehat{b}(j)|^2$ est, par propriété d'isométrie de la transformée de Fourier, la norme L^2 de b. Ceci démontre, pour une fonction périodique, l'accélération attendue en (5.31) lorsque k croît. Le lecteur admettra sans difficulté que le phénomène est identique en dimension d quelconque, la preuve étant similaire, et la fonction filtre φ_R étant bien sûr maintenant définie par $\varphi_R(.) = R^{-d}\,\varphi\left(\frac{\cdot}{R}\right)$ pour

$$\begin{cases} \varphi \in C^k\left(\left[-\frac{1}{2}, \frac{1}{2}\right]^d\right), \quad \varphi \geq 0, \quad \displaystyle\int_{[-\frac{1}{2},\frac{1}{2}]^d} \varphi = 1, \\[2ex] \varphi = 0 \quad \text{sur } \mathbb{R}^d\backslash\left[-\frac{1}{2}, \frac{1}{2}\right]^d, \\[2ex] \forall\, 0 \leq j \leq k-1,\; D^j\varphi = 0 \quad \text{sur } \partial\left(\left[-\frac{1}{2}, \frac{1}{2}\right]^d\right), \end{cases} \qquad (5.32)$$

au lieu de (5.30). Dans l'expression ci-dessus, nous notons $D^j\varphi$ le tenseur des
dérivées d'ordre j de φ : pour $j = 1$ il s'agit du gradient, pour $j = 2$, de
la matrice hessienne, pour $j = 3$ du tenseur d'ordre 3 qui contient toutes les
dérivées d'ordre 3, etc... Dans le cas quasi-périodique, il est de même possible de
démontrer l'accélération, aussi par transformée de Fourier, et la preuve est à peine
plus compliquée. L'idée essentielle ayant été exposée ci-dessus, nous renvoyons
le lecteur à la Proposition 4 de [BLB10], pour laquelle il faut rajouter l'hypothèse
suivante sur les quasi-périodes $T_1, \ldots, T_m$ du coefficient de l'équation (au sens de
la Définition 1.4) :

$$\exists C > 0, \quad \forall \eta > 0, \quad \forall p \in \mathbb{Z}^m, \quad \text{tel que} \quad \left| \sum_{j=1}^m \frac{p_j}{T_j} \right| \leq \eta, \quad \sum_{j=1}^m |p_j| \geq \frac{C}{\eta}.$$

Nous remercions Sonia Fliss pour nous avoir signalé cet oubli. Cette condition
diophantienne est également présente dans [CCC+05] pour des raisons similaires.

A ce stade, nous savons donc comment, en général pour une fonction quasi-
périodique, accélérer le calcul de sa moyenne. L'idée est alors d'appliquer cette
technique d'accélération au calcul de la moyenne (5.20). Les choses ne vont pas
être immédiates. Certes l'intégrande présente dans (5.20) est bien une fonction
quasi-périodique, mais en pratique elle a été approchée numériquement aussi sur
un domaine tronqué de taille R. Il va alors se produire une petite interférence si
nous appliquons *ex abrupto* la technique de filtrage que nous venons d'introduire,
en remplaçant (5.20) par (avec des notations évidentes)

$$\left[a^*\right]_{ij} = \lim_{R \to +\infty} \int_{[-R/2, R/2]^d} \big(a(y)\,(\nabla w_{e_j}(y) + e_j)\big) \cdot e_i\, \varphi_R(y)\, dy. \qquad (5.33)$$

Pour comprendre cette nouvelle subtilité, revenons encore une fois en dimension $d = 1$.

Le problème du correcteur monodimensionnel pour un coefficient $a_{\mathrm{q-per}}$ quasi-
périodique ne présente aucune difficulté particulière, nous le savons depuis le
Chapitre 2. Il s'écrit (voir par exemple (2.38))

$$-\frac{d}{dy}\left(a_{\mathrm{q-per}}(y)\left(1 + \frac{d}{dy}\,w_{\mathrm{q-per}}(y)\right)\right) = 0,$$

complété par une condition de stricte sous-linéarité à l'infini. Ce problème, posé sur
la droite réelle $\mathbb{R}$, se résout explicitement. C'est bien sûr une spécificité de la dimension 1. Mais ici, pour notre argument imitant la situation multidimensionnelle, nous
supposons ne pas connaître la solution exacte, et nous tronquons donc le problème

sur un intervalle $[-R/2, R/2]$ supposé grand, que nous munissons, comme suggéré ci-dessus, de conditions périodiques au bord :

$$\begin{cases} -\dfrac{d}{dy}\left(a_{\text{q-per}}(y)\left(1 + \dfrac{d}{dy}\,w_{\text{q-per},R}(y)\right)\right) = 0 \text{ dans } [-R/2, R/2], \\[2mm] w_{\text{q-per},R}(-R/2) = w_{\text{q-per},R}(R/2). \end{cases} \tag{5.34}$$

Nous en déduisons facilement

$$1 + w'_{\text{q-per},R}(y) = \left(R^{-1}\int_{-R/2}^{R/2} a_{\text{q-per}}^{-1}\right)^{-1} a_{\text{q-per}}(y)^{-1}.$$

Si nous utilisons alors cette valeur approchée du correcteur dans la moyenne filtrée (5.31) pour obtenir une approximation du coefficient homogénéisé, nous obtenons

$$a_R^* = \int_{-R/2}^{R/2} a_{\text{q-per}}\left(1 + w'_{\text{q-per},R}\right)\varphi_R$$

$$= \left(R^{-1}\int_{-R/2}^{R/2} a_{\text{q-per}}^{-1}\right)^{-1}. \tag{5.35}$$

En d'autres termes, le filtre a disparu et l'approximation obtenue n'est ni plus ni moins bonne que celle obtenue en l'absence de filtre !

La clé pour s'en sortir est d'introduire le filtre *aussi sur le problème du correcteur lui-même*...Nous remplaçons en effet (5.34) par

$$\begin{cases} -\dfrac{d}{dy}\left[\varphi_R(y)\left(a_{\text{q-per}}(y)\left(1 + \dfrac{d}{dy}\,\widetilde{w}_{\text{q-per},R}(y)\right) + \lambda_R\right)\right] = 0 \text{ dans } [-R/2, R/2], \\[2mm] \displaystyle\int_{-R/2}^{R/2} \varphi_R\,(\widetilde{w}_{\text{q-per},R})' = 0. \end{cases} \tag{5.36}$$

Le fait que le problème (5.36) est bien posé n'est *a priori* pas évident. Une manière de le démontrer est de travailler dans l'espace $H^1([-R/2, R/2], \varphi_R(x)dx)$ où la mesure $\varphi_R(x)dx$ remplace la mesure de Lebesgue. Nous écrivons le problème variationnel associé, c'est-à-dire trouver $(w, \lambda) \in H^1([-R/2, R/2], \varphi_R(x)dx) \times \mathbb{R}$ tel que

$$\forall (v, \mu) \in H^1([-R/2, R/2], \varphi_R(x)dx) \times \mathbb{R},$$

$$\int_{-R/2}^{R/2} a_{\text{q-per}}\,v'w'\varphi_R + \int_{-R/2}^{R/2} \lambda v'\varphi_R - \int_{-R/2}^{R/2} \mu w'\varphi_R = -\int_{-R/2}^{R/2} a_{\text{q-per}}\,v'\varphi_R.$$

Cette forme permet alors d'appliquer le lemme de Lax-Milgram dans l'espace de Hilbert $H^1([-R/2, R/2], \varphi_R(x)dx) \times \mathbb{R}$. Bien entendu, il est nécessaire pour cela d'établir une inégalité de Poincaré-Wirtinger dans cet espace. Nous renvoyons à [BLB10, Proposition 2] pour les détails de la preuve. Le lecteur vérifiera sans peine qu'une solution du problème variationnel ci-dessus est bien une solution (au moins au sens des distributions) de (5.36).

Comme nous venons de le voir, la constante λ_R introduite à la première ligne de (5.36) est le multiplicateur de Lagrange associé à la contrainte exprimée dans la seconde ligne. Cette seconde ligne, en l'absence de filtre, serait bien sûr équivalente à la périodicité imposée à la deuxième ligne de (5.34) (et le lecteur pourrait alors vérifier que le multiplicateur associé disparaît de l'équation, d'où la première ligne de (5.34)). Bref, la résolution de (5.36) nous fournit

$$1 + \left(\widetilde{w}_{\text{q-per},R}\right)'(y) = \left(R^{-1} \int_{-R/2}^{R/2} a_{\text{q-per}}^{-1} \varphi_R\right)^{-1} a_{\text{q-per}}(y)^{-1}$$

et la nouvelle approximation du coefficient homogénéisé

$$\left(\widetilde{a}_R^*\right)^{-1} = \int_{-R/2}^{R/2} a_{\text{q-per}} \left(1 + \left(\widetilde{w}_{\text{q-per},R}\right)'\right) \varphi_R$$

$$= \left(R^{-1} \int_{-R/2}^{R/2} a_{\text{q-per}}^{-1} \varphi_R\right)^{-1}.$$

En remplaçant (5.34) par (5.36), le filtre a donc été ré-instauré dans la moyenne approchant a^*. Les résultats d'approximation démontrés ci-dessus sur la moyenne d'une fonction quasi-périodique s'appliquent et l'accélération s'opère.

Que retenir de cela en dimension $d \geq 2$?

La technique de filtrage complet "équation du correcteur + calcul de la moyenne", introduite ci-dessus en dimension $d = 1$ s'étend formellement à toute dimension supérieure. Le problème du correcteur tronqué et filtré (5.36) s'écrit alors, pour la fonction filtre définie en (5.32) et un multiplicateur de Lagrange qui est cette fois un vecteur de $\mathbb{R}^d$,

$$\begin{cases} -\text{div}\left[\varphi_R(y)\left(a_{\text{q-per}}(y)\left(e_j + \nabla\widetilde{w}_{e_j,R}(y)\right) + \lambda_R\right)\right] = 0 \text{ dans } [-R/2, R/2]^d, \\[2ex] \displaystyle\int_{[-R/2,R/2]^d} \varphi_R \, \nabla\widetilde{w}_{e_j,R} = 0, \end{cases}$$

$$(5.37)$$

où e_j est le j-ème vecteur de la base canonique de $\mathbb{R}^d$, et le correcteur $\widetilde{w}_{e_j,R}$ est cherché dans $H^1\left([-R/2, R/2]^d, \varphi_R(x)dx\right)$. Comme dans le cas de (5.36), nous renvoyons à [BLB10, Proposition 2] pour les détails concernant le caractère bien posé de (5.37). La moyenne filtrée est calculée, elle, par la formule (5.33).

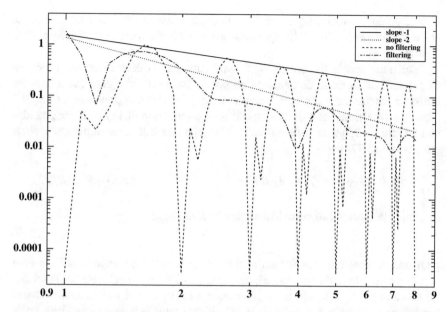

Fig. 5.2 (extraite de [BLB10, Figure 1].) Un exemple de l'utilisation de la méthode de filtrage sur un cas périodique. L'abscisse est la taille R de la boîte de simulation, l'ordonnée la valeur de l'erreur, les deux en échelle logarithmique. La courbe en pointillés est celle du cas sans filtrage, qui est donc nulle si R est entier. La courbe alternant points et tirets est celle du cas avec filtrage. Copyright ©2010 American Institute of Mathematical Sciences. Reproduit avec autorisation, droits réservés.

Aucune preuve d'analyse de la méthode n'est connue, mais ce qui a été observé numériquement est que l'accélération démontrée à tout ordre k en dimension $d = 1$ sature en fait à l'ordre $k = 2$ en dimension supérieure. Une convergence en $O(R^{-2})$, plutôt que $O(R^{-1})$, étant appréciable, la méthode est intéressante malgré tout. Ceci est illustré à la Figure 5.2 sur un cas périodique. On y constate que, "en moyenne", l'erreur pour la méthode avec filtrage est meilleure que celle sans filtrage, bien que pour R entier, cette dernière soit en fait nulle. Par exemple pour $R = N + 1/2$, N entier, l'erreur filtrée est d'ordre N^{-2}, alors que l'erreur sans filtrage est d'ordre N^{-1}. Le même type d'amélioration peut être observé sur un cas quasi-périodique (voir [BLB10]).

Le fait que la méthode n'augmente pas le temps de calcul par rapport à la méthode standard (l'insertion du filtre ne change guère la complexité de la résolution du problème du correcteur, et pas du tout celle de la moyenne) est aussi un argument en faveur de la méthode. En revanche, une autre limitation concerne les fonctions presque périodiques (dont on rappelle qu'elles sont bien plus générales que les fonctions périodiques). Même en dimension 1, l'accélération en $O(R^{-k})$ est, sauf cas particulier, fausse. Donc la méthode n'est pas adaptée à ce cadre. L'ensemble de ces raisons fait qu'une méthode meilleure, motivée par [BLB10] et introduite par Antoine Gloria dans [Glo11] (voir aussi [GH16]) est préférable. Cette méthode s'étend au cadre stochastique, qui nous occupera dans la prochaine Section 5.1.5, et est réminiscente d'une idée que nous avons déjà plusieurs fois utilisée pour la théorie.

Pour remplacer le filtrage (5.37) du problème du correcteur tronqué, l'idée est de recycler la méthode de pénalisation par un terme d'ordre zéro qui a déjà été utilisée à des fins théoriques par exemple au Chapitre 4 pour la preuve du Lemme 4.1 (équation (4.7)), ou celle de la Proposition 4.8 (équation (4.117)). La même idée vient d'être mentionnée ci-dessus en (5.24), cette fois à des fins numériques. Nous remplaçons (5.37) par

$$
\begin{cases}
-\mathrm{div}\,(a\,(1+\nabla w_R)) + \eta_R\,w_R = 0 & \text{dans}\,[-R/2,\,R/2]^d, \\[2ex]
w_R \quad \text{périodique au bord du domaine } [-R/2,\,R/2]^d,
\end{cases}
$$

$$
\tag{5.38}
$$

pour une constante $\eta_R > 0$ bien choisie, et la solution est ensuite utilisée dans une moyenne filtrée du type (5.33), moyenne pas forcément calculée sur la totalité du domaine $[-R/2,\,R/2]^d$ mais potentiellement seulement sur un sous-domaine bien choisi. L'analyse théorique de la méthode peut être effectuée. Elle guide un bon choix des paramètres ci-dessus et permet de démontrer une accélération grossièrement en R^{-4}. Nous renvoyons le lecteur qui veut en savoir plus à [GH16, Glo11]. Comme dit plus haut, l'approche s'applique aussi au cas stochastique, que nous abordons dans la section suivante. D'autres contributions ont aussi visé, dans la lignée des travaux ci-dessus, à améliorer l'approximation du correcteur dans les diverses situations. Nous pouvons ainsi citer, comme exemples, le couplage avec un problème extérieur dans [CELS15, CEL+20a, CEL+20b], l'approximation par l'emploi d'une équation des ondes dans [AR16], d'une équation parabolique dans [AAP19, AAP21b], d'une autre équation elliptique dans [AAP21a], ...

5.1.5 Le cadre stochastique

Nous consacrons cette section à l'approximation par méthode d'homogénéisation du problème multi-échelle

$$
\begin{cases}
-\mathrm{div}\left(a\left(\dfrac{x}{\varepsilon},\omega\right)\nabla u^\varepsilon(x,\omega)\right) = f(x) \text{ dans } \mathcal{D}\subset\mathbb{R}^d, \\[2ex]
u^\varepsilon(\cdot,\omega) = 0 & \text{sur } \partial\mathcal{D},
\end{cases}
$$

introduit à l'équation (4.114) de la Section 4.3 du Chapitre 4.

L'ensemble des tâches à accomplir pour la mise en œuvre numérique dans le cadre stochastique est formellement relativement similaire à celle décrite et effectuée dans la Section 5.1.4.2 ci-dessus dans le cadre quasi-périodique. Nous devons, dans une première phase, approcher numériquement la solution du problème du correcteur (4.115)

$$
\begin{cases}
-\operatorname{div}(a(x, \omega)\,(p + \nabla w_p(x, \omega))) = 0 \text{ dans } \mathbb{R}^d, \\[2mm]
\nabla w_p(x, \omega) \text{ stationnaire}, \\[2mm]
\mathbb{E} \displaystyle\int_Q \nabla w_p(x, \omega)\, dx = 0,
\end{cases}
\tag{5.39}
$$

où, nous le rappelons, Q désigne le cube unité de $\mathbb{R}^d$. Cette équation est posée sur tout l'espace, et a été étudiée dans la Proposition 4.8 de la Section 4.3.1.

Puis, dans une seconde phase, il nous faut approcher le coefficient homogénéisé défini par (4.137)

$$
\left[a^* \right]_{ij} = \mathbb{E} \int_Q a \left(e_j + \nabla w_{e_j} \right) . e_i.
\tag{5.40}
$$

La troisième phase consisterait en la résolution du problème homogénéisé (4.136)

$$
\begin{cases}
-\operatorname{div}(a^* \nabla u^*(x)) = f(x) \text{ dans } \mathcal{D} \subset \mathbb{R}^d, \\[2mm]
u^* = 0 \qquad\qquad\qquad \text{sur } \partial \mathcal{D},
\end{cases}
$$

obtenu à la Proposition 4.10 de la Section 4.3.3 : elle relève des techniques de la Section 5.1.2. Le lecteur notera que, conformément à notre habitude, nous avons adopté le cadre stationnaire *discret* (d'où l'intégrale sur Q dans la troisième ligne de (5.39) et dans la formule (5.40) donnant a^*). Notre discussion pourrait aussi être menée, de manière similaire, dans le cadre stationnaire *continu*.

La nouveauté par rapport au cadre de la Section 5.1.4.2 est bien entendu l'apparition de la variable $\omega \in \Omega$, en plus de la traditionnelle variable d'espace $x \in \mathbb{R}^d$. Par *discrétisation* du problème, nous entendons donc maintenant une discrétisation en termes de *réalisations* des variables aléatoires en jeu, en plus de la discrétisation en espace qui concerne l'éventuelle troncature du problème sur un ouvert borné et la résolution du problème tronqué par une méthode de type éléments finis.

En d'autres termes, il s'agit pour nous

(i) de considérer le problème du correcteur (4.115) —ou plus exactement la version approchée, sur un domaine tronqué, que nous aurons choisie pour en faire l'approximation—, pour un *échantillon statistique* fini $\{\omega_1, \ldots, \omega_M\}$, de taille $M \in \mathbb{N}$, de réalisations du champ aléatoire $a(x, \omega_m)$, $1 \le m \le M$, et d'approcher numériquement sa solution par une technique bien établie (typiquement une technique employée à la Section précédente pour un problème similaire déterministe)

(ii) d'approcher l'espérance figurant en (4.137) par la *moyenne empirique*

$$\frac{1}{M} \sum_{m=1}^{M} \int_Q a(., \omega_m) \left(e_j + \nabla w_{e_j}(., \omega_m) \right) . e_i \qquad (5.41)$$

selon l'approche générique de la *méthode de Monte-Carlo*, introduite au Chapitre 1.

Plusieurs questions se posent donc, sur deux registres différents :

(a) *(Influence de la troncature en x) :* d'un point de vue théorique, si nous avons tronqué le problème (4.115) sur un ouvert borné, alors, *même si* nous le résolvons parfaitement (sans erreur numérique due à la discrétisation en x), et ce pour tous les $\omega \in \Omega$ (entendre, bien sûr, "presque sûrement", ce que nous ne pouvons pas), et si en plus nous effectuons *parfaitement* l'étape **(ii)** en étant miraculeusement capables de calculer l'espérance du membre de droite de (4.137), le coefficient homogénéisé trouvé est-il asymptotiquement le bon, et pouvons-nous quantifier l'erreur faite ?

Dans sa version la plus simple, clairement héritée de notre travail des sections précédentes (par exemple en (5.34)), la question se reformule de la façon suivante. Définissons, presque sûrement, le problème du correcteur stochastique *tronqué* par

$$\begin{cases} -\operatorname{div}(a(x, \omega) (p + \nabla w_{p,R}(x, \omega)) = 0 \text{ dans } [-R/2, R/2]^d, \\ \\ w_{p,R}(x, \omega) = 0, \text{ ou périodique, ou } \dots \text{ sur le bord } \partial \left([-R/2, R/2]^d \right). \end{cases} \qquad (5.42)$$

Alors est-il vrai que, presque sûrement,

$$\lim_{R \to +\infty} a_R^* = a^* \qquad (5.43)$$

où

$$[a_R^*]_{ij} = R^{-d} \int_{[-R/2, R/2]^d} a \left(e_j + \nabla w_{e_j, R} \right) . e_i, \qquad (5.44)$$

et avec quelle vitesse la convergence se fait-elle en R ? De plus, existe-t-il des moyens d'améliorer la vitesse de convergence ?

En effet, le membre de droite de (4.137) n'est rien d'autre, dans sa définition originale, que le limite faible définie en (3.60) et donc aussi, au même titre que (5.20), la limite sur les grands volumes de la quantité considérée.

A cause des bornes dont nous disposons sur toutes les quantités considérées, cette limite presque sûre pourra alors impliquer ensuite la même limite en des sens différents, par exemple au sens L^2, c'est-à-dire en moyenne quadratique.

(b) *(En quelque sorte symétriquement à **(a)**, influence de la troncature en ω)* : d'un point de vue théorique, si nous supposons savoir parfaitement résoudre en x le problème du correcteur, et que nous approchons l'espérance

$$\mathbb{E} \int_Q a \left(e_j + \nabla w_{e_j} \right) . e_i$$

du membre de droite de (4.137) par la moyenne empirique

$$\frac{1}{M} \sum_{m=1}^M \int_Q a(., \omega_m) \left(e_j + \nabla w_{e_j}(., \omega_m) \right) . e_i$$

définie en (5.41), à quelle vitesse en la taille M de l'échantillon statistique approchons-nous le résultat exact ? Et, de nouveau, existe-t-il des moyens d'améliorer la vitesse de convergence ?

Dans un but pédagogique, signalons que les deux registres de questions ci-dessus sont tout à fait génériques dans la mise en œuvre de la méthode de Monte-Carlo. Ces deux registres correspondent à la décomposition (dans cet ordre) de l'erreur commise dans cette méthode en *erreur systématique* et *erreur statistique*. Décrivons cette dichotomie en dimension $d = 1$. L'erreur dans la convergence

$$(a^*)^{-1} = \text{p.s.} \lim_{R \to +\infty} R^{-1} \int_{[-R/2, R/2]} a^{-1}(x, \omega) \, dx \tag{5.45}$$

peut se décomposer comme suit :

$$\text{p.s.} \lim_{R \to +\infty} \left[(a^*)^{-1} - \mathbb{E} \left(R^{-1} \int_{[-R/2, R/2]} a^{-1}(x, \omega) \, dx \right) \right]$$

$$+ \text{p.s.} \lim_{R \to +\infty} \left[\mathbb{E} \left(R^{-1} \int_{[-R/2, R/2]} a^{-1}(x, \omega) \, dx \right) \right.$$

$$\left. - R^{-1} \int_{[-R/2, R/2]} a^{-1}(x, \omega) \, dx \right],$$

soit, en notant $(a^*)^{-1}(R, \omega) = \left(R^{-1} \int_{[-R/2, R/2]} a^{-1}(x, \omega) \, dx \right),$

$$\text{p.s.} \lim_{R \to +\infty} \left[(a^*)^{-1} - \mathbb{E} \left((a^*)^{-1}(R, \omega) \right) \right] \tag{5.46}$$

$$+\text{p.s.} \lim_{R \to +\infty} \left[\mathbb{E} \left((a^*)^{-1}(R, \omega) \right) - (a^*)^{-1}(R, \omega) \right], \qquad (5.47)$$

où le premier terme (5.46), l'erreur systématique, est la différence de deux termes déterministes, alors que le second terme (5.47), l'erreur statistique, mesure la différence entre une variable aléatoire et son espérance.

Le lecteur notera que, dans la pratique, nous n'utilisons pas qu'un seul ($M = 1$) tirage ω, mais notre échantillon contient M réalisations. Ceci ne change rien à la discussion. Nous pouvons évidemment répéter la même décomposition pour l'approximation de $(a^*)^{-1}$ non pas par (5.45), mais par

$$\text{p.s.} \lim_{R \to +\infty} \left[(a^*)^{-1} - \mathbb{E} \left(R^{-1} \int_{[-R/2, R/2]} a^{-1}(x, \omega) \, dx \right) \right]$$

$$+ \text{p.s.} \lim_{R \to +\infty} \left[\mathbb{E} \left(R^{-1} \int_{[-R/2, R/2]} a^{-1}(x, \omega) \, dx \right) \right.$$

$$\left. - \frac{1}{M} \sum_{m=1}^{M} R^{-1} \int_{[-R/2, R/2]} a^{-1}(x, \omega_m) \, dx \right] \qquad (5.48)$$

la quantité

$$\frac{1}{M} \sum_{m=1}^{M} R^{-1} \int_{[-R/2, R/2]} a^{-1}(x, \omega_m) \, dx$$

ayant la même espérance pour toutes les valeurs de M.

L'erreur systématique (5.46) dépend seulement de la qualité avec laquelle nous avons procédé à l'approximation du problème du correcteur sur un domaine borné. Sans utiliser de techniques sophistiquées (comme les techniques de troncature ou de filtrage déjà évoquées à la Section 5.1.4.2 et que nous reverrons, pour certaines, rapidement ci-dessous), il est classique de considérer que

$$\text{erreur systématique} \approx \frac{1}{R}, \qquad (5.49)$$

voire mieux.

L'erreur statistique (5.48) est bien connue du lecteur. Nous l'avons rencontrée dès le Chapitre 1. Pour des tirages ω_i indépendants, sa vitesse de convergence vers zéro est régie par le Théorème de la limite centrale, avec un préfacteur (que nous omettons ici mais dont il sera longuement question à la Section 5.1.5.2 à venir) dépendant de la variance de la variable aléatoire en jeu :

$$\text{erreur statistique} \approx \frac{1}{\sqrt{M}}. \qquad (5.50)$$

Mais n'oublions pas, dans notre cas spécifique, que la variable aléatoire

$$R^{-1} \int_{[-R/2, R/2]} a^{-1}(x, \omega)\, dx$$

dont nous approchons l'espérance est elle-même *paramétrée* par R. Cette dépendance en R se répercute au moins sur le préfacteur intervenant dans (5.50), *via*
la variance de cette variable. Le lecteur réalisera par exemple que, formellement,
pour $R = +\infty$, la variable aléatoire en question est déterministe, donc de variance
nulle. Et donc l'erreur statistique (5.50) est *nulle* !

Retenons donc que, formellement, l'erreur totale diminue comme

$$\text{erreur} \approx \frac{1}{R} + \frac{1}{\sqrt{M}}, \tag{5.51}$$

mais que, *implicitement*, le paramètre R est aussi présent dans le second terme
d'erreur. Sur des cas spécifiques et sous des hypothèses bien choisies, son influence
peut être étudiée et quantifiée (nous verrons un tel exemple dans la section suivante).

Nous allons maintenant successivement, dans la Section 5.1.5.1, répondre aux
questions évoquées dans **(a)**, puis, dans la Section 5.1.5.2, étudier les aspects
discutés dans **(b)**.

5.1.5.1 Convergence

La première preuve générale établissant la convergence (5.43) a paru dans [BP04], et
a généré de nombreux travaux à sa suite. C'est ce travail original que nous résumons
à grands traits dans cette section.

Le cas monodimensionnel. Commençons, selon notre bonne vieille habitude, par
régler la question dans le cadre monodimensionnel introduit à la Section 2.4. Le
problème du correcteur

$$\begin{cases} -\dfrac{d}{dy}\left(a(y, \omega)\left(1 + \dfrac{d}{dy}\, w(y, \omega)\right)\right) = 0 \\[2mm] \dfrac{dw}{dy} \text{ stationnaire,} \\[2mm] \mathbb{E} \displaystyle\int_{Q} \dfrac{dw}{dy} = 0, \end{cases}$$

est approché par l'équation posée sur un domaine tronqué

$$\begin{cases} -\dfrac{d}{dy}\left(a(y, \omega)\left(1 + \dfrac{d}{dy}\, w_R(y, \omega)\right)\right) = 0 \text{ dans } [-R/2, R/2], \\[3mm] w_R(-R/2, \omega) = w_R(R/2, \omega) \end{cases} \tag{5.52}$$

comme nous l'avions fait pour le problème quasi-périodique en (5.34). Sa solution s'écrit

$$1 + (w_R)'(x, \omega) = a_R^*(\omega)\, a^{-1}(x, \omega),$$

où la constante d'intégration $a_R^*(\omega)$ est déterminée par les conditions de périodicité (deuxième ligne de (5.52)). En effet, en intégrant l'expression ci-dessus sur l'intervalle $[-R/2, R/2]$, nous obtenons

$$\left(a_R^*(\omega)\right)^{-1} = R^{-1} \int_{-R/2}^{R/2} (a(x, \omega))^{-1}\, dx. \tag{5.53}$$

Cette expression, qui est en fait la formule (5.44) particularisée à la dimension 1, fournit *ipso facto* l'approximation du coefficient homogénéisé défini par

$$\left(a^*\right)^{-1} = \mathbb{E} \int_{-1/2}^{1/2} (a(x, \omega))^{-1}\, dx. \tag{5.54}$$

A la question "*le coefficient $a_R^*(\omega)$ défini par (5.53) converge-t-il presque sûrement vers le coefficient a^* défini par (5.54) ?* ", le lecteur connaît la réponse depuis la Section 1.6 du Chapitre 1. Cette réponse est : "*Oui*". La fonction $(a(x, \omega))^{-1}$ est une fonction stationnaire (discrète) et cette propriété, qui définit sa moyenne, est donc vraie.

A la question "*la vitesse de cette convergence peut-elle être précisée ?*", le lecteur connaît aussi la réponse depuis cette même section. Cette réponse est : "*Ca dépend*".

En effet, souvenons-nous de la diversité couverte par le cadre stationnaire (périodicité, quasi-périodicité, presque périodicité, variables i.i.d., etc). Comme illustration, nous avions donné au Chapitre 1 l'exemple (1.84) de la fonction

$$a(x, \omega) = 1 + \sum_{k \in \mathbb{Z}} X_k(\omega)\mathbf{1}_Q(x - k), \tag{5.55}$$

où $Q = [0, 1]$ et la suite X_k est i.i.d. Nous avions alors établi dans (1.88) que la convergence presque sûre

$$\int_0^1 \left(a\left(\frac{x}{\varepsilon}, \omega\right)\right)^{-1} dx \xrightarrow{\varepsilon \to 0} \mathbb{E}\left(\int_0^1 (a(., \omega))^{-1}\right) \tag{5.56}$$

se produisait à la vitesse $\sqrt{\varepsilon}$, ce qui est exactement caractériser la convergence de (5.53) vers (5.54) comme étant en $\frac{1}{\sqrt{R}}$.

Il est éclairant ici de regarder sur ce cas élémentaire la décomposition de l'erreur commise en erreur systématique et erreur statistique, comme introduit précédemment (formules (5.46) et (5.47)).

Si nous parlons de l'erreur sur le coefficient $(a^*)^{-1}$, la décomposition est extrêmement simple. Partant de (5.53) et prenant l'espérance des deux membres, nous obtenons

$$\mathbb{E}\left(\left(a_R^*(\omega)\right)^{-1}\right) = \mathbb{E}\left(R^{-1} \int_{-R/2}^{R/2} (a(x,\omega))^{-1}\, dx \right)$$

$$= R^{-1} \int_{-R/2}^{R/2} \mathbb{E}\left((a(x,\omega))^{-1}\right) dx.$$

Puisque la fonction $\mathbb{E}\left((a(x,\omega))^{-1}\right)$ est périodique de période 1, l'erreur entre cette dernière quantité et la moyenne de cette fonction, à savoir précisément la quantité

$$\int_{-1/2}^{1/2} \mathbb{E}\left((a(x,\omega))^{-1}\right) dx = \mathbb{E}\int_{-1/2}^{1/2} (a(x,\omega))^{-1}\, dx = \left(a^*\right)^{-1}$$

est donc d'ordre au plus $\dfrac{1}{R}$, nous le savons aussi depuis le Chapitre 1. C'est l'erreur systématique. Elle peut même être miraculeusement nulle si nous avons eu le nez creux et choisi R entier ! L'erreur statistique s'ajoute à cette erreur, et est donc, par exemple pour la fonction a choisie ci-dessus, en $\dfrac{1}{\sqrt{R}}$. Mais, comme rappelé ci-dessus, cette seconde erreur dépend en général des hypothèses sur la fonction a.

En choisissant de faire cette analyse de l'erreur sur $(a^*)^{-1}$, soulignons que nous avons un peu "triché", car nous avons exploité, en fait *trop* exploité, le cadre monodimensionnel. Si nous voulons en apprendre un tout petit peu plus, et "imiter" autant que possible le cadre général, il vaut mieux refaire cette analyse, pour l'erreur sur a^* lui-même cette fois. La forme explicite de a, comme par exemple celle choisie plus haut (5.55), est alors nécessaire pour mener les calculs, et c'est un exercice que nous laissons au lecteur. Les conclusions seront les mêmes que celles obtenues jusqu'ici, au prix de calculs un peu plus lourds. Nous préférons nous consacrer maintenant à la dimension $d \geq 2$, qui de toute façon illustre la difficulté *générale*.

Le cas multidimensionnel. A partir de la dimension $d = 2$, le problème du correcteur à résoudre dans le cas stochastique est le problème (4.115) :

$$\begin{cases} -\operatorname{div}(a(x,\omega)\,(p + \nabla w_p(x,\omega))) = 0 \text{ dans } \mathbb{R}^d, \\[1em] \nabla w_p(x,\omega) \text{ stationnaire}, \\[1em] \mathbb{E}\int_Q \nabla w_p(x,\omega)\, dx = 0. \end{cases}$$

Il est typiquement approché par le problème tronqué (5.42)

$$
\begin{cases}
- \operatorname{div}(a(x, \omega)\,(p + \nabla w_{p,R}(x, \omega)) = 0 \text{ dans } [-R/2, R/2]^d, \\[2mm]
w_{p,R}(x, \omega) = 0, \text{ ou périodique, ou } \dots \text{ sur le bord } \partial\left([-R/2, R/2]^d\right),
\end{cases}
$$

ou une de ses modifications (introduction d'un terme d'ordre zéro, d'une fonction filtre, etc) dans la veine de ce que nous avons discuté à la Section 5.1.4.2. Nous en avons vu une version monodimensionnelle ci-dessus en (5.52). Une approximation

$$
\left[a_R^*(\omega)\right]_{ij} = R^{-d} \int_{[-R/2, R/2]^d} a\left(e_j + \nabla w_{e_j, R}\right).e_i \tag{5.57}
$$

du coefficient homogénéisé $\left[a^*\right]_{ij}$ est déduite de la résolution de (5.42), et la question posée est celle de la convergence (5.43) de cette variable aléatoire $\left[a_R^*(\omega)\right]_{ij}$ vers le coefficient exact quand le paramètre de troncature R tend vers l'infini.

Concernant la définition (5.57) du coefficient homogénéisé approché, nous ne saurions trop insister sur un point qui est peut-être passé inaperçu dans les formules analogues précédentes générale (5.43) et, en dimension 1, (5.45) et (5.53). Bien qu'asymptotiquement en $R = +\infty$, ce coefficient a_R^* coïncide (nous allons le démontrer) avec la valeur exacte, *déterministe*, du coefficient a^*, a_R^* est, pour tout $R < +\infty$, une variable *aléatoire*. En d'autres termes, le fait de considérer une troncature $R < +\infty$ a brisé l'ergodicité du problème, et rendu "artificiellement" aléatoire une quantité en fait déterministe.

La preuve, contenue dans [BP04], de la convergence presque sûre (5.43) est en fait relativement élémentaire. Pour fixer les idées, considérons les conditions au bord de Dirichlet homogène dans (5.42), mais l'argument pourrait être mené de manière similaire pour d'autres types de conditions au bord. Au changement de fonction inconnue

$$
\overline{w_{p,R}}(x, \omega) = R^{-1}\, w_{p,R}(Rx, \omega)
$$

près, (5.42) se récrit alors comme le problème

$$
\begin{cases}
- \operatorname{div}(a(Rx, \omega)\,(p + \nabla\overline{w_{p,R}}(x, \omega)) = 0 \text{ dans } [-1/2, 1/2]^d, \\[2mm]
\overline{w_{p,R}}(x, \omega) = 0 \quad \text{sur} \quad \partial\left([-1/2, 1/2]^d\right).
\end{cases} \tag{5.58}
$$

Puisque le coefficient $a(Rx, \omega)$ est de la forme $a\left(\dfrac{x}{\varepsilon}, \omega\right)$ quand $\varepsilon = R^{-1}$, le lecteur reconnaît au membre de gauche de (5.58) un opérateur à coefficient stationnaire oscillant. Le problème est donc un problème que nous savons étudier dans la limite $\varepsilon \to 0$, c'est-à-dire $R \to +\infty$. Cependant, la Proposition 4.10

ne s'applique pas directement à (5.58). Il nous faut pour cela changer à nouveau d'inconnue et poser

$$\chi_{p,R}(x,\omega) = \overline{w_{p,R}}(x,\omega) + p \cdot x, \tag{5.59}$$

ce qui donne

$$\begin{cases} -\operatorname{div}(a(Rx,\omega)\nabla\chi_{p,R}(x,\omega)) = 0 \text{ dans } [-1/2, 1/2]^d, \\[2mm] \chi_{p,R}(x,\omega) = p \cdot x \quad \text{sur} \quad \partial\left([-1/2, 1/2]^d\right). \end{cases} \tag{5.60}$$

Ici, nous pouvons donc appliquer la Proposition 4.10. Signalons à ce sujet que cette dernière est écrite avec des conditions de Dirichlet homogène, mais le lecteur vérifiera sans peine que sa preuve s'adapte sans problème à des conditions non homogènes, pourvu que celles-ci soient non oscillantes. Nous avons donc que $\chi_{p,R}(x,\omega) \longrightarrow \chi^*$ dans $L^2\left(\Omega, H^1\left([-1/2, 1/2]^d\right)\right)$ et $a(Rx,\omega)\nabla\chi_{p,R}(x,\omega) \longrightarrow a^*\nabla\chi^*$ dans $L^2\left(\Omega \times [-1/2, 1/2]^d\right)$, où χ^* est solution du problème homogénéisé

$$\begin{cases} -\operatorname{div}(a^*\nabla\chi^*) = 0 \text{ dans } [-1/2, 1/2]^d, \\[2mm] \chi^*(x) = p \cdot x \quad \text{sur} \quad \partial\left([-1/2, 1/2]^d\right). \end{cases}$$

Comme a^* est une matrice constante, la solution est $\chi^*(x) = p \cdot x$. Les convergences ci-dessus se récrivent donc

$$\overline{w_{p,R}}(x,\omega) \xrightarrow[R\to+\infty]{} 0 \quad \text{dans} \quad L^2\left(\Omega, H^1\left([-1/2, 1/2]^d\right)\right),$$

$$a(Rx,\omega)\left(p + \nabla\overline{w_{p,R}}(x,\omega)\right) \xrightarrow[R\to+\infty]{} a^*p \quad \text{dans} \quad L^2\left(\Omega \times [-1/2, 1/2]^d\right).$$

De plus, la Proposition 4.11 implique également la convergence presque sûre suivante :

$$a(Rx,\omega)\left(p + \nabla\overline{w_{p,R}}(x,\omega)\right) \xrightarrow[R\to+\infty]{} a^*p \quad \text{dans} \quad L^2\left([-1/2, 1/2]^d\right).$$

Cette convergence implique à son tour, pour tout $1 \leq i, j \leq d$,

$$\lim_{R\to+\infty} \int_{[-1/2,1/2]^d} a(Rx,\omega)\left(e_j + \nabla\overline{w_{e_j,R}}\right) \cdot e_i = \left[a^*\right]_{ij}, \tag{5.61}$$

ce qui, une fois remis à l'échelle, est exactement la convergence du coefficient défini en (5.57), soit la convergence (5.43) voulue. Evidemment, comme la limite ainsi identifiée est unique, tout ce que nous avons fait ci-dessus en considérant des extractions successives ne dépend en fait pas de l'extraction.

Une fois établie cette convergence presque sûre se pose la question de sa vitesse.

Sur la vitesse de convergence et les façons de l'améliorer. Etablir la vitesse de la convergence (5.43) en R est aussi possible dans ce cadre multidimensionnel —comme nous l'avons brièvement fait dans le cadre monodimensionnel —, et ce, comme en dimension 1, sous des hypothèses restrictives sur le coefficient aléatoire $a(.\,,\omega)$ (hypothèses dites *de mixing*, ou de mélange). De manière identique à ce que nous avons vu dans nos exemples élémentaires du Chapitre 1 et répété ci-dessus, l'analyse théorique des questions de vitesse de convergence dans un cadre aléatoire peut être éminemment technique. Nous ne l'abordons pas ici et renvoyons à la bibliographie, à commencer par l'article [BP04].

Indépendamment de l'étude théorique précise et générale, nous posions aussi la question, au début de cette Section 5.1.5, de savoir s'il existait *des moyens d'améliorer la vitesse de convergence*. Nous connaissons en fait la réponse à cette question. En effet, nous pouvons réaliser une "combinaison" de (5.42) et (5.38) et définir le problème du correcteur (stochastique) tronqué par

$$
\begin{cases}
-\operatorname{div}\left(a(x,\omega)\left(p + \vee w_{p,R}(x,\omega)\right)\right) + \eta_R\, w_{p,R}(x,\omega) = 0 \text{ dans } [-R/2,\,R/2]^d, \\[2mm]
w_{p,R}(x,\omega) = 0 \quad \text{sur le bord } \partial\left([-R/2,\,R/2]^d\right),
\end{cases}
$$
$$(5.62)$$

pour un paramètre η_R bien choisi. Les articles [GH16, Glo11] justifient alors pourquoi une telle modification, combinée aussi à un filtrage de la moyenne, permet d'améliorer la vitesse de convergence en R.

Nous préférons nous concentrer, dans la Section 5.1.5.2 à venir, sur l'autre erreur, l'erreur *statistique*.

La première raison est que cette erreur a été moins étudiée dans les travaux théoriques pour le contexte particulier de l'homogénéisation. Mais nous concéderons au lecteur que si cette raison est bonne du point de vue pédagogique, elle n'est pas forcément bonne d'un point de vue pragmatique !

La seconde raison, beaucoup plus pragmatique et donc pertinente, est que, dans la pratique, la taille des domaines tronqués (le R de nos notations ci-dessus) qu'il est possible de considérer est souvent très réduite. Rappelons qu'une fois le domaine tronqué choisi, on doit le mailler, résoudre dessus le problème du correcteur, et, qui plus est, résoudre ce problème un nombre multiple de fois, pour autant d'éléments M que l'échantillon statistique en contient. Or, résoudre *une* équation aux dérivées partielles est déjà une tâche lourde informatiquement (et qui occupe des bibliothèques entières, à tous les sens du terme "bibliothèque"), alors la tâche d'en résoudre un échantillon ne se prend pas à la légère. Et le lecteur doit de plus imaginer que la dimension ambiante peut être $d = 3$, voire, avec un peu d'imagination, que le problème considéré n'est pas une équation mais un *système* d'équations (ce serait le cas pour un problème d'élasticité par exemple). Comme tout ceci va devenir plus compliqué et coûteux la taille R du domaine tronqué augmentant (et nous parlons typiquement d'une complexité en R^d), autant garder R aussi "peu grand" que possible.

Mais alors, le fait que R ne soit pas aussi grand que voulu dans un monde idéal a la conséquence suivante. Le régime dans lequel la méthode est utilisée est en fait loin du régime asymptotique $R \to +\infty$ (que veut dire $R \approx +\infty$ quand $R = 4$?...), donc les études théoriques effectuées dans ce régime, bien que nécessaires pour certifier la rigueur mathématique de l'approche, ne renseignent guère sur la réalité numérique de la pratique. Bien entendu, ces méthodes ont aussi souvent l'intérêt d'aboutir, en particulier, à l'introduction de stratégies numériques nouvelles, qui peuvent être testées dans la pratique et peuvent donc *in fine* et à coût informatique constant, conduire à une diminution de l'erreur (ici, l'erreur *systématique*). Elles sont donc, elles aussi, intéressantes, et c'est pourquoi nous les avons déjà évoquées longuement.

Le lecteur pourra alors nous opposer que, un peu de la même manière et pour les mêmes raisons réalistes de coût informatique de résolutions des équations, il est peu fréquent de pouvoir considérer un nombre de réalisations aléatoires tel que le régime décrit par le Théorème de la limite centrale pour donner le comportement de l'erreur statistique est atteint. Nous-mêmes avons vu des situations (malheureusement pas aussi rares que nous le souhaiterions) où des praticiens ne prennent qu'une seule réalisation et s'en contentent. Il reste qu'augmenter le nombre M de réalisations considérées

- est souvent moins exigeant en termes de capacités informatiques disponibles (augmenter R augmente (non linéairement) la taille des systèmes algébriques à résoudre et donc requiert significativement plus de mémoire, à moins de développer des méthodes dédiées pour le calcul intensif)
- n'agit que linéairement sur le coût calcul (*a contrario* d'augmenter R qui agit aussi non linéairement sur ce coût),
- et, qui plus est, est une opération qui peut se *paralléliser* facilement, même par un béotien, puisqu'il s'agit simplement de mener répétitivement le même calcul pour des ω_m différents, tous ces calculs étant indépendants.

Il est donc, proportionnellement, plus tentant d'augmenter M et donc de se rapprocher d'un régime asymptotique où l'analyse mathématique peut apporter, toujours proportionnellement, plus. Dans ce régime, tout dépend de la variance des objets aléatoires manipulés, et c'est donc cette question qui va désormais nous occuper.

Rappelons enfin que nous avons analysé plus haut cette question dans des cas monodimensionnels où nous avons remarqué que l'erreur statistique était plus grande que l'erreur systématique (typiquement $\dfrac{1}{\sqrt{R}}$ *vs.* $\dfrac{1}{R}$ pour nos exemples mono-dimensionnels), et que la pratique confirme souvent, pour les cas que nous avons observés, ce ratio de tailles. Il vaut donc mieux s'attaquer, dans un souci d'équilibration des erreurs, à l'erreur souvent la plus grande, l'erreur statistique.

5.1.5.2 Erreur statistique et réduction de variance

Dans une méthode de Monte-Carlo, le *bruit* est à la fois l'allié privilégié et l'ennemi mortel.

Il est un *allié*, puisque c'est la génération aléatoire de données qui va permettre l'efficacité de la méthode, autorisant d'atteindre des valeurs qu'une approche déterministe n'aurait pas trouvées, ou rendant possible l'exploration d'un espace de très grande dimension, ou d'un très grand domaine, de manière redoutablement performante. Dans notre cas précis, une fois le problème du correcteur (originalement posé sur tout l'espace $\mathbb{R}^d$) tronqué sur un domaine borné, disons le cube $[-R/2, R/2]^d$ de "taille" $R < +\infty$, c'est par la génération d'un nombre important de réalisations ω_m de l'environnement aléatoire que nous allons pouvoir améliorer la qualité de l'approximation, à R fixé, qui aurait été fournie par une seule réalisation ω. Bien sûr, asymptotiquement, *une seule réalisation suffit* (si tant est que cette phrase veuille dire quelque chose, dans un contexte où les résultats sont établis *presque sûrement...* mais le lecteur comprend notre liberté de langage), comme l'énonce le résultat de convergence (5.43). Mais pour $R < +\infty$, et *a fortiori* si ce paramètre est "peu grand", considérer plusieurs réalisations permettra d'améliorer la qualité de l'approximation. A supposer que l'erreur systématique soit petite, le résultat obtenu sera de meilleure qualité.

Mais le bruit est aussi un *ennemi*. Le lecteur le sait, le taux de convergence de l'approximation statistique par une méthode Monte-Carlo est quasiment "génériquement" immuable. Selon le Théorème de la limite centrale, il s'exprime en $\dfrac{1}{\sqrt{M}}$. Il n'y a aucun espoir d'améliorer ce taux dans le cadre des tirages *indépendants*.

Si le taux ne peut être modifié, en revanche, le préfacteur, lui, dépend de la variance de la variable aléatoire manipulée. Quand cette variance est grande, qui plus est combinée à un taux de convergence en $\dfrac{1}{\sqrt{M}}$ jugé très lent, toute l'efficacité de la méthode de Monte-Carlo peut être ruinée. En principe, une telle méthode est appréciée parce que le taux $\dfrac{1}{\sqrt{M}}$ ne dépend pas de la dimension ambiante, alors que la vitesse d'une méthode déterministe y est typiquement très sensible, se dégradant (souvent exponentiellement) quand la dimension augmente. Même si ce taux est "'lent", il est universel ! Et il existe pléthore de problèmes posés en grande dimension. D'où les *afficionados*, à juste titre, de la méthode. Mais, en pratique, lent ou pas, si ce taux est affecté d'un préfacteur immense, mieux vaut oublier l'approche.

Or, il se trouve que le préfacteur peut être amélioré par diverses techniques appropriées. Dit brièvement, il suffit de ne pas générer la variable originale, mais une autre de variance plus faible qui permettra cependant d'arriver au même résultat, ou de briser partiellement l'indépendance des tirages pour s'affranchir de certaines contraintes, etc. C'est l'objet des méthodes dites de *réduction de variance*.

Ces méthodes n'avaient pour ainsi dire jamais été employées dans le contexte de l'homogénéisation avant un ensemble de travaux commencés il y a seulement une décennie [CLBL10b, BLBL16, LBLM16, LM15] (ou, tout au moins, aucune publication que nous ayons été capables d'identifier ne faisait état de leur utilisation antérieure). Leur champ de prédilection a longtemps été (et est encore) la finance mathématique, ou, depuis plus récemment la physique statistique, dite computationnelle.

Nous présentons dans la suite de cette section une petite sélection de ces méthodes. Nous renvoyons à l'article de revue [BLBL16] pour plus de détails et de références bibliographiques.

Pour bien aborder cette sélection, rappelons au lecteur les notions de base de la Section 1.6.1 du Chapitre 1. Grâce à la loi forte des grands nombres (1.69), nous savons que, si $X_i, i \in \mathbb{N}$, est une suite de variables i.i.d, d'espérance finie $\mathbb{E}(|X|) < +\infty$, alors presque sûrement

$$\mathbb{E}(X) = \lim_{M \to +\infty} \frac{X_1(\omega) + \ldots + X_M(\omega)}{M}.$$

Quand $\mathbb{E}(X^2) < +\infty$, la vitesse de cette convergence est formalisée par le Théorème de la limite centrale (1.70) :

$$\frac{\sqrt{M}}{\sigma} \left(\frac{X_1(\omega) + \ldots + X_M(\omega)}{M} - \mathbb{E}(X) \right)$$

converge en loi vers une variable aléatoire G (souvent plutôt notée $\mathcal{N}(0, 1)$, comme "normale") de loi gaussienne centrée réduite, où la variance

$$\sigma^2 = \mathbb{E}\left((X - \mathbb{E}(X))^2\right) = \mathbb{E}(X^2) - (\mathbb{E}(X))^2 \tag{5.63}$$

est l'ingrédient clé du fameux préfacteur $\dfrac{1}{\sqrt{M}}$ dont nous parlions ci-dessus.

Ajoutons maintenant que, dans la pratique d'une méthode de Monte-Carlo, ce résultat de vitesse s'utilise de la manière suivante. Pour $M \in \mathbb{N}$ fixé, l'espérance $\mathbb{E}(X)$ est approchée par la *moyenne empirique*

$$\mu_M(X) = \frac{1}{M} \sum_{m=1}^{M} X_m$$

et, de manière identique, la variance par la variance empirique

$$\sigma_M(X)^2 = \frac{1}{M-1} \sum_{m=1}^{M} (X_m - \mu_M(X))^2. \tag{5.64}$$

La loi forte des grands nombres (1.69) énonce que $\mu_M(X) \to \mathbb{E}(X)$ presque sûrement quand $M \to +\infty$. De plus, le Théorème de la limite centrale (1.70) implique que $\sqrt{M} \left(\mu_M(X) - \mathbb{E}(X)\right) \to \sigma \mathcal{N}(0, 1)$ en loi.

Il est alors classique d'introduire le *95ème quantile* de $\mathbb{E}(X)$, c'est-à-dire l'intervalle de valeurs tel que, avec une probabilité supérieure à 95%, la moyenne empirique $\mu_M(X)$ appartienne à cet intervalle. Le théorème de la limite centrale nous permet de quantifier cet intervalle de la manière suivante :

$$|\mu_M(X) - \mathbb{E}(X)| \leq 1,96 \frac{\sigma_M(X)}{\sqrt{M}}. \tag{5.65}$$

En fait, cette détermination est un peu formelle, puisqu'elle repose sur une *double* approximation

- l'approximation de la *convergence en loi* (1.70) par une *égalité en loi*, le facteur 1,96 provenant du calcul sur la loi $\mathcal{N}(0, 1)$;
- l'approximation de la variance exacte σ^2 par la variance empirique $\sigma_M(X)^2$.

Le lecteur notera d'ailleurs que la seconde approximation est elle-même entachée d'une erreur qu'il pourrait s'agir de vouloir quantifier, comme nous sommes en train de quantifier l'approximation de $\mathbb{E}(X)$ par $\mu_M(X)$.

En pratique, l'usage est évidemment de renverser la logique ci-dessus : dans l'estimation (5.65), le point n'est pas que $\mu_M(X)$ soit suffisamment proche de $\mathbb{E}(X)$, mais qu'au contraire, $\mathbb{E}(X)$, qui est inconnue et qu'on cherche précisément à approcher, soit suffisamment proche de $\mu_M(X)$, que le calcul vient de fournir. L'estimation est donc formulée en disant que

$$\mathbb{E}(X) \in \left[\mu_M(X) - 1,96 \frac{\sigma_M(X)}{\sqrt{M}}, \mu_M(X) + 1,96 \frac{\sigma_M(X)}{\sqrt{M}}\right] \tag{5.66}$$

avec une probabilité de 95%. L'intervalle (5.66) est appelé *intervalle de confiance*.

En conséquence, si cette espérance est calculée d'une manière un peu différente, de sorte que la variance de la variable aléatoire simulée (souvent une modification de la variable X) soit plus petite que la variance de X elle-même (et de sorte que l'espérance de la variable aléatoire simulée soit égale à celle de X), alors la précision du calcul est améliorée *via* la réduction de la largeur de cet intervalle. La *réduction de variance* montre son intérêt.

L'exemple de la méthode des variables antithétiques. La *méthode des variables antithétiques* est probablement la méthode la plus élémentaire de réduction de variance. Elle est souvent enseignée sur le cas particulier du calcul par méthode Monte-Carlo d'une intégrale d'une fonction sur un intervalle borné de $\mathbb{R}$. Ce contexte (le calcul numérique d'intégrales) est d'ailleurs un des domaines de prédilection des méthodes de Monte-Carlo, surtout en raison du fait, mentionné plus haut, que la vitesse de convergence de cette méthode est indépendante de la dimension, alors que les approches déterministes, par exemple par grilles de quadrature, voient leur complexité croître exponentiellement avec la dimension. Nous préférons, pour l'illustrer, choisir directement le contexte de l'homogénéisation aléatoire, monodimensionnelle, et suivons ici la présentation de [CLBL10b]. Le lecteur appréciera.

Nous considérons le problème du correcteur aléatoire monodimensionnel, introduit en (2.58) à la Section 2.4, et ce pour le coefficient stationnaire (discret) défini par

$$a(x, \omega) = \sum_{k \in \mathbb{Z}} a_k(\omega) \mathbf{1}_{[k-1/2, k+1/2[}(x), \qquad (5.67)$$

pour a_k des variables i.i.d. supposées bornées et strictement positives. Nous avons déjà rencontré ce coefficient précédemment comme exemple prototype dans (1.84). Pour simplifier le calcul ci-dessous nous avons juste décalé l'habituelle maille périodique de $1/2$.

Un calcul immédiat, déjà fait plusieurs fois et encore très récemment ci-dessus en (5.53), montre que l'approximation du coefficient a^* qui est alors obtenue en tronquant le problème du correcteur sur l'intervalle $[-R/2, R/2]$ vaut

$$\left(a_R^*(\omega)\right)^{-1} = R^{-1} \int_{-R/2}^{R/2} (a(x, \omega))^{-1} \, dx.$$

Si nous avons pris soin (encore pour simplifier l'exposé) de choisir $R = 2N + 1$ pour $N \in \mathbb{N}$, alors ce coefficient s'écrit

$$\left(a_{2N+1}^*(\omega)\right)^{-1} = \frac{1}{2N+1} \sum_{k=-N}^{N} \frac{1}{a_k(\omega)}.$$

La vitesse de convergence de ce coefficient approché $\left(a_{2N+1}^*(\omega)\right)^{-1}$ vers sa limite $(a^*)^{-1}$ dépend de la variance de $\dfrac{1}{a_0}$. Imaginons maintenant que les a_k prennent les valeurs α et β avec probabilité $1/2$:

$$\mathbb{P}(a_0 = \alpha) = \frac{1}{2} \quad \text{et} \quad \mathbb{P}(a_0 = \beta) = \frac{1}{2},$$

disons pour $0 < \alpha < \beta$. Nous avons alors

$$\mathbb{E}\left(\frac{1}{a_0}\right) = \frac{1}{2} \frac{1}{\alpha} + \frac{1}{2} \frac{1}{\beta} \quad \text{et} \quad \mathbb{V}\text{ar}\left(\frac{1}{a_0}\right) = \frac{1}{4}\left(\frac{1}{\alpha} - \frac{1}{\beta}\right)^2.$$

La méthode Monte-Carlo classique consiste alors à simuler M jeux de coefficients $(a_{-N}(\omega_m), \ldots, a_N(\omega_m))$, pour $1 \leq m \leq M$, et à faire la moyenne des coefficients $\left(a_{2N+1}^*(\omega_m)\right)^{-1}$ obtenus sur l'ensemble de ces M réalisations. L'analyse de convergence ci-dessus subsiste et le préfacteur est proportionnel à la variance $\mathbb{V}\text{ar}\left(\dfrac{1}{a_0}\right)$.

Plutôt que de faire cela, nous allons choisir un nombre pair de réalisations aléatoires M, et ne simuler que $\dfrac{M}{2}$ réalisations au hasard. Pour chacune de ces réalisations aléatoires ω, nous allons considérer aussi le coefficient

$$b(x, \omega) = \sum_{k \in \mathbb{Z}} b_k(\omega) \mathbf{1}_{[k-1/2, k+1/2]}(x) \tag{5.68}$$

où

$$b_k(\omega) = \alpha + \beta - a_k(\omega). \tag{5.69}$$

Intuitivement, cette formule revient à échanger α et β : $a_k = \alpha \iff b_k = \beta$, et inversement. Au coefficient $\left(a^*_{2N+1}(\omega_j)\right)^{-1} = \dfrac{1}{2N+1} \displaystyle\sum_{k=-N}^{N} \dfrac{1}{a_k(\omega_j)}$ obtenu pour ω_j, $j = 1, \ldots, M/2$, nous adjoignons le coefficient (choisi de manière *déterministe* par rapport au tirage *aléatoire* ω_j)

$$\left(b^*_{2N+1}(\omega_{m/2+j})\right)^{-1} = \frac{1}{2N+1} \sum_{k=-N}^{N} \frac{1}{b_k(\omega_j)} = \frac{1}{2N+1} \sum_{k=-N}^{N} \frac{1}{\alpha + \beta - a_k(\omega_j)}.$$

Si nous calculons alors la moyenne complète des coefficients $\left(a^*_{2N+1}(\omega_j)\right)^{-1}$ sur les $M/2$ réalisations aléatoires considérées $(\omega_1, \ldots, \omega_{M/2})$ *plus* les $M/2$ réalisations $(\omega_{M/2+1}, \ldots, \omega_M)$ de coefficients $\left(b^*_{2N+1}(\omega_j)\right)^{-1}$ nous trouvons

$$\frac{1}{2}\left(\frac{1}{M/2} \sum_{m=1}^{M/2} \left(a^*_{2N+1}(\omega_m)\right)^{-1} + \frac{1}{M/2} \sum_{m=1}^{M/2} \left(b^*_{2N+1}(\omega_{M/2+j})\right)^{-1}\right)$$

$$= \frac{1}{M} \sum_{m=1}^{M/2} \left(\frac{1}{2N+1} \sum_{k=-N}^{N} \frac{1}{a_k(\omega_j)} + \frac{1}{2N+1} \sum_{k=-N}^{N} \frac{1}{\alpha + \beta - a_k(\omega_j)}\right)$$

$$= \frac{1}{M} \sum_{m=1}^{M/2} \frac{1}{2N+1} \sum_{k=-N}^{N} \left(\frac{1}{a_k(\omega_j)} + \frac{1}{\alpha + \beta - a_k(\omega_j)}\right)$$

$$= \frac{1}{M} \sum_{m=1}^{M/2} \frac{1}{2N+1} \sum_{k=-N}^{N} \frac{1}{\alpha} + \frac{1}{\beta}$$

$$= \frac{1}{2}\left(\frac{1}{\alpha} + \frac{1}{\beta}\right), \tag{5.70}$$

puisque quand $a_k = \alpha$, $b_k = \beta$ et, inversement quand $a_k = \beta$, $b_k = \alpha$. Autrement dit, la moyenne empirique obtenue est *exactement* égale à la valeur idéale asymptotique $\mathbb{E}\left(\dfrac{1}{a_0}\right)$ et donc $(a^*)^{-1}$ est exactement déterminée. La variance de la méthode de Monte-Carlo a été tellement réduite qu'elle est nulle !

Où est le miracle ? La réalisation déterministe que nous avons considérée en (5.68)–(5.69) est appelée la réalisation *antithétique* de la réalisation définie par les a_k. La variable b_k définie en (5.69) est la *variable antithétique* de a_k. Les réalisations considérées ne sont donc plus indépendantes et il n'y a donc pas de violation du théorème de la limite centrale. Ici, nous avons de plus exploité une situation en effet un peu miraculeuse qui nous a permis de tricher, pour la bonne cause, c'est-à-dire démontrer de façon spectaculaire l'intérêt de l'approche. Trichons un peu moins maintenant.

Reprenons le calcul ci-dessus pour des variables a_k i.i.d qui suivent la loi uniforme $\mathcal{U}([\alpha, \beta])$ sur le segment $[\alpha, \beta]$. Seules changent les deux dernières lignes de (5.70). Nous aboutissons bien à la moyenne

$$\frac{1}{M} \sum_{m=1}^{M/2} \frac{1}{2N+1} \sum_{k=-N}^{N} \left(\frac{1}{a_k(\omega_j)} + \frac{1}{\alpha + \beta - a_k(\omega_j)} \right) \tag{5.71}$$

qui n'est plus parfaitement égale à la valeur asymptotique $\mathbb{E}\left(\dfrac{1}{a_0}\right)$ voulue. Nous observons alors que, parce que la fonction $x \mapsto 1/x$ est décroissante, nous savons que

$$\mathbb{C}\mathrm{ov}\left(\frac{1}{a_0}, \frac{1}{b_0}\right) \leq 0, \tag{5.72}$$

où bien sûr la covariance $\mathbb{C}\mathrm{ov}(X, Y)$ de deux variables aléatoires X et Y est définie par

$$\mathbb{C}\mathrm{ov}(X, Y) = \mathbb{E}\left[(X - \mathbb{E}(X))\,(Y - \mathbb{E}(Y))\right] = \mathbb{E}(XY) - \mathbb{E}(X)\mathbb{E}(Y).$$

En effet, soit une fonction f générale décroissante et soient X et Y deux variables aléatoires indépendantes, identiquement distribuées selon la loi uniforme $\mathcal{U}([\alpha, \beta])$. Puisque $x \mapsto f(\alpha + \beta - x)$ est croissante, nous observons que

$$(f(X) - f(Y))\,(f(\alpha + \beta - X) - f(\alpha + \beta - Y)) \leq 0,$$

donc, en prenant l'espérance de cette inégalité,

$$\mathbb{E}[f(X)\,f(\alpha + \beta - X)] \leq \mathbb{E}[f(X)]\,\mathbb{E}[f(\alpha + \beta - X)],$$

c'est-à-dire $\mathbb{C}\mathrm{ov}[f(X), f(\alpha + \beta - X)] \leq 0$. Le choix particulier $f(x) = 1/x$ donne (5.72). Puisque

$$\mathbb{V}\mathrm{ar}\left(\frac{1}{2}\left(\frac{1}{a_{2N+1}^*} + \frac{1}{b_{2N+1}^*}\right)\right) = \frac{1}{2(2N+1)}\mathbb{V}\mathrm{ar}\left(\frac{1}{a_0}\right)$$
$$+ \frac{1}{2(2N+1)}\mathbb{C}\mathrm{ov}\left(\frac{1}{a_0}, \frac{1}{b_0}\right),$$

nous concluons que

$$\mathbb{V}\mathrm{ar}\left(\frac{1}{2}\left(\frac{1}{a_{2N+1}^*} + \frac{1}{b_{2N+1}^*}\right)\right) \leq \frac{1}{2}\mathbb{V}\mathrm{ar}\left(\frac{1}{a_{2N+1}^*}\right). \tag{5.73}$$

L'estimateur (5.71) contient $M/2$ réalisations indépendantes de $\frac{1}{2}\left(\frac{1}{a_{2N+1}^*} + \frac{1}{b_{2N+1}^*}\right)$, avec un intervalle de confiance de largeur $\sqrt{\dfrac{\mathbb{V}\mathrm{ar}\left(\frac{1}{2}\left(\frac{1}{a_{2N+1}^*} + \frac{1}{b_{2N+1}^*}\right)\right)}{M/2}}$. Ceci est à comparer au calcul direct, qui contient M réalisations de $\frac{1}{a_{2N+1}^*}$ et un intervalle de confiance de largeur $\sqrt{\dfrac{\mathbb{V}\mathrm{ar}\left(\frac{1}{a_{2N+1}^*}\right)}{M}}$. L'inégalité (5.73) permet donc de conclure, à coût de calcul égal, que la méthode des variables antithétiques telle que nous l'avons appliquée ici améliore la précision du calcul.

Plusieurs remarques s'imposent.

Premièrement, même dans le cas monodimensionnel ci-dessus où nous pouvons faire une *preuve*, nous voyons que cette preuve ne *quantifie* pas le gain, c'est-à-dire ne dit pas de quel facteur la variance sera réduite. Nous avons la garantie que la méthode n'augmentera pas la variance, donc ne dégradera pas la qualité de l'approximation (aussi curieux que cela puisse paraître au lecteur, c'est déjà une information *considérable*, qui est la seule disponible pour beaucoup d'approches du calcul numérique), mais nous ne savons pas si la méthode sera très efficace ou non.

Deuxièmement, même si en dimension supérieure, aucune preuve rigoureuse et générale n'est disponible, la *pratique* montre que cette méthode réduit souvent la variance. Elle ne la réduit pas d'un facteur spectaculaire (il faudra pour cela adopter des méthodes plus évoluées, nous en évoquerons certaines plus loin) mais de manière raisonnable. Après tout, rien de bien surprenant à cette modestie de l'accélération obtenue, puisque la méthode n'utilise aucune connaissance particulière du problème et est parfaitement générique, nous l'avons dit.

Troisièmement, la méthode *ne coûte rien* ! Plutôt que de tirer au sort M valeurs du champ aléatoire a, il s'agit d'en tirer au sort $M/2$ seulement et d'en déduire les $M/2$ autres. Ensuite, le coût est le coût *habituel* des M résolutions du problème du

Fig. 5.3 (extraite de [CLBL10b, Figure 1]) Deux réalisations antithétiques du damier aléatoire de probabilité 1/2. Le damier de droite est "l'image miroir" du tirage aléatoire du damier de gauche.

correcteur, ce qui est le coût dominant dans un calcul de coefficient homogénéisé comme celui que nous avons mené dans l'ensemble de cette Section 5.1, nous y reviendrons.

Pour les raisons ci-dessus, la méthode de réduction de variance par variables antithétiques peut être utilisée en homogénéisation. La Figure 5.3 montre la génération de la structure antithétique d'un damier aléatoire. La résolution du problème du correcteur (tronqué, filtré, etc) est menée pour la structure de gauche, et parallèlement sur la structure de droite. Une collection de calculs similaires, pour de nouvelles réalisations aléatoires de la structure de gauche, est effectuée, et une approximation de a^* s'en déduit. Sur un tel cas, un résultat typique est de réduire de moitié la largeur de l'intervalle de confiance sur le résultat. La Figure 5.4 montre un exemple de résultat numérique. Le lecteur peut remarquer une présentation typique rigoureuse de résultats numériques dans le domaine de l'homogénéisation stochastique numérique. La valeur (aléatoire) du coefficient homogénéisé approchée est indiquée, en fonction de la taille du domaine de troncature et avec l'intervalle de confiance évalué par une formule du type (5.66).

Pour les détails, et beaucoup plus d'information sur cette approche, nous renvoyons à [CLBL10b, BLBL16] et leurs références.

La méthode de sélection. Les résultats du paragraphe précédent, encourageants mais non spectaculaires vu le caractère rudimentaire de l'approche, conduisent naturellement à chercher une meilleure méthode de réduction de variance. La *méthode de sélection* que nous décrivons maintenant a été introduite originalement dans le contexte de la science des matériaux sous le nom *Special Quasi random Structures* abrégé en *SQS* (voir les références originales citées dans [LBLM16]).

Elle entre en fait dans la catégorie générale connue dans le domaine de la statistique mathématique sous le nom de *méthodes de stratification*. Le lecteur a probablement déjà rencontré les résultats d'une telle méthode, les sondages politiques en faisant grand usage sous le nom de *méthode des quotas*. Prenons le cas d'un sondage pour une élection présidentielle en France. L'institut de sondage

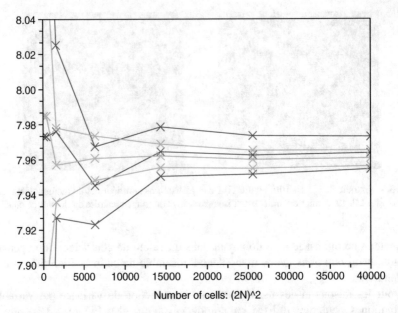

Fig. 5.4 (extraite de [CLBL10b, Figure 2]) Approximation du terme $\left[a^*\right]_{11}$ d'une matrice homogénéisée pour un cas bidimensionnel : l'intervalle de confiance (au sens de (5.66)) est représenté en fonction de la taille $(2N)^2$ croissante du domaine de troncature $[-N, N]^2$ pour le problème. Courbe rouge: méthode de Monte-Carlo classique. Courbe verte: méthode des variables antithétiques.

va procéder à quelques milliers d'appels téléphoniques, et sur cet échantillon de quelques milliers d'intentions de vote déclarées, en déduire la popularité de chaque candidat. Si l'institut procède de manière naïve, il y a peu de chance que cet échantillon de taille réduite représente la diversité des opinions de l'électeur français "générique". Le lecteur connaît le responsable mathématique de cet échec : compte-tenu de la taille de l'échantillon et de la variance des opinions, l'intervalle de confiance des résultats est trop large. Du coup, l'institut de sondage va "tricher", c'est-à-dire, en termes de statistique mathématique, *biaiser* l'échantillon. Au lieu de téléphoner au hasard (dans le "bottin téléphonique", aurait-on dit il y a encore quelques années), les ingénieurs de l'institut de sondage vont *sélectionner* un échantillon de sondés qui représente aussi fidèlement que possible la variété des opinions. Ils incluront dans leurs échantillon l'exacte proportion de jeunes de moins de 25 ans, d'habitants de la région Ile de France, de cadres commerciaux, etc, qui est celle connue pour la population électorale complète (et mesurée par d'autres indicateurs, par exemple le recensement le plus récent). De cette manière, ils améliorent astucieusement, à taille d'échantillon donnée, la qualité des résultats. Evidemment, la pratique est dans ses détails un peu plus subtile, mais l'idée générale esquissée ci-dessus est la bonne.

Décrivons-là dans le contexte de la science des matériaux, pour un problème élémentaire, monodimensionnel, de calcul d'énergie d'un système de particules, thématique dont nous avons expliqué dès la Section 1.3 du Chapitre 1 à quel point elle est très reliée à nos problèmes d'homogénéisation.

Considérons une chaîne linéaire de particules appartenant à deux espèces atomistiques différentes A et B, qui interagissent par trois potentiels de paire inter-atomiques différents V_{AA}, V_{AB} et V_{BB}, avec des notations évidentes, selon les espèces en jeu. Les sites atomistiques occupés par les espèces A et B sont choisis aléatoirement, une réalisation typique du matériau étant donc une suite infinie de la forme $\cdots ABBAAABBAAAA \cdots$. Pour simplifier l'exposé, nous ne prenons en compte que les interactions de plus proches voisins. Pour calculer l'énergie du système, nous devons donc évaluer

$$\lim_{N \to \infty} \frac{1}{2N+1} \sum_{i=-N}^{N} V_{X_{i+1}(\omega)X_i(\omega)}, \tag{5.74}$$

où X_i désigne l'espèce atomistique présente à la position i.

En pratique, la méthode de Monte-Carlo consiste à générer aléatoirement un échantillon de chaînes de $2N + 1$ éléments (des chaînes infinies "tronquées", donc, dans le langage des paragraphes précédents) et à calculer

$$\frac{1}{M} \sum_{m=1}^{N} \frac{1}{2N+1} \sum_{i=-N}^{N} V_{X_{i+1}(\omega_m)X_i(\omega_m)}$$

pour une taille croissante M de l'échantillon.

Comment être plus efficace ?

Nous allons tout d'abord choisir une fraction volumique correcte, c'est-à-dire une proportion correcte des espèces A et B. Si nous supposons par exemple, toujours par souci de simplicité, que des deux espèces sont chacune présentes à un site donné avec probabilité $1/2$, et ce indépendamment de tous les autre sites, alors la fraction volumique de A est $1/2$. Si le tirage ω_m nous a fourni un ensemble de $2N + 1$ sites qui ne représente pas bien cette proportion (avec une certaine tolérance TOL par exemple fixée à l'avance), alors nous éliminons ce tirage ω_m et le remplaçons par un nouveau tirage aléatoire, jusqu'à ce que ce soit le cas.

Supposons maintenant que, sous les mêmes hypothèses simplissimes, nous souhaitions connaître non pas l'énergie du système mais une certaine propriété qui s'exprime par l'espérance

$$\mathbb{E}(f) = \lim_{N \to \infty} \frac{1}{2N+1} \sum_{i=-N}^{N} f(X_i).$$

Nous pouvons vouloir biaiser encore plus l'échantillon en ajustant son énergie. En effet, dans notre cas simple d'équi-probabilité de A et B, et d'indépendance des sites atomistiques, nous savons que, clairement, son énergie vaut :

$$\lim_{N\to\infty} \frac{1}{2N+1} \sum_{i=-N}^{N} V_{X_{i+1}(\omega)X_i(\omega)} = \frac{1}{4} \left[V_{AA} + 2V_{AB} + V_{BB} \right]$$

Le lecteur n'a qu'à procéder au décompte des configurations possibles de "plus proches voisins" et leurs probabilités respectives pour démontrer cette formule. Il est alors possible d'imposer à notre échantillon statistique une deuxième contrainte : non seulement reproduire correctement la fraction volumique, mais aussi reproduire correctement l'énergie à une certaine tolérance près.

Et ainsi de suite.

Concrètement, nous avons sur cet exemple simple tout ce qu'il nous faut pour l'application au cadre général de l'homogénéisation aléatoire.

La tâche principale est la résolution du problème du correcteur. La première étape de cette résolution est de générer des réalisations aléatoires du coefficient $a(x, \omega)$ sur le domaine tronqué où le problème approché est résolu. Nous allons imposer certaines contraintes pour sélectionner ces réalisations.

Par exemple, la première idée mise en œuvre ci-dessus, celle de la fraction volumique, est tout à fait pertinente dans le contexte de l'homogénéisation des matériaux composites. A part en dimension $d = 1$ où la géométrie ne joue pas de rôle, nous avons souligné dès le début du Chapitre 3 que le coefficient homogénéisé ne dépendait pas *seulement* de la fraction volumique. Biaiser l'échantillon à l'aide de ce critère est donc possible.

D'autres critères successifs peuvent être mis en œuvre. Nous renvoyons à l'article [LBLM16] pour beaucoup plus de détails. Une réduction de variance typique obtenue est présentée à la Figure 5.5. Il est évident qu'elle est bien meilleure qu'avec la méthode précédente des variables antithétiques. Un facteur de réduction de 10, voire plus (qui plus est indépendant de la taille du domaine), n'est pas rare.

La raison pour la supériorité de cette méthode de sélection sur la méthode des variables antithétiques est claire. Son efficacité est directement le reflet de la pertinence des critères de sélection choisis. Par exemple, le choix de biaiser l'échantillon en prenant comme premier critère de sélection la fraction volumique est un choix insérant dans la méthode une connaissance *a priori* du problème traité. De même, dans l'exemple ci-dessus, le choix du second critère sur l'énergie du système. Autant d'informations "intelligentes" insérées dans la méthode, qui améliorent son efficacité beaucoup plus que ne le font des astuces (presque) génériques.

D'un point de vue pratique, mentionnons que, comme pour la méthode précédente, la méthode de sélection n'ajoute rien au coût calcul de la méthode de Monte-Carlo classique. Ce coût est outrageusement dominé par celui de la résolution numérique de chaque problème du correcteur. Le fait d'avoir généré quelques réalisations supplémentaires de l'environnement $a(x, \omega)$ et d'en avoir éventuellement rejeté certaines est totalement négligeable. Le lecteur familier des méthodes de Monte-Carlo dans d'autres contextes ne manquera d'ailleurs pas d'être

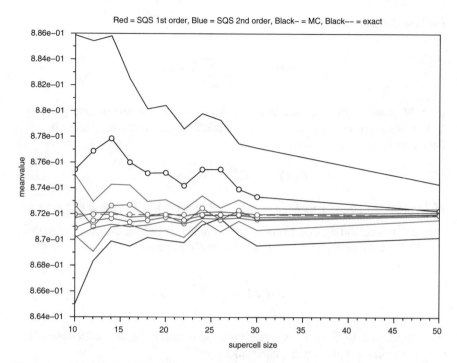

Fig. 5.5 (extraite de [LBLM16, Figure 7]) Approximation du terme $\left[a^*\right]_{11}$ d'une matrice homogénéisée pour un cas bidimensionnel : l'intervalle de confiance (toujours au sens de (5.66)) est représenté en fonction de la taille N croissante du domaine de troncature $[-N, N]^2$ pour le problème du correcteur. Courbe noire : méthode de Monte Carlo classique. Courbe rouge: méthode avec 1 critère de sélection. Courbe bleue: méthode avec 2 critères de sélection. Copyright ©2016 Walter de Gruyter and Company. Reproduit avec autorisation, droits réservés.

interpelé. *"En général"*, les méthodes de Monte-Carlo sont ajustées pour minimiser le nombre de cas de rejet (penser à un algorithme de Metropolis par exemple) car les rejets coûtent en temps calcul. Ce n'est pas le cas de l'homogénéisation, où la génération de l'environnement est quasiment gratuite par rapport à l'utilisation de cet environnement (la résolution d'une EDP...).

Signalons enfin que, mathématiquement, la méthode peut être formalisée à l'aide de la notion d'*espérance conditionnelle*. La *preuve* de l'intérêt de cette méthode de réduction de variance, sous les bonnes hypothèses et dans le contexte spécifique de l'homogénéisation, a été effectuée dans le récent article [Fis19].

Les méthodes encore plus évoluées, dont celle de la variable de contrôle. La *méthode de la variable de contrôle* (*"control variate"* en anglais) est une approche très générale de réduction de la variance dans les méthodes de Monte-Carlo. Schématiquement, elle consiste à ne pas effectuer directement l'approximation numérique de l'espérance

$$\mathbb{E}(X)$$

par la moyenne empirique

$$\mu_M(X) = \frac{1}{M} \sum_{m=1}^{M} X(\omega_m)$$

pour M grand, approximation compliquée, coûteuse, ou peu précise parce que la variable aléatoire X a une grande variance. L'espérance originale est plutôt décomposée en

$$\mathbb{E}(X) = \mathbb{E}(Y) + \mathbb{E}(X - Y) \qquad (5.75)$$

où la variable Y, dite *variable de contrôle*, est bien choisie de sorte que, à la fois

(i) sa variance est (significativement) plus faible que celle de X, donc l'espérance $\mathbb{E}(Y)$ peut être efficacement approchée par la moyenne empirique

$$\mu_M(Y) = \frac{1}{M} \sum_{m=1}^{M} Y(\omega_m)$$

(ii) l'espérance $\mathbb{E}(X - Y)$ est calculable de manière efficace, différente d'une approximation par une moyenne empirique.

Evidemment, le choix $Y = X$ trivialise la condition (ii) mais ne vérifie pas la condition (i), alors qu'à l'opposé, le choix $Y = 0$ garantit bien (i) mais ne vérifie pas (ii). Il faut trouver un bon équilibre...

En quelque sorte, si ce parallèle aide le lecteur, nous aimons voir cette méthode comme reposant sur une idée similaire à celle de préconditionnement pour la résolution des systèmes linéaires (ce n'est que notre interprétation "pédagogique" des choses et les experts peuvent être d'un avis différent). Le lecteur sait sans doute que quand le système algébrique $AX = B$ est difficile à résoudre parce que la matrice A est *mal conditionnée* (dit simplement, pour une matrice symétrique, ses valeurs propres sont d'ordres de grandeur très disparates), alors au lieu de résoudre directement $AX = B$, il vaut mieux introduire une matrice C, la *matrice de préconditionnement* (ici, plus précisément, préconditionnement *à gauche*) à la fois mieux conditionnée que la matrice A et "aussi proche possible" de A, ce qui revient à dire que $C^{-1}A$ est proche de l'identité, ces deux exigences étant bien sûr "contradictoires". Le choix $C = A$ donne la matrice $C^{-1}A$ égale à la matrice Identité, mais est mal conditionné puisque A l'est. Le choix pour C de la matrice Identité garantit que C est bien conditionnée, mais rend $C^{-1}A$ loin de l'identité. Il s'agit de trouver le meilleur compromis. La méthode consiste alors à résoudre successivement

$$CY = B \quad \text{puis} \quad (C^{-1}A)X = Y.$$

Comme C est mieux conditionnée, les systèmes linéaires de matrice C sont plus faciles à résoudre (ou leur solution est mieux approchée), donc Y est plus facile à déterminer. De même, X est plus facile à identifier dans la seconde phase, puisque le système est proche de $X = Y$ et sa résolution par une méthode itérative de $(C^{-1} A) X = Y$ requiert donc peu d'itérations, chacune d'entre elles impliquant l'application répétitive de la matrice $(C^{-1} A)$, donc encore la résolution de systèmes linéaires de matrice C.

Le parallèle ne s'arrête pas là. Ni la variable de contrôle ni la matrice de préconditionnement ne sont données explicitement. Il s'agit d'avoir de "bonnes" idées pour en inventer, ce qui exploite la connaissance préalable disponible sur le problème considéré.

Dans le contexte de l'homogénéisation stochastique, contexte où la variable X de (5.75) est typiquement de la forme

$$R^{-d} \int_{[-R/2, R/2]^d} a(. , \omega) \left(e_j + \nabla w_{e_j, R}(. , \omega)\right) . e_i$$

comme dans (5.43), la variable de contrôle Y peut être la valeur du coefficient $[a^*]_{ij}$ pour un champ aléatoire un peu plus simple que le champ original $a(. , \omega)$ pour lequel une méthode alternative de calcul serait possible. Ceci peut être le cas si la géométrie de ce nouveau coefficient est plus simple, ou le caractère aléatoire moins important, etc.

Nous renvoyons à [BLBL16, LM15] pour plus de détails sur la mise en œuvre de cette méthode et nous renvoyons de même à la littérature générale pour d'autres méthodes de réduction de variance employées dans d'autres champs de la science du calcul, qui, à notre connaissance, n'ont pas encore été importées dans le domaine de l'homogénéisation.

A quoi bon ? Terminons cette longue Section 5.1 en soulignant, par un exemple pratique, que toutes les tâches que nous avons accomplies ne sont pas superflues. Le calcul numérique d'une matrice homogénéisée n'est pas une information "gratuite", qui peut se deviner par quelque calcul de coin de table ou en employant des raccourcis non scientifiques. La tâche est ardue, mais nécessaire. Il existe certes des approches simplifiées, qui donnent *parfois* de bons résultats, sous des hypothèses restrictives, mais dont il faut se méfier quand il est question d'extrapoler à des cas plus compliqués des résultats établis dans des cas académiques.

Pour illustrer ceci, nous montrons sur la Figure 5.6 le type de "précision" à laquelle des méthodes approchées peuvent conduire. Question pour le lecteur: est-il prêt à embarquer dans un avion dont les ailes sont constituées de matériaux composites pour lesquels les propriétés homogénéisées ont été calculées avec les méthodes approchées de cette Figure 5.6 (pour un contraste de 100, une méthode donne le coefficient égal à 60, une autre à 2, pour un résultat exact de 10...).

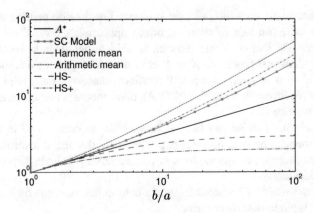

Fig. 5.6 (extraite de [Tho12, Figure 2.1]) Comparaison de méthodes approximatives "grossières" (au mieux basées sur un modèle périodique, dites les méthodes Self-Consistent (SC) et Hashin–Shtrikman (HS+ et HS-)) pour calculer le coefficient homogénéisée d'une structure authentiquement aléatoire, le damier aléatoire, pour des contrastes $\frac{b}{a}$ croissants entre les cases du damier. Le lecteur notera que l'échelle verticale est logarithmique, donc l'erreur peut être considérable !

5.2 Méthodes numériques multi-échelles

Dans cette Section 5.2, nous adoptons un point de vue complètement différent de celui de la Section 5.1, et en fait plus récent que celui-ci.

L'approche présentée dans la Section 5.1

(i) est basée, avant tout, sur l'analyse mathématique du problème, consistant à plonger le problème dans une *famille de problèmes identiques pour une suite de valeurs de* $\varepsilon \to 0$, qui requiert de réunir des conditions adéquates sur le problème pour qu'il admette une limite homogénéisée, et que ce problème limite soit un tant soit peu explicite pour pouvoir être attaqué par une méthode numérique ;

(ii) a alors pour objectif de déterminer surtout les propriétés homogénéisées du problème, c'est-à-dire, dans l'ordre, a^* et u^* ;

(iii) avec l'option de pouvoir aussi approcher la solution oscillante u^ε à un certain ordre de précision en ε, donc pour ε asymptotiquement petit, suivant les efforts supplémentaires fournis (la détermination des termes successifs u_k du développement à deux échelles (3.39), à justifier et approcher).

Si de nombreuses situations des sciences de l'ingénieur et de la vie peuvent se régler en ne connaissant que les propriétés homogénéisées et une approximation raisonnable de la solution, il existe des situations où déterminer aussi précisément u^ε que possible est nécessaire.

Toutes ces situations ne sont pas nécessairement telles que les hypothèses mathématiques soient réunies pour que l'existence d'une limite homogénéisée puisse être démontrée et des expressions explicites pour sa valeur déterminées. Dans certaines situations, nombreuses, il est connu que a_ε oscille intensément, mais de là à savoir s'il est périodique, quasi-périodique, etc, de quelle période, pour quelle valeur de ε, etc, il y a un monde. Le lecteur pensera par exemple à la situation où le coefficient a_ε décrit l'état d'un sous-sol géologique. Bien malin qui sait donner les propriétés de structure géométrique de a_ε !... [1]

Dans les situations où

- la limite homogénéisée n'est pas connue, pas déterminée à l'avance, peut-être en fait inexistante, ou
- la connaissance de u^* ne suffirait pas, ou encore
- ε est suffisamment petit pour que les méthodes numériques classiques échouent, mais pas assez petit pour que les développements théoriques de l'homogénéisation —une nouvelle fois, à supposer qu'ils existent—fournissent une approximation satisfaisante,

il est pourtant important de savoir calculer efficacement une approximation de u^ε, pour la valeur de ε pertinente d'un point de vue pratique. La théorie de l'homogénéisation devient alors un *guide de pensée*. Des méthodes numériques innovantes ont été développées pour ce cadre depuis une vingtaine d'années. Nous donnons un aperçu de certaines d'entre elles (celles, tout bonnement, que nous préférons et considérons les plus abouties !) dans toute cette Section 5.2. Le lecteur gardera à l'esprit que de telles méthodes sont encore en plein développement, qu'il n'existe pas de consensus sur la méthode "reine" à choisir, et que les questions débattues ici sont sur le front de la recherche en calcul scientifique. Il retiendra aussi que l'objectif essentiel de ces méthodes n'est paradoxalement pas de capturer précisément les petites échelles de la solution, mais principalement de capturer les *grandes* échelles. Comme l'a montré la Section 2.1.2 du Chapitre 2, et en particulier la Figure 2.2, une méthode naïve ne capture même pas ces grandes échelles. C'est donc elles qui constituent l'objectif principal. Cela étant, comme il est impossible de deviner à l'avance l'influence des petites échelles sur les grandes, et de démêler qui fait quoi, la meilleure approche est donc d'essayer d'approcher aussi bien que possible les petites échelles, pour *in fine* assurer la bonne approximation des grandes. Viser cette approximation correcte à ces grandes échelles veut dire la viser typiquement en norme H^1, donc capturer correctement non seulement les grandes échelles de la solution *mais aussi* celles de son gradient. Ceci est donc beaucoup plus exigeant que de "simplement" approcher la solution homogénéisée u^* et ce, qui plus est, dans la limite $\varepsilon \to 0$.

Nous présentons dans la Section 5.2.1 la version monodimensionnelle de l'idée maîtresse ayant conduit à une grande famille de méthodes, la famille des *méthodes d'éléments finis multi-échelles* (Multi-Scale Finite Element Method, en anglais, d'où l'acronyme *MsFEM*). Puis, dans la Section 5.2.2, nous développons l'idée en dimension supérieure. Nous fournissons à chaque fois une description

---

[1] Il existe même des situations où a_ε n'est connu qu'en certains points du domaine mais nous les laissons de côté...

"algorithmique" de la méthode et son analyse numérique, au moins dans un cadre simple. Comme annoncé en introduction de ce chapitre, la Section 5.2.3 présente brièvement la méthode HMM, tandis que la Section 5.2.4 donne l'exemple d'une variante possible et la Section 5.2.5 discute de quelques questions générales.

Le premier ouvrage didactique paru sur cette classe de méthodes est [EH09], par deux des auteurs principaux de telles méthodes (dont Thomas Hou, un des créateurs du domaine). Le second ouvrage que nous connaissons est [MP21], consacré à l'approche que nous décrirons à la Section 5.2.4. D'autres rares ouvrages abordant marginalement le sujet ont suivi, mais, comme mentionné ci-dessus vu la relative jeunesse du domaine, ce sont plutôt des articles de recherche qui fourniront au lecteur le matériau nécessaire pour "aller plus loin".

Remarque 5.1 *Les méthodes numériques multiéchelles que nous présentons tout au long de cette Section 5.2 ont plusieurs points communs avec d'une part les méthodes de* décomposition de domaine, *et d'autre part les méthodes dites multigrilles. En particulier, le souci de construire des espaces d'approximation adaptés pour approcher* localement *la solution se retrouve dans ces méthodes. La différence majeure tient au fait que les méthodes de cette section sont des approches qui recherchent la solution numérique "en un seul coup", alors que les méthodes de décomposition de domaine et les méthodes multigrille reposent sur des* itérations *successives. Le lecteur pourra, par exemple, consulter [QV99] sur la décomposition de domaine, [Bri87] pour une initiation à l'approche multigrille, et [Owh17, KPY17, KPY18] pour comprendre le parallèle que nous mentionnons ici.*

5.2.1 Méthode multi-échelle monodimensionnelle

Pour illustrer notre nouvelle stratégie d'attaque du problème, nous reprenons notre exemple monodimensionnel de la Section 2.1.2 du Chapitre 2, à savoir l'équation (2.1)

$$\begin{cases} -\dfrac{d}{dx}\left(a_\varepsilon(x)\,\dfrac{d}{dx}u^\varepsilon(x)\right) = f(x) \text{ dans } [0,1], \\[2mm] u^\varepsilon(0) = u^\varepsilon(1) = 0, \end{cases}$$

et plus précisément sa formulation variationnelle (2.10) : *Trouver* $u^\varepsilon \in H_0^1([0,1])$ *telle que, pour toute fonction* $v \in H_0^1([0,1])$,

$$\int_0^1 a_\varepsilon(x)\,(u^\varepsilon)'(x)\,v'(x)\,dx = \int_0^1 f(x)\,v(x)\,dx.$$

A la Section 2.1.2, nous avions vu, à la fois par un calcul détaillé de la solution et par une analyse numérique de l'approche, que la méthode des éléments finis classique $\mathbb{P}_1$ (les fonctions (2.11)) mise en œuvre sur un maillage de taille H (les intervalles $\left[\dfrac{i}{N}, \dfrac{i+1}{N}\right]$ pour $i = 0, \ldots, N-1$ et $H = \dfrac{1}{N}$) donnait une approximation fausse de la solution exacte, à moins de choisir $H \ll \varepsilon$, ce qui n'est en général pas possible. Pouvons-nous faire mieux en changeant la méthode ?

5.2.1.1 Construction de l'espace d'approximation multi-échelle

Nous allons conserver le maillage de taille H, supposée grande devant le petit paramètre ε, ou au pire de taille comparable mais certainement pas dix fois plus petite. Nous allons aussi conserver la formulation variationnelle (2.12) associée à cette discrétisation. Mais nous allons, dans cette formulation, changer l'espace V_H en un espace $V_{\mathrm{MsFEM}, H}$, appelé espace d'approximation éléments finis multi-échelles, défini comme suit. Pour chaque $i = 0, \ldots, N - 2$, nous considérons la solution de l'équation

$$\begin{cases} -\dfrac{d}{dx}\left(a_\varepsilon(x)\dfrac{d}{dx}\varphi_i(x)\right) = 0 & \text{dans} \quad \left[\dfrac{i}{N}, \dfrac{i+1}{N}\right], \\[4mm] \varphi_i\left(\dfrac{i}{N}\right) = 0, \quad \varphi_i\left(\dfrac{i+1}{N}\right) = 1. \end{cases} \tag{5.76}$$

Le membre de gauche de cette équation est le même opérateur oscillant que celui présent à l'équation (2.1), mais cette nouvelle équation a son membre de droite nul et est restreinte à l'intervalle $\left[\dfrac{i}{N}, \dfrac{i+1}{N}\right]$. Elle est de plus munie de conditions au bord de Dirichlet particulières. Le lecteur ne manquera pas de remarquer le cousinage entre cette équation et le problème du correcteur (par exemple périodique (2.31)) associé à l'équation (2.1), équation dont la structure est elle-même issue de celle du problème original. L'équation est identique, mais rien, bien sûr, dans le contexte où nous travaillons ici ne nous dit qu'un tel correcteur existe... La théorie de l'homogénéisation fournit l'intuition pour introduire le problème (5.76). L'équation du correcteur nous a permis d'approcher les oscillations de la solution pour la théorie, une équation similaire devrait nous aider *aussi* numériquement !

Nous considérons de même

$$\begin{cases} -\dfrac{d}{dx}\left(a_\varepsilon(x)\dfrac{d}{dx}\psi_i(x)\right) = 0 & \text{dans} \quad \left[\dfrac{i}{N}, \dfrac{i+1}{N}\right], \\[4mm] \psi_i\left(\dfrac{i}{N}\right) = 1, \quad \psi_i\left(\dfrac{i+1}{N}\right) = 0. \end{cases} \tag{5.77}$$

En recollant les deux fonctions φ_{i-1} et ψ_i au nœud $\dfrac{i}{N}$ et en prolongeant par zéro en dehors de l'intervalle $\left[\dfrac{i-1}{N}, \dfrac{i+1}{N}\right]$, nous obtenons alors, pour $i = 1, \ldots, N-1$, la fonction

$$
\chi_{\text{MsFEM},i}(x) = \begin{cases} \varphi_{i-1}(x) & \text{si} \quad x \in \left[\dfrac{i-1}{N}, \dfrac{i}{N}\right] \\[2mm] \psi_i(x) & \text{si} \quad x \in \left[\dfrac{i}{N}, \dfrac{i+1}{N}\right] \\[2mm] 0 & \text{si} \quad x \in \left[0, \dfrac{i-1}{N}\right] \cup \left[\dfrac{i+1}{N}, 1\right] \end{cases} \tag{5.78}
$$

Nous notons $V_{\text{MsFEM},H}$ l'espace vectoriel de dimension $N-1$ engendré par ces fonctions $\chi_{\text{MsFEM},i}$, $i = 1, \ldots, N-1$. Il s'agit de remarquer que cet espace a plusieurs propriétés:

- il est de même dimension que l'espace classique V_H; le premier est

$$
V_{\text{MsFEM},H} = \left\{ v \in C^0\left([0,1]\right), \ -\left(a_\varepsilon(x)\,v'(x)\right)' = 0 \right.
$$
$$
\left. \text{sur chaque segment } \left[\dfrac{i}{N}, \dfrac{i+1}{N}\right] \right\} \tag{5.79}
$$

alors que le second est

$$
V_H = \left\{ v \in C^0\left([0,1]\right), \quad v \text{ est affine sur chaque segment } \left[\dfrac{i}{N}, \dfrac{i+1}{N}\right] \right\} \tag{5.80}
$$

- chaque élément $\chi_{\text{MsFEM},i}$ de sa base a la même valeur en tous les nœuds et le même support que la fonction χ_i, élément classique $\mathbb{P}_1$ définie en (2.11) (ce qui préserve la structure de la matrice de rigidité),
- mais cet élément dépend, par sa définition, de l'opérateur différentiel,
- donc n'est plus générique à tout problème aux limites, mais dépend du problème considéré (pas de son second membre cependant),
- et enfin, dans le cas $a_\varepsilon \equiv 1$, $\chi_{\text{MsFEM},i}$ se trouve en fait être égal à l'élément fini classique χ_i.

La motivation pour le choix de ces fonctions de base $\chi_{\text{MsFEM},i}$ formant l'espace $V_{\text{MsFEM},H}$ est que, puisque les fonctions de base sont localement solutions de (5.76) ou (5.77), elles encodent naturellement les oscillations du problème original. En un certain sens (et nous verrons par l'analyse ci-dessous que c'est effectivement le cas), elles permettent de résoudre le problème aux petites échelles qui ne sont pas vues par la maille grossière de taille H choisie. Ceci se fait, comme déjà dit, au prix de la perte de généricité de la base. La Figure 5.7 montre la forme typique de

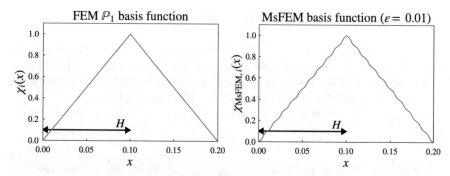

Fig. 5.7 Profils comparés, sur l'intervalle $[0, 2H]$ des deux fonctions de base éléments finis intervenant dans cet intervalle: les fonctions $\mathbb{P}_1$ classiques (affines par morceaux, à gauche) et les fonctions $MsFEM$ qui reproduisent les oscillations du problème (à droite). Ici, $H = 10^{-1}$ et $\varepsilon = 10^{-2}$. Ces figures nous ont été fournies par Rutger Biezemans.

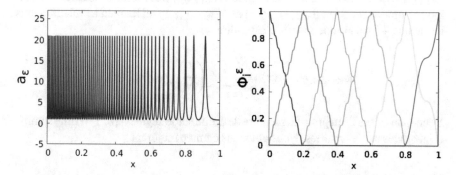

Fig. 5.8 Exemple d'un cas non périodique en dimension 1 : à gauche, nous avons représenté le coefficient a_ε, qui oscille à une vitesse d'autant plus rapide qu'on s'approche du bord gauche du domaine. A droite, les fonctions de base $MsFEM$ (pour $H = 0.2$) reproduisent une vitesse d'oscillation comparable à celle de a_ε, de façon locale.

ces fonctions. Un autre exemple est donné à la Figure 5.8, où le coefficient a_ε n'est pas périodique, mais présente des oscillations plus ou moins rapides selon la zone de l'espace considérée. Les fonctions de base générées par la méthode ci-dessus reproduisent alors la même vitesse d'oscillation (localement) que a_ε. Signalons avant de passer à la suite que toutes les fonctions φ_i, ψ_i, $\chi_{\text{MsFEM},i}$, que nous avons construites dans cette Section 5.2.1.1 dépendent de la taille H du maillage et du petit paramètre ε de l'équation originale (2.1), mais pour alléger les notations nous ne l'indiquons pas explicitement. La méthode $MsFEM$, dont nous venons de faire la description dans ce cas simple, est due à Thomas Hou et ses collaborateurs. L'article original où elle est apparue est [HW97]. De nombreuses améliorations et variantes ont depuis été développées, dans de nombreux contextes.

5.2.1.2 Analyse de l'erreur numérique commise

Pour démontrer l'efficacité de cet espace d'approximation $V_{\text{MsFEM},H}$, reprenons pour cet espace l'analyse numérique faite dans la Section 2.1.2 pour l'espace V_H.

En exploitant la linéarité, nous pouvons de nouveau procéder à la preuve du Lemme de Céa, que nous exprimons cette fois non pas dans la norme H^1 comme dans (2.21), mais avec la norme dite *norme d'énergie*. La même preuve donne en effet :

$$\int_0^1 a_\varepsilon(x) \left|(u^\varepsilon - u^\varepsilon_{\text{MsFEM},H})'\right|^2 \leq \inf_{v_{\text{MsFEM},H} \in V_{\text{MsFEM},H}} \int_0^1 a_\varepsilon(x) \left|(u^\varepsilon - v_{\text{MsFEM},H})'\right|^2.$$
(5.81)

Nous majorons alors le membre de droite par le choix particulier $v_{\text{MsFEM},H} = R_{\text{MsFEM},H}(u^\varepsilon)$, l'interpolant dans l'espace $V_{\text{MsFEM},H}$ de la solution exacte u^ε, c'est-à-dire l'unique fonction $R_{\text{MsFEM},H}(u^\varepsilon)$ de $V_{\text{MsFEM},H}$ ayant les mêmes valeurs à tous les nœuds $\frac{i}{N}$ que la fonction u^ε, c'est-à-dire

$$R_{\text{MsFEM},H}(u^\varepsilon)(x) = \sum_{i=1}^{N-1} u^\varepsilon\left(\frac{i}{N}\right) \chi_{\text{MsFEM},i}(x).$$

Découpons alors l'intégrale du membre de droite sur le segment $[0, 1]$ en une somme d'intégrales sur les mailles. Nous obtenons comme majorant

$$\int_0^1 a_\varepsilon(x) \left|(u^\varepsilon - R_{\text{MsFEM},H}(u^\varepsilon))'\right|^2$$

$$= \sum_{i=0}^{N-1} \int_{\frac{i}{N}}^{\frac{i+1}{N}} a_\varepsilon(x) \left|(u^\varepsilon - R_{\text{MsFEM},H}(u^\varepsilon))'\right|^2$$

$$= -\sum_{i=0}^{N-1} \int_{\frac{i}{N}}^{\frac{i+1}{N}} \left(a_\varepsilon(x) (u^\varepsilon - R_{\text{MsFEM},H}(u^\varepsilon)')\right)' (u^\varepsilon - R_{\text{MsFEM},H}(u^\varepsilon))$$

$$+ \sum_{i=0}^{N-1} \left[a_\varepsilon(x) (u^\varepsilon - R_{\text{MsFEM},H}(u^\varepsilon))' (u^\varepsilon - R_{\text{MsFEM},H}(u^\varepsilon))\right]_{\frac{i}{N}}^{\frac{i+1}{N}}$$
(5.82)

en intégrant par parties sur chaque maille. Dans le premier terme du membre de droite, nous remarquons que

$$-\left(a_\varepsilon(x) (u^\varepsilon)'\right)' = f,$$

puisque c'est l'équation originale restreinte sur la maille, alors que, par construction de l'espace $V_{\text{MsFEM},H}$ avec les fonctions solutions de (5.76)–(5.77),

$$- \left(a_\varepsilon(x)\,(R_{\text{MsFEM},H}(u^\varepsilon)')\right)' = 0.$$

Nous avons donc

$$-\int_{\frac{i}{N}}^{\frac{i+1}{N}} \left(a_\varepsilon(x)\,(u^\varepsilon - R_{\text{MsFEM},H}(u^\varepsilon)')\right)'\,(u^\varepsilon - R_{\text{MsFEM},H}(u^\varepsilon))$$

$$= \int_{\frac{i}{N}}^{\frac{i+1}{N}} f\,(u^\varepsilon - R_{\text{MsFEM},H}(u^\varepsilon)). \qquad (5.83)$$

Nous aurions aussi pu, pour le raisonnement ci-dessus, utiliser directement, en prolongeant par continuité par zéro au-delà de la maille considérée les fonctions manipulées, la formulation variationnelle (2.10) du problème original (2.1) et des problèmes (5.76)–(5.77) pour aboutir à (5.83).

Quant au second terme du membre de droite de (5.82), il est nul puisque la fonction $u^\varepsilon - R_{\text{MsFEM},H}(u^\varepsilon)$ est, par définition de l'interpolant, nulle en tous les nœuds $\dfrac{i}{N}$, donc les termes de bord disparaissent dans l'intégration par parties. Nous obtenons donc

$$\int_0^1 a_\varepsilon(x)\,\left|(u^\varepsilon - R_{\text{MsFEM},H}(u^\varepsilon))'\right|^2 = \sum_{i=0}^{N-1} \int_{\frac{i}{N}}^{\frac{i+1}{N}} f\,(u^\varepsilon - R_{\text{MsFEM},H}(u^\varepsilon)).$$

$$(5.84)$$

De nouveau puisque chaque fonction $u^\varepsilon - R_{\text{MsFEM},H}(u^\varepsilon)$ est nulle au bord de chaque maille $\left[\dfrac{i}{N}, \dfrac{i+1}{N}\right]$, nous pouvons majorer le membre de droite en utilisant l'inégalité de Poincaré sur chacune de ces mailles. Nous avons en effet, pour chaque $0 \le i \le N-1$,

$$\int_{\frac{i}{N}}^{\frac{i+1}{N}} \left|u^\varepsilon - R_{\text{MsFEM},H}(u^\varepsilon)\right|^2 \le (C_H)^2 \int_{\frac{i}{N}}^{\frac{i+1}{N}} \left|(u^\varepsilon - R_{\text{MsFEM},H}(u^\varepsilon))'\right|^2$$

où C_H désigne la constante de Poincaré du domaine $\left[\dfrac{i}{N}, \dfrac{i+1}{N}\right]$. Il est immédiat réaliser que $C_H = H\,C_1$ où C_1 est la constante de Poincaré de l'intervalle $[0, 1]$. Il suffit en effet de considérer cette inégalité $\displaystyle\int_0^1 |u|^2 \le (C_1)^2 \int_0^1 |u'|^2$, pour une fonction arbitraire $u \in H_0^1([0, 1])$, de poser $\widetilde{u}(x) = u(H^{-1} x)$ et d'en déduire $\displaystyle\int_0^H |\widetilde{u}|^2 \le (C_1)^2 H^2 \int_0^H |\widetilde{u}'|^2$, pour une fonction arbitraire $\widetilde{u} \in$

$H_0^1([0, H])$. Puis, enfin, de translater sur l'intervalle $\left[\dfrac{i}{N}, \dfrac{i+1}{N}\right]$. En reportant ceci dans (5.84), et en utilisant l'inégalité de Cauchy-Schwarz sur chaque maille, puis sa version discrète pour sommer sur les mailles, nous trouvons :

$$\int_0^1 a_\varepsilon(x) \left|(u^\varepsilon - R_{\text{MsFEM},H}(u^\varepsilon))'\right|^2$$

$$\leq C_1 H \sum_{i=0}^{N-1} \left(\int_{\frac{i}{N}}^{\frac{i+1}{N}} |f|^2\right)^{1/2} \left(\int_{\frac{i}{N}}^{\frac{i+1}{N}} \left|(u^\varepsilon - R_{\text{MsFEM},H}(u^\varepsilon))'\right|^2\right)^{1/2},$$

$$\leq C_1 H \left(\int_0^1 |f|^2\right)^{1/2} \left(\int_0^1 \left|(u^\varepsilon - R_{\text{MsFEM},H}(u^\varepsilon))'\right|^2\right)^{1/2},$$

ce qui en utilisant la coercivité uniforme en ε de a_ε nous permet de conclure que

$$\int_0^1 a_\varepsilon(x) \left|(u^\varepsilon - R_{\text{MsFEM},H}(u^\varepsilon))'\right|^2 \leq \frac{(C_1)^2}{\mu} H^2 \|f\|_{L^2([0,1])}^2.$$

Nous insérons ceci au membre de droite de (5.81) et obtenons

$$\int_0^1 a_\varepsilon(x) \left|(u^\varepsilon - u_{\text{MsFEM},H}^\varepsilon)'\right|^2 \leq \frac{(C_1)^2}{\mu} H^2 \|f\|_{L^2([0,1])}^2,$$

donc aussi

$$\left\|(u^\varepsilon - u_{\text{MsFEM},H}^\varepsilon)'\right\|_{L^2([0,1])} \leq \frac{C_1}{\mu} H \|f\|_{L^2([0,1])}. \tag{5.85}$$

Nous atteignons enfin le point clé : comparons (5.85) avec l'estimée d'erreur *a priori* analogue (2.23)

$$\left\|(u^\varepsilon - u_H^\varepsilon)'\right\|_{L^2([0,1])} \leq C H \left\|(u^\varepsilon)''\right\|_{L^2([0,1])} \tag{5.86}$$

obtenue pour la méthode d'éléments finis $\mathbb{P}_1$ pour le même problème. Certes, par "régularité elliptique" sur le problème original (2.1), la norme $\left\|(u^\varepsilon)''\right\|_{L^2([0,1])}$ est contrôlée par la norme $\|f\|_{L^2([0,1])}$ du second membre, les deux estimations *semblent* similaires. Pourtant, la différence *capitale*, comme indiqué au Chapitre 2, est que la dérivée seconde $(u^\varepsilon)''$ est de l'ordre de $\dfrac{1}{\varepsilon}$, alors que la norme $\|f\|_{L^2([0,1])}$ ne *dépend pas de* ε.

En conséquence, nous avons la garantie théorique que la méthode *MsFEM* décrite donne de bons résultats pour H petit, et pas seulement pour $\dfrac{H}{\varepsilon}$ petit ! Ceci est illustré par la Figure 5.9, où on constate effectivement que, pour des valeurs de H "modérées" ($H = 0.1$, soit 5 fois plus grand que $\varepsilon = 2 \times 10^{-2}$), la méthode

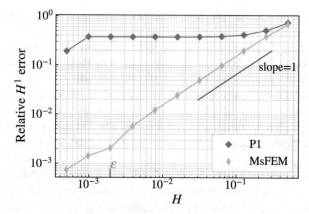

Fig. 5.9 Illustration des estimations d'erreur (5.85) et (5.86) pour $\varepsilon = 2 \times 10^{-2}$. Nous constatons que, pour $H \ll \varepsilon$, les deux méthodes produisent une erreur qui décroît proprotionnellement à H. De même, pour un H grand, les deux méthodes produisent une erreur importante. En revanche, pour le régime "intermédiaire", la méthode $MsFEM$ donne un résultat nettement meilleur car le régime asymptotique proportionnel à H est atteint plus rapidement (quand H décroît) que pour les éléments finis standard. Cette figure nous a été fournie par Rutger Biezemans.

$MsFEM$ produit une erreur plus faible que la méthode standard. De surcroît, la méthode $MsFEM$ a déjà atteint un régime asymptotique où l'erreur est d'ordre H, contrairement à la méthode standard, pour laquelle ce régime asymptotique n'est atteint que pour $H \ll \varepsilon$. Ceci illustre bien que la valeur du préfacteur dans les estimations (5.85) et (5.86) est fondamentale.

Le lecteur notera que cette garantie a été obtenue pour un coefficient a_ε dans (2.1) tout à fait *général*, vérifiant seulement la borne et la coercivité habituelle, et sans aucune hypothèse de structure disant que $a_\varepsilon = a\left(\dfrac{\cdot}{\varepsilon}\right)$, ou encore moins que a est périodique ou stationnaire.

L'estimée *a priori* justifie, au moins en dimension $d = 1$, l'introduction de la méthode multi-échelle. Informatiquement, son coût est le même que la méthode $\mathbb{P}_1$, puisque la taille de l'espace d'approximation est identique (si on néglige le coût de calcul des intégrales $\displaystyle\int f\,\chi_{MsFEM,i,h}$ qui apparaissent dans la formulation variationnelle discrète). Et elle fournit effectivement des résultats incomparablement meilleurs. A ceci près (nous y reviendrons) qu'il a fallu préalablement déterminer les fonctions de base $\chi_{\text{MsFEM},i}$.

Remarquons également que, dans la mesure où les fonctions de base $\chi_{MsFEM,i}$ sont calculées exactement, et si les intégrales $\displaystyle\int f\,\chi_{MsFEM,i}$ sont aussi exactes, alors la solution numérique u_H^ε calculée par la méthode $MsFEM$ vérifie en fait $u_H^\varepsilon(x_i) = u^\varepsilon(x_i)$, pour tout nœud x_i du maillage. Dit autrement, la méthode est "exacte aux nœuds". Cette propriété se démontre en utilisant que chaque fontion de base $MsFEM$ vérifie que $a_\varepsilon\,\chi'_{MsFEM,i}$ est constante entre deux nœuds successifs du maillage. Ceci permet de calculer analytiquement les intégrales intervenant dans le système linéaire satisfait par le vecteur des composantes $u^\varepsilon_{H,i} = u^\varepsilon_H(x_i)$, et de prouver que le vecteur formé par les valeurs aux nœuds de la solution exacte, à savoir $u^\varepsilon(x_i)$, est également solution. Le lecteur familier des méthodes numériques reconnaîtra ici une propriété qui est vraie pour la méthode des éléments finis $\mathbb{P}_1$, *en dimension un, pour l'équation à coefficient constant* $-u'' = f$. La preuve, d'ailleurs, est identique dans ce cas. L'exactitude de la méthode aux nœuds permet de donner aussi confiance dans la qualité de la méthode. Mais le lecteur gardera en tête qu'il s'agit d'un "petit miracle", lié à la fois à la dimension un et à la propriété de l'équation traitée, et que d'autres méthodes non exactes aux nœuds peuvent être également très efficaces.

Notons pour terminer cette Section 5.2.1 que l'analyse numérique, pourtant élémentaire, que nous avons présentée ici n'a jamais paru, à notre connaissance, dans la littérature. Nous l'avons apprise de notre collègue Alexei Lozinski.

Nous présentons dans la prochaine section comment construire une méthode similaire en dimension $d = 2$, et comment en faire une analyse numérique proche de l'analyse faite de la version monodimensionnelle ici.

5.2.2   La méthode en dimension $d = 2$

Généraliser la construction des fonctions de base $\chi_{\text{MsFEM},i}$ définies par les problèmes sur chaque maille (5.76)–(5.77) est évidemment l'idée maîtresse pour adapter la méthode ci-dessus au cadre multidimensionnel.

Mais la dimension $d = 1$ possède une propriété miraculeuse qu'aucune autre dimension $d \geq 2$ ne possède... Le bord d'une maille d'un maillage en dimension $d = 1$ est constitué d'une paire de points, donc est de dimension zéro. Et l'espace des fonctions définies sur ce bord est donc l'espace $\mathbb{R}^2$. Dit moins pompeusement, sur l'exemple du problème (5.76), dès que les deux conditions ponctuelles $\varphi_i\left(\dfrac{i}{N}\right) = 0$ et $\varphi_i\left(\dfrac{i+1}{N}\right) = 1$ sont posées, il est possible de résoudre $-\dfrac{d}{dx}\left(a_\varepsilon(x)\,\dfrac{d}{dx}\varphi_i(x)\right) = 0$ sur la maille $\left[\dfrac{i}{N}, \dfrac{i+1}{N}\right]$. Et ces conditions ponctuelles ne sont en rien restrictives.

Dès la dimension $d = 2$, nous pouvons certes de même envisager de résoudre un problème du type

$$- \operatorname{div}(a_\varepsilon(x)\,\nabla\varphi_i(x)) = 0, \quad x \in \tau_k \tag{5.87}$$

sur un triangle générique τ_k du maillage $\mathcal{T}_H$, mais quelle condition faut-il imposer sur les bords de ce triangle ?

L' "histoire" de la construction des méthodes multi-échelles de type $MsFEM$ peut se relire comme la quête de bonnes conditions au bord pour les problèmes locaux (5.87) sur chaque élément du maillage. Cette difficulté de la condition au bord a été créée par l'introduction de ce bord. Dans le problème original, cette frontière n'existe pas. Elle n'est qu'un *artefact* de l'approche numérique choisie. Pour autant, elle est le talon d'Achille de l'approche.

Nous détaillons dans ce qui suit l'idée historique la plus simple, celle des conditions au bord dites *linéaires*, donnant naissance à la méthode $MsFEM - lin$. Bien d'autres idées ont été développées depuis. Nous les signalerons très brièvement plus loin.

5.2.2.1 Description de MsFEM dans le cadre multidimensionnel

Nous décrivons ici la stratégie la plus simple de définition des fonctions de base multi-échelles $\chi_{\text{MsFEM},i}$ comme étant solution de problèmes locaux, analogues multidimensionnels des problèmes locaux (5.76)–(5.77). Sur chaque triangle τ_k du maillage $\mathcal{T}_H$ (voir la Figure 5.10), dont le nœud i est un sommet, nous résolvons l'équation suivante, du type (5.87),

$$- \operatorname{div}(a_\varepsilon(x) \, \nabla \varphi_{\text{MsFEM},i,k}(x)) = 0, \quad x \in \tau_k, \tag{5.88}$$

que nous complétons par les conditions au bord suivantes :

$$\varphi_{\text{MsFEM},i,k}(x) = \begin{cases} 1 & \text{en le sommet } i \text{ du triangle } \tau_k, \\ 0 & \text{sur les deux autres sommets du triangle } \tau_k, \\ \text{affine le long des arêtes.} \end{cases} \tag{5.89}$$

En d'autres termes, $\varphi_{\text{MsFEM},i,k}$ est la solution multi-échelles de (5.88) qui coïncide sur le bord du triangle τ_k avec la fonction élément fini $\mathbb{P}_1$ associée au nœud i (voir la Figure 5.11). D'ailleurs, si $a_\varepsilon \equiv 1$ dans (5.88), nous retrouvons exactement cette fonction. Il est immédiat de vérifier que cette définition étend exactement celle adoptée en dimension $d = 1$ en (5.76)–(5.77) (dimension où la propriété de retrouver la fonction de base $\mathbb{P}_1$ quand $a_\varepsilon \equiv 1$ était bien sûr déjà vraie).

De la même manière que nous l'avons fait en (5.78) pour la dimension $d = 1$, nous définissons alors $\chi_{\text{MsFEM},i}$ comme la fonction recollée à partir des fonctions $\varphi_{\text{MsFEM},i,k}$ pour les triangles τ_k ayant le nœud i comme sommet. Ce recollement se fait de manière continue sur les arêtes $\Gamma_{k,k'}$ partagées éventuellement par deux tels triangles τ_k et $\tau_{k'}$, puisque les fonctions $\varphi_{\text{MsFEM},i,k}$ et $\varphi_{\text{MsFEM},i,k'}$ ont la fonction affine pour valeur commune sur cette arête.

De nouveau, comme à la Section 5.2.1.1, nous n'indiquons pas explicitement la dépendance en la taille H du maillage et du petit paramètre ε des fonctions $\varphi_{\text{MsFEM},i,k}$ et $\chi_{\text{MsFEM},i}$.

La différence avec notre construction de la dimension 1 est évidemment qu'il n'existe aucun espoir, en dimension $d \geq 2$, de résoudre analytiquement les problèmes locaux et donc de connaître exactement les fonctions $\chi_{\text{MsFEM},i}$. En pratique,

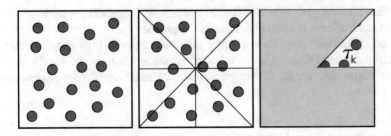

Fig. 5.10 [Tho12] Construction d'un maillage "grossier" de taille H sur un domaine comportant de petites hétérogénéités (les disques rouges): de gauche à droite, le domaine, le maillage grossier, une maille grossière isolée τ_k sur laquelle se fera la résolution d'un problème local du type (5.88)–(5.89). Voir la Figure 5.13.

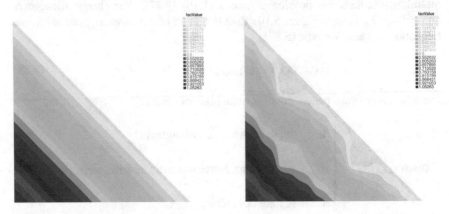

Fig. 5.11 Comparaison, en dimension $d = 2$, d'un élément fini classique (à gauche) avec la fonction multi-échelle correspondante (à droite), définie par (5.88)–(5.89). Ici, $H = \sqrt{2}$ et $\varepsilon = 0.4$. Figure fournie par Rutger Biezemans.

une étape de *pré-calcul* est donc effectuée (on parle aussi de calcul ou d'étape *off-line*) pour déterminer les approximations numériques des fonctions $\chi_{\text{MsFEM},i}$.

La discrétisation de chaque problème local (5.88)–(5.89) est donc faite par une formulation variationnelle discrète (la formulation "habituelle"), pour un maillage $\mathcal{T}_h$ (voir la Figure 5.13) de taille $h \ll H$ (et aussi surtout $h \ll \varepsilon$) par une méthode classique d'éléments finis $\mathbb{P}_1$ par exemple. Comme précisément $h \ll \varepsilon$, la méthode ne souffre pas de la difficulté signalée (en dimension $d = 1$, mais s'appliquant évidemment au cas d'une dimension supérieure) à la Section 2.1.2. Elle fournit donc une bonne approximation $\varphi_{\text{MsFEM},i,k,h}$ de chaque solution exacte $\varphi_{\text{MsFEM},i,k}$, et donc une approximation $\chi_{\text{MsFEM},i,h}$ de $\chi_{\text{MsFEM},i}$.

Chaque calcul est *a priori* coûteux, mais comme les triangles τ_k sont bien plus petits que le domaine $\mathcal{D}$ (car $H \ll |\mathcal{D}|$) et surtout comme chaque calcul est indépendant des autres et peut être effectué en parallèle des autres, cette étape n'est pas impossible. Ni leur complexité, ni leur nombre, qui dépend du nombre de nœuds et de triangles dans le maillage $\mathcal{T}_H$, ne créent donc une difficulté insurmontable.

A *contrario*, un calcul global, complet sur le domaine $\mathcal{D}$, avec des mailles de taille $h \ll \varepsilon \ll |\mathcal{D}|$, serait lui impossible (d'où, précisément, la nécessité d'une méthode d'homogénéisation ou d'une méthode multi-échelle).

Une fois connues les approximations $\chi_{\mathrm{MsFEM},i,h}$ des fonctions $\chi_{\mathrm{MsFEM},i}$, la formulation du problème original est alors menée sur l'espace d'approximation $V_{\mathrm{MsFEM},H,h}$, d'une manière rigoureusement identique à ce qui a été fait en dimension $d = 1$ ci-dessus, ou à ce qui serait fait pour un problème habituel résolu par une méthode d'éléments finis classiques associés au maillage $\mathcal{T}_H$. Et la résolution du système algébrique correspondant, formellement similaire à (5.6) et de taille identique, est alors effectuée. Il est capital de noter que cette seconde phase dépend du membre de droite f choisi pour (1) (voire de ses conditions aux limites si elles ne sont pas (2)) alors que la première phase, off-line, n'en dépend pas. Pour cette raison, cette seconde phase est dite la phase *on-line*. La complexité globale de la méthode, dans cette seconde phase, est donc comparable à celle d'une méthode d'éléments finis classiques sur le maillage $\mathcal{T}_H$. Mais ses résultats sont bien meilleurs, comme le montre l'exemple de la Figure 5.12. De plus, nous allons pouvoir *démontrer* cette efficacité par une preuve d'analyse numérique.

Malgré l'efficacité et la meilleure précision de la méthode, les résultats ne sont pas parfaits. Il est vrai que la tâche de résoudre un problème multi-échelle est, quoi qu'il en soit, difficile. Une cause des erreurs numériques est que les conditions linéaires ne *peuvent pas* être bonnes, puisqu'il n'y a aucune chance que la solution exacte u^ε soit linéaire le long des arêtes des triangles du maillage. La qualité de l'approximation numérique fournie par la méthode $MsFEM - lin$ se dégrade donc nécessairement le long de ces arêtes.

Evidemment, comme nous l'avons mentionné quand nous étions en train de tronquer le problème du correcteur sur un domaine borné et que nous étions à la recherche d'une condition de bord, l'idée parfaite serait d'imposer une valeur telle que la solution exacte u^ε soit dans l'espace d'approximation. Mais, de nouveau, il est impossible de connaître cette valeur. Il nous faut donc nous débrouiller. Nous donnons ci-dessous *trois exemples de stratégies différentes*, pour améliorer l'approximation le long de ces arêtes.

L'idée génériquement la plus efficace connue à ce jour (celle qui "domine le marché") est la méthode d'*oversampling* (littéralement "sur-échantillonnage"), ce terme ayant une signification bien différente d'un domaine à l'autre. Dans notre contexte, cette idée consiste en l'observation suivante : puisqu'après tout la difficulté de la condition au bord a été créée par l'introduction de ce bord artificiel, pourquoi ne pas "repousser ce bord plus loin" ? La méthode d'oversampling consiste à résoudre l'équation (5.87) non pas seulement sur le triangle τ_k mais sur un triangle $\widetilde{\tau}_k$ homothétique à τ_k contenant ce triangle et plus grand que lui (disons pour fixer les idées 2 à 3 fois plus grand, voir la Figure 5.14). Des conditions au bord "rudimentaires", par exemple linéaires, sont alors imposées au bord du triangle $\widetilde{\tau}_k$. Et la solution du problème aux limites ainsi posé sur $\widetilde{\tau}_k$ est ensuite *restreinte* au triangle original τ_k.

L'équation (5.87) étant une équation de diffusion, l'espoir est que la trace sur le bord de τ_k ainsi obtenue est "relativement" indépendante du choix arbitraire des

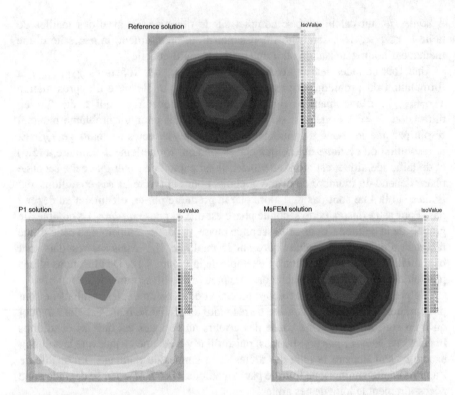

Fig. 5.12 Résultats comparés d'une méthode éléments finis $\mathbb{P}_1$ classiques (en bas à gauche) et d'une méthode $MsFEM$ (en bas à droite) pour le calcul de la solution exacte (évaluée par un calcul très précis de référence, avec des éléments finis sur un maillage très fin, en haut) d'une équation oscillante de la forme (1) pour $f(x) = \cos x \sin y$ sur un carré. Les solutions sont figurées ici par leurs isovaleurs, par projection sur le maillage de taille H identique pour les trois graphes, avec $H = 8\,\varepsilon$. Sans doute possible, la solution $MsFEM$ est de qualité bien meilleure que la solution éléments finis classiques qui, elle, non seulement est incapable de capturer les détails fins mais fournit un résultat erroné même à l'échelle grossière. (Résultats communiqués grâcieusement par Frédéric Legoll).

conditions au bord $\partial\,\widetilde{\tau}_k$ et donc ont une meilleure chance de reproduire une solution oscillante typique. Cet espoir est d'ailleurs confirmé à la fois par les résultats numériques, et aussi par l'analyse numérique, qui montre que le taux de convergence est meilleur. Dans l'estimée d'erreur (5.108) qui sera établie dans la Section 5.2.2.2 suivante, le terme $O\left(\sqrt{\dfrac{\varepsilon}{H}}\right)$ est en effet remplacé par le terme $O\left(\dfrac{\varepsilon}{H}\right)$, meilleur. Nous renvoyons à [EH09] pour des considérations plus détaillées sur la méthode.

Le prix à payer pour cette amélioration est double. D'abord, la taille des problèmes locaux à résoudre est plus grande, donc l'étape de pré-calcul est plus coûteuse. Cette étape étant faite indépendamment du calcul principal, ce surcoût n'est pas limitant.

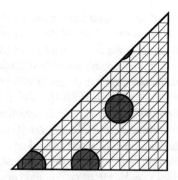

Fig. 5.13 [Tho12] Maillage fin, de taille h, de la maille grossière isolée à la Figure 5.10; sur une telle maille, on détermine alors les fonctions de base $MsFEM$ en résolvant les problèmes (5.88)–(5.89); ce travail est répété, souvent en parallèle, sur chaque maille grossière.

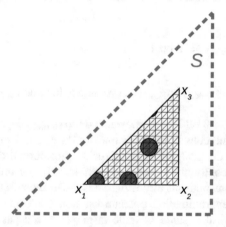

Fig. 5.14 Au lieu de résoudre le problème local (5.88)–(5.89) sur le triangle τ_k considéré (cf. la Figure 5.13), la méthode d'*oversampling* considère l'analogue du problème (5.88)–(5.89) sur un triangle S plus grand que τ_k, et définit la fonction de base comme la restriction de la solution au triangle original. (Figure communiquée gracieusement par Alexei Lozinski).

Plus ennuyeux est le fait que les fonctions de base $\chi_{\mathrm{MsFEM},i}$ définies par cette méthode ne se recollent pas le long des arêtes. En effet, si deux triangles τ_k et $\tau_{k'}$ partagent une arête $\Gamma_{kk'}$, les deux résolutions séparées sur les triangles $\widetilde{\tau}_k$ et $\widetilde{\tau}_{k'}$ correspondants n'ont aucune raison de fournir des solutions $\chi_{\mathrm{MsFEM},k}$ et $\chi_{\mathrm{MsFEM},k'}$ qui coïncident sur $\Gamma_{kk'}$. En d'autres termes, l'espace d'approximation ainsi construit *n'est pas conforme* : ses éléments ne sont pas des fonctions de H^1 sur le domaine complet. On dit aussi que l'approximation n'est pas une approximation intérieure. Or manipuler des fonctions de base qui ne sont pas de classe H^1 pour le problème elliptique considéré n'est ni naturel, ni facile. De nouveau, nous renvoyons le lecteur qui veut en savoir plus à la bibliographie.

Une variante de l'idée ci-dessus, qui a aussi pour but de s'affranchir autant que possible de l'erreur liée au fait d'avoir imposé des conditions au bord trop imprécises sur le côté des triangles τ_k a été développée récemment dans [LBLL13]. Le cas originalement étudié est celui d'une équation de diffusion oscillante comme (1), mais la technique a ensuite été étendue et améliorée pour traiter d'autres cas, comme celui d'ouverts perforés dans [LBLL14], celui du problème de Stokes en mécanique des fluides dans [MNLD15, JL18], éventuellement avec de meilleures approximations en ordre comme dans [CEL19] ou [FAO22]. L'idée consiste à conserver la résolution du problème local sur le seul triangle τ_k, sans l'augmenter en un triangle $\widetilde{\tau}_k$ plus grand, mais à lui adjoindre des conditions au bord $\partial \tau_k$ dites de *continuité faible*, ou aussi appelées dans ce contexte des conditions de *Crouzeix-Raviart*, inventées par Michel Crouzeix et Pierre-Arnaud Raviart pour les éléments finis classiques. Brièvement dit, pour chaque arête $\Gamma_{kk'}$ partagée par les triangles τ_k et $\tau_{k'}$, nous résolvons l'équation (5.87) sur τ_k d'une part et $\tau_{k'}$ d'autre part, avec les conditions

$$\begin{cases} \fint_{\Gamma_{kk'}} \chi_{\mathrm{MsFEM},i} = 0 \text{ ou } 1 \\[2mm] (a_\varepsilon \nabla \chi_{\mathrm{MsFEM},i}) \cdot \mathbf{n}_{\Gamma_{kk'}} = \text{constante le long de } \Gamma_{kk'}. \end{cases} \tag{5.90}$$

Dans (5.90), la valeur 0 ou 1 de la moyenne de $\chi_{\mathrm{MsFEM},i}$ dépend des trois indices i, k, k' (de même que dans la méthode linéaire, la valeur 1 ou 0 était placée aux différents sommets du triangle), et la valeur du flux normal de $a_\varepsilon \nabla \chi_{\mathrm{MsFEM},i}$ est laissée libre mais contrainte à être constante sur chaque arête (les valeurs des deux côtés de l'arête pouvant être différentes). De même que dans la méthode d'oversampling, l'approximation obtenue est non conforme. Mais, au moins, chaque problème local a gardé sa taille originale et n'a pas été artificiellement augmenté, qui plus est par un rapport d'homothétie mystérieux et bien difficile à ajuster en pratique. L'espoir dans cette approche est que, en relâchant ainsi la trop forte condition imposée dans la méthode linéaire, plus de flexibilité est accordée à la solution numérique, lui permettant donc d'osciller un peu le long des arêtes. Effectivement, l'expérimentation numérique confirme cet espoir, notamment dans le cas de problèmes posés sur des domaines perforés, où la flexibilité accordée dans cette méthode s'avère une claire supériorité. Toutefois, l'analyse numérique de la méthode n'a pas permis, à ce jour, de démontrer une estimation de convergence meilleure que celle de $MsFEM - lin$. Le lecteur intéressé pourra consulter [LBLL13].

Mentionnons pour conclure ce paragraphe une troisième et dernière variante, très élégante, originalement introduite dans les travaux de Grégoire Allaire et Robert Brizzi [AB05], qui a aussi pour but d'améliorer la qualité de l'approximation sur les arêtes des triangles et donc *in fine* la qualité de l'approximation globale, et qui repose sur une stratégie encore différente.

Dans une méthode d'éléments finis classiques, pour un problème aux limites similaire à (1)–(2) mais ne comportant qu'une échelle macroscopique (en d'autres termes, $\varepsilon \approx 1$), si la précision obtenue pour des éléments finis $\mathbb{P}_1$ sur un maillage de taille H est jugée insuffisante, deux options sont prioritairement envisagées. L'option de diminuer la taille H du maillage, ou l'option de remplacer les éléments finis $\mathbb{P}_1$, qui sont une approximation affine par morceaux de la solution numérique par des éléments finis $\mathbb{P}_k$, $k \geq 2$, approximation de cette solution par des polynômes de degré inférieur ou égal à k. L'idée de la méthode introduite dans [AB05] est de suivre cette option, de la manière suivante.

Sur le triangle τ_k, nous définissons pour chaque $i = 1, \ldots, d$ une fonction $\theta_{\mathrm{MsFEM},i,k}$, satisfaisant comme la fonction de base $\varphi_{\mathrm{MsFEM},i,k}$ l'équation (5.88) sur τ_k,

$$- \operatorname{div}(a_\varepsilon(x) \, \nabla \theta_{\mathrm{MsFEM},i,k}(x)) = 0, \quad x \in \tau_k \tag{5.91}$$

mais vérifiant la condition au bord

$$\theta_{\mathrm{MsFEM},i,k} = x_i \quad \text{sur } \partial\,\tau_k, \text{ pour } 1 \leq i \leq d. \tag{5.92}$$

Nous composons alors la solution de l'équation (5.91)–(5.92) avec les polynômes $\chi_j^{\mathrm{degré}\,K}$ de degré K qui forment la base de l'approximation $\mathbb{P}_K$ sur ce même triangle. Nous introduisons la notation $\Theta_{\mathrm{MsFEM},k}$ pour désigner l'application à valeurs vectorielles dont la composante i est $\theta_{\mathrm{MsFEM},i,k}$, autrement dit

$$\forall x \in \tau_k, \quad \Theta_{\mathrm{MsFEM},k}(x) = \begin{pmatrix} \theta_{\mathrm{MsFEM},1,k} \\ \vdots \\ \theta_{\mathrm{MsFEM},d,k} \end{pmatrix}.$$

Nous définissons alors la fonction de base multi-échelle

$$\chi_j^{\mathrm{degré}\,K} \circ \Theta_{\mathrm{MsFEM},k}. \tag{5.93}$$

Lorsque $a_\varepsilon \equiv 1$ dans (5.91), $\theta_{\mathrm{MsFEM},i,k} = x_i$ sur tout τ_k, pour tout k et pour tout i et donc la méthode coïncide avec les éléments finis $\mathbb{P}_K$ classiques, de même que $MsFEM-lin$ coïncide alors avec les éléments finis $\mathbb{P}_1$. De plus, comme $\theta_{\mathrm{MsFEM},i,k}$ vérifie (5.92), la fonction composée (5.93) coïncide avec $\chi_j^{\mathrm{degré}\,K}(x)$ sur le bord de τ_k, et la base ainsi construite fournit des fonctions continues à la traversée des arêtes. De plus, l'approximation le long de ces arêtes est maintenant un polynôme de degré K. Elle est donc meilleure que l'approximation affine fournie par la méthode $MsFEM - lin$ construite à partir de $\varphi_{\mathrm{MsFEM},i,k}$. Le lecteur attentif aura évidemment remarqué que le choix $K = 1$ de composer par un élément fini $\chi_j^{\mathrm{degré}\,K=1} \in \mathbb{P}_1$ redonne exactement la fonction de base $\varphi_{\mathrm{MsFEM},j,k}$ de la méthode $MsFEM-lin$, puisque $\chi_j^{\mathrm{degré}\,1} \circ \Theta_{\mathrm{MsFEM},k}$ résout alors (5.88) et coïncide avec $\chi_j^{\mathrm{degré}\,1}(x) = \chi_j(x)$ sur le bord de τ_k, donc vérifie (5.89). C'est en choisissant au moins la valeur $K = 2$ qu'une amélioration s'opère.

Fig. 5.15 Exemple d'utilisation avancée d'une méthode $MsFEM$: écoulement fluide, dit de Stokes, dans un canal avec obstacles. A gauche, la géométrie du domaine fluide, perturbée par des obstacles (en rouge) périodiquement placés dans le canal. Au centre, la solution de référence. A droite, la solution d'une méthode $MsFEM$ particulièrement bien adaptée à cette situation. Figures communiquées grâcieusement par Alexei Lozinski et Gaspard Jankowiak, extraites de [JL18].

Bien entendu, une multitude d'autres idées peuvent être développées. La recherche sur le domaine est encore en cours. Nous conseillons au lecteur de parcourir la littérature pour le réaliser. Nous donnons dans la Figure 5.15 un exemple de simulation numérique dans une situation complexe où une méthode avancée de type $MsFEM$ est développée. Nous préférons, ici, passer à l'étude mathématique de la méthode $MsFEM - lin$.

5.2.2.2   Preuve de convergence pour $MsFEM - lin$

Contrairement au cas monodimensionnel étudié à la Section 5.2.1 et pour lequel aucune hypothèse sur a_ε n'a été nécessaire pour faire la preuve de convergence, ici, dans le cas $d = 2$, nous allons devoir supposer une forme particulière de coefficient, et même nous servir de sa limite homogénéisée. Nous allons en effet supposer que $a_\varepsilon = a_{per}\left(\dfrac{\cdot}{\varepsilon}\right)$ pour un coefficient *périodique* a_{per} vérifiant les habituelles propriétés de borne et coercivité. Cette hypothèse est évidemment frustrante, puisque précisément nous avons insisté sur le fait que le développement des méthodes de type $MsFEM$ avait été mené indépendamment des hypothèses classiques de l'homogénéisation, et que ces méthodes pouvaient être employées loin de ce cadre. Pour autant, l'état actuel des connaissances théoriques sur ces méthodes rend, à notre connaissance, cette hypothèse nécessaire pour l'analyse. Signalons que nous verrons en Section 5.2.4 une variante dont l'analyse ne nécessite pas une telle hypothèse.

En marge de cette hypothèse essentielle, nous supposons aussi que le coefficient a_{per} est une fonction périodique suffisamment régulière pour que le correcteur $w_{p,per}$ associé soit dans l'espace $W^{1,\infty}$. Il s'agit d'une hypothèse technique, un peu restrictive pour la pratique, mais que, de nouveau, il n'est pas clair pour nous d'éviter si nous voulons garder simple la preuve qui va suivre.

Viennent ensuite quelques hypothèses "de confort".

Nous allons choisir un second membre f de l'équation (1) de régularité hölderienne $C^{0,\alpha}$, de sorte que la solution homogénéisée u^* soit, par régularité elliptique, de classe $W^{2,\infty}$. La preuve pour un second membre $f \in L^2$ est possible, mais un peu plus technique. Nous allons enfin supposer que le paramètre h du maillage fin est en fait pris nul : $h = 0$. Les fonctions de base sont donc supposées connues exactement, et comme nous l'avons déjà dit, cela revient à négliger dans l'estimation d'erreur finale un terme dépendant de h (linéairement quand des éléments finis $\mathbb{P}_1$ sont choisis pour l'approximation des fonctions de base). Pour être plus précis, ce terme d'erreur est proportionnel à $\frac{h}{\varepsilon}$. Dans le cas où ce terme n'est pas plus petit que ceux que nous allons voir apparaître dans notre estimation d'erreur (5.10), il faut en tenir compte. L'analyse relève alors de l'estimation d'erreur standard d'éléments finis. Bref, notre espace d'approximation est donc l'espace $V_{\text{MsFEM},H,h=0}$, que nous notons plus simplement $V_{\text{MsFEM},H}$ dans cette section.

Nous commençons par appliquer le Lemme de Céa dans notre contexte particulier pour déterminer la qualité de la meilleure approximation par l'espace $V_{\text{MsFEM},H}$. Comme u^* est supposée H^2 (et même ici, nous avons en fait $u^* \in W^{2,\infty}$), cette fonction est continue en dimension $d = 2$, donc nous pouvons considérer ses valeurs u_i^* aux nœuds i. Il est classique que

$$\left\| u^* - \sum_{i=1}^N u_i^* \chi_i \right\|_{H^1(\mathcal{D})} \leq C H \left\| u^* \right\|_{H^2(\mathcal{D})} \leq C H \left\| f \right\|_{L^2(\mathcal{D})}, \tag{5.94}$$

où nous rappelons que les χ_i sont les éléments finis classiques $\mathbb{P}_1$ définis en (5.3). Nous choisissons alors l'interpolée de u^* dans $V_{\text{MsFEM},H}$, à savoir $\bar{u} = \sum_{i=1}^N u_i^* \chi_{\text{MsFEM},i}$ comme approximation à insérer au membre de droite du Lemme de Céa et obtenons, après une inégalité triangulaire

$$\left\| u^\varepsilon - u^\varepsilon_{\text{MsFEM},H} \right\|_{H^1(\mathcal{D})} \leq C \left(\left\| u^\varepsilon - u^{\varepsilon,1} \right\|_{H^1(\mathcal{D})} + \left\| u^{\varepsilon,1} - \bar{u} \right\|_{H^1(\mathcal{D})} \right). \tag{5.95}$$

Nos résultats théoriques de la Section 3.4.3.4 nous disent, avec (3.139), que

$$\left\| u^\varepsilon - u^{\varepsilon,1} \right\|_{H^1(\mathcal{D})} \leq C \sqrt{\varepsilon} \left\| \nabla u^* \right\|_{W^{1,\infty}(\mathcal{D})}. \tag{5.96}$$

Ceci ne concerne pas l'approximation numérique, mais seulement la théorie de l'homogénéisation périodique. La suite de la preuve consiste maintenant à se concentrer sur l'erreur spécifiquement numérique, estimée par le terme $\left\| u^{\varepsilon,1} - \bar{u} \right\|_{H^1(\mathcal{D})}$ dans (5.95). Notons que pour appliquer les résultats du Chapitre 3 ci-dessus, il est en fait nécessaire d'avoir une régularité du bord plus importante (C^2 typiquement) que celle que nous avons ici, puisque nous avons supposé l'ouvert $\mathcal{D}$ polygonal. Cependant, dans l'esprit de ce que nous avons mentionné plus haut à la suite de l'estimation (5.12), il est possible d'adapter les arguments ci-dessus au cas qui nous occupe. Mais, ici encore, ceci nous emmènerait trop loin.

Toujours en appliquant la théorie de l'homogénéisation périodique, mais cette fois aux fonctions de base multi-échelles $\chi_{\mathrm{MsFEM},i}$, nous savons que les fonctions correspondant à la limite homogénéisée des problèmes locaux sont précisément les éléments finis $\mathbb{P}_1$ notés χ_i. Le problème du correcteur périodique étant précisément celui associé aux problèmes locaux (5.88)–(5.89) à partir desquels les fonctions $\chi_{\mathrm{MsFEM},i}$ sont construites, nous savons donc que l'approximation à deux échelles de la fonction $\chi_{\mathrm{MsFEM},i}$ s'écrit

$$\chi_{\mathrm{MsFEM},i} = \chi_i + \sum_{j=1}^{2} \varepsilon w_{e_j,per}\left(\frac{\cdot}{\varepsilon}\right)\partial_j \chi_i + \theta_i^\varepsilon, \quad i = 1,\ldots,N, \tag{5.97}$$

où θ_i^ε désigne le terme d'erreur. En soustrayant ce développement au développement analogue $u^{\varepsilon,1}$ pour u^ε, nous obtenons donc

$$u^{\varepsilon,1} - \bar{u} = \left(u^* - \sum_{i=1}^{N} u_i^* \chi_i\right) + \sum_{j=1}^{2} \varepsilon w_{e_j,per}\left(\frac{\cdot}{\varepsilon}\right)\left[\partial_j u^* - \sum_{i=1}^{N} u_i^* \partial_j \chi_i\right] - \sum_{i=1}^{N} u_i^* \theta_i^\varepsilon. \tag{5.98}$$

Le premier terme de (5.98) est directement estimé grâce à (5.94). Pour le deuxième terme de (5.98), nous combinons (5.94) avec la régularité $w_{e_j,per} \in W^{1,\infty}(Q)$, pour obtenir d'abord, en norme L^2,

$$\left\|\sum_{j=1}^{2} \varepsilon w_{e_j,per}\left(\frac{\cdot}{\varepsilon}\right)\left[\partial_j u^* - \sum_{i=1}^{N} u_i^* \partial_j \chi_i\right]\right\|_{L^2(\mathcal{D})} \leq \varepsilon\, C\, H\, \|f\|_{L^2(\mathcal{D})}. \tag{5.99}$$

Pour estimer la norme H^1, nous calculons alors le gradient du deuxième terme de (5.98). La première contribution est facile : par le même argument que ci-dessus,

$$\left\|\sum_{j=1}^{2} \nabla w_{e_j,per}\left(\frac{\cdot}{\varepsilon}\right)\left[\partial_j u^* - \sum_{i=1}^{N} u_i^* \partial_j \chi_i\right]\right\|_{L^2(\mathcal{D})} \leq C\, H\, \|f\|_{L^2(\mathcal{D})}, \tag{5.100}$$

Pour la deuxième contribution, certes le terme

$$\left\|\sum_{j=1}^{2} \varepsilon w_{e_j,per}\left(\frac{\cdot}{\varepsilon}\right)\partial_j \nabla u^*\right\|_{L^2(\mathcal{D})} \leq C\varepsilon\, \|f\|_{L^2(\mathcal{D})}, \tag{5.101}$$

peut être estimé comme ci-dessus, mais pour le second terme

$$\varepsilon w_{e_j,per}\left(\frac{\cdot}{\varepsilon}\right)\nabla\left[\sum_{i=1}^{N}u_i^*\partial_j\chi_i\right],$$

il s'agit d'être plus prudent, parce que les gradients $\nabla\chi_i$ des éléments finis $\mathbb{P}_1$ ne sont pas de classe H^1. Nous regroupons donc ce terme avec le gradient du troisième et dernier terme de (5.98) et c'est *collectivement* que nous avons

$$\sum_{i=1}^{N}u_i^*\left(\nabla\theta_i^\varepsilon+\sum_{j=1}^{2}\varepsilon w_{e_j,per}(\cdot/\varepsilon)\partial_j\nabla\chi_i\right)\in L^2(\mathcal{D}),$$

parce que le membre de gauche et le premier terme de (5.98) sont des fonctions $H^1(\mathcal{D})$, donc leurs gradients sont dans $L^2(\mathcal{D})$ et le terme traité en (5.100) aussi. Pour conclure l'estimation H^1 de (5.98), il nous reste donc maintenant à estimer

$$\left\|\sum_{i=1}^{N}u_i^*\theta_i^\varepsilon\right\|_{L^2(\mathcal{D})} \tag{5.102}$$

et

$$\left\|\sum_{i=1}^{N}u_i^*(\nabla\theta_i^\varepsilon+\sum_{j=1}^{2}\varepsilon w_{e_j,per}(\cdot/\varepsilon)\partial_j\nabla\chi_i)\right\|_{L^2(\mathcal{D})}. \tag{5.103}$$

Le point délicat est ce second terme (5.103). Comme nous savons *déjà* que la fonction est $L^2(\mathcal{D})$, nous pouvons découper à bon droit la norme $L^2(\mathcal{D})$ sur l'ensemble des triangles τ_k du maillage :

$$\left\|\sum_{i=1}^{N}u_i^*\left(\nabla\theta_i^\varepsilon+\sum_{j=1}^{2}\varepsilon w_{e_j,per}(\cdot/\varepsilon)\partial_j\nabla\chi_i\right)\right\|_{L^2(\mathcal{D})}^2$$

$$=\sum_{\tau_k\in\mathcal{T}_H}\left\|\sum_{i=1}^{N}u_i^*\left(\nabla\theta_i^\varepsilon+\sum_{j=1}^{2}\varepsilon w_{e_j,per}(\cdot/\varepsilon)\partial_j\nabla\chi_i\right)\right\|_{L^2(\tau_k)}^2$$

$$=\sum_{\tau_k\in\mathcal{T}_H}\left\|\sum_{i=1}^{N}u_i^*\nabla\theta_i^\varepsilon\right\|_{L^2(\tau_k)}^2, \tag{5.104}$$

puisque les gradients $\nabla \chi_i$ sont constants sur chaque triangle. En rapprochant ceci de (5.102), nous constatons qu'il nous reste donc seulement à estimer

$$\left\| \sum_{i=1}^{N} u_i^* \theta_i^\varepsilon \right\|_{H^1(\tau_k)} \tag{5.105}$$

pour conclure.

Ce reste (5.105) est une combinaison des restes obtenus en (5.97) lors de l'homogénéisation de chaque fonction de base $\chi_{\text{MsFEM},i}$ en la fonction de base χ_i correspondante, sur chaque triangle τ_k, dans la limite $\varepsilon \to 0$. Il s'agit, pour évaluer la vitesse de convergence, de rééditer notre étude de la Section 3.4.3.4 menant à (3.139), mais en gardant la trace de la dépendance de toutes les constantes en la taille, ici H, du domaine de travail. Nous glissons sur ce point et renvoyons à la bibliographie. Il n'y a pas de difficulté mais la preuve que nous esquissons ici est déjà suffisamment technique pour que nous nous autorisions cette liberté. Le résultat d'une telle analyse est

$$\left\| \sum_{i=1}^{N} u_i^* \theta_i^\varepsilon \right\|_{H^1(\tau_k)} \leq C \sqrt{\varepsilon} \sqrt{H} \left\| \sum_{i=1}^{N} u_i^* \nabla \chi_i \right\|_{W^{1,\infty}(\tau_k)}$$

$$= C \sqrt{\varepsilon} \sqrt{H} \left\| \sum_{i=1}^{N} u_i^* \nabla \chi_i \right\|_{L^\infty(\tau_k)}.$$

La dernière égalité provient du fait que, ici, les $\nabla \chi_i$ sont constants sur les τ_k. De nouveau à cause de cette propriété, nous avons

$$\left\| \sum_{i=1}^{N} u_i^* \nabla \chi_i \right\|_{L^\infty(\tau_k)} \leq \frac{C}{H} \left\| \sum_{i=1}^{N} u_i^* \nabla \chi_i \right\|_{L^2(\tau_k)},$$

où la constante C est uniforme en les triangles et en H, vu la régularité supposée du maillage $\mathcal{T}_H$. En sommant sur les triangles, nous avons donc

$$\sqrt{\sum_{\tau_k \in \mathcal{T}_H} \left\| \sum_{i=1}^{N} u_i^* \theta_i^\varepsilon \right\|_{H^1(\tau_k)}^2} \leq C \sqrt{\frac{\varepsilon}{H}} \sqrt{\sum_{\tau_k \in \mathcal{T}_H} \left\| \sum_{i=1}^{N} u_i^* \nabla \chi_i \right\|_{L^2(\tau_k)}^2}$$

$$= C \sqrt{\frac{\varepsilon}{H}} \left\| \sum_{i=1}^{N} u_i^* \nabla \chi_i \right\|_{L^2(\mathcal{D})}.$$

En utilisant l'inégalité triangulaire puis (5.94), nous majorons, dans le membre de droite,

$$\left\| \sum_{i=1}^{N} u_i^* \nabla \chi_i \right\|_{L^2(\mathcal{D})} \leq \left\| \nabla \left(u^* - \sum_{i=1}^{N} u_i^* \chi_i \right) \right\|_{L^2(\mathcal{D})} + \left\| \nabla u^* \right\|_{L^2(\mathcal{D})}$$

$$\leq C(H+1) \left\| f \right\|_{L^2(\mathcal{D})},$$

et obtenons donc

$$\sqrt{\sum_{\tau_k \in \mathcal{T}_H} \left\| \sum_{i=1}^{N} u_i^* \theta_i^\varepsilon \right\|_{H^1(\tau_k)}^2} \leq C \left(\sqrt{\varepsilon H} + \sqrt{\frac{\varepsilon}{H}} \right) \| f \|_{L^2(\mathcal{D})}. \tag{5.106}$$

En insérant nos estimées (5.94), (5.96), (5.99), (5.100), (5.101) et (5.106) dans (5.95), nous trouvons

$$\left\| u^\varepsilon - u^\varepsilon_{\mathrm{MsFEM},H} \right\|_{H^1(\mathcal{D})} \leq C\sqrt{\varepsilon} \left\| \nabla u^* \right\|_{W^{1,\infty}(\mathcal{D})}$$

$$+ C(H + \varepsilon H + \varepsilon + \sqrt{\varepsilon H} + \sqrt{\varepsilon/H}) \| f \|_{L^2(\mathcal{D})}. \tag{5.107}$$

Le paramètre ε étant, dans notre cadre de travail, très petit par rapport à la taille du domaine $\mathcal{D}$, nous obtenons, pour une constante C ne dépendant pas de ε, H, f :

$$\left\| u^\varepsilon - u^\varepsilon_{\mathrm{MsFEM},H} \right\|_{H^1(\mathcal{D})} \leq C \left(\sqrt{\varepsilon} + H + \sqrt{\frac{\varepsilon}{H}} \right) \| f \|_{L^2(\mathcal{D})}$$

$$+ C\sqrt{\varepsilon} \left\| \nabla u^* \right\|_{W^{1,\infty}(\mathcal{D})}. \tag{5.108}$$

Il est utile de commenter le terme en $\sqrt{\dfrac{\varepsilon}{H}}$. Ce facteur, appelé *erreur de résonance* pour une raison qui après des années de travail dans ce domaine continue encore à nous échapper malgré les explications répétées de nos collègues qui l'emploient, est une conséquence de l'estimation (5.106), laquelle provient à son tour de l'estimation de (5.103). Ce terme n'est pas seulement issu d'une faiblesse technique de notre preuve, il est *effectivement* observé dans la pratique numérique, sauf en dimension 1 où il disparaît. De telles erreurs sont dues à la mauvaise qualité de l'approximation de la solution oscillante par les fonctions de base $MsFEM-lin$. Sur le "coeur" d'une maille triangulaire τ_k, la fonction $\chi_{\mathrm{MsFEM},i}$ capture bien les oscillations de la solution exacte, mais à cause de ses conditions linéaires inadaptées, l'approximation se dégrade au voisinage de chaque arête. Ce terme, comme nous l'avons brièvement mentionné plus haut, sera amélioré en employant des variantes de $MsFEM - lin$, par exemple *oversampling*. Dans un monde idéal, l'erreur ne devrait être qu'en $O(H)$, ou en $O(\varepsilon + H)$, ce qui en pratique revient au même puisque, le plus souvent, $\varepsilon \ll H$. Cette estimée d'erreur (5.108) (ou les erreurs analogues pour les variantes de $MsFEM$), fonction de $\dfrac{\varepsilon}{H}$, est un reflet de la réalité d'un monde "non idéal".

Pour conclure cette section, notons simplement que le résultat de convergence (5.108) pour la méthode $MsFEM - lin$ peut être amélioré dans différentes directions au prix de sophistications techniques qu'il n'est pas le lieu de mentionner ici. De manière analogue, pour la méthode d'oversampling mentionnée plus haut, l'estimation usuellement annoncée est analogue à (5.108), avec $\dfrac{\varepsilon}{H}$ au lieu de $\sqrt{\dfrac{\varepsilon}{H}}$. Et, pour la méthode introduite par Grégoire Allaire et Robert Brizzi et résumée dans la Section 5.2.2.1 ci-dessus, l'analyse numérique (effectuée aussi dans le cadre périodique) garantit également une estimation de l'erreur d'un genre similaire à l'estimation (5.108) mais où H^k remplace H, voir [AB05, Theorem 4.1].

5.2.3   La méthode HMM, brièvement

La méthode HMM, acronyme de *Heterogeneous Multiscale Method*, est considérée comme la principale "concurrente" de la méthode $MsFEM$. Elle est tout autant utilisée par les spécialistes du domaine, chacun d'entre eux ayant souvent "sa" préférence. Elle a été adaptée et appliquée à de nombreux contextes et équations. On devrait donc en toute rigueur, comme pour $MsFEM$, parler *des* méthodes HMM (et non pas de *la*). Comme nous allons le voir dans cette section, il existe cependant des nuances, tant en terme d'objectif recherché qu'en terme d'utilisation et de performance, entre $MsFEM$ et HMM.

La méthode HMM a été introduite par Björn Engquist et Weinan E dans [EE03], donc, légèrement postérieurement à $MsFEM$, mais globalement à la même époque.   Une présentation plus complète de la méthode peut être lue dans l'article [AEEVE12]. Signalons aussi qu'il existe, dans une autre communauté que celle des Mathématiques Appliquées, à savoir la communauté de Mécanique Numérique (*Computational Engineering* en Anglais), une autre méthode, très proche, connue sous le nom de FE^2 (pour signifier *éléments finis au carré*), introduite par Frédéric Feyel et Jean-Louis Chaboche dans [FC00].

L'idée intuitive de la méthode HMM est tout aussi séduisante que celle de $MsFEM$. Elle part du constat que, si remonter une information des petites échelles jusqu'à la grande échelle est absolument nécessaire dans un problème multi-échelle (le lecteur sait à ce stade que, si les petites échelles sont complètement ignorées, le résultat, "même" numérique, ne peut pas être correct, et est même carrément *faux*), il n'est souvent pas indispensable de tenir compte de *toute* l'information des échelles fines surtout

  (i) si la structure aux petites échelles n'exhibe pas de variations trop brutales (une hypothèse somme toute naturelle dans beaucoup de situations),

(ii) s'il s'agit de l'injecter dans une simulation numérique à la grande échelle qui de toute façon sera imparfaite et seulement approchée,

(iii) et si n'est seulement recherchée qu'une information moyenne (on dirait, plus précisément, homogénéisée).

Evidemment, l'argument est à manier avec précaution, car déterminer, pour une précision donnée, le "volume" d'informations à remonter des petites échelles est délicat.

Quoi qu'il en soit, l'idée de HMM est donc de *s'attaquer à l'approximation de la matrice A^* et de la solution homogénéisée u^** en n'insérant dans le calcul que *certaines* informations des petites échelles. On espère ainsi

(i) procéder à un calcul approximativement correct (contrairement au calcul qui ignore complètement les petites échelles et qui est, lui, faux)

(ii) mais rester économique en temps calcul, aussi bien dans la phase off-line que, bien sûr, dans la phase on-line.

Cette description est vraie au moins pour la version originale de la méthode HMM. Elle la distingue clairement de $MsFEM$, qui vise, elle, à l'approximation de la solution oscillante u^ε (et non seulement de u^*), au prix de tenir compte de *"toute"* l'information des petites échelles (*via* les fonctions de forme $\chi_{\text{MsFEM},i}$). Dans le développement de HMM fut cependant aussi introduite une phase de *post-traitement* permettant de déduire aussi, grâce à de nouveaux calculs, une approximation de u^ε. Nous expliciterons un peu ceci dans la suite de cette section et commenterons notamment cette phase additionnelle.

Décrivons maintenant la version "de base" de la méthode. Nous allons le faire dans le cas particulier où le problème multiéchelle (1) que nous abordons numériquement *admet un problème homogénéisé*, à savoir ici (5.11), pour lequel on dispose d'une formule, au moins approchée, ici du type (3.54), pour décrire le coefficient homogénéisé. Il est possible d'adapter la méthode à d'autres cadres de travail.

Sur le modèle de la résolution numérique par éléments finis classiques rappelée à la Section 5.1.1, et en particulier de la formulation variationnelle discrète (5.5), nous savons que le problème homogénéisé (5.11)

$$\begin{cases} -\operatorname{div}(a^*(x)\,\nabla u^*(x)) = f(x) \text{ dans } \mathcal{D}, \\ \qquad\qquad u^*(x) \qquad = 0 \qquad \text{sur } \partial\mathcal{D}, \end{cases}$$

se formule, toujours en éléments finis classiques, disons ici $\mathbb{P}_1$, par

$$\sum_{j=1}^{N} \left[\int_{\mathcal{D}} a^*(x)\,\nabla\chi_j(x)\,.\,\nabla\chi_i(x)\,dx \right] (u_H^*)_j \;=\; \int_{\mathcal{D}} f(x)\,\chi_i(x)\,dx, \qquad (5.109)$$

pour tout $i = 1, \ldots, N$. Il n'est pas évident de connaître l'intégrande du membre de gauche en tous les points du domaine, et ceci est vrai pour les méthodes éléments finis dans un cadre tout à fait général. Ici en effet, la matrice $a^*(x)$ n'est pas "encore connue". Dans une telle situation, il est courant d'utiliser pour *approcher* les intégrales du membre de gauche des *formules de quadrature numérique*, exactement dans le même esprit que ce que nous avons signalé à la Section 5.1.3 (et aussi dès la Section 5.1.1, page 289, c'était alors *pour le calcul du membre de droite*). En utilisant une telle formule, chaque intégrale du membre de gauche est approchée par

$$\int_{\mathcal{D}} a^*(x)\, \nabla\chi_j(x)\,.\,\nabla\chi_i(x)\,dx \;\approx\; \sum_{x_G} \omega_{x_G} a^*(x_G)\, \nabla\chi_j(x_G)\,.\,\nabla\chi_i(x_G), \qquad (5.110)$$

où les paramètres ω_G sont les *poids* de la formule de quadrature, et où les points x_G sont les *nœuds de quadrature* (aussi appelés *points de Gauss*, d'où l'indice G). Diverses telles formules de quadrature existent, à différents ordres de précision. Il suffit pour comprendre de se représenter le cas particulier de chaque triangle du maillage de taille caractéristique H, qui contient un certain nombre de points de quadrature x_G (voir la Figure 5.16). L'essence de la méthode HMM est alors de remplacer la formulation (5.109) par

$$\sum_{j=1}^{N} \left[\sum_{x_G} \omega_{x_G} a^*(x_G)\, \nabla\chi_j(x_G)\,.\,\nabla\chi_i(x_G) \right] (u_H^{\mathrm{HMM}})_j \;=\; \int_{\mathcal{D}} f(x)\,\chi_i(x)\,dx,$$
$$(5.111)$$

et de calculer seulement $a^*(x_G)$ en les nœuds de quadrature x_G. Ceci se fait à l'aide d'un problème local à la petite échelle, de manière littéralement calquée sur l'expression (3.54) de la matrice homogénéisée a^* à partir du problème du correcteur périodique (3.67). Explicitement, la méthode pose donc

$$a^*(x_G)_{ij} = \frac{1}{|Q_R(x_G)|} \int_{Q_R(x_G)} \big(a(y)\,(e_j + \nabla_y w_{e_j,R,x_G}(y)) \big)\,.\,e_i\,dy, \qquad (5.112)$$

où l'intégrale (convenablement normalisée) est prise sur un petit domaine $Q_R(x_G)$ de taille caractéristique R (avec typiquement $R \geq \varepsilon$ et pris comme une fraction de H) entourant x_G, et le "correcteur" w_{e_j,R,x_G} est défini comme la solution de

$$\begin{cases} -\operatorname{div}\big(a(y)\,(e_j + \nabla w_{e_j,R,x_G}(y)) \big) = 0 & \text{dans } Q_R(x_G), \\[2mm] w_{e_j,R,x_G} = 0 & \text{sur } \partial Q_R(x_G). \end{cases} \qquad (5.113)$$

Le choix d'une condition au bord de Dirichlet homogène sur $\partial Q_R(x_G)$ est évidemment parfaitement arbitraire et d'autres choix pourraient être faits.

Ainsi, le lecteur comprend immédiatement que *si* le problème était un problème périodique, *si* $Q_R(x_G)$ était choisi comme la maille périodique de taille $R = \varepsilon$ (ou

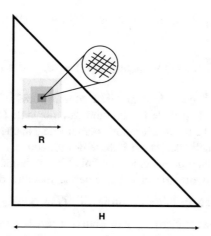

Fig. 5.16 Dans la méthode HMM, la valeur de la matrice effective (approximation de la matrice homogénéisée) est calculée en les points de Gauss (les nœuds de quadrature) de la macro-maille (ici un triangle) de taille H, en isolant un domaine représentatif de la microstructure. Pour le point de Gauss figuré en exemple, ce domaine est ici un carré. Il est de taille R, taille plus petite que H mais grande devant la taille caractéristique ε de la microstructure (ici figurée dans la "loupe"). Sur ce domaine représentatif, on résout un problème ressemblant au problème du correcteur, indépendant du membre de droite de l'équation, ce qui donne la valeur de la matrice en ce nœud.

un de ses multiples) autour de x_G, et *si* la condition de bord était périodique, alors, peu importerait le choix de x_G, la valeur de $a^*(x_G)$ serait exacte. Toute formule de quadrature étant aussi exacte pour les fonctions constantes (raisonner triangle par triangle et utiliser que les fonctions $\mathbb{P}_1$ y ont leur gradient constant), alors la formulation variationnelle (5.110) serait celle de l'équation homogénéisée (5.11).

Bien entendu, pour un coefficient $a(x)$ plus général ce n'est pas le cas, et la méthode fournit seulement une approximation. Pour la pratique (voir de nouveau la Figure 5.16), la taille R des domaines $Q_R(x_G)$ où on procède à l'*échantillonnage* du problème aux petites échelles est prise comme *plus grande que* ε, pour qu'y soit observé fidèlement le comportement à ces petites échelles, mais *plus petite que* H, pour avoir un gain en temps calcul par rapport à tenir compte de toute l'information fine. Tous les calculs pour (5.112)–(5.113) sont indépendants du membre de droite f de l'équation, et peuvent être menés off-line. Chaque résolution de (5.113), effectuée avec des élements finis classiques associés à des micro-mailles de taille h (comme pour la méthode $MsFEM$) étant indépendante des autres, celles-ci peuvent être menées en parallèle.

Il est alors facile aussi de réaliser que la méthode HMM contient comme cas particulier la méthode $MsFEM$: il suffit de choisir pour $Q_R(x_G)$ le triangle auquel appartient x_G. Elle est donc, en un sens, plus générale. Cette observation est à comprendre "à des détails ajustables près", sur lesquels nous glissons. Il y a bien sûr la question du choix des domaines $Q_R(x_G)$. Mais il faut aussi la bonne condition au bord dans (5.113) pour que $x_j + w_{e_j,R,x_G}$ devienne égal à la fonction de forme

multiéchelle $\chi_{\text{MsFEM},i}$. Il faut en effet constater à quel point (5.113) et le problème
local (5.88), à savoir

$$- \operatorname{div}(a_\varepsilon(x)\, \nabla \varphi_{\text{MsFEM},i,k}(x)) = 0, \quad x \in \tau_k,$$

muni de ses "bonnes" conditions au bord comme (5.89), se ressemblent. En
injectant cette similitude dans la formulation variationnelle (5.109) ainsi obtenue,
il est alors possible de reconnaître son membre de gauche comme celui de la
formulation variationnelle de (1) sur la base des fonctions $\chi_{\text{MsFEM},i}$. En un sens,
dans une telle interprétation, les éléments finis $\nabla \chi_i$ de la méthode $\mathbb{P}_1$ n'ont servi
que comme "intermédiaires de calcul". Pour le membre de droite de (5.109),
qu'il faut comparer au membre de droite $\displaystyle\int_{\mathcal{D}} f(x)\, \chi_{\text{MsFEM},i}\, dx$ de la méthode
$MsFEM$, il faut aussi remarquer que, pour ε petit, ces membres de droite se
ressemblent, puisque nous avons vu l'approximation à deux échelles (5.97) de la
fonction $\chi_{\text{MsFEM},i}$ qui montre en particulier que $\chi_{\text{MsFEM},i} \xrightarrow{\varepsilon \to 0} \chi_i$ faiblement. Bref,
à ces "détails" près, comme nous le disions plus haut, et avec toutes les précautions
nécessaires dans une telle affirmation, la méthode $MsFEM$ peut être vue comme
un cas particulier de HMM.

Cette observation explique aussi l'étape de *post-traitement* dans HMM, dont
nous signalions l'existence ci-dessus. En effet, une fois une approximation de
u^*obtenue par la méthode HMM décrite, se pose la question d'approcher la
solution oscillante u^ε elle-même. Pour cela, il est possible de résoudre, de nouveau
avec des éléments finis classiques associés à des micro-mailles de taille h, autour
de chaque x_G et de sorte de couvrir cette fois toutes les macro-mailles (ou presque),
des problèmes locaux du type

$$\begin{cases} - \operatorname{div}(a_\varepsilon(x)\, \nabla v^\varepsilon(x)) = f(x) \text{ autour de } x_G \\[2mm] v^\varepsilon = u_H^{\text{HMM}} \text{sur les bords,} \end{cases} \tag{5.114}$$

où la valeur affectée sur les bords est celle qui vient d'être obtenue par la phase
principale de la méthode HMM. Une approximation de u^ε est ainsi reconstruite.
Il convient de remarquer que ce post-traitement est une phase un peu contre-
intuitive, qui enlève une bonne partie de l'attrait majeur de la méthode HMM,
laquelle moins coûteuse que $MsFEM$, réalisait un bon compromis entre coût de la
méthode et qualité de l'approximation fournie. Lui rajouter *a posteriori* une phase
finalement quasiment aussi coûteuse que le coût d'une méthode $MsFEM$ employée
directement est certes possible, mais reste une alternative à motiver clairement selon
le contexte de travail.

Il est, comme pour $MsFEM$, possible de mener une analyse numérique de
la méthode HMM mise en œuvre sur l'équation de diffusion. De nouveau
comme pour $MsFEM$, les preuves que nous connaissons ne traitent que le cadre
d'un coefficient périodique, cas qui est certes idéal (surtout pour HMM qui ne

fait qu'échantillonner les problèmes locaux aux petites échelles et donc repose intuitivement sur la représentativité de l'échantillon ...) mais qui n'est certainement pas la "cible principale" pour laquelle la méthode a été inventée... Dans ce cadre, l'estimée principale qui joue le rôle analogue à celui de estimée d'erreur (5.108) pour $MsFEM$ (mais cette fois pour la solution homogénéisée et pas la solution oscillante) est du type

$$\left\| u^* - u_H^{\text{HMM}} \right\|_{H^1(\mathcal{D})} \leq C \left(H + \frac{\varepsilon}{R} \right) \tag{5.115}$$

où la constante C dépend d'une certaine norme du membre de droite f, et où R est, rappelons-le, choisi dans $[\varepsilon, H]$ comme une fraction de H. Comme H est lui-même choisi en pratique comme un "multiple" de ε, disons $H = 10\,\varepsilon$, l'estimation d'erreur ci-dessus est donc en $O\left(H + \frac{\varepsilon}{H} \right)$. Le lecteur notera que cette estimation implique (par exemple en choisissant $H \propto \sqrt{\varepsilon}$), la convergence de u_H^{HMM} vers la solution homogénéisée u^*. Pour capturer u^ε, il faut faire appel au post-traitement évoqué ci-dessus, mais nous ne poursuivrons pas plus avant dans l'analyse de la méthode.

5.2.4 Une variante d'une nature différente

Nous présentons ici une méthode un peu différente dans sa conception de la méthode $MsFEM - lin$ de la Section 5.2.2, mais ayant bien sûr beaucoup de facteurs communs avec celle-ci. Elle porte le nom de *Localized Orthogonal Decomposition* abrégé en LOD. Elle a été introduite originalement par Axel Målqvist et Daniel Peterseim dans [MP14], et, comme la méthode $MsFEM - lin$, elle a été adaptée de diverses manières depuis. Nous n'en présentons que brièvement la version originale. Nous renvoyons le lecteur au traité récent [MP21] et à l'article de revue [AHP21] pour une présentation plus exhaustive de l'approche et des références sur ses multiples ramifications. Nous renvoyons aussi à [HP13] pour une mise en évidence des liens entre LOD et $MsFEM$.

Démarrons de la formulation variationnelle (3.2) du problème original (2.1) que nous écrivons ici sous la forme

$$\mathcal{A}_\varepsilon (u, v) = \mathcal{L} (v), \quad \forall v \in H_0^1 (\mathcal{D}), \tag{5.116}$$

avec

$$\mathcal{A}_\varepsilon (u, v) = \int_{\mathcal{D}} a_\varepsilon(x) \, \nabla u^\varepsilon(x) \cdot \nabla v(x) \, dx, \tag{5.117}$$

et

$$\mathcal{L}(v) = \int_{\mathcal{D}} fv,$$

où nous avons supposé que le second membre f est dans $L^2(\Omega)$.

Nous introduisons alors $\mathcal{I}_H$, un *opérateur d'interpolation*, d'un type similaire à l'*interpolateur de Clément*, aux nœuds du maillage $\mathcal{T}_H$, pour les éléments finis $\mathbb{P}_1$. Il existe plusieurs façons de définir un tel opérateur d'interpolation, en vue de son utilisation dans la méthode LOD. Nous renvoyons par exemple à [MP14, Section 2.2] et [MP21, Section 3.3, Example 3.1] pour de telles définitions, ainsi qu'à [Qua18, p 105] pour la version *classique* de cet interpolateur. Il permet d'affecter des valeurs aux nœuds "naturelles" pour une fonction $v \in H_0^1(\mathcal{D})$ qui, *stricto sensu*, n'en a pas puisqu'elle n'est pas nécessairement continue, sauf en dimension $d = 1$. L'idée mise en œuvre pour définir $\mathcal{I}_H$ est astucieuse et élémentaire : moyenner la fonction sur les mailles partageant le nœud considéré comme sommet pour obtenir la valeur au dit nœud. Plus précisément, pour chaque nœud i du maillage, $\mathcal{I}_H(v)(i)$ est défini par

$$\mathcal{I}_H(v)(i) = \left(\int_{\mathcal{D}} \chi_i(x)dx\right)^{-1} \int_{\mathcal{D}} v(x)\,\chi_i(x)\,dx, \tag{5.118}$$

où χ_i est la fonction de base nodale associée au nœud i supposé intérieur au domaine $\mathcal{D}$, selon la définition (5.3). Pour un nœud au bord du domaine, nous définissons simplement $\mathcal{I}_H(v)(i) = 0$. Pour la méthode qui nous intéresse ici, nous renvoyons à [MP14] pour plus de détails sur la construction de cet opérateur, lequel est défini de $H_0^1(\mathcal{D})$ sur l'espace V_H d'éléments finis classiques $\mathbb{P}_1$ sur le maillage considéré $\mathcal{T}_H$.

Nous définissons ensuite l'espace "fin" :

$$V_f = \left\{v \in H_0^1(\mathcal{D}), \mathcal{I}_H(v) = 0, \text{c'est-à-dire } v \text{ "nulle aux nœuds" du maillage } \mathcal{T}_H\right\}, \tag{5.119}$$

qui est en fait le noyau

$$V_f = \text{Ker}\,\mathcal{I}_H \tag{5.120}$$

de l'opérateur $\mathcal{I}_H$. Puis, nous supplémentons cet espace V_f au sens du produit scalaire défini par la forme bilinéaire symétrique $\mathcal{A}_\varepsilon$ de (5.117) :

$$H_0^1(\mathcal{D}) = V_f \oplus^{\perp^{\mathcal{A}_\varepsilon}} V_{\text{Ms}}, \tag{5.121}$$

où l'opérateur $\oplus^{\perp^{\mathcal{A}_\varepsilon}}$ désigne bien sûr la somme directe orthogonale *pour le produit scalaire défini par la forme bilinéaire symétrique* (5.117). La relation (5.121) définit l'espace V_{Ms}, qui sera notre espace d'approximation multi-échelle.

Nous remarquons au passage que V_f est un espace de dimension infinie, mais de *codimension finie*, l'espace V_{Ms} étant lui de dimension finie, égale au nombre de nœuds dans le maillage (les nœuds sur le bord $\partial \mathcal{D}$ du domaine étant exclus puisque nous approchons ici l'espace $H_0^1(\mathcal{D})$).

Dit rapidement, les fonctions de V_f sont quelconques en dehors des nœuds, et "nulles" aux nœuds. Les fonctions de l'orthogonal V_{Ms} sont donc, *a contrario*, libres aux nœuds et, dans l'esprit au moins (et rigoureusement dans certains cas), solutions de $-\operatorname{div}(a_\varepsilon(x)\nabla.) = 0$ en dehors des nœuds. En d'autres termes, V_{Ms} est la généralisation multidimensionnelle naturelle de l'espace (5.79)

$$V_{\text{MsFEM},H} = \left\{ v \in C^0([0,1]), \right.$$

$$\left. -\left(a_\varepsilon(x)\,v'(x)\right)' = 0 \quad \text{sur chaque segment } \left[\frac{i}{N}, \frac{i+1}{N}\right]\right\}$$

de la méthode $MsFEM$ de dimension $d = 1$. Dit encore autrement, l'espace V_{Ms} est de même dimension que V_H, l'espace d'éléments finis classiques $\mathbb{P}_1$ associé au maillage $\mathcal{T}_H$, et il est un raffinement de celui-ci au sens où, tout en ayant ses degrés de liberté aux nœuds du maillage, il est "entre ses nœuds" beaucoup plus adapté dans son approximation du problème oscillant considéré.

Plus précisément, introduisons le projecteur orthogonal (toujours au sens du produit scalaire défini par (5.117)) P_H sur l'espace V_f, opérateur donc défini par

$$\mathcal{A}_\varepsilon(v,\,P_H w) = \mathcal{A}_\varepsilon(v,\,w) \quad \forall v \in V_f, \quad \forall w \in H_0^1(\mathcal{D}).$$

Nous remarquons alors que l'espace V_{Ms} peut s'écrire

$$V_{Ms} = (\text{Id} - P_H)\,V_H. \tag{5.122}$$

L'inclusion $(\text{Id} - P_H)\,V_H \subset V_{Ms}$ est claire par définition de la projection P_H. Puisque V_H et V_{Ms} sont de même dimension, il suffit donc de montrer que l'opérateur $(\text{Id} - P_H)$ est injectif sur V_H. Si $v_H \in V_H$ satisfait $(\text{Id} - P_H)\,v_H = 0$, nous avons $v_H = P_H v_H$, donc $v_H \in V_f$. Nous en déduisons que $\mathcal{I}_H v_H = 0$ et donc, d'après la formule (5.118) que les produits scalaires $\displaystyle\int_{\mathcal{D}} v_H \chi_i$ sont nuls pour tous les éléments finis χ_i, ce qui entraîne que $v_H = 0$. Nous obtenons donc l'injectivité voulue.

La formulation variationnelle choisie pour approcher numériquement la solution de (5.116) est alors : *Trouver $u_{Ms} \in V_{Ms}$ telle que, pour toute fonction $v_{Ms} \in V_{Ms}$,*

$$\mathcal{A}_\varepsilon(u_{Ms}, v_{Ms}) = \mathcal{L}(v_{Ms}). \tag{5.123}$$

Pour mettre en œuvre cette formulation d'un point de vue pratique, une base de fonctions de V_{Ms} doit être approchée numériquement. Compte tenu de l'identité (5.122), la stratégie naturelle est de considérer une base de V_H, c'est-à-dire la base nodale d'éléments finis χ_i définie en (5.3), et de choisir pour base de V_{Ms} les fonctions $w_i = \chi_i - P_H \chi_i$, où les fonctions $P_H \chi_i$ sont définies par

$$\mathcal{A}_\varepsilon (v, P_H \chi_i) = \mathcal{A}_\varepsilon (v, \chi_i) \quad \forall v \in V_f. \tag{5.124}$$

Formellement (c'est-à-dire, en supposant que les fonctions test de (5.124) sont "toutes" les fonctions, et pas seulement les éléments de V_f) ces fonctions vérifient donc, pour chaque i,

$$- \operatorname{div} (a_\varepsilon(x) \nabla (P_H \chi_i)) = - \operatorname{div}(a_\varepsilon(x) \nabla \chi_i) \quad \text{dans} \quad \mathcal{D}, \tag{5.125}$$

où, puisque χ_i est un élément $\mathbb{P}_1$, le gradient $\nabla \chi_i$ est un vecteur constant dans chaque maille. Une remarque clé est que, cependant, les fonctions w_i n'ont aucune raison d'être à support compact (d'ailleurs elles ne le sont pas, sauf en dimension 1, dimension particulière où les méthodes $MsFEM$ et LOD coïncident), et *a fortiori* aucune raison d'être à support dans les mailles adjacentes au nœud i. En pratique, une troncature vient remédier à ce problème, et l'analyse mathématique précise de la méthode permet de quantifier à quel point cette troncature affecte la qualité du résultat final. Dans notre exposé simplifié, nous allons volontairement ignorer cet aspect et considérer que nous travaillons directement avec un espace de discrétisation engendré par les fonctions w_i elles-mêmes. De même, nous ignorons, comme précédemment, le fait que, indépendamment de la nécessité ou non d'une troncature, les fonctions w_i doivent être approchées numériquement avec une discrétisation de taille h, ce qui induit une autre source d'erreur numérique.

L'analyse numérique de la méthode LOD est à la fois élémentaire et très instructive. Ceci est majoritairement la raison pour laquelle nous avons choisi de proposer au lecteur cette Section 5.2.4, la méthode LOD étant, à l'heure actuelle au moins, nettement moins employée que la méthode $MsFEM$ sous toutes ses variantes.

Il s'agit d'abord de décomposer la solution exacte u^ε en

$$u^\varepsilon = u_f + u_{\text{Ms}}$$

selon la somme directe orthogonale (5.121), et de remarquer immédiatement, comme notre notation le trahit, que u_{Ms} est effectivement la solution numérique déterminée en (5.123). En effet, pour tout $v_{\text{Ms}} \in V_{\text{Ms}}$,

$$\begin{aligned} \mathcal{A}_\varepsilon (u_{\text{Ms}}, v_{\text{Ms}}) &= \mathcal{A}_\varepsilon (u^\varepsilon - u_f, v_{\text{Ms}}), \\ &= \mathcal{A}_\varepsilon (u^\varepsilon, v_{\text{Ms}}) - 0, \\ &= \mathcal{L}(v_{\text{Ms}}), \end{aligned}$$

puisque, successivement, $\mathcal{A}_\varepsilon (u_f, v_{\text{Ms}}) = 0$ par orthogonalité, et u^ε est la solution exacte.

Il s'ensuit que l'erreur numérique, estimée en norme d'énergie $\mathcal{A}_\varepsilon\,(.\,,\,.)$, peut s'exprimer de la manière suivante :

$$\mathcal{A}_\varepsilon\,(u^\varepsilon - u_{\mathrm{Ms}}\,,\,u^\varepsilon - u_{\mathrm{Ms}}) = \mathcal{A}_\varepsilon\,(u_f\,,\,u_f),$$

$$= \mathcal{A}_\varepsilon\,(u_f + u_{\mathrm{Ms}}\,,\,u_f),$$

$$\text{(puisque } \mathcal{A}_\varepsilon\,(u_{\mathrm{Ms}}\,,\,u_f) = 0\text{),}$$

$$= \mathcal{L}(u_f),$$

$$\text{(puisque } u^\varepsilon = u_f + u_{\mathrm{Ms}} \text{ est solution exacte),}$$

$$= \mathcal{L}((\mathrm{Id} - \mathcal{I}_H)\,u_f),$$

$$\text{(puisque } \mathcal{I}_H\,u_f = 0\text{),}$$

$$= \mathcal{L}((\mathrm{Id} - \mathcal{I}_H)\,\left(u^\varepsilon - u_{\mathrm{Ms}}\right)).$$

Nous obtenons donc

$$\mathcal{A}_\varepsilon\,(u^\varepsilon - u_{\mathrm{Ms}}\,,\,u^\varepsilon - u_{\mathrm{Ms}}) \le C\,\|f\|_{L^2(\mathcal{D})}\,\left\|(\mathrm{Id} - \mathcal{I}_H)\,\left(u^\varepsilon - u_{\mathrm{Ms}}\right)\right\|_{L^2(\mathcal{D})},$$

$$\le C\,H\,\|f\|_{L^2(\mathcal{D})}\,\left\|u^\varepsilon - u_{\mathrm{Ms}}\right\|_{H^1(\mathcal{D})},$$

par une propriété de l'opérateur d'interpolation $\mathcal{I}_H$ pour laquelle nous renvoyons à la bibliographie. La coercivité uniforme en ε de la forme bilinéaire nous permet alors de conclure :

$$\left\|u^\varepsilon - u_{\mathrm{Ms}}\right\|_{H^1(\mathcal{D})} \le C\,H\,\|f\|_{L^2(\mathcal{D})}. \tag{5.126}$$

Comme pour la méthode $MsFEM - lin$, nous retrouvons avec cette estimation (5.126) la propriété de convergence en la taille du maillage grossier H, *indépendamment de ε*. Mais, par rapport à l'analyse de la Section 5.2.2.2, il y a deux différences notables : d'abord, contrairement à (5.108), l'estimation (5.126) ne contient pas de terme en $\dfrac{\varepsilon}{H}$. Mais ceci n'est pas gratuit. Les problèmes locaux de la méthode LOD, quelle que soit la façon dont ils sont tronqués, sont "moins locaux" que ceux de $MsFEM$, et donc plus coûteux. Ensuite, nous n'avons pas eu besoin, pour l'établir, de nous placer dans le cadre d'existence d'une limite homogénéisée, donc par exemple de supposer que le coefficient a_ε est la rescalée d'une fonction fixée, *a fortiori* d'une fonction périodique. De plus, techniquement, nous n'avons pas eu à passer, pour l'estimation de l'erreur, par une inégalité triangulaire du type

$$\left\|u^\varepsilon - u_H\right\| \le \left\|u^\varepsilon - u^{\varepsilon,1}\right\| + \left\|u^{\varepsilon,1} - u_H\right\|.$$

Dans nos preuves, l'ingrédient *capital* pour s'en passer a été le caractère *symétrique* de la forme $\mathcal{A}_\varepsilon\,(.\,,\,.)$ qui nous a permis de définir un produit scalaire et de travailler avec. C'est l'atout majeur, et en un certain sens aussi la limitation, de la méthode LOD, dans sa version originale [MP14]. Nous renvoyons à [AHP21] et aux références qui y sont citées pour des adaptations de la méthode LOD à des cadres non symétriques.

5.2.5   Quelques réflexions générales sur les méthodes multi-échelles

Comme nous l'avons vu dans les trois exemples de méthodes que nous avons donnés, celui de $MsFEM$ plus longuement discuté et ceux de HMM et LOD, plus brièvement abordés, le gain en termes de temps calcul apporté par une méthode multi-échelle "moderne" se fait au prix d'une implémentation souvent plus lourde (que celle pour une méthode classique mise en œuvre sur un problème à une seule échelle) et dont les ingrédients dépendent du problème considéré.

Deux des attraits majeurs de la méthode des éléments finis originale sont donc mis à mal : le caractère générique de la base de fonctions et la relative facilité d'implémentation de la méthode.

Un autre attrait de la méthode des éléments finis classique est aussi atténué : la précision. Nous avons en effet remarqué, et sans doute pas suffisamment souligné, qu'une méthode comme $MsFEM$ permet typiquement d'avoir accès à des résultats de précision relative de quelques pourcents, et parfois seulement de quelques dizaines de pourcents.

Doit-on considérer de tels résultats comme de qualité insuffisante ou, au contraire, les apprécier à leur juste valeur ?

Nous souhaitons discuter ces questions dans cette courte section. Pour fixer les idées, nous le ferons sur le cas particulier de l'approche $MsFEM$, sur laquelle nous avons essentiellement focalisé notre attention et qui en un sens concentre, voire accentue, les difficultés évoquées. Il est bon de garder à l'esprit que l'essentiel de notre discussion s'applique *mutatis mutandis* aux autres méthodes, quelquefois à l'identique, quelquefois de manière plus critique, quelquefois dans une moindre mesure.

En calcul scientifique, il est fréquent de ne pas "partir de zéro". Chaque chercheur académique du domaine, chaque étudiant, dispose sur son ordinateur personnel ou sur celui de son laboratoire d'un voire de plusieurs code(s) de simulation. Dans le domaine qui nous intéresse ici, il s'agit d'un code éléments finis classique. Il n'est pas forcément bienvenu de devoir modifier profondément ce code, *a fortiori* jusque dans les détails les plus intimes de son implémentation.

Hors du contexte académique, et en particulier dans le monde industriel, cette frilosité à modifier le code est décuplée, voire centuplée. Un code industriel représente des dizaines voire des centaines d'année.ingénieur qu'il n'est pas question de mettre en danger par une modification intempestive.

Sans compter que, dans beaucoup de secteurs d'activité (penser aux secteurs nucléaire, de l'armement, de la sécurité aérienne, etc), même si de telles modification étaient jugées acceptables par les développeurs du code, les questions de *certification* (on dit aussi, de *qualification*) de ce code compliqueraient considérablement cette tâche.

Modifier profondément le code est pourtant *a priori* ce que requiert la programmation de la méthode *MsFEM*. Les fonctions de base, les "éléments finis" ne sont plus des polynômes sur chaque maille mais des solutions des problèmes locaux. Il s'agit de programmer la résolution de ces problèmes de manière séparée, d'en extraire le résultat, de l'insérer dans le nouveau calcul sur les mailles grossières.

Telle qu'exposée, la méthode *MsFEM* s'avère donc très *intrusive*. Ce travers a motivé des efforts récents (comme par exemple [BLLL22]) pour inventer et adopter une implémentation moins intrusive, s'attachant à aussi peu modifier que possible le code éléments finis original. Signalons que, parmi les autres catégories de méthodes multi-échelles, la méthode HMM est sans doute celle qui, naturellement et par construction, se prête le plus volontiers à une implémentation légère et peu intrusive, et la méthode *LOD* est une méthode qui pose plus de difficultés en ce domaine (voir cependant le travail de [GP17] dans une direction très intéressante).

Commentons maintenant la question abordée ci-dessus de la *précision*. En simulation numérique multi-échelle, il n'est pas rare de voir des résultats de précision relative de quelques pourcents. Bien que le béotien puisse juger cette précision insuffisante (surtout quand on la compare à d'autres domaines du calcul scientifique où des précisions cent voire mille fois meilleures sont couramment annoncées), ceci ne doit pas forcément conduire à une surenchère dans la technicité des méthodes mises en jeu, à la recherche infernale de la décimale suivante.

Il faut d'abord en effet se souvenir que les problèmes multi-échelles sont intrinsèquement des problèmes difficiles et que la question *pratique* n'est pas forcément de les résoudre avec une précision fantastique.

Donnons l'exemple du domaine de l'ingénierie. Il y est fréquent, quoi qu'on en pense, que des arguments formels de coin de table, des observations empiriques hâtives, des simulations trop grossièrement menées, soient faux d'un facteur 10, d'un facteur 100 voire 1000 à cause d'erreurs importantes de modélisation, de raisonnement, de mesures, d'implémentation. Ecarter ces erreurs grossières par une simulation numérique raisonnablement menée dans les règles de l'art est déjà d'une utilité cruciale dans la démarche de l'ingénieur. De même, calculer des ordres de grandeur de résultats quand ne sont connus que des ordres de grandeur de paramètres est une contribution décisive, et d'ailleurs, dans de telles conditions de paramètres (voire de modèles) mal connus, rechercher la précision à tout prix aurait quelque chose de vain, voire de contre-productif.

Ces observations sont encore plus pertinentes dans le contexte difficile des problèmes multi-échelles. Y obtenir des résultats numériques dont la précision relative n'est que de 30% n'est absolument pas ridicule. Le lecteur peu familier avec le domaine doit par exemple réaliser que dans un problème présentant une couche limite (comme un problème de simulation d'un écoulement fluide avec un grand nombre de Reynolds au voisinage d'une paroi où le fluide est supposé adhérer), même une méthode multi-échelle sophistiquée peut se tromper de 50% dans l'évaluation du profil de vitesse dans la couche limite !

Et tout ceci est d'autant plus exacerbé quand on met en perspective ces dernières remarques avec les questions d'implémentation intrusive déjà évoquées plus haut. Employer une méthode multi-échelle versatile, d'implémentation peu intrusive et qui fournit déjà un résultat "correct" avec tous les guillemets possibles, est donc une stratégie plus qu'honorable, surtout si ce résultat est accompagné d'une certification théorique (une estimation d'erreur, dont on ne soulignera jamais assez l'importance considérable et l'utilité pratique essentielle).

On pourra toujours, dans un second temps *complémenter* ce calcul multi-échelle "approximatif" par un calcul multi-échelle plus précis (donc plus coûteux, peut-être à la fois en termes d'implémentation, de mémoire utilisée et de temps calcul). L'avenir des méthodes multi-échelles passe sans doute par leur multiplication, proposant à l'utilisateur potentiel des pistes différentes, allant de méthodes simples et faciles d'accès à des méthodes sophistiquées.

En marge des questions ci-dessus, signalons pour conclure cette question et montrer au lecteur que, dans ce champ disciplinaire naissant, rien n'est encore inscrit dans le marbre, et que de multiples questions demeurent sur la bonne manière de programmer et d'utiliser une méthode multi-échelle, le bon cadre et le bon régime où l'employer. A titre d'exemple, on peut citer le cas encore très nébuleux (au moins pour nous) d'un problème aléatoire multi-échelles. En effet, l'ensemble des méthodes multi-échelles de cette Section 5.2 peut *a priori* être appliqué à un problème non seulement multi-échelle mais aussi *aléatoire*. Comme nous l'avons vu, l'efficacité de ces méthodes provient des fonctions de base qui sont adaptées au problème considéré. Dans le cas aléatoire, ce problème varie d'une réalisation à une autre. Il n'est donc pas clair de savoir si, et comment, il faut adapter le choix de la base à chaque réalisation. Sans parler du coût informatique d'une telle opération. Certaines tentatives sont faites dans la littérature, mais la question reste majoritairement ouverte de savoir comment faire *astucieusement* dans un cadre aléatoire.

5.3   Les problèmes faiblement stochastiques

Nous revenons dans cette section finale du Chapitre 5 à la problématique de la Section 5.1, le calcul du coefficient homogénéisé et de la solution homogénéisée, et présentons quelques nouveaux cadres de travail

- qui sont des perturbations aléatoires du cadre périodique, et
- qui peuvent être approchés numériquement par des techniques très efficaces.

Les développements que nous présentons ont été introduits dans une série [BLL07a, CLBL10a, ALB11] de travaux relativement récents. Ils procèdent tous de l'observation qu'un nombre significatif de situations pratiques traitées par le cadre aléatoire sont en fait des situations proches du cadre périodique où des raccourcis peuvent être trouvés si la complexité et le coût du travail dans le cadre purement aléatoire (génération de réalisations aléatoires, problèmes de variance,

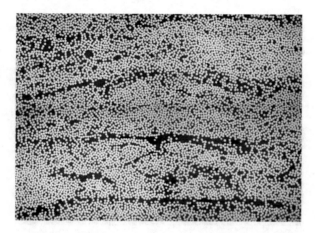

Fig. 5.17 [Tho08] Structure aléatoire réelle (coupe bidimensionnelle d'un matériau composite renforcé de fibres essentiellement placées perpendiculairement à cette coupe) : visuellement, la structure est "proche" d'une structure périodique, à certaines zones pathologiques "de fracture" près, ou à des réarrangements locaux près.

etc) veulent être évités. Un exemple, issu de la science des matériaux, d'une situation générique est donné en Figure 5.17.

Nous présentons successivement deux stratégies de modélisation possible : les structures périodiques *déformées* aléatoirement en Section 5.3.1, et les structures périodiques *perturbées* aléatoirement en Section 5.3.2.

5.3.1 Structures périodiques déformées aléatoirement

Le premier cadre de "perturbation aléatoire du périodique" que nous considérons ici est celui que nous appelons le cadre des *difféormorphismes aléatoires*. Sans rentrer dans le détail du formalisme, ce que nous ferons dans le paragraphe ci-dessous, donnons la *motivation* de cette approche.

Imaginons une structure (c'est-à-dire un coefficient a) qui ne soit pas "quelconque", mais qui soit, en un certain sens une *déformation* d'une structure périodique (c'est-à-dire d'un coefficient a_{per}). Si cette déformation est connue, et possède d'agréables propriétés de régularité, alors la structure considérée n'est jamais qu'une authentique structure périodique considérée à travers un changement de coordonnées géométriques. Une fois les bonnes coordonnées choisies ("dans la bonne carte", disent les experts), le cadre de travail sera le cadre périodique. Rien de bien excitant.

Mais supposons alors que nous ne savons pas tout de cette déformation, que cette déformation est en fait *aléatoire*, comme si nous regardions la structure périodique originale à travers des lunettes déformantes et capricieuses. Le problème n'est plus du tout aussi trivial. Il est donc beaucoup plus intéressant. Un exemple est donné

Fig. 5.18 (extraite de [CLBL10a, Figure 1]) Structure périodique (des disques au centre de carrés répétés périodiquement) déformée par un difféomorphisme stochastique: nulle part les disques ne sont désormais égaux, mais "en moyenne" (en loi) ils le sont. Il est intuitif que cette structure a hérité, en un certain sens, de la "facilité" de la structure périodique originale. Les paramètres sont $N = 5$ et $\eta = 0.05$.

dans la Figure 5.18. L'analogie "opticienne" que nous avons adoptée ci-dessus y prend tout son sens. La structure ressemble à un test visuel et à ce que de "mauvais yeux" verraient d'une structure périodique....

D'une certaine manière, une telle modélisation est une *idéalisation*, qui permet d'imiter les zones du matériau de la Figure 5.17 correspondant à un réarrangement aléatoire des fibres. La question de l'absence pure et simple de fibres dans certaines autres zones pathologiques "de fracture" sera traitée à la Section 5.3.2.

5.3.1.1 Introduction du formalisme

Fixons un coefficient périodique a_{per}, comme d'habitude dans cet ouvrage, de maille périodique $Q = [0, 1]^d$, vérifiant bien sûr les bornes et les propriétés de coercivité (3.1). Nous définissons alors, pour l'équation multi-échelle (4.114), le coefficient aléatoire

$$a_\varepsilon(x, \omega) = a\left(\frac{x}{\varepsilon}, \omega\right) \quad \text{pour} \quad a(x, \omega) = a_{per}\left(\Phi^{-1}(x, \omega)\right), \qquad (5.127)$$

où Φ^{-1} désigne la fonction *réciproque* (et pas l'inverse) de la fonction Φ et où la fonction $\Phi(\cdot, \omega)$ est supposée être un *difféomorphisme aléatoire* de $\mathbb{R}^d$ dans $\mathbb{R}^d$, c'est-à-dire que, presque sûrement, l'application $\Phi(.\,\omega)$ est un difféomorphisme de $\mathbb{R}^d$ dans $\mathbb{R}^d$. Ce difféomorphisme aléatoire est supposé de plus satisfaire les conditions suivantes

$$\inf_{\omega \in \Omega, \, x \in \mathbb{R}^d} \mathrm{ess} \; [\det(\nabla \Phi(x, \omega))] = \nu > 0, \tag{5.128}$$

$$\sup_{\omega \in \Omega, \, x \in \mathbb{R}^d} \mathrm{ess} \; (|\nabla \Phi(x, \omega)|) = M < \infty, \tag{5.129}$$

$$\nabla \Phi(x, \omega) \quad \text{est stationnaire (discret, au sens de (1.73))}. \tag{5.130}$$

Nous disons alors que Φ est un difféomorphisme aléatoire *stationnaire*, le qualificatif stationnaire étant à comprendre au sens où c'est le *gradient* $\nabla \Phi$ qui est stationnaire, et pas Φ lui-même (nous y reviendrons ci-dessous). Nous devrions donc plutôt dire *difféomorphisme aléatoire à gradient stationnaire* mais c'est trop long !

Les deux propriétés (5.128)–(5.129) assurent respectivement que l'environnement périodique modifié par Φ n'est nulle part écrasé, ni nulle part dilaté, de manière arbitrairement forte, hypothèses qu'il est volontiers possible de rapprocher philosophiquement des hypothèses (H1)-(H2) de notre Section 1.3.3 sur les systèmes de particules. La propriété (5.130), elle, va permettre de transporter la propriété d'homogénéisation du cadre périodique vers le cadre défini par (5.127). Le lecteur notera que, sous les hypothèses (5.128)–(5.129)–(5.130), une fonction de la forme (5.127) *n'est pas nécessairement stationnaire*. La théorie développée ici est donc une *variante* de la théorie stationnaire. Elle n'est ni un cas particulier ni une généralisation de celle-ci.

Pour comprendre intuitivement le rôle de la propriété (5.130), et notamment pourquoi elle porte sur $\nabla \Phi$, et pas Φ lui-même, il est intéressant de revenir temporairement au cadre de travail du Chapitre 1 et à la problématique de calculs de moyenne. Considérons une fonction de la forme (5.127) sur la droite réelle $\mathbb{R}$, et tentons de calculer sa moyenne :

$$\frac{1}{R} \int_0^R a(x, \omega) \, dx = \frac{1}{R} \int_0^R a_{per} \left(\Phi^{-1}(x, \omega) \right) dx.$$

En faisant le changement de variable $y = \Phi^{-1}(x, \omega)$ dans l'intégrale (5.128), nous obtenons

$$\frac{\displaystyle\int_0^R a(x, \omega) \, dx}{R} = \frac{\dfrac{1}{\Phi^{-1}(R, \omega) - \Phi^{-1}(0, \omega)} \displaystyle\int_{\Phi^{-1}(0, \omega)}^{\Phi^{-1}(R, \omega)} a_{per}(y) \, \Phi'(y, \omega) \, dy}{\dfrac{1}{\Phi^{-1}(R, \omega) - \Phi^{-1}(0, \omega)} \displaystyle\int_{\Phi^{-1}(0, \omega)}^{\Phi^{-1}(R, \omega)} \Phi'(y, \omega) \, dy}.$$

Notre hypothèse (5.129) sur Φ implique que, presque sûrement, sa fonction réciproque Φ^{-1} vérifie $\Phi^{-1}(R, \omega) - \Phi^{-1}(0, \omega) \geq M^{-1} R$. Donc, *si* $\Phi'(y, \omega)$ *est stationnaire*, c'est-à-dire si (5.130) est vérifiée, le dénominateur du quotient ci-dessus converge, quand $R \to +\infty$, vers la valeur $\mathbb{E} \int_0^1 \Phi'(y, \omega) \, dy$. Par ailleurs, comme a_{per} est périodique déterministe et $\Phi'(., \omega)$ est stationnaire, le produit $a_{\mathrm{per}} \Phi'(., \omega)$ est aussi stationnaire et donc le numérateur converge vers $\mathbb{E} \int_0^1 a_{\mathrm{per}}(y) \, \Phi'(y, \omega) \, dy$. Nous obtenons donc

$$\langle a \rangle = \left[\mathbb{E} \int_0^1 \Phi'(y, \omega) \, dy \right]^{-1} \mathbb{E} \int_0^1 a_{\mathrm{per}}(y) \, \Phi'(y, \omega) \, dy.$$

Nous constatons donc que, dans le formalisme (5.127), l'hypothèse clé qui permet de garantir une moyenne aux fonctions considérées est l'hypothèse (5.130) de stationnarité du gradient, et pas l'hypothèse similaire sur Φ. Remarquons d'ailleurs que nous aurions tout à fait pu introduire ce formalisme dès le Chapitre 1 lors de l'introduction de tous les formalismes qui permettaient d'avoir des moyennes, et de ceux qui réalisaient des *perturbations* du formalisme périodique, mais que ceci aurait paru un peu artificiel à ce moment précoce de l'ouvrage. Nous préférons le faire seulement ici. Notons également que supposer a_{per} stationnaire, qui généralise l'hypothèse a périodique, est suffisant pour mener le raisonnement ci-dessus, car alors la fonction $a \, \Phi'$ est stationnaire.

Evidemment, le calcul monodimensionnel mené ci-dessus sur le coefficient a peut être mené de manière identique sur son inverse a^{-1}, et donc nous avons en fait *prouvé* que la théorie de l'homogénéisation est correcte pour le cadre monodimensionnel défini par (5.127)–(5.128)–(5.129)–(5.130), et donne le coefficient homogénéisé

$$(a^*)^{-1} = \left[\mathbb{E} \int_0^1 \Phi'(y, \omega) \, dy \right]^{-1} \mathbb{E} \int_0^1 \left(a_{\mathrm{per}} \right)^{-1}(y) \, \Phi'(y, \omega) \, dy.$$

La question est de savoir si un résultat identique peut être obtenu en dimension $d \geq 2$ et la réponse est positive. Nous renvoyons le lecteur à la référence bibliographie [BLL07a] pour une telle étude. Nous nous restreignons à citer ici que le problème homogénéisé obtenu à la limite est de la forme (3.8) avec le coefficient homogénéisé défini par

$$[a^*]_{ij} = \det \left(\mathbb{E} \left(\int_Q \nabla \Phi(z, \cdot) dz \right) \right)^{-1}$$
$$\times \mathbb{E} \left(\int_{\Phi(Q, \cdot)} e_i^T a_{per} \left(\Phi^{-1}(y, \cdot) \right) \left(e_j + \nabla w_{e_j}(y, \cdot) \right) \, dy \right), \quad (5.131)$$

où, pour $p \in \mathbb{R}^d$, le correcteur w_p résout

$$\begin{cases} -\mathrm{div}\left[a_{per}\left(\Phi^{-1}(y, \omega)\right)\left(p + \nabla w_p\right)\right] = 0, \\[2mm] w_p(y, \omega) = \widetilde{w}_p\left(\Phi^{-1}(y, \omega), \omega\right), \quad \nabla \widetilde{w}_p \quad \text{est stationnaire au sens de (1.73),} \\[2mm] \mathbb{E}\left(\int_{\Phi(Q,\cdot)} \nabla w_p(y, \cdot) dy\right) = 0. \end{cases}$$

(5.132)

Il est légitime de se demander, vu la forme très alambiquée des équations (5.131)–(5.132) si le formalisme introduit n'est pas seulement... une inutile complication. En fait, ce formalisme est surtout utile parce qu'en introduisant un objet mathématique nouveau, le difféomorphisme Φ, dans le cadre périodique original, nous avons introduit un nouveau moyen de générer des cadres de travail proches. Il suffit en effet maintenant de *moduler* la taille de Φ (ou plus exactement son écart à l'identité).

5.3.1.2 Hypothèse des petites déformations

Nous reprenons dans ce paragraphe le formalisme de la déformation aléatoire, mais nous y ajoutons maintenant l'hypothèse que la déformation est *"petite"*. Nous implémentons en cela une première manière de formaliser notre programme de cette Section 5.3 : le matériau, ou plus généralement le milieu, est une petite perturbation d'un milieu périodique. Supposons

$$\Phi(x, \omega) = x + \eta \, \Psi(x, \omega). \tag{5.133}$$

Dans (5.133), $\Psi(., \omega)$ est une fonction aléatoire dont le gradient vérifie la condition (5.130) et est supposé borné. Le coefficient η, déterministe, est choisi petit. Ainsi, Φ vérifie (5.128)–(5.129). Dans le cas extrême $\eta = 0$, le difféomorphisme aléatoire Φ ainsi construit est l'identité, et donc le coefficient (5.127) est périodique.

Il est possible de développer la solution de l'équation du correcteur (5.132) en fonction de ce petit paramètre η. En postulant formellement que

$$\widetilde{w}_p(x, \omega) = w_{p,per}(x) + \eta \, w_p^1(x, \omega) + O(\eta^2),$$

où $w_{p,per}$ est le correcteur périodique (déterministe) et w_p^1 un certain premier ordre de modification de celui-ci, puis en insérant ce développement (cet "Ansatz", aurait-

on dit au Chapitre 3) dans l'équation (5.132), l'équation nécessairement vérifiée
par w_p^1 est obtenue :

$$
\begin{cases}
-\mathrm{div}\left[a_{per}\,\nabla w_p^1\right] \\
\quad = \mathrm{div}\left[-a_{per}\,\nabla\Psi\,\nabla w_{p,per} - (\nabla\Psi^T - (\mathrm{div}\,\Psi)\mathrm{Id})\,a_{per}\,(p + \nabla w_{p,per})\right], \\
\nabla w_p^1 \text{ est stationnaire et } \mathbb{E}\left(\displaystyle\int_Q \nabla w_p^1\right) = 0.
\end{cases}
$$

$$(5.134)$$

Ce problème (5.134) définissant w_p^1 (ou, plus précisément, son gradient) est un
problème aléatoire, mais possède une propriété de structure remarquable qui va
simplifier notre tâche. Il est facile de constater, en définissant l'espérance $\overline{w}_p^1 = \mathbb{E}(w_p^1)$, que cette fonction, périodique par construction puisque w_p^1 est stationnaire
(discret), est solution du problème *déterministe*

$$
-\mathrm{div}\left[a_{per}\,\nabla\overline{w}_p^1\right]
$$
$$
= \mathrm{div}\left[-a_{per}\,\mathbb{E}(\nabla\Psi)\,\nabla w_{p,per} - (\mathbb{E}(\nabla\Psi^T) - \mathbb{E}(\mathrm{div}\,\Psi)\mathrm{Id})\,a_{per}\,(p + \nabla w_{p,per})\right].
$$

$$(5.135)$$

obtenu en prenant l'espérance dans (5.134). Cette observation est déterminante,
parce que la seule connaissance (des gradients) de $w_{p,per}$ et $\overline{w}_p^1$ est suffisante
pour obtenir le développement au premier ordre en η du coefficient homogénéisé a^*
défini en (5.131). Les résultats de [BLL07a] permettent en effet d'affirmer

$$
a^* = a_{per}^* + \eta\,a^1 + O(\eta^2),
$$

$$(5.136)$$

pour

$$
a_{ij}^1 = -\int_Q \mathbb{E}(\mathrm{div}\,\Psi)\,[a_{per}^*]_{ij} + \int_Q (e_i + \nabla w_{e_i,per})^T\,a_{per}\,e_j\,\mathbb{E}(\mathrm{div}\,\Psi)
$$
$$
+ \int_Q \left(\nabla\overline{w}_{e_i}^1 - \mathbb{E}(\nabla\Psi)\nabla w_{e_i,per}\right)^T a_{per}\,e_j. \qquad (5.137)
$$

Nous laissons au lecteur le soin de faire l'exercice facile en dimension $d = 1$ pour
se convaincre que ce résultat *peut* être vrai en toute généralité. Nous soulignons que
le miracle de cette simplification repose sur le fait que nous avons pris l'espérance
d'un problème originalement *bi-linéaire* : dans (4.114) et dans toutes les équations
qui en découlent, le seul terme non linéaire est le terme de la forme $a\,\nabla u$ où le
coefficient multiplie la solution. Le développement au premier ordre des objets
en jeu ne fait donc intervenir que des équations linéaires en le hasard. A partir

du deuxième ordre, la situation serait radicalement différente et des *corrélations*, délicates à gérer, apparaîtraient...

La conséquence remarquable concerne la pratique numérique. Pour approcher la situation périodique "un peu" déformée, c'est-à-dire (5.127) et (5.133) avec η petit, il suffit donc, sous réserve d'accepter qu'un résultat précis à l'ordre η^2 près est tolérable, de résoudre (en plus de l'habituel problème du correcteur périodique) le problème périodique de même type (5.135). Puis de réaliser les calculs élémentaires (5.137) et (5.136).

Sachant à ce stade de l'ouvrage la complexité de la résolution du problème du correcteur stochastique stationnaire, donc la complexité de la résolution du problème similaire (5.132), le lecteur comprend le gain : résoudre numériquement deux problèmes périodiques est "infiniment" moins coûteux que de résoudre un problème stochastique. Mais évidemment, ceci ne fournit qu'une *approximation* en η^2 du résultat, et pas le résultat exact. C'est une affaire de choix.

Continuons à explorer des possibilités de formalismes nouveaux, dans le même esprit.

5.3.2 Structures périodiques perturbées aléatoirement

Nous introduisons ici une autre formalisation de l'idée de "perturbation aléatoire" d'un environnement périodique que celle de la Section 5.3.1 précédente. Une des limitations de cette approche est que la distance entre la structure perturbée et la structure périodique, mesurée par exemple par la norme L^p du coefficient $a(., \omega) - a_{per}$, devait être petite. D'ou le coefficient η dans (5.133). Dans la présente section, l'écart $a(., \omega) - a_{per}$ sera d'ordre 1 dans toutes les normes L^p, et en particulier en norme L^∞, mais il sera petit dans un autre type de norme, une norme de nature intrinsèquement probabiliste. L'approche a été introduite, dans le cadre de l'homogénéisation aléatoire, dans [ALB11]. Comme cela a été remarqué dans [DG16], la méthode peut être vue comme une extension au cadre d'une perturbation aléatoire d'un milieu périodique, à la fois de la formule dite de Rayleigh-Maxwell (voir [ZKO94, page 45]), traitant elle de la petite perturbation déterministe d'un cadre déterministe particulier, et de la formule dite de Clausius-Mossotti, traitant de la perturbation aléatoire d'un milieu homogène. Nous considérons

$$a_\eta(x, \omega) = a_{per}(x) + b_\eta(x, \omega) \left(c_{per}(x) - a_{per}(x) \right), \tag{5.138}$$

à la place du coefficient (5.127) où le difféomorphisme est développé selon (5.133). Le coefficient c_{per} est typiquement une autre structure périodique, que nous "mélangeons" aléatoirement avec a_{per}, à l'aide du champ aléatoire

$$b_\eta(x, \omega) = \sum_{k \in \mathbb{Z}^d} \mathbf{1}_{Q+k}(x) B_\eta^k(\omega), \qquad (5.139)$$

où les variables B_η^k sont des variables i.i.d. prenant les valeurs 0 ou 1. Plus précisément, avec un tel champ, nous remplaçons localement et aléatoirement la structure a_{per} par la structure c_{per}. Le cas d'intérêt pratique que nous choisissons est le cas où B_η^k est une variable de Bernoulli de paramètre $\eta > 0$ petit, c'est-à-dire

$$\mathbb{P}(B_\eta^k = 1) = \eta, \quad \mathbb{P}(B_\eta^k = 0) = 1 - \eta.$$

La Figure 5.19 montre la structure que nous avons en tête, et qui présente des absences de fibre, dans l'esprit de celle que la Figure 5.17 du matériau réel présentait.

La Figure 5.19 est générée en lançant une pièce en l'air, qui retombe sur pile ou face. Et, selon le résultat de ce tirage (de cette variable de Bernoulli), nous effaçons alors l'inclusion présente dans la case périodique visitée ou nous la conservons. Comme la pièce est truquée (le paramètre η est petit), elle ne retombe que rarement sur pile, et donc nous conservons "beaucoup" de fibres. La structure obtenue n'est donc qu'une petite perturbation de la structure périodique (même si elle est à distance 1 de cette structure en norme L^∞ dès qu'au moins une inclusion est effacée).

Formalisons ceci.

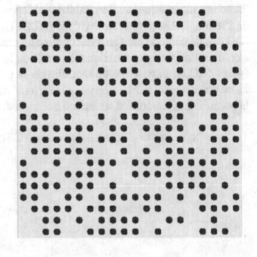

Fig. 5.19 (extraite de [ALB11, Figure 4.2]) Perturbation aléatoire du damier périodique : certaines (rares) cases ont été modifiées au hasard, les autres sont laissées telles quelles. Copyright ©2011 Society for Industrial and Applied Mathematics. Reproduit avec autorisation, droits réservés.

5.3.2.1 Description formelle de l'approche

Le problème du correcteur obtenu pour le choix (5.138) du coefficient aléatoire a_η s'écrit

$$- \operatorname{div} \left[a_\eta \left(y, \omega \right) \left(p + \nabla w_p(y, \omega) \right) \right] = 0. \tag{5.140}$$

Dans cette équation, nous observons que la seule source d'aléa est le coefficient $a_\eta(., \omega)$. Pour chaque réalisation de ce coefficient, la solution $w_p(., \omega)$ est alors connue de manière déterministe. Il s'ensuit que si la loi de $a_\eta(., \omega)$ est connue, celle de la solution $w_p(., \omega)$ aussi. Du coup, nous pouvons envisager de calculer le coefficient homogénéisé correspondant a_η^*, lequel, formellement, dépend de la loi jointe du couple $(a_\eta(., \omega), w_p(., \omega))$, loi jointe qui ne dépend que de la loi de $a_\eta(., \omega)$ puisque w_p est une fonction déterministe de a_η. Dans tout ceci, nous travaillons évidemment à constante près sur w_p (ou, ce qui est équivalent, sur le *gradient* de w_p).

Reste, bien sûr, que rien de ceci n'est explicite en général. En revanche, pour η petit, nous avons un espoir de trouver une approximation de ces objets, et c'est ce que nous allons faire.

Fixons un immense cube $Q_N = [0, N]^d$, comportant donc N^d cellules périodiques. Dans ce cube, la probabilité de trouver exactement la structure périodique a_{per} est $(1 - \eta)^{N^d} \approx 1 - N^d \eta + O(\eta^2)$. Celle de trouver cette structure à une case perturbée près, où la structure a_{per} a localement été remplacée par la structure c_{per}, est $N^d (1 - \eta)^{N^d - 1} \eta \approx N^d \eta + O(\eta^2)$. Toutes les autres configurations comportent au moins deux cellules perturbées et donc contribuent pour une probabilité formellement d'ordre η^2 au moins (voir la Figure 5.20). Ce calcul "de coin de table" donne l'intuition que le coefficient homogénéisé peut se développer selon

$$a_\eta^* = a_{per}^* + \eta \, a_{1,*} + o(\eta), \tag{5.141}$$

où a_{per}^* désigne bien sûr le coefficient homogénéisé périodique. Le terme d'ordre 1 en η est, lui, donné par la différence entre le coefficient pour 1 (article cardinal) défaut et le coefficient périodique, à savoir

$$[a_{1,*}]_{ji} = \lim_{N \to +\infty} \int_{Q_N}$$

$$\times \left[(a_{per} + \mathbf{1}_Q(c_{per} - a_{per}))(e_i + \nabla w_{e_i}^N) - a_{per}(e_i + \nabla w_{e_i, per}) \right] . e_j, \tag{5.142}$$

Fig. 5.20 (extraite de [ALB11, Figure 3.1]) Au premier ordre en η, les réalisations à considérer sont celles qui n'ont été modifiées qu'en un seul endroit (à gauche). Au second ordre, elles sont celles avec deux modifications (à droite). Copyright ©2011 Society for Industrial and Applied Mathematics. Reproduit avec autorisation. Droits réservés.

où $w_{e_i}^N$ est la solution de

$$-\operatorname{div}\left((a_{per} + \mathbf{1}_Q(c_{per} - a_{per})(e_i + \nabla w_{e_i}^N))\right) = 0 \quad \text{dans}$$

$$Q_N, \quad w_{e_i}^N \ Q_N - \text{périodique}. \tag{5.143}$$

Dans (5.142), le fait que l'unique défaut soit en position $k = 0$, c'est-à-dire dans Q, n'a pas d'importance à cause des conditions aux limites périodiques imposées dans (5.143). Nous insistons sur le fait que l'intégrale au membre de droite de (5.142) n'est pas normalisée par le volume de Q_N. C'est un effet de compensation entre les deux parties de son intégrande, qui prises séparément explosent car elles sont commensurables au volume N^d de Q_N, qui conduit à l'espoir de l'existence d'une vraie limite pour leur différence.

L'intuition et l'espoir exprimés ci-dessus sont tous les deux confirmés d'abord par la pratique et ensuite par l'analyse mathématique.

En pratique, les deux problèmes déterministes, périodique sur la cellule périodique Q, et du premier ordre (5.143) sur le domaine Q_N sont approchés numériquement, puis les coefficients a_{per} et (5.142) sont calculés et insérés dans le développement (5.141). Au besoin, si cette approximation d'ordre 1 est jugée insuffisamment précise, le coefficient $a_{2,*}$, d'ordre 2, qui apparaîtrait au terme suivant dans (5.141), est calculé de manière similaire, à partir de réalisations perturbées "deux fois", comme à la droite de la Figure 5.20 et du problème du correcteur similaire à (5.143) qui s'ensuit. La résolution numérique collective de ces problèmes, qui forment mathématiquement une *famille* d'équations aux dérivées partielles de même type, *paramétrisées* par le nombre et la localisation des défauts considérés, peut être accélérée par des *méthodes de bases réduites*. Nous renvoyons à [Qua18, Chapter 19] pour une introduction à de telles méthodes, et à nos propres travaux pour l'application à ce cadre, voir [LBT12]. De manière générale, l'idée de voir les problèmes locaux comme une *famille* de problèmes reliés entre eux est utile dans plusieurs contextes. Ainsi, dans le cadre des méthodes multiéchelles présentées à la Section 5.2 ci-dessus, des travaux récents vont dans cette direction. On peut citer [HKM20, HM19, MV22] dans le cadre de la méthode LOD introduite à la Section 5.2.4.

La taille du domaine Q_N doit être prise suffisamment grande pour obtenir une précision suffisante. Même pour une telle valeur grande de N, la méthode reste très avantageuse, car elle permet (comme dans la section précédente) de remplacer la résolution coûteuse d'un problème aléatoire (dont il faudrait donc considérer un grand nombre de réalisations) par une série de problèmes *déterministes*. Chacun de ces problèmes correspond à des configurations périodiques perturbées localement, au même sens que nos problèmes de défauts localisés L^2 de la Section 5.1.4.1. Ceci établit un lien théorique et pratique naturel entre ces différents problèmes.

Par ailleurs, si la précision en $o(\eta)$ est jugée insuffisante, il est possible d'adjoindre au premier terme du développement le suivant, obtenant ainsi une précision en $o(\eta^2)$. Mieux, nous pouvons utiliser cette approche pour construire des variables de contrôle, dans l'esprit de la fin de la Section 5.1.5.2. Le lecteur pourra consulter à ce sujet les articles[BLBL16, LM15].

5.3.2.2 Preuve du développement au premier ordre

Nous *démontrons* ici le développement au premier ordre (5.141) effectué formellement à la section précédente, pour la valeur (5.142) de son coefficient du premier ordre. Notre stratégie de preuve, valable à tous les ordres en η et dans des conditions plus générales que celles que nous adoptons ici, est empruntée à l'article [DG16]. Bien que cette preuve soit valable pour un coefficient non symétrique, nous supposerons pour simplifier que a_η est symétrique. Nous en présentons ici seulement les idées motrices, dans une version volontairement simplifiée.

Pour $w_{p,per}$ le correcteur périodique solution de (3.67), c'est-à-dire

$$- \operatorname{div} \big(a_{per}(y) \, (p + \nabla w_{p,per}(y)) \big) = 0,$$

et $w_{p,\eta}(.,\omega)$ le correcteur stochastique solution de (4.115) (pour le coefficient $a_\eta(.,\omega)$), à savoir

$$\begin{cases} - \operatorname{div}(a_\eta(x,\omega) \, (p + \nabla w_{p,\eta}(x,\omega)) = 0 \text{ dans } \mathbb{R}^d, \\[2mm] \nabla w_{p,\eta}(x,\omega) \text{ stationnaire}, \\[2mm] \mathbb{E} \int_Q \nabla w_{p,\eta}(x,\omega) \, dx = 0, \end{cases}$$

nous pouvons exprimer, pour $i, j \in \{1, \ldots, d\}$, la différence des deux coefficients homogénéisés périodique a^*_{per} défini par (3.54)

$$\left[a^*_{per}\right]_{ij} = \int_Q a_{per} \left(e_j + \nabla w_{e_j, per}\right) . e_i,$$

et stochastique a^*_η défini par (4.137)

$$\left[a^*_\eta\right]_{ij} = \mathbb{E} \int_Q a_\eta \left(e_j + \nabla w_{e_j, \eta}\right) . e_i,$$

comme la différence

$$\left[a^*_\eta - a^*_{per}\right]_{ij} = \mathbb{E} \int_Q \left(e_i + \nabla w_{e_i, per}\right)$$
$$. \left(\left(a_\eta(., \omega) - a_{per}\right) \left(e_j + \nabla w_{e_j, \eta}(., \omega)\right)\right). \qquad (5.144)$$

Pour vérifier cette formule "symétrisée", il suffit de la développer, d'utiliser les deux équations des correcteurs (3.67) et (4.115) ainsi que la symétrie de a_{per} et a_η, et de procéder à des intégrations par parties.

En utilisant l'expression explicite (5.138)–(5.139) du coefficient a_η, ceci se récrit

$$\left[a^*_\eta - a^*_{per}\right]_{ij}$$
$$= \mathbb{E} \int_Q \left(e_i + \nabla w_{e_i, per}\right)$$
$$. \left(\left(\sum_{k \in \mathbb{Z}^d} \mathbf{1}_{Q+k}(x) B^k_\eta(\omega)(c_{per} - a_{per})\right) \left(e_j + \nabla w_{e_j, \eta}(., \omega)\right)\right). \qquad (5.145)$$

La clé de la preuve, qui débloque la situation, est alors la très astucieuse observation suivante, faite par Mitia Duerinckx et Antoine Gloria dans [DG16]. Pour $k \in \mathbb{Z}^d$ fixé, il est toujours possible, dans le produit

$$B^k_\eta(\omega) \left(c_{per} - a_{per}\right) \left(e_j + \nabla w_{e_j, \eta}(., \omega)\right), \qquad (5.146)$$

de remplacer le correcteur $w_{e_j,\eta}$ par le correcteur modifié $w_{e_j,\eta}^{\cup\{k\}}$, solution du même problème que (4.115) mais où le coefficient (5.138)–(5.139) est modifié en

$$
a_\eta^{\cup\{k\}}(.\,,\omega) = a_{per}(x) + \mathbf{1}_{Q+k}(x)\left(c_{per}(x) - a_{per}(x)\right)
$$

$$
+ \left(\sum_{k'\neq k\in\mathbb{Z}^d} \mathbf{1}_{Q+k'}(x) B_\eta^{k'}(\omega)\right)\left(c_{per}(x) - a_{per}(x)\right)
$$

$$
= a_\eta(x) + \mathbf{1}_{Q+k}(x)\left(1 - B_\eta^k(\omega)\right)\left(c_{per}(x) - a_{per}(x)\right). \quad (5.147)
$$

La différence entre les deux coefficients $a_\eta(.\,,\omega)$ de (5.138)–(5.139) et $a_\eta^{\cup\{k\}}(.\,,\omega)$ de (5.147) est que, dans le second, la structure a_η de la cellule k a été, presque sûrement, remplacée par la structure c_{per}. Ce remplacement ne se voit pas dans (5.146), puisqu'il ne modifie effectivement $w_{e_j,\eta}$ que si $B_\eta^k(\omega) = 0$, auquel cas de toute façon le produit est nul. L'intérêt est que les deux facteurs $B_\eta^k(\omega)\left(c_{per} - a_{per}\right)$ et $e_j + \nabla w_{e_j,\eta}^{\cup\{k\}}(.\,,\omega)$ du produit (5.146) sont maintenant des variables aléatoires *indépendantes* (la valeur de l'une n'affecte pas l'autre), ce qui va nous servir.

Nous insérons cette modification (5.147) dans le calcul (5.145) que nous reprenons :

$$
\left[a_\eta^* - a_{per}^*\right]_{ij}
$$

$$
= \mathbb{E}\int_Q \left(e_i + \nabla w_{e_i,per}\right)
$$

$$
\cdot \left(\sum_{k\in\mathbb{Z}^d} \mathbf{1}_{Q+k}(x) B_\eta^k(\omega)(c_{per} - a_{per})\left(e_j + \nabla w_{e_j,\eta}^{\cup\{k\}}(.\,,\omega)\right)\right)
$$

$$
= \mathbb{E}\int_Q \left(e_i + \nabla w_{e_i,per}\right)
$$

$$
\cdot \left(\sum_{k\in\mathbb{Z}^d} \mathbf{1}_{Q+k}(x) B_\eta^k(\omega)(c_{per} - a_{per})\left(e_j + \nabla w_{e_j}^{\{k\}}(.\,,\omega)\right)\right) \quad (5.148)
$$

$$
+ \mathbb{E}\int_Q \left(e_i + \nabla w_{e_i,per}\right)
$$

$$
\cdot \left(\sum_{k\in\mathbb{Z}^d} \mathbf{1}_{Q+k}(x) B_\eta^k(\omega)(c_{per} - a_{per}) \nabla \left(w_{e_j,\eta}^{\cup\{k\}} - w_{e_j}^{\{k\}}\right)(.\,,\omega)\right)
$$

$$
(5.149)
$$

où nous définissons $w_{e_j}^{\{k\}} = w_{e_j}^{\{0\}}(. - k)$ pour $w_{e_j,\eta}^{\{0\}}$ la solution du problème *déterministe*

$$-\mathrm{div}((a_{per}(x) + \mathbf{1}_Q(x)\left(c_{per}(x) - a_{per}(x)\right)) (e_j + \nabla w_{e_j}^{\{0\}}(x)) = 0 \quad \mathrm{dans}\ \mathbb{R}^d,$$
$$(5.150)$$

c'est-à-dire exactement le problème du correcteur pour la structure avec 1 (article cardinal) défaut de la Figure 5.20 à gauche. Le lecteur prendra garde à la notation, et ne confondra pas $w_{e_j}^{\{k\}}$, qui est déterministe et est le correcteur de la structure périodique avec un seul défaut placé en k, avec $w_{e_j,\eta}^{\cup\{k\}}$ qui est aléatoire, et est le correcteur d'une structure où nous avons *imposé* au moins un défaut en k. Clairement, (5.143) est l'approximation tronquée sur le cube Q_N de cette équation (5.150), et donc $w_{e_i}^N$ une approximation de $w_{e_i}^{\{0\}}$ sur ce domaine.

Appelons Z_{ij} l'intégrande de (5.148), c'est-à-dire

$$Z_{ij}(x,\omega) =$$

$$\left(e_i + \nabla w_{e_i,per}\right) . \left(\sum_{k \in \mathbb{Z}^d} \mathbf{1}_{Q+k}(x) B_\eta^k(\omega)(c_{per} - a_{per}) \left(e_j + \nabla w_{e_j}^{\{0\}}(. - k)\right)\right).$$

Lorsqu'on intègre Z_{ij} en x sur le cube Q, seul le terme $k = 0$ de la somme a une contribution non nulle. Ainsi, le terme (5.148) s'écrit

$$\mathbb{E}\int_Q Z_{ij}(x,\omega)\,dx = \mathbb{E}(B_0(\omega)) \int_Q \left(e_i + \nabla w_{e_i,per}\right)$$

$$. \left((c_{per} - a_{per}) \left(e_j + \nabla w_{e_j}^{\{0\}}\right)\right)$$

$$= \eta \int_Q \left(e_i + \nabla w_{e_i,per}\right) . \left((c_{per} - a_{per}) \left(e_j + \nabla w_{e_j}^{\{0\}}\right)\right).$$
$$(5.151)$$

Notons alors

$$[a_{1,*}]_{ij} = \int_Q \left(e_i + \nabla w_{e_i,per}\right) . \left((c_{per} - a_{per}) \left(e_j + \nabla w_{e_j}^{\{0\}}\right)\right). \quad (5.152)$$

Si nous démontrons que le terme (5.149) est d'ordre $o(\eta)$, nous aurons donc démontré le développement à l'ordre un annoncé en (5.141). Remarquons tout de suite que le coefficient (5.152) est en fait égal à celui défini formellement en (5.142). En effet, dans (5.142),

$$
\int_{Q_N} \left[(a_{per} + \mathbf{1}_Q(c_{per} - a_{per}))(e_i + \nabla w_{e_i}^N) - a_{per}(e_i + \nabla w_{e_i, per}) \right] . e_j
$$

$$
= \int_{Q_N} \left[(a_{per} + \mathbf{1}_Q(c_{per} - a_{per}))(e_i + \nabla w_{e_i}^N) - a_{per}(e_i + \nabla w_{e_i, per}) \right]
$$

$$
. (e_j + \nabla w_{e_j, per}) \tag{5.153}
$$

à cause de l'équation (5.143), de la périodicité de $w_{e_i, per}$ sur Q donc sur Q_N, et de l'équation vérifiée par le correcteur périodique $w_{e_i, per}$. De là, le membre de droite de (5.153) est récrit comme

$$
\int_Q \left[(c_{per} - a_{per})(e_i + \nabla w_{e_i}^N) \right] . (e_j + \nabla w_{e_j, per})
$$

$$
+ \int_{Q_N} \left[a_{per} \nabla (w_{e_i}^N - w_{e_i, per}) \right] . (e_j + \nabla w_{e_j, per}), \tag{5.154}
$$

où nous constatons, en intégrant par parties sur Q_N que, à cause de l'équation du correcteur périodique (3.67), le second terme vaut

$$
\int_{\partial Q_N} (w_{e_i}^N - w_{e_i, per}) . \left[a_{per} (e_j + \nabla w_{e_j, per}) \right] . \mathbf{n}.
$$

Il s'annule donc, au moins formellement, dans la limite $N \to +\infty$, parce que la solution $w_{e_i}^N$ de (5.143) tend vers la solution $w_{e_i}^{\{0\}}(x)$ de (5.150), laquelle tend vers le correcteur périodique $w_{e_i, per}(x)$ quand $|x| \to +\infty$.

Dans la limite $N \to +\infty$, il ne reste donc que le premier terme de (5.154), à savoir

$$
\int_Q \left[(c_{per} - a_{per})(e_i + \nabla w_{e_i}^N) \right] . (e_j + \nabla w_{e_j, per}), \tag{5.155}
$$

dans notre réécriture de (5.142). En utilisant à nouveau le fait que, dans la limite $N \to +\infty$, $w_{e_i}^N$ converge vers $w_{e_i}^{\{0\}}$, nous retrouvons (5.152).

Tout ceci est évidemment formel et peut se *démontrer* en étudiant le comportement des équations aux dérivées partielles elliptiques en jeu. La preuve faite dans cette section court-circuite cette étape en utilisant la définition (5.152) du coefficient d'ordre 1, plutôt que l'expression "intuitive et algorithmique" sous la forme (5.142). En regroupant les calculs que nous avons menés ci-dessus de (5.152) à (5.155) et en les justifiant pas à pas, il est possible de montrer cette équivalence.

Pour conclure notre preuve, il nous reste donc seulement, comme annoncé, à étudier le terme (5.149), dont nous allons montrer qu'il est non seulement $o(\eta)$ mais $O(\eta^2)$. Pour cela, nous allons raisonner comme ci-dessus. En soustrayant l'équation vérifiée par $w_{e_j,\eta}^{\cup\{k\}}$ à celle vérifiée par $w_{e_j}^{\{k\}}$, nous obtenons

$$- \operatorname{div}\left((a_{per} + \mathbf{1}_{Q+k}(c_{per} - a_{per}))\nabla\left(w_{e_j,\eta}^{\cup\{k\}} - w_{e_j}^{\{k\}}\right)\right)$$

$$= \operatorname{div}\left(\sum_{k'\neq k\in\mathbb{Z}^d} B_\eta^{k'}(\omega)\mathbf{1}_{Q+k'}(c_{per} - a_{per})\left(e_j + \nabla w_{e_j,\eta}^{\cup\{k\}}\right)\right). \qquad (5.156)$$

De même, en soustrayant l'équation vérifiée par $w_{e_i}^{\{k\}}$ à celle vérifiée par $w_{e_i,per}$, il vient

$$- \operatorname{div}\left((a_{per} + \mathbf{1}_{Q+k}(c_{per} - a_{per}))\nabla\left(w_{e_i,\eta}^{\{k\}} - w_{e_i,per}\right)\right)$$

$$= \operatorname{div}\left(\mathbf{1}_{Q+k}(c_{per} - a_{per})\left(e_i + \nabla w_{e_i,per}\right)\right). \qquad (5.157)$$

Nous multiplions (5.156) par $w_{e_i}^{\{k\}} - w_{e_i,per}$ et (5.157) par $w_{e_j,\eta}^{\cup\{k\}} - w_{e_j}^{\{k\}}$, soustrayons les deux résultats et intégrons sur le cube unité Q. Une intégration par partie donne alors

$$\int_Q \left(e_i + \nabla w_{e_i,per}\right).\,\mathbf{1}_{Q+k}(x)(c_{per} - a_{per})\,\nabla(w_{e_j,\eta}^{\cup\{k\}}(.\,,\omega) - w_{e_j}^{\{k\}}) =$$

$$\int_Q \left(\nabla(w_{e_i}^{\{k\}} - w_{e_i,per})\right).\left(\sum_{k'\neq k\in\mathbb{Z}^d} \mathbf{1}_{Q+k'}(x)B_\eta^{k'}(\omega)(c_{per} - a_{per})\right)$$

$$\times \left(e_j + \nabla w_{e_j,\eta}^{\cup\{k\}}(.\,,\omega)\right).$$

Les termes de bord de l'intégration par parties ne sont pas nuls, mais on peut démontrer, en utilisant les équations vérifiées par $w_{e_i,per}$, $w_{e_i}^{\{k\}}$ et $w_{e_i,\eta}^{\cup\{k\}}$, qu'ils se compensent. Nous avons également utilisé la symétrie des matrices a_{per} et c_{per} pour regrouper les termes de volume. Successivement, nous multiplions cette identité par $B_\eta^k(\omega)$, sommons en $k \in \mathbb{Z}^d$ et nous prenons l'espérance pour obtenir la nouvelle expression suivante du terme (5.149)

(5.149)

$$= \mathbb{E} \int_Q \sum_{k \in \mathbb{Z}^d} \sum_{k' \neq k \in \mathbb{Z}^d} \left(\nabla(w_{e_i}^{\{k\}} - w_{e_i, per}) \right)$$

$$\left(\mathbf{1}_{Q+k'}(x) B_\eta^k(\omega) B_\eta^{k'}(\omega)(c_{per} - a_{per}) \right) \left(e_j + \nabla w_{e_j, \eta}^{\cup\{k\}}(., \omega) \right).$$

Par la même observation que ci-dessus, nous pouvons remplacer le correcteur $w_{e_j, \eta}^{\cup\{k\}}$ par le correcteur $w_{e_j, \eta}^{\cup\{k\}\cup\{k'\}}$ solution du problème (4.115) avec au moins *deux* défauts en k et k', ce qui correspond au coefficient

$$a_\eta^{\cup\{k\}\cup\{k'\}}(., \omega) = a_{per}(x) + \left(\mathbf{1}_{Q+k}(x) + \mathbf{1}_{Q+k'}(x) \right) \left(c_{per}(x) - a_{per}(x) \right)$$

$$+ \left(\sum_{k'' \neq k, k' \in \mathbb{Z}^d} \mathbf{1}_{Q+k''}(x) B_\eta^{k''}(\omega) \right) \left(c_{per}(x) - a_{per}(x) \right),$$

(5.158)

puisque ce remplacement n'est effectif que quand $B_\eta^k(\omega) B_\eta^{k'}(\omega) = 0$ et donc n'affecte pas la somme. Nous obtenons donc

(5.149)

$$= \mathbb{E} \int_Q \sum_{k \in \mathbb{Z}^d} \sum_{k' \neq k \in \mathbb{Z}^d} \left(\nabla(w_{e_i}^{\{k\}} - w_{e_i, per}) \right)$$

$$\left(\mathbf{1}_{Q+k'}(x) B_\eta^k(\omega) B_\eta^{k'}(\omega)(c_{per} - a_{per}) \right) \left(e_j + \nabla w_{e_j, \eta}^{\cup\{k\}\cup\{k'\}}(., \omega) \right).$$

L'observation clé est alors que les variables $B_\eta^k(\omega) B_\eta^{k'}(\omega)$ et $\nabla w_{e_j, \eta}^{\cup\{k\}\cup\{k'\}}(., \omega)$ sont des variables aléatoires *indépendantes* (puisque la seconde ne dépend que des variable $B_\eta^{k''}(\omega)$ pour $k'' \neq k, k'$, les deux défauts placés en k, k' étant de toute façon présents). Les autres facteurs dans le produit sont, eux, déterministes. Nous pouvons donc "distribuer" l'espérance et nous obtenons, pour tout $k, k' \in \mathbb{Z}^d$,

$$
\mathbb{E} \int_Q \left(\nabla(w_{e_i}^{\{k\}} - w_{e_i,per}) \right) \cdot \left(\mathbf{1}_{Q+k'}(x) B_\eta^k(\omega) B_\eta^{k'}(\omega)(c_{per} - a_{per}) \right)
$$
$$
\times \left(e_j + \nabla w_{e_j,\eta}^{\cup\{k\}\cup\{k'\}}(.,\omega) \right)
$$
$$
= \eta^2 \, \mathbb{E} \left(\int_Q \left(\nabla(w_{e_i}^{\{k\}} - w_{e_i,per}) \right) \cdot \left(\mathbf{1}_{Q+k'}(x)(c_{per} - a_{per}) \right) \right.
$$
$$
\left. \times \left(e_j + \nabla w_{e_j,\eta}^{\cup\{k\}\cup\{k'\}}(.,\omega) \right) \right)
$$
$$
= \eta^2 \, \delta_{0k'} \mathbb{E} \left(\int_Q \left(\nabla(w_{e_i}^{\{k\}} - w_{e_i,per}) \right) \cdot \left((c_{per} - a_{per}) \right) \left(e_j + \nabla w_{e_j,\eta}^{\cup\{k\}\cup\{0\}}(.,\omega) \right) \right),
$$

(où δ désigne le symbole de Kronecker) puisque, d'une part,

$$
\mathbb{E} \left(B_\eta^k(\omega) B_\eta^{k'}(\omega) \right) = \mathbb{E} \left(B_\eta^k(\omega) \right) \mathbb{E} \left(B_\eta^{k'}(\omega) \right) = \eta^2,
$$

et, d'autre part, $\mathbf{1}_{Q+k'}(x)$ n'est non nul sur Q que si $k' = 0$. En sommant, nous trouvons donc

(5.149)

$$
= \eta^2 \, \mathbb{E} \left(\sum_{k \in \mathbb{Z}^d} \int_Q \left(\nabla(w_{e_i}^{\{k\}} - w_{e_i,per}) \right) \cdot \left((c_{per} - a_{per}) \right) \right.
$$
$$
\left. \times \left(e_j + \nabla w_{e_j,\eta}^{\cup\{k\}\cup\{0\}}(.,\omega) \right) \right).
$$

Il suffit alors de remarquer que la série obtenue converge bien, par un argument similaire à celui que nous avons évoqué plus haut. Pour $|k|$ grand, le correcteur $w_{e_i}^{\{k\}}$ converge vers $w_{e_i,per}$ sur la cellule unité à l'origine Q, alors que les autres facteurs y sont uniformément bornés. Cette convergence est très rapide à cause du caractère elliptique de l'équation. De nouveau, tout ceci peut être formalisé. Nous aboutissons donc à

$$
\left[a_\eta^* - a_{per}^* \right]_{ij} - \eta \, [a_{1,*}]_{ij} = (5.149) = O \left(\eta^2 \right),
$$

ce qui conclut notre preuve du développement au premier ordre (5.141).

Ceci conclut aussi notre Chapitre 5 sur les méthodes numériques pour les problèmes évoqués aux Chapitres 2 à 4, et entièrement consacrés (à l'exception de notre escapade de la Section 2.5) à l'équation de diffusion (1) pour des coefficients a_ε variés.

Notre dernier chapitre aborde une généralisation à des équations différentes.

Chapitre 6
Au-delà de l'équation de diffusion et sujets variés

Ce chapitre final est, comme de bien entendu, consacré à des *ouvertures* vers un échantillon de sujets de la théorie de l'homogénéisation, soit pour d'autres équations que l'équation de diffusion (1), soit, même pour cette équation, mais avec des techniques d'une autre nature que celles vues à ce stade de l'ouvrage.

Nous survolerons ainsi successivement

(i) l'homogénéisation pour l'*équation d'advection-diffusion* à la Section 6.1. Nous y voyons un procédé d'homogénéisation proche de celui que nous avons suivi dans le cas de l'équation de diffusion au Chapitre 3, *à condition* de disposer d'un nouvel "outil", *la mesure invariante* associée au problème, un outil dont nous découvrirons l'importance fondamentale.

(ii) l'homogénéisation par des techniques *variationnelles* quand l'équation est associée à une *énergie* dans la Section 6.2. Nous y menons l'interprétation des travaux des chapitres précédents en termes de fonctionnelle d'énergie quadratique. Nous y introduisons aussi brièvement la théorie de la Γ-convergence, précisément adaptée à l'homogénéisation de problèmes plus généraux dans ce cadre.

(iii) l'homogénéisation par des techniques de *processus stochastiques* à la Section 6.3. Nous y introduisons les techniques *stochastiques* d'homogénéisation des équations déterministes. Nous expliquons ainsi comment, pour une EDP donnée, la limite homogénéisée peut être établie dans les deux langages. Au passage, nous faisons, dans la Section 6.3.2, quelques rappels utiles, même en dehors de tout intérêt pour la théorie de l'homogénéisation, sur les liens entre les EDP et les EDS, *équations différentielles stochastiques*.

(iv) l'homogénéisation des équations (non linéaires) "difficiles", avec l'exemple de l'*équation de Hamilton-Jacobi*, à la Section 6.4, et plus spécifiquement de cette équation dans le cadre monodimensionnel et pour un Hamiltonien quadratique avec potentiel périodique.

X. Blanc, C. Le Bris, *Homogénéisation en milieu périodique... ou non*, Mathématiques et Applications 88, https://doi.org/10.1007/978-3-031-12801-1_6

La règle est qu'à chaque fois, et nous le soulignerons de nouveau dans chaque section, nous ne faisons rien de mieux qu'une *initiation* au domaine, tant notre exposé est rapide et simplificateur, et le domaine est vaste. Notre objectif est cependant de montrer les *idées* en jeu, nouvelles par rapport aux précédents chapitres de cet ouvrage.

Nous terminons ce chapitre, et donc cet ouvrage, par la Section 6.4.2 où nous exposons quelques considérations générales sur le statut présent de la théorie de l'homogénéisation et quelques sentiments sur son futur. Nous remercions Pierre-Louis Lions pour les échanges informels qui ont conduit aux réflexions que nous exprimons dans cette section finale.

6.1   L'équation d'advection-diffusion

Puisqu'on sait faire (1), qui sous forme développée s'écrit, en utilisant la convention de sommation sur les indices répétés (voir (3.89)),

$$- (a_\varepsilon)_{ij} (x) \, \partial^2_{ij} \, u^\varepsilon(x) \, - \, (\partial_i \, (a_\varepsilon)_{ij}) \, (x) \, \partial_j u^\varepsilon(x) \, = \, f(x),$$

il est naturel de regarder l'homogénéisation d'équations du type

$$- (a_\varepsilon)_{ij} (x) \, \partial^2_{ij} \, u^\varepsilon(x) \, + \, (b_\varepsilon)_j \, (x) \, \partial_j u^\varepsilon(x) \, = \, f(x), \qquad (6.1)$$

où nous n'avons pas nécessairement $(b_\varepsilon)_j \, = \, - \partial_i \, (a_\varepsilon)_{ij}$. L'équation (6.1) s'appelle une équation d'*advection-diffusion*. Le premier terme, $-a_{ij}(x) \, \partial^2_{ij} \, u$ est le terme de *diffusion*, le second, $b_j \, \partial_j u$ celui d'*advection* (on dit aussi de *convection*). De plus, le cas particulier où $(a_\varepsilon)_{ij} (x) = a_{ij} \left(\dfrac{x}{\varepsilon} \right)$, pour lequel

$$(\partial_i \, (a_\varepsilon)_{ij}) \, (x) \, = \, \frac{1}{\varepsilon} \, (\partial_i \, a_{ij}) \left(\frac{x}{\varepsilon} \right),$$

suggère de regarder plus précisément

$$- a_{ij} \left(\frac{x}{\varepsilon} \right) \, \partial^2_{ij} u^\varepsilon(x) \, + \, \frac{1}{\varepsilon} \, b_j \left(\frac{x}{\varepsilon} \right) \, \partial_j u^\varepsilon(x) \, = \, f(x) \qquad (6.2)$$

au lieu de (6.1).

Qui plus est, le cadre encore plus particulier périodique, pour lequel

$$\left\langle \partial_i \, (a_{per,\varepsilon})_{ij} \right\rangle = 0,$$

suggère d'ajouter une contrainte sur une condition de moyenne *du type*

$$\langle b_j \rangle = 0, \tag{6.3}$$

dans l'équation (6.2), mais pas forcément exactement celle-ci, nous le verrons plus loin. Cette Section 6.1 est donc consacrée à l'homogénéisation de l'équation (6.2), et ceci surtout dans le cas où les a_{ij} et b_j sont périodiques. Nous ne sortirons du cadre périodique que pour le remplacer momentanément par ses perturbations "habituelles" à la Section 6.1.3.

Selon notre bonne vieille coutume, nous commençons par nous construire une intuition en considérant le cadre monodimensionnel, à la Section 6.1.1, puis nous passerons à la Section 6.1.2 aux dimensions $d \geq 2$.

6.1.1 Le cadre monodimensionnel

Signalons tout de suite que les arguments qui suivent sont déjà présents à la Section 2.5.2. Nous les reprenons ici et les développons plus avant, à des fins pédagogiques, et sans souci des répétitions éventuelles.

Notre petite discussion ci-dessus, menée sur la base d'une réécriture de l'équation (1) sous une forme "développée", nous a suggéré de considérer l'équation (6.2), à savoir, pour des coefficients périodiques

$$- \left(a_{per}\right)_{ij} \left(\frac{x}{\varepsilon}\right) \partial_{ij}^2 u^\varepsilon(x) + \frac{1}{\varepsilon} \left(b_{per}\right)_j \left(\frac{x}{\varepsilon}\right) \partial_j u^\varepsilon(x) = f(x), \tag{6.4}$$

que nous posons sur le segment $[0, 1]$, avec les habituelles conditions de Dirichlet homogènes $u^\varepsilon(0) = u^\varepsilon(1) = 0$. Supposons désormais

$$a_{ij,per} = \delta_{ij},$$

pour pouvoir nous concentrer sur le terme nouveau $-\dfrac{1}{\varepsilon} \left(b_{per}\right)_j \left(\dfrac{x}{\varepsilon}\right) \partial_j u^\varepsilon(x)$. Et écrivons cette équation en dimension $d = 1$. Nous obtenons

$$- (u^\varepsilon)''(x) + \frac{1}{\varepsilon} b_{per} \left(\frac{x}{\varepsilon}\right) (u^\varepsilon)'(x) = f(x), \tag{6.5}$$

que, toujours selon notre discussion ci-dessus, nous considérons sous l'hypothèse (6.3) :

$$\langle b_{per} \rangle = 0. \tag{6.6}$$

La première question que nous devons nous poser est la suivante. Nous sommes parvenus à la considération de (6.5)–(6.6) (ou, en dimension supérieure et en toute généralité, à celle de la forme (6.2)–(6.3)) par déduction à partir de (1), mais est-ce vraiment la forme d'équation à considérer ? La réponse est *oui*, parce qu'il s'agit du seul cadre de travail intéressant. Il suffit de le réaliser en dimension $d = 1$. Le calcul qui suit a déjà était fait à la Section 2.5.2, mais nous le reproduisons ici par souci de consistance.

Commençons par conserver la condition (6.6) et *effacer* le coefficient $\dfrac{1}{\varepsilon}$ dans (6.5) :

$$- (u^{\varepsilon})'' (x) + b_{per} \left(\frac{x}{\varepsilon} \right) (u^{\varepsilon})' (x) = f(x). \qquad (6.7)$$

Introduisons la primitive $B_{\varepsilon} (x) = \displaystyle\int_0^x b_{per} \left(\frac{t}{\varepsilon} \right) dt$ de la fonction $b_{per} \left(\frac{x}{\varepsilon} \right)$. Cette primitive est, dans le langage du Chapitre 2 égale à $B_{\varepsilon}(x) = \varepsilon B \left(\frac{x}{\varepsilon} \right)$, où B est la primitive de b_{per} définie à la Section 2.5.2, et apparaissant dans la formule (2.80). Le lecteur vérifiera sans peine qu'en utilisant ce "dictionnaire", les formules ci-dessous redonnent bien celles de la Section 2.5.2.

La méthode de la variation de la constante nous fournit la valeur de la dérivée

$$(u^{\varepsilon})' (x) = \left(\lambda_{\varepsilon} - \int_0^x f(t) \exp\left(-B_{\varepsilon} (t)\right) dt \right) \exp B_{\varepsilon}(x), \qquad (6.8)$$

pour une constante λ_{ε} choisie pour que $\displaystyle\int_0^1 (u^{\varepsilon})' = 0$, à savoir

$$\lambda_{\varepsilon} = \left(\int_0^1 \exp B_{\varepsilon}(x) \, dx \right)^{-1} \int_0^1 \left(\int_0^x f(t) \exp\left(-B_{\varepsilon} (t)\right) dt \right) \exp B_{\varepsilon}(x) \, dx, \qquad (6.9)$$

de sorte que la condition de Dirichlet homogène $u^{\varepsilon} (0) = u^{\varepsilon} (1) = 0$ soit *in fine* vérifiée après une nouvelle intégration. Il s'ensuit

$$(u^{\varepsilon})'' (x) = - f(x) + b_{per} \left(\frac{x}{\varepsilon} \right) \left(\lambda_{\varepsilon} - \int_0^x f(t) \exp\left(-B_{\varepsilon} (t)\right) dt \right) \exp B_{\varepsilon}(x). \qquad (6.10)$$

Lorsque $\varepsilon \to 0$, nous savons, par exemple par (1.12) dans la preuve de la Proposition 1.3, que $B_{\varepsilon} (x) \to \langle b_{per} \rangle x$, et donc vers zéro, uniformément sur le segment $[0, 1]$. Nous obtenons que, dans cette limite $\varepsilon \to 0$,

$$\left(\lambda_{\varepsilon} - \int_0^x f(t) \exp\left(-B_{\varepsilon} (t)\right) dt \right) \exp B_{\varepsilon}(x) \longrightarrow \int_0^1 \int_0^x f(t) \, dt \, dx - \int_0^x f$$

uniformément et, en reportant dans l'expression de $(u^\varepsilon)''(x)$, que

$$(u^\varepsilon)'' \longrightarrow -f,$$

dans $L^2([0, 1])$ par exemple, si nous avons supposé le second membre dans cet espace. Autrement dit, la limite homogénéisée de (6.7) est $-(u^*)'' = f$, la même qu'en l'absence du terme d'advection $b_{per}\left(\dfrac{x}{\varepsilon}\right)(u^\varepsilon)'(x)$. Nous laissons au lecteur le soin de vérifier qu'il en aurait été de même en remplaçant dans (6.7) le terme de diffusion $-(u^\varepsilon)''(x)$ par $-a_{per}\left(\dfrac{x}{\varepsilon}\right)(u^\varepsilon)''(x)$ ou même $-\left(a_{per}\left(\dfrac{x}{\varepsilon}\right)(u^\varepsilon)'(x)\right)'$.

Le fait combiné que nous ayons omis le coefficient $\dfrac{1}{\varepsilon}$ et que nous ayons supposé la condition de moyenne (6.6) rend le terme d'advection négligeable devant celui de diffusion et son influence disparaît à la limite homogénéisée. C'est tout le propos du coefficient $\dfrac{1}{\varepsilon}$ d'établir une *compétition* entre ces deux termes. D'ailleurs, même si nous enlevons la contrainte de moyenne nulle (6.6), mais omettons toujours le coefficient $\dfrac{1}{\varepsilon}$, rien d'intéressant ne se produit. En utilisant les mêmes expressions (6.8)–(6.9)–(6.10), toujours valables, cette fois avec $\langle b_{per}\rangle \neq 0$, nous *lisons* sur ces relations que la limite homogénéisée obtenue est à chaque fois le même terme où la limite de B_ε n'est plus nulle, mais égale à la fonction $\langle b_{per}\rangle\, x$. Un calcul identique donne alors l'equation homogénéisée

$$-(u^*)''(x) + \langle b_{per}\rangle\,(u^*)'(x) = f(x),$$

ce qui est correct, mais n'a rien de bien glorieux.

Même en présence de $-\left(a_{per}\left(\dfrac{x}{\varepsilon}\right)(u^\varepsilon)'(x)\right)'$, nous aurions trouvé

$$-\left(\langle a_{per}^{-1}\rangle\right)^{-1}(u^*)''(x) + \langle b_{per}\rangle\,(u^*)'(x) = f(x).$$

Les deux termes s'homogénéisent *"séparément"*.

Il faut compenser par $\dfrac{1}{\varepsilon}$ un terme de dérivée d'ordre 1 pour qu'il devienne comparable à un terme d'ordre de dérivée d'ordre deux dans une telle équation oscillante et qu'une certaine "alchimie" entre les deux termes s'opèrent de manière intéressante.

Au contraire, conservons maintenant le coefficient $\dfrac{1}{\varepsilon}$ mais omettons la condition (6.6), en prenant par exemple le cas particulier $b_{per} \equiv 1$ et $f \equiv 1$

$$-(u^\varepsilon)''(x) + \frac{1}{\varepsilon}(u^\varepsilon)'(x) = 1. \tag{6.11}$$

Il est immédiat d'identifier

$$(u^\varepsilon)'(x) = - \left(\frac{\exp\left(\frac{x}{\varepsilon}\right)}{\exp\left(\frac{1}{\varepsilon}\right) - 1} \right) + \varepsilon, \tag{6.12}$$

où la constante d'intégration pour déterminer cette dérivée $(u^\varepsilon)'$ a été fixée pour que $\int_0^1 (u^\varepsilon)' = 0$, vu la condition de Dirichlet homogène $u^\varepsilon(0) = u^\varepsilon(1) = 0$. Nous lisons sur cette expression que $(u^\varepsilon)' \xrightarrow[\varepsilon \to 0]{} 0$, uniformément pour tout $x \in [0, 1]$, et donc de même

$$u^\varepsilon \xrightarrow[\varepsilon \to 0]{} 0, \quad \text{uniformément pour } x \in [0, 1],$$

de nouveau à cause de la condition au bord.

En d'autres termes, il ne peut pas y avoir homogénéisation de (6.11) sous la forme d'une équation avec second membre égal à la fonction 1. L'explosion du coefficient $\frac{1}{\varepsilon}$ n'est pas compensée, comme nous le verrons plus loin, par un terme $b_{per}\left(\frac{x}{\varepsilon}\right)$ de moyenne nulle, et donc la solution est "écrasée" vers zéro.

Tâchons toutefois de préciser cette convergence : l'expression (6.12) de $(u^\varepsilon)'$ permet en fait de démontrer que

$$\frac{1}{\varepsilon}(u^\varepsilon)' \xrightarrow[\varepsilon \to 0]{} 1 - \delta_1, \tag{6.13}$$

au sens des distributions, sur $\mathbb{R}$. Notons que pour obtenir cette convergence, nous avons étendu u^ε par 0 à l'extérieur de l'intervalle [0, 1]. Pour démontrer ce résultat à partir de (6.12), il nous suffit de démontrer que $\frac{1}{\varepsilon} \frac{\exp\left(\frac{x}{\varepsilon}\right)}{\exp\left(\frac{1}{\varepsilon}\right) - 1} \longrightarrow \delta_1$ au sens des distributions, c'est-à-dire,

$$\int_0^1 \frac{1}{\varepsilon} \frac{\exp\left(\frac{x}{\varepsilon}\right)}{\exp\left(\frac{1}{\varepsilon}\right) - 1} \varphi(x)dx \xrightarrow[\varepsilon \to 0]{} \varphi(1),$$

pour toute fonction test de classe C^∞ à support compact. Changeons donc de variable dans l'intégrale en posant $x = 1 - \varepsilon y$. Nous avons alors

$$\int_0^1 \frac{1}{\varepsilon} \frac{\exp\left(\frac{x}{\varepsilon}\right)}{\exp\left(\frac{1}{\varepsilon}\right) - 1} \varphi(x)dx = \int_0^{\frac{1}{\varepsilon}} \frac{\exp(-y)}{1 - \exp\left(-\frac{1}{\varepsilon}\right)} \varphi(1 - \varepsilon y)dy.$$

L'intégrande du membre de droite converge presque partout vers $e^{-y}\varphi(1)$, et est majorée par $2\exp(-y)\|\varphi\|_{L^\infty}$, pour ε assez petit. Le théorème de convergence dominée assure donc la convergence souhaitée, d'où l'on déduit (6.13). Le lecteur vérifiera sans peine que ceci se généralise à un second membre f non constant sous la forme

$$\frac{1}{\varepsilon}(u^\varepsilon)' \xrightarrow[\varepsilon \to 0]{} f(x) - \delta_1 \int_0^1 f.$$

Cette limite traduit un effet de "couche limite" : la fonction $(u^\varepsilon)'$ se concentre au bord du domaine (ici en 1) quand $\varepsilon \to 0$. Cette "limite", qui n'est d'ailleurs pas une distribution sur l'ouvert $]0, 1[$, n'est solution d'aucune équation différentielle posée sur le domaine de départ.

Il s'ensuit donc que le régime considéré en (6.5)–(6.6) est le seul intéressant. Etudions-le maintenant complètement. Comme nous sommes en dimension $d = 1$, nous retrouvons le contexte du Chapitre 2, où nous pouvons "tricher", c'est-à-dire résoudre explicitement l'équation.

C'est en fait exactement ce que nous avons fait ci-dessus en (6.8)–(6.9), à ceci près que b_{per} doit y être remplacé par $\frac{1}{\varepsilon} b_{per}$ et donc B_ε par $\frac{1}{\varepsilon} B_\varepsilon$. Nous observons que la fonction $\frac{1}{\varepsilon} B_\varepsilon$ se récrit :

$$\frac{1}{\varepsilon} B_\varepsilon(x) = \frac{1}{\varepsilon} \int_0^x b_{per}\left(\frac{t}{\varepsilon}\right) dt = B_{per}\left(\frac{x}{\varepsilon}\right),$$

pour

$$B_{per}(x) = \int_0^x b_{per}(t)\, dt \tag{6.14}$$

la primitive de b_{per}, qui est bien une fonction périodique *à cause de la condition de moyenne nulle* (6.6). L'adaptation des formules (6.8)–(6.9) nous fournit ici

$$(u^\varepsilon)'(x) = \left(\lambda_\varepsilon - \int_0^x f(t) \exp\left(-B_{per}\left(\frac{t}{\varepsilon}\right)\right) dt\right) \exp\left(B_{per}\left(\frac{x}{\varepsilon}\right)\right),$$

$$\tag{6.15}$$

qui est extactement la formule (2.80),

$$\lambda_\varepsilon = \left(\int_0^1 \exp\left(B_{per}\left(\frac{x}{\varepsilon}\right)\right) dx\right)^{-1}$$

$$\int_0^1 \left(\int_0^x f(t) \exp\left(-B_{per}\left(\frac{t}{\varepsilon}\right)\right) dt\right) \left(\exp B_{per}\left(\frac{x}{\varepsilon}\right)\right) dx, \tag{6.16}$$

à savoir (2.81). Nous pouvons désormais identifier la limite homogénéisée. En effet, puisque la fonction $\exp B_{per}$ est périodique, nous avons, quand $\varepsilon \to 0$, la convergence faible ($L^2([0, 1]$ par exemple)

$$\exp B_{per}\left(\frac{x}{\varepsilon}\right) \; \longrightarrow \; \langle \exp B_{per} \rangle,$$

qu'il s'agit de ne pas confondre avec la valeur *différente* $\exp \langle B_{per} \rangle$. Et de même

$$\exp\left(- B_{per}\left(\frac{x}{\varepsilon}\right)\right) \; \longrightarrow \; \langle \exp\left(- B_{per}\right) \rangle.$$

Nous en déduisons (le lecteur prendra bien garde que nous ne faisons jamais dans cet argument, non reproduit dans son détail ici, de produit de convergences faibles)

$$\lambda_\varepsilon \; \longrightarrow \; \langle \exp\left(- B_{per}\right) \rangle \int_0^1 \int_0^x f(t)\, dt\, dx,$$

puis

$$(u^\varepsilon)'(x) \; \longrightarrow \; \langle \exp\left(- B_{per}\right) \rangle \, \langle \exp\left(B_{per}\right) \rangle \left(\int_0^1 \int_0^x f(t)\, dt\, dx - \int_0^x f(t)\, dt \right).$$

L'équation homogénéisée

$$-a^* (u^*)'' = f, \tag{6.17}$$

munie de la condition de Dirichlet homogène au bord et pour la valeur

$$a^* = \left(\langle \exp\left(- B_{per}\right) \rangle \, \langle \exp\left(B_{per}\right) \rangle \right)^{-1} \tag{6.18}$$

du coefficient homogénéisé, en découle immédiatement. Le lecteur aura reconnu la formule (2.83). L'équation (6.17) est bien une équation de diffusion pure, où l'advection a formellement disparu, mais est cachée dans la valeur (6.18) du coefficient de diffusion a^*, qui n'est plus 1 comme dans l'équation originale (6.5).

Remarquons au passage que B_{per} est définie comme la primitive de b_{per} qui s'annule en 0, mais que ce choix est arbitraire : nous aurions plus utiliser une autre primitive quelconque, ce qui ne change pas la valeur de a^* donnée par (6.18).

Tout ceci va se retrouver en dimension supérieure.

6.1.2 *Le cadre général périodique*

En dimension $d \geq 2$, les calculs explicites de la Section précédente ne sont plus possibles et il nous faut d'abord, comme dans la Section 3.3.1 sur l'équation de diffusion, nous former une intuition sur ce que nous "devrions" trouver. Nous injectons donc formellement dans l'équation (6.2)

$$- \left(a_{per}\right)_{ij} \left(\frac{x}{\varepsilon}\right) \partial_{ij}^2 u^\varepsilon(x) + \frac{1}{\varepsilon} \left(b_{per}\right)_j \left(\frac{x}{\varepsilon}\right) \partial_j u^\varepsilon(x) = f(x)$$

un développement à deux échelles (3.39)

$$u^\varepsilon(x) = u_0\left(x, \frac{x}{\varepsilon}\right) + \varepsilon u_1\left(x, \frac{x}{\varepsilon}\right) + \varepsilon^2 u_2\left(x, \frac{x}{\varepsilon}\right) + \dots,$$

où les fonctions $u_k(x, y)$, $k = 0, 1, 2 \dots$, successives sont supposées périodiques en leur second argument y.

Le calcul est "mécanique", et nous laissons le lecteur vérifier que, en lieu et place de respectivement (3.43), (3.46) et (3.49), nous avons

$$- \left(a_{per}\right)_{ij}(y) \, \partial_{y_i y_j}^2 u_0(x, y) + \left(b_{per}\right)_j(y) \, \partial_{y_j} u_0(x, y) = 0, \qquad (6.19)$$

$$- \left(a_{per}\right)_{ij}(y) \, \partial_{y_i y_j}^2 u_1(x, y) + \left(b_{per}\right)_j(y) \, \partial_{y_j} u_1(x, y)$$
$$- \left(a_{per}\right)_{ij}(y) \, \partial_{y_i x_j}^2 u_0(x, y) - \left(a_{per}\right)_{ij}(y) \, \partial_{x_i y_j}^2 u_0(x, y) + \left(b_{per}\right)_j(y) \, \partial_{x_j} u_0(x, y)$$
$$= 0,$$
$$(6.20)$$

$$- \left(a_{per}\right)_{ij}(y) \, \partial_{y_i y_j}^2 u_2(x, y) + \left(b_{per}\right)_j(y) \, \partial_{y_j} u_2(x, y)$$
$$- \left(a_{per}\right)_{ij}(y) \, \partial_{y_i x_j}^2 u_1(x, y) - \left(a_{per}\right)_{ij}(y) \, \partial_{x_i y_j}^2 u_1(x, y) + \left(b_{per}\right)_j(y) \, \partial_{x_j} u_1(x, y)$$
$$- \left(a_{per}\right)_{ij}(y) \, \partial_{x_i x_j}^2 u_0(x, y)$$
$$= f(x).$$
$$(6.21)$$

Selon toute vraisemblance, l'équation (6.19), posée pour tout x fixé, devrait imposer que u_0 ne dépend pas de y :

$$u_0(x, y) = u^*(x). \qquad (6.22)$$

Nous allons admettre temporairement ceci, qui sera démontré plus bas, voir (6.32). L'indépendance (6.22) nous permet de récrire (6.20) comme

$$- \left(a_{per}\right)_{ij} (y) \, \partial^2_{y_i y_j} u_1(x, \, y) + \left(b_{per}\right)_j (y) \, \partial_{y_j} u_1(x, \, y) + \left(b_{per}\right)_j (y) \, \partial_{x_j} u^*(x) = 0.$$
(6.23)

Toujours pour x fixé, cette équation admettra comme solution

$$u_1(x, \, y) = \sum_{j=1}^d \partial_{x_j} u^*(x) \, w_{e_j, per}(y),$$
(6.24)

où, pour $p \in \mathbb{R}^d$, $w_{p, per}$ est la solution périodique de

$$- \left(a_{per}\right)_{ij} (y) \, \partial^2_{y_i y_j} w_{p, per}(y) + b_{per}(y) \cdot \nabla w_{p, per}(y) = -b_{per}(y) \cdot p,$$
(6.25)

et de là nous espérons en déduire, avec (6.21), l'expression de l'équation homogénéisée.

Le point clé est donc de résoudre (6.25), qui comme le lecteur s'en doute, est bien sûr l'équation du correcteur associé à l'équation d'advection-diffusion périodique. La façon classique de montrer la solubilité de cette équation sous de bonnes conditions est d'utiliser l'*alternative de Fredholm*. Elle prend dans notre contexte particulier la forme suivante. L'équation (6.25) admet une solution unique si et seulement si

$$\int_Q m_{per} \, b_{per}(y) = 0,$$
(6.26)

où la fonction m_{per}, dite *mesure invariante*, est telle que

$$\begin{cases} - \partial^2_{y_i y_j} \left(\left(a_{per}\right)_{ij} m_{per}\right) - \partial_{y_j} \left(\left(b_{per}\right)_j m_{per}\right) = 0, & \text{dans } Q, \\[2mm] m_{per} \quad \text{périodique}, \quad m_{per} \geq 0, \quad \int_Q m_{per} = 1. \end{cases}$$
(6.27)

L'opérateur différentiel $- \partial^2_{y_i y_j} \left(\left(a_{per}\right)_{ij} \cdot\right) - \partial_{y_j} \left(\left(b_{per}\right)_j \cdot\right)$ présent au membre de gauche de (6.27) est l'opérateur *adjoint* de celui, $- \left(a_{per}\right)_{ij} (y) \, \partial^2_{y_i y_j} \cdot + b_{per}(y) \cdot \nabla$ du membre de gauche de (6.25). La mesure invariante m_{per} est aussi appelée *mesure stationnaire*, mais nous n'emploierons pas cette terminologie de peur de voir le lecteur confondre avec la notion de stationnarité aléatoire aussi présente tout au long de cet ouvrage (sans compter qu'une mesure invariante peut être stationnaire dans le cadre stationnaire ! Comprenne qui pourra !). Quoi qu'il en soit, la raison de la terminologie, "invariante" ou "stationnaire", tient à l'interprétation de cette mesure dans le langage des systèmes dynamiques, ou, plus précisément dans notre contexte, celui des processus stochastiques "cachés" derrière les équations que nous manipulons. Nous l'expliquerons brièvement à la Section 6.3 (voir le dernier paragraphe de la Section 6.3.3 consacré aux questions d'*ergodicité*).

Signalons qu'il est loin d'être évident qu'une solution de (6.27) existe. Nous l'admettons et renvoyons pour la preuve à [BLP11, Chapter 3, Section 3.3]. Le seul cas où nous pouvons voir de manière immédiate cette existence est celui où

$$- \left(a_{per}\right)_{ij} = \delta_{ij}, \quad b_{per} = \nabla V_{per},$$

c'est-à-dire celui où l'opérateur de diffusion est le Laplacien et le champ est le gradient d'un potentiel périodique. L'équation (6.27) se reformule alors

$$- \operatorname{div}\left(\nabla m_{per} + m_{per}\,\nabla V_{per}\right) = 0,$$

et admet la solution $m_{per} = \langle\exp\left(-V_{per}\right)\rangle^{-1}\exp\left(-V_{per}\right)$. Le lecteur notera d'ailleurs que, dans ce cas, la condition (6.26) est bien satisfaite, puisque

$$\langle\exp\left(-V_{per}\right)\nabla V_{per}\rangle = -\langle\nabla\left[\exp\left(-V_{per}\right)\right]\rangle = 0.$$

Bref, si une telle mesure invariante existe, il est en effet possible de multiplier l'équation (6.25) par m_{per} et de la récrire sous la forme

$$- \operatorname{div}\left(m_{per}\,a_{per}\left(p + \nabla w_{per}\right)\right) + \overline{b_{per}}\cdot\left(p + \nabla w_{per}\right) = 0,$$

où

$$\overline{b_{per}} = \operatorname{div}\left(m_{per}\,a_{per}\right) + m_{per}\,b_{per}. \tag{6.28}$$

Ce champ $\overline{b_{per}}$ est, par définition, un champ *périodique*, qui de plus est *à divergence nulle* (sa divergence est précisément le membre de gauche de l'équation (6.27)) et de moyenne nulle, puisque

$$\langle\overline{b_{per}}\rangle = \langle\operatorname{div}\left(m_{per}\,a_{per}\right)\rangle + \langle m_{per}\,b_{per}\rangle = 0,$$

où le premier terme est nul par périodicité et le second à cause de la condition (6.26). Par le même raisonnement que celui effectué à la Section 3.4.3.1, il s'écrit donc comme le gradient d'une matrice anti-symétrique (ou plus simplement en dimension $d = 3$ comme un rotationnel, voir la Remarque 3.18). Nous pouvons donc écrire

$$\overline{b_{per}} = \operatorname{div} g_{per}, \tag{6.29}$$

où g_{per} est une fonction périodique à valeurs dans les matrices anti-symétriques, de moyenne nulle. L'équation (6.25) peut donc se remettre sous la forme

$$- \operatorname{div} \left(\mathcal{A}_{per} \left(p + \nabla w_{per} \right) \right) = 0, \tag{6.30}$$

où le coefficient à valeurs matricielles $\mathcal{A}_{per}$ vaut

$$\mathcal{A}_{per} = m_{per} \, a_{per} - g_{per} \,, \tag{6.31}$$

et se résoudre comme telle.

Par une manipulation analogue, nous pouvons prouver (6.22). En multipliant (6.19) par m_{per}, nous la récrivons

$$- \operatorname{div}_y \left(m_{per}(y) \, a_{per}(y) \, \nabla_y u_0(x, y) \right) + \overline{b_{per}}(y) \cdot \nabla_y u_0(x, y) = 0, \tag{6.32}$$

équation différentielle en la variable y, qui est bien posée à x fixé parce que le premier terme est elliptique et que $\overline{b_{per}}$ est à divergence nulle, et donc de seules solutions les fonctions constantes en y, ce qui établit (6.22).

Assurés de la solubilité de (6.25), nous pouvons donc définir u^1 par (6.24), et enfin revenir à l'équation (6.21). Elle s'écrit

$$- \left(a_{per} \right)_{ij} (y) \, \partial^2_{y_i y_j} u_2(x, \, y) + \left(b_{per} \right)_j (y) \, \partial_{y_j} u_2(x, \, y) =$$
$$\left(a_{per} \right)_{ij} (y) \, \partial^2_{x_j x_k} u^*(x) \partial_{y_i} w_{e_k, per}(y) + \left(a_{per} \right)_{ij} (y) \, \partial^2_{x_i x_k} u^*(x) \partial_{y_j} w_{e_k, per}(y)$$
$$- \left(b_{per} \right)_j (y) \, \partial^2_{x_j x_k} u^*(x) w_{e_k, per}(y) + \left(a_{per} \right)_{ij} (y) \, \partial^2_{x_i x_j} u^*(x) + f(x), \tag{6.33}$$

et se résout encore grâce à l'alternative de Fredholm. L'existence et l'unicité de u_2 est obtenue sous l'analogue de la condition (6.26) exprimée pour cette nouvelle équation, c'est-à-dire que l'intégrale sur Q (autrement dit la moyenne) du second membre contre m_{per} doit être nulle. Ceci s'écrit

$$- \left\langle m_{per} \left(a_{per} \right)_{ij} \partial_{y_i} w_{e_k, per} \right\rangle \partial^2_{x_j x_k} u^*(x) - \left\langle m_{per} \left(a_{per} \right)_{ij} \partial_{y_j} w_{e_k, per} \right\rangle \partial^2_{x_i x_k} u^*(x)$$
$$+ \left\langle m_{per} \left(b_{per} \right)_j w_{e_k, per} \right\rangle \partial_{x_j x_k} u^*(x) - \left\langle m_{per} \left(a_{per} \right)_{ij} \right\rangle \partial^2_{x_i x_j} u^*(x) = \left\langle m_{per} \right\rangle f.$$

Comme $\left\langle m_{per} \right\rangle = 1$, le second membre est égal à f. Cette équation s'écrit donc

$$- \operatorname{div} \left(\mathcal{A}^* \, \nabla u^* \right) = f, \tag{6.34}$$

où la matrice (constante) de diffusion vaut

$$
\left[\mathcal{A}^*\right]_{ij} = \left\langle m_{per}\left(a_{per}\right)_{ij}\right\rangle + \left\langle m_{per}\left(a_{per}\right)_{ik}\partial_{y_k}w_{e_j,per}\right\rangle
$$
$$
+ \left\langle m_{per}\left(a_{per}\right)_{ki}\partial_{y_k}w_{e_j,per}\right\rangle - \left\langle m_{per}\left(b_{per}\right)_i w_{e_j,per}\right\rangle. \qquad (6.35)
$$

Pour simplifier cette expression, nous utilisons (6.28) et (6.29), c'est-à-dire

$$
\partial_{y_k}\left(m_{per}\left(a_{per}\right)_{ki}\right) + m_{per}\left(b_{per}\right)_i = \partial_k\left(g_{per}\right)_{ki}.
$$

Nous multiplions cette égalité par $w_{e_j,per}$ et intégrons sur le cube unité Q, ce qui donne, après intégration par parties,

$$
-\left\langle m_{per}\left(a_{per}\right)_{ki}\partial_{y_k}w_{e_j,per}\right\rangle + \left\langle m_{per}\left(b_{per}\right)_i w_{e_j,per}\right\rangle = -\left\langle\left(g_{per}\right)_{ki}\partial_{y_k}w_{e_j,per}\right\rangle.
$$

Il nous reste à insérer cette expression dans (6.35), ce qui donne, en utilisant que g_{per} est anti-symétrique,

$$
\left[\mathcal{A}^*\right]_{ij} = \left\langle m_{per}\left(a_{per}\right)_{ij}\right\rangle + \left\langle m_{per}\left(a_{per}\right)_{ik}\partial_{y_k}w_{e_j,per}\right\rangle - \left\langle\left(g_{per}\right)_{ik}\partial_{y_k}w_{e_j,per}\right\rangle
$$
$$
= \left\langle\left(m_{per}\left(a_{per}\right)_{ij} - \left(g_{per}\right)_{ik}\right)\left(\delta_{kj} + \partial_{y_k}w_{e_j,per}\right)\right\rangle
$$
$$
= \left\langle\left(m_{per}a_{per} - g_{per}\right)\left(e_j + \nabla w_{e_j,per}\right).e_i\right\rangle.
$$

Cette espression s'écrit également

$$
\left[\mathcal{A}^*\right]_{ij} = \int_Q \left(m_{per}(y)\left(a_{per}\right)(y) - g_{per}(y)\right)\left(e_j + \nabla w_{e_j,per}(y)\right).\left(e_i + \nabla w_{e_i,per}(y)\right)dy.
$$
$$
(6.36)
$$

Quoi qu'il en soit, la limite homogénéisée (6.34)–(6.36) ne doit pas surprendre le lecteur. Nous avons déjà expliqué que sous les conditions réunies ici, l'équation du correcteur pouvait déjà se réécrire sous la forme divergence, rien d'étonnant à ce que l'équation homogénéisée soit donc de cette forme. Et l'expression de la matrice homogénéisée évoque évidemment une expression déjà vue de multiples fois aux chapitres précédents.

Il est d'ailleurs possible, maintenant que nous savons que l'outil essentiel est en fait la mesure invariante m_{per}, de remonter "d'un cran" son utilisation : pour ce faire, nous multiplions l'équation de départ (6.2) par $m_{per}\left(\frac{x}{\varepsilon}\right)$. Les manipulations ci-dessus restent valables, et permettent de récrire (6.2) sous la forme $-\operatorname{div}\left(\mathcal{A}_{per}\left(\frac{\cdot}{\varepsilon}\right)\nabla u^\varepsilon\right) = m_{per}\left(\frac{\cdot}{\varepsilon}\right)f$, où la matrice $\mathcal{A}_{per}$ est définie par (6.31). Il suffit ensuite d'appliquer la théorie de l'homogénéisation que nous avons vue au Chapitre 3. Il faut toutefois prendre garde au fait qu'ici, le second membre de l'équation dépend de ε. La théorie s'applique néanmoins, dans la mesure où ce second membre converge dans $H^{-1}(\mathcal{D})$ (voir en cela [All02, Proposition 1.2.19]).

Examinons cependant ce que donnent ces deux approches, prises séparément, sur un cas extrêmement simple : plaçons-nous en dimension 1, avec un coefficient de diffusion $a = 1$, et $b = b_{per}$ périodique de moyenne nulle. L'équation s'écrit donc

$$-\left(u^{\varepsilon}\right)'' + \frac{1}{\varepsilon}b_{per}\left(\frac{x}{\varepsilon}\right)\left(u^{\varepsilon}\right)' = f, \qquad (6.37)$$

et le système (6.27) devient

$$-m_{per}'' - \left(b_{per}m_{per}\right)' = 0, \qquad (6.38)$$

avec m_{per} périodique, positive, de moyenne unité. Un calcul simple montre que la solution de cette équation est

$$m_{per}(x) = \frac{e^{B_{per}(x)}}{\langle e^{B_{per}}\rangle},$$

où B_{per} est une primitive de b_{per}, comme définie dans (6.14). De plus, la fonction g_{per} apparaissant dans (6.31) est ici nulle, donc cette dernière formule devient

$$\mathcal{A}_{per}(x) = m_{per}(x) = \frac{e^{B_{per}(x)}}{\langle e^{B_{per}}\rangle}.$$

Enfin, le correcteur w_{per} solution de (6.25), c'est-à-dire (6.30), vérifie $1 + w_{per}' = \frac{C_0}{\mathcal{A}_{per}}$, où la constante d'intégration C_0 vaut $C_0 = \left\langle \mathcal{A}_{per}^{-1}\right\rangle^{-1}$. La formule (6.36) devient donc

$$\mathcal{A}^* = \left\langle \frac{1}{\mathcal{A}_{per}}\right\rangle^{-1} = \left\langle \frac{1}{m_{per}}\right\rangle^{-1} = \left\langle e^{B_{per}}\right\rangle^{-1}\left\langle e^{-B_{per}}\right\rangle^{-1}.$$

Si maintenant nous multiplions directement l'équation (6.37) par $m_{per}\left(\frac{x}{\varepsilon}\right)$, comme nous l'avons mentionné ci-dessus (et le lecteur le vérifiera sans peine en utilisant l'équation (6.38)), nous obtenons

$$-\left(\mathcal{A}_{per}\left(u^{\varepsilon}\right)'\right)' = m_{per}\left(\frac{x}{\varepsilon}\right)f.$$

Il est possible alors, sur cette équation, d'effectuer un nouveau développement à deux échelles, comme nous l'avions fait au Chapitre 2, pour obtenir que l'équation homogénéisée associée est bien (6.34), avec

$$\mathcal{A}^* = \left\langle \frac{1}{\mathcal{A}_{per}} \right\rangle^{-1},$$

puisque

$$m_{per}\left(\frac{x}{\varepsilon}\right) \xrightarrow[\varepsilon \to 0]{} \langle m_{per}\rangle = 1.$$

Et nous retrouvons bien les résultats ci-dessus.

Nous ne *démontrerons* pas que la limite homogénéisée (6.34)–(6.36) est la bonne, et nous contentons des calculs formels ci-dessus. Il est intuitif que les mêmes types d'arguments que ceux développés à la Section 3.4 permettent de mener à bien une telle preuve. Nous préférons envisager quelques modifications du cadre périodique.

6.1.3 Au-delà du périodique

Nous nous intéressons maintenant à l'homogénéisation de l'équation (6.4), mais dans un cas où les coefficients sont périodiques perturbés par des défauts localisés, dans l'esprit de la Section 4.2.1. L'équation (6.4) devient

$$- \left(a_{per} + \widetilde{a}\right)_{ij}\left(\frac{x}{\varepsilon}\right) \partial_{ij}^2 u^\varepsilon(x) + \frac{1}{\varepsilon}\left(b_{per} + \widetilde{b}\right)_j\left(\frac{x}{\varepsilon}\right) \partial_j u^\varepsilon(x) = f(x),$$
$$(6.39)$$

où $\widetilde{a}$ et $\widetilde{b}$ vérifient les hypothèses suivantes :

$$\begin{cases} a^{per}(x) + \widetilde{a}(x) \quad \text{et} \quad a^{per}(x) \quad \text{sont uniformément coercives,} \\ \widetilde{a} \in L^r(\mathbb{R}^d)^{d\times d}, \quad \widetilde{b} \in L^s(\mathbb{R}^d)^d, \quad \text{pour certains} \quad 1 \le r, s < +\infty, \\ a^{per}, \widetilde{a} \in \left(C_{\text{unif}}^{0,\alpha}(\mathbb{R}^d)\right)^{d\times d}, \quad b^{per}, \widetilde{b} \in \left(C_{\text{unif}}^{0,\alpha}(\mathbb{R}^d)\right)^d \quad \text{pour un certain} \quad \alpha > 0. \end{cases}$$
$$(6.40)$$

Comme nous l'avons vu à la Section 6.1.2 pour le cas périodique, l'existence d'une mesure invariante permet de se ramener à un problème sous forme divergence. Supposons en effet un instant qu'il existe m, solution de

$$\begin{cases} -\partial_{y_i y_j}^2\left(\left(a_{per} + \widetilde{a}\right)_{ij} m\right) - \partial_{y_j}\left(\left(b_{per} + \widetilde{b}\right)_j m\right) = 0, \quad \text{dans } \mathbb{R}^d, \\ m \ge 0, \quad \langle m \rangle = 1, \end{cases}$$
$$(6.41)$$

où bien sûr la condition de moyenne égale à 1 sera précisée ci-dessous. Alors, en multipliant l'équation (6.39) par $m_\varepsilon(x) = m\left(\dfrac{x}{\varepsilon}\right)$ et en effectuant exactement les mêmes manipulations que dans le cas périodique, nous obtenons

$$- \operatorname{div}\left(\mathcal{A}_\varepsilon \nabla u^\varepsilon\right) = m_\varepsilon f, \tag{6.42}$$

où

$$\mathcal{A}_\varepsilon(x) = \mathcal{A}\left(\frac{x}{\varepsilon}\right), \quad \text{avec} \quad \mathcal{A} = m\left(a_{per} + \widetilde{a}\right) - g, \tag{6.43}$$

la matrice g étant anti-symétrique solution de

$$\operatorname{div}(g) = m\left(b_{per} + \widetilde{b}\right) + \operatorname{div}\left(m\left(a_{per} + \widetilde{a}\right)\right).$$

Bien sûr, il a fallu pour cela démontrer l'existence de la matrice g. Nous glisserons sur cette difficulté, et renvoyons par exemple à [BJL20, Lemma 5.3], où il est également prouvé que $g = g_{per} + \widetilde{g}$, avec g_{per} solution de (6.29), et $\widetilde{g} \in L^q\left(\mathbb{R}^d\right)$ pour un certain $q \in]1, +\infty[$. Dans la mesure où m peut être décomposée de façon similaire, la matrice $\mathcal{A}$ s'écrit bien $\mathcal{A} = \mathcal{A}_{per} + \widetilde{\mathcal{A}}$, et l'équation (6.42) se traite en utilisant les résultats de la Section 4.1.

Tout se résume donc à démontrer que m existe et se décompose en

$$m = m_{per} + \widetilde{m}, \tag{6.44}$$

où $\widetilde{m}$ vérifie certaines propriétés d'intégrabilité. Examinons de plus près l'équation (6.41). En y insérant (6.44), et en utilisant que m_{per} est solution de (6.27), un calcul simple montre que $\widetilde{m}$ est solution de

$$-\partial_{y_i}\left(\partial_{y_j}\left(\left(a_{per} + \widetilde{a}\right)_{ij}\widetilde{m}\right) + \left(b_{per} + \widetilde{b}\right)_i \widetilde{m}\right) = \partial_{y_i}\left(\partial_{y_j}\left(\widetilde{a}_{ij} m_{per}\right) + \widetilde{b}_i m_{per}\right). \tag{6.45}$$

Cette équation s'entend bien sûr au sens faible, c'est-à-dire

$$\forall \varphi \in C_c^\infty\left(\mathbb{R}^d\right), \quad \int_{\mathbb{R}^d} -\left(a_{per} + \widetilde{a}\right)_{ij} \widetilde{m}\, \partial_{ij}^2 \varphi + \left(b_{per} + \widetilde{b}\right)_i \widetilde{m}\, \partial_i \varphi$$
$$= \int_{\mathbb{R}^d} \widetilde{a}_{ij} m_{per}\, \partial_{ij}^2 \varphi - \widetilde{b}_i m_{per}\, \partial_i \varphi.$$

Dans le second membre, au vu des hypothèses faites sur $\widetilde{a}$ et $\widetilde{b}$, nous avons $\widetilde{a}\, m_{per} \in L^r$ et $\widetilde{b}\, m_{per} \in L^s$. La question se réduit donc à résoudre l'équation (6.45) dans un espace L^q pour un certain $q \in]1, +\infty[$. Pour cela, nous allons en fait étudier le problème dual, que l'on peut énoncer comme suit

Proposition 6.1 *Supposons que* (6.40) *est satisfaite, avec* $1 \leq r < d$ *et* $1 \leq s < d$, *et que* $\langle m_{per} b_{per} \rangle = 0$, *où* m_{per} *est la mesure invariante associée à l'opérateur périodique* $(a_{per})_{ij} \, \partial_{ij}^2 + (b_{per})_j \, \partial_j$, *c'est-à-dire est solution de l'équation* (6.27). *Soit* $1 < q < d$, *et définissons* $\dfrac{1}{q^*} = \dfrac{1}{q} - \dfrac{1}{d}$. *Alors, pour tout* $f \in \left(L^{q^*} \cap L^q \right)(\mathbb{R}^d)$, *il existe* $u \in L^1_{loc}(\mathbb{R}^d)$ *tel que* $D^2 u \in L^q(\mathbb{R}^d)$, *solution de*

$$- (a_{per} + \widetilde{a})_{ij} \, \partial_{ij}^2 u + (b_{per} + \widetilde{b})_j \, \partial_j u = f \quad \text{dans} \quad \mathbb{R}^d. \tag{6.46}$$

Une telle solution est unique à l'ajout d'une constante (ou fonction affine) près. De plus, il existe un constante C_q, *dépendant uniquement de* q, d *et des coefficients* a_{per}, $\widetilde{a}$, b_{per} *et* $\widetilde{b}$, *telle que* u *vérifie*

$$\left\| D^2 u \right\|_{(L^{q^*}(\mathbb{R}^d))^{d \times d}} + \| \nabla u \|_{(L^{q^*}(\mathbb{R}^d))^d} \leq C_q \, \| f \|_{(L^{q^*} \cap L^q)(\mathbb{R}^d)}. \tag{6.47}$$

Dans le résultat ci-dessus, la norme associée à l'espace $\left(L^{q^*} \cap L^q \right)(\mathbb{R}^d)$ est bien entendu égale à

$$\| f \|_{(L^{q^*} \cap L^q)(\mathbb{R}^d)} = \| f \|_{L^{q^*}(\mathbb{R}^d)} + \| f \|_{L^q(\mathbb{R}^d)}.$$

De plus, nous avons unicité à l'ajout d'une constante près en général. Mais si jamais $b = b_{per} + \widetilde{b}$ vérifie $\forall x \in \mathbb{R}^d$, $\quad b(x) \cdot v_0 = 0$ pour un certain vecteur constant v_0, on peut aussi ajouter à la solution u la fonction affine $v_0 \cdot x + \alpha$, pour tout $\alpha \in \mathbb{R}$. C'est de ce type d'invariance que nous parlons lorsque nous disons "à l'ajout d'une constante (ou fonction affine) près". En particulier si $b = 0$, nous avons unicité à l'ajout d'une fonction affine quelconque près.

Ce résultat correspond à la Proposition 2.1 de l'article [BLL19]. Toutefois, la rédaction originelle incluait par erreur le cas $q = 1$ (voir en cela l'erratum [BLBL20]). Nous remercions Sylvain Wolf pour nous avoir signalé cette erreur.

Remarque 6.2 *Dans le cas général, l'estimation* (6.47) *est optimale. Cependant, dans le cas particulier où* $b = 0$, *elle ne l'est plus. Ceci n'est pas lié à la présence ou non d'un défaut, car c'est déjà vrai pour le cas périodique. En effet,* [BLL18, *Proposition 3.1] donne, dans ce cas* $b = 0$, *l'estimation, pour tout* $f \in L^q(\mathbb{R}^d)$,

$$\left\| D^2 u \right\|_{(L^q(\mathbb{R}^d))^{d \times d}} \leq C_q \, \| f \|_{L^q(\mathbb{R}^d)},$$

où u *est solution de* (6.46) *(avec* $b = 0$ *donc). D'autre part, le résultat* [AL91, *Theorem B] établit que cette estimation est vraie (dans le cas périodique) si et seulement si* $b = 0$. *Dit autrement, la perte de décroissance à l'infini est inévitable, dans la mesure où* b *n'est pas identiquement nul. Ainsi, l'exposant* q^* *remplace* q. *Nous renvoyons le lecteur intéressé à* [BLL19, *Remarks 4 and 5] pour plus de précisions à ce sujet.*

Nous donnerons à la fin de cette section la preuve de ce résultat. Pour l'instant, examinons comment cette dernière nous permet de démontrer l'existence de la mesure invariante :

Proposition 6.3 *Supposons* (6.40) *avec* $1 \leq r, s < d$, *et que* $\langle m_{per} b_{per} \rangle = 0$, *où* m_{per} *est la mesure invariante associée à l'opérateur périodique* $(a_{per})_{ij} \partial^2_{ij} + (b_{per})_j \partial_j$, *c'est-à-dire est solution de l'équation* (6.27). *Alors il existe une solution* m *de* (6.41). *Cette solution s'écrit* $m = m_{per} + \widetilde{m}$, *et* $\widetilde{m} \in \left(L^{q'} \cap L^\infty \right)(\mathbb{R}^d)$ *où* q' *vérifie*

$$\frac{1}{q'} = \min\left(\frac{1}{r} - \frac{1}{d}, \frac{1}{s} - \frac{1}{d} \right). \tag{6.48}$$

Enfin, la fonction m *est minorée par une constante strictement positive, et est hölderienne.*

Donnons tout de suite la preuve de ce résultat. Nous prenons tout d'abord $q \in]1, d[$ quelconque. Sa valeur sera fixée plus loin. Soit T l'application linéaire définie par

$$T : \left(L^q \cap L^{q^*} \right)(\mathbb{R}^d) \longrightarrow \left(L^{q^*}(\mathbb{R}^d) \right)^{d \times d} \times \left(L^{q^*}(\mathbb{R}^d) \right)^d$$
$$f \longmapsto (D^2 u, \nabla u),$$

où u est solution de (6.46). La Proposition 6.1 nous assure que cette application est continue. Son application adjointe T^* est donc linéaire continue du dual de $\left(L^{q^*}(\mathbb{R}^d) \right)^{d \times d} \times \left(L^{q^*}(\mathbb{R}^d) \right)^d$, c'est-à-dire $\left(L^{(q^*)'}(\mathbb{R}^d) \right)^{d \times d} \times \left(L^{(q^*)'}(\mathbb{R}^d) \right)^d$, dans le dual de $\left(L^q \cap L^{q^*} \right)(\mathbb{R}^d)$, c'est-à-dire $\left(L^{q'} + L^{(q^*)'} \right)(\mathbb{R}^d)$. Rappelons que ce dernier espace désigne les fonctions φ qui s'écrivent $\varphi = \chi + \psi$, avec $\chi \in L^{q'}(\mathbb{R}^d)$ et $\psi \in L^{(q^*)'}(\mathbb{R}^d)$. La norme associée est

$$\|\varphi\|_{\left(L^{q'} + L^{(q^*)'} \right)(\mathbb{R}^d)} = \inf_{\varphi = \chi + \psi} \left(\|\chi\|_{L^{q'}(\mathbb{R}^d)} + \|\psi\|_{L^{(q^*)'}(\mathbb{R}^d)} \right).$$

Soit donc $\overline{a} \in \left(L^{(q^*)'}(\mathbb{R}^d) \right)^{d \times d}$ et $\overline{b} \in \left(L^{(q^*)'}(\mathbb{R}^d) \right)^d$. Notons $\mu = T^*(\overline{a}, \overline{b})$. Nous prétendons que μ est solution de

$$-\partial_{y_i} \left(\partial_{y_j} \left((a_{per} + \widetilde{a})_{ij} \mu \right) + (b_{per} + \widetilde{b})_i \mu \right) = \partial_{y_i} \left(\partial_{y_j} \overline{a}_{ij} - \overline{b}_i \right), \tag{6.49}$$

au sens faible. En effet, soit φ une fonction test, de classe C^∞ et à support compact, et posons $f = -(a_{per} + \widetilde{a})_{ij} \partial^2_{y_i y_j} \varphi + (b_{per} + \widetilde{b})_i \partial_{y_i} \varphi$, qui est bien dans $L^q \cap L^{q^*}$, et qui vérifie $Tf = (D^2\varphi, \nabla\varphi)$. Nous avons alors

$$\int_{\mathbb{R}^d} \mu \left[-(a_{per} + \tilde{a})_{ij}\, \partial^2_{y_i y_j}\varphi + (b_{per} + \tilde{b})_i\, \partial_{y_i}\varphi \right] = \int_{\mathbb{R}^d} \mu f = \langle \mu, f \rangle_{L^{q'} + L^{(q^*)'}, L^q \cap L^{q^*}},$$

et

$$\begin{aligned}
\langle \mu, f \rangle_{L^{q'} + L^{(q^*)'}, L^q \cap L^{q^*}} &= \langle T^*(\overline{a}, \overline{b}), f \rangle_{L^{q'} + L^{(q^*)'}, L^q \cap L^{q^*}} \\
&= \langle (\overline{a}, \overline{b}), T(f) \rangle_{(L^{q^*})^{d \times d} \times (L^{q^*})^d, \left(L^{(q^*)'}\right)^{d \times d} \times \left(L^{(q^*)'}\right)^d} \\
&= \langle (\overline{a}, \overline{b}), (D^2\varphi, \nabla\varphi) \rangle_{(L^{q^*})^{d \times d} \times (L^{q^*})^d, \left(L^{(q^*)'}\right)^{d \times d} \times \left(L^{(q^*)'}\right)^d}.
\end{aligned}$$

En explicitant le dernier crochet de dualité, nous obtenons

$$\int_{\mathbb{R}^d} \mu \left[-(a_{per} + \tilde{a})_{ij}\, \partial^2_{y_i y_j}\varphi + (b_{per} + \tilde{b})_i\, \partial_{y_i}\varphi \right] = \int_{\mathbb{R}^d} \overline{a}_{ij}\, \partial^2_{y_i y_j}\varphi + \overline{b}_i\, \partial_{y_i}\varphi,$$

qui est bien la formulation faible de (6.49). La continuité de T implique celle de T^* avec la même norme de continuité, nous avons donc

$$\|\mu\|_{\left(L^{q'} + L^{(q^*)'}\right)(\mathbb{R}^d)} = \|T^*(\overline{a}, \overline{b})\|_{\left(L^{q'} + L^{(q^*)'}\right)(\mathbb{R}^d)} \le C \left(\|\overline{a}\|_{L^{(q^*)'}(\mathbb{R}^d)} + \|\overline{b}\|_{L^{(q^*)'}(\mathbb{R}^d)} \right),$$
$$\tag{6.50}$$

où la constante C est la même que dans (6.47), donc en particulier ne dépend pas de $(\overline{a}, \overline{b})$ ni de f ou μ.

Nous souhaitons maintenant appliquer ce résultat à

$$\overline{a} = m_{per}\, \tilde{a}, \quad \overline{b} = -m_{per}\, \tilde{b}.$$

Pour cela, il nous faut donc choisir q tel que $\overline{a} \in L^{(q^*)'}$ et $\overline{b} \in L^{(q^*)'}$. Comme m_{per} est bornée, un choix naturel est alors $(q^*)' = \max(r, s)$. Ceci se récrit

$$1 - \frac{1}{q^*} = \min\left(\frac{1}{r}, \frac{1}{s}\right), \quad \text{c'est-à-dire} \quad 1 - \frac{1}{q} + \frac{1}{d} = \min\left(\frac{1}{r}, \frac{1}{s}\right),$$

ce qui correspond bien à (6.48). Pour cette valeur de q, nous avons donc prouvé l'existence de $\tilde{m} = T^*\left(m_{per}\, \tilde{a}, -m_{per}\tilde{b}\right) \in \left(L^{q'} + L^{(q^*)'}\right)(\mathbb{R}^d)$, solution de (6.45). Donc $m = m_{per} + \tilde{m}$ est solution de (6.41).

Les propriétés de régularité elliptique associées aux équations vérifiées par $\tilde{m}$ et m_{per} (voir le Théorème A.23) impliquent que m_{per} d'une part, et $\tilde{m}$ d'autre part, sont uniformément hölderiennes. En particulier, $\widetilde{m} \in L^{(q^*)'} \cap L^\infty\left(\mathbb{R}^d\right)$, et

$$\|\widetilde{m}\|_{L^\infty(B_R^c)} \overset{R \to +\infty}{\longrightarrow} 0.$$

Rappelons de plus que $\inf m_{per} > 0$ à cause de l'inégalité de Harnack (Théorème A.24). Donc, pour R suffisamment grand,

$$\forall x \in B_R^c, \quad m(x) \geq \frac{1}{2}\inf m_{per} > 0. \tag{6.51}$$

On applique alors le principe du maximum sur B_R, qui implique $m \geq 0$ dans B_R. Grâce à l'inégalité de Harnack, m est minorée par une constante strictement positive dans B_R. Ceci et (6.51) donne que m est isolée de zéro sur $\mathbb{R}^d$.

Il nous reste maintenant à donner la preuve de la Proposition 6.1. Cette dernière, originalement publiée dans [BLL19], se fait par continuation, comme nous l'avons vu à la preuve de la Proposition 4.2 (Section 4.1.2).

Preuve de la Proposition 6.1. Comme dans la preuve de la Proposition 4.2, nous introduisons

$$a_t = a_{per} + t\widetilde{a}, \quad b_t = b_{per} + t\widetilde{b},$$

et cherchons à établir la propriété pour $t = 1$. Nous introduisons pour cela la propriété $\mathcal{P}$ suivante :

Nous dirons que les coefficients a et b, vérifiant, pour certains $1 \leq r, s < d$, les hypothèses (6.40), satisfont la propriété $\mathcal{P}$ si l'énoncé de la Proposition 6.1 est vrai pour ces coefficients.

Nous définissons alors l'intervalle

$$\mathcal{I} = \{t \in [0, 1] \,/\, \forall \tau \in [0, t], \text{ la propriété } \mathcal{P} \text{ est vraie pour } a_\tau \text{ et } b_\tau\}, \tag{6.52}$$

et nous allons successivement prouver que l'intervalle $\mathcal{I}$ est non vide, ouvert et fermé (relativement à l'intervalle fermé $[0, 1]$). Ceci montrera, par connexité, que $\mathcal{I} = [0, 1]$, d'où le résultat voulu pour $t = 1$.

L'intervalle $\mathcal{I}$ est non vide. Nous allons montrer que $0 \in \mathcal{I}$. Contrairement au cas sous forme divergence de la Section 4.1.2, cette étape nécessite un peu de travail. Traitons tout d'abord le cas $b_{per} = 0$. Alors nous savons d'après la Section précédente (et les résultats de [BLP11, Theorem 3.5, page 206]) que l'équation $\partial_{ij}^2\left(a_{per}m_{per}\right) = 0$ admet une unique solution périodique m_{per} telle que $\langle m_{per}\rangle = 1$, et que $m_{per} \geq \gamma > 0$ presque partout. En procédant comme à la Section précédente, nous pouvons donc multiplier l'équation par $-\left(a_{per}\right)_{ij}\partial_{ij}^2 u = f$ par m_{per}, et nous obtenons

$$-\operatorname{div}\left(\mathcal{A}_{per}\nabla u\right) = m_{per}f,$$

où $\mathcal{A}_{per}$ est donnée par (6.31). Cette matrice vérifie div $\left(\mathcal{A}_{per}\right) = 0$, ce qui permet d'appliquer [AL91, Theorem B], qui donne l'estimation

$$\|D^2 u\|_{(L^q(\mathbb{R}^d))^{d \times d}} \leq C \|f\|_{L^q(\mathbb{R}^d)}, \tag{6.53}$$

pour tout $q \in]1, +\infty[$. L'inégalité de Gagliardo-Nirenberg-Sobolev (Théorème A.2) implique alors

$$\|\nabla u\|_{(L^{q^*}(\mathbb{R}^d))^d} \leq C \|f\|_{L^q(\mathbb{R}^d)}. \tag{6.54}$$

Comme (6.53) est valable également pour l'exposant q^*, nous obtenons bien (6.47). Le cas où b_{per} n'est pas nul nécessite plus de travail. Nous renvoyons le lecteur à [BLL19] pour les détails, et donnons simplement l'idée générale : au lieu d'appliquer [AL91, Theorem B], qui n'est pas valable car div($\mathcal{A}_{per}$) $\neq 0$, il nous faut d'abord démontrer l'estimation sur le gradient. Ceci se fait en écrivant que

$$\nabla u(x) = \int_{\mathbb{R}^d} \nabla_x G_{per}(x, y) \, m_{per}(y) f(y) dy,$$

où G_{per} est la fonction de Green associée à l'opérateur $- \operatorname{div} \left(\mathcal{A}_{per} \nabla \cdot\right)$. Cette fonction de Green vérifie l'estimation (4.46), ce qui permet de démontrer (6.54). Il reste ensuite à écrire $- \left(a_{per}\right)_{ij} \partial^2_{ij} u = f - b_j \partial_j u \in L^{q^*}$, puisque $b \in L^\infty$. Il suffit donc d'appliquer (6.53) à cette nouvelle équation sans terme de dérive pour obtenir le résultat.

L'intervalle $\mathcal{I}$ est ouvert. Nous supposons que $t \in \mathcal{I}$, et cherchons à prouver la propriété $\mathcal{P}$ pour $[t, t+\varepsilon[$ pour un certain $\varepsilon > 0$. Pour $f \in L^q(\mathcal{R}^d)$, nous souhaitons résoudre l'équation

$$- \left((a_t)_{ij} + \varepsilon \widetilde{a}_{ij}\right) \partial^2_{ij} u + \left((b_t)_j + \varepsilon \widetilde{b}_j\right) \partial_j u = f, \quad \text{dans} \quad \mathbb{R}^d.$$

Nous l'écrivons donc

$$\left(D^2 u, \nabla u\right) = \Phi_t(D^2 u, \nabla u), \tag{6.55}$$

où

$$\Phi_t \left(D^2 u, \nabla u\right) = T_t \left(f + \varepsilon \left(\widetilde{a}_{ij} \partial^2_{ij} u - \widetilde{b}_j \partial_j u\right)\right),$$

où $T_t : L^q\left(\mathbb{R}^d\right) \longrightarrow \left(L^{q^*}\left(\mathbb{R}^d\right)\right)^{d \times d} \times \left(L^{q^*}\left(\mathbb{R}^d\right)\right)^d$ et l'application qui à tout f associe $\left(D^2 u, \nabla u\right)$, avec u solution de $- (a_t)_{ij} \partial^2_{ij} u + (b_t)_j \partial_j u = f$. D'après la propriété $\mathcal{P}$, l'application T_t est linéaire continue. De plus, comme $\widetilde{a} \in \left(L^r \cap L^\infty\right)\left(\mathbb{R}^d\right) \subset L^d(\mathbb{R}^d)$ par hypothèse, et que $D^2 u \in L^{q^*}\left(\mathbb{R}^d\right)$, l'inégalité de Hölder implique que $\widetilde{a}_{ij}\partial^2_{ij}u \in L^q\left(\mathbb{R}^d\right)$, et que

$$\left\|\widetilde{a}_{ij}\partial^2_{ij}u\right\|_{L^q(\mathbb{R}^d)} \leq \|\widetilde{a}\|_{L^d(\mathbb{R}^d)} \left\|D^2u\right\|_{L^{q^*}(\mathbb{R}^d)}. \tag{6.56}$$

De même, en utilisant cette fois $\widetilde{a} \in L^\infty\left(\mathbb{R}^d\right)$, $\widetilde{a}_{ij}\partial^2_{ij}u \in L^{q^*}\left(\mathbb{R}^d\right)$, avec

$$\left\|\widetilde{a}_{ij}\partial^2_{ij}u\right\|_{L^{q^*}(\mathbb{R}^d)} \leq \|\widetilde{a}\|_{L^\infty(\mathbb{R}^d)} \left\|D^2u\right\|_{L^{q^*}(\mathbb{R}^d)}. \tag{6.57}$$

Ainsi, $\widetilde{a}_{ij}\partial^2_{ij}u \in \left(L^q \cap L^{q^*}\right)(\mathbb{R}^d)$. Le même argument démontre que $\widetilde{b}_j\partial_j u \in \left(L^q \cap L^{q^*}\right)(\mathbb{R}^d)$. L'application Φ_t est donc bien définie, et est continue de $\left(L^{q^*}\left(\mathbb{R}^d\right)\right)^{d\times d} \times \left(L^{q^*}\left(\mathbb{R}^d\right)\right)^d$ dans lui-même. L'estimation vérifiée par T_t, à savoir (6.47), implique que pour tout couple (u, v) tel que D^2u, D^2v, ∇u, $\nabla v \in L^{q^*}$,

$$\left\|\Phi_t(D^2u, \nabla u) - \Phi_t(D^2v, \nabla v)\right\|_{\left(L^{q^*}(\mathbb{R}^d)\right)^{d\times d} \times \left(L^{q^*}(\mathbb{R}^d)\right)^d}$$

$$\leq \varepsilon C_t \left(\|\widetilde{a}\|_{(L^d\cap L^\infty)(\mathbb{R}^d)} + \|\widetilde{b}\|_{(L^d\cap L^\infty)(\mathbb{R}^d)}\right) \left\|\left(D^2u, \nabla u\right)\right\|_{\left(L^{q^*}(\mathbb{R}^d)\right)^{d\times d} \times \left(L^{q^*}(\mathbb{R}^d)\right)^d}.$$

Donc, pour ε assez petit, Φ_t est une contraction de $\left(L^{q^*}\left(\mathbb{R}^d\right)\right)^{d\times d} \times \left(L^{q^*}\left(\mathbb{R}^d\right)\right)^d$ dans lui-même. D'après le théorème du point fixe de Banach, ceci implique que l'équation (6.55) admet une unique solution. L'estimation découle alors des inégalités de Hölder appliquées comme ci-dessus, ces dernières donnant

$$\left\|\Phi_t(D^2u, \nabla u)\right\|_{\left(L^{q^*}(\mathbb{R}^d)\right)^{d\times d} \times \left(L^{q^*}(\mathbb{R}^d)\right)^d} \leq C_t \|f\|_{(L^{q^*}\cap L^q)(\mathbb{R}^d)}$$

$$+ \underbrace{\varepsilon C_t \left(\|\widetilde{a}\|_{(L^d\cap L^\infty)(\mathbb{R}^d)} + \|\widetilde{b}\|_{(L^d\cap L^\infty)(\mathbb{R}^d)}\right)}_{\gamma < 1} \left\|\left(D^2u, \nabla u\right)\right\|_{\left(L^{q^*}(\mathbb{R}^d)\right)^{d\times d} \times \left(L^{q^*}(\mathbb{R}^d)\right)^d},$$

d'où

$$\left\|\left(D^2u, \nabla u\right)\right\|_{\left(L^{q^*}(\mathbb{R}^d)\right)^{d\times d} \times \left(L^{q^*}(\mathbb{R}^d)\right)^d} \leq \frac{C_t}{1-\gamma} \|f\|_{(L^{q^*}\cap L^q)(\mathbb{R}^d)},$$

et donc (6.47).

L'intervalle $\mathcal{I}$ est fermé si les constantes d'estimation sont bornées. Supposons que $t_n \in \mathcal{I}$, $t_n \leq t$, $t_n \longrightarrow t$ quand $n \longrightarrow +\infty$. Pour tout $n \in \mathbb{N}$, nous savons que, pour tout $f \in \left(L^{q^*} \cap L^q\right)(\mathbb{R}^d)$, il existe une solution u^n telle que $D^2u^n \in$

$\left(L^{q^*}(\mathbb{R}^d)\right)^{d \times d}$ et $\nabla u \in \left(L^{q^*}(\mathbb{R}^d)\right)^d$ de l'équation

$$-(a_{t_n})_{ij} \partial_{ij}^2 u^n + (b_{t_n})_j \, \partial_j u^n = f \quad \text{dans} \quad \mathbb{R}^d,$$

et que cette solution vérifie

$$\left\| D^2 u^n \right\|_{\left(L^{q^*}(\mathbb{R}^d)\right)^{d \times d}} + \left\| \nabla u^n \right\|_{\left(L^{q^*}(\mathbb{R}^d)\right)^d} \leq C_n \, \|f\|_{\left(L^{q^*} \cap L^q\right)(\mathbb{R}^d)}, \qquad (6.58)$$

pour une constante C_n dépendant de n mais pas de f ni de u^n. Nous souhaitons prouver que cette propriété est également vraie pour t.

Nous supposons pour commencer que les constantes C_n apparaissant dans (6.58) sont bornées indépendamment de n. Pour $f \in \left(L^q(\mathbb{R}^d)\right)^d$ fixé, nous considérons la suite de solutions u^n de

$$-(a_{t_n})_{ij} \partial_{ij}^2 u^n + (b_{t_n})_j \, \partial_j u^n = f \quad \text{dans} \quad \mathbb{R}^d,$$

que nous récrivons

$$-(a_t)_{ij} \partial_{ij}^2 u^n + (b_t)_j \, \partial_j u^n = f + (t - t_n) \left(-\widetilde{a}_{ij} \partial_{ij}^2 u^n + \widetilde{b}_j \, \partial_j u^n \right) \quad \text{dans} \quad \mathbb{R}^d.$$

Comme $t_n \in \mathcal{I}$ pour tout $n \in \mathbb{N}$ et que les constantes C_n sont bornées, les suites $D^2 u^n$ et ∇u^n sont bornées dans $\left(L^{q^*}(\mathbb{R}^d)\right)^{d \times d}$ et dans $\left(L^{q^*}(\mathbb{R}^d)\right)^d$, respectivement. Nous pouvons donc passer à la limite faible dans l'équation ci-dessus (à extraction d'une sous-suite près, que nous ne notons pas) et trouvons ainsi une solution u de $-(a_t)_{ij} \partial_{ij}^2 u + (b_t)_j \, \partial_j u = f$. Cette solution vérifie l'estimation voulue car la suite C_n est bornée et que la norme est faiblement semi-continue inférieurement.

Les constantes d'estimation sont effectivement bornées. Pour démontrer que la suite C_n est bornée, nous procédons par l'absurde. Supposons donc qu'il existe $f^n \in \left(L^q(\mathbb{R}^d)\right)^d$ et u^n telle que $D^2 u^n \in \left(L^q(\mathbb{R}^d)\right)^{d \times d}$, et que

$$-(a_{t_n})_{ij} \partial_{ij}^2 u^n + (b_{t_n})_j \, \partial_j u^n = f^n \quad \text{dans} \quad \mathbb{R}^d, \qquad (6.59)$$

$$\left\| f^n \right\|_{\left(L^{q^*} \cap L^q\right)(\mathbb{R}^d)} \overset{n \longrightarrow +\infty}{\longrightarrow} 0, \qquad (6.60)$$

$$\left\| \nabla u^n \right\|_{\left(L^{q^*}(\mathbb{R}^d)\right)^d} + \left\| D^2 u^n \right\|_{\left(L^{q^*}(\mathbb{R}^d)\right)^{d \times d}} = 1, \quad \text{pour tout } n \in \mathbb{N}. \qquad (6.61)$$

Nous récrivons (6.59) sous forme

$$-(a_t)_{ij}\,\partial_{ij}^2 u^n + (b_t)_j\,\partial_j u^n = f^n + (t_n - t)\,\widetilde{a}_{ij}\,\partial_{ij}^2 u^n + (t_n - t)\,\widetilde{b}_j\,\partial_j u^n,$$

où, dans la limite $n \longrightarrow 0$, les deux derniers termes du membre de droite tendent vers 0 dans $\left(L^{q^*} \cap L^q\right)(\mathbb{R}^d)$, à cause de la borne (6.61) et l'inégalité de Hölder, comme nous l'avons fait pour établir (6.56) et (6.57) ci-dessus. Ainsi, sans perte de généralité, nous pouvons changer la définition de f^n et remplacer (6.59) par

$$-(a_t)_{ij}\,\partial_{ij}^2 u^n + (b_t)_j\,\partial_j u^n = f^n \quad \text{dans} \quad \mathbb{R}^d. \tag{6.62}$$

Comme à la Section 4.1.2.2, nous appliquons maintenant une version simplifiée de la méthode de concentration-compacité. Nous prétendons que la suite u^n vérifie

$$\exists \eta > 0, \quad \exists 0 < R < +\infty, \quad \forall n \in \mathbb{N},$$

$$\left\| D^2 u^n \right\|_{\left(L^{q^*}(B_R)\right)^{d\times d}} + \left\| \nabla u^n \right\|_{\left(L^{q^*}(B_R)\right)^d} \geq \eta > 0,$$

$$\tag{6.63}$$

où B_R désigne la boule de rayon R centrée à l'origine. Nous raisonnons à nouveau par l'absurde et supposons donc que

$$\forall 0 < R < +\infty, \quad \left\| D^2 u^n \right\|_{\left(L^{q^*}(B_R)\right)^{d\times d}} + \left\| \nabla u^n \right\|_{\left(L^{q^*}(B_R)\right)^d} \xrightarrow{n \longrightarrow +\infty} 0. \tag{6.64}$$

Comme les fonctions $\widetilde{a}$ et $\widetilde{b}$ vérifient (6.40), elles tendent vers 0 à l'infini et donc, pour tout $\delta > 0$, il existe un rayon R suffisamment grand pour que

$$\|\widetilde{a}\|_{\left((L^d \cap L^\infty)(B_R^c)\right)^{d\times d}} \leq \delta, \quad \|\widetilde{b}\|_{\left((L^d \cap L^\infty)(B_R^c)\right)^d} \leq \delta, \tag{6.65}$$

où B_R^c est le complémentaire de la boule B_R. Nous avons alors

$$\left\| \widetilde{a}_{ij}\,\partial_{ij}^2 u^n \right\|_{L^q(\mathbb{R}^d)}^q = \left\| \widetilde{a}_{ij}\,\partial_{ij}^2 u^n \right\|_{L^q(B_R)}^q + \left\| \widetilde{a}_{ij}\,\partial_{ij}^2 u^n \right\|_{L^q(B_R^c)}^q$$

$$\leq \|\widetilde{a}\|_{\left(L^d(\mathbb{R}^d)\right)^{d\times d}}^q \left\| D^2 u^n \right\|_{\left(L^{q^*}(B_R)\right)^{d\times d}}^{q^*}$$

$$+ \|\widetilde{a}\|_{\left(L^d(B_R^c)\right)^{d\times d}}^q \left\| D^2 u^n \right\|_{\left(L^{q^*}(\mathbb{R}^d)\right)^{d\times d}}^{q^*}$$

$$\leq \|\widetilde{a}\|_{\left(L^d(\mathbb{R}^d)\right)^{d\times d}}^q \left\| D^2 u^n \right\|_{\left(L^{q^*}(B_R)\right)^{d\times d}}^q + \delta, \tag{6.66}$$

où la dernière majoration provient de (6.61) et (6.65). Sachant que (6.64) implique que le premier terme du membre de droite de (6.66) tend vers 0, et que δ est arbitraire, ceci prouve que $\tilde{a}_{ij} \partial^2_{ij} u^n \rightarrow 0$ dans $L^q(\mathbb{R}^d)$. Un argument similaire, en utilisant cette fois que $\tilde{a}$ est bornée dans L^∞ dans (6.65), permet d'obtenir que $\tilde{a}_{ij} \partial^2_{ij} u^n$ tend vers 0 dans $L^{q^*}(\mathbb{R}^d)$. Ainsi,

$$\left\| \tilde{a}_{ij} \partial^2_{ij} u^n \right\|_{(L^{q^*} \cap L^q)(\mathbb{R}^d)} \overset{n \longrightarrow +\infty}{\longrightarrow} 0. \tag{6.67}$$

Nous traitons le premier terme de la même façon:

$$\left\| \tilde{b} \, \nabla u^n \right\|_{(L^{q^*} \cap L^q)(\mathbb{R}^d)} \overset{n \longrightarrow +\infty}{\longrightarrow} 0. \tag{6.68}$$

Notons que (6.62) s'écrit aussi

$$-a^{per}_{ij} \partial^2_{ij} u^n + b^{per}_j \, \partial_j u^n \, = \, f^n + t \, \tilde{a}_{ij} \, \partial^2_{ij} u^n - t \, \tilde{b}_j \, \partial_j u^n.$$

Nous utilisons (6.60), (6.67) et (6.68) pour borner le terme de droite. L'estimation (6.47) qui, comme nous l'avons déjà démontré au début de la preuve, est vraie pour des coefficients périodiques, implique que $D^2 u^n$ et ∇u^n convergent fortement vers 0 dans $\left(L^{q^*}(\mathbb{R}^d) \right)^{d \times d}$ et $\left(L^{q^*}(\mathbb{R}^d) \right)^d$, respectivement. Ceci est contradictoire avec (6.61). Nous avons donc bien établi (6.63).

Tout est maintenant réuni pour terminer le raisonnement par l'absurde que nous avons démarré avec (6.59)–(6.60)–(6.61). En effet, la borne (6.61), implique que la suite $D^2 u^n$ converge, à extraction près, faiblement dans $\left(L^{q^*}(\mathbb{R}^d) \right)^{d \times d}$, vers un certain $D^2 u$. Toujours à extraction près, les injections de Sobolev impliquent que $u^n \rightarrow u$ dans $W^{1,q^*}_{loc}(\mathbb{R}^d)$, fortement. Les estimations elliptiques (voir [GT01, Theorem 9.11]) pour l'équation satisfaite par $u^n - u^p$ impliquent alors que, pour tout entier n et tout entier p,

$$\left\| D^2 u^n - D^2 u^p \right\|_{L^{q^*}(B_1(x_0))} \leq C \left(\left\| u^n - u^p \right\|_{L^{q^*}(B_2(x_0))} + \left\| f^n - f^p \right\|_{L^{q^*}(B_2(x_0))} \right),$$

quel que soit le centre x_0 choisi. Ici la constante C ne dépend pas de n ni de p. La suite $D^2 u^n$ est donc de Cauchy dans $L^{q^*}_{loc}(\mathbb{R}^d)$, et sa limite ne peut être que la limite faible $D^2 u$ identifiée plus haut. Nous pouvons dès lors passer à la limite dans (6.62), obtenant ainsi $- (a_t)_{ij} \partial^2_{ij} u + (b_t)_j \partial_j u = 0$ pour un u tel que $D^2 u \in L^{q^*}$, $\nabla u \in L^{q^*}$ et que $D^2 u$ n'est pas identiquement nul. Ceci est en contradiction avec le résultat d'unicité que nous montrons ci-après.

Unicité de la solution. Pour conclure la preuve, nous démontrons l'unicité de la solution. Pour cela, comme l'équation linéaire, il suffit de démontrer que si u est une solution de (6.46) avec second membre $f = 0$ et $\nabla u \in L^{q^*}$, $D^2 u \in L^{q^*}$, alors $D^2 u = 0$.

Considérons tout d'abord le cas $q < d/2$, c'est-à-dire i.e $q^* < d$. Dans ce cas, l'inégalité de Gagliardo-Nirenberg-Sobolev (voir le Théorème A.2, ou plus exactement son Corollaire A.3) implique que, à l'ajout d'une constante près, $u \in L^{q^{**}}(\mathbb{R}^d)$. De plus, les propriétés de régularité elliptique associées à l'équation (6.46) (voir [GT01, Theorem 9.11]) permettent de démontrer que

$$\sup_{x \in \mathbb{R}^d} \|u\|_{W^{2,q^{**}}(B_1(x))} < +\infty, \tag{6.69}$$

où nous rappelons que $\frac{1}{q^{**}} = \frac{1}{q} - \frac{2}{d}$. Si $q^{**} > d$, alors l'inégalité de Morrey (Théorème A.1) implique que u est hölderienne. Sinon, nous répétons l'argument que nous venons de faire, et qui donne (6.69) avec q^{***} à la place de q^{**}, et ainsi de suite. Ceci prouve que, pour tout entier n, nous avons :

$$\sup_{x \in \mathbb{R}^d} \|u\|_{W^{2,q_n}(B_1(x))} < +\infty, \quad \frac{1}{q_n} = \frac{1}{q} - \frac{n}{d}, \quad \text{tant que} \quad n < \frac{d}{q}. \tag{6.70}$$

Soit alors $n > \frac{d}{q} - 1$. Ceci implique $\frac{1}{q_n} < \frac{1}{d}$, donc $q_n > d$. Nous appliquons à nouveau l'inégalité de Morrey, qui implique que $u \in C^{0,\alpha}_{\mathrm{unif}}(\mathbb{R}^d)$, pour un certain $\alpha > 0$. Sachant que de plus $u \in L^{q^{**}}(\mathbb{R}^d)$ nous en déduisons que, pour tout $\delta > 0$, il existe $R > 0$ tel que

$$\sup_{|x| > R} |u(x)| \le \delta.$$

Nous appliquons alors le principe du maximum (Théorème A.12) sur la boule B_R, et nous en déduisons que $|u| \le \delta$ dans $\mathbb{R}^d$. Comme ceci est vrai pour tout $\delta > 0$, nous avons $u = 0$.

Il nous reste à traiter le cas $d/2 \le q < d$. Pour cela, nous allons nous ramener au cas précédent : nous récrivons (6.46) sous la forme

$$-a_{ij}^{per} \partial_{ij}^2 u + b_j^{per} \partial_j u = \left(\widetilde{a}_{ij} \partial_{ij}^2 u - \widetilde{b}_j \partial_j u \right). \tag{6.71}$$

Le fait que $\widetilde{a} \in \left(L^r \cap L^\infty(\mathbb{R}^d) \right)^{d \times d}$ et $D^2 u \in L^{q^*}(\mathbb{R}^d)^{d \times d}$ implique, via l'inégalité de Hölder, que $\widetilde{a}_{ij} \partial_{ij}^2 u \in L^{r_1} \cap L^{q^*}(\mathbb{R}^d)$, avec $\frac{1}{r_1} = \frac{1}{r} + \frac{1}{q^*} = \frac{1}{r} + \frac{1}{q} - \frac{1}{d}$. De même, $\widetilde{b}_j \partial_j u \in L^{s_1} \cap L^{q^*}(\mathbb{R}^d)$, avec $\frac{1}{s_1} = \frac{1}{s} + \frac{1}{q} - \frac{1}{d}$. Comme $r, s < d$, nous avons $r_1, s_1 < q$. Nous appliquons alors la première étape de la preuve, et nous en déduisons

$$D^2 u \in \left(L^{\max(r_1, s_1)^*} \cap L^{q^*}(\mathbb{R}^d) \right)^{d \times d}, \quad \nabla u \in \left(L^{\max(r_1, s_1)^*} \cap L^{q^*}(\mathbb{R}^d) \right)^d. \tag{6.72}$$

En itérant cet argument, nous démontrons que (6.72) est aussi vraie pour s_n et r_n définis par

$$\frac{1}{s_n} = \frac{1}{q} + \frac{n}{s} - \frac{n}{d}, \quad \frac{1}{r_n} = \frac{1}{q} + \frac{n}{r} - \frac{n}{d}.$$

Pour n suffisamment grand, $\max(r_n, s_n) < d/2$, et nous nous ramenons au cas $q < d/2$.

Nous avons finalement aboutit à une contradiction. L'intervalle $\mathcal{I}$ est donc bien fermé, ce qui conclut la preuve. □

La stratégie développée ci-dessus, d'une part pour le cas périodique (à la Section 6.1.2) et d'autre part pour le cas périodique avec défaut (à la Section 6.1.3 actuelle), consiste à prouver l'existence de la mesure invariante et à l'utiliser pour se ramener à un cas sous forme divergence. Cette stratégie peut également s'adapter à d'autres cas, et en particulier au cas stationnaire ergodique. Nous ne développerons pas cet aspect ici, et renvoyons le lecteur à, par exemple, [ZKO94, Chapter 10], ainsi que l'article [Yur82].

6.2 L'interprétation énergétique et ses conséquences

6.2.1 Réécriture énergétique du cas périodique

Notre premier travail est ici de revisiter notre cas simple de l'homogénéisation périodique du Chapitre 3 dans le langage non pas des EDP, mais des fonctionnelles d'énergie associées *quand le coefficient a_{per} est supposé symétrique*. Notre observation de départ est que, vu la condition de coercivité (3.1), l'équation (1)–(2) n'est rien d'autre, alors, que l'*équation d'Euler-Lagrange* (on dit aussi l'*équation d'optimalité*) du problème de minimisation

$$\inf_{v \in H_0^1(\mathcal{D})} \frac{1}{2} \int_{\mathcal{D}} (a_\varepsilon(x) \nabla v(x)) . \nabla v(x) \, dx - \int_{\mathcal{D}} v(x) f(x) \, dx. \qquad (6.73)$$

L'unique minimiseur de ce problème (6.73) est $v = u^\varepsilon$. De même, l'équation homogénéisée (3.8) peut être interprétée comme l'équation d'Euler-Lagrange d'un problème analogue à (6.73), où a^* remplace a_ε. A partir de cette observation, l'idée de procéder à l'homogénéisation *dans le langage des énergies* est naturelle. Dans cette Section 6.2.1, nous ne faisons qu'exprimer les choses. Les techniques de preuve à employer seront mentionnées à la Section 6.2.2 qui suit.

Revisitons la définition (3.54) de la matrice homogénéisée a^* avec ce nouveau point de vue, le point de vue *énergétique*.

En fait, *parce qu'elle est symétrique*, la matrice a^* peut de façon équivalente être définie par

$$\forall z \in \mathbb{R}^N, \quad z\,a^*z = \inf_{\substack{\nabla u \text{ périodique} \\ \int_Q \nabla u = z}} \int_Q (a(y)\,\nabla u(y)) \cdot \nabla u(y)\,dy. \qquad (6.74)$$

En effet, si e_i est un vecteur de la base canonique, alors il est équivalent de considérer toutes les fonctions u, de gradient périodique, telles que $\int_Q \nabla u = e_i$ et toutes les fonctions u s'écrivant $u = x_i + w$ où w est une fonction périodique (le lecteur pourra le montrer en exercice ; c'est facile en dimension 1, et c'est plus difficile en dimension quelconque). Donc le problème de minimisation (6.74) se récrit dans ce cas

$$e_i\,a^*e_i = \inf_{w \text{ périodique}} \int_Q (a(y)(e_i + \nabla w(y))) \cdot (e_i + \nabla w(y))\,dy. \qquad (6.75)$$

Or, il est facile de voir que le minimiseur de ce problème (6.75) est le correcteur périodique $w_{e_i, per}$ solution de (3.67) pour $p = e_i$, et donc

$$e_i\,a^*e_i = \inf_{w \text{ périodique}} \int_Q (a(y)(e_i + \nabla w(y))) \cdot (e_i + \nabla w(y))\,dy$$

$$= \int_Q \left(a(y)(e_i + \nabla w_{e_i, per}(y))\right) \cdot \left(e_i + \nabla w_{e_i, per}(y)\right) dy. \qquad (6.76)$$

On retrouve la formule (3.54) pour $i = j$. Comme la matrice a^* est symétrique, l'identité de polarisation $2e_i a^* e_j = (e_i + e_j)a^*(e_i + e_j) - e_i a^* e_i - a_j a^* e_j$ permet de retrouver (3.54) pour tous ses coefficients i, j.

L'intuition derrière l'apparition du problème (6.74) à la limite homogénéisée est claire, en se souvenant du point de départ de notre raisonnement, à savoir la solution u^ε de (1) qui est aussi le minimiseur de

$$\inf_{v \in H_0^1(\mathcal{D})} \frac{1}{2} \int_{\mathcal{D}} \left(a\left(\frac{x}{\varepsilon}\right) \nabla v(x)\right) \cdot \nabla v(x)\,dx - \int_{\mathcal{D}} f(x)v(x)\,dx. \qquad (6.77)$$

L'argument ci-dessus établit que la solution homogénéisée u^*, approximation de u^ε minimiseur de (6.77) est le minimiseur de

$$\inf_{u \in H_0^1(\mathcal{D})} \frac{1}{2} \int_{\mathcal{D}} \left(\inf_{\substack{\nabla v \text{ périodique} \\ \int_Q \nabla v = \nabla u(x)}} \int_Q (a(y)\nabla v(y)) \cdot \nabla v(y)\,dy \right) dx - \int_{\mathcal{D}} fu.$$

$$(6.78)$$

Ceci est l'interprétation *variationnelle* de la démarche que nous avons eue dans le langage des équations aux dérivées partielles aux chapitres précédents.

L'interprétation variationnelle (au sens de la minimisation d'une énergie associée) de la formule (6.78) est en fait *plus générale* que l'interprétation EDP que nous avons présentée précédemment (*sous réserve*, bien sûr, d'avoir dans le problème une énergie sous-jacente, c'est-à-dire, dans le cas quadratique, une matrice symétrique). Elle permet alors de traiter des cas plus compliqués que le cas périodique linéaire que nous traitons ici, comme des fonctionnelles d'énergie non quadratiques, des coefficients aléatoires, des réseaux discrets...

Une écriture plus générale (un peu formelle) de la formule (6.78), et qui permet d'ailleurs d'encore mieux comprendre ce qui a été fait ici, est la suivante :

$$
\inf_{u \in H_0^1(\mathcal{D})} \frac{1}{2} \int_{\mathcal{D}} \left(\inf_{\langle \nabla v \rangle = \nabla u(x)} \langle \quad \text{Energie de } \nabla v \quad \rangle \right) dx - \int_{\mathcal{D}} f u, \qquad (6.79)
$$

où le signe $\langle \cdot \rangle$ désigne la moyenne sur un élément représentatif (dans le cas périodique, il s'agit de l'intégrale sur la cellule de périodicité $\langle \cdot \rangle = \int_Q \cdot (y) \, dy$).

Sous cette forme (6.79), le résultat et l'approche sont tout à fait généraux pour les situations qui admettent une interprétation énergétique sous-jacente. Il n'est nul besoin que l'énergie *"microscopique"* figurée ici par $\langle \quad$ Energie de $\nabla v \quad \rangle$ soit issue d'une EDP. Elle pourrait par exemple être un modèle discret. Nous renvoyons par exemple à [Le 05, Chapitres 1 & 4] pour une initiation élémentaire à ces modèles d'un autre type combinant plusieurs descriptions mathématiques, discrète et continue, par exemple d'un matériau.

Mais il reste à comprendre un peu, pour être complet, comment il est possible de faire les preuves dans ce langage purement énergétique, sans passer nécessairement par les EDP associées. Cette approche est celle de la théorie dite de la Γ-*convergence*, qui permet de définir la limite d'une suite de problèmes de minimisation, et de reconnaître cette limite comme un nouveau problème de minimisation. C'est cette théorie que nous résumons brièvement dans la section suivante.

6.2.2 Γ convergence

La Section 6.2.1 précédente a montré qu'une interprétation de nos résultats était, au moins dans un cadre simple périodique, la convergence du minimiseur du problème de minimisation (6.77) vers celui du problème (6.78). Il est donc naturel, comme le suggère la fin de cette section, de chercher à bâtir une théorie pour passer d'une suite de problèmes de minimisation s'écrivant formellement

$$
\inf \{ F_\varepsilon(u), \quad u \in X_\varepsilon \} \qquad (6.80)
$$

à un problème de minimisation

$$\inf\left\{F^*(u), \quad u \in X^*\right\}, \tag{6.81}$$

avec la propriété que tout minimiseur u^ε du premier convergerait vers un minimiseur u^* du second, au sens où

$$\lim_{\varepsilon \to 0} F_\varepsilon(u^\varepsilon) = F^*(u^*). \tag{6.82}$$

Cette notion de convergence *variationnelle* est celle de la Γ-convergence, introduite par Ennio De Giorgi. Nous en faisons ici une présentation très rapide, ne se substituant pas, comme toujours, à un authentique cours sur le sujet. Notre exposé s'inspire de l'excellent ouvrage [Bra02] écrit par Andrea Braides, un des experts reconnus de l'approche, élève de De Giorgi lui-même. Nous pourrions également renvoyer à l'ouvrage antérieur [BD98].

Nous commençons par la définition de la convergence en question.

Définition 6.4 (Définition de la Γ-convergence, [Bra02, Definition 1.5, p 22])
Soit X un espace métrique et $(F_n)_{n\in\mathbb{N}}$ une suite de fonctions sur X à valeurs dans $\overline{\mathbb{R}} = \mathbb{R} \cup \{-\infty, +\infty\}$. Cette suite est dite Γ-convergente vers la fonction F_∞ de X dans $\overline{\mathbb{R}}$ (et on note $F_\infty = \Gamma - \lim\limits_{n\to+\infty} F_n$), si les deux propriétés suivantes sont vérifiées pour tout $x \in X$:

[i] (inégalité de limite inférieure) *pour toute suite $(x_n)_{n\in\mathbb{N}}$ dans X convergente vers x,*

$$F_\infty(x) \leq \liminf_{n\to+\infty} F_n(x_n), \tag{6.83}$$

[ii] (inégalité de limite supérieure) *il existe une suite $(x_n)_{n\in\mathbb{N}}$ dans X, convergente vers x, telle que*

$$F_\infty(x) \geq \limsup_{n\to+\infty} F_n(x_n). \tag{6.84}$$

Le lecteur pourra utilement comparer les propriétés (6.83)–(6.84) avec notre "souhait", à savoir la convergence (6.82). Il est clair que nous nous rapprochons du but. Mais cette observation devient encore plus convaincante à la lecture du résultat suivant (et de notamment sa toute dernière assertion) :

Proposition 6.5 (Convergence des minima, [Bra02, Theorem 1.21, p 29]) *Soit X un espace métrique et $(F_n)_{n\in\mathbb{N}}$ une suite de fonctions sur X à valeurs dans $\overline{\mathbb{R}}$, telles qu'il existe un ensemble compact $K \subset X$ vérifiant, pour tout $n \in \mathbb{N}$, $\inf\limits_X F_n = \inf\limits_K F_n$ dans $\overline{\mathbb{R}}$.*

Supposons $F_\infty = \Gamma - \lim\limits_{n \to +\infty} F_n$. *Alors*

$$\min_X F_\infty = \lim_{n \to +\infty} \inf_X F_n \tag{6.85}$$

et ce minimum est atteint. De plus, si $(x_n)_{n \in \mathbb{N}}$ *est une suite* précompacte *dans X (c'est-à-dire que la réunion* $\bigcup\limits_{n \in \mathbb{N}} \{x_n\}$ *peut être, pour tout* $\varepsilon > 0$, *recouverte par une réunion finie de boules de rayon* ε), *telle que* $\lim\limits_{n \to +\infty} F_n(x_n) = \lim\limits_{n \to +\infty} \inf_X F_n$, *alors toute valeur d'adhérence* x_∞ *de la suite* $(x_n)_{n \in \mathbb{N}}$ *est un minimiseur de* F_∞, *c'est-à-dire* $F_\infty(x_\infty) = \min\limits_X F_\infty$.

Munis de ces préliminaires, nous pouvons maintenant énoncer, dans le langage et avec les outils de la Γ-convergence, un résultat classique d'homogénéisation périodique :

Proposition 6.6 (Théorème d'homogénéisation périodique par Γ-convergence, [Bra02, Theorem 3.1, p 64]) *Soit* $1 < q < +\infty$ *et* f *une fonction mesurable de* $\mathbb{R} \times \mathbb{R}^n$ *dans* $\mathbb{R}_+$ *vérifiant, pour certains* c_1, c_2, c_3 *tous strictement positifs, la condition dite* de croissance

$$c_1 |p|^q - c_2 \le f(t, p) \le c_3 (1 + |p|^q), \tag{6.86}$$

pour tout $(t, p) \in \mathbb{R} \times \mathbb{R}^n$. *Supposons aussi que* f *est périodique de sa première variable. Soit alors*

$$F_\varepsilon(u) = \int_0^1 f\left(\frac{t}{\varepsilon}, u'\right) dt \tag{6.87}$$

définie pour toutes les fonctions $u \in W_0^{1,q} (]0, 1[)^n$. *Alors il existe une fonction*

$$F^*(u) = \int_0^1 f^*(u'(t)) \, dt, \tag{6.88}$$

où F^* *est la* Γ-*limite de la suite* F_ε, *et, pour tout* $p \in \mathbb{R}^n$

$$f^*(p) = \lim_{T \to +\infty} \inf \left\{ \frac{1}{T} \int_0^T f\left(y, u'(y) + p\right) dy; \quad u \in W_0^{1,q} (]0, T[)^n \right\}. \tag{6.89}$$

Remarque 6.7 *La fonction* f^* *définie par* (6.89) *peut aussi être définie comme* l'enveloppe convexe semi-continue inférieure *(c'est-à-dire la plus grande fonction*

convexe et semie-continue inférieurement qui soit inférieure à la fonction donnée)
de la fonction

$$g(p) = \liminf_{T \to +\infty} \inf_{x \in \mathbb{R}} \inf \left\{ \frac{1}{T} \int_x^{x+T} f\left(y, u'(y) + p\right) dy; \right.$$

$$\left. u \in W^{1,q} \left(]x, x+T[\right)^n, \; u \text{ est } T\text{-périodique} \right\}.$$

$$(6.90)$$

La puissance de la Proposition 6.6 est qu'elle n'est pas restreinte aux fonctions f quadratiques, et est de portée tout à fait générale. Pour la comprendre, il n'est cependant bien sûr pas inutile de considérer le cas particulier $q = 2$, $n = 1$, $f(t, p) = a_{per}(t) \, p^2$. Dans ce cas, la Proposition 6.6 nous dit que la Γ-limite de la suite

$$F_\varepsilon(u) = \int_0^1 a_{per}\left(\frac{t}{\varepsilon}\right) \left(u'(t)\right)^2 dt$$

est la fonction (6.88) avec

$$f^*(p) = \lim_{T \to +\infty} \inf \left\{ \frac{1}{T} \int_0^T a_{per}(y) \left(w'(y) + p\right)^2, dy; \quad w \in H_0^1 \left(]0, T[\right) \right\}.$$

Nous laissons le lecteur réaliser que cette dernière fonction n'est autre que

$$f^*(p) = \lim_{T \to +\infty} \left(\frac{1}{T} \int_0^T a_{per}^{-1}(y) \, dy \right)^{-1} p^2 = \langle a_{per}^{-1} \rangle^{-1} \, p^2.$$

Il s'ensuit que

$$F^*(u) = \langle a_{per}^{-1} \rangle^{-1} \int_0^1 \left(u'(t)\right)^2 dt,$$

et que nous venons de retrouver les résultats "habituels" que nous connaissons (et avons revus dans le langage des fonctionnelles d'énergie à la section précédente).

Un des atouts de la théorie de la Γ-convergence est sa souplesse d'utilisation. Elle permet notamment d'aborder élégamment des problèmes *discrets*, comme ceux de l'atomistique que nous avons abordés avec d'autres perspectives dès la Section 1.3. Considérons en effet un système de particules en interaction, disons dans un espace ambiant monodimensionnel pour simplifier. Ces particules sont supposées en un nombre N, lequel nombre est, en un sens, l'inverse de l'ordre de grandeur de la distance inter-particules ε, supposées asymptotiquement petite. Nous avons déjà abordé les questions de limite thermodynamique pour de tels systèmes, mais avions affecté à chaque particule une position bien définie, fixée. Par exemple nous avions pris les particules toutes espacées exactement (éventuellement à défaut de périodicité près !) de la distance ε. Supposons ici que la position de la n-ième particule est une variable u_n, de sorte que l'énergie du système soit minimale. Difficile en toute généralité, de dire quelle est la valeur de cette position u_n. Pour autant, grâce à la Γ-convergence, nous allons pouvoir décrire la limite du système de particules quand la distance tend vers zéro et donc le nombre de particules tend vers l'infini.

C'est l'objet, par exemple, du résultat suivant :

Proposition 6.8 (Limite de systèmes discrets, [Bra02, Theorem 4.3, p 79])
Soit $1 < q < +\infty$ et V une fonction bornée vérifiant, pour c_1 et c_2 strictement positifs, $c_1 |p|^q - c_2 \leq V(p)$ pour tout $p \in \mathbb{R}$. Alors la fonctionnelle

$$E_N(u) = \frac{1}{N} \sum_{n=1}^{N} V\left(\frac{u_n - u_{n-1}}{\frac{1}{N}} \right) \tag{6.91}$$

Γ-converge dans L^q (]0, 1[) vers

$$E_\infty(u) = \begin{cases} \displaystyle\int_0^1 V^{**}(u') \ si \ u \in W^{1,q} \ (]0, 1[) , \\ \\ +\infty \qquad sinon, \end{cases} \tag{6.92}$$

où V^{**} désigne l'enveloppe convexe semi-continue inférieure de la fonction V.

Ce résultat indique que le passage du discret au continu, d'une certaine façon, "convexifie" le potentiel d'interaction V. En passant naïvement à la la limite dans (6.91) à u fixée, on obtiendrait (6.92) avec V à la place de V^{**}. Le processus de Γ-limite est plus subtil. La non-convexité du potentiel V peut faire apparaître des dégénérescences du potentiel (zones où V^{**} est plate) là où V n'en a pas, comme le montre la Figure 6.1.

Fig. 6.1 Un potentiel d'interaction V (en noir) et son enveloppe V^{**} obtenue à la limite de la Γ-convergence. Les zones en rouge sont celles où $V^{**} < V$.

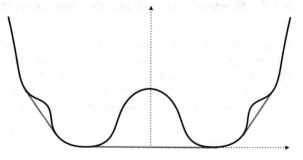

6.3 Vision stochastique de l'homogénéisation

Nous aurions pu intituler *"Homogénéisation stochastique"* cette Section 6.3. Nous aurions alors perpétué une ambiguïté récurrente dans la théorie de l'homogénéisation, celle qui consiste à dénommer par ce terme à la fois

(i) l'homogénéisation des équations contenant des coefficients (ou plus générale- ment des termes) aléatoires et

(ii) l'approche par méthodes probabilistes de l'homogénéisation des équations (le plus souvent elliptiques ou paraboliques) déterministes, ou peut-être aussi aléatoires.

Dans les Sections 2.4 et 4.3, nous nous sommes intéressés à l'acception (i) du terme. Cette Section 6.3 est consacrée à l'acception (ii).

Le cadre elliptique de l'équation (1) qui nous a occupés la majeure partie de cet ouvrage peut être abordé par des techniques probabilistes, mais, pour faire son apprentissage de telles techniques, il n'est pas, à notre avis, le cadre le plus pédagogique. Nous allons donc introduire ces techniques essentiellement sur le cas d'une équation parabolique, analogue dépendante du temps de l'équation (1), et nous mentionnerons régulièrement comment notre discussion s'adapte au cadre elliptique.

Pour mettre en œuvre ce programme, nous devons d'abord expliquer comment nos arguments (suivant (i)) pour l'équation elliptique se transportent, quand cela est possible, au cas parabolique, et comment ce cas est traité en général. C'est l'objet de la Section 6.3.1. Puis, parce que nous supposons que le lecteur n'est pas entièrement familier avec le cadre stochastique dont nous allons avoir besoin, nous allons consacrer la Section 6.3.2 à une initiation rapide aux *processus stochastiques* et à la correspondance entre les équations aux dérivées partielles et les *équations différentielles stochastiques* (tous ces termes prendront un sens très bientôt !). Grâce à ces rappels, nous serons en mesure de décrire à grands traits, en Section 6.3.3 l'approche probabiliste de l'homogénéisation (le point (ii)).

6.3.1 Homogénéisation parabolique déterministe

Comme annoncé, cette section est consacrée à l'adaptation de nos arguments faits sur une équation elliptique, et plus particulièrement sur son prototype l'équation (1), au cas des équations paraboliques (et, nous le verrons très rapidement au passage, à d'autres équations elliptiques linéaires que (1)). Commençons par l'exacte analogue de l'équation (1), à savoir l'équation dépendante du temps

$$\partial_t u^\varepsilon(t, x) - \operatorname{div}(a_\varepsilon(x) \nabla u^\varepsilon(t, x)) = f(t, x), \tag{6.93}$$

supposée, comme (1), posée sur un domaine borné $\mathcal{D} \subset \mathbb{R}^d$, avec une donnée $f(t, x)$ au membre de droite dépendant éventuellement du temps, mais ne dépendant pas du petit paramètre ε. L'équation (6.93) est, de nouveau comme (1), complétée de la condition de Dirichlet homogène (2), que nous récrivons ici

$$u^\varepsilon(t, x) = 0, \quad x \in \partial\mathcal{D}, \quad \text{pour tout } t > 0. \qquad (6.94)$$

En revanche, comme il s'agit d'une équation d'évolution, il faut aussi lui fournir une *donnée initiale*, c'est-à-dire poser

$$u^\varepsilon(t = 0, x) = u_0(x), \quad x \in \mathcal{D}, \qquad (6.95)$$

pour une fonction fixée u_0 définie sur $\mathcal{D}$, et qui pourra devoir vérifier certaines conditions de régularité sur ce domaine et sur son bord.

Nous ne décrirons pas dans le détail la raison pour laquelle l'équation (6.93)–(6.94)–(6.95) est alors bien posée, pour chaque $\varepsilon > 0$. Les techniques pour le prouver sont relativement similaires à celles de l'étude que nous avons menée au début de la Section 3.1 pour montrer le caractère bien posé de l'équation (1)–(2). Il y a bien sûr quelques difficultés additionnelles dues à la dépendance en temps, mais tout ceci relève d'un cours qui n'est pas notre objectif ici. Nous renvoyons donc à la bibliographie (voir par exemple [Eva10, Section 7.1] pour le cas où a_ε est symétrique, et [Eva10, Section 7.4] pour le cas général). Le résultat classique est le suivant. Si nous fixons un temps final arbitraire $T > 0$, si nous supposons $f \in L^2\left([0, T], H^{-1}(\mathcal{D})\right)$, si nous supposons aussi les conditions habituelles de borne et de coercivité (3.1) sur le coefficient a_ε, alors il existe une solution unique u^ε de (6.93)–(6.94)–(6.95), telle que $u^\varepsilon \in L^2\left([0, T], H_0^1(\mathcal{D})\right)$ et $u^\varepsilon \in C^0\left([0, T], L^2(\mathcal{D})\right)$.

Notons enfin que l'estimation suivante est vérifiée par u^ε :

$$\left\| u^\varepsilon \right\|_{L^2([0,T], H_0^1(\mathcal{D}))} \leq C \left(\|f\|_{L^2([0,T], H^{-1}(\mathcal{D}))} + \|u_0\|_{L^2(\mathcal{D})} \right). \qquad (6.96)$$

Nous renvoyons à [BLP11, pages 131–132] pour la preuve de ce résultat, qui s'établit en multipliant l'équation (6.93) par u^ε et en intégrant en espace, puis en temps.

La question à laquelle nous nous intéressons est la limite quand $\varepsilon \to 0$ de cette solution. Pour simplifier significativement l'exposé rapide que nous souhaitons faire ici, nous allons supposer que le coefficient a_ε présent dans (6.93) est non seulement *indépendant du temps*, ce que le lecteur distrait n'avait peut-être pas remarqué dans nos notations, mais aussi qu'il est la remise à l'échelle d'une fonction *périodique* fixée

$$a_\varepsilon(x) = a_{per}\left(\frac{x}{\varepsilon}\right).$$

La détermination de l'équation homogénéisée associée à l'équation (6.93) pourrait être menée sous des conditions bien plus générales, mais ce cas particulier simple nous suffit pour l'initiation à ce type de problèmes que nous souhaitons présenter ici.

Dans ce cas particulier, en suivant [BLP11, Remark 1.8, p. 133–134], il est aisé d'identifier rigoureusement la limite homogénéisée de notre équation parabolique (6.93) comme étant

$$\partial_t u^*(t, x) - \operatorname{div}(a^* \nabla u^*(t, x)) = f(t, x), \qquad (6.97)$$

où le coefficient homogénéisé a^* est *le même* que celui du cas elliptique (3.8), et ce en "recyclant" le résultat que nous avons établi sur (1) pour le même coefficient a_ε.

En effet, il suffit, pour toute fonction $\Phi \in C_0^\infty([0, T[)$, de multiplier (6.93) par ϕ, puis d'intégrer en temps de $t = 0$ à $t = T$ pour trouver

$$- \operatorname{div}(a_\varepsilon(x) \nabla(U^\varepsilon(\Phi))(x)) = (F(\Phi))(x) + (U^\varepsilon(\Phi'))(x) + u_0(x)\Phi(0), \qquad (6.98)$$

où nous avons noté, pour tout $x \in \mathcal{D}$,

$$(U^\varepsilon(\Phi))(x) = \int_0^T u^\varepsilon(t, x) \Phi(t) dt, \quad F(\Phi)(x) = \int_0^T f(t, x) \Phi(t) dt,$$

et, grâce à une intégration par parties en temps,

$$(U^\varepsilon(\Phi'))(x) + u_0(x)\Phi(0) = - \int_0^T \partial_t u^\varepsilon(t, x) \Phi(t) dt.$$

Noter que, puisqu'il ne dépend pas du temps, le coefficient a_ε a "traversé" l'intégrale $\int_0^T dt$. La condition au bord (6.94) nous assure que $(U^\varepsilon(\Phi))$ est aussi nulle sur le bord. En fait, toutes les équations ci-dessus sont à comprendre au sens des formulations variationnelles comme au Chapitre 3 (les manipulations formelles que nous décrivons ci-dessus étant en réalité faites sur la formulation variationnelle de (6.93), mais, le lecteur étant, à ce stade de l'ouvrage, familier de ce type d'argument, nous l'omettons). La borne (6.96) permet d'extraire une sous-suite, que nous notons toujours u^ε, qui converge faiblement dans $L^2([0, T], H_0^1(\mathcal{D}))$ vers une limite que nous notons u^*. Ceci implique alors, par définition de cette convergence faible, que

$$U^\varepsilon(\Phi) \longrightarrow U^*(\Phi) \text{ dans } H_0^1(\mathcal{D}),$$

où nous avons évidemment noté $U^*(\phi) = \int_0^T u^*(t, x)\Phi(t)dt$. Ceci implique que le membre de droite de (6.98) converge, dans $L^2(\mathcal{D})$, vers $F(\Phi) + U^*(\Phi')$. Ceci permet de passer à la limite dans (6.98) grâce à la théorie de l'homogénéisation du Chapitre 3. Nous avons donc

$$- \operatorname{div}(a^*(x) \, \nabla(U^*(\Phi)) \, (x)) \; = \; (F(\Phi)) \, (x) \; + \; (U^*(\Phi')) \, (x) \; + \; u_0(x) \Phi(0). \tag{6.99}$$

De plus, l'espace $H_0^1(\mathcal{D})$ est fermé pour la topologie H^1 faible, donc $U^*(\Phi) \in H_0^1(\mathcal{D})$. Ceci étant vrai pour toute fonction $\Phi \in C_0^\infty([0, T[)$, et prouve donc que u^* est bien solution de (6.95)–(6.97).

Le lecteur attentif aura noté au passage que nous avons utilisé le résultat d'homogénéisation elliptique sur (6.98), équation qui a pourtant un second membre non fixé, mais dépendant de ε, à cause du terme $U^\varepsilon(\Phi')$. Il se trouve que, à cause des bornes uniformes en ε que nous pouvons établir sur u^ε dans $L^2\left([0, T], H_0^1(\mathcal{D})\right)$, ce second membre converge fortement dans $L^2(\mathcal{D})$ (à extraction près, mais la limite homogénéisée étant *in fine* unique, cette extraction disparaît). Et nous pouvons alors à bon droit passer à la limite dans (6.98). Ceci est une conséquence du fait que notre Lemme 3.3, bien qu'énoncé avec un second membre f fixe, s'étend au cas où le membre de droite est une suite f_n fortement convergente dans $H_{loc}^{-1}(\mathcal{D})$. Le lecteur pourra vérifier en effet que la preuve de ce lemme utilise seulement cette propriété (en fait pour pouvoir y appliquer le Lemme 3.16). Un tel raisonnement était déjà présent à la Section 5.2.2.2.

La non dépendance en temps du coefficient a_ε nous permet donc de "court-circuiter" une authentique étude de l'homogénéisation d'un problème parabolique en nous ramenant au problème elliptique correspondant. Ce que nous avons fait ici avec $-\operatorname{div}(a_\varepsilon(x) \, \nabla.)$ pourrait être fait avec d'autres opérateurs elliptiques (par exemple l'opérateur d'advection-diffusion étudié à la Section 6.1), ou même des opérateurs linéaires plus compliqués. Ce que nous avons fait avec un coefficient *périodique* pourrait être fait avec la variété des coefficients que nous avons considérés aux Chapitres 3 et 4 : stationnaires, périodiques avec défauts localisés, etc. Nous passons sur l'ensemble de ces généralisations.

Une alternative, qui s'impose quand le coefficient dépend du temps, mais qui est aussi toujours possible bien sûr, est de refaire une étude du type de celle du Chapitre 3, spécifiquement dans le cas parabolique. Un développement à deux échelles *formel* peut être mené, puis sa preuve rigoureuse peut être faite. Nous ne souhaitons pas non plus avancer dans cette direction. Nous renvoyons à [BLP11] pour, au moins dans le cadre périodique, des énoncés précis et leurs preuves sur les problèmes paraboliques généraux.

Enfin, une option différente est de procéder à une preuve *probabiliste* de ces résultats d'homogénéisation, et c'est ce que nous voulons aborder maintenant.

Un dernier point avant cela : l'homogénéisation d'une équation dépendante du temps qui est une variante de l'équation (6.93) et que nous pouvons aussi faire encore plus "gratuitement" que ci-dessus. Cette équation nous sera utile comme élément de comparaison à la Section 6.3.3. Il s'agit de l'équation

$$\partial_t u^\varepsilon(t,\,x) - a_{per}\left(\frac{x}{\varepsilon}\right) \Delta u^\varepsilon(t,\,x) = f(t,\,x), \tag{6.100}$$

où nous avons donc pris un coefficient *scalaire, indépendant du temps* a_ε, de la forme $a_\varepsilon(x) = a_{per}\left(\frac{x}{\varepsilon}\right)$. L'équation (6.100) est complémentée des mêmes conditions que (6.100), à savoir (6.94)–(6.95).

En appliquant à cette équation (6.100) les mêmes manipulations que ci-dessus, nous nous ramenons à l'équation

$$-a_\varepsilon(x)\,\Delta(U^\varepsilon(\Phi))(x)) = (F(\Phi))(x) + (U^\varepsilon(\Phi'))(x) + u_0(x)\Phi(0), \tag{6.101}$$

laquelle équation peut être facilement homogénéisée. Il est immédiat de se rendre compte, "par division" sur l'équation $-a_\varepsilon\,\Delta u^\varepsilon = f$, que la limite homogénéisée de l'opérateur $-a_\varepsilon(x)\,\Delta$ est l'opérateur $-a^*\,\Delta$, où le coefficient scalaire constant a^* vaut

$$a^* = \left(\int_Q a_{per}^{-1}(y)\,dy\right)^{-1}$$

(c'est une application directe des résultats de notre Chapitre 1 !). Il est alors facile de démontrer (nous laissons cet exercice au lecture en lui demandant de prendre garde à quelques points techniques qui changent par rapport à l'équation (6.93)) que la limite homogénéisée de l'équation (6.100) est donc

$$\partial_t u^*(t,\,x) - a^*\,\Delta u^*(t,\,x) = f(t,\,x), \tag{6.102}$$

pour

$$a^* = \left(\int_Q a_{per}^{-1}(y)\,dy\right)^{-1}. \tag{6.103}$$

Souvenons-nous en pour la suite....

6.3.2 Rappel succinct des liens entre EDP et EDS

Commençons par compléter le formalisme probabiliste introduit à la Section 1.6.1 du Chapitre 1 pour pouvoir traiter ici de variables aléatoires *dépendant du temps*. Ceci nous amènera à mentionner les concepts d'équations différentielles stochastiques, d'intégrale d'Itô, de calcul d'Itô, etc. Comme il est la règle dans cet ouvrage, signalons une nouvelle fois que cette section ne se substitue bien sûr pas à un authentique cours sur le sujet, ici le *calcul stochastique* pour lequel nous renvoyons à la bibliographie, par exemple [Le 13, Øks03, KS91, RW00a, RW00b]. Nous nous contentons d'une brève présentation fournissant quelques détails rigoureux, mais aussi se permettant quelques raccourcis saisissants.

Un *processus stochastique* (ici à temps continu et à valeurs dans $\mathbb{R}^d$) est une famille $(\mathbf{X}_t)_{t \geq 0}$ de variables aléatoire indicées par le temps t, chacune définie sur un espace de probabilité $(\Omega, \mathcal{T}, \mathbb{P})$, triplet que nous avons déjà défini à la Section 1.6.1 du Chapitre 1. Une *filtration* $(\mathcal{T}_t, t \geq 0)$ est une suite croissante, indicée par le temps, de sous-tribus de la tribu $\mathcal{T}$. Un processus stochastique est alors dit $(\mathcal{T}_t)_{t \geq 0}$-*adapté* si, pour chaque $t \geq 0$, $\mathbf{X}_t$ est une variable aléatoire mesurable par rapport à la sous-tribu $\mathcal{T}_t$. A l'inverse, un processus stochastique $\mathbf{X}_t$ étant fixé, la *filtration naturelle* associée à $\mathbf{X}_t$ est la filtration $\mathcal{T}_t$ formée, pour chaque temps $t \geq 0$, de la plus petite tribu rendant les applications $\omega \to \mathbf{X}_s(\omega)$ mesurables pour tout $0 \leq s \leq t$.

Ce formalisme étant posé (le lecteur pragmatique en retiendra qu'il existe un bon cadre pour que tout ce que nous allons faire ci-dessous prenne un sens rigoureux), nous pouvons introduire la notion de *mouvement brownien*. Notons tout de suite qu'il existe plusieurs manières, dont on montre *a posteriori* qu'elles sont équivalentes de définir un mouvement brownien. Nous en choisissons une ici. Un processus $\mathbf{X}_t(\omega)$ à valeurs sur la droite réelle $\mathbb{R}$ est un *mouvement brownien* (monodimensionnel) si c'est un processus

   (i) *à trajectoires presque sûrement continues*, c'est-à-dire que presque sûrement les applications $t \to \mathbf{X}_t(\omega)$ sont continues de la variable temps $t \geq 0$;
   (ii) *à accroissements indépendants*, c'est-à-dire, pour tous $0 \leq s \leq t$, la variable aléatoire $\mathbf{X}_t(\omega) - \mathbf{X}_s(\omega)$ est indépendante de la tribu naturelle $\mathcal{T}_s$, ce qui s'exprime par : pour tout $A \in \mathcal{T}_s$ et toute fonction f bornée mesurable,

$$\mathbb{E}\left(\mathbf{1}_A(\omega)\, f\,(\mathbf{X}_t(\omega) - \mathbf{X}_s(\omega))\right) = \mathbb{E}\left(f\,(\mathbf{X}_t(\omega) - \mathbf{X}_s(\omega))\right) \mathbb{P}(A);$$

   (iii) *à accroissements stationnaires*, c'est-à-dire que, pour tous $0 \leq s \leq t$, la loi de $\mathbf{X}_t(\omega) - \mathbf{X}_s(\omega)$ est identique à celle de $\mathbf{X}_{t-s}(\omega) - \mathbf{X}_0(\omega)$.

Ces trois propriétés **(i)**-**(ii)**-**(iii)** prises ensemble caractérisent conjointement un mouvement brownien et impliquent que pour tous $t \geq s \geq 0$, $\mathbf{X}_t(\omega) - \mathbf{X}_s(\omega)$ suit une loi gaussienne de moyenne $r(t-s)$, pour un certain r, et de variance $\sigma^2(t-s)$ pour un certain σ. Il n'est ni évident qu'un mouvement brownien existe, ni évident que **(i)**-**(ii)**-**(iii)** impliquent bien les propriétés ci-dessus. Dans toute la suite, nous supposerons de plus que $r = 0$ et $\sigma = 1$. Autrement dit, la loi de $\mathbf{X}_{t+1}(\omega) - \mathbf{X}_t(\omega)$ est une gaussienne centrée réduite, pour tout $t \geq 0$.

A partir du mouvement brownien monodimensionnel ci-dessus, il est évidemment possible de définir un mouvement brownien *multidimensionnel* comme un processus $\mathbf{X}_t(\omega) = \left(\mathbf{X}_t^1(\omega), \ldots, \mathbf{X}_t^d(\omega)\right)$ à valeurs dans $\mathbb{R}^d$, tels que les composantes $\mathbf{X}_t^k(\omega)$, $k = 1, \ldots, d$, sont des mouvements browniens (monodimensionnels) indépendants.

Les deux notations habituelles pour un mouvement brownien sont $\mathbf{B}_t(\omega)$ (comme le botaniste Robert Brown qui l'a observé empiriquement) et $\mathbf{W}_t(\omega)$ (comme le mathématicien Norbert Wiener qui l'a formalisé, sous le nom de *processus de Wiener*). Nous préférons ici cette deuxième notation.

Munis d'un mouvement brownien multidimensionnel $\mathbf{W}_t$, nous introduisons maintenant la notion d'*équation différentielle stochastique*, abrégée en *EDS*, que nous allons ensuite relier aux équations aux dérivées partielles que nous étudions dans cet ouvrage.

Une équation différentielle stochastique, pour le moment posée sur la droite réelle $\mathbb{R}$ et supposée de forme simple, est une équation de la forme

$$d\,\mathbf{X}_t(\omega) = \mathbf{b}(\mathbf{X}_t(\omega))\,dt + \sigma\,d\,\mathbf{W}_t(\omega), \qquad (6.104)$$

où la fonction $\mathbf{b}$, suffisamment régulière pour que l'équation prenne un sens, et la constante σ sont données. Dans notre exemple (6.104), $\mathbf{b}$ ne dépend pas explicitement du temps, mais elle pourrait. Le mouvement brownien $\mathbf{W}_t$ est supposé à valeurs dans $\mathbb{R}$, et supposé aussi *standard*, ce qui signifie que nous supposons $\mathbf{W}_0 = 0$ presque sûrement. L'équation est assortie d'une condition initiale, disons

$$\mathbf{X}_{t=0}(\omega) = \mathbf{X}^0(\omega), \qquad (6.105)$$

pour $\mathbf{X}^0(\omega)$ une variable aléatoire fixée à valeurs réelles. Cette écriture (6.104)–(6.105) est *symbolique*, et doit être comprise sous sa forme intégrée en temps, à savoir

$$\mathbf{X}_t(\omega) = \mathbf{X}^0(\omega) + \int_0^t \mathbf{b}(\mathbf{X}_s(\omega))\,ds + \sigma\,\mathbf{W}_t(\omega), \qquad (6.106)$$

laquelle forme a un sens rigoureux. Par exemple pour $\mathbf{b}$ continu, on peut raisonnablement supposer (et c'est le cas en fait) que les trajectoires $t \to \mathbf{X}_t(\omega)$ héritent de la continuité des trajectoires browniennes $t \to \mathbf{W}_t(\omega)$, presque sûrement, et donc l'intégrale dans (6.106) est une intégrale d'une fonction continue du temps, parfaitement bien définie donc (presque sûrement). Il faut bien sûr le montrer, mais au moins le lecteur peut avoir la sensation intuitive que c'est vrai.

La définition formelle ci-dessus peut se généraliser en dimension supérieure, par exemple (toujours pour simplifier) avec

$$d\,\mathbf{X}_t(\omega) = \mathbf{b}(\mathbf{X}_t(\omega))\,dt + \sigma\,d\,\mathbf{W}_t(\omega), \qquad (6.107)$$

où $\mathbf{b}$ est définie sur $\mathbb{R}^d$ et à valeurs dans $\mathbb{R}^d$, où σ est une matrice de taille $d \times n$ et $\mathbf{W}_t$ un mouvement brownien standard de dimension n. La donnée initiale analogue à (6.105) est alors

$$\mathbf{X}_{t=0}(\omega) = \mathbf{X}^0(\omega), \qquad (6.108)$$

pour $\mathbf{X}^0(\omega)$ une variable aléatoire fixée à valeurs dans $\mathbb{R}^d$. De multiples autres généralisations sont possibles concernant les coefficients $\mathbf{b}$ et σ. Une généralisation importante pour notre propos dans la suite est celle où le coefficient σ n'est plus pris constant, mais est lui même une fonction de $\mathbb{R}^d$, voire aussi du temps. Dans ce cas, et le phénomène s'observe dès la dimension $d = 1$, l'équation s'écrit

$$d\,\mathbf{X}_t(\omega) = \mathbf{b}(\mathbf{X}_t(\omega))\,dt + \sigma(\mathbf{X}_t(\omega))\,d\,\mathbf{W}_t(\omega) \qquad (6.109)$$

et correspond à

$$\mathbf{X}_t(\omega) = \mathbf{X}^0(\omega) + \int_0^t \mathbf{b}(\mathbf{X}_s(\omega))\,ds + \int_0^t \sigma(\mathbf{X}_s)\,d\,\mathbf{W}_s(\omega). \qquad (6.110)$$

où la dernière intégrale est d'une autre nature que l'intégrale de Lebesgue. Il s'agit d'une *intégrale d'Itô*, pour la construction de laquelle nous renvoyons le lecteur à la bibliographie. Il nous suffira de savoir que, sous de bonnes conditions toujours, cette intégrale définit correctement une variable aléatoire, qui de plus a une espérance nulle. La variante multidimensionnelle de (6.109)–(6.110) est immédiate.

Relions maintenant les équations différentielles stochastiques et les équations aux dérivées partielles. Procédons encore formellement, cela nous suffira ici, sachant que toute notre présentation peut être rendue rigoureuse sous de bonnes conditions de régularité des coefficients en jeu dans les équations. Lorsque nous définissons

$$a_{ij} = \sum_{k=1}^n \sigma_{ik}\,\sigma_{jk}, \qquad (6.111)$$

ce que nous pouvons noter sous la forme plus compacte $\mathbf{a} = \sigma\,\sigma^T$, et u_0 la loi de la variable aléatoire $\mathbf{X}^0$, alors l'équation différentielle stochastique (6.108)–(6.109) est reliée à la fois à l'équation parabolique

$$\partial_t u - b_i \,.\, \partial_i u - \frac{1}{2}\,a_{ij}\,\partial_{ij}^2 u = 0 \qquad (6.112)$$

et à l'équation parabolique adjointe de (6.112) :

$$\partial_t p + \partial_i\,(b_i\,p) - \frac{1}{2}\,\partial_{ij}^2\,(a_{ij}\,p) = 0. \qquad (6.113)$$

Ces deux équations sont, pour garder notre exposé simple, supposées posées sur l'espace tout entier. Les poser sur des ouverts bornés en les complétant de conditions au bord conduirait à une modification de l'algèbre des résultats suivants, sans les mettre en cause dans leur esprit. Autant se passer de ces détails techniques.

La relation de (6.109) avec (6.112) est fournie par la *formule de Feynman-Kac* qui exprime la solution $u(t, x)$ de (6.112) issue de la donnée initiale

$$u_{t=0} = u_0,$$

comme

$$u(t, x) = \mathbb{E}_x \left(u_0 \left(\mathbf{X}_t(x, \omega) \right) \right), \tag{6.114}$$

où, pour éviter toute ambiguïté, nous avons noté $\mathbf{X}_t(x, \omega)$ la solution de (6.109) issue de la donnée initiale

$$\mathbf{X}_{t=0}(\omega) = x,$$

correspondant donc à une loi initiale u_0 qui serait une masse de Dirac placée en x. Nous avons aussi noté $\mathbb{E}_x$ l'espérance *prise à x fixé*, c'est-à-dire l'espérance prise sur l'ensemble des trajectoires browniennes seulement (sans hasard sur la donnée initiale, figée en x).

Par ailleurs, (6.109) est aussi reliée à l'équation (6.113), cette fois parce que si nous notons $p(t, x)$ la loi de la variable aléatoire $X_t(\omega)$ solution de (6.109) pour la donnée initiale (6.108) avec $\mathbf{X}_{t=0}$ de loi p_0, alors $p(t, x)$ est la solution de (6.113), associée à la donnée initiale p_0. Il est facile de réaliser ceci en menant un calcul similaire à (6.117) consistant, pour une fonction arbitraire φ, disons continue bornée sur $\mathbb{R}^d$, à évaluer

$$\int \varphi(x) \, \partial_t \, p(t, x) \, dx = \frac{d}{dt} \int \varphi(x) \, p(t, x) \, dx = \frac{d}{dt} \mathbb{E} \left(\varphi(X_t) \right) = \mathbb{E} \left(\frac{d}{dt} \varphi(X_t) \right),$$

et à exprimer le terme le plus à droite par calcul d'Itô pour retrouver l'équation voulue sur $p(t, x)$.

Dans ce cadre, (6.113) est appelée *équation de Fokker-Planck*. Les équations (6.112) et (6.113) sont dites *équations de Kolmogorov* associées au processus $\mathbf{X}_t$.

Signalons rapidement comment, par exemple, la formule de Feynman-Kac (6.114) peut être établie formellement. L'argument clé est une adaptation au cadre aléatoire d'un argument que le lecteur connaît bien dans le cadre déterministe : la *méthode des caractéristiques*. Nous souhaitons représenter la solution de l'équation du transport linéaire

$$\partial_t u - b_i \, . \, \partial_i \, u = 0, \tag{6.115}$$

issue de

$$u(t = 0 \, , \, x) = u_0(x),$$

à l'aide de la solution $\mathbf{X}(s, x)$ de l'équation de l'équation différentielle (dite *ordinaire* par opposition à l'équation différentielle *stochastique* (6.107))

$$\begin{cases} \dfrac{d\mathbf{X}}{dt}(t, x) = \mathbf{b}(\mathbf{X}(t, x)), \\ \mathbf{X}(t = 0, x) = x. \end{cases}$$

Nous effectuons la différentiation

$$\begin{aligned} \partial_s\, u(t - s, \mathbf{X}(s, x)) &= -\partial_t u(t - s, \mathbf{X}(s, x)) + \frac{d\mathbf{X}}{dt}(s, x) \,.\, \nabla u(t - s, \mathbf{X}(s, x)) \\ &= -\partial_t u(t - s, \mathbf{X}(s, x)) + \mathbf{b}(\mathbf{X}(s, x)) \,.\, \nabla u(t - s, \mathbf{X}(s, x)) \\ &= 0, \end{aligned}$$

puisque u est solution de (6.115), et en déduisons, en intégrant de $s = 0$ à $s = t$,

$$u(t, x) = u_0(\mathbf{X}(t, x)). \tag{6.116}$$

Dans le cadre aléatoire, l'analogue de ce raisonnement passe par le calcul d'Itô, que nous admettons ici et qui nous fournit que, lorsque $\mathbf{X}_t(\omega)$ est la solution de (6.109), alors

$$\begin{aligned} d\,(u(t - s, \mathbf{X}_s)) &= -\partial_t u(t - s, \mathbf{X}_s)\, ds + \mathbf{b}(\mathbf{X}_s).\nabla u(t - s, \mathbf{X}_s)\, ds \\ &\quad + \frac{1}{2}\,\mathbf{a}(\mathbf{X}_s) : D^2 u(t - s, \mathbf{X}_s)\, ds + \left(\sigma^T(\mathbf{X}_s)\nabla u(t - s, \mathbf{X}_s)\right).d\mathbf{W}_s, \end{aligned}$$

$$\tag{6.117}$$

où $A : B$ désigne le produit contracté de deux matrices A et B. De nouveau en intégrant de $s = 0$ à $s = t$, puis en prenant l'espérance des deux membres et en utilisant à la fois que u est solution de (6.112) et que l'intégrale d'Itô est d'espérance nulle, nous obtenons la formule de Feynman-Kac (6.114), analogue de la formule de représentation (6.116).

Ce que nous venons de faire entre équations *paraboliques* et EDS pourrait être réédité entre équations *elliptiques* et EDS, le second membre f de l'équation, et éventuellement la donnée au bord g d'une équation jouant alors formellement le rôle qu'a joué la donnée initiale u_0 ici. D'ailleurs, le lecteur connaît déjà l'outil classique pour passer d'une équation parabolique à une équation elliptique, nous l'avons vu à la Section 2.5.1 du Chapitre 2 : la transformée de Laplace. Il n'est donc pas surprenant que les résultats ci-dessus aient leurs analogues dans le cadre elliptique.

Ainsi, une formule de Feynman-Kac relie de même la solution de (par exemple)

$$\begin{cases} -\frac{1}{2} \operatorname{div}(\mathbf{a}(x)\,\nabla u(x)) = f(x) \text{ in } \mathcal{D}, \\ \qquad\qquad u(x) \qquad\quad = 0 \qquad \text{on } \partial\mathcal{D}, \end{cases} \qquad (6.118)$$

et la solution de l'équation différentielle stochastique (6.109). En effet, si nous prenons $\mathbf{a} = \sigma\,\sigma^T$, $\mathbf{b} = \operatorname{div}\mathbf{a}$ (c'est-à-dire, coordonnée par coordonnée, $b_j = \partial_i\,a_{ij}$), et si nous considérons la solution de l'équation (6.109) ainsi construite, la solution de (6.118) s'exprime comme

$$u(x) = \mathbb{E}\left(\int_0^{\tau_x(\omega)} f\,(\mathbf{X}_t(x\,,\,\omega))\,dt \right). \qquad (6.119)$$

où le temps aléatoire $\tau_x(\omega)$, est, pour chaque x, le premier temps où la trajectoire $\mathbf{X}_t(x\,,\,\omega)$ atteint le bord $\partial\mathcal{D}$ du domaine. Pour comprendre formellement pourquoi une telle formule est vraie, il suffit de considérer le cas très particulier où σ et $\mathbf{a}$ sont toutes les deux la matrice identité, donc $\mathbf{b} = 0$. Le processus $\mathbf{X}_t(x\,,\,\omega)$ vaut alors

$$\mathbf{X}_t(x\,,\,\omega) = x + \mathbf{W}_t(\omega).$$

Nous définissons alors $\mathbf{Y}_t(x\,,\,\omega) = u\,(x + \mathbf{W}_t(\omega))$ et calculons sa dérivée en temps (le lecteur réalise bien sûr que nous sommes en train de répliquer le calcul (6.117) du cas parabolique ci-dessus dans ce cadre elliptique) :

$$d\,\mathbf{Y}_t(x\,,\,\omega) = \nabla u\,(x + \mathbf{W}_t(\omega))\,.\,d\,\mathbf{W}_t + \frac{1}{2}\,\Delta u\,(x + \mathbf{W}_t(\omega))\,dt$$

$$= \nabla u\,(x + \mathbf{W}_t(\omega))\,.\,d\,\mathbf{W}_t - f\,(x + \mathbf{W}_t(\omega))\,dt$$

ce qui est en fait la forme intégrée en temps

$$\mathbf{Y}_T(x\,,\,\omega) - \mathbf{Y}_0(x\,,\,\omega) = \int_0^T \nabla u\,(x + \mathbf{W}_t(\omega))\,.\,d\,\mathbf{W}_t - \int_0^T f\,(x + \mathbf{W}_t(\omega))\,dt.$$

Nous évaluons cette expression en $T = \tau_x(\omega)$ (nous admettons que toutes ces manipulations peuvent être justifiées) et remplaçons $\mathbf{Y}$ par sa valeur pour trouver

$$u\left(x + \mathbf{W}_{\tau_x(\omega)}(\omega)\right) - u(x) = \int_0^{\tau_x(\omega)} \nabla u\,(x + \mathbf{W}_t(\omega))\,.\,d\,\mathbf{W}_t$$

$$- \int_0^{\tau_x(\omega)} f\,(x + \mathbf{W}_t(\omega))\,dt. \qquad (6.120)$$

Comme précisément $\tau_x(\omega)$ est un temps où $x + \mathbf{W}_{\tau_x(\omega)}(\omega) \in \partial\mathcal{D}$, nous avons

$$u\left(x + \mathbf{W}_{\tau_x(\omega)}(\omega)\right) = 0,$$

à cause de la deuxième ligne de (6.118) et le premier terme du membre de gauche disparaît donc. Pour simplifier le raisonnement qui suit, nous supposons f et a_{per} suffisamment régulières pour que $\nabla u \in L^\infty(\mathcal{D})$, sachant que l'argument s'adapte à des cas plus généraux. Ceci implique que, pour x fixé, la fonction $\phi(t, \omega) = \nabla u(x + \mathbf{W}_t)\mathbf{1}_{t<\tau_x(\omega)}$ est de carré intégrable, c'est-à-dire

$$\mathbb{E}\int_0^{+\infty} |\phi(t,\omega)|^2 dt = \mathbb{E}\int_0^{\tau_x(\omega)} |\nabla u(x + \mathbf{W}_t(\omega))|^2 dt \le \|\nabla u\|_{L^\infty(\mathcal{D})}^2 \mathbb{E}(\tau_x) < +\infty,$$

$$(6.121)$$

où nous avons utilisé que $\mathbb{E}(\tau_x) < +\infty$. Ceci peut se démontrer en remarquant que $|\mathbf{W}_t|^2 - d \times t$ est une martingale (voir [CM06, Exemple 2.3, page 23]), et que τ_x est un temps d'arrêt (voir [CM06, Définition 2.5, page 24]). Nous en déduisons, grâce à [CM06, Théorème 2.6, page 25], que $\mathbb{E}(|\mathbf{W}_{\tau_x}|^2 - d\tau_x) = \mathbb{E}(|\mathbf{W}_0|^2)$. Ainsi, $d\,\mathbb{E}(\tau_x) \le E(|\mathbf{W}_{\tau_x}|^2) \le \text{diam}(\mathcal{D})^2 < +\infty$. L'intégrabilité (6.121) est connue pour impliquer que $\mathbb{E}\int_0^{+\infty} \phi(t,\omega)d\mathbf{W}_t(\omega) = 0$. Voir par exemple [CM06, Théorème 3.2, page 41]. Cette intégrale est exactement l'espérance du premier terme du membre de droite de (6.120). Nous obtenons donc la formule (6.119).

En résumé, aussi bien dans le cas parabolique que dans le cas elliptique, il existe donc une expression, respectivement (6.114) et (6.119), de la solution de l'EDP en fonction (d'une espérance) de la solution de l'EDS.

Remarque 6.9 *Le lecteur s'est peut-être étonné du coefficient $\dfrac{1}{2}$ qui apparaît aux équations (6.112), (6.113), et maintenant (6.118). Il provient du calcul précis dû au calcul différentiel d'Itô (c'est le coefficient du terme d'ordre 2 dans la formule de développement de Taylor présente dans (6.117) !) et n'a évidemment aucune importance qualitative. Il est la raison pour laquelle, ironiquement, les analystes appellent parfois l'opérateur $\dfrac{1}{2}\Delta$ le "Laplacien des probabilistes".*

Muni de ce rapide viatique sur les liens entre EDP et EDS, le lecteur se doute maintenant que, si nous avons été capables de considérer des EDP avec coefficients oscillants comme (1) aux chapitres 2 à 4 de cet ouvrage, ou sa version parabolique (6.93) à la Section 6.3.1, et de déterminer leur limite homogénéisée quand $\varepsilon \to 0$, nous devrions être capables de trouver des arguments similaires pour des équations différentielles stochastiques du type

$$d\,\mathbf{X}_t(x,\omega) = \mathbf{b}\left(\frac{\mathbf{X}_t(x,\omega)}{\varepsilon}\right)dt + \sigma\left(\frac{\mathbf{X}_t(x,\omega)}{\varepsilon}\right)d\,\mathbf{W}_t(\omega) \qquad (6.122)$$

et de relier tous ces résultats entre eux, voire de faire les preuves des uns dans le langage et avec les outils des autres. Pour la mise en œuvre de ce programme complet, nous renvoyons de nouveau à [BLP11], avec, par exemple, [BLP11, equation (4.4.3) & Theorem 5.2] pour un résultat général sur l'homogénéisation elliptique par techniques probabilistes.

Nous présentons dans la prochaine section une preuve *"prototype"*, sur un cas relativement simple, d'un résultat dans cette direction.

6.3.3 *Homogénéisation parabolique via les processus stochastiques*

Nous allons travailler dans toute cette section sur le cas spécifique de l'équation (6.100) introduite à la Section 6.3.1, à savoir

$$\partial_t u^\varepsilon(t, x) - a_{per}\left(\frac{x}{\varepsilon}\right) \Delta u^\varepsilon(t, x) = f(t, x),$$

pour le coefficient a_{per} *périodique, scalaire, indépendant du temps*, posée sur $[0, T] \times \mathcal{D}$ et complémentée des conditions (6.94)–(6.95). C'est le seul cas de preuve par technique stochastique d'un résultat d'homogénéisation d'une EDP déterministe que nous aborderons dans cet ouvrage. Il nous suffira.

Nous introduisons

$$\sigma_{per} = \sqrt{2\, a_{per}}, \tag{6.123}$$

de sorte que $\frac{1}{2}\sigma_{per}^2 = a_{per}$, ce qui est la version scalaire de l'égalité *matricielle* (6.111), à l'éternel coefficient $\frac{1}{2}$ près, que nous avons discuté dans la Remarque 6.9. Le processus stochastique $\mathbf{X}_t$ solution de

$$d\mathbf{X}_t^\varepsilon(x, \omega) = \sigma_{per}\left(\frac{\mathbf{X}_t^\varepsilon(x, \omega)}{\varepsilon}\right) d\mathbf{W}_t(\omega), \tag{6.124}$$

est donc, vu (6.122), celui qu'il nous faut considérer pour notre preuve de l'homogénéisation de l'équation (6.100) en l'équation (6.102)

$$\partial_t u^*(t, x) - a^* \Delta u^*(t, x) = f(t, x),$$

avec le coefficient homogénéisé $a^* = \left(\int_Q a_{per}^{-1}(y)\, dy\right)^{-1}$ donné par (6.103).

Il faudra garder à l'esprit que tout ce que nous ferons pourrait être généralisé à l'équation (6.100) pour un coefficient *non scalaire*, ainsi qu'à une équation elliptique, ou parabolique quelconque, au prix parfois de quelques complications techniques dans lesquelles nous ne voulons pas rentrer.   Par exemple, pour l'équation (1), ou sa version parabolique (6.93), le processus à considérer au lieu de (6.124) serait le cas particulier

$$d\mathbf{X}_t^\varepsilon (x, \omega) = \mathbf{b}_{per} \left(\frac{\mathbf{X}_t^\varepsilon (x, \omega)}{\varepsilon} \right) dt + \sigma_{per} \left(\frac{\mathbf{X}_t^\varepsilon (x, \omega)}{\varepsilon} \right) d\mathbf{W}_t(\omega) \qquad (6.125)$$

du cas général (6.122), pour le choix $\left(\mathbf{b}_{per} \right)_j = \nabla a_{per}$, sous réserve de la régularité suffisante.   Le coefficient homogénéisé obtenu ne serait plus le simple (6.103), et son calcul mettrait alors en jeu la mesure invariante m_{per} associée à l'opérateur $-\operatorname{div}(a_{per}(x) \nabla \,.)$, notion que nous avons introduite en (6.27) à la Section 6.1.2. Cette mesure invariante, qui dans le cas particulier (6.100) vaut

$$m_{per} = \left(\int_Q a_{per}^{-1}(y) \, dy \right)^{-1} a_{per}^{-1},$$

et que nous n'allons donc pas voir *explicitement* figurer dans le raisonnement ci-dessous, jouerait aussi un rôle dans l'étude de la limite $\varepsilon \to 0$ du processus (6.125).

Quoi qu'il en soit, l'essentiel des idées est déjà présent dans le cas (6.100)–(6.123)–(6.124) et nous nous y tenons donc.   Signalons tout de suite que, selon une habitude bien établie, nous ne présenterons que les grandes lignes de l'étude et ses points clé, pour que le lecteur *comprenne*, en lui épargnant les difficultés techniques.   La preuve *in extenso*, munie de tout l'équipement théorique et des détails des calculs, peut être lue dans [BLP11, Sect. 4.1 & 4.2, p. 209–215].

Etude de la correspondance à ε fixé.   Pour chaque $\varepsilon > 0$ fixé, la formule de Feynman-Kac (6.114) exprime comme

$$u^\varepsilon (t, x) = \mathbb{E}_x \left(u_0 \left(\mathbf{X}_t^\varepsilon(x, \omega) \right) \right), \qquad (6.126)$$

la solution de (6.100)–(6.94)–(6.95). Comprendre la limite $\varepsilon \to 0$ de cette solution revient donc à comprendre la *limite en loi* du processus $\mathbf{X}_t^\varepsilon$ solution de (6.124).

Donnons-nous brièvement les moyens de formaliser cette notion.

Les trajectoires du processus $\mathbf{X}_t^\varepsilon$ solution de (6.124) sont continues, sous réserve d'une condition de régularité minimale de a_{per}, donc de σ_{per}. La théorie classique, dite *Théorie d'Itô* et analogue de la Théorie de Cauchy-Lipschitz du cadre déterministe, assure ainsi l'existence et l'unicité d'un tel processus à trajectoires continues si, dans notre cas, σ_{per} est lipschitzienne (des cadres plus généraux existent aussi pour des coefficients moins réguliers). Chaque trajectoire est donc un élément de l'espace $C^0 \left([0, T], \mathbb{R}^d \right)$, appelé dans ce contexte l'*espace de Wiener*. Cet espace peut en fait alors être *probabilisé* grâce à $\mathbf{X}_t^\varepsilon$. Ceci définit une mesure de probabilité, que nous notons $\mathbb{P}^\varepsilon$.   La construction rigoureuse de l'espace de Wiener peut par exemple être lue dans [Le 13, Section 2.2]. Notre question est de déterminer, en un sens approprié à savoir la limite en loi (on dit aussi de manière plus précise, au sens de la *convergence étroite*), la limite $\varepsilon \to 0$ de cette suite de mesures $\mathbb{P}^\varepsilon$. Le lecteur notera que cette notion n'est pas simple, puisque l'espace $C^0\left([0, T], \mathbb{R}^d\right)$ est *de dimension infinie*. Il s'agit donc de s'attendre à quelques difficultés... sur lesquelles nous glissons ouvertement.

La formalisation passe par le *Théorème de Prokhorov*. En quelque sorte, nous avons besoin d'une version adaptée à ce cadre du classique Théorème d'Ascoli-Arzela. Dit grossièrement, la suite converge si "en tout point" elle converge et si elle est "équicontinue". Si nous avons cela, alors une des conséquences en est que la suite de processus continus $\mathbf{X}_t^\varepsilon$ convergera en loi vers un processus $\mathbf{X}_t^*$, ce qui permettra d'affirmer en particulier que les espérances du type (6.126) $\mathbb{E}_x\left(u_0\left(\mathbf{X}_t^\varepsilon\right)\right)$ convergent vers leurs analogues avec $\mathbf{X}_t^*$, pour tout u_0 continu borné au moins.

La condition de convergence "en tout point" se traduit ici par la convergence des *marginales fini-dimensionnelles*, c'est-à-dire des lois des "photographies en un nombre fini d'instants". Par ceci nous entendons que, pour tout $N \in \mathbb{N}$, et tout ensemble *fini* d'instants $t_1, \ldots, t_N$, la loi du N-uplet $\left(\mathbf{X}_{t_1}^\varepsilon, \ldots, \mathbf{X}_{t_N}^\varepsilon\right)$ converge (au sens habituel des lois des variables aléatoires sur $\mathbb{R}^{N \times d}$), vers celle du N-uplet $\left(\mathbf{X}_{t_1}^*, \ldots, \mathbf{X}_{t_N}^*\right)$.

La seconde condition, d' "équicontinuité", est liée au fait que la suite de processus soit *tendue*, notion que nous ne voulons pas introduire. Il nous suffit de savoir que, pour notre cas spécifique, cette seconde condition sera vérifiée parce que les $\mathbf{X}_t^\varepsilon$ vérifient en particulier la propriété dite *critère de Kolmogorov*, satisfait ici parce que, pour $0 \le s \le t \le T$, à cause des propriétés de l'intégrale stochastique et du fait que a_{per} donc σ_{per} est borné, nous avons $\mathbb{E}\left\|\mathbf{X}_t^\varepsilon - \mathbf{X}_s^\varepsilon\right\|^4 \le C\,(t-s)^2$, où la constante C est indépendante de ε.

Pour conclure, il nous faut donc montrer la convergence des lois marginales fini-dimensionnelles.

Passage à la limite $\varepsilon \to 0$ dans les marginales fini-dimensionnelles. Nous allons montrer que, en termes de marginales fini-dimensionnelles, le processus $\mathbf{X}_t^\varepsilon$ solution de (6.124) converge vers le processus $\mathbf{X}_t^*$ solution de

$$d\,\mathbf{X}_t^*\,(x,\,\omega) = \sqrt{2\,a^*}\;\; d\,\mathbf{W}_t(\omega), \qquad (6.127)$$

c'est-à-dire

$$\mathbf{X}_t^*\,(x,\,\omega) = x + \sqrt{2\,a^*}\;\; \mathbf{W}_t(\omega), \qquad (6.128)$$

où $a^* = \left(\displaystyle\int_Q a_{per}^{-1}(y)\,dy\right)^{-1}$ est bien à la fois le coefficient attendu (6.103) pour la limite homogénéisée attendue (6.102) de (6.100) et le coefficient de l'EDS correspondant à cette EDP puisque nous retrouvons donc $\sigma^* = \sqrt{2\,a^*}$ partant de (6.123), c'est-à-dire $\sigma_{per} = \sqrt{2\,a_{per}}$.

Vu les propriétés du paragraphe précédent, cela nous permettra de conclure à la convergence en loi du processus $\mathbf{X}_t^\varepsilon$ vers le processus $\mathbf{X}_t^*$, et nous aurons terminé notre preuve par l'approche aléatoire de l'homogénéisation de (6.100) en (6.102).

Pour montrer cette convergence en loi des marginales fini-dimensionnelles, nous allons établir, et nous savons que c'est équivalent, la convergence des fonctions caractéristiques associées. Rappelons de notre introduction rapide à la théorie des variables aléatoires, menée à la Section 1.6.4 du Chapitre 1, que la *fonction caractéristique* d'une variable aléatoire X à valeurs dans $\mathbb{R}^d$ est la transformée de Fourier de sa loi, à savoir la fonction $\Phi_X(z) = \mathbb{E}\left(e^{i\,z\,.\,X}\right)$.

Il est utile de se souvenir que les fonctions caractéristiques permettent de démontrer le Théorème de la limite centrale (nous en avons vu un exemple à la Section 1.6.4), et il n'est donc pas étonnant qu'elles interviennent pour démontrer le résultat de convergence en loi que nous cherchons à établir ici.

Il est bien connu que la fonction caractéristique d'une variable réelle gaussienne centrée de variance σ^2 est $\Phi(z) = e^{-\frac{1}{2}\sigma^2 z^2}$. Il est alors facile d'en déduire que la fonction caractéristique du brownien standard réel $\mathbf{W}_t$ est

$$\Phi_{\mathbf{W}_t}(z) = e^{-\frac{1}{2}t z^2},$$

et, au-delà, les accroissements du brownien standard $\mathbf{W}_t - \mathbf{W}_s$ étant gaussiens, indépendants et de variance $t - s$, que celle de la marginale N-dimensionnelle aux temps $0 \leq t_1 < \ldots < t_N$ du processus $\mathbf{X}_t^*$, à valeurs dans $\mathbb{R}^d$ est la fonction définie sur $\mathbb{R}^{d \times N}$ par

$$\Phi_{\mathbf{X}^*}(z_1, \ldots, z_N) = \mathbb{E}\left(e^{i\left(z_1\,.\,\mathbf{X}_{t_1}^* + \ldots + z_N\,.\,\mathbf{X}_{t_N}^*\right)}\right)$$

$$= e^{i((z_1 + \ldots + z_N)\,.\,x)} \exp\left(-\sum_{1 \leq i,j \leq N} a^*\, z_i\,.\,z_j \, \min(t_i, t_j)\right).$$

Pour $N = 1$, le calcul est déjà fait, puisqu'il revient à écrire

$$\Phi_{\mathbf{X}^*}(z_1) = e^{i\,z_1\,.\,x} \exp\left(-a^* \,|z_1|^2 t_1\right),$$

ce qui est bien l'adaptation au cas d-dimensionnel (6.127) du résultat élémentaire que nous rappelions ci-dessus pour le brownien standard scalaire. Pour $N = 2$ (et nous laisserons les autres cas au lecteur...), il suffit par exemple d'écrire

$$e^{i\left(z_1\,.\,\mathbf{X}_{t_1}^* + z_2\,.\,\mathbf{X}_{t_2}^*\right)} = e^{i\,(z_1 + z_2)\,.\,x + i\,(z_1 + z_2)\,.\,(\mathbf{X}_{t_1}^* - x) + i\,z_2\,(\mathbf{X}_{t_2}^* - \mathbf{X}_{t_1}^*)}, \tag{6.129}$$

et d'utiliser ensuite l'indépendance des accroissements pour en calculer l'espérance, ce qui donne

$$\Phi_{\mathbf{X}^*}(z_1, z_2) = e^{i(z_1+z_2)x}\, \mathbb{E}\left(e^{i(z_1+z_2)(\mathbf{X}^*_{t_1}-x)}\right) \mathbb{E}\left(e^{iz_2(\mathbf{X}^*_{t_2}-\mathbf{X}^*_{t_1})}\right).$$

Ainsi,

$$\begin{aligned}\Phi_{\mathbf{X}^*}(z_1, z_2) &= e^{i(z_1+z_2)x}\, \exp\left(-a^*|z_1-z_2|^2 t_1\right) \exp\left(-a^*|z_2|^2(t_2-t_1)\right)\\ &= e^{i(z_1+z_2)x}\, \exp\left[-a^*\left(|z_1|^2 t_1 - 2z_1\cdot z_2 t_1 + |z_2|^2 t_1 + |z_2|^2 t_2 - |z_2|^2 t_1\right)\right],\end{aligned}$$

d'où le résultat voulu.

Pour conclure, nous devons donc établir que

$$\lim_{\varepsilon\to 0}\, \mathbb{E}\left(e^{iz_1\cdot\mathbf{X}^\varepsilon_{t_1} + \ldots + z_N\cdot\mathbf{X}^\varepsilon_{t_N}}\right) = \Phi_{\mathbf{X}^*}(z_1, \ldots, z_N). \tag{6.130}$$

Il est intuitif qu'une telle convergence (6.130) peut être abordée par une preuve par récurrence sur N. Nous ne la ferons pas, mais il est compréhensible qu'il faut, pour la mener, disposer de deux ingrédients "clé" : la preuve pour $N = 1$ et la manière de passer de N à $N + 1$.

Le premier ingrédient consiste donc à établir, pour tout $t \geq 0$ et $z \in \mathbb{R}^d$,

$$\lim_{\varepsilon\to 0}\, \mathbb{E}\left(e^{iz\cdot\mathbf{X}^\varepsilon_t}\right) = e^{iz\cdot x}\, \exp\left(-a^*|z|^2 t\right),$$

c'est-à-dire

$$\lim_{\varepsilon\to 0}\, \mathbb{E}\left[\exp\left(i\int_0^t \sigma_{per}\left(\frac{\mathbf{X}^\varepsilon_s(x,\omega)}{\varepsilon}\right) z\cdot d\mathbf{W}_s(\omega)\right)\right] = \exp\left(-a^*|z|^2 t\right). \tag{6.131}$$

Le ressort mathématique de la preuve de (6.131) n'est pas immédiat et nous donnerons un aperçu rapide de cette preuve ci-dessous.

Vu ce que nous avons fait en (6.129), le deuxième ingrédient nécessite de "pouvoir repartir à zéro" à chaque fois, et prend la forme

$$\lim_{\varepsilon\to 0}\, \mathbb{E}\left[\left(\int_{t_1}^{t_2} \Phi_{per}\left(\frac{\mathbf{X}^\varepsilon_t(x,\omega)}{\varepsilon}\right) dt\right)^2 \Big|\, \mathcal{T}_{t_1}\right] = 0, \tag{6.132}$$

pour tout $0 \leq t_1 \leq t_2$ et pour toute fonction Φ_{per} *périodique* telle que

$$\int_Q \Phi_{per}(y)\, a_{per}^{-1}(y)\, dy = 0. \tag{6.133}$$

Dans la condition (6.132) figure l'espérance *conditionnelle* prise selon la filtration $\mathcal{T}_{t_1}$ de l'espace de probabilité ambiant (voir nos rappels de la Section 6.3.2). En d'autres termes, l'espérance est prise *"en supposant connue la situation au temps t_1"*. Ceci formalise la notion grossière de "repartir à zéro" que nous mentionnions ci-dessus.

Il n'est pas immédiat d'avoir l'intuition de la restriction (6.133) imposée aux fonctions test choisies pour (6.132). Il s'agit en fait d'une condition *nécessaire*, qui va s'éclaircir par l'esquisse de preuve que nous allons donner de (6.132). Considérons en effet une fonction φ_{per} périodique, solution de l'équation

$$- a_{per} \, \Delta \varphi_{per} \, = \, \Phi_{per},$$

sur la cellule de périodicité Q, laquelle équation n'a effectivement de solution que si la condition (6.133) est satisfaite, puisque

$$0 = \int_Q \Delta \varphi_{per}(y) \, dy = \int_Q a_{per}^{-1}(y) \, \Phi_{per}(y) \, dy,$$

par périodicité. Nous calculons alors, à partir de (6.124),

$$\varphi_{per}\left(\frac{\mathbf{X}_{t_2}^{\varepsilon}(x, \omega)}{\varepsilon}\right) - \varphi_{per}\left(\frac{\mathbf{X}_{t_1}^{\varepsilon}(x, \omega)}{\varepsilon}\right)$$

$$= \frac{1}{\varepsilon} \int_{t_1}^{t_2} \nabla \varphi_{per} \cdot \sigma_{per}\left(\frac{\mathbf{X}_t^{\varepsilon}(x, \omega)}{\varepsilon}\right) d\mathbf{W}_t(\omega)$$

$$+ \frac{1}{\varepsilon^2} \int_{t_1}^{t_2} a_{per} \, \Delta \varphi_{per}\left(\frac{\mathbf{X}_t^{\varepsilon}(x, \omega)}{\varepsilon}\right) dt,$$

d'où nous déduisons

$$\int_{t_1}^{t_2} \Phi_{per}\left(\frac{\mathbf{X}_t^{\varepsilon}(x, \omega)}{\varepsilon}\right) dt = - \varepsilon^2 \, \varphi_{per}\left(\frac{\mathbf{X}_{t_2}^{\varepsilon}(x, \omega)}{\varepsilon}\right) + \varepsilon^2 \, \varphi_{per}\left(\frac{\mathbf{X}_{t_1}^{\varepsilon}(x, \omega)}{\varepsilon}\right)$$

$$+ \varepsilon \int_{t_1}^{t_2} \nabla \varphi_{per} \cdot \sigma_{per}\left(\frac{\mathbf{X}_t^{\varepsilon}(x, \omega)}{\varepsilon}\right) d\mathbf{W}_t(\omega).$$

Les fonctions au membre de droite étant bornées, il est alors possible d'en déduire

$$\mathbb{E}\left[\left(\int_{t_1}^{t_2} \Phi_{per}\left(\frac{\mathbf{X}_s^{\varepsilon}(x, \omega)}{\varepsilon}\right) ds\right)^2 \mid \mathcal{T}_{t_1}\right] = O(\varepsilon^2) + O(\varepsilon),$$

d'où (6.132).

Comme le lecteur s'en doute certainement, (6.132) est un analogue, dans le cadre des processus aléatoires et pour l'intégrale stochastique, de la notion de moyenne d'une fonction périodique oscillante, que nous développions dès le Chapitre 1 et la Proposition 1.3, dans le cadre de l'intégrale classique de Lebesgue. Pour le comprendre, choisissons ($t_1 = 0$, $t_2 = t$) auquel cas (6.132) s'écrit

$$\lim_{\varepsilon \to 0} \mathbb{E} \left[\left(\int_0^t \Phi_{per} \left(\frac{\mathbf{X}_s^\varepsilon (x, \omega)}{\varepsilon} \right) ds \right)^2 \right] = 0. \qquad (6.134)$$

Formellement, les trajectoires du processus $\dfrac{\mathbf{X}_s^\varepsilon (x, \omega)}{\varepsilon}$ remplissent de plus en plus la cellule périodique Q quand $\varepsilon \to 0$ (c'est un phénomène d'ergodicité, nous en parlerons un peu plus longuement au paragraphe suivant). La moyenne

$$\frac{1}{t} \int_0^t \Phi_{per} \left(\frac{\mathbf{X}_s^\varepsilon (x, \omega)}{\varepsilon} \right) ds,$$

se rapproche donc de la moyenne de la fonction Φ_{per} sur cette cellule. La subtilité est que des régions différentes de la cellule Q sont chargées par ces trajectoires proportionnellement au nombre de fois où elles sont visitées par le processus. Le lecteur repensera ici à la description de la mesure de probabilité construite ci-dessus sur l'espace de Wiener. C'est un raisonnement identique. Ce "nombre de visites" est précisément quantifié par la valeur de la mesure invariante associée au processus, c'est-à-dire ici la solution de $\Delta(m_{per} a_{per}) = 0$, autrement dit, à un facteur de normalisation près, a_{per}^{-1}. La limite trouvée est donc l'intégrale "pondérée"

$$\int_Q \Phi_{per} (y) \, a_{per}^{-1} (y) \, dy,$$

laquelle est nulle à cause de la contrainte (6.133), d'où (6.132). Dans le Chapitre 1, nous avions affaire à $\int_0^t \Phi_{per} \left(\dfrac{s}{\varepsilon} \right) ds$, tous les points de l'intervalle de périodicité étaient également "chargés", et donc la limite était la simple moyenne de Φ_{per}. La similitude, et aussi la différence, sont claires. La boucle est bouclée.

   Il nous reste, pour finir, à dire un mot de la preuve de (6.131). Essentiellement, il s'agit d'abord d'observer

$$\mathbb{E} \left[\exp \left(i \int_0^t \sigma_{per} \left(\frac{\mathbf{X}_s^\varepsilon (x, \omega)}{\varepsilon} \right) z \, . \, d \, \mathbf{W}_s(\omega) \right) \right.$$

$$\left. , \, \exp \left(\frac{1}{2} \int_0^t \sigma_{per}^2 \left(\frac{\mathbf{X}_s^\varepsilon (x, \omega)}{\varepsilon} \right) |z|^2 \, ds \right) \right]$$

$$= 1.$$

$$(6.135)$$

En effet, si nous notons Z_t^ε la variable aléatoire à l'intérieur de cette espérance, un calcul d'Itô montre facilement que

$$d\, Z_t^\varepsilon = i\, Z_t^\varepsilon\, \sigma_{per}\left(\frac{\mathbf{X}_t^\varepsilon}{\varepsilon}\right) z\,.\,d\,\mathbf{W}_t,$$

c'est-à-dire, puisque, par construction, $Z_{t=0}^\varepsilon = 1$,

$$Z_t^\varepsilon = 1 + i \int_0^t Z_s^\varepsilon\, \sigma_{per}\left(\frac{\mathbf{X}_s^\varepsilon}{\varepsilon}\right) z\,.\,d\,\mathbf{W}_s. \tag{6.136}$$

A cause des bornes dont nous disposons sur les fonctions, nous avons

$$\mathbb{E}\int_0^t \left| Z_s^\varepsilon\, \sigma_{per}\left(\frac{\mathbf{X}_s^\varepsilon}{\varepsilon}\right) \right|^2 ds < +\infty.$$

Ici encore, ceci implique, grâce à [CM06, Théorème 3.2, page 41], que le dernier terme de (6.136) est d'espérance nulle. Nous avons donc $\mathbb{E}(Z_t^\varepsilon) = 1$, pour tout temps $t \geq 0$, d'où (6.135).

Par ailleurs, nous savons ce que devient le second facteur dans la limite $\varepsilon \to 0$. En effet, puisque

$$\int_Q \left(\sigma_{per}^2(y) - 2\,a^*\right) a_{per}^{-1}(y)\,dy = 2 \int_Q \left(a_{per}(y) - a^*\right) a_{per}^{-1}(y)\,dy = 0,$$

cette fonction périodique vérifie la contrainte (6.133) et nous avons donc par le "deuxième ingrédient" (6.132) pour $(t_1 = 0,\, t_2 = t)$,

$$\lim_{\varepsilon \to 0} \mathbb{E}\left[\left(\frac{1}{2} \int_0^t \sigma_{per}^2 \left(\frac{\mathbf{X}_s^\varepsilon(x,\,\omega)}{\varepsilon} \right) dt - a^*\, t \right)^2 \right] = 0.$$

Formellement, en prétendant que cette expression est une identité pour tout $\varepsilon > 0$ et pas seulement dans la limite $\varepsilon \to 0$, nous pouvons donc remplacer par $\exp\left(a^*\,|z|^2\,t\right)$ le deuxième facteur de (6.135), et nous obtenons donc la formule (6.131). Bien sûr, une preuve rigoureuse est requise. Elle n'est en fait pas difficile mais nous renvoyons à [BLP11]. Les idées essentielles nous ont suffi.

Sur les questions d'ergodicité. Il existe une manière un peu différente d'étudier la limite quand ε de la suite de processus $\mathbf{X}_t^\varepsilon$. Son intérêt est de mettre plus en avant un phénomène central, que nous avons à peine effleuré ci-dessus, le lien de l'homogénéisation des EDP (en tout cas des EDP elliptiques et paraboliques que nous manipulons majoritairement dans cet ouvrage) avec l'*ergodicité*, c'est-à-dire la propriété d'un système dynamique d'explorer au long de sa trajectoire de $t = 0$ à $t = +\infty$ l'ensemble de l'espace qui lui est accessible.

Pour expliquer cela dans notre contexte, considérons de nouveau l'équation différentielle stochastique (6.124)

$$d\, \mathbf{X}_t^\varepsilon \,(x\,,\,\omega) = \sigma_{per} \left(\frac{\mathbf{X}_t^\varepsilon \,(x\,,\,\omega)}{\varepsilon} \right) \, d\, \mathbf{W}_t(\omega),$$

mais changeons le processus $\mathbf{X}_t^\varepsilon$ en le processus

$$\widetilde{\mathbf{X}}_t^\varepsilon = \frac{1}{\varepsilon} \, \mathbf{X}_{\varepsilon^2 t}^\varepsilon. \tag{6.137}$$

Un exercice élémentaire de changement de temps dans l'équation (6.124) permet de réaliser que $\widetilde{\mathbf{X}}_t^\varepsilon$ résout

$$d\, \widetilde{\mathbf{X}}_t^\varepsilon \,(x\,,\,\omega) = \sigma_{per} \left(\widetilde{\mathbf{X}}_t^\varepsilon \,(x\,,\,\omega) \right) \, d\, \widetilde{\mathbf{W}}_t(\omega), \tag{6.138}$$

où $\widetilde{\mathbf{W}}_t$ est un autre brownien standard (en fait égal à $\frac{1}{\varepsilon} \mathbf{W}_{\varepsilon^2 t}$ mais sa dépendance en ε importe peu, seule la loi de ses trajectoires compte, comme nous l'avons vu).

Comme (6.137) s'écrit aussi

$$\mathbf{X}_t^\varepsilon = \varepsilon \, \widetilde{\mathbf{X}}_{\frac{t}{\varepsilon^2}}^\varepsilon, \tag{6.139}$$

la détermination que nous avons menée ci-dessus de la limite en loi du processus $\mathbf{X}_t^\varepsilon$ quand $\varepsilon \to 0$ est reliée à celle de la limite en loi *en temps long* du processus $\widetilde{\mathbf{X}}_t^\varepsilon$. Comme ce dernier est la solution de (6.138), nous savons que sa loi au temps t est la solution de l'équation de Fokker-Planck associée à cette EDS, à savoir l'équation (6.113) qui s'écrit ici

$$\partial_t p - \frac{1}{2} \, \Delta \, (a_{per} \, p) = 0. \tag{6.140}$$

Formellement au moins, et tout ceci peut évidemment comme d'habitude être rendu rigoureux, nous lisons sur (6.140) que sa solution $p(t, x)$ tend quand $t \to +\infty$ vers la solution $p_\infty(x)$ de l'équation statique associée (effacer du regard le terme de dérivée en temps) :

$$-\frac{1}{2} \, \Delta \, (a_{per} \, p_\infty) = 0. \tag{6.141}$$

Cette équation (6.141) est celle définissant la mesure invariante m_{per} (se souvenir de (6.27) à la Section 6.1) et nous obtenons donc $p_\infty = m_{per} = a^* \, a_{per}^{-1}$. Cette piste permet en fait de démontrer le résultat d'homogénéisation de manière un peu différente de celle ci-dessus.

Au passage, elle utilise des résultats de *moyennisation*, dans l'esprit de (6.134). Par exemple, il est possible de montrer

$$\lim_{\varepsilon \to 0} \frac{1}{t} \int_0^t \Phi_{per} \left(\frac{\mathbf{X}_s^\varepsilon (x, \omega)}{\varepsilon} \right) ds = a^* \int_Q \Phi_{per} (y) \, a_{per}^{-1} (y) \, dy. \qquad (6.142)$$

La preuve suit le schéma suivant. Il s'agit de d'abord de récrire le membre de gauche sous la forme

$$\frac{1}{t} \int_0^t \Phi_{per} \left(\frac{\mathbf{X}_s^\varepsilon (x, \omega)}{\varepsilon} \right) ds = \frac{1}{t/\varepsilon^2} \int_0^{t/\varepsilon^2} \Phi_{per} \left(\widetilde{\mathbf{X}_s^\varepsilon} (x, \omega) \right) ds.$$

La question de prouver (6.142) revient donc à étudier la moyenne d'une intégrale en temps long du type

$$\lim_{T \to +\infty} \frac{1}{T} \int_0^T \Psi (s) \, ds,$$

moyenne qui, si tout se passe bien, ne dépend que des valeurs de Ψ pour des temps grands. Dans notre cadre, la réponse dépend de la manière dont la dynamique $\widetilde{\mathbf{X}^\varepsilon}$ remplit la cellule de périodicité Q de Φ_{per} pour les temps longs, et nous aboutissons naturellement à

$$\int_Q \Phi_{per} (y) \, m_{per} (y) \, dy,$$

c'est-à-dire au membre de droite de (6.142). Nous comprenons (enfin) la raison pour laquelle m_{per} est appelée mesure *invariante*. Elle est la limite asymptotique en temps long, donc nécessairement invariante au cours de la dynamique, du processus stochastique considéré.

A des détails techniques près, la démarche suivie dans ce paragraphe, et dans toute cette Section 6.3, nous a en particulier appris quelque chose de fondamental. Elle suggère que, *pour les problèmes d'EDP linéaires, l'existence d'une limite homogénéisée est équivalente à celle d'une mesure invariante*, puisque cette dernière existence fournit une limite en temps long des processus stochastiques sous-jacents et la caractérise. Donc, *in fine*, elle identifie la limite $\varepsilon \to 0$ de la solution de l'EDP, après changement du temps et formule de Feynman-Kac. Nous avions déjà pressenti ce phénomène à la Section 6.1 en y insistant sur le rôle *"algébrique"* de la mesure invariante qui nous permettait, par les bonnes multiplications, de faire les preuves comme dans le cas (1). Nous savons maintenant qu'il ne s'agit pas seulement d'une astuce technique *ad hoc*, mais d'un phénomène général. C'est la morale de l'histoire de cette Section.

6.4 Vers l'infini et au-delà

Cette dernière section de l'ouvrage regroupe quelques exemples de situations que nous allons "encore moins détailler" (quel lecteur a dit *Mais est-ce possible ?...*) que les précédentes sections de ce Chapitre 6, notamment parce que leur étude requiert des outils techniques que nous sommes loin d'avoir acquis à ce stade, et pour lesquels il faudrait d'autres spécialistes que nous.

Nous souhaitons juste montrer, à travers quelques exemples, que la théorie et le numérique de l'homogénéisation progressent vers des équations de plus en plus difficiles, et forment un champ actif de la recherche contemporaine.

6.4.1 Le cadre complètement non linéaire

Nous évoquons dans cette Section 6.4.1 un *univers*. Celui des équations complètement non linéaires (en anglais, *"fully nonlinear"*). Ces équations sont appelées ainsi parce que le terme de plus haut degré différentiel y figure de manière non linéaire. Par opposition, l'équation $-\Delta u + u^2 = f$ est dite seulement *semi-linéaire*, parce que sa non-linéarité est un terme différentiel d'ordre zéro seulement.

Comme exemple de cette situation, nous considérons comme équation oscillante à homogénéiser l'équation dite *équation de Hamilton-Jacobi du premier ordre*

$$\partial_t u^\varepsilon \left(t, x \right) + H \left(\frac{x}{\varepsilon}, \nabla u^\varepsilon \left(t, x \right) \right) = 0. \tag{6.143}$$

Elle est un cas particulier d'équations bien plus générales comme

$$\partial_t u^\varepsilon \left(t, x \right) + H \left(\frac{x}{\varepsilon}, u^\varepsilon, \nabla u^\varepsilon \left(t, x \right), D^2 u^\varepsilon \left(t, x \right) \right) = 0.$$

Nous l'avons prise sous sa forme dépendante du temps, mais elle pourrait aussi être étudiée sous une des ses variantes statiques comme

$$u^\varepsilon \left(t, x \right) + H \left(\frac{x}{\varepsilon}, \nabla u^\varepsilon \left(t, x \right) \right) = 0,$$

ou bien d'autres cas encore. Le lecteur réalisera sans doute que nous avons en fait déjà brièvement étudié une équation de ce type, à la Section 2.5.3.

L'équation (6.143) est assortie d'une condition initiale

$$u^\varepsilon \left(0, x \right) = u^0 \left(x \right). \tag{6.144}$$

La fonction H qui figure dans (6.143) est appelée le Hamiltonien, et est traditionnellement notée $H(x, p)$ pour $x \in \mathbb{R}^d$, $p \in \mathbb{R}^d$. Nous verrons ci-dessous (en (6.148)) l'exemple emblématique d'une telle fonction, le Hamiltonien quadratique

$$H\,(x\,,\,p)\,=\,|p|^2\,-\,V\,(x),$$

où la fonction V est appelée *potentiel*. Ce Hamiltonien-là est évidemment celui de la Mécanique classique, le terme $|p|^2$ modélisant (à constante $\frac{1}{2}$ près) l'énergie cinétique du système physique, et le terme V le potentiel des forces auxquelles il est soumis.

Au-delà du Hamiltonien quadratique et du cadre de la mécanique classique, l'équation (6.143) et ses variantes interviennent dans une grande variété de problèmes. Elle a une interprétation dans la théorie du contrôle. Elle intervient dans la modélisation de problèmes physiques comme la propagation de front, etc.

L'objectif de la théorie de l'homogénéisation dans ce cadre est de montrer que la solution u^ε de (6.143)–(6.144) converge, quand $\varepsilon \to 0$, vers la solution u^* de l'équation homogénéisée

$$\partial_t u^*\,(t\,,\,x)\,+\,H^*\,\big(x\,,\,\nabla u^*(t\,,\,x)\big)\,=\,0, \tag{6.145}$$

partant de la même condition initiale (6.144). Dans (6.145), le Hamiltonien H^* est le *Hamiltonien homogénéisé*, qui joue le même rôle dans ce contexte que le coefficient homogénéisé a^* jouait pour (1) et les équations du même type que nous avons vues dans cet ouvrage.

Les points centraux de la démarche sont évidemment la détermination de H^* de manière aussi explicite que possible, et la preuve de la convergence de u^ε vers u^*, dans les bonnes topologies et avec les bons taux de convergence. Les hypothèses classiques faites sur le Hamiltonien pour parvenir à mettre en action ce programme sont des hypothèses de croissance à l'infini (voire de convexité) dans la variable p, des hypothèses de structure, comme la périodicité ou la stationnarité, dans la variable x, et une régularité minimale (souvent la continuité) en les deux variables.

Pour ce qui nous concerne ici, nous allons essentiellement supposer le Hamiltonien $H\,=\,H_{per}$ *périodique* en la variable x. Nous aborderons rapidement quelques variantes de cette hypothèse à la fin de la Section. L'étude de l'équation (6.143) pour le cas d'un tel Hamiltonien périodique a débuté avec le célèbre travail [LPV96]. Signalons d'ailleurs que ce travail est un des plus célèbres, sinon le plus célèbre des manuscrits mathématiques restés à l'état de prépublication et en fait jamais publiés par la suite (plus n'était besoin tant il était déjà répandu !).

C'est ce travail dont nous résumons ici à grands traits comme introduction à l'homogénéisation des équations complètement non linéaires. Pour le formaliser parfaitement, nous aurions besoin (qui plus est quand la dimension ambiante ne serait plus 1 ou quand le Hamiltonien ne serait plus quadratique) de la notion de *solutions de viscosité*. Nous adopterons ici une approche plus formelle et renvoyons bien sûr à la bibliographie mentionnée en début de section pour une analyse complète.

Comme dans le Chapitre 3, l'affaire débute par un développement formel, à deux échelles, de la solution u^ε en fonction de ε. Nous postulons

$$u^\varepsilon(t, x) = u^*(t, x) + \varepsilon u^1\left(t, \frac{x}{\varepsilon}\right) + \varepsilon^2 u^2\left(t, \frac{x}{\varepsilon}\right) + \dots,$$

où les fonctions u^k successives sont supposées, comme le Hamiltonien H, périodiques en leur argument x. En injectant ce développement dans (6.143), nous obtenons à l'ordre zéro :

$$\partial_t u^*(t, x) + H_{per}\left(y, \nabla_x u^*(t, x) + \nabla_y u^1(t, y)\right) = 0,$$

pour y figurant la variable (découplée) $\dfrac{x}{\varepsilon}$. Cette équation se mettra sous la forme annoncée (6.145), si nous sommes capables, pour chaque $p \in \mathbb{R}^d$ (figurant $\nabla_x u^*(t, x)$) de résoudre l'équation

$$H_{per}^*(p) = H_{per}\left(y, p + \nabla_y w_p(y)\right) \quad \text{dans} \quad \mathbb{R}^d, \quad w_p \text{ périodique.}$$

$$(6.146)$$

Cette équation, de manière non surprenante, est appelée l'*équation du correcteur* associée à l'équation (6.143). Le lecteur notera qu'il y a dans cette équation, pour chaque $p \in \mathbb{R}^d$ fixé, *deux* inconnues : la constante $H_{per}^*(p)$ et la fonction périodique w_p lui correspondant. Montrer l'existence d'une solution à l'équation, montrer que la constante $H_{per}^*(p)$ est *unique*, ce qui est nécessaire pour obtenir une unique équation homogénéisée (6.145), et étudier l'unicité de w_p (qui est souvent fausse, même à constante additive près) sont des tâches loin d'être évidentes. Nous ne pouvons pas les mener ici. Nous allons donc nous restreindre à un cas très particulier.

Le cas quadratique périodique monodimensionnel. L'équation (6.143) s'écrit en une dimension d'espace

$$\partial_t u^\varepsilon + H_{per}\left(\frac{x}{\varepsilon}, \partial_x u^\varepsilon\right) = 0. \tag{6.147}$$

Malgré le fait qu'elle soit en dimension $d = 1$, cette équation reste difficile à étudier avec les seuls outils dont nous disposons. Nous allons donc la simplifier encore. Si nous choisissons maintenant le Hamiltonien particulier, dit *Hamiltonien quadratique avec potentiel périodique*,

$$H_{per}(x, p) = |p|^2 - V_{per}(x), \tag{6.148}$$

nous obtenons l'équation

$$\partial_t u^\varepsilon + \left(\partial_x u^\varepsilon\right)^2 - V_{per}\left(\frac{x}{\varepsilon}\right) = 0, \tag{6.149}$$

posée sur la droite réelle $\mathbb{R}$ et avec la donnée initiale (6.144). Dans (6.148), nous supposons le potentiel V_{per} de période 1, *régulier* et aussi tel que

$$\inf_{\mathbb{R}} V_{per} = 0. \tag{6.150}$$

L'hypothèse (6.150) est juste une normalisation et ne conduit à aucune perte de généralité. Le lecteur pourra le vérifier en adaptant (en "décalant") le raisonnement ci-dessous. Dans ce cadre particulier, l'équation du correcteur générale (6.146) se récrit, pour tout $p \in \mathbb{R}$,

$$H^*_{per}(p) = \left(p + \left(w_{p,per}\right)'(y)\right)^2 - V_{per}(y) \quad \text{dans} \quad \mathbb{R}, \quad w_{p,per} \text{ périodique.} \tag{6.151}$$

Avec un peu d'astuce, on peut en donner une solution explicite. Notons $x_0 \in \mathbb{R}$ un point où V_{per} atteint son minimum, $V_{per}(x_0) = 0$. Choisissons maintenant $p \in \mathbb{R}$ tel que

$$|p| \leq \langle \sqrt{V_{per}} \rangle.$$

Nous savons alors, puisque la fonction

$$y \longmapsto \int_{x_0}^{y} (\sqrt{V_{per}} - p) - \int_{y}^{1+x_0} (\sqrt{V_{per}} + p),$$

est continue et passe de $-\displaystyle\int_{x_0}^{1+x_0} (\sqrt{V_{per}} + p) \leq 0$ en x_0 à $\displaystyle\int_{x_0}^{1+x_0} (\sqrt{V_{per}} - p) \geq 0$ en $1 + x_0$, qu'il existe un point $\overline{x}$ où elle s'annule, c'est-à-dire

$$\int_{x_0}^{\overline{x}} (\sqrt{V_{per}} - p) = \int_{\overline{x}}^{1+x_0} (\sqrt{V_{per}} + p).$$

Nous définissons alors

$$w_{p,per}(y) = \begin{cases} \displaystyle\int_{x_0}^{y} (\sqrt{V_{per}} - p) & \text{si } x_0 \leq y \leq \overline{x} \\[3ex] \displaystyle\int_{y}^{1+x_0} (\sqrt{V_{per}} + p) & \text{si } \overline{x} \leq y \leq 1 + x_0 \end{cases} \tag{6.152}$$

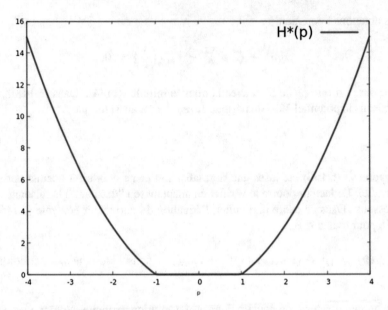

Fig. 6.2 Exemple de valeur de H^*_{per} dans le cas où H_{per} est défini par (6.148) avec $V_{per} \geq 0$ et $\left\langle \sqrt{V_{per}} \right\rangle = 1$. On a bien $H^*_{per}(p) = 0$ si $|p| \leq 1$, et à l'infini, $H^*_{per}(p)$ se comporte comme p^2.

répliqué ensuite par périodicité. Clairement $w_{p,per}$ est construit pour que

$$p + (w_{p,per})'(y) = \pm \sqrt{V_{per}(y)}, \qquad (6.153)$$

selon les zones. La fonction $w_{p,per}$ ainsi construite est en fait solution de viscosité de l'équation (6.151) (voir le commentaire en page 449 de cette section). En injectant (6.153) dans (6.151), $H^*_{per}(p) = 0$ pour un tel $|p| \leq \left\langle \sqrt{V_{per}} \right\rangle$. Une construction similaire peut être effectuée pour $|p| \geq \left\langle \sqrt{V_{per}} \right\rangle$, et le résultat final donne (voir la Figure 6.2)

$$H^*_{per}(p) = \begin{cases} 0 \text{ si } |p| \leq \left\langle \sqrt{V_{per}} \right\rangle \text{ et sinon,} \\[2ex] \lambda \text{ tel que } \lambda \geq 0 \quad \text{résout} \quad |p| = \left\langle \sqrt{\lambda + V_{per}} \right\rangle. \end{cases} \qquad (6.154)$$

En d'autres termes, quand $|p| \geq \left\langle \sqrt{V_{per}} \right\rangle$, $H^*_{per}(p)$ est la solution positive de $|p| = \left\langle \sqrt{H^*_{per}(p) + V_{per}} \right\rangle$.

A ce stade, nous avons donc construit, pour tout $p \in \mathbb{R}$, *un* couple $(H^*_{per}(p), w_{p,per})$ solution de (6.151). La question de l'unicité de la fonction $w_{p,per}$ peut être posée, et cette unicité est très souvent fausse, même dans ce cas monodimensionnel simple. Plus importante pour nous est la question de l'unicité du Hamiltonien homogénéisé H^*_{per}, puisque celui-ci détermine l'équation homogénéisée. Il est possible en grande généralité de montrer qu'il est unique. Dans notre cas simple ici, nous allons en fait montrer au paragraphe suivant que le Hamiltonien H_{per}^* donné par (6.154) définit une équation homogénéisée (6.145) et donc une solution u^* *telle que* la suite u^ε converge en fait vers u^*. Cela prouvera tout à la fois l'unicité de H_{per}^*.

Preuve de la convergence. A partir du correcteur $w_{p,per}$ solution de (6.151), nous construisons l'approximation imitant les deux premiers termes du développement à deux échelles :

$$\widetilde{u^\varepsilon}\,(t\,,\,x) \;=\; u^*\,(t\,,\,x)\;+\;\varepsilon\,w_{\partial_x u^*(x),per}\left(\frac{x}{\varepsilon}\right) \tag{6.155}$$

de la solution exacte u^ε de (6.149)–(6.144), et nous allons montrer l'estimation

$$\sup_{[0,\infty[\,\times\,\mathbb{R}}\,\left|u^\varepsilon\,-\,u^*\right| \;\leq\; 2\,\varepsilon\,\sup_{x\in\mathbb{R},\,y\in\mathbb{R}}\,\left|w_{\partial_x u^*(x),per}(y)\right|, \tag{6.156}$$

qui prouve donc la convergence de u^ε vers la solution homogénéisée u^*. Pour cette convergence, nous ne considérons que le cas d'une donnée initiale (6.144) qui soit affine

$$u^0\,(x) = \alpha\,+\,\beta\,x, \quad \text{pour } \alpha,\,\beta\in\mathbb{R} \text{ fixés.} \tag{6.157}$$

Il est possible de montrer, mais nous ne le ferons pas, que ce cas suffit pour obtenir toute la généralité. L'intérêt de la donnée initiale affine (6.157) est que la fonction $\widetilde{u^\varepsilon}$, qui s'écrit ici

$$\widetilde{u^\varepsilon}\,(t\,,\,x) = \alpha\,+\,\beta\,x\,-\,t\,H_{per}^*\,(\beta)\,+\,\varepsilon\,w_{\beta,per}\left(\frac{x}{\varepsilon}\right), \tag{6.158}$$

(où $w_{\beta,per}$ résout bien sûr (6.151) pour $p = \beta$) est en fait ici *aussi* solution de

$$\partial_t\widetilde{u^\varepsilon}\,+\,\left(\partial_x\widetilde{u^\varepsilon}\right)^2\,-\,V_{per}\left(\frac{x}{\varepsilon}\right) = 0, \tag{6.159}$$

c'est-à-dire de la même équation (6.149) que u^ε, mais cette fois pour la donnée initiale

$$u^0\,(x) = \alpha\,+\,\beta\,x\,+\,\varepsilon\,w_{\beta,per}\left(\frac{x}{\varepsilon}\right). \tag{6.160}$$

Ceci va nous permettre de facilement en déduire une estimation sur la différence

$$v^\varepsilon\,=\,u^\varepsilon\,-\,\widetilde{u^\varepsilon},$$

fonction qui est donc solution de

$$\partial_t v^\varepsilon + \left(\partial_x u^\varepsilon\right)^2 - \left(\partial_x \widetilde{u^\varepsilon}\right)^2 = 0,$$

c'est-à-dire, en exploitant ici le cadre monodimensionnel et le fait que le Hamiltonien est quadratique

$$\partial_t v^\varepsilon + \left(\partial_x u^\varepsilon + \partial_x \widetilde{u^\varepsilon}\right) \partial_x v^\varepsilon = 0, \tag{6.161}$$

partant de la donnée initiale

$$v^\varepsilon(t = 0, x) = -\varepsilon\, w_{\beta,per}\left(\frac{x}{\varepsilon}\right). \tag{6.162}$$

Pour ε fixé, v^ε est donc solution de l'équation de transport linéaire

$$\partial_t v^\varepsilon + b(t, x)\, \partial_x v^\varepsilon = 0, \tag{6.163}$$

pour $b = \partial_x u^\varepsilon + \partial_x \widetilde{u^\varepsilon}$ et la donnée initiale (6.162).

Une telle équation, dans laquelle le champ b est considéré comme une donnée, vérifie, au moins formellement, le principe du maximum. Par exemple, si le champ b était suffisamment régulier, ceci découlerait immédiatement de la représentation de la solution via la méthode des caractéristiques. Ici, il faut pour être rigoureux recourir à la théorie des solutions de viscosité. La conclusion n'en demeure pas moins, vu (6.162), que

$$\left|v^\varepsilon(t, x)\right| \le \varepsilon \sup_{\mathbb{R}} \left|w_{\beta,per}\right|. \tag{6.164}$$

Nous obtenons donc que

$$\sup_{[0,\infty[\times\mathbb{R}} \left|u^\varepsilon - \widetilde{u^\varepsilon}\right| \le \varepsilon \sup_{\mathbb{R}} \left|w_{\beta,per}\right|, \tag{6.165}$$

ce qui implique l'estimation (6.156), compte-tenu de l'expression (6.155) de $\widetilde{u^\varepsilon}$.

L'équation homogénéisée (6.145) obtenue formellement par développement à deux échelles est donc la bonne, au moins dans ce cas très simple. Nous remarquons que bien que, "vu de loin", cette équation soit de forme similaire à l'équation originale (6.143), le Hamiltonien qui y figure est significativement différent. En effet, le Hamiltonien (6.148) est strictement convexe en la variable p (une parabole est le prototype d'une fonction strictement convexe), mais le Hamiltonien homogénéisé (6.154) est loin d'être strictement convexe, sauf dans le cas trivial $V_{per} \equiv 0$, puisqu'il est nul sur une large plage de valeurs de p entourant $p = 0$, comme le montre la Figure 6.2.

Le processus d'homogénéisation modifie donc fondamentalement une équation non linéaire comme (6.143).

Et les autres cas ? Conservons notre exemple quadratique monodimensionnel (6.147) mais cette fois avec un potentiel V non périodique.

Le calcul explicite ci-dessus peut être réédité dans le cadre d'un potentiel *stationnaire discret*, nous laissons cet exercice au lecteur, avec la même valeur (6.154) pour le Hamiltonien homogénéisé, à ceci près que les espérances $\mathbb{E} \int_0^1 \sqrt{\lambda + V(.,\omega)}$ remplacent les moyennes $\left\langle \sqrt{\lambda + V_{per}} \right\rangle$.

Pour le cas d'un potentiel périodique perturbé par un défaut localisé, disons par exemple

$$V(x) = V_{per} + \widetilde{V}, \quad \text{pour } \widetilde{V} \in C_0^\infty(\mathbb{R}),$$

la résolution du problème du correcteur (6.151) qui s'écrit cette fois

$$H^*(p) = \left(p + (w_p)'(y)\right)^2 - V_{per}(y) - \widetilde{V}(y), \quad \text{dans } \mathbb{R}, \qquad (6.166)$$

devient déjà délicate. En effet, tout peut se passer bien... ou non.

Tout d'abord, puisque le potentiel de perturbation $\widetilde{V}$ disparaît à l'infini, il est facile de se rendre compte, en translatant l'équation (6.166), que *s'il existe une solution*, alors sa dérivée est bornée, et sa translatée à l'infini $w_{p,\infty} = \lim_{|x| \to +\infty} w_p(.+x)$ vérifie

$$H^*(p) = \left(p + (w_{p,\infty})'(y)\right)^2 - V_{per}(y).$$

Il s'ensuit que $H^*(p) = H_{per}^*(p)$ et que $w_{p,\infty}$ est un correcteur périodique. Nous cherchons alors w_p solution de (6.166) sous la forme $w_p = w_{p,per} + \widetilde{w}_p$ avec ce dernier solution de

$$H_{per}^*(p) = \left(p + (w_{p,per})'(y) + (\widetilde{w}_p)'(y)\right)^2 - V_{per}(y) - \widetilde{V}(y), \quad \text{dans } \mathbb{R},$$

que nous pouvons récrire

$$0 = \left((\widetilde{w}_p)'(y)\right)^2 + 2 \left(p + (w_{p,per})'(y)\right)(\widetilde{w}_p)'(y) - \widetilde{V}(y). \qquad (6.167)$$

Cette équation est, à y fixé, une équation de degré 2 en l'inconnue $(\widetilde{w}_p)'(y)$. Elle est donc soluble *si de bonnes conditions sont remplies*, et insoluble sinon.

Pour se rendre compte de la difficulté, il suffit de considérer le cas $(p = 0, V_{per} \equiv 0)$, pour lequel $(H_{per}^*(p) = 0, w_{p,per} \equiv 0)$. Dans ce cas l'équation (6.167) s'écrit trivialement

$$0 = \left((\widetilde{w}_p)'(y)\right)^2 - \widetilde{V}(y).$$

Pour un potentiel $\widetilde{V}$ à support compact tel que

$$\widetilde{V} \geq 0 \quad \text{sur} \quad \mathbb{R}, \tag{6.168}$$

elle est soluble et fournit une fonction $\widetilde{w}_p$, dont la dérivée disparaît bien à l'infini. Nous pouvons alors "remonter" le calcul (c'est-à-dire en fait répéter la preuve faite au paragraphe précédent), et effectivement vérifier qu'il y a bien homogénéisation et que le Hamiltonien homogénéisé est bien celui du cadre périodique. Ce raisonnement peut s'adapter au cas de tout $p \in \mathbb{R}$ et tout potentiel V_{per}, sous réserve de la condition (6.168) au moins.

En revanche, pour un potentiel qui prend des valeurs négatives, il n'y a donc, dans ce cas, pas de solution à (6.167). Il existe des cas où, en fait, il n'y a même pas d'homogénéisation. Par exemple, il est possible d'obtenir, dans la limite $\varepsilon \to 0$, une condition de Dirichlet à l'emplacement macroscopique du défaut. Le lecteur se souviendra de nouveau à cet instant de notre étude de la Section 2.5.3 !

Au-delà, dans un cadre plus général, l'étude est bien plus compliquée, et de nombreuses (très nombreuses...) questions restent ouvertes.

6.4.2 En guise de conclusion

Nous avons entamé cet ouvrage en mentionnant, dans notre avant-propos, que la théorie de l'homogénéisation approchait l'âge respectable du demi-siècle. Tentons de mettre en perspective son présent et ce que nous imaginons de son futur.

Les sciences de l'ingénieur, la physique et les sciences de la vie sont une source vraisemblablement inépuisable de problèmes à plusieurs échelles. Il est peu probable que cette source se tarisse bientôt. Pour beaucoup de problèmes qui étaient encore il y a quelques années traités à une seule échelle, et où, au mieux, était insérée une information phénoménologique issue d'une échelle inférieure via un terme ou un coefficient spécifique additionnel, il est désormais important d'obtenir cette information à la fois explicitement et précisément. Il est même plausible que la variété des problèmes où plusieurs échelles importent ne fasse que croître, s'étendant de la science des matériaux aux sciences du climat, de la physique fondamentale aux modélisations épidémiologiques, de la mécanique des fluides complexes et/ou turbulents à la simulation du trafic, etc.

Si l'homogénéisation a un futur, celui-ci viendra probablement de la modélisation.

La théorie de l'homogénéisation que nous avons présentée dans cet ouvrage, et l'arsenal numérique qui l'accompagne et que nous avons brièvement abordé au Chapitre 5, feront désormais à jamais partie de la bibliothèque, de la boîte à outils des ressources mathématiques possibles. L'homogénéisation n'est pas une passade, elle restera. Ceci la distingue déjà de plusieurs autres théories mathématiques qui n'auront que vécu. Mais la modélisation des problèmes multi-échelles ne fera pas forcément appel *seulement* à la théorie de l'homogénéisation, et rien ne garantit que cette théorie ait, à l'avenir, le monopole des réponses théoriques et pratiques à fournir. D'autres approches, et d'autres techniques naîtront. Nous ne pouvons que le souhaiter.

Pourquoi pensons-nous ainsi ?

L'homogénéisation est, nous l'avons vu, un outil remarquablement puissant. Cet outil a permis des avancées considérables, en transformant des problèmes *a priori* trop complexes pour être traités par la force brute informatique du moment, en des problèmes accessibles soit par l'étude mathématique seule, soit par une combinaison habile d'étapes de raisonnement mathématique et d'étapes accomplies numériquement. Des phénomènes physiques sophistiqués ont ainsi pu être compris. Des problèmes technologiques d'importance ont également pu être résolus.

La puissance des ordinateurs a crû, mais simultanément a aussi crû la complexité des problèmes qu'on voulait traiter, de même que le degré d'exigence en précision et sûreté qu'on voulait avoir dans ce traitement. Un équilibre naturel s'est ainsi établi. C'est l'éternel (et très productif) jeu du chat et de la souris auquel se livrent la complexité des problèmes posés et la sophistication des outils pour les résoudre. Même si l'on constate que certains problèmes qui jadis ne pouvaient se traiter que par homogénéisation peuvent désormais se traiter entièrement par une approche directe, il est dangereux de se reposer sur une confiance absolue en la puissance croissante des ordinateurs. Il s'agirait d'une périlleuse fuite en avant. Il faudra toujours des théories mathématiques pour les problèmes les plus exigeants du moment, dépassant la force brute. La théorie de l'homogénéisation est l'une de ces théories.

La théorie de l'homogénéisation a aussi permis de tordre le cou à certaines intuitions "physiques" trop naïves (penser ne serait-ce qu'à l'exemple élémentaire de la moyenne harmonique remplaçant la "naturelle" moyenne arithmétique), ou au contraire a servi à *justifier* d'autres arguments intuitifs (penser à la démonstration du très "mécanique" développement à deux échelles). Elle a aussi permis d'imaginer, voire d'encadrer par une analyse d'erreur, des développements algorithmiques ambitieux s'inspirant d'arguments pourtant originalement complètement théoriques. Il en est ainsi des méthodes MsFEM.

Mais, pour puissante qu'elle est, la théorie de l'homogénéisation est aussi un outil limité. Limité parfois dans ses *hypothèses* : l'hypothèse de périodicité, que nous avons à la fois présentée en détail mais aussi, en plusieurs endroits de cet ouvrage, "combattue", est ainsi incroyablement restrictive et idéaliste. Il est aussi parfois limité dans sa *pratique*: l'homogénéisation stochastique, bien qu'incroyablement générale, conduit à une approche souvent difficile à mettre en œuvre concrètement, à la fois à cause de son coût informatique et de la difficulté pratique de la nourrir des bonnes données statistiques permettant de caractériser les lois qu'elle utilise. Notre sensibilité naturelle nous porte à croire que le futur de l'homogénéisation n'est sans doute pas dans une sophistication exagérée, ni des théories, ni des formalismes, ni des équations à étudier, mais plutôt, en quelque sorte, dans une *simplification* (faut-il dire une *dégradation* volontaire et assumée ?) des cadres et des techniques.

Comme le suggèrent certains des développements que nous avons esquissés dans les chapitres précédents, considérer des perturbations, éventuellement aléatoires et dans ce cas *"peu"* aléatoires, du cadre périodique est sans doute un compromis qui peut, à moyen terme, constituer une solide piste d'avenir.

Eventuellement loin des considérations pratiques développées ci-dessus, la théorie de l'homogénéisation s'est aussi avérée, sur le plan purement abstrait, un remarquable moyen pour *tester* des modèles mathématiques et leurs limites, pour comprendre plus intimement des équations, pour identifier leurs structures cachées. Un premier exemple que nous avons rencontré dans cette veine est la sélection d'équations de la Section 2.5 où, à la limite homogénéisée, chaque équation peut éventuellement changer de forme et un terme nouveau y apparaître. En quelque sorte, considérer la limite homogénéisée "agrandit" donc l'ensemble des équations à considérer. Un autre exemple, que nous n'avons pas abordé, est dans le cadre d'un problème dépendant du temps, l'idée, originalement due à Luc Tartar, d'insérer une donnée initiale oscillante pour examiner son devenir. Un troisième exemple de ce phénomène, et un exemple des plus récents, est l'extension de la théorie des jeux à champ moyen (en anglais, *mean-field games*) avec des travaux de Pierre-Louis Lions et Panagiotis Souganidis montrant que la limite homogénéisée conduit à une classe plus grande de systèmes, tout aussi intéressants mathématiquement que les systèmes originaux.

Qu'il s'agisse du plan pratique, ou du plan théorique, il reste donc beaucoup à faire, et il est pleinement justifié que, à ce moment final de notre exposé, nous passions volontiers le témoin au lecteur pour que, désormais, il écrive aussi sa part.

Appendice A
Eléments d'analyse des EDP

Nous regroupons dans ce chapitre un certain nombre de résultats classique d'analyse des équations aux dérivées partielles elliptiques et d'analyse fonctionnelle, que nous avons utilisés dans les chapitres précédents. Les preuves de ces résultats sont à consulter dans les ouvrages cités en référence.

A.1 Quelques théorèmes d'analyse fonctionnelle

Commençons par l'inégalité de Morrey, qui implique que toute fonction de $W^{1,q}(\mathbb{R}^d)$ avec $q > d$, est continue. Sa preuve peut être lue (par exemple) dans [Bre11, Theorem 9.12], [Eva10, Theorem 4, p 282], ou [GT01, Theorem 7.17, p 163] :

Théorème A.1 (Morrey). *Soit $q > d$. Alors $W^{1,q}(\mathbb{R}^d) \subset L^\infty(\mathbb{R}^d)$, avec injection continue. De plus, il existe une constante C dépendant uniquement de d et q, telle que pour tout $u \in W^{1,q}(\mathbb{R}^d)$,*

$$|u(x) - u(y)| \leq C|x - y|^{1 - \frac{d}{p}} \|\nabla u\|_{L^q(\mathbb{R}^d)},$$

presque partout en x et y.

Si maintenant $q \leq d$, alors les fonctions de $W^{1,q}$ ne sont plus continues en général, mais nous avons le résultat suivant (voir [Bre11, Theorem 9.9] ou [Eva10, Theorem 1, p 279]) :

Théorème A.2 (Gagliardo-Nirenberg-Sobolev). *Soit q tel que $1 \leq q < d$. Alors*

$$W^{1,q}(\mathbb{R}^d) \subset L^{q^*}(\mathbb{R}^d),$$

© The Author(s), under exclusive license to Springer Nature Switzerland AG 2022
X. Blanc, C. Le Bris, *Homogénéisation en milieu périodique... ou non*,
Mathématiques et Applications 88, https://doi.org/10.1007/978-3-031-12801-1

avec injection continue, où q^* est défini par

$$\frac{1}{q^*} = \frac{1}{q} - \frac{1}{d}. \tag{A.1}$$

De plus, il existe une constante C dépendant uniquement de d et q, telle que

$$\forall u \in W^{1,q}(\mathbb{R}^d), \quad \|u\|_{L^{q^*}(\mathbb{R}^d)} \leq C \|\nabla u\|_{L^q(\mathbb{R}^d)}. \tag{A.2}$$

Une conséquence de ce résultat est le suivant :

Corollaire A.3 *Soit $u \in L^1_{loc}(\mathbb{R}^d)$, telle que $\nabla u \in L^q(\mathbb{R}^d)$, avec $1 \leq q < d$. Alors il existe une constante $M \in \mathbb{R}$ et une constante C telles que*

$$\|u - M\|_{L^{q^*}(\mathbb{R}^d)} \leq C \|\nabla u\|_{L^q(\mathbb{R}^d)}, \tag{A.3}$$

où q^* est défini par (A.1) et la constante C ne dépend que de q et d.

Preuve. Définissons, pour tout $R > 0$,

$$M_R = \fint_{B_{2R} \setminus B_R} u = \frac{1}{|B_{2R} \setminus B_R|} \int_{B_{2R} \setminus B_R} u,$$

où, nous le rappelons, B_R désigne la boule de $\mathbb{R}^d$ centrée en 0 de rayon R, et $|B_{2R} \setminus B_R|$ la mesure de Lebesgue de la couronne $B_{2R} \setminus B_R$. Soit χ une fonction de troncature, de classe C^∞, telle que :

$$0 \leq \chi \leq 1, \quad |\nabla \chi| \leq 2, \quad \chi = 1 \text{ dans } B_1, \quad \chi = 0 \text{ dans } B_2^c.$$

Soit

$$u_R(x) = (u(x) - M_R) \chi \left(\frac{x}{R}\right),$$

qui est à support dans B_{2R}, donc, d'après les hypothèses faites sur u, $u_R \in W^{1,q}(\mathbb{R}^d)$. Nous pouvons donc appliquer l'inégalité (A.2) à u_R :

$$\|u_R\|^q_{L^{q^*}(\mathbb{R}^d)} \leq C^q \|\nabla u_R\|^q_{L^q(\mathbb{R}^d)}$$

$$= C^q \int_{B_{2R}} |\nabla u|^q (x) \chi^q \left(\frac{x}{R}\right) dx + \frac{C^q}{R^q} \int_{B_{2R} \setminus B_R} |u(x) - M_R|^q |\nabla \chi|^q \left(\frac{x}{R}\right) dx$$

$$\leq C^q \int_{\mathbb{R}^d} |\nabla u|^q + \frac{2^q C^q}{R^q} \int_{B_{2R} \setminus B_R} |u - M_R|^q, \tag{A.4}$$

où nous avons utilisé les bornes sur χ et $\nabla\chi$. Nous utilisons maintenant l'inégalité de Poincaré-Wirtinger (voir [Eva10, Theorem 1, page 292]), qui implique

$$\int_{B_{2R}\setminus B_R} |u - M_R|^q \leq C(R) \int_{B_{2R}\setminus B_R} |\nabla u|^q, \tag{A.5}$$

où la constante $C(R)$ ne dépend pas de u. Un simple argument de changement d'échelle permet de prouver que $C(R) = C_0 R^q$, où C_0 est la constante correspondant au cas $R = 1$, donc ne dépend que de d et q. Cet argument a déjà été utilisé pour établir l'estimation (3.148) d'une part, et pour établir (4.14) d'autre part. En insérant (A.5) dans (A.4), nous obtenons

$$\|u_R\|^q_{L^{q^*}(\mathbb{R}^d)} \leq C^q \int_{\mathbb{R}^d} |\nabla u|^q + 2^q C^q C_0 \int_{B_{2R}\setminus B_R} |\nabla u|^q \leq C' \int_{\mathbb{R}^d} |\nabla u|^q, \tag{A.6}$$

avec une constante C' qui ne dépend que de q et d. Donc, dans la limite $R \to +\infty$, u_R est bornée dans $L^{q^*}(\mathbb{R}^d)$. A extraction près, que nous ne notons pas, elle converge donc faiblement vers un certain $v \in L^{q^*}(\mathbb{R}^d)$:

$$u_R \underset{R\to+\infty}{\longrightarrow} v \text{ dans } L^{q^*}(\mathbb{R}^d). \tag{A.7}$$

Par ailleurs, $\nabla u_R = \nabla u \chi_R + R^{-1}(u - M_R)\nabla\chi(\cdot/R)$ converge vers ∇u au sens des distributions. Comme tous les opérateurs différentiels sont continus pour cette topologie, (A.7) implique donc $\nabla v = \nabla u$. Donc $v = u + M$, pour une certaine constante M. La convergence faible (A.7) permet de passer à la limite inférieure dans la borne (A.6), ce qui donne bien (A.3). $\square$

Remarquons que les hypothèses du Corollaire A.3 excluent le cas $d = 1$, et que le résultat est faux dans ce cas. En effet, la fonction

$$u(x) = \begin{cases} 0 & \text{si } x < 0, \\ x & \text{si } 0 < x < 1, \\ 1 & \text{si } 1 < x, \end{cases}$$

vérifie clairement que $\nabla u \in L^q(\mathbb{R})$, pour tout $q \geq 1$. En revanche, quelle que soit la valeur de la constante M, la fonction $u - M$ n'est dans aucun espace L^p, $p < +\infty$, puisque ses limites en $+\infty$ et $-\infty$ ne sont pas égales.

Donnons maintenant une caractérisation des espaces de Hölder due à Campanato [Cam63]. Pour cela, nous rappelons tout d'abord la définition de la semi-norme $C^{0,\alpha}$ sur $\mathcal{D}$, pour $\alpha \in]0, 1[$:

$$[u]_{C^{0,\alpha}(\mathcal{D})} = \sup_{x \neq y \in \mathcal{D}} \frac{|u(x) - u(y)|}{|x - y|^\alpha}.$$

Le résultat suivant est une conséquence de [Gia83, p 70] (voir également [GM12, Theorem 5.5]) :

Théorème A.4 (Campanato). *Supposons que $\mathcal{D}$ est un ouvert à bord Lipschitzien. Alors la semi-norme $[\cdot]_{C^{0,\alpha}(\mathcal{D})}$ est équivalente à la semi-norme dite* de Campanato :

$$[u]_{\mathcal{L}^{q,\lambda}(\mathcal{D})} = \sup_{x_0 \in \mathcal{D}} \sup_{r > 0} \left(\frac{1}{r^\lambda} \int_{\mathcal{D} \cap B(x_0, r)} \left| u - \fint_{\mathcal{D} \cap B(x_0, r)} u \right|^q \right)^{\frac{1}{q}}$$

avec $\lambda = q\,\alpha + d$.

Rappelons que la notation $\displaystyle\fint_{\mathcal{D} \cap B(x_0, r)} u$ désigne la valeur moyenne de u sur l'ensemble $\mathcal{D} \cap B(x_0, r)$. L'hypothèse que $\mathcal{D}$ est à bord lipschitzien implique que

$$|\mathcal{D} \cap B(x_0, r)| \geq A r^d,$$

pour une certaine constante A indépendante de r et de x_0. D'ailleurs, c'est sous cette dernière hypothèse plus générale que le Théorème A.4 est démontré dans les ouvrages cités plus haut. Toujours est-il qu'en utilisant cette dernière propriété et le lien entre λ et α, on démontre facilement que la semi-norme de Campanato est équivalente à la semi-norme suivante :

$$|u|_{\mathcal{L}^{q,\lambda}(\mathcal{D})} = \sup_{x_0 \in \mathcal{D}} \sup_{r > 0} \frac{1}{r^\alpha} \left(\fint_{\mathcal{D} \cap B(x_0, r)} \left| u - \fint_{\mathcal{D} \cap B(x_0, r)} u \right|^q \right)^{\frac{1}{q}}.$$

Le lecteur pourra facilement vérifier que cette dernière expression correspond bien, dans le cas $q = 2$, à la semi-norme utilisée en (3.151).

Le théorème de trace suivant correspond à [LM68, Théorème 8.3, page 44], dans le cas particulier $j = 0$.

Théorème A.5 (de trace). *Soit $\mathcal{D}$ un ouvert borné de lipschitzien. Il existe une unique application linéaire continue*

$$\gamma : H^1(\mathcal{D}) \longrightarrow H^{1/2}(\partial\mathcal{D})$$

telle que, pour tout $u \in H^1(\mathcal{D}) \cap C^0(\overline{\mathcal{D}})$, $\gamma(u) = u_{|\partial\mathcal{D}}$. *De plus, l'application* γ *est surjective, et il existe une application linéaire continue (appelée relèvement)*

$$R : H^{1/2}(\partial\mathcal{D}) \longrightarrow H^1(\mathcal{D})$$

telle que

$$\forall g \in H^{1/2}(\partial\mathcal{D}), \quad \gamma(R(g)) = g.$$

Notons que le [LM68, Théorème 8.3, page 44] suppose en fait que le bord de $\mathcal{D}$ est de classe C^∞, ce qui permet de démontrer un résultat plus fort que le Théorème A.5. Le lecteur pourra consulter la preuve pour le cas d'un ouvert de classe C^1 dans [Eva10, Theorem 1, p 274]. Pour le cas d'un ouvert Lipschitzien, nous renvoyons à [Din96].

Citons maintenant le *Lemme d'Aubin-Lions* (dans une version légèrement simplifiée), dont l'énoncé et la preuve peuvent être consultés dans [Lio69, Théorème 5.1, page 58]

Lemme A.6 (d'Aubin-Lions). *Soient trois espaces ce Banach réflexifs* $V_0 \subset V \subset V_1$, *où les inclusions sont continues, et tels que l'inclusion* $V_0 \subset V$ *soit compacte. Soit* $q \in]1, +\infty[$, *et notons, pour* $T > 0$ *fixé,*

$$W = \left\{ u \in L^q(]0, T[, V_0), \quad \partial_t u \in L^q(]0, T[, V_1) \right\},$$

muni de la norme naturelle

$$\|u\|_W = \|u\|_{L^q(]0,T[,V_0)} + \|\partial_t u\|_{L^q(]0,T[,V_1)},$$

qui en fait un espace de Banach. Alors $W \subset L^q(]0, T[, V)$, *avec injection compacte.*

A.2   Équations aux dérivées partielles elliptiques : existence et unicité

Nous rappelons dans cette Section les bases de la théorie des EDP elliptiques linéaires, dans leur version Hilbertienne. Ceci dans un souci de concision et de clarté. Ce rapide exposé regroupe des outils utilisés dans le présent ouvrage, mais ne constitue en aucun cas un cours sur l'analyse des EDP elliptiques. Pour cela, nous renvoyons par exemple à [Eva10] ou [GT01].

Nous nous intéressons à un cas particulier d'EDP elliptique, le cas sous forme divergence, à savoir

$$- \operatorname{div}(a\nabla u) = f, \tag{A.8}$$

posée dans un ouvert $\mathcal{D} \subset \mathbb{R}^d$ borné, avec comme donnée au bord

$$u = 0 \text{ sur } \partial\mathcal{D}. \tag{A.9}$$

Nous supposons, comme nous l'avons fait à partir du Chapitre 3, que le coefficient à valeurs matricielles $a : \mathcal{D} \longrightarrow \mathbb{R}^{d \times d}$ est borné. Nous supposons aussi qu'il est coercif, c'est-à-dire qu'il existe $\mu > 0$ tel que

$$\forall \xi \in \mathbb{R}^d, \quad (a(x)\xi) \,.\, \xi \geq \mu |\xi|^2, \tag{A.10}$$

presque partout en $x \in \mathcal{D}$. Il est clair vu les hypothèses que l'équation (A.8) doit être définie au sens faible, car les dérivées partielles de a n'existent pas au sens classique. Pour définir ces solutions faibles, imaginons un instant que l'équation ait un sens classique, mutliplons par une fonction test $\varphi \in C^\infty(\mathcal{D})$, à support compact, et intégrons par parties. Nous obtenons

$$\int_{\mathcal{D}} (a\nabla u) \,.\, \nabla\varphi = \int_{\mathcal{D}} f\varphi.$$

Cette formule, obtenue pour l'instant uniquement dans le cas régulier, a un sens dès que u et φ sont dans $H^1(\mathcal{D})$. En supposant que l'ouvert $\mathcal{D}$ est Lipschitzien, le Théorème A.5 permet de définir l'opérateur de trace γ. La condition de bord se traduit alors naturellement par $\gamma(u) = 0$. Ceci est exactement équivalent au fait que $u \in H_0^1(\mathcal{D})$, qui est l'adhérence dans $H^1(\mathcal{D})$ de l'espace des fonctions régulières à support compact dans $\mathcal{D}$ (voir en cela [Eva10, Theorem 2, page 275]). Ceci nous conduit donc à la

Définition A.7 (*Solutions faibles*). *Pour tout* $f \in H^{-1}(\mathcal{D})$, *on appelle solution faible de* (A.8)–(A.9) *un élément* $u \in H_0^1(\mathcal{D})$ *tel que*

$$\forall v \in H_0^1(\mathcal{D}), \quad \int_{\mathcal{D}} (a\nabla u) \,.\, \nabla v = \langle f, v \rangle_{H^{-1}(\mathcal{D}), H_0^1(\mathcal{D})}. \tag{A.11}$$

Cette formulation s'appelle également formulation variationnelle de l'EDP, terme que nous expliquerons plus loin. Bien entendu, dans le cas où $f \in L^2(\mathcal{D})$, le terme de droite de l'égalité (A.11) s'écrit $\int_{\mathcal{D}} fv$, et l'expression ci-dessus en est une généralisation.

Enonçons maintenant un résultat fondamental pour étudier ce type de problème, le Lemme de Lax-Milgram.

Lemme A.8 (Lax-Milgram). *Soit H un espace de Hilbert, soit $B : H \times H \longrightarrow \mathbb{R}$ une forme bilinéaire continue. On suppose de plus que B est coercive, c'est-à-dire qu'elle vérifie*

$$\exists \mu > 0, \quad \forall u \in H, \quad B(u, u) \geq \mu \|u\|_H^2. \tag{A.12}$$

Soit d'autre part $L : H \longrightarrow \mathbb{R}$ *une application linéaire continue. Alors il existe un unique* $u \in H$ *vérifiant*

$$\forall v \in H, \quad B(u, v) = L(v). \tag{A.13}$$

De plus, cette solution vérifie

$$\|u\|_H \leq \frac{1}{\mu} \|L\|_{H'}. \tag{A.14}$$

L'application de ce lemme permet de démontrer que la formulation faible (A.11) admet une unique solution $u \in H_0^1(\mathcal{D})$, pour tout $f \in H^{-1}(\mathcal{D})$ (rappelons que $H^{-1}(\mathcal{D})$ est l'espace dual de l'espace $H_0^1(\mathcal{D})$). En effet, il suffit pour cela de définir $H = H_0^1(\mathcal{D})$ qui est bien un espace de Hilbert pour le produit scalaire $(u, v) \longmapsto \int_{\mathcal{D}} \nabla u \cdot \nabla v$, grâce à l'inégalité de Poincaré. Nous définissions

$$B(u, v) = \int_{\mathcal{D}} (a\nabla u) \cdot \nabla v,$$

qui est bien bilinéaire, continue car a est bornée, et coercive (au sens de (A.12)) car a est coercive (au sens de (A.10)). Enfin,

$$L(v) = \langle f, v \rangle_{H^{-1}(\mathcal{D}), H_0^1(\mathcal{D})},$$

est, par définition, une forme linéaire continue sur l'espace de Hilbert H. Tout ceci permet donc d'appliquer le Lemme A.8, et d'obtenir

Corollaire A.9 *Si a est bornée et coercive, alors, pour tout $f \in H^{-1}(\mathcal{D})$, il existe une unique solution $u \in H_0^1(\mathcal{D})$ à la formulation faible* (A.11). *De plus, cette solution vérifie*

$$\|u\|_{H_0^1(\mathcal{D})} \leq \frac{1}{\mu} \|f\|_{H^{-1}(\mathcal{D})}. \tag{A.15}$$

Bien entendu, l'application $f \mapsto u$ définie dans ce Corollaire est linéaire, et l'inégalité (A.15) montre qu'elle est continue de $H^{-1}(\mathcal{D})$ dans $H_0^1(\mathcal{D})$.

Il nous reste à faire le lien avec l'équation d'origine, à savoir (A.8)–(A.9). Pour cela, commençons par remarquer que la formulation variationnelle (A.11) implique que l'équation (A.8) est vraie au sens des distributions. Si maintenant on *suppose* un peu plus de régularité, à savoir que (par exemple) $u \in H^2(\mathcal{D})$, $a \in W^{1,\infty}(\mathcal{D})$, $f \in L^2(\mathcal{D})$, alors l'équation (A.8) est vraie presque partout. En effet, nous pouvons, à partir de la formulation faible (A.11), pour $v \in C^1(\mathcal{D}) \cap C^0(\overline{\mathcal{D}})$ nulle au bord, refaire l'intégration par parties dans l'autre sens, et obtenir que

$$\int_{\mathcal{D}} (\mathrm{div}(a\nabla u) + f)\, v = 0. \tag{A.16}$$

Ceci valant pour tout $v \in C^1(\mathcal{D}) \cap C^0(\overline{\mathcal{D}})$, nous en déduisons que (A.8) est vraie presque partout dans $\mathcal{D}$. Dans un tel cas, la condition de bord reste vraie uniquement sous la forme $u \in H_0^1(\mathcal{D})$. Pour donner un sens *classique* à (A.8)–(A.9), il nous faut supposer plus de régularité, comme par exemple que l'ouvert $\mathcal{D}$ est lipschitzien, que a est dérivable, et que u est deux fois dérivable. Cette dernière propriété est en fait impliquée par les précédentes, dans la mesure où f est Hölderienne, comme nous le verrons plus loin. Sous ces hypothèses, nous pouvons à nouveau refaire l'intégration par parties dans l'autre sens, et obtenir (A.16), ici encore pour tout $v \in C^1(\mathcal{D}) \cap C^0(\overline{\mathcal{D}})$. Ainsi, comme les fonctions manipulées sont continues, nous en déduisons que (A.8) est vraie *partout* dans $\mathcal{D}$. Enfin, on retrouve (A.9) en utilisant que u est dans le noyau de l'opérateur de trace γ, et que pour des fonctions continues, $\gamma(u)$ est la restriction de u au bord $\partial\mathcal{D}$.

Dans le cas où a est une matrice symétrique, on montre facilement que résoudre la formulation faible est équivalent à minimiser la fonctionnelle $J : H_0^1(\mathcal{D}) \longrightarrow \mathbb{R}$ définie par

$$J(u) = \frac{1}{2} \int_{\mathcal{D}} (a\nabla u) \cdot \nabla u - \langle f, u \rangle_{H^{-1}(\mathcal{D}), H_0^1(\mathcal{D})}.$$

Nous considérons donc le problème de minimisation suivant :

$$\inf \left\{ J(u), \quad u \in H_0^1(\mathcal{D}) \right\}. \tag{A.17}$$

Il est immédiat que la fonctionnelle d'énergie J est strictement convexe, et vérifie

$$\lim_{\|u\|_{H_0^1(\mathcal{D})} \to +\infty} J(u) = +\infty.$$

Ceci permet de démontrer que toute suite minimisante du problème (A.17) est bornée, donc converge, à extraction près, faiblement dans $H_0^1(\mathcal{D})$, vers une limite u. La convexité permet de passer à la limite inférieure, et ce u est bien une solution de (A.17). Cette dernière est unique par stricte convexité de J. Enfin, la différentielle de J en u s'écrit

$$\forall v \in H_0^1(\mathcal{D}), \quad dJ_u(v) = \int_{\mathcal{D}} (a\nabla u) \cdot \nabla v - \langle f, v \rangle_{H^{-1}(\mathcal{D}), H_0^1(\mathcal{D})}. \tag{A.18}$$

L'équation d'Euler-Lagrange du problème de minimisation (A.17) s'écrit $d J_u = 0$, c'est-à-dire (A.11). Réciproquement, si u est solution de (A.11), alors c'est un point critique de la fonctionnelle J, donc un minimiseur car J est strictement convexe.

L'argument ci-dessus explique le terme de formulation variationnelle souvent utilisé pour désigner (A.11). Notons que cette interprétation énergétique nécessite que la matrice a soit symétrique. Lorsqu'on minimise la fonctionnelle J ci-dessus pour a non symétrique, c'est la partie symétrique de a qui apparaît dans (A.18). Si l'intérêt essentiel du Lemme de Lax-Milgram réside justement dans la possibilité de traiter le cas de matrices a non symétriques, il convient de remarquer que l'approche énergétique permet quant à elle de traiter, avec les mêmes outils, des équations non linéaires (qui correspondraient à des fonctionnelles J qui ne sont plus quadratiques, mais restent strictement convexes).

Nous concluons cette Section par *l'inégalité de Caccioppoli*, qui permet de contrôler la norme L^2 de ∇u par celle de u dans le cas d'une solution de (A.8) avec $f = 0$. L'énoncé qui suit correspond à [GM12, Proposition 2.1, page 76], ainsi que [Gia83, Theorem 4.4, page 63].

Théorème A.10 (Inégalité de Caccioppoli). *Soit a une matrice coercive et bornée, et soit $u \in H^1(B_{2R}(x))$ une solution de $-\mathrm{div}(a\nabla u) = 0$ dans la boule $B_{2R}(x)$, pour $x \in \mathbb{R}^d$. Alors il existe un constante C dépendant uniquement de la constante de coercivité de a et de $\|a\|_{L^\infty}$ telle que*

$$\int_{B_R(x)} |\nabla u|^2 \leq \frac{C}{R^2} \int_{B_{2R}(x)} u^2. \tag{A.19}$$

A.3 Principe du maximum

Le principe du maximum pour une équation elliptique du type (A.8) s'énonce sous la forme suivante (voir par exemple [Eva10, §6.4, Theorem 1, page 346]) :

Théorème A.11 (Principe du maximum faible : solutions fortes). *Soit $\mathcal{D}$ un ouvert borné. Soit $a \in C^1(\mathcal{D})$ une matrice coercive et bornée. Soit $u \in C^2(\mathcal{D}) \cap C^0(\overline{\mathcal{D}})$.*

(i) Si $-\mathrm{div}(a\nabla u) \leq 0$ dans $\mathcal{D}$, alors $\max_{\overline{\mathcal{D}}} u = \max_{\partial \mathcal{D}} u$.

(ii) Si $-\mathrm{div}(a\nabla u) \geq 0$ dans $\mathcal{D}$, alors $\min_{\overline{\mathcal{D}}} u = \min_{\partial \mathcal{D}} u$.

Ce résultat peut également se généraliser sous la forme suivante pour des solutions de plus faible régularité :

Théorème A.12 (Principe du maximum faible : solutions faibles). *Soit a une matrice coercive et bornée sur $\mathcal{D}$, ouvert borné. Soit $u \in H^1(\mathcal{D})$.*

(i) Si $-\mathrm{div}(a\nabla u) \leq 0$ dans $\mathcal{D}$, alors $\mathrm{ess\,sup}_{\overline{\mathcal{D}}} u \leq \max\left(\mathrm{ess\,sup}_{\partial \mathcal{D}} u, 0 \right)$.

(ii) *Si* $-\operatorname{div}(a\nabla u) \ge 0$ *dans* $\mathcal{D}$, *alors* $\operatorname*{ess\,inf}\limits_{\overline{\mathcal{D}}} u \ge \min\left(\operatorname*{ess\,inf}\limits_{\partial\mathcal{D}} u, 0\right)$.

Ici, l'inégalité $-\operatorname{div}(a\nabla u) \le 0$ doit être comprise au sens des distributions, c'est-à-dire

$$\forall \varphi \in C_c^\infty(\mathcal{D}), \quad \varphi \ge 0, \quad \int_{\mathcal{D}} (a\nabla u) \cdot \nabla\varphi \le 0.$$

De même, l'inégalité $-\operatorname{div}(a\nabla u) \ge 0$ est à comprendre au sens:

$$\forall \varphi \in C_c^\infty(\mathcal{D}), \quad \varphi \ge 0, \quad \int_{\mathcal{D}} (a\nabla u) \cdot \nabla\varphi \ge 0.$$

Pour la preuve du Théorème A.12, nous renvoyons à l'article d'origine [Sta65] ou à [GT01, Theorem 8.1, p 179].

A.4   Inégalité de Harnack

L'inégalité de Harnack est fondamentale dans l'analyse des EDP elliptiques. Elle permet en particulier de démontrer que toute solution de (A.8) avec $f = 0$ est Hölderienne sans hypothèse de régularité sur les coefficients (la matrice a doit simplement être coercive et bornée). Certains résultats intermédiaires pour l'obtenir ont un intérêt en eux-mêmes, et nous les citons également ci-dessous.

En particulier, le Théorème 8.16 (page 191) de [GT01] implique :

Théorème A.13 *Soit* $\mathcal{D}$ *un ouvert borné Lipshitzien de* $\mathbb{R}^d$, *et soit* $a \in (L^\infty(\mathcal{D}))^{d\times d}$ *une matrice coercive. Soit* $f \in L^{q/2}(\mathcal{D})$ *et* $F \in (L^q(\mathcal{D}))^d$, *pour un certain* $q > d$. *Supposons que* $u \in H^1(\mathcal{D})$ *est solution (au sens des distributions) de*

$$-\operatorname{div}(a\nabla u) = f + \operatorname{div}(F), \quad dans \quad \mathcal{D}. \tag{A.20}$$

Alors

$$\|u\|_{L^\infty(\mathcal{D})} \le \|u\|_{L^\infty(\partial\mathcal{D})} + \frac{C}{\mu}\left(\|f\|_{L^{q/2}(\mathcal{D})} + \|F\|_{(L^q(\mathcal{D}))^d}\right), \tag{A.21}$$

où $\mu > 0$ *est la constante de coercivité de* a, *et la constante* C *ne dépend que du volume* $|\mathcal{D}|$ *de l'ouvert* $\mathcal{D}$, *de la dimension* d *et de* q.

Un autre préliminaire à l'inégalité de Harnack, très utile également, est le résultat suivant (conséquence de [GT01, Theorem 8.17, p 194]) :

Théorème A.14 *Soit $\mathcal{D}$ un ouvert borné de $\mathbb{R}^d$, et soit $a \in (L^\infty(\mathcal{D}))^{d \times d}$ une matrice coercive. Soit $f \in L^{q/2}(\mathcal{D})$ et $F \in (L^q(\mathcal{D}))^d$, pour un certain $q > d$. Si $u \in H^1(\mathcal{D})$ vérifie $-\operatorname{div}(a\nabla u) \leq f + \operatorname{div}(F)$ dans $\mathcal{D}$, alors, pour toute boule $B_{2R}(y) \subset \mathcal{D}$,*

$$\operatorname*{ess\,sup}_{B_R(y)} u \leq C \left(\frac{1}{R^{d/2}} \|u^+\|_{L^2(B_{2R}(y))} + R^{1-d/q}\|F\|_{(L^q(\mathcal{D}))^d} \right.$$

$$\left. + R^{2-2d/q}\|f\|_{L^{q/2}(\mathcal{D})} \right), \tag{A.22}$$

où C ne dépend que de la dimension d, de $\|a\|_{L^\infty}$, de la constante de coercivité de a et de q.

De même, si u est vérifie $-\operatorname{div}(a\nabla u) \geq f + \operatorname{div}(F)$ dans $\mathcal{D}$, alors, pour toute boule $B_{2R}(y) \subset \mathcal{D}$,

$$\operatorname*{ess\,sup}_{B_R(y)} (-u) \leq C \left(\frac{1}{R^{d/2}} \|u^-\|_{L^2(B_{2R}(y))} + R^{1-d/q}\|F\|_{(L^q(\mathcal{D}))^d} \right.$$

$$\left. + R^{2-2d/q}\|f\|_{L^{q/2}(\mathcal{D})} \right), \tag{A.23}$$

où C ne dépend que de la dimension d, de $\|a\|_{L^\infty}$, de la constante de coercivité de a et de q.

Ici, l'inégalité $-\operatorname{div}(a\nabla u) \leq f + \operatorname{div}(F)$ s'entend au sens des distributions, c'est-à-dire

$$\forall \varphi \in C_c^\infty(\mathcal{D}), \quad \varphi \geq 0, \quad \int_{\mathcal{D}} (a\nabla u) \cdot \nabla \varphi \leq \int_{\mathcal{D}} f\varphi - \int_{\mathcal{D}} F \cdot \nabla \varphi.$$

De même, l'inégalite $-\operatorname{div}(a\nabla u) \geq f + \operatorname{div}(F)$ signifie

$$\forall \varphi \in C_c^\infty(\mathcal{D}), \quad \varphi \geq 0, \quad \int_{\mathcal{D}} (a\nabla u) \cdot \nabla \varphi \geq \int_{\mathcal{D}} f\varphi - \int_{\mathcal{D}} F \cdot \nabla \varphi.$$

Lorsque u est solution de $-\operatorname{div}(a\nabla u) = 0$, on obtient, en appliquant successivement les deux estimées (A.22) et (A.23),

Corollaire A.15 *Soit $\mathcal{D}$ un ouvert borné de $\mathbb{R}^d$, et soit $a \in L^\infty(\mathcal{D})^{d \times d}$ une matrice coercive. Si $u \in H^1(\mathcal{D})$ vérifie $-\operatorname{div}(a\nabla u) = 0$ au sens des distributions dans $\mathcal{D}$, alors, pour toute boule $B_{2R}(y) \subset \mathcal{D}$,*

$$\sup_{B_R(y)} |u| \leq \frac{C}{R^{d/2}} \|u\|_{L^2(B_{2R}(y))}, \tag{A.24}$$

où C ne dépend que de la dimension d, de $\|a\|_{L^\infty}$, et de la constante de coercivité de a.

Les résultats ci-dessus permettent de démontrer l'inégalité de Harnack, qui s'énonce comme suit (voir par exemple [GT01, Theorem 8.20, p. 199] ou [Eva10, Theorem 5, p. 353])

Théorème A.16 (Inégalité de Harnack). *Soit $\mathcal{D}$ un ouvert borné de $\mathbb{R}^d$, et soit $a \in L^\infty(\mathcal{D})^{d\times d}$ une matrice coercive. Soit $u \in H^1(\mathcal{D})$ telle que $u \geq 0$ et $-\operatorname{div}(a\nabla u) = 0$ au sens des distributions dans $\mathcal{D}$. Alors il existe une constante C dépendant uniquement de d, de la constante de coercivité de a et de $\|a\|_{L^\infty(\mathcal{D})}$, mais pas de u, telle que, si $y \in \mathbb{R}^d$ et $R > 0$ sont tels que $B_{4R}(y) \subset \mathcal{D}$, alors*

$$\sup_{B_R(y)} u \leq C \inf_{B_R(y)} u. \tag{A.25}$$

En examinant les références citées ci-dessus, le lecteur constatera que la constante C dépend en fait également de R. L'explication est que dans [GT01], l'équation considérée est

$$-\operatorname{div}(a\nabla u + bu) + c \,.\, \nabla u + gu = 0,$$

où $b, c : \mathcal{D} \longrightarrow \mathbb{R}^d$ et $g : \mathcal{D} \longrightarrow \mathbb{R}$ vérifient $|b|^2 + |c|^2 + \mu|g| \leq \nu^2\mu^2$, pour un certain $\nu \geq 0$, où μ est la constante d'ellpticité de la matrice a. Et la constante C dans (A.25) dépend de R uniquement à travers νR. Comme dans notre cas $\nu = 0$, la dépendance en R disparaît.

Dans l'article original de Jürgen Moser [Mos61], on trouve la conséquence suivante de l'inégalité de Harnack, qui est une forme de théorème de Liouville

Corollaire A.17 *Soit a une matrice bornée et coercive sur $\mathbb{R}^d$. Soit u une solution de $-\operatorname{div}(a\nabla u) = 0$ au sens des distributions dans $\mathbb{R}^d$. Si u n'est pas constante, alors il existe $\gamma > 0$ tel que*

$$\forall r > 1, \quad \sup_{|x|=r} u(x) - \inf_{|x|=r} u(x) \geq r^\gamma.$$

Dans le cas du Laplacien, le résultat plus fort suivant peut être démontré :

Proposition A.18 *Soit $u \in L^1_{loc}(\mathbb{R}^d)$ telle que $-\Delta u = 0$ au sens des distributions dans $\mathbb{R}^d$. Alors u est un polynôme harmonique. En particulier, si elle est strictement sous-linéaire, elle est constante.*

Ce résultat peut être démontré facilement en utilisant la transformée de Fourier, car l'équation $-\Delta u = 0$ s'écrit $|\xi|^2\widehat{u}(\xi) = 0$, donc $\widehat{u}$ est une distribution dont le support est réduit à $\{0\}$, ce qui implique que u est un polynôme.

Notons que cette preuve de la Proposition A.18 est également valable pour tout opérateur elliptique à coefficients constants sous forme divergence.

A.5   Régularité elliptique

Nous regroupons dans cette section les résultats de régularité elliptique que nous avons utilisés dans les chapitres précédents.

Commençons par les résultats de régularité de type *Nash-Moser* (aussi appelés *De Giorgi-Nash* ou *De Giorgi-Nash-Moser*). Ils sont une conséquence de l'inégalité de Harnack (voir le Théorème A.16). Ils s'appliquent à des équations sous forme divergence, et ont pour conséquence le

Théorème A.19 (Nash-Moser). *Soit a une matrice coercive et bornée sur la boule* B_{2R}. *Supposons que* $u \in H^1(B_{2R})$ *est solution au sens des distributions de*

$$- \operatorname{div}(a \nabla u) = 0$$

dans B_{2R}. *Alors il existe* $\alpha \in]0, 1[$ *dépendant uniquement de la constante de coercivité de a et de* $\|a\|_{L^\infty(B_{2R})}$ *tel que* $u \in C^{0,\alpha}(B_R)$.

Ce résultat a été originalement démontré par Ennio De Giorgi [DG57], Jürgen Moser [Mos60, Mos61] et John Nash [Nas58]. On peut le trouver aussi, par exemple, dans [Mor08, Theorem 5.3.3, p 139] et [BE97, Theorem 3.4, p 236], ou sous une forme plus générale dans [GT01, Theorem 8.24, p 202].

Citons maintenant des résultats de régularité pour une équation avec second membre. Ce second membre sera d'abord sous forme divergence, puis plus général. Le premier résultat est issu de [GM12, Theorem 5.19, p 87] (voir également [GT01, Theorem 8.32, p 210]) :

Théorème A.20 (Régularité elliptique intérieure de type Schauder). *Soit* $\mathcal{D}$ *un ouvert borné de* $\mathbb{R}^d$, *et a* : $\mathcal{D} \longrightarrow \mathbb{R}^{d \times d}$ *une matrice coercive et bornée, et f* : $\mathcal{D} \to \mathbb{R}^d$ *un champ de vecteur. On suppose de plus que* $f \in C^{0,\sigma}(\mathcal{D})$ *et* $a \in C^{0,\sigma}(\mathcal{D})$ *pour un certain* $\sigma \in]0, 1[$. *Alors, pour tout compact* $K \subset\subset \mathcal{D}$, *il existe une constante C telle que, si* $u \in H^1(\mathcal{D})$ *est solution de*

$$- \operatorname{div}(a \nabla u) = \operatorname{div}(f)$$

au sens des distributions dans $\mathcal{D}$, *alors*

$$\|\nabla u\|_{C^{0,\sigma}(K)} \leq C \left(\|\nabla u\|_{L^2(\mathcal{D})} + \|f\|_{C^{0,\sigma}(\mathcal{D})} \right),$$

et C ne dépend que de K, $\mathcal{D}$, *la constante de coercivité de a, et* $\|a\|_{C^{0,\sigma}(\mathcal{D})}$.

Les hypothèses ci-dessus imposent que la matrice des coefficients a est coercive est bornée, mais également de régularité Hölderienne, contrairement au Théorème A.19. Cependant, le Théorème A.20 est valable pour des systèmes (et pas uniquement des équations scalaires), comme l'indique [GM12, Theorem 5.19, p 87]. Ce n'est pas le cas du résultat de régularité de De Giorgi-Nash-Moser, qui n'est vrai que si l'inconnue u est à valeurs scalaires.

Nous énonçons maintenant les propriétés de régularité elliptique en norme de type Sobolev. Le résultat suivant est démontré dans [GM12, Theorem 7.2, p 140].

Théorème A.21 (Régularité elliptique intérieure de type Sobolev). *Soit $\mathcal{D}$ un ouvert borné de $\mathbb{R}^d$, et $a : \mathcal{D} \longrightarrow \mathbb{R}^{d \times d}$ une matrice coercive et bornée, et $f : \mathcal{D} \to \mathbb{R}^d$ un champ de vecteur. On suppose de plus que a est uniformément continue sur $\overline{\mathcal{D}}$, et que $f \in L^q(\mathcal{D})$ pour un certain $q \geq 2$. Alors, pour tout compact $K \subset\subset \mathcal{D}$, il existe une constante C telle que, si $u \in H^1(\mathcal{D})$ est solution de*

$$- \operatorname{div}(a \nabla u) = \operatorname{div}(f)$$

au sens des distributions dans $\mathcal{D}$, alors

$$\|\nabla u\|_{L^q(K)} \leq C \left(\|\nabla u\|_{L^2(\mathcal{D})} + \|f\|_{L^q(\mathcal{D})} \right),$$

et C ne dépend que de K, $\mathcal{D}$, la constante de coercivité de a, $\|a\|_{L^\infty(\mathcal{D})}$, et du module de continuité de a.

Il s'agit là d'un résultat de régularité *intérieure*, tout comme l'étaient les Théorèmes A.19 et A.20. Nous donnons maintenant un résultat de régularité "jusqu'au bord", et avec un second membre qui n'est pas nécessairement sous forme divergence. Il s'agit d'une conséquence de [GT01, Lemma 9.17] et de [GT01, Theorem 9.19] :

Théorème A.22 (Régularité elliptique jusqu'au bord). *Soit $\mathcal{D} \subset \mathbb{R}^d$ un ouvert de classe C^2. Soit $a : \mathcal{D} \longrightarrow \mathbb{R}^{d \times d}$ une matrice coercive et bornée, telle que $a \in W^{1,\infty}(\mathcal{D})$. Soit $f \in L^q(\mathcal{D})$, pour un certain $q \in]1, +\infty[$. Soit $u \in H_0^1(\mathcal{D})$ une solution de*

$$- \operatorname{div}(a \nabla u) = f,$$

au sens des distributions dans $\mathcal{D}$. Alors $u \in W^{2,q}(\mathcal{D})$, et il existe une constante C dépendant uniquement de $\mathcal{D}$ et a telle que

$$\|u\|_{W^{2,q}(\mathcal{D})} \leq C \|f\|_{L^q(\mathcal{D})}.$$

Tous les résultats ci-dessus concernent une équation sous forme divergence. Cependant, au cours du Chapitre 6, nous avons également utilisé des résultats de régularité sur l'équation suivante :

$$- \partial_{ij}^2 \left(a_{ij} u \right) + \partial_i \left(b_i u \right) = 0, \tag{A.26}$$

où nous utilisons la convention de sommation sur les indices répétés (3.89). Cette équation est quelquefois appelée équation de Fokker-Planck-Kolmogorov (FPK) stationnaire. Comme nous l'avons remarqué au Chapitre 6, la symétrie de la matrice $\partial_{ij}^2 u$ implique qu'il est toujours possible de se ramener au cas où la matrice a est symétrique. De plus, comme nous l'avons vu pour les équations du type (A.8), la notion de solution de (A.26) correspond, dans tout ce qui suit, à une notion de solution faible, à savoir

$$\forall \varphi \in C_c^\infty (\mathcal{D}), \quad \int_{\mathcal{D}} \left(-a_{ij} \partial_{ij}^2 \varphi - b_i \partial_i \varphi \right) u = 0. \tag{A.27}$$

Sous cette forme, il est clair que la notion minimale de régularité pour la solution (si les coefficients a et b sont continus) est que u doit être une mesure.

Le résultat suivant est issu de [BS17, Theorem 3.1].

Théorème A.23 *Supposons que la matrice a est coercive et bornée, que $a \in C^{0,\alpha}(\mathcal{D})$ pour un certain $\alpha \in]0, 1[$, et que $b \in (L^q(\mathcal{D}))^d$ pour un certain $q > d$. Alors toute solution $u \in L^1(\mathcal{D})$ de (A.27) vérifie $u \in C^{0,\alpha}(\mathcal{D})$.*

Ce résultat est en fait vrai si la solution est seulement supposé être une mesure. Dans ce cas, l'affirmation est que cette mesure est absolument continue par rapport à la mesure de Lebesgue, et que sa densité est dans $C^{0,\alpha}(\mathcal{D})$.

Terminons par un résultat similaire au Théorème A.16 pour les équations de type (A.26).

Théorème A.24 *Soit a une matrice bornée coercive, et $b \in (L^\infty(\mathcal{D}))^d$. Soit $u \in C^0(\mathcal{D})$ une solution positive de (A.27) dans $\mathcal{D}$. Supposons que $x_0 \in \mathcal{D}$ et $R > 0$ sont tels que $B(x_0, 2R) \subset \mathcal{D}$. Alors il existe une constante C dépendant uniquement de R, $\|b\|_{L^\infty(\mathcal{D})}$, $\|a\|_{L^\infty(\mathcal{D})}$, et de la constante de coercivité de a, telle que*

$$\sup_{B_R(x_0)} u \leq C \inf_{B_R(x_0)} u.$$

Ce résultat peut être consulté par exemple dans [BS17, Theorem 3.1], ou bien dans [BKRS15, Theorem 3.4.2, p 100].

Bibliographie

[AAP19] Assyr ABDULLE, Doghonay ARJMAND et Edoardo PAGANONI : Exponential decay of the resonance error in numerical homogenization via parabolic and elliptic cell problems. *C. R. Math. Acad. Sci. Paris*, 357(6):545–551, 2019.

[AAP21a] Assyr ABDULLE, Doghonay ARJMAND et Edoardo PAGANONI : An elliptic local problem with exponential decay of the resonance error for numerical homogenization. arXiv:2001.06315, 2021.

[AAP21b] Assyr ABDULLE, Doghonay ARJMAND et Edoardo PAGANONI : A parabolic local problem with exponential decay of the resonance error for numerical homogenization. *Math. Models Methods Appl. Sci.*, 31(13):2733–2772, 2021.

[AB05] Grégoire ALLAIRE et Robert BRIZZI : A multiscale finite element method for numerical homogenization. *Multiscale Model. Simul. Journal*, 4(3): 790–812, 2005.

[AEEVE12] Assyr ABDULLE, Weinan E, Björn ENGQUIST et Eric VANDEN-EIJNDEN : The heterogeneous multiscale method. *Acta Numerica*, 21:1–87, 2012.

[AF09] Luigi AMBROSIO et Hermano FRID : Multiscale Young measures in almost periodic homogenization and applications. *Arch. Ration. Mech. Anal.*, 192(1): 37–85, 2009.

[AGK16] Scott ARMSTRONG, Antoine GLORIA et Tuomo KUUSI : Bounded correctors in almost periodic homogenization. *Arch. Ration. Mech. Anal.*, 222(1): 393–426, 2016.

[AHP21] Robert ALTMANN, Patrick HENNING et Daniel PETERSEIM : Numerical homogenization beyond scale separation. *Acta Numer.*, 30:1–86, 2021.

[AKM19] Scott ARMSTRONG, Tuomo KUUSI et Jean-Christophe MOURRAT : *Quantitative stochastic homogenization and large-scale regularity.*, volume 352. Cham: Springer, 2019.

[AL87] Marco AVELLANEDA et Fang-Hua LIN : Compactness methods in the theory of homogenization. *Commun. Pure Appl. Math.*, 40(6): 803–847, 1987.

[AL89] Marco AVELLANEDA et Fang-Hua LIN : Un théorème de Liouville pour des équations elliptiques à coefficients périodiques. *C. R. Acad. Sci. Paris Sér. I Math.*, 309(5):245–250, 1989.

[AL91] Marco AVELLANEDA et Fang Hua LIN : L^p bounds on singular integrals in homogenization. *Commun. Pure Appl. Math.*, 44(8-9): 897–910, 1991.

[ALB11] Arnaud ANANTHARAMAN et Claude LE BRIS : A numerical approach related to defect-type theories for some weakly random problems in homogenization. *Multiscale Model. Simul.*, 9(2): 513–544, 2011.

[All92] Grégoire ALLAIRE : Homogenization and two-scale convergence. *SIAM J. Math. Anal.*, 23(6): 1482–1518, 1992.

© The Author(s), under exclusive license to Springer Nature Switzerland AG 2022
X. Blanc, C. Le Bris, *Homogénéisation en milieu périodique... ou non*,
Mathématiques et Applications 88, https://doi.org/10.1007/978-3-031-12801-1

[All02] Grégoire ALLAIRE : *Shape optimization by the homogenization method.*, volume 146. New York, NY: Springer, 2002.

[AR16] Doghonay ARJMAND et Olof RUNBORG : A time dependent approach for removing the cell boundary error in elliptic homogenization problems. *J. Comput. Phys.*, 314:206–227, 2016.

[AT15] Yves ACHDOU et Nicoletta TCHOU : Hamilton-Jacobi equations on networks as limits of singularly perturbed problems in optimal control: dimension reduction. *Comm. Partial Differential Equations*, 40(4):652–693, 2015.

[AT19] Yves ACHDOU et Nicoletta TCHOU : Homogenization of a transmission problem with Hamilton-Jacobi equations and a two-scale interface. Effective transmission conditions. *J. Math. Pures Appl. (9)*, 122: 164–197, 2019.

[Bar94] Guy BARLES : *Solutions de viscosité des équations de Hamilton-Jacobi.*, volume 17. Paris: Springer-Verlag, 1994.

[BBMM05] Andriy BONDARENKO, Guy BOUCHITTÉ, Luísa MASCARENHAS et Rajesh MAHADEVAN : Rate of convergence for correctors in almost periodic homogenization. *Discrete Contin. Dyn. Syst.*, 13(2): 503–514, 2005.

[BC07] Bernard BERCU et Djalil CHAFAÏ : *Modélisation stochastique et simulation. Cours et applications.* Mathématiques appliquées pour le Master/SMAI. Sciences Sup, Dunod, 2007.

[BD98] Andrea BRAIDES et Anneliese DEFRANCESCHI : *Homogenization of multiple integrals*, volume 12 de *Oxford Lecture Series in Mathematics and its Applications.* The Clarendon Press, Oxford University Press, New York, 1998.

[BE97] Piero BASSANINI et Alan R. ELCRAT : *Theory and applications of partial differential equations*, volume 46 de *Mathematical Concepts and Methods in Science and Engineering.* Plenum Press, New York, 1997.

[Bec81] Maria E. BECKER : Multiparameter groups of measure-preserving transformations: a simple proof of Wiener's ergodic theorem. *Ann. Probab.*, 9:504–509, 1981.

[Ber01] Michel BERNADOU : *Le calcul scientifique*, volume 1357 de *Collection Que sais-je ?* Presses universitaires de France, 2001.

[Bes32] Abram S. BESICOVITCH : Almost periodic functions. Cambridge: Univ. Press. XIII, 180 p, 1932.

[BGL14] Dominique BAKRY, Ivan GENTIL et Michel LEDOUX : *Analysis and geometry of Markov diffusion operators*, volume 348 de *Grundlehren der Mathematischen Wissenschaften [Fundamental Principles of Mathematical Sciences].* Springer, Cham, 2014.

[BGMP08] Guillaume BAL, Josselin GARNIER, Sébastien MOTSCH et Vincent PERRIER : Random integrals and correctors in homogenization. *Asymptotic Anal.*, 59(1-2):1–26, 2008.

[BJL20] Xavier BLANC, Marc JOSIEN et Claude LE BRIS : Precised approximations in elliptic homogenization beyond the periodic setting. *Asymptotic Analysis*, 116(2):93–137, 2020.

[BKRS15] Vladimir I. BOGACHEV, Nicolai V. KRYLOV, Michael RÖCKNER et Stanislav V. SHAPOSHNIKOV : *Fokker-Planck-Kolmogorov equations*, volume 207 de *Mathematical Surveys and Monographs.* American Mathematical Society, Providence, RI, 2015.

[BL76] Jöran BERGH et Jörgen LÖFSTRÖM : *Interpolation spaces. An introduction.*, volume 223. Springer, Berlin, 1976.

[BLA13] Xavier BLANC, Frédéric LEGOLL et Arnaud ANANTHARAMAN : Asymptotic behavior of Green functions of divergence form operators with periodic coefficients. *AMRX, Appl. Math. Res. Express*, 2013(1):79–101, 2013.

[BLB10] Xavier BLANC et Claude LE BRIS : Improving on computation of homogenized coefficients in the periodic and quasi-periodic settings. *Netw. Heterog. Media*, 5(1):1–29, 2010.

[BLBL16] Xavier BLANC, Claude LE BRIS et Frédéric LEGOLL : Some variance reduction methods for numerical stochastic homogenization. *Philos. Trans. Roy. Soc. A*, 374(2066): 20150168, 15, 2016.

[BLBL20] Xavier BLANC, Claude LE BRIS et Pierre-Louis LIONS : Erratum to the article "On correctors for linear elliptic homogenization in the presence of local defects: the case of advection-diffusion". https://www.ljll.math.upmc.fr/~blanc/erratum_jmpa.pdf, 2020.

[BLL03] Xavier BLANC, Claude LE BRIS et Pierre-Louis LIONS : A definition of the ground state energy for systems composed of infinitely many particles. *Commun. Partial Differ. Equations*, 28(1-2):439–475, 2003.

[BLL07a] Xavier BLANC, Claude LE BRIS et Pierre-Louis LIONS : Stochastic homogenization and random lattices. *J. Math. Pures Appl. (9)*, 88(1): 34–63, 2007.

[BLL07b] Xavier BLANC, Claude LE BRIS et Pierre-Louis LIONS : The energy of some microscopic stochastic lattices. *Arch. Ration. Mech. Anal.*, 184(2): 303–339, 2007.

[BLL12] Xavier BLANC, Claude LE BRIS et Pierre-Louis LIONS : A possible homogenization approach for the numerical simulation of periodic microstructures with defects. *Milan J. Math.*, 80(2):351–367, 2012.

[BLL15] Xavier BLANC, Claude LE BRIS et Pierre-Louis LIONS : Local profiles for elliptic problems at different scales: defects in, and interfaces between periodic structures. *Commun. Partial Differ. Equations*, 40(12):2173–2236, 2015.

[BLL18] Xavier BLANC, Claude LE BRIS et Pierre-Louis LIONS : On correctors for linear elliptic homogenization in the presence of local defects. *Commun. Partial Differ. Equations*, 43(6):965–997, 2018.

[BLL19] Xavier BLANC, Claude LE BRIS et Pierre-Louis LIONS : On correctors for linear elliptic homogenization in the presence of local defects: the case of advection-diffusion. *J. Math. Pures Appl. (9)*, 124: 106–122, 2019.

[BLLL22] Rutger BIEZEMANS, Claude LE BRIS, Frédéric LEGOLL et Alexei LOZINSKI : Non-intrusive implementation of multiscale finite element methods: an illustrative example. arXiv:2204.06852, 2022.

[BLP11] Alain BENSOUSSAN, Jacques-Louis LIONS et George PAPANICOLAOU : *Asymptotic analysis for periodic structures. Reprint of the 1978 original with corrections and bibliographical additions.* Providence, RI: AMS Chelsea Publishing, 2011.

[BM85] Ivo M. BABUŠKA et Richard C. MORGAN : Composites with a periodic structure: mathematical analysis and numerical treatment. *Comput. Math. Appl.*, 11(10):995–1005, 1985.

[BMW94] Alain BOURGEAT, Andro MIKELIĆ et Steve WRIGHT : Stochastic two-scale convergence in the mean and applications. *J. Reine Angew. Math.*, 456:19–51, 1994.

[Boh18] Harald BOHR : *Almost periodic functions. Reprint of the 1947 English edition published by Chelsea Publishing Company.* Mineola, NY: Dover Publications, 2018.

[BP99] Alain BOURGEAT et Andrey PIATNITSKI : Estimates in probability of the residual between the random and the homogenized solutions of one-dimensional second-order operator. *Asymptotic Anal.*, 21(3-4):303–315, 1999.

[BP04] Alain BOURGEAT et Andrey PIATNITSKI : Approximations of effective coefficients in stochastic homogenization. *Ann. Inst. H. Poincaré Probab. Statist.*, 40(2):153–165, 2004.

[BR18] Leonid BERLYAND et Volodymyr RYBALKO : *Getting acquainted with homogenization and multiscale.* Compact Textbooks in Mathematics. Birkhäuser/Springer, Cham, 2018.

[Bra02] Andrea BRAIDES : *Γ-convergence for beginners.*, volume 22. Oxford: Oxford University Press, 2002.

[Bre05] Haim BREZIS : *Analyse fonctionnelle. Théorie et applications.* Mathématiques appliquées pour le Master. Sciences Sup, Dunod, 2005.

[Bre11] Haim BREZIS : *Functional analysis, Sobolev spaces and partial differential equations.* New York, NY: Springer, 2011.

[Bri87] William L. BRIGGS : *A multigrid tutorial.* Society for Industrial and Applied Mathematics (SIAM), Philadelphia, PA, 1987.

[BRZ06] Claude BREZINSKI et Michela REDIVO-ZAGLIA : *Méthodes numériques itératives. Niveau M 1.* Paris: Ellipses, 2006.

[BS88] Colin BENNETT et Robert SHARPLEY : *Interpolation of operators*, volume 129 de *Pure and Applied Mathematics*. Academic Press, Inc., Boston, MA, 1988.

[BS08] Susanne C. BRENNER et L. Ridgway SCOTT : *The mathematical theory of finite element methods. 3rd ed.*, volume 15. New York, NY: Springer, 2008.

[BS17] Vladimir I. BOGACHEV et Stanislav V. SHAPOSHNIKOV : Integrability and continuity of solutions to double divergence form equations. *Ann. Mat. Pura Appl. (4)*, 196(5): 1609–1635, 2017.

[Cam63] Sergio CAMPANATO : Proprietà di hölderianità di alcune classi di funzioni. *Ann. Scuola Norm. Sup. Pisa Cl. Sci. (3)*, 17:175–188, 1963.

[CCC+05] Eric CANCÈS, François CASTELLA, Philippe CHARTIER, Erwan FAOU, Claude LE BRIS, Frédéric LEGOLL et Gabriel TURINICI : Long-time averaging for integrable Hamiltonian dynamics. *Numer. Math.*, 100(2):211–232, 2005.

[CD99] Doina CIORANESCU et Patrizia DONATO : *An introduction to homogenization.*, volume 17. Oxford: Oxford University Press, 1999.

[CDG18] Doina CIORANESCU, Alain DAMLAMIAN et Georges GRISO : *The periodic unfolding method. Theory and applications to partial differential problems.*, volume 3. Singapore: Springer, 2018.

[CEL19] Matteo CICUTTIN, Alexandre ERN et Simon LEMAIRE : A hybrid high-order method for highly oscillatory elliptic problems. *Comput. Methods Appl. Math.*, 19(4): 723–748, 2019.

[CEL+20a] Eric CANCÈS, Virginie EHRLACHER, Frédéric LEGOLL, Benjamin STAMM et Shuyang XIANG : An embedded corrector problem for homogenization. I: Theory. *Multiscale Model. Simul.*, 18(3): 1179–1209, 2020.

[CEL+20b] Eric CANCÈS, Virginie EHRLACHER, Frédéric LEGOLL, Benjamin STAMM et Shuyang XIANG : An embedded corrector problem for homogenization. Part II: Algorithms and discretization. *J. Comput. Phys.*, 407:109254, 26, 2020.

[CELS15] Éric CANCÈS, Virginie EHRLACHER, Frédéric LEGOLL et Benjamin STAMM : Un problème d'inclusion pour approcher les coefficients homogénéisés d'une équation elliptique [An embedded corrector problem to approximate the homogenized coefficients of an elliptic equation]. *C. R., Math., Acad. Sci. Paris*, 353(9):801–806, 2015.

[Cia78] Philippe G. CIARLET : *The finite element method for elliptic problems*. Studies in Mathematics and its Applications, Vol. 4. North-Holland Publishing Co., Amsterdam-New York-Oxford, 1978.

[Cia82] Philippe G. CIARLET : *Introduction à l'analyse numérique matricielle et à l'optimisation*. Collection Mathématiques Appliquées pour la Maîtrise. [Collection of Applied Mathematics for the Master's Degree]. Masson, Paris, 1982.

[CLBL10a] Ronan COSTAOUEC, Claude LE BRIS et Frédéric LEGOLL : Approximation numérique d'une classe de problèmes en homogénéisation stochastique [Numerical approximation of a class of problems in stochastic homogenization]. *C. R. Math. Acad. Sci. Paris*, 348(1-2): 99–103, 2010.

[CLBL10b] Ronan COSTAOUEC, Claude LE BRIS et Frédéric LEGOLL : Variance reduction in stochastic homogenization: proof of concept, using antithetic variables. *Bol. Soc. Esp. Mat. Apl. SeMA*, 50: 9–26, 2010.

[CLL98] Isabelle CATTO, Claude LE BRIS et Pierre-Louis LIONS : *The mathematical theory of thermodynamic limits: Thomas-Fermi type models*. Oxford: Clarendon Press, 1998.

[CM82] Doina CIORANESCU et François MURAT : Un terme étrange venu d'ailleurs. Nonlinear partial differential equations and their applications, Coll. de France Semin., Vol. II, Res. Notes Math. 60, 98–138, 1982.

[CM06] Francis COMETS et Thierry MEYRE : *Calcul stochastique et modèles de diffusions : Cours et exercices corrigés*. Dunod, 2006.

[DG57] Ennio DE GIORGI : Sulla differenziabilità e l'analiticità delle estremali degli integrali multipli regolari. *Mem. Accad. Sci. Torino. Cl. Sci. Fis. Mat. Nat. (3)*, 3:25–43, 1957.

[DG16] Mitia DUERINCKX et Antoine GLORIA : Analyticity of homogenized coefficients under Bernoulli perturbations and the Clausius-Mossotti formulas. *Arch. Ration. Mech. Anal.*, 220(1): 297–361, 2016.

[Din96] Zhonghai DING : A proof of the trace theorem of Sobolev spaces on Lipschitz domains. *Proc. Amer. Math. Soc.*, 124(2): 591–600, 1996.

[DM95] Georg DOLZMANN et Stefan MÜLLER : Estimates for Green's matrices of elliptic systems by L^p theory. *Manuscr. Math.*, 88(2):261–273, 1995.

[DS88a] Nelson DUNFORD et Jacob T. SCHWARTZ : *Linear operators. Part I.* Wiley Classics Library. John Wiley & Sons, Inc., New York, 1988.

[DS88b] Nelson DUNFORD et Jacob T. SCHWARTZ : *Linear operators. Part II.* Wiley Classics Library. John Wiley & Sons, Inc., New York, 1988.

[Duv98] Daniel DUVERNEY : *Théorie des nombres: cours et exercices corrigés.* Paris: Dunod, 1998.

[EE03] Weinan E et Björn ENGQUIST : The heterogeneous multiscale methods. *Commun. Math. Sci.*, 1(1):87–132, 2003.

[EG02] Alexandre ERN et Jean-Luc GUERMOND : *Eléments finis: théorie, applications, mise en œuvre. [Finite elements: Theory, applications, implementation.]*, volume 36. Berlin: Springer, 2002.

[EG04] Alexandre ERN et Jean-Luc GUERMOND : *Theory and practice of finite elements.*, volume 159. New York, NY: Springer, 2004.

[EH09] Yalchin EFENDIEV et Thomas Y. HOU : *Multiscale finite element methods. Theory and applications.* New York, NY: Springer, 2009.

[ES08] Björn ENGQUIST et Panagiotis E. SOUGANIDIS : Asymptotic and numerical homogenization. *Acta Numerica*, 17:147–190, 2008.

[Eva10] Lawrence C. EVANS : *Partial differential equations. 2nd ed.*, volume 19. Providence, RI: American Mathematical Society (AMS), 2010.

[FAO22] Qingqing FENG, Gregoire ALLAIRE et Pascal OMNES : Enriched nonconforming multiscale finite element method for Stokes flows in heterogeneous media based on high-order weighting functions. *Multiscale Model. Simul.*, 20(1): 462–492, 2022.

[FC00] Frédéric FEYEL et Jean-Louis CHABOCHE : FE^2 multiscale approach for modelling the elastoviscoplastic behaviour of long fibre SiC/Ti composite materials. *Comput. Methods Appl. Mech. Eng.*, 183(3-4):309–330, 2000.

[Fis19] Julian FISCHER : The choice of representative volumes in the approximation of effective properties of random materials. *Arch. Ration. Mech. Anal.*, 234(2): 635–726, 2019.

[FM87] Gilles A. FRANCFORT et François MURAT : Optimal bounds for conduction in two-dimensional, two-phase, anisotropic media. Non-classical continuum mechanics, Proc. Symp., Durham/Engl. 1985, Lond. Math. Soc. Lect. Note Ser. 122, 197–212, 1987.

[FM94] Gilles A. FRANCFORT et Graeme W. MILTON : Sets of conductivity and elasticity tensors stable under lamination. *Commun. Pure Appl. Math.*, 47(3): 257–279, 1994.

[Fol95] Gerald B. FOLLAND : *A course in abstract harmonic analysis.* Boca Raton, FL: CRC Press, 1995.

[Fra63] Joel N. FRANKLIN : Deterministic simulation of random processes. *Math. Comp.*, 17:28–59, 1963.

[GH16] Antoine GLORIA et Zakaria HABIBI : Reduction in the resonance error in numerical homogenization II: Correctors and extrapolation. *Found. Comput. Math.*, 16(1):217–296, 2016.

[Gia83] Mariano GIAQUINTA : *Multiple integrals in the calculus of variations and nonlinear elliptic systems.*, volume 105. Princeton University Press, Princeton, NJ, 1983.

[Glo11] Antoine GLORIA : Reduction of the resonance error—Part 1: Approximation of homogenized coefficients. *Math. Models Methods Appl. Sci.*, 21(8): 1601–1630, 2011.

[GM12] Mariano GIAQUINTA et Luca MARTINAZZI : *An introduction to the regularity theory for elliptic systems, harmonic maps and minimal graphs. 2nd ed.*, volume 11. Pisa: Edizioni della Normale, 2012.

[GMS00] Yury GRABOVSKY, Graeme W. MILTON et Daniel S. SAGE : Exact relations for effective tensors of composites: necessary conditions and sufficient conditions. *Commun. Pure Appl. Math.*, 53(3): 300–353, 2000.

[GO17] Antoine GLORIA et Felix OTTO : Quantitative results on the corrector equation in stochastic homogenization. *J. Eur. Math. Soc. (JEMS)*, 19(11): 3489–3548, 2017.

[Gou22] Rémi GOUDEY : A periodic homogenization problem with defects rare at infinity. *Netw. Heterog. Media*, 17(4): 547–592, 2022.

[GP17] D. GALLISTL et D. PETERSEIM : Computation of quasi-local effective diffusion tensors and connections to the mathematical theory of homogenization. *Multiscale Model. Simul.*, 15(4): 1530–1552, 2017.

[Gra93] Yury GRABOVSKY : The *G*-closure of two well-ordered, anisotropic conductors. *Proc. R. Soc. Edinb., Sect. A, Math.*, 123(3):423–432, 1993.

[Gri11] Pierre GRISVARD : *Elliptic problems in nonsmooth domains*, volume 69 de *Classics in Applied Mathematics*. Society for Industrial and Applied Mathematics (SIAM), Philadelphia, PA, 2011.

[GT01] David GILBARG et Neil S. TRUDINGER : *Elliptic partial differential equations of second order. Reprint of the 1998 ed.* Berlin: Springer, 2001.

[GW82] Michael GRUETER et Kjell-Ove WIDMAN : The Green function for uniformly elliptic equations. *Manuscr. Math.*, 37:303–342, 1982.

[HÖ3] Lars HÖRMANDER : *The analysis of linear partial differential operators. I.* Classics in Mathematics. Springer-Verlag, Berlin, 2003.

[HKM20] Fredrik HELLMAN, Tim KEIL et Axel MÅLQVIST : Numerical upscaling of perturbed diffusion problems. *SIAM J. Sci. Comput.*, 42(4): a2014–a2036, 2020.

[HM19] Fredrik HELLMAN et Axel MÅLQVIST : Numerical homogenization of elliptic PDEs with similar coefficients. *Multiscale Model. Simul.*, 17(2): 650–674, 2019.

[HP13] Patrick HENNING et Daniel PETERSEIM : Oversampling for the multiscale finite element method. *Multiscale Model. Simul.*, 11(4): 1149–1175, 2013.

[HW97] Thomas Y. HOU et Xiao-Hui WU : A multiscale finite element method for elliptic problems in composite materials and porous media. *J. Comput. Phys.*, 134(1):169–189, 1997.

[Iwa83] Tadeusz IWANIEC : Projections onto gradient fields and L^p-estimates for degenerated elliptic operators. *Stud. Math.*, 75:293–312, 1983.

[JL18] Gaspard JANKOWIAK et Alexei LOZINSKI : Non-conforming multiscale finite element method for stokes flows in heterogeneous media. part II: error estimates for periodic microstructure. arXiv:1802.04389[v1], 2018.

[Jol90] Pascal JOLY : *Mise en œuvre de la méthode des éléments finis*, volume 2. Paris: Ellipses, 1990.

[KLS14] Carlos KENIG, Fanghua LIN et Zhongwei SHEN : Periodic homogenization of Green and Neumann functions. *Commun. Pure Appl. Math.*, 67(8): 1219–1262, 2014.

[Koz79] Sergei M. KOZLOV : Averaging differential operators with almost periodic, rapidly oscillating coefficients. *Math. USSR, Sb.*, 35:481–498, 1979.

[Koz80] Sergei M. KOZLOV : Averaging of random operators. *Mathematics of the USSR-Sbornik*, 37(2):167–180, feb 1980.

[KPY17] Ralf KORNHUBER, Joscha PODLESNY et Harry YSERENTANT : Direct and iterative methods for numerical homogenization. *In Domain decomposition methods in science and engineering XXIII*, volume 116 de *Lect. Notes Comput. Sci. Eng.*, pages 217–225. Springer, Cham, 2017.

[KPY18] Ralf KORNHUBER, Daniel PETERSEIM et Harry YSERENTANT : An analysis of a class of variational multiscale methods based on subspace decomposition. *Math. Comp.*, 87(314):2765–2774, 2018.

[Kre85] Ulrich KRENGEL : *Ergodic theorems.*, volume 6. Walter de Gruyter, Berlin, 1985.

[KS91] Ioannis KARATZAS et Steven E. SHREVE : *Brownian motion and stochastic calculus. 2nd ed.*, volume 113. New York etc.: Springer-Verlag, 1991.

[LBLL13] Claude LE BRIS, Frédéric LEGOLL et Alexei LOZINSKI : MsFEM à la Crouzeix-Raviart for highly oscillatory elliptic problems. *Chin. Ann. Math. Ser. B*, 34(1): 113–138, 2013.

[LBLL14] Claude LE BRIS, Frédéric LEGOLL et Alexei LOZINSKI : An MsFEM type approach for perforated domains. *Multiscale Model. Simul.*, 12(3): 1046–1077, 2014.

[LBLM16] Claude LE BRIS, Frédéric LEGOLL et William MINVIELLE : Special quasirandom structures: a selection approach for stochastic homogenization. *Monte Carlo Methods Appl.*, 22(1): 25–54, 2016.

[LBT12] Claude LE BRIS et Florian THOMINES : A reduced basis approach for some weakly stochastic multiscale problems. *Chin. Ann. Math. Ser. B*, 33(5): 657–672, 2012.

[LC84a] Konstantin A. LURIE et Andrej V. CHERKAEV : G-closure of a set of anisotropically conducting media in the two-dimensional case. *J. Optim. Theory Appl.*, 42:283–304, 1984.

[LC84b] Konstantin A. LURIE et Andrej V. CHERKAEV : G-closure of some particular sets of admissible material characteristics for the problem of bending of thin elastic plates. *J. Optim. Theory Appl.*, 42:305–316, 1984.

[LC87] Konstantin A. LURIE et Andrej V. CHERKAEV : On G-closure (Erratum). *J. Optim. Theory Appl.*, 53:319–339, 1987.

[Le 05] Claude LE BRIS : *Systèmes multi-échelles. Modélisation et simulation.*, volume 47. Berlin: Springer, 2005.

[Le 13] Jean-François LE GALL : *Mouvement brownien, martingales et calcul stochastique.*, volume 71. Paris: Springer, 2013.

[Lio69] Jacques-Louis LIONS : Quelques méthodes de résolution des problèmes aux limites non linéaires. Etudes mathématiques. Paris: Dunod; Paris: Gauthier-Villars. XX, 554 p, 1969.

[Lio78] Jacques-Louis LIONS : Some aspects of modelling problems in distributed parameter systems. Distrib. Param. Syst.: Model. Identif., Proc. IFIP Conf., Rome 1976, Lect. Notes Control Inf. Sci. 1, 11–41, 1978.

[Lio84] Pierre-Louis LIONS : The concentration-compactness principle in the calculus of variations. The locally compact case. I & II. *Ann. Inst. Henri Poincaré, Anal. Non Linéaire*, 1:109–145 & 223–283, 1984.

[Lio85] Pierre-Louis LIONS : The concentration-compactness principle in the calculus of variations. The limit case. I & II. *Rev. Mat. Iberoam.*, 1(1-2):45–121 & 145–201, 1985.

[LK10] Xuefeng LIU et Fumio KIKUCHI : Analysis and estimation of error constants for P_0 and P_1 interpolations over triangular finite elements. *J. Math. Sci. Univ. Tokyo*, 17(1): 27–78, 2010.

[LM68] Jacques-Louis LIONS et Enrico MAGENES : *Problèmes aux limites non homogènes et applications. Vol. 1.* Travaux et Recherches Mathématiques, No. 17. Dunod, Paris, 1968.

[LM15] Frédéric LEGOLL et William MINVIELLE : A control variate approach based on a defect-type theory for variance reduction in stochastic homogenization. *Multiscale Model. Simul.*, 13(2): 519–550, 2015.

[LN03] Yanyan LI et Louis NIRENBERG : Estimates for elliptic systems from composite material. *Comm. Pure Appl. Math.*, 56(7): 892–925, 2003.

[LNNW09] Dag LUKKASSEN, Gabriel NGUETSENG, Hubert NNANG et Peter WALL : Reiterated homogenization of nonlinear monotone operators in a general deterministic setting. *J. Funct. Spaces Appl.*, 7(2): 121–152, 2009.

[LPV96] Pierre-Louis LIONS, George PAPANICOLAOU et S. R. Srinivasa VARADHAN : Homogenization of Hamilton-Jacobi equations. Unpublished, 1996.

[LV00] Yan Yan LI et Michael VOGELIUS : Gradient estimates for solutions to divergence form elliptic equations with discontinuous coefficients. *Arch. Ration. Mech. Anal.*, 153(2): 91–151, 2000.

[Mey63] Norman G. MEYERS : An L^p-estimate for the gradient of solutions of second order elliptic divergence equations. *Ann. Sc. Norm. Super. Pisa, Sci. Fis. Mat., III. Ser.*, 17:189–206, 1963.

[Mey90] Yves MEYER : *Ondelettes et opérateurs. II: Opérateurs de Calderón-Zygmund.* Paris: Hermann, Éditeurs des Sciences et des Arts, 1990.

[Mil90] Graeme W. MILTON : On characterizing the set of possible effective tensors of composites: The variational method and the translation method. *Commun. Pure Appl. Math.*, 43(1): 63–125, 1990.

[MNLD15] Bagus Putra MULJADI, Jacek NARSKI, Alexei LOZINSKI et Pierre DEGOND : Nonconforming multiscale finite element method for Stokes flows in heterogeneous media. Part I: Methodologies and numerical experiments. *Multiscale Model. Simul.*, 13(4): 1146–1172, 2015.

[Mor08] Charles B. Jr. MORREY : *Multiple integrals in the calculus of variations*. Classics in Mathematics. Springer-Verlag, Berlin, 2008.

[Mos60] Jürgen MOSER : A new proof of De Giorgi's theorem concerning the regularity problem for elliptic differential equations. *Comm. Pure Appl. Math.*, 13:457–468, 1960.

[Mos61] Jürgen MOSER : On Harnack's theorem for elliptic differential equations. *Comm. Pure Appl. Math.*, 14:577–591, 1961.

[MP14] Axel MÅLQVIST et Daniel PETERSEIM : Localization of elliptic multiscale problems. *Math. Comp.*, 83(290):2583–2603, 2014.

[MP21] Axel MÅLQVIST et Daniel PETERSEIM : *Numerical homogenization by localized orthogonal decomposition*, volume 5 de *SIAM Spotlights*. Society for Industrial and Applied Mathematics (SIAM), Philadelphia, PA, 2021.

[MT97] François MURAT et Luc TARTAR : *H*-convergence. *In Topics in the mathematical modelling of composite materials*, volume 31 de *Progr. Nonlinear Differential Equations Appl.*, pages 21–43. Birkhäuser Boston, Boston, MA, 1997.

[Mur78] François MURAT : Compacité par compensation. *Ann. Sc. Norm. Super. Pisa, Cl. Sci., IV. Ser.*, 5:489–507, 1978.

[MV22] Axel MÅLQVIST et Barbara VERFÜRTH : An offline-online strategy for multiscale problems with random defects. *ESAIM Math. Model. Numer. Anal.*, 56(1): 237–260, 2022.

[Nas58] John NASH : Continuity of solutions of parabolic and elliptic equations. *Amer. J. Math.*, 80:931–954, 1958.

[Ngu89] Gabriel NGUETSENG : A general convergence result for a functional related to the theory of homogenization. *SIAM J. Math. Anal.*, 20(3):608–623, 1989.

[Ngu03a] Gabriel NGUETSENG : Homogenization structures and applications. I. *Z. Anal. Anwend.*, 22(1):73–107, 2003.

[Ngu03b] Gabriel NGUETSENG : Mean value on locally compact abelian groups. *Acta Sci. Math.*, 69(1-2):203–221, 2003.

[Ngu04] Gabriel NGUETSENG : Homogenization in perforated domains beyond the periodic setting. *J. Math. Anal. Appl.*, 289(2): 608–628, 2004.

[Ngu06] Gabriel NGUETSENG : Deterministic homogenization. *In Multi-scale problems and asymptotic analysis. Proceedings of the midnight sun Narvik conference (satellite conference of the fourth European congress of mathematics), Narvik, Norway, June 22–26, 2004*, pages 233–248. Tokyo: Gakkōtosho, 2006.

[NS11] Gabriel NGUETSENG et Nils SVANSTEDT : Σ-convergence. *Banach J. Math. Anal.*, 5(1): 101–135, 2011.

[Øks03] Bernt ØKSENDAL : *Stochastic differential equations*. Universitext. Springer-Verlag, Berlin, sixth édition, 2003.

[Owh17] Houman OWHADI : Multigrid with rough coefficients and multiresolution operator decomposition from hierarchical information games. *SIAM Rev.*, 59(1):99–149, 2017.

[Pra16a] Christophe PRANGE : Weak and strong convergence methods for Partial Differential Equations, graduate course, Lecture 3: Compensated compactness. http://prange.perso.math.cnrs.fr/documents/coursEDMI2016_lecture3.pdf, 2016.

[Pra16b] Christophe PRANGE : Weak and strong convergence methods for Partial Differential Equations, graduate course, Lecture 6: Regularity theory by compactness methods . http://prange.perso.math.cnrs.fr/documents/coursEDMI2016_lecture6.pdf, 2016.

[PS08] Grigorios A. PAVLIOTIS et Andrew M. STUART : *Multiscale methods. Averaging and homogenization.*, volume 53. New York, NY: Springer, 2008.

[PV81] George C. PAPANICOLAOU et S. R. Srinivasa VARADHAN : Boundary value problems with rapidly oscillating random coefficients. Random fields. Rigorous results in statistical mechanics and quantum field theory, Esztergom 1979, Colloq. Math. Soc. Janos Bolyai 27, 835–873, 1981.

[Qua18] Alfio QUARTERONI : *Numerical models for differential problems. 3rd edition.*, volume 16. Cham: Springer, 2018.

[QV99] Alfio QUARTERONI et Alberto VALLI : *Domain decomposition methods for partial differential equations.* Numerical Mathematics and Scientific Computation. The Clarendon Press, Oxford University Press, New York, 1999.

[QV08] Alfio QUARTERONI et Alberto VALLI : *Numerical approximation of partial differential equations. 1st softcover printing.*, volume 23. Berlin: Springer, 2008.

[RBD98] Michel RAPPAZ, Michel BELLET et Michel DEVILLE : *Modélisation numérique en science et génie des matériaux*, volume 10 de *Traité des Matériaux [The Science of Materials]*. Presses Polytechniques et Universitaires Romandes, Lausanne, 1998.

[RW00a] Leonard C. G. ROGERS et David WILLIAMS : *Diffusions, Markov processes and martingales. Vol. 1: Foundations. 2nd ed.* Cambridge: Cambridge University Press, 2000.

[RW00b] Leonard C. G. ROGERS et David WILLIAMS : *Diffusions, Markov processes, and martingales. Vol. 2: Itô calculus. 2nd ed.* Cambridge: Cambridge University Press, 2000.

[Saa03] Yousef SAAD : *Iterative methods for sparse linear systems.* Society for Industrial and Applied Mathematics, Philadelphia, PA, second édition, 2003.

[Sch52] Laurent SCHWARTZ : Théorie des noyaux. Proc. Intern. Congr. Math. (Cambridge, Mass., Aug. 30-Sept. 6, 1950) 1, 220–230, 1952.

[Sen95] Marjorie SENECHAL : *Quasicrystals and geometry.* Cambridge: Cambridge Univ. Press, 1995.

[She18] Zhongwei SHEN : *Periodic homogenization of elliptic systems*, volume 269 de *Operator Theory: Advances and Applications.* Birkhäuser/Springer, Cham, 2018.

[Shi95] Albert N. SHIRYAEV : *Probability. 2nd ed.*, volume 95. New York, NY: Springer-Verlag, 1995.

[SPSH92] Evariste SANCHEZ-PALENCIA et Jacqueline SANCHEZ-HUBERT : *Introduction aux méthodes asymptotiques et à l'homogénéisation: Application à la Mécanique des milieux continus.* Masson, Paris, 1992.

[Sta65] Guido STAMPACCHIA : Le problème de Dirichlet pour les équations elliptiques du second ordre à coefficients discontinus. *Ann. Inst. Fourier (Grenoble)*, 15(fasc. 1):189–258, 1965.

[Ste93] Elias M. STEIN : *Harmonic analysis: Real-variable methods, orthogonality, and oscillatory integrals.* Princeton, NJ: Princeton University Press, 1993.

[Tar79] Luc TARTAR : Compensated compactness and applications to partial differential equations. Nonlinear analysis and mechanics: Heriot-Watt Symp., Vol. 4, Edinburgh 1979, Res. Notes Math. 39, 136–212, 1979.

[Tar89] Luc TARTAR : Nonlocal effects induced by homogenization. Partial differential equations and the calculus of variations. Essays in Honor of Ennio de Giorgi, 925–938, 1989.

[Tar09] Luc TARTAR : *The general theory of homogenization. A personalized introduction.*, volume 7. Berlin: Springer, 2009.

[Tem79] Roger TEMAM : Navier-Stokes equations. Theory and numerical analysis. Studies in Mathematics and its Applications. Vol. 2. Amsterdam - New York - Oxford: North-Holland Publ. Co., 1979.

[Tho08] Matthieu THOMAS : *Propriétés thermiques de matériaux composites : caractérisation expérimentale et approche microstructurale.* Thèse de doctorat, Université de Nantes, Laboratoire de Thermocinétique, CNRS - UMR 6607, 2008.

[Tho12] Florian THOMINES : *Méthodes mathématiques et techniques numériques de changement d'échelle : application aux matériaux aléatoires.* Thèse de doctorat, Université Paris Est, 2012.

[Yur82] Vadim V. YURINSKII : On the averaging of non-divergent equations of second order
with random coefficients. *Sib. Mat. Zh.*, 23(2):176–188, 1982.

[ZKO94] Vasilii V. ZHIKOV, Sergei M. KOZLOV et Olga A. OLEJNIK : *Homogenization of
differential operators and integral functionals.* Berlin: Springer-Verlag, 1994.

[Zyg02] Antoni ZYGMUND : *Trigonometric series. Volumes I and II combined. 3rd ed.*
Cambridge: Cambridge University Press, 2002.

Index

Printed in the United States
by Baker & Taylor Publisher Services